工业和信息化部“十四五”规划教材

捷联惯性/卫星组合导航系统实验教程

王新龙　杨　洁　卢克文　编著

電子工業出版社
Publishing House of Electronics Industry
北京 • BEIJING

内 容 提 要

惯性导航与卫星导航各有所长，在性能上具有很强的互补性。因此，惯性导航、卫星导航以及惯性/卫星组合导航在国防以及国民经济的各个领域得到了广泛应用，本书正是为加强这些技术领域创新性人才实验实践环节的培养需求而撰写的。

全书主要内容共分为四部分：第一部分为导航实验的基础知识，主要包括导航系统常用的测试设备、实验数据的基本处理方法等；第二部分为惯性导航相关实验，主要包括惯性传感器件的标定、惯性导航系统的初始对准、惯性导航系统的导航解算等系列实验；第三部分为卫星导航相关实验，主要包括卫星导航接收机基带信号处理以及卫星导航系统定位、测速、定姿等系列实验；第四部分为惯性/卫星组合导航相关实验，重点围绕 SINS/GNSS 松组合、紧组合、超紧组合和深组合四种组合模式设计了层次多样的综合性、创新性实验内容。

本书可作为高等院校导航制导与控制、测绘工程以及精密仪器及机械等专业高年级本科生和研究生的实验教材，也可作为相关专业领域研究者和工程技术人员的参考书。

图书在版编目（CIP）数据

捷联惯性/卫星组合导航系统实验教程 / 王新龙等编著. —北京：电子工业出版社，2022.11

ISBN 978-7-121-44544-6

Ⅰ. ①捷… Ⅱ. ①王… Ⅲ. ①惯性导航系统－卫星导航－组合导航－实验－高等学校－教材
Ⅳ. ①TN96-33

中国版本图书馆 CIP 数据核字（2022）第 222729 号

责任编辑：郝志恒　　文字编辑：路　越
印　　刷：北京虎彩文化传播有限公司
装　　订：北京虎彩文化传播有限公司
出版发行：电子工业出版社
　　　　　北京市海淀区万寿路 173 信箱　　邮编：100036
开　　本：787×1092　1/16　印张：26.25　字数：680 千字
版　　次：2022 年 11 月第 1 版
印　　次：2023 年 8 月第 3 次印刷
定　　价：78.00 元

凡所购买电子工业出版社图书有缺损问题，请向购买书店调换。若书店售缺，请与本社发行部联系，联系及邮购电话：（010）88254888，88258888。

质量投诉请发邮件至 zlts@phei.com.cn，盗版侵权举报请发邮件至 dbqq@phei.com.cn。

本书咨询联系方式：luy@phei.com.cn。

前　言

惯性导航是一种自主性强、隐蔽性好、抗干扰能力强、短时精度高的导航系统，能够独立提供载体所需的全部导航参数，但其最大的缺点是导航误差随时间积累；卫星导航具有全球性、全天候、高精度、实时定位等优点，但其存在着易受干扰、在动态环境中可靠性差以及数据输出频率较低等不足之处。可见，惯性导航与卫星导航各有所长，在性能上具有很强的互补性，因此，惯性/卫星组合导航被认为是导航领域最为理想的组合方式。目前，惯性/卫星组合导航不仅应用于军事等领域，如飞机、航天器、导弹、舰船、各类战车，而且也应用于民用领域，如大地测量、航空测量与摄影、车辆以及移动机器人等系统中。因此，惯性导航、卫星导航以及惯性/卫星组合导航在国防以及国民经济的各个领域已得到广泛应用，本书正是为加强这些技术领域创新性人才实验实践环节的培养需求而撰写的。

此前，国内外出版了一些涉及惯性导航系统原理、卫星导航系统原理或惯性/卫星组合导航技术方面的教材与著作，这些教材与著作基本都是对惯性导航系统、卫星导航系统或惯性/卫星组合导航系统的理论方面进行介绍，而涉及惯性导航系统、卫星导航系统或惯性/卫星组合导航系统实验实践环节的教材却非常匮乏。但实验实践教学是高等教育中人才素质教育的一个重要环节，也是培养复合型、创新性人才的必要手段，对提高人才培养质量具有十分重要的意义和作用。

多年来，编者在本科生和研究生专业核心课程的教学实践过程中，对惯性导航、卫星导航以及惯性/卫星组合导航相关的课程理论与实验环节进行了系统探索与实践。本书是编者对这些教学成果和实践经验的系统汇总，同时又吸取了编者及课题组成员的最新科研成果，围绕惯性导航系统、卫星导航系统以及惯性/卫星组合导航系统实验实践环节的实验目的、实验原理、实验方法以及数据处理方法等方面进行了系统阐述。本书研究工作得到国家自然科学基金（61673040、61233005、61074157、60304006、61111130198）、航空科学基金（20170151002、2015ZC51038）、天地一体化信息技术国家重点实验开放基金（2015-SGIIT-KFJJ-DH-01）、重点基础研究项目（2020-JCJQ-ZD-136-12）、试验技术项目（1700050405）、航天创新基金、航天支撑基金、北京航空航天大学博士研究生卓越学术基金等项目的资助，注重反映惯性/卫星组合导航技术的发展现状及今后的发展趋势。

此外，为了实现因材施教、分层次教学，本书还结合当前该领域国内外的发展前沿，将最新科技成果引入实验教学，开发设计了一系列具有航空、航天特色的基础类、综合类和创新类三个不同层次的实验内容。这些实验内容不仅实现了对基础理论的实践与验证，更重要的是实验实践环节可以启发学生领会惯性导航、卫星导航以及惯性/卫星组合导航的发展规律与发展脉络，使学生通过实验以加深对理论知识的深入理解和灵活应用，并可为学生将来从事相关领域的研究工作打下坚实的基础。

全书分为 10 章。第 1 章为导航实验的基础知识；第 2 章为惯性传感器件标定系列实验；

第 3 章为捷联惯导系统初始对准系列实验；第 4 章为捷联惯导系统导航解算系列实验；第 5 章为卫星导航基础系列实验；第 6 章为卫星导航接收机基带信号处理系列实验；第 7 章为卫星导航系统定位、测速、定姿系列实验；第 8 章为 SINS/GNSS 松、紧组合导航系列实验；第 9 章为 SINS/GNSS 超紧组合系列实验；第 10 章为 SINS/GNSS 深组合系列实验。

尽管笔者力求使本书能更好地满足读者的要求，但因内容涉及面广，限于水平，书中难免有不足之处，诚望读者批评指正。

编著者

2022 年 11 月

目　　录

第1章　导航实验的基础知识

1.1　导航系统常用的测试设备

导航传感器及导航系统属于精密和超精密仪器仪表，因此对其测试设备的性能要求很高。下面将对工程测试及导航应用中常用的一些测试设备功能、性能进行简要介绍。

1.1.1　分度头

高精密分度头是小型惯性器件测试的一种重要设备，具有小型轻便、操作简单等优点。通过夹具将惯性器件安装在分度头台面上，并调整分度头台面至重力铅垂面内，当分度头绕其转轴回转时，可周期性地改变被测试对象各轴向的比力输入。

分度头主要分为通用分度头和光学分度头两类，其中，光学分度头精度高，分度精度可达±1″，多用于精密加工和角度测量。光学分度头的主轴上装有精密的玻璃刻度盘或圆光栅，通过光学或光电系统进行细分、放大，再由目镜、光屏或数显装置读出角度值。如图1.1所示为一种光学分度头的实物图。

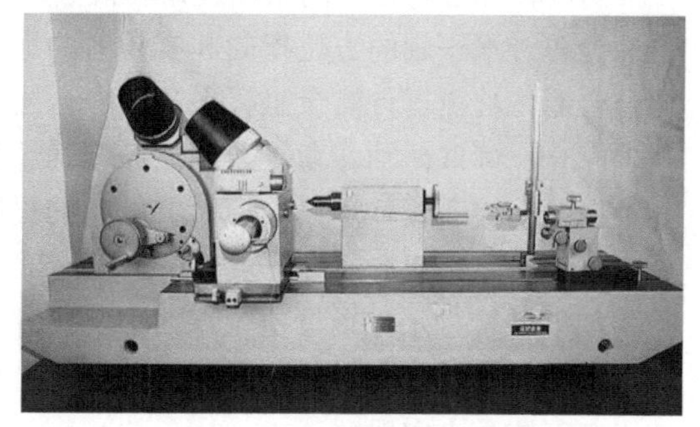

图1.1　光学分度头的实物图

此外，多齿分度台（或称端齿盘）也是检测角度的一种精密仪器，它的检测分辨率为360°/n（n为齿数，如360或720等），检测精度可达0.2～0.5″。在进行重力场翻滚时可为惯性仪表提供高精度的比力输入。由于检测角度的离散性特点，多齿分度台一般无法按指定要求准确提供微小变化的比力输入，这使其在测定加速度计灵敏度参数时略显不足。如图1.2所示为一种多齿分度台的实物图。

(a) 卧式安装

(b) 立式安装

图1.2　多齿分度台的实物图

1.1.2 双轴位置转台

转台是一种复杂的集光、机、电于一体的现代化设备，在半实物仿真、测试以及飞行器研制中起着关键的作用。转台是半实物飞行仿真试验系统中必不可少的关键设备，它能够在实验室条件下真实地模拟飞行器在空中飞行时的各种姿态，复现其动力学特性，从而对飞行器的飞行控制系统或导航制导系统进行性能测试，并据此对其重新进行设计和改进，以达到飞行器总体设计的性能指标要求。

根据台面所复现角运动的自由度数目，转台可分为以下三种：

（1）单轴位置转台：台面的角运动只有一个自由度，它只能模拟飞行器在一个平面内的转动；

（2）双轴位置转台：台面的角运动有两个自由度，它能够模拟飞行器在两个平面内的转动；

（3）三轴位置转台：台面的角运动有三个自由度，它能够完全模拟飞行器在三个平面内的转动。

双轴位置转台是惯性器件乃至惯性导航系统测试中最基本的一种测试设备，它能够满足陀螺仪和加速度计在 1g 重力场范围内的测试，分离出各项主要模型参数。

双轴位置转台主要由转台基座、水平轴（或称外框轴）、转台主轴（或称内框轴）、工作台面、显示与控制箱等部分组成。水平轴与主轴互相垂直，由这两轴与同时垂直于它们的第三虚拟轴共同构成转台台面直角坐标系。工作台面可绕主轴连续旋转，台面也可绕外框轴旋转，两旋转轴都有相应的微调旋钮和锁紧装置，以便精确定位和锁定。

当转台水平轴的方位指向和实验室的地理位置已知时，借助夹具将被测惯性器件安装至转台台面，被测器件测量坐标系与转台台面坐标系各轴平行或转角已知，通过旋转水平轴和主轴配合，读取两轴转角读数，能够精确计算出地球自转矢量和重力矢量在转台台面坐标系各轴向乃至被测器件测量坐标系各轴向的投影分量，从而可以进行精确的陀螺仪静态漂移误差力矩反馈测试或加速度计重力场翻滚测试。

如果将转台水平轴调整至东西方向，并把主轴调整到与地球极轴平行，则可进行陀螺仪极轴翻滚测试，但它只能进行断续的角位置翻滚而不能进行自动连续的速率翻滚，后者必须使用速率转台来实现。

双轴位置转台最主要的技术指标是角位置测量精度。如图 1.3 所示为两款双轴位置转台的实物图。

(a) 数显式转台

(b) 机械读数式转台

图 1.3 双轴位置转台的实物图

1.1.3 三轴速率转台

三轴速率转台包含三个框架，分别为外框、中框和内框，一般被测对象安装固定在内框上，由于三个框架构成了万向支架，可对被测对象实施空间任意方向的角运动。三轴速率转台主要有立式和卧式两种结构，分别如图 1.4 和图 1.5 所示。立式三轴速率转台的外框为方位框、中框为俯仰框、内框为横滚框，多用于常规水平航行式运载体惯性导航系统的测试；而卧式三轴速率转台的外框为俯仰框、中框为方位框、内框为横滚框，多用于垂直发射式运载体惯性导航系统的测试。

图 1.4 三轴速率转台的实物图（立式）

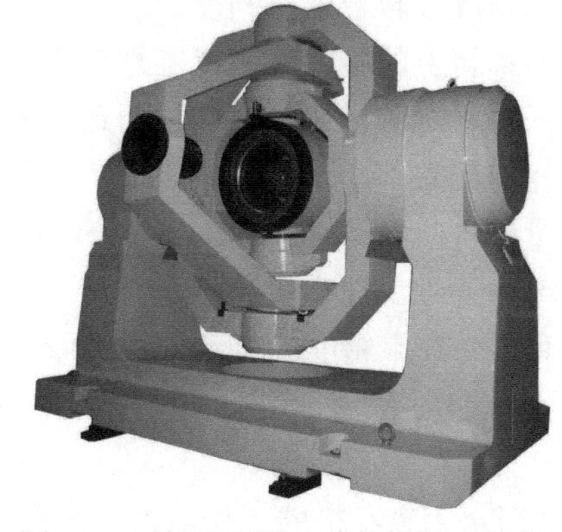

图 1.5 三轴速率转台的实物图（卧式）

三轴速率转台主要由基座和三个框架系统组成，每个框架系统都可以独立进行角速率控制，它们的原理基本相同。以内框系统为例，它又可细分为内框架、内框轴、力矩电机、测速电机和控制电路等组成部分。某速率转台的速率控制系统原理如图 1.6 所示，用户指定的角速率输入自动转换为精密电压基准信号，测速电机测量输出的测速信号与框架转速成正比，当转速出现波动时，测速信号也随之波动，测速信号通过反馈与基准信号比较形成误差，再经过直流放大和功率放大，控制力矩电机的转速使之精确等于用户指定的角速率。因此，速率控制系统主要通过测速反馈来达到稳速的目的。

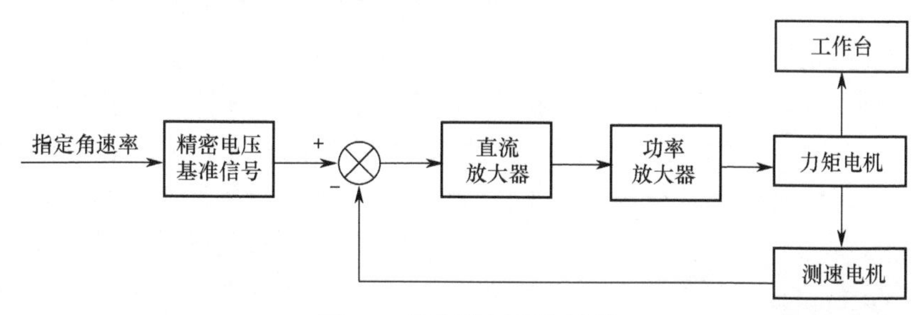

图 1.6 速率控制系统原理

在三轴速率转台中，由于内框相对中框、中框相对外框、外框相对基座均可以进行 360°无限度自由旋转，因此，尤其在大角速率运行状态下，内框上被测试件与地面设备之间的电源和信号不能直接使用导线传输，而必须采用安装在框架轴上的导电滑环进行电气传输。滑环数目和额定电流是导电滑环的两个重要性能参数。

大型的三轴速率转台通常都配备了专门的转台控制柜或控制计算机用于控制转台的运

行，并对转台各轴角位置和角速率数据进行自动采集，因此，在转台台体上不再配备手动转动和读数装置，但在每个框轴上通常仍配备锁紧装置。

速率转台的主要技术指标是速率范围、速率精度和速率平稳性。速率范围需要满足被测试对象的输出范围要求，速率精度和速率平稳性需要满足被测试对象的工作精度要求。

（1）速率范围。速率范围是指速率转台的最高速率与最低速率之间的范围。在一些特殊应用场合，某些转台最高速率可达 10000°/s，而某些转台最低速率可低至 0.00001°/s。常见速率转台的速率范围一般为 0.0002～2000°/s，最高速率与最低速率之比为 10^7，能够满足惯性器件及惯性导航系统的测试要求。

（2）速率精度。转台速率精度的表示方法一般有两种：分级表示法与整级表示法。分级表示法是把速率转台的整个速率范围划分为若干速率段，每个速率段的测量误差不同，通常情况下速率低时相对测量误差大些，而速率高时相对误差则小些；整级表示法是指在整个速率范围内其相对误差都小于某一规定值。其中，相对误差是绝对误差与真值的百分比，而绝对误差是测量值与理想真值之差。

（3）速率平稳性。速率平稳性是指转台实际速率相对其平均速率的波动程度，它的表示方法也有两种，与速率精度的表示方法类似。

1.1.4 离心机

如图 1.7 所示为离心机的工作原理示意图。

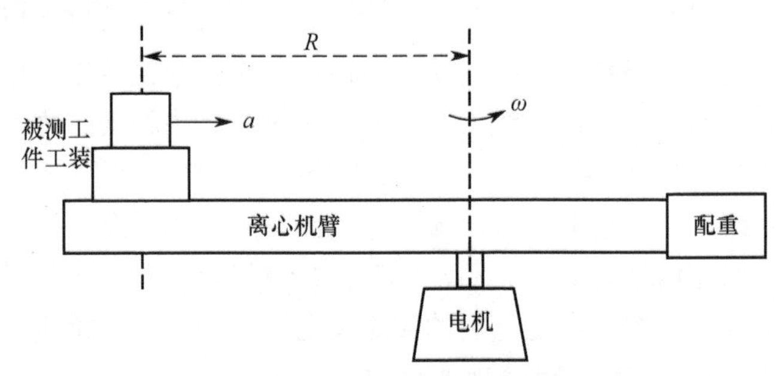

图 1.7 离心机的工作原理示意图

离心机主要由电机、离心机臂、配重和工装等部分组成。电机驱动离心机臂以恒定的旋转角速率 ω 转动，被测工件通过工装安装在离心机臂上，且与旋转轴线距离为 R（常称为工作半径）。由于向心加速度 $a=\omega^2R$，所以通过调节离心机的转速和工作半径，可获得不同的向心加速度，其典型数值范围为 10g～100g。如图 1.8 所示为一种离心机的实物图。

图 1.8 离心机的实物图

在进行重力场翻滚实验时只能提供±1g 范围内的加速度输入，由于信噪比不高，所以与加速度有关的器件参数的标定精度也较低。然而，离心机能够持续提供恒定的高 g 加速度输入，并通过提高信噪比以改善标定精度。因此，离心机成为了考核各种惯性器件在高过载条件下性能的重要测试设备。

为了保证测试精度，离心机臂的旋转角速度矢量应沿着铅垂方向，并应长期保持稳定，从而确保重力加速度在离心机臂旋转平面上的分量为零。因此，离心机必须安装在稳定的地基上，这种地基是用钢桩打到岩石层后在其顶部灌注混凝土而形成的。离心机主轴支承系统必须用具有定心作用的大型锥形滚柱轴承，其中，上部的轴承可承受垂直方向的负载，下部的轴承起预载作用并对侧向不平衡力有稳定作用。另外，在离心机主轴调整到铅垂方向后，每工作几个月还必须重新进行调整校正。

为了保证测试精度，离心机臂的旋转角速率也应保持恒定。在离心机主轴上装有转速表测定瞬时角速率。如果该瞬时角速率与所给定角速率之间出现偏差，则改变电机的控制指令，从而使旋转角速率保持恒定。此外，为了保证测试精度，被测工件在离心机臂上的安装半径也应保持恒定。最简单的方法是采用记录千分尺的读数变化来测量安装半径的变化。

离心机能够在长时间内提供恒定的高 g 加速度，这是其他测试设备难以实现的。但应指出，离心机所提供的向心加速度只有在它处于旋转状态时才存在，这就带来一个棘手的问题，即被测惯性器件除了对加速度输入敏感，还会对角速度输入敏感。对于陀螺仪来说，这种对角速度敏感将产生一定的动态误差力矩，从而影响测试结果。为了尽可能精确地得到陀螺仪在高 g 加速度条件下的性能，必须采取措施减小这种对角速度敏感干扰的影响。通常的办法是在进行离心实验时使陀螺转子停转或以最低的转速旋转。还有另一种办法是在离心机臂安装被测工件的部位增设一个转台。该转台旋转方向与离心机相反，以使安装在转台上的陀螺仪感受不到离心机的角速度，当然这样做将会增加测试设备的复杂性。

1.1.5　温度控制箱

导航传感器以及组成导航系统的其他元器件都易受温度变化影响而使其精度发生变化。由于实际导航系统工作的环境温度是变化的，这样势必对系统精度产生影响。因此，研究导航传感器和导航系统的技术指标与温度的关系至关重要。温度控制箱可为导航传感器和导航系统提供不同恒定温度或不同温度梯度的工作环境。因此，利用温度控制箱可以实现对导航传感器或导航系统中与温度有关的模型参数进行测试与标定，以便改善和提高系统的实际工作精度和温度适应性。

温度控制箱有温度循环系列、高温系列、高低温（湿热）系列和冷热冲击系列等，其中温度循环系列最为常用。如图 1.9 所示是一款温度循环实验箱的实物图。

温度控制箱的关键部件有温度探头、制冷压缩机和热风机。温度控制箱主要依靠空气流动传热，因此空气流动力学干扰有可能对温度控制箱内被测器件的测试造成影响。此外，温度控制箱还常常与转台等测试设备配合使用，以便在各种稳定和转动条件下实施更多的操作。

图 1.9　温度循环实验箱的实物图

1.1.6　GNSS 信号模拟器

GNSS 信号模拟器是指能够按照 BDS、GPS、GLONASS、Galileo 等导航卫星信号和用户定义仿真参数，模拟产生与卫星导航信号原理特性一致的一种标准信号生成设备。GNSS 信号模拟器是一种高精度的标准信号生成设备，可为卫星导航用户终端的研制开发、测试检验提供仿真环境。如图 1.10 所示为 GNSS 信号模拟器的原理框图，其主要包含仿真控制、数学仿真、信号生成、时频基准、信号功率控制这五类基本功能模块。

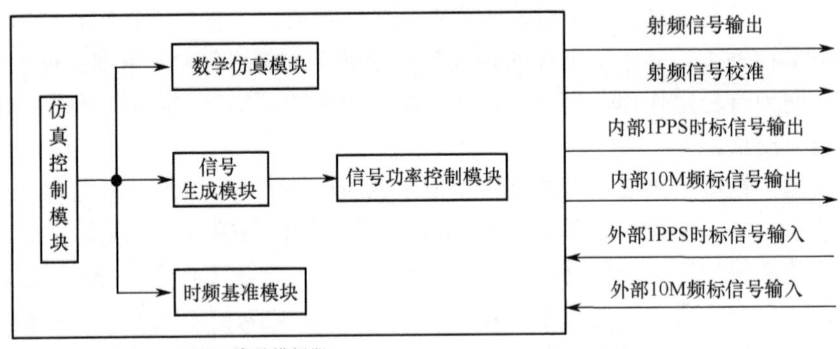

图 1.10　GNSS 信号模拟器的原理框图

（1）仿真控制模块实现仿真参数配置、状态监测功能。

（2）数学仿真模块按照仿真参数计算得到导航数据。

（3）信号生成模块根据数学仿真模块计算的导航数据生成射频信号。

（4）时频基准模块提供时间和频率基准。

（5）信号功率控制模块完成输出导航信号的功率控制。

GNSS 信号模拟器能够完成卫星星座仿真、大气传播仿真、用户轨迹仿真、天线建模仿真、特殊事件仿真、外部星历注入和多路径仿真等功能，具体要求如下。

（1）卫星星座仿真：应具备 GNSS 单星座或 GNSS 混合星座仿真功能，具体包括卫星轨道仿真、卫星钟差仿真、设备时延仿真、地球自转效应仿真和相对论效应仿真。

（2）大气传播仿真：应具备电离层延迟和对流层延迟仿真功能。

（3）用户轨迹仿真：应能模拟静态、动态载体的运动特性，仿真生成用户运动轨迹。

（4）天线建模仿真：应具备用户终端天线方向图的参数自配置和外部参数导入建模仿真功能。

（5）特殊事件仿真：应具备闰秒调整、卫星故障、卫星伪距跳变仿真功能。

（6）外部星历注入：应支持按外部输入的星历进行仿真的功能。

（7）多路径仿真：应具备多路径仿真功能，多路径信号的时延、衰减可调。

多数 GNSS 接收机测试需要在具备受控和可重复性的实验室条件下进行，这样不仅可以对正常条件下的接收机性能进行测试，还可以对极端恶劣条件下的接收机性能进行测试。此外，实验室模拟测试还可以为目前尚未投入使用或缺乏完整导航星座的接收机开发提供条件。实际 GNSS 信号的环境测试由于受环境条件持续变化的影响，因此无法直接进行受控测试，而采用 GNSS 信号模拟器的实验室模拟测试却可以对信号条件进行完全的控制，具备更显著的优势。

图 1.11　GNSS 信号模拟器的实物图

如图 1.11 所示为一款 GNSS 信号模拟器的实物图。

该 GNSS 信号模拟器是面向全球卫星导航系统的卫星导航信号模拟源，能够模拟产生 BDS、

GPS、GLONASS、Galileo 等卫星导航系统的卫星导航信号；同时，具备灵活可配置功能，支持 BPSK、BOC 等信号调制方式。其功能特点具体包括以下几点。

（1）配备仿真控制软件，用户可根据实际需求对仿真数据进行配置修改，如卫星轨道数据、电离层和对流层参数、多径参数、用户轨迹等。

（2）仿真控制软件可显示：可见卫星的时空图、卫星仰角和方位角、仿真时间、多普勒、伪距、卫星功率、载体运动轨迹、载体位置和速度等信息。

（3）场景运行中产生的数据可存储在文件中，便于后续研究分析。

（4）可仿真动态伪距信号，模拟匀速、匀加速、正弦、圆周运动，以及常见的舰船、车辆和飞机轨迹。

（5）可模拟卫星伪距缓变异常情况，用于测试接收机的自主完好性功能。

（6）具有通道参数配置功能，各通道的载波频率、码率、信息速率、伪距初值、载波初相、信号功率都可独立设置。

（7）支持接收机天线方向图建模。

该 GNSS 信号模拟器可以同时模拟多个用户的位置、速度和加速度等导航参数信息，满足用户终端的设计研发、生产测试、教学演示等应用需求。

1.1.7 RTK 基站

实时动态定位（Real-Time Kinematic，RTK）技术是以载波相位作为基本观测量的差分定位技术。将一台 GNSS 接收机安置在一个固定观测站（称为基准站），另一台 GNSS 接收机安置在运动的载体上（称为移动站），在运动过程中移动站与基准站的 GNSS 接收机进行同步观测，并从基准站实时发送测量的载波相位观测值、伪距观测值、基准站坐标等无线电信号给移动站，以确定移动站相对基准站的瞬时位置。

RTK 测量系统一般由以下三部分组成：GNSS 接收设备、数据传输设备和软件解算系统。

（1）GNSS 接收设备

RTK 测量系统中至少应包含两台 GNSS 接收机，其中一台 GNSS 接收机安置在基准站上，另一台或若干台 GNSS 接收机分别安置在不同的移动站（即用户）上。基准站应架设在位置坐标已知的点上，且观测条件较好。在作业期间，基准站的 GNSS 接收机应连续跟踪全部可见 GNSS 卫星，并将观测数据通过数据传输系统实时地发送给移动站。GNSS 接收机可以是单频、双频或多频，当系统中包含多个用户接收机时，基准站上的 GNSS 接收机宜采用双频或多频接收机。

（2）数据传输设备

基准站与移动站之间的联系是由数据传输系统（即数据链）完成的，数据传输设备是实现实时动态测量的关键设备之一，由调制解调器和无线电台组成。在基准站上，调制解调器将有关数据进行编码和调制，然后由无线电发射台发射出去。移动站上的无线电接收台将其接收下来，并由解调器将数据解调还原，送入移动站上的 GNSS 接收机中。

（3）软件解算系统

软件解算系统的质量与功能对于保障实时动态测量的可行性、测量结果的精确性与可靠性，具有决定性的意义。实时动态测量的软件解算系统应具有如下主要功能：

① 整周模糊度的动态快速解算；

② 实时解算移动站的三维位置坐标；

③ 求解坐标系之间的转换参数；

④ 根据转换参数进行坐标系统的转换；

⑤ 解算结果质量分析与精度评定；

⑥ 测量结果的显示与绘图。

如图 1.12 所示为上海司南卫星导航技术有限公司生产的司南 M300C 系列基准站的实物图，其性能参数如表 1.1 所示。

图 1.12　司南 M300C 系列基准站的实物图

表 1.1　司南 M300C 系列性能参数

<table>
<tr><td rowspan="2">信号</td><td>BDS</td><td colspan="2">B1/B2</td></tr>
<tr><td>GPS</td><td colspan="2">L1 C/A、L1 P、L2 P</td></tr>
<tr><td colspan="2">更新率</td><td colspan="2">1Hz、2Hz、5Hz</td></tr>
<tr><td rowspan="6">定位精度</td><td rowspan="3">双频 RTK（水平）</td><td>BDS</td><td>±（10+1×10^{−6}×D）mm</td></tr>
<tr><td>GPS</td><td>±（10+1×10^{−6}×D）mm</td></tr>
<tr><td>BDS+GPS</td><td>±（10+0.5×10^{−6}×D）mm</td></tr>
<tr><td rowspan="3">双频 RTK（垂直）</td><td>BDS</td><td>±（20+1×10^{−6}×D）mm</td></tr>
<tr><td>GPS</td><td>±（20+1×10^{−6}×D）mm</td></tr>
<tr><td>BDS+GPS</td><td>±（20+0.5×10^{−6}×D）mm</td></tr>
<tr><td rowspan="2">RTK 初始化</td><td>时间</td><td colspan="2"><20 s</td></tr>
<tr><td>可靠性</td><td colspan="2">>99.9%</td></tr>
</table>

司南 M300C 系列基准站中 GNSS 接收机采用双频模式是为了快速、准确地求解整周模糊度。

发射电台为外置的独立电台，由于电台信号传播属于直线传播，所以为了使基准站和移动站的数据传输距离更远，基准站应选择在地势较高的测点上。此外，电台频率应选择本地区 GNSS RTK 作业范围和距离，必要时可以在基准站和移动站之间架设额外的中继电台。

在 GNSS 导航定位中主要存在三部分误差：①与 GNSS 导航卫星有关的误差：如卫星钟差、星历误差等；②传播延迟误差：如电离层延迟、对流层延迟等；③与接收机有关的误差：如热噪声、接收机钟差、多路径效应等。在一定的作业范围内（如距基准站 20 km 范围内），RTK 技术借助基准站和移动站间的空间相关性，采用载波相位差分方式可完全消除第一部分误差，并可在很大程度上消除第二部分误差，因而可以实现厘米级定位精度。正是由于 RTK 的高精度定位性能，所以通常可在导航实验中作为基准对其他导航方式的定位精度进行评估。

1.2　实验数据的基本处理方法

测量总会存在误差，因而对于高精度要求的科学研究和工程实践而言，获得的测量数据不能直接应用，还需要进行一系列的分析、处理。这种分析和处理包括工程分析（对测量设备、测量原理、测量过程进行分析，对数据的合理性进行分析）和数学处理。测量数据的数学处理包括数据建模、误差分析、参数估计、假设检验、精度评定等。

下面将结合导航实验的基本要求，介绍一些实验数据的基本处理方法。

1.2.1　最优估计基本概念

在工程技术问题中，为了获取工程对象（在控制理论中称为系统）各个物理量（在控制理论中称为状态，经常是随机向量）的数值以了解该系统，或为了控制工程对象，必须利用测量手段测量系统的各个状态。但是，量测值通常只是系统的部分状态或部分状态的线性组合，而且其中包含随机误差（通常称为量测噪声）。针对上述问题，解决的一种办法就是估计。估计就是根据量测值 $\boldsymbol{Z}(t)=\boldsymbol{h}[\boldsymbol{X}(t)]+\boldsymbol{V}(t)$ 解算出与之相关的状态量 $\boldsymbol{X}(t)$ 的过程，其中 $\boldsymbol{Z}$ 称为 $\boldsymbol{X}$ 的量测值，随机向量 $\boldsymbol{V}$ 称为量测误差，$\boldsymbol{X}$ 的估计值记为 $\hat{\boldsymbol{X}}$。

设在 $[t_0,t_1]$ 时间段内的量测值为 $\boldsymbol{Z}(t)$，相应的估计为 $\hat{\boldsymbol{X}}(t)$，则

① 当 $t=t_1$ 时，$\hat{\boldsymbol{X}}(t)$ 称为 $\boldsymbol{X}(t)$ 的估计；

② 当 $t>t_1$ 时，$\hat{\boldsymbol{X}}(t)$ 称为 $\boldsymbol{X}(t)$ 的预测；

③ 当 $t<t_1$ 时，$\hat{\boldsymbol{X}}(t)$ 称为 $\boldsymbol{X}(t)$ 的平滑。

最优估计是指某一指标函数达到最值时的估计，它通过处理仅与状态有关的量测值，得出某种统计意义上估计误差最小的状态估值。估计误差最小的标准称为估计准则。根据不同的估计准则和估计计算方法，有不同的最优估计，其中最小二乘估计和最小方差估计是两种最为常用的最优估计。

① 若以量测估计 $\hat{\boldsymbol{Z}}$ 的偏差的平方和达到最小为指标，即

$$(\boldsymbol{Z}-\hat{\boldsymbol{Z}})^{\mathrm{T}}(\boldsymbol{Z}-\hat{\boldsymbol{Z}})=\min \tag{1.1}$$

则所得估计 $\hat{\boldsymbol{X}}$ 为 $\boldsymbol{X}$ 的最小二乘估计。

② 若以状态估计 $\hat{\boldsymbol{X}}$ 的均方误差的期望达到最小为指标，即

$$E[(\boldsymbol{X}-\hat{\boldsymbol{X}})^{\mathrm{T}}(\boldsymbol{X}-\hat{\boldsymbol{X}})]=\min \tag{1.2}$$

则所得估计 $\hat{\boldsymbol{X}}$ 为 $\boldsymbol{X}$ 的最小方差估计。

1.2.2 最小二乘估计

最小二乘估计是高斯在1795年为测定行星轨道而提出的参数估计方法。最小二乘估计的特点是算法简单，不必知道与被估计量和量测量有关的任何统计信息，因而在实验数据处理和实际工程中得到了广泛应用。本节将对基本最小二乘估计、加权最小二乘估计和递推最小二乘估计这三种常用最小二乘估计进行介绍。

1）基本最小二乘估计

设 $\boldsymbol{X}$ 为某一确定性常值向量，维数为 n。一般情况下对 $\boldsymbol{X}$ 不能直接测量，而只能测量到 $\boldsymbol{X}$ 各分量的线性组合。记第 i 次测量的量测量 $\boldsymbol{Z}_i$ 为

$$\boldsymbol{Z}_i = \boldsymbol{H}_i\boldsymbol{X} + \boldsymbol{V}_i \tag{1.3}$$

式中，$\boldsymbol{Z}_i$ 为 m_i 维向量，$\boldsymbol{H}_i$ 和 $\boldsymbol{V}_i$ 分别为第 i 次测量的量测矩阵和随机量测噪声。

若共测量 r 次，即

$$\begin{cases} \boldsymbol{Z}_1 = \boldsymbol{H}_1\boldsymbol{X} + \boldsymbol{V}_1 \\ \boldsymbol{Z}_2 = \boldsymbol{H}_2\boldsymbol{X} + \boldsymbol{V}_2 \\ \qquad\cdots \\ \boldsymbol{Z}_r = \boldsymbol{H}_r\boldsymbol{X} + \boldsymbol{V}_r \end{cases} \tag{1.4}$$

则由式(1.4)可得描述 r 次测量的量测方程为

$$\boldsymbol{Z} = \boldsymbol{H}\boldsymbol{X} + \boldsymbol{V} \tag{1.5}$$

式中，$\boldsymbol{Z}$ 和 $\boldsymbol{V}$ 均为 $\sum_{i=1}^{r} m_i = m$ 维向量，$\boldsymbol{H}$ 为 $m \times n$ 矩阵。

基本最小二乘估计的准则是：使各次量测量 $\boldsymbol{Z}_i$ 与由估计 $\hat{\boldsymbol{X}}$ 确定的量测量的估计 $\hat{\boldsymbol{Z}}_i = \boldsymbol{H}_i\hat{\boldsymbol{X}}$ 之差的平方和最小，即

$$J(\hat{\boldsymbol{X}}) = \sum_{i=1}^{r}(\boldsymbol{Z}_i - \boldsymbol{H}_i\hat{\boldsymbol{X}})^{\mathrm{T}}(\boldsymbol{Z}_i - \boldsymbol{H}_i\hat{\boldsymbol{X}}) = \min \tag{1.6}$$

将式(1.6)改写为矩阵形式，则有

$$\begin{aligned} J(\hat{\boldsymbol{X}}) &= \left[(\boldsymbol{Z}_1 - \boldsymbol{H}_1\hat{\boldsymbol{X}})^{\mathrm{T}}\ (\boldsymbol{Z}_2 - \boldsymbol{H}_2\hat{\boldsymbol{X}})^{\mathrm{T}}\ \cdots\ (\boldsymbol{Z}_r - \boldsymbol{H}_r\hat{\boldsymbol{X}})^{\mathrm{T}}\right] \begin{bmatrix} \boldsymbol{Z}_1 - \boldsymbol{H}_1\hat{\boldsymbol{X}} \\ \boldsymbol{Z}_2 - \boldsymbol{H}_2\hat{\boldsymbol{X}} \\ \cdots \\ \boldsymbol{Z}_r - \boldsymbol{H}_r\hat{\boldsymbol{X}} \end{bmatrix} \\ &= (\boldsymbol{Z} - \boldsymbol{H}\hat{\boldsymbol{X}})^{\mathrm{T}}(\boldsymbol{Z} - \boldsymbol{H}\hat{\boldsymbol{X}}) = \min \end{aligned} \tag{1.7}$$

而要使式(1.7)达到最小，估计 $\hat{\boldsymbol{X}}$ 应满足

$$\left.\frac{\partial J(\boldsymbol{X})}{\partial \boldsymbol{X}}\right|_{\boldsymbol{X}=\hat{\boldsymbol{X}}} = -2\boldsymbol{H}^{\mathrm{T}}(\boldsymbol{Z} - \boldsymbol{H}\hat{\boldsymbol{X}}) = \boldsymbol{0} \tag{1.8}$$

若量测矩阵 $\boldsymbol{H}$ 具有最大秩 n，即 $\boldsymbol{H}^{\mathrm{T}}\boldsymbol{H}$ 正定，且 $m > n$，则 $\boldsymbol{X}$ 的基本最小二乘估计为

$$\hat{\boldsymbol{X}} = (\boldsymbol{H}^{\mathrm{T}}\boldsymbol{H})^{-1}\boldsymbol{H}^{\mathrm{T}}\boldsymbol{Z} \tag{1.9}$$

定义基本最小二乘估计的误差为 $\tilde{\boldsymbol{X}} = \boldsymbol{X} - \hat{\boldsymbol{X}}$，则有

$$
\begin{aligned}
\tilde{\boldsymbol{X}} &= \boldsymbol{X} - \hat{\boldsymbol{X}} \\
&= (\boldsymbol{H}^{\mathrm{T}}\boldsymbol{H})^{-1}(\boldsymbol{H}^{\mathrm{T}}\boldsymbol{H})\boldsymbol{X} - (\boldsymbol{H}^{\mathrm{T}}\boldsymbol{H})^{-1}\boldsymbol{H}^{\mathrm{T}}\boldsymbol{Z} \\
&= (\boldsymbol{H}^{\mathrm{T}}\boldsymbol{H})^{-1}\boldsymbol{H}^{\mathrm{T}}(\boldsymbol{H}\boldsymbol{X} - \boldsymbol{Z}) \\
&= -(\boldsymbol{H}^{\mathrm{T}}\boldsymbol{H})^{-1}\boldsymbol{H}^{\mathrm{T}}\boldsymbol{V}
\end{aligned} \tag{1.10}
$$

当量测噪声 $\boldsymbol{V}$ 是期望为零、方差为 $\boldsymbol{R}$ 的随机向量时，即 $E[\boldsymbol{V}]=\boldsymbol{0}$、$E[\boldsymbol{V}\boldsymbol{V}^{\mathrm{T}}]=\boldsymbol{R}$，则基本最小二乘估计误差 $\tilde{\boldsymbol{X}}$ 的期望为

$$
\begin{aligned}
E[\tilde{\boldsymbol{X}}] &= E[-(\boldsymbol{H}^{\mathrm{T}}\boldsymbol{H})^{-1}\boldsymbol{H}^{\mathrm{T}}\boldsymbol{V}] \\
&= -(\boldsymbol{H}^{\mathrm{T}}\boldsymbol{H})^{-1}\boldsymbol{H}^{\mathrm{T}}E[\boldsymbol{V}] \\
&= \boldsymbol{0}
\end{aligned} \tag{1.11}
$$

进一步，定义基本最小二乘估计的均方误差阵为 $E[\tilde{\boldsymbol{X}}\tilde{\boldsymbol{X}}^{\mathrm{T}}]$，则有

$$
\begin{aligned}
E[\tilde{\boldsymbol{X}}\tilde{\boldsymbol{X}}^{\mathrm{T}}] &= E[-(\boldsymbol{H}^{\mathrm{T}}\boldsymbol{H})^{-1}\boldsymbol{H}^{\mathrm{T}}\boldsymbol{V}[-(\boldsymbol{H}^{\mathrm{T}}\boldsymbol{H})^{-1}\boldsymbol{H}^{\mathrm{T}}\boldsymbol{V}]^{\mathrm{T}}] \\
&= E[(\boldsymbol{H}^{\mathrm{T}}\boldsymbol{H})^{-1}\boldsymbol{H}^{\mathrm{T}}\boldsymbol{V}\boldsymbol{V}^{\mathrm{T}}\boldsymbol{H}(((\boldsymbol{H}^{\mathrm{T}}\boldsymbol{H})^{-1})^{\mathrm{T}}] \\
&= E[(\boldsymbol{H}^{\mathrm{T}}\boldsymbol{H})^{-1}\boldsymbol{H}^{\mathrm{T}}\boldsymbol{V}\boldsymbol{V}^{\mathrm{T}}\boldsymbol{H}(((\boldsymbol{H}^{\mathrm{T}}\boldsymbol{H})^{\mathrm{T}})^{-1}] \\
&= E[(\boldsymbol{H}^{\mathrm{T}}\boldsymbol{H})^{-1}\boldsymbol{H}^{\mathrm{T}}\boldsymbol{V}\boldsymbol{V}^{\mathrm{T}}\boldsymbol{H}(\boldsymbol{H}^{\mathrm{T}}\boldsymbol{H})^{-1}] \\
&= (\boldsymbol{H}^{\mathrm{T}}\boldsymbol{H})^{-1}\boldsymbol{H}^{\mathrm{T}}E[\boldsymbol{V}\boldsymbol{V}^{\mathrm{T}}]\boldsymbol{H}(\boldsymbol{H}^{\mathrm{T}}\boldsymbol{H})^{-1} \\
&= (\boldsymbol{H}^{\mathrm{T}}\boldsymbol{H})^{-1}\boldsymbol{H}^{\mathrm{T}}\boldsymbol{R}\boldsymbol{H}(\boldsymbol{H}^{\mathrm{T}}\boldsymbol{H})^{-1}
\end{aligned} \tag{1.12}
$$

由式(1.11)可知，基本最小二乘估计误差 $\tilde{\boldsymbol{X}}$ 的期望为零，所以基本最小二乘估计是无偏估计。由于基本最小二乘估计的指标是使各次量测量与其估计值之差的平方和最小，这实际上兼顾了各次量测量的估计误差，进而使各次量测量的整体估计误差达到最小，因此基本最小二乘估计对抑制量测噪声是有益的。

2）加权最小二乘估计

在基本最小二乘估计中，各次量测量对状态估计结果的影响权重是完全相同的，即不分优劣地使用了各次量测量，因而限制了估计精度的进一步提升。如果对不同量测量的测量精度有所了解，则可用加权的办法区别对待各量测量，测量精度高的权重取得大些，测量精度差的权重取得小些，这便是加权最小二乘估计的思路。加权最小二乘估计 $\hat{\boldsymbol{X}}$ 的求取准则是

$$
J(\hat{\boldsymbol{X}}) = (\boldsymbol{Z} - \boldsymbol{H}\hat{\boldsymbol{X}})^{\mathrm{T}}\boldsymbol{W}(\boldsymbol{Z} - \boldsymbol{H}\hat{\boldsymbol{X}}) = \min \tag{1.13}
$$

式中，$\boldsymbol{W}$ 是正定的加权矩阵。特别地，当 $\boldsymbol{W}=\boldsymbol{I}$ 时，式(1.13)就是基本最小二乘估计的准则。

要使式(1.13)成立，应满足

$$
\left.\frac{\partial J(\boldsymbol{X})}{\partial \boldsymbol{X}}\right|_{X=\hat{X}} = -\boldsymbol{H}^{\mathrm{T}}(\boldsymbol{W}+\boldsymbol{W}^{\mathrm{T}})(\boldsymbol{Z} - \boldsymbol{H}\hat{\boldsymbol{X}}) = \boldsymbol{0} \tag{1.14}
$$

从中解得

$$
\hat{\boldsymbol{X}} = [\boldsymbol{H}^{\mathrm{T}}(\boldsymbol{W}+\boldsymbol{W}^{\mathrm{T}})\boldsymbol{H}]^{-1}\boldsymbol{H}^{\mathrm{T}}(\boldsymbol{W}+\boldsymbol{W}^{\mathrm{T}})\boldsymbol{Z} \tag{1.15}
$$

一般情况下，加权矩阵取成对称矩阵，即 $\boldsymbol{W}=\boldsymbol{W}^{\mathrm{T}}$，所以加权最小二乘估计为

$$
\hat{\boldsymbol{X}} = (\boldsymbol{H}^{\mathrm{T}}\boldsymbol{W}\boldsymbol{H})^{-1}\boldsymbol{H}^{\mathrm{T}}\boldsymbol{W}\boldsymbol{Z} \tag{1.16}
$$

那么，加权最小二乘估计误差为

$$
\begin{aligned}
\tilde{\boldsymbol{X}} &= \boldsymbol{X} - \hat{\boldsymbol{X}} \\
&= (\boldsymbol{H}^{\mathrm{T}}\boldsymbol{W}\boldsymbol{H})^{-1}(\boldsymbol{H}^{\mathrm{T}}\boldsymbol{W}\boldsymbol{H})\boldsymbol{X} - (\boldsymbol{H}^{\mathrm{T}}\boldsymbol{W}\boldsymbol{H})^{-1}\boldsymbol{H}^{\mathrm{T}}\boldsymbol{W}\boldsymbol{Z}
\end{aligned}
$$

$$
\begin{aligned}
&= (\boldsymbol{H}^{\mathrm{T}}\boldsymbol{W}\boldsymbol{H})^{-1}\boldsymbol{H}^{\mathrm{T}}\boldsymbol{W}(\boldsymbol{H}\boldsymbol{X}-\boldsymbol{Z}) \\
&= -(\boldsymbol{H}^{\mathrm{T}}\boldsymbol{W}\boldsymbol{H})^{-1}\boldsymbol{H}^{\mathrm{T}}\boldsymbol{W}\boldsymbol{V}
\end{aligned} \tag{1.17}
$$

如果量测噪声$\boldsymbol{V}$是期望为零、方差为$\boldsymbol{R}$的随机向量，即$E[\boldsymbol{V}]=\boldsymbol{0}$、$E[\boldsymbol{V}\boldsymbol{V}^{\mathrm{T}}]=\boldsymbol{R}$，则加权最小二乘估计误差$\tilde{\boldsymbol{X}}$的期望为

$$
\begin{aligned}
E[\tilde{\boldsymbol{X}}] &= E[-(\boldsymbol{H}^{\mathrm{T}}\boldsymbol{W}\boldsymbol{H})^{-1}\boldsymbol{H}^{\mathrm{T}}\boldsymbol{W}\boldsymbol{V}] \\
&= -(\boldsymbol{H}^{\mathrm{T}}\boldsymbol{W}\boldsymbol{H})^{-1}\boldsymbol{H}^{\mathrm{T}}\boldsymbol{W}E[\boldsymbol{V}] \\
&= \boldsymbol{0}
\end{aligned} \tag{1.18}
$$

由式(1.18)可知，加权最小二乘估计误差$\tilde{\boldsymbol{X}}$的期望为零，所以加权最小二乘估计是无偏估计。加权最小二乘估计的均方误差阵为

$$
\begin{aligned}
E[\tilde{\boldsymbol{X}}\tilde{\boldsymbol{X}}^{\mathrm{T}}] &= E[-(\boldsymbol{H}^{\mathrm{T}}\boldsymbol{W}\boldsymbol{H})^{-1}\boldsymbol{H}^{\mathrm{T}}\boldsymbol{W}\boldsymbol{V}[-(\boldsymbol{H}^{\mathrm{T}}\boldsymbol{W}\boldsymbol{H})^{-1}\boldsymbol{H}^{\mathrm{T}}\boldsymbol{W}\boldsymbol{V}]^{\mathrm{T}}] \\
&= E[(\boldsymbol{H}^{\mathrm{T}}\boldsymbol{W}\boldsymbol{H})^{-1}\boldsymbol{H}^{\mathrm{T}}\boldsymbol{W}\boldsymbol{V}\boldsymbol{V}^{\mathrm{T}}\boldsymbol{W}\boldsymbol{H}((\boldsymbol{H}^{\mathrm{T}}\boldsymbol{W}\boldsymbol{H})^{-1})^{\mathrm{T}}] \\
&= E[(\boldsymbol{H}^{\mathrm{T}}\boldsymbol{W}\boldsymbol{H})^{-1}\boldsymbol{H}^{\mathrm{T}}\boldsymbol{W}\boldsymbol{V}\boldsymbol{V}^{\mathrm{T}}\boldsymbol{W}\boldsymbol{H}((\boldsymbol{H}^{\mathrm{T}}\boldsymbol{W}\boldsymbol{H})^{\mathrm{T}})^{-1}] \\
&= E[(\boldsymbol{H}^{\mathrm{T}}\boldsymbol{W}\boldsymbol{H})^{-1}\boldsymbol{H}^{\mathrm{T}}\boldsymbol{W}\boldsymbol{V}\boldsymbol{V}^{\mathrm{T}}\boldsymbol{W}\boldsymbol{H}(\boldsymbol{H}^{\mathrm{T}}\boldsymbol{W}\boldsymbol{H})^{-1}] \\
&= (\boldsymbol{H}^{\mathrm{T}}\boldsymbol{W}\boldsymbol{H})^{-1}\boldsymbol{H}^{\mathrm{T}}\boldsymbol{W}E[\boldsymbol{V}\boldsymbol{V}^{\mathrm{T}}]\boldsymbol{W}\boldsymbol{H}(\boldsymbol{H}^{\mathrm{T}}\boldsymbol{W}\boldsymbol{H})^{-1} \\
&= (\boldsymbol{H}^{\mathrm{T}}\boldsymbol{W}\boldsymbol{H})^{-1}\boldsymbol{H}^{\mathrm{T}}\boldsymbol{W}\boldsymbol{R}\boldsymbol{W}\boldsymbol{H}(\boldsymbol{H}^{\mathrm{T}}\boldsymbol{W}\boldsymbol{H})^{-1}
\end{aligned} \tag{1.19}
$$

如果$\boldsymbol{W}=\boldsymbol{R}^{-1}$，则加权最小二乘估计

$$
\hat{\boldsymbol{X}} = (\boldsymbol{H}^{\mathrm{T}}\boldsymbol{R}^{-1}\boldsymbol{H})^{-1}\boldsymbol{H}^{\mathrm{T}}\boldsymbol{R}^{-1}\boldsymbol{Z} \tag{1.20}
$$

又称马尔可夫估计。

马尔可夫估计的均方误差阵为

$$
\begin{aligned}
E[\tilde{\boldsymbol{X}}\tilde{\boldsymbol{X}}^{\mathrm{T}}] &= (\boldsymbol{H}^{\mathrm{T}}\boldsymbol{R}^{-1}\boldsymbol{H})^{-1}\boldsymbol{H}^{\mathrm{T}}\boldsymbol{R}^{-1}\boldsymbol{R}\boldsymbol{R}^{-1}\boldsymbol{H}(\boldsymbol{H}^{\mathrm{T}}\boldsymbol{R}^{-1}\boldsymbol{H})^{-1} \\
&= (\boldsymbol{H}^{\mathrm{T}}\boldsymbol{R}^{-1}\boldsymbol{H})^{-1}
\end{aligned} \tag{1.21}
$$

下面分析马尔可夫估计均方误差与其他加权最小二乘估计均方误差之间的关系。由矩阵理论可知，正定矩阵$\boldsymbol{R}$可表示成$\boldsymbol{R}=\boldsymbol{S}^{\mathrm{T}}\boldsymbol{S}$，其中$\boldsymbol{S}$为满秩矩阵。令

$$
\boldsymbol{A} = \boldsymbol{H}^{\mathrm{T}}\boldsymbol{S}^{-1} \tag{1.22}
$$

$$
\boldsymbol{B} = \boldsymbol{S}\boldsymbol{W}\boldsymbol{H}(\boldsymbol{H}^{\mathrm{T}}\boldsymbol{W}\boldsymbol{H})^{-1} \tag{1.23}
$$

则

$$
\begin{aligned}
\boldsymbol{A}\boldsymbol{A}^{\mathrm{T}} &= (\boldsymbol{H}^{\mathrm{T}}\boldsymbol{S}^{-1})(\boldsymbol{H}^{\mathrm{T}}\boldsymbol{S}^{-1})^{\mathrm{T}} \\
&= \boldsymbol{H}^{\mathrm{T}}\boldsymbol{S}^{-1}(\boldsymbol{S}^{-1})^{\mathrm{T}}\boldsymbol{H} \\
&= \boldsymbol{H}^{\mathrm{T}}\boldsymbol{S}^{-1}(\boldsymbol{S}^{\mathrm{T}})^{-1}\boldsymbol{H} \\
&= \boldsymbol{H}^{\mathrm{T}}(\boldsymbol{S}^{\mathrm{T}}\boldsymbol{S})^{-1}\boldsymbol{H} \\
&= \boldsymbol{H}^{\mathrm{T}}\boldsymbol{R}^{-1}\boldsymbol{H}
\end{aligned} \tag{1.24}
$$

$$
\boldsymbol{A}\boldsymbol{B} = \boldsymbol{H}^{\mathrm{T}}\boldsymbol{S}^{-1}\boldsymbol{S}\boldsymbol{W}\boldsymbol{H}(\boldsymbol{H}^{\mathrm{T}}\boldsymbol{W}\boldsymbol{H})^{-1} = \boldsymbol{I} \tag{1.25}
$$

$$
\begin{aligned}
\boldsymbol{B}^{\mathrm{T}}\boldsymbol{B} &= [\boldsymbol{S}\boldsymbol{W}\boldsymbol{H}(\boldsymbol{H}^{\mathrm{T}}\boldsymbol{W}\boldsymbol{H})^{-1}]^{\mathrm{T}}\boldsymbol{S}\boldsymbol{W}\boldsymbol{H}(\boldsymbol{H}^{\mathrm{T}}\boldsymbol{W}\boldsymbol{H})^{-1} \\
&= (\boldsymbol{H}^{\mathrm{T}}\boldsymbol{W}\boldsymbol{H})^{-1}\boldsymbol{H}^{\mathrm{T}}\boldsymbol{W}\boldsymbol{R}\boldsymbol{W}\boldsymbol{H}(\boldsymbol{H}^{\mathrm{T}}\boldsymbol{W}\boldsymbol{H})^{-1}
\end{aligned} \tag{1.26}
$$

根据许瓦茨不等式

$$
\boldsymbol{B}^{\mathrm{T}}\boldsymbol{B} \geqslant (\boldsymbol{A}\boldsymbol{B})^{\mathrm{T}}(\boldsymbol{A}\boldsymbol{A}^{\mathrm{T}})^{-1}(\boldsymbol{A}\boldsymbol{B}) \tag{1.27}
$$

并将式(1.24)、式(1.25)和式(1.26)代入式(1.27)，可得

$$(\boldsymbol{H}^{\mathrm{T}}\boldsymbol{W}\boldsymbol{H})^{-1}\boldsymbol{H}^{\mathrm{T}}\boldsymbol{W}\boldsymbol{R}\boldsymbol{W}\boldsymbol{H}(\boldsymbol{H}^{\mathrm{T}}\boldsymbol{W}\boldsymbol{H})^{-1} \geqslant \boldsymbol{H}^{\mathrm{T}}\boldsymbol{R}^{-1}\boldsymbol{H} \tag{1.28}$$

由式(1.28)可知，马尔可夫估计的均方误差比任何其他加权最小二乘估计的均方误差都要小，所以它是加权最小二乘估计中的最优者。

3）递推最小二乘估计

通常来讲，量测值越多，只要处理合适，最小二乘估计的均方误差就越小。采用批处理实现的最小二乘估计需存储所有的量测量。若量测量的数量十分庞大，则计算机必须具备巨大的存储容量，这显然是不经济的。递推最小二乘估计从每次获得的量测量中提取出被估计量，用于修正上一步所得的估计。获得量测的次数越多，修正的次数也就越多，估计的精度也越高。下面对递推最小二乘估计进行介绍。

设 $\boldsymbol{X}$ 为确定性常值向量，前 k 次测量积累的量测量为 $\bar{\boldsymbol{Z}}_k$，量测方程为

$$\bar{\boldsymbol{Z}}_k = \bar{\boldsymbol{H}}_k\boldsymbol{X} + \bar{\boldsymbol{V}}_k \tag{1.29}$$

式中，前 k 次量测量 $\bar{\boldsymbol{Z}}_k$、量测矩阵 $\bar{\boldsymbol{H}}_k$ 和量测噪声 $\bar{\boldsymbol{V}}_k$ 分别为

$$\bar{\boldsymbol{Z}}_k = \begin{bmatrix} \boldsymbol{Z}_1 \\ \boldsymbol{Z}_2 \\ \vdots \\ \boldsymbol{Z}_k \end{bmatrix},\quad \bar{\boldsymbol{H}}_k = \begin{bmatrix} \boldsymbol{H}_1 \\ \boldsymbol{H}_2 \\ \vdots \\ \boldsymbol{H}_k \end{bmatrix},\quad \bar{\boldsymbol{V}}_k = \begin{bmatrix} \boldsymbol{V}_1 \\ \boldsymbol{V}_2 \\ \vdots \\ \boldsymbol{V}_k \end{bmatrix}$$

$\boldsymbol{Z}_i$、$\boldsymbol{H}_i$ 和 $\boldsymbol{V}_i$ 分别为第 i 次测量的量测量、量测矩阵和量测噪声，满足量测方程

$$\boldsymbol{Z}_i = \boldsymbol{H}_i\boldsymbol{X} + \boldsymbol{V}_i \qquad i = 1,2,\cdots,k \tag{1.30}$$

则前 $k+1$ 次量测量满足量测方程

$$\bar{\boldsymbol{Z}}_{k+1} = \bar{\boldsymbol{H}}_{k+1}\boldsymbol{X} + \bar{\boldsymbol{V}}_{k+!} \tag{1.31}$$

式中，前 $k+1$ 次量测量 $\bar{\boldsymbol{Z}}_{k+1}$、量测矩阵 $\bar{\boldsymbol{H}}_{k+1}$ 和量测噪声 $\bar{\boldsymbol{V}}_{k+1}$ 分别为

$$\bar{\boldsymbol{Z}}_{k+1} = \begin{bmatrix} \bar{\boldsymbol{Z}}_k \\ \boldsymbol{Z}_{k+1} \end{bmatrix},\quad \bar{\boldsymbol{H}}_{k+1} = \begin{bmatrix} \bar{\boldsymbol{H}}_k \\ \boldsymbol{H}_{k+1} \end{bmatrix},\quad \bar{\boldsymbol{V}}_{k+1} = \begin{bmatrix} \bar{\boldsymbol{V}}_k \\ \boldsymbol{V}_{k+1} \end{bmatrix}$$

$\boldsymbol{Z}_{k+1}$、$\boldsymbol{H}_{k+1}$ 和 $\boldsymbol{V}_{k+1}$ 分别为第 $k+1$ 次测量的量测量、量测矩阵和量测噪声，满足量测方程

$$\boldsymbol{Z}_{k+1} = \boldsymbol{H}_{k+1}\boldsymbol{X} + \boldsymbol{V}_{k+1} \tag{1.32}$$

根据式(1.16)，由前 k 次量测量确定的加权最小二乘估计为

$$\hat{\boldsymbol{X}}_k = (\bar{\boldsymbol{H}}_k^{\mathrm{T}}\bar{\boldsymbol{W}}_k\bar{\boldsymbol{H}}_k)^{-1}\bar{\boldsymbol{H}}_k^{\mathrm{T}}\bar{\boldsymbol{W}}_k\bar{\boldsymbol{Z}}_k \tag{1.33}$$

式中，加权矩阵 $\bar{\boldsymbol{W}}_k$ 为

$$\bar{\boldsymbol{W}}_k = \begin{bmatrix} \boldsymbol{W}_1 & \boldsymbol{0} & \boldsymbol{0} & \boldsymbol{0} \\ \boldsymbol{0} & \boldsymbol{W}_2 & \boldsymbol{0} & \boldsymbol{0} \\ \vdots & \vdots & \ddots & \vdots \\ \boldsymbol{0} & \boldsymbol{0} & \boldsymbol{0} & \boldsymbol{W}_k \end{bmatrix}$$

令

$$\boldsymbol{P}_k = (\bar{\boldsymbol{H}}_k^{\mathrm{T}}\bar{\boldsymbol{W}}_k\bar{\boldsymbol{H}}_k)^{-1} \tag{1.34}$$

则

$$\hat{\boldsymbol{X}}_k = \boldsymbol{P}_k\bar{\boldsymbol{H}}_k^{\mathrm{T}}\bar{\boldsymbol{W}}_k\bar{\boldsymbol{Z}}_k \tag{1.35}$$

同理，由前 $k+1$ 次量测量确定的加权最小二乘估计为

$$\hat{\boldsymbol{X}}_{k+1} = \boldsymbol{P}_{k+1}\bar{\boldsymbol{H}}_{k+1}^{\mathrm{T}}\bar{\boldsymbol{W}}_{k+1}\bar{\boldsymbol{Z}}_{k+1}$$

$$
\begin{aligned}
&= \boldsymbol{P}_{k+1}\begin{bmatrix}\bar{\boldsymbol{H}}_k^{\mathrm{T}} & \boldsymbol{H}_{k+1}^{\mathrm{T}}\end{bmatrix}\begin{bmatrix}\bar{\boldsymbol{W}}_k & \boldsymbol{0}\\ \boldsymbol{0} & \boldsymbol{W}_{k+1}\end{bmatrix}\begin{bmatrix}\bar{\boldsymbol{Z}}_k\\ \boldsymbol{Z}_{k+1}\end{bmatrix}\\
&= \boldsymbol{P}_{k+1}\bar{\boldsymbol{H}}_k^{\mathrm{T}}\bar{\boldsymbol{W}}_k\bar{\boldsymbol{Z}}_k + \boldsymbol{P}_{k+1}\boldsymbol{H}_{k+1}^{\mathrm{T}}\boldsymbol{W}_{k+1}\boldsymbol{Z}_{k+1}
\end{aligned} \tag{1.36}
$$

式中

$$
\begin{aligned}
\boldsymbol{P}_{k+1} &= (\bar{\boldsymbol{H}}_{k+1}^{\mathrm{T}}\bar{\boldsymbol{W}}_{k+1}\bar{\boldsymbol{H}}_{k+1})^{-1}\\
&= \left(\begin{bmatrix}\bar{\boldsymbol{H}}_k^{\mathrm{T}} & \boldsymbol{H}_{k+1}^{\mathrm{T}}\end{bmatrix}\begin{bmatrix}\bar{\boldsymbol{W}}_k & \boldsymbol{0}\\ \boldsymbol{0} & \boldsymbol{W}_{k+1}\end{bmatrix}\begin{bmatrix}\bar{\boldsymbol{H}}_k\\ \boldsymbol{H}_{k+1}\end{bmatrix}\right)^{-1}\\
&= (\bar{\boldsymbol{H}}_k^{\mathrm{T}}\bar{\boldsymbol{W}}_k\bar{\boldsymbol{H}}_k + \boldsymbol{H}_{k+1}^{\mathrm{T}}\boldsymbol{W}_{k+1}\boldsymbol{H}_{k+1})^{-1}\\
&= (\boldsymbol{P}_k^{-1} + \boldsymbol{H}_{k+1}^{\mathrm{T}}\boldsymbol{W}_{k+1}\boldsymbol{H}_{k+1})^{-1}
\end{aligned} \tag{1.37}
$$

由矩阵反演公式

$$
(\boldsymbol{A}_{11} - \boldsymbol{A}_{12}\boldsymbol{A}_{22}^{-1}\boldsymbol{A}_{21})^{-1} = \boldsymbol{A}_{11}^{-1} + \boldsymbol{A}_{11}^{-1}\boldsymbol{A}_{12}(\boldsymbol{A}_{22} - \boldsymbol{A}_{21}\boldsymbol{A}_{11}^{-1}\boldsymbol{A}_{12})^{-1}\boldsymbol{A}_{21}\boldsymbol{A}_{11}^{-1} \tag{1.38}
$$

令 $\boldsymbol{A}_{11} = \boldsymbol{P}_k^{-1}$， $\boldsymbol{A}_{12} = -\boldsymbol{H}_{k+1}^{\mathrm{T}}$， $\boldsymbol{A}_{22}^{-1} = \boldsymbol{W}_{k+1}$， $\boldsymbol{A}_{21} = \boldsymbol{H}_{k+1}$，可得

$$
\boldsymbol{P}_{k+1} = \boldsymbol{P}_k - \boldsymbol{P}_k\boldsymbol{H}_{k+1}^{\mathrm{T}}(\boldsymbol{W}_{k+1}^{-1} + \boldsymbol{H}_{k+1}\boldsymbol{P}_k\boldsymbol{H}_{k+1}^{\mathrm{T}})^{-1}\boldsymbol{H}_{k+1}\boldsymbol{P}_k \tag{1.39}
$$

再考察式(1.36)中的第一项，由式(1.35)和式(1.37)分别可得

$$
\bar{\boldsymbol{H}}_k^{\mathrm{T}}\bar{\boldsymbol{W}}_k\bar{\boldsymbol{Z}}_k = \boldsymbol{P}_k^{-1}\hat{\boldsymbol{X}}_k \tag{1.40}
$$

$$
\boldsymbol{P}_k^{-1} = \boldsymbol{P}_{k+1}^{-1} - \boldsymbol{H}_{k+1}^{\mathrm{T}}\boldsymbol{W}_{k+1}\boldsymbol{H}_{k+1} \tag{1.41}
$$

所以该项为

$$
\begin{aligned}
\boldsymbol{P}_{k+1}\bar{\boldsymbol{H}}_k^{\mathrm{T}}\bar{\boldsymbol{W}}_k\bar{\boldsymbol{Z}}_k &= \boldsymbol{P}_{k+1}\boldsymbol{P}_k^{-1}\hat{\boldsymbol{X}}_k\\
&= \boldsymbol{P}_{k+1}(\boldsymbol{P}_{k+1}^{-1} - \boldsymbol{H}_{k+1}^{\mathrm{T}}\boldsymbol{W}_{k+1}\boldsymbol{H}_{k+1})\hat{\boldsymbol{X}}_k\\
&= \hat{\boldsymbol{X}}_k - \boldsymbol{P}_{k+1}\boldsymbol{H}_{k+1}^{\mathrm{T}}\boldsymbol{W}_{k+1}\boldsymbol{H}_{k+1}\hat{\boldsymbol{X}}_k
\end{aligned} \tag{1.42}
$$

因此，式(1.36)可写为

$$
\begin{aligned}
\hat{\boldsymbol{X}}_{k+1} &= \hat{\boldsymbol{X}}_k - \boldsymbol{P}_{k+1}\boldsymbol{H}_{k+1}^{\mathrm{T}}\boldsymbol{W}_{k+1}\boldsymbol{H}_{k+1}\hat{\boldsymbol{X}}_k + \boldsymbol{P}_{k+1}\boldsymbol{H}_{k+1}^{\mathrm{T}}\boldsymbol{W}_{k+1}\boldsymbol{Z}_{k+1}\\
&= \hat{\boldsymbol{X}}_k + \boldsymbol{P}_{k+1}\boldsymbol{H}_{k+1}^{\mathrm{T}}\boldsymbol{W}_{k+1}(\boldsymbol{Z}_{k+1} - \boldsymbol{H}_{k+1}\hat{\boldsymbol{X}}_k)
\end{aligned} \tag{1.43}
$$

式(1.43)表明，$k+1$时刻的估计由对k时刻的估计进行修正而获得，并且修正量由对$k+1$时刻的量测量的估计误差$\tilde{\boldsymbol{Z}}_{k+1} = \boldsymbol{Z}_{k+1} - \boldsymbol{H}_{k+1}\hat{\boldsymbol{X}}_k$经增益矩阵$\boldsymbol{K}_{k+1} = \boldsymbol{P}_{k+1}\boldsymbol{H}_{k+1}^{\mathrm{T}}\boldsymbol{W}_{k+1}$加权后确定，其中$\boldsymbol{P}_{k+1}$由式(1.39)确定。因此，联合式(1.43)和式(1.39)便可得到递推最小二乘估计算法为

$$
\begin{cases}
\hat{\boldsymbol{X}}_{k+1} = \hat{\boldsymbol{X}}_k + \boldsymbol{P}_{k+1}\boldsymbol{H}_{k+1}^{\mathrm{T}}\boldsymbol{W}_{k+1}(\boldsymbol{Z}_{k+1} - \boldsymbol{H}_{k+1}\hat{\boldsymbol{X}}_k)\\
\boldsymbol{P}_{k+1} = \boldsymbol{P}_k - \boldsymbol{P}_k\boldsymbol{H}_{k+1}^{\mathrm{T}}(\boldsymbol{W}_{k+1}^{-1} + \boldsymbol{H}_{k+1}\boldsymbol{P}_k\boldsymbol{H}_{k+1}^{\mathrm{T}})^{-1}\boldsymbol{H}_{k+1}\boldsymbol{P}_k
\end{cases} \tag{1.44}
$$

由式(1.44)确定的算法是递推的，只要给定初值$\hat{\boldsymbol{X}}_0$和$\boldsymbol{P}_0$，即可获得$\boldsymbol{X}$在任意时刻的最小二乘估计。$\hat{\boldsymbol{X}}_0$和$\boldsymbol{P}_0$的选取可以是任意的，一般可取$\hat{\boldsymbol{X}}_0 = \boldsymbol{0}$，$\boldsymbol{P}_0 = p\boldsymbol{I}$，其中$p$为较大的正数。由于初值选取较为盲目，所以在递推过程中，刚开始计算时，估计误差跳跃剧烈，随着量测次数的增加，初值影响逐渐消失，估计值逐渐趋于稳定而逼近被估计量。

综合上面所介绍的基本最小二乘估计、加权最小二乘估计和递推最小二乘估计可知，最小二乘估计的最大优点是算法简单，特别是基本最小二乘估计，根本不必知道量测噪声的统计信息。但正是这种特点又引起了最小二乘估计在使用上的局限性，主要体现为以下两点：

① 最小二乘估计只能估计确定性的常值向量，而无法估计随机向量的时间过程；

② 最小二乘估计的最优指标只保证了量测量的估计均方误差之和最小，而并未确保被估计量的估计误差达到最佳，所以往往精度不高。

1.2.3 卡尔曼滤波算法

卡尔曼滤波是一种最优估计技术，具体地讲，卡尔曼滤波是递推线性最小方差估计。它是根据系统中能够测量的量，去估计系统状态量的一种方法，它对状态量估计的均方误差小于或等于其他估计的均方误差，因而是一种最优估计。与最小二乘估计、维纳滤波等诸多估计算法相比，卡尔曼滤波具有显著的优点：卡尔曼滤波采用状态空间法在时域内设计滤波器，并用状态方程描述任何复杂多维信号的动力学特性，从而避开了在频域内对信号功率谱进行分解带来的麻烦，使得滤波器设计简单易行；卡尔曼滤波采用递推算法，实时量测信息经提炼被浓缩在估计值中，而不必存储时间过程中的量测量。因此，卡尔曼滤波能适用于白噪声激励的任何平稳或非平稳随机向量过程的估计，所得估计在线性估计中精度最佳。正由于其独特的优点，卡尔曼滤波在 20 世纪 60 年代初一经提出，立即受到工程界，特别是航空航天领域的高度重视。阿波罗登月计划中的导航系统设计和 C-5A 飞机的多模式导航系统的设计是卡尔曼滤波在早期应用中最为成功的实例。随着计算机技术的发展，目前卡尔曼滤波的应用几乎涉及通信、导航、遥感、地震测量、石油勘探、经济和社会学研究等众多领域。

本节首先考虑卡尔曼滤波在线性系统中的应用，再将其扩展到非线性系统中。

1）线性系统与标准卡尔曼滤波器

（1）离散系统的数学描述

运用卡尔曼滤波方法估计系统状态，首先要列写出反映有关状态量（当然要包括希望知道的状态）之间相互关系的状态方程，以及能反映量测量与状态量之间关系的量测方程。

一个线性系统的动态特性可以用一组一阶微分方程（即系统方程）来描述：

$$\dot{\boldsymbol{X}}(t)=\boldsymbol{F}(t)\boldsymbol{X}(t)+\boldsymbol{G}(t)\boldsymbol{W}(t) \tag{1.45}$$

式中：$\boldsymbol{X}$ 为 n 维的系统状态矢量；$\boldsymbol{W}$ 为过程噪声矢量；$\boldsymbol{F}$ 是 $n\times n$ 阶系统矩阵；$\boldsymbol{G}$ 为过程噪声驱动矩阵。过程噪声 $\boldsymbol{W}$ 的均值为零且服从正态分布，功率谱密度为 $\boldsymbol{Q}$。

假设系统有 m 维量测矢量 $\boldsymbol{Z}$，它是状态矢量 $\boldsymbol{X}$ 的线性组合，且包含量测噪声，则量测矢量 $\boldsymbol{Z}$ 可以用系统状态矢量 $\boldsymbol{X}$ 表示为如下量测方程：

$$\boldsymbol{Z}(t)=\boldsymbol{H}(t)\boldsymbol{X}(t)+\boldsymbol{V}(t) \tag{1.46}$$

式中：$\boldsymbol{H}$ 是 $n\times m$ 阶量测矩阵；$\boldsymbol{V}$ 表示均值为零且服从正态分布的量测噪声，其功率谱密度为 $\boldsymbol{R}$。

虽然工程对象一般都是连续系统，并可用微分方程式(1.45)进行描述，但是实际的量测值却是一定时间间隔内的离散值。为了能够处理这种离散的量测值并提供一种高效的滤波算法，通常将连续的状态方程式(1.45)表示成差分方程的形式，即

$$\boldsymbol{X}_k=\boldsymbol{\Phi}_{k,k-1}\boldsymbol{X}_{k-1}+\boldsymbol{\Gamma}_{k-1}\boldsymbol{W}_{k-1} \tag{1.47}$$

式(1.47)表明状态方程描述了不同时刻的状态量之间的联系。

此外，离散形式的量测方程描述了同一时刻的状态量与量测量之间的联系，即

$$\boldsymbol{Z}_k=\boldsymbol{H}_k\boldsymbol{X}_k+\boldsymbol{V}_k \tag{1.48}$$

式中：$\boldsymbol{X}_k$ 为 k 时刻的 n 维状态矢量；$\boldsymbol{Z}_k$ 为 k 时刻的 m 维量测矢量；$\boldsymbol{\Phi}_{k,k-1}$ 为 $k-1$ 到 k 时刻的

系统一步转移矩阵（$n \times n$ 阶）；$\boldsymbol{W}_{k-1}$ 为 $k-1$ 时刻的系统噪声（r 维）；$\boldsymbol{\Gamma}_{k-1}$ 为系统噪声矩阵（$n \times r$ 阶），表征由 $k-1$ 到 k 时刻的各系统噪声分别影响 k 时刻各个状态的程度；$\boldsymbol{H}_k$ 为 k 时刻的量测矩阵（$m \times n$ 阶）；$\boldsymbol{V}_k$ 为 k 时刻的 m 维量测噪声。卡尔曼滤波要求 $\{\boldsymbol{W}_k\}$ 和 $\{\boldsymbol{V}_k\}$ 为互不相关的零均值的白噪声序列，有

$$E[\boldsymbol{W}_k \boldsymbol{W}_j^{\mathrm{T}}] = \boldsymbol{Q}_k \delta_{kj} \tag{1.49}$$

$$E[\boldsymbol{V}_k \boldsymbol{V}_j^{\mathrm{T}}] = \boldsymbol{R}_k \delta_{kj} \tag{1.50}$$

$\boldsymbol{Q}_k$ 和 $\boldsymbol{R}_k$ 分别为系统噪声和量测噪声的方差矩阵，在卡尔曼滤波中分别要求为已知数值的非负定阵和正定阵；δ_{kj} 是 Kronecker δ 函数，即

$$\delta_{kj} = \begin{cases} 0 & (k \neq j) \\ 1 & (k = j) \end{cases} \tag{1.51}$$

初始状态的一、二阶统计特性为

$$E[\boldsymbol{X}_0] = \boldsymbol{m}_{X_0}, \quad \mathrm{Var}[\boldsymbol{X}_0] = \boldsymbol{C}_{X_0} \tag{1.52}$$

卡尔曼滤波要求 $\boldsymbol{m}_{X_0}$ 和 $\boldsymbol{C}_{X_0}$ 为已知量，且要求 $\boldsymbol{X}_0$ 与 $\{\boldsymbol{W}_k\}$ 以及 $\{\boldsymbol{V}_k\}$ 都不相关。

（2）离散卡尔曼滤波方程

离散卡尔曼滤波方程可分为两组：第一组是基于上一步系统状态最优估计的预测方程，另一组通过把预测值与新的量测量进行组合，来对预测的最优估计进行更新。

① 预测过程

如果在获得 $k-1$ 时刻的状态最优估计结果 $\hat{\boldsymbol{X}}_{k-1}$ 后，若忽略零均值的系统噪声 $\boldsymbol{W}_{k-1}$ 的影响，则可根据状态方程式(1.47)对 k 时刻的状态量 $\boldsymbol{X}_k$ 进行一步预测，即

$$\hat{\boldsymbol{X}}_{k|k-1} = \boldsymbol{\Phi}_{k,k-1} \hat{\boldsymbol{X}}_{k-1} \tag{1.53}$$

由于受 $k-1$ 时刻的状态估计误差（$\tilde{\boldsymbol{X}}_{k-1} = \boldsymbol{X}_{k-1} - \hat{\boldsymbol{X}}_{k-1}$）和系统噪声（$\boldsymbol{W}_{k-1}$）的影响，式(1.53)对状态 $\boldsymbol{X}_k$ 的一步预测结果 $\hat{\boldsymbol{X}}_{k|k-1}$ 中含有一步预测误差为 $\tilde{\boldsymbol{X}}_{k|k-1} = \boldsymbol{X}_k - \hat{\boldsymbol{X}}_{k|k-1}$，且一步预测结果 $\hat{\boldsymbol{X}}_{k|k-1}$ 的均方误差阵 $\boldsymbol{P}_{k|k-1}$ 为

$$\begin{aligned}
\boldsymbol{P}_{k|k-1} &= E[\tilde{\boldsymbol{X}}_{k|k-1} \tilde{\boldsymbol{X}}_{k|k-1}^{\mathrm{T}}] \\
&= E[(\boldsymbol{X}_k - \hat{\boldsymbol{X}}_{k|k-1})(\boldsymbol{X}_k - \hat{\boldsymbol{X}}_{k|k-1})^{\mathrm{T}}] \\
&= E[(\boldsymbol{\Phi}_{k,k-1}\boldsymbol{X}_{k-1} + \boldsymbol{\Gamma}_{k-1}\boldsymbol{W}_{k-1} - \boldsymbol{\Phi}_{k,k-1}\hat{\boldsymbol{X}}_{k-1})(\boldsymbol{\Phi}_{k,k-1}\boldsymbol{X}_{k-1} + \boldsymbol{\Gamma}_{k-1}\boldsymbol{W}_{k-1} - \boldsymbol{\Phi}_{k,k-1}\hat{\boldsymbol{X}}_{k-1})^{\mathrm{T}}] \\
&= E[[\boldsymbol{\Phi}_{k,k-1}(\boldsymbol{X}_{k-1} - \hat{\boldsymbol{X}}_{k-1}) + \boldsymbol{\Gamma}_{k-1}\boldsymbol{W}_{k-1}][\boldsymbol{\Phi}_{k,k-1}(\boldsymbol{X}_{k-1} - \hat{\boldsymbol{X}}_{k-1}) + \boldsymbol{\Gamma}_{k-1}\boldsymbol{W}_{k-1}]^{\mathrm{T}}] \\
&= E[(\boldsymbol{\Phi}_{k,k-1}\tilde{\boldsymbol{X}}_{k-1} + \boldsymbol{\Gamma}_{k-1}\boldsymbol{W}_{k-1})(\boldsymbol{\Phi}_{k,k-1}\tilde{\boldsymbol{X}}_{k-1} + \boldsymbol{\Gamma}_{k-1}\boldsymbol{W}_{k-1})^{\mathrm{T}}]
\end{aligned} \tag{1.54}$$

由于 $\tilde{\boldsymbol{X}}_{k-1}$ 和 $\boldsymbol{W}_{k-1}$ 相互独立，且 $\boldsymbol{W}_{k-1}$ 的均值为零，所以它们乘积的期望为零，故式(1.54)可表示为

$$\begin{aligned}
\boldsymbol{P}_{k|k-1} &= E[(\boldsymbol{\Phi}_{k,k-1}\tilde{\boldsymbol{X}}_{k-1} + \boldsymbol{\Gamma}_{k-1}\boldsymbol{W}_{k-1})(\boldsymbol{\Phi}_{k,k-1}\tilde{\boldsymbol{X}}_{k-1} + \boldsymbol{\Gamma}_{k-1}\boldsymbol{W}_{k-1})^{\mathrm{T}}] \\
&= \boldsymbol{\Phi}_{k,k-1}E[\tilde{\boldsymbol{X}}_{k-1}\tilde{\boldsymbol{X}}_{k-1}^{\mathrm{T}}]\boldsymbol{\Phi}_{k,k-1}^{\mathrm{T}} + \boldsymbol{\Gamma}_{k-1}E[\boldsymbol{W}_{k-1}\boldsymbol{W}_{k-1}^{\mathrm{T}}]\boldsymbol{\Gamma}_{k-1}^{\mathrm{T}} \\
&= \boldsymbol{\Phi}_{k,k-1}\boldsymbol{P}_{k-1}\boldsymbol{\Phi}_{k,k-1}^{\mathrm{T}} + \boldsymbol{\Gamma}_{k-1}\boldsymbol{Q}_{k-1}\boldsymbol{\Gamma}_{k-1}^{\mathrm{T}}
\end{aligned} \tag{1.55}$$

式中，$\boldsymbol{P}_{k-1}$ 表示 $k-1$ 时刻状态量 $\boldsymbol{X}_{k-1}$ 的估计均方误差阵。

② 量测更新

若忽略量测噪声 $\boldsymbol{V}_k$ 的影响，则利用 k 时刻状态量的一步预测结果 $\hat{\boldsymbol{X}}_{k|k-1}$ 并根据量测方程

式(1.48)可对 k 时刻的量测量 $\boldsymbol{Z}_k$ 进行预测，即

$$\hat{\boldsymbol{Z}}_k=\boldsymbol{H}_k\hat{\boldsymbol{X}}_{k|k-1} \tag{1.56}$$

由于受一步预测误差（$\tilde{\boldsymbol{X}}_{k|k-1}=\boldsymbol{X}_k-\hat{\boldsymbol{X}}_{k|k-1}$）和量测噪声（$\boldsymbol{V}_k$）的影响，式(1.56)对量测量 $\boldsymbol{Z}_k$ 的预测结果 $\hat{\boldsymbol{Z}}_k$ 中含有预测误差为

$$\begin{aligned}\tilde{\boldsymbol{Z}}_k&=\boldsymbol{Z}_k-\hat{\boldsymbol{Z}}_k\\&=(\boldsymbol{H}_k\boldsymbol{X}_k+\boldsymbol{V}_k)-(\boldsymbol{H}_k\hat{\boldsymbol{X}}_{k|k-1})\\&=\boldsymbol{H}_k(\boldsymbol{X}_k-\hat{\boldsymbol{X}}_{k|k-1})+\boldsymbol{V}_k\\&=\boldsymbol{H}_k\tilde{\boldsymbol{X}}_{k|k-1}+\boldsymbol{V}_k\end{aligned} \tag{1.57}$$

式(1.57)表明量测量的预测误差 $\tilde{\boldsymbol{Z}}_k$ 中包含着状态量的一步预测误差 $\tilde{\boldsymbol{X}}_{k|k-1}$。因此，$\tilde{\boldsymbol{Z}}_k$ 可用来进一步修正状态量的一步预测结果 $\hat{\boldsymbol{X}}_{k|k-1}$。又因为 $\boldsymbol{X}_k=\hat{\boldsymbol{X}}_{k|k-1}+\tilde{\boldsymbol{X}}_{k|k-1}$，所以对一步预测结果 $\hat{\boldsymbol{X}}_{k|k-1}$ 的修正公式可写为

$$\begin{aligned}\hat{\boldsymbol{X}}_k&=\hat{\boldsymbol{X}}_{k|k-1}+\boldsymbol{K}_k\tilde{\boldsymbol{Z}}_k\\&=\hat{\boldsymbol{X}}_{k|k-1}+\boldsymbol{K}_k(\boldsymbol{Z}_k-\boldsymbol{H}_k\hat{\boldsymbol{X}}_{k|k-1})\end{aligned} \tag{1.58}$$

式中，$\boldsymbol{K}_k$ 是修正过程的增益矩阵。

由于受 k 时刻的状态一步预测误差（$\tilde{\boldsymbol{X}}_{k|k-1}=\boldsymbol{X}_k-\hat{\boldsymbol{X}}_{k|k-1}$）和量测噪声（$\boldsymbol{V}_k$）的影响，式(1.58)对状态 $\boldsymbol{X}_k$ 的估计结果 $\hat{\boldsymbol{X}}_k$ 中含有状态估计误差为 $\tilde{\boldsymbol{X}}_k=\boldsymbol{X}_k-\hat{\boldsymbol{X}}_k$，且状态估计结果 $\hat{\boldsymbol{X}}_k$ 的均方误差阵 $\boldsymbol{P}_k$ 为

$$\begin{aligned}\boldsymbol{P}_k&=E[\tilde{\boldsymbol{X}}_k\tilde{\boldsymbol{X}}_k^{\mathrm{T}}]\\&=E[(\boldsymbol{X}_k-\hat{\boldsymbol{X}}_k)(\boldsymbol{X}_k-\hat{\boldsymbol{X}}_k)^{\mathrm{T}}]\\&=E[[(\hat{\boldsymbol{X}}_{k|k-1}+\tilde{\boldsymbol{X}}_{k|k-1})-(\hat{\boldsymbol{X}}_{k|k-1}+\boldsymbol{K}_k\tilde{\boldsymbol{Z}}_k)][(\hat{\boldsymbol{X}}_{k|k-1}+\tilde{\boldsymbol{X}}_{k|k-1})-(\hat{\boldsymbol{X}}_{k|k-1}+\boldsymbol{K}_k\tilde{\boldsymbol{Z}}_k)]^{\mathrm{T}}]\\&=E[(\tilde{\boldsymbol{X}}_{k|k-1}-\boldsymbol{K}_k\tilde{\boldsymbol{Z}}_k)(\tilde{\boldsymbol{X}}_{k|k-1}-\boldsymbol{K}_k\tilde{\boldsymbol{Z}}_k)^{\mathrm{T}}]\\&=E[[\tilde{\boldsymbol{X}}_{k|k-1}-\boldsymbol{K}_k(\boldsymbol{H}_k\tilde{\boldsymbol{X}}_{k|k-1}+\boldsymbol{V}_k)][\tilde{\boldsymbol{X}}_{k|k-1}-\boldsymbol{K}_k(\boldsymbol{H}_k\tilde{\boldsymbol{X}}_{k|k-1}+\boldsymbol{V}_k)]^{\mathrm{T}}]\\&=E[[(\boldsymbol{I}-\boldsymbol{K}_k\boldsymbol{H}_k)\tilde{\boldsymbol{X}}_{k|k-1}-\boldsymbol{K}_k\boldsymbol{V}_k][(\boldsymbol{I}-\boldsymbol{K}_k\boldsymbol{H}_k)\tilde{\boldsymbol{X}}_{k|k-1}-\boldsymbol{K}_k\boldsymbol{V}_k]^{\mathrm{T}}]\end{aligned} \tag{1.59}$$

由于 $\tilde{\boldsymbol{X}}_{k-1}$ 和 $\boldsymbol{V}_k$ 相互独立，且 $\boldsymbol{V}_k$ 的均值为零，所以它们乘积的期望为零，故式(1.59)可表示为

$$\begin{aligned}\boldsymbol{P}_k&=E\{[(\boldsymbol{I}-\boldsymbol{K}_k\boldsymbol{H}_k)\tilde{\boldsymbol{X}}_{k|k-1}-\boldsymbol{K}_k\boldsymbol{V}_k][(\boldsymbol{I}-\boldsymbol{K}_k\boldsymbol{H}_k)\tilde{\boldsymbol{X}}_{k|k-1}-\boldsymbol{K}_k\boldsymbol{V}_k]^{\mathrm{T}}\}\\&=(\boldsymbol{I}-\boldsymbol{K}_k\boldsymbol{H}_k)E\{\tilde{\boldsymbol{X}}_{k|k-1}\tilde{\boldsymbol{X}}_{k|k-1}^{\mathrm{T}}\}(\boldsymbol{I}-\boldsymbol{K}_k\boldsymbol{H}_k)^{\mathrm{T}}+\boldsymbol{K}_kE\{\boldsymbol{V}_k\boldsymbol{V}_k^{\mathrm{T}}\}\boldsymbol{K}_k^{\mathrm{T}}\\&=(\boldsymbol{I}-\boldsymbol{K}_k\boldsymbol{H}_k)\boldsymbol{P}_{k|k-1}(\boldsymbol{I}-\boldsymbol{K}_k\boldsymbol{H}_k)^{\mathrm{T}}+\boldsymbol{K}_k\boldsymbol{R}_k\boldsymbol{K}_k^{\mathrm{T}}\end{aligned} \tag{1.60}$$

式(1.60)中除增益矩阵 $\boldsymbol{K}_k$ 外，组成均方误差阵 $\boldsymbol{P}_k$ 的其余各项都是确定的，因此均方误差阵 $\boldsymbol{P}_k$ 将会随增益矩阵 $\boldsymbol{K}_k$ 变化。实际上，增益矩阵 $\boldsymbol{K}_k$ 的选取标准是卡尔曼滤波的估计准则，即使 k 时刻状态估计结果 $\hat{\boldsymbol{X}}_k$ 的均方误差的期望达到最小：

$$J(\boldsymbol{K}_k)=E[(\hat{\boldsymbol{X}}_k-\boldsymbol{X}_k)^{\mathrm{T}}(\hat{\boldsymbol{X}}_k-\boldsymbol{X}_k)]=E[\tilde{\boldsymbol{X}}_k^{\mathrm{T}}\tilde{\boldsymbol{X}}_k]=\min \tag{1.61}$$

由于

$$E[\tilde{\boldsymbol{X}}_k^{\mathrm{T}}\tilde{\boldsymbol{X}}_k]=E\left[\sum_{i=1}^{n}\tilde{x}_i^2\right]=E[\mathrm{tr}[\tilde{\boldsymbol{X}}_k\tilde{\boldsymbol{X}}_k^{\mathrm{T}}]]=\mathrm{tr}[E[\tilde{\boldsymbol{X}}_k\tilde{\boldsymbol{X}}_k^{\mathrm{T}}]]=\mathrm{tr}[\boldsymbol{P}_k] \tag{1.62}$$

式中，$\tilde{x}_i$ 表示第 $i(i=1,2,\cdots,n)$ 个状态量的估计误差，$\text{tr}[\bullet]$ 表示求迹算子，所以卡尔曼滤波的估计准则可等价为

$$\begin{aligned}J(\boldsymbol{K}_k)&=\text{tr}[\boldsymbol{P}_k]\\&=\text{tr}[(\boldsymbol{I}-\boldsymbol{K}_k\boldsymbol{H}_k)\boldsymbol{P}_{k|k-1}(\boldsymbol{I}-\boldsymbol{K}_k\boldsymbol{H}_k)^{\text{T}}+\boldsymbol{K}_k\boldsymbol{R}_k\boldsymbol{K}_k^{\text{T}}]=\min\end{aligned}\tag{1.63}$$

令式(1.63)对增益矩阵 $\boldsymbol{K}_k$ 求偏导，并根据 $\dfrac{\partial}{\partial\boldsymbol{A}}\left(\text{tr}[\boldsymbol{ABA}^{\text{T}}]\right)=2\boldsymbol{AB}$ （其中 $\boldsymbol{B}$ 为对称矩阵），可得

$$\begin{aligned}\frac{\partial J(\boldsymbol{K}_k)}{\partial\boldsymbol{K}_k}&=-2(\boldsymbol{I}-\boldsymbol{K}_k\boldsymbol{H}_k)\boldsymbol{P}_{k|k-1}\boldsymbol{H}_k^{\text{T}}+2\boldsymbol{K}_k\boldsymbol{R}_k\\&=2(-\boldsymbol{P}_{k|k-1}\boldsymbol{H}_k^{\text{T}}+\boldsymbol{K}_k\boldsymbol{H}_k\boldsymbol{P}_{k|k-1}\boldsymbol{H}_k^{\text{T}}+\boldsymbol{K}_k\boldsymbol{R}_k)\\&=2[-\boldsymbol{P}_{k|k-1}\boldsymbol{H}_k^{\text{T}}+\boldsymbol{K}_k(\boldsymbol{H}_k\boldsymbol{P}_{k|k-1}\boldsymbol{H}_k^{\text{T}}+\boldsymbol{R}_k)]\end{aligned}\tag{1.64}$$

再令式(1.64)等于零，便可得到满足卡尔曼滤波估计准则的增益矩阵为

$$\boldsymbol{K}_k=\boldsymbol{P}_{k|k-1}\boldsymbol{H}_k^{\text{T}}(\boldsymbol{H}_k\boldsymbol{P}_{k|k-1}\boldsymbol{H}_k^{\text{T}}+\boldsymbol{R}_k)^{-1}\tag{1.65}$$

式(1.65)表明：量测噪声方差阵 $\boldsymbol{R}_k$ 越大，增益矩阵 $\boldsymbol{K}_k$ 就越小，也就是对量测值的信赖和利用的程度越低。因此，增益矩阵 $\boldsymbol{K}_k$ 是通过调节量测值在状态估计中的权重，使得 k 时刻状态估计结果 $\hat{\boldsymbol{X}}_k$ 的均方误差的期望达到最小。

综合上述预测过程和量测更新，离散卡尔曼滤波的 5 个递推公式可归纳为

$$\begin{cases}\hat{\boldsymbol{X}}_{k|k-1}=\boldsymbol{\Phi}_{k,k-1}\hat{\boldsymbol{X}}_{k-1}\\\boldsymbol{P}_{k|k-1}=\boldsymbol{\Phi}_{k,k-1}\boldsymbol{P}_{k-1}\boldsymbol{\Phi}_{k,k-1}^{\text{T}}+\boldsymbol{\Gamma}_{k-1}\boldsymbol{Q}_{k-1}\boldsymbol{\Gamma}_{k-1}^{\text{T}}\\\hat{\boldsymbol{X}}_k=\hat{\boldsymbol{X}}_{k|k-1}+\boldsymbol{K}_k(\boldsymbol{Z}_k-\boldsymbol{H}_k\hat{\boldsymbol{X}}_{k|k-1})\\\boldsymbol{P}_k=(\boldsymbol{I}-\boldsymbol{K}_k\boldsymbol{H}_k)\boldsymbol{P}_{k|k-1}(\boldsymbol{I}-\boldsymbol{K}_k\boldsymbol{H}_k)^{\text{T}}+\boldsymbol{K}_k\boldsymbol{R}_k\boldsymbol{K}_k^{\text{T}}\\\boldsymbol{K}_k=\boldsymbol{P}_{k|k-1}\boldsymbol{H}_k^{\text{T}}(\boldsymbol{H}_k\boldsymbol{P}_{k|k-1}\boldsymbol{H}_k^{\text{T}}+\boldsymbol{R}_k)^{-1}\end{cases}\tag{1.66}$$

这样，只要给定初始状态 $\hat{\boldsymbol{X}}_0$ 和初始状态均方误差阵 $\boldsymbol{P}_0$，便可根据式(1.66)对状态进行递推估计。如图 1.13 所示为第 k 步的估计过程，图中：从 $\hat{\boldsymbol{X}}_{k-1}$ 到 $\hat{\boldsymbol{X}}_k$ 的计算是一个递推循环过程，所得的 $\hat{\boldsymbol{X}}_k$ 是滤波器的主要输出量；从 $\boldsymbol{P}_{k-1}$ 到 $\boldsymbol{P}_k$ 的计算是另一个递推循环过程，主要为计算 $\hat{\boldsymbol{X}}_k$ 提供 $\boldsymbol{K}_k$，$\boldsymbol{P}_k$ 除用于计算下一步中的 $\boldsymbol{K}_{k+1}$ 外，还是滤波器估计性能好坏的主要表征。将 $\boldsymbol{P}_k$ 的对角线元素求取平方根，计算各状态估值的误差均方差，其数值是统计意义上衡量估计精度的直接依据。

由于采用递推形式，所以卡尔曼滤波可在前一时刻估值的基础上，根据当前时刻的量测值递推当前时刻的状态估值。由于前一时刻的估值是根据前一时刻的量测值得到的，所以按这种递推算法得到的当前时刻估值，可以说是综合利用了当前时刻以及之前全部时刻的所有量测信息，且一次仅处理一个时刻的量测值，使计算量大大减小。

2）非线性系统与扩展卡尔曼滤波器

至此讨论的是具有零均值、高斯白噪声的线性动态系统。在这类系统中，卡尔曼滤波器是最小方差意义下的最优估计。若系统是非线性的或者系统噪声不是高斯白噪声，则上述卡尔曼滤波器不再是最优的。在这种情况下，重新得到最优滤波的唯一的办法是设计一种适合

这种系统的特殊算法。然而，在实际中这种方法常常并不切实可行，因为滤波器将变成无限维。因此，系统的性能通常是可接受的次优，并且利用卡尔曼滤波器尽可能地使系统的性能接近最优。例如，可以在相对较短的时间间隔内对系统和其协方差阵进行预测，以满足线性条件。

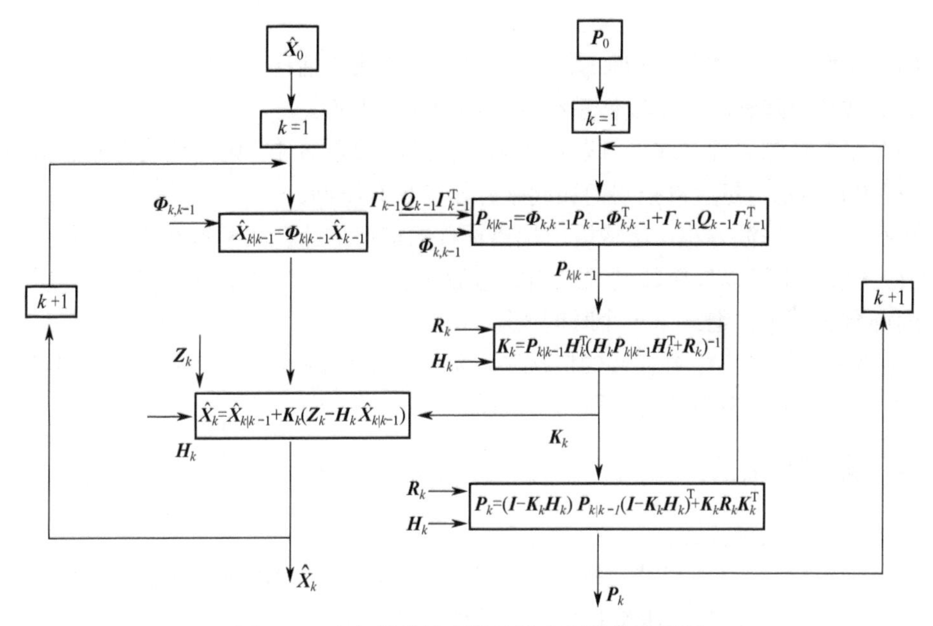

图 1.13　卡尔曼滤波离散滤波方程计算流程图

下面考虑一个连续的非线性动态系统，其方程为

$$\dot{\boldsymbol{x}}(t)=\boldsymbol{f}(\boldsymbol{x},t)+\boldsymbol{w}(t) \tag{1.67}$$

非线性的量测方程为

$$\boldsymbol{z}(t)=\boldsymbol{h}(\boldsymbol{x},t)+\boldsymbol{v}(t) \tag{1.68}$$

为了简化，将明显与时间有关项中的时间变量省略，如 $\boldsymbol{f}(\boldsymbol{x},t)$ 写为 $\boldsymbol{f}(\boldsymbol{x})$。这种系统通过线性化，近似成通常被称为标称轨迹的一组状态。

这种近似方法只在很短的时间间隔内有效，然后系统必须重新线性化。常使用的线性化方法为泰勒级数展开。对函数 $\boldsymbol{f}(\boldsymbol{x})$ 关于标称状态 $\hat{\boldsymbol{x}}$ 展开的泰勒级数为

$$\boldsymbol{f}(\boldsymbol{x})=\boldsymbol{f}(\hat{\boldsymbol{x}})+\left.\frac{\mathrm{d}\boldsymbol{f}}{\mathrm{d}t}\right|_{\hat{\boldsymbol{x}}}(\boldsymbol{x}-\hat{\boldsymbol{x}})+\left.\frac{\mathrm{d}^2\boldsymbol{f}}{\mathrm{d}t^2}\right|_{\hat{\boldsymbol{x}}}\frac{(\boldsymbol{x}-\hat{\boldsymbol{x}})^2}{2}+\cdots \tag{1.69}$$

其他非线性函数可通过类似的方法求得。

标称轨迹定义为

$$\dot{\hat{\boldsymbol{x}}}(t)=\boldsymbol{f}(\hat{\boldsymbol{x}}) \tag{1.70}$$

$$\hat{\boldsymbol{z}}(t)=\boldsymbol{h}(\hat{\boldsymbol{x}}) \tag{1.71}$$

与原始方程相减，并略去二阶及二阶以上的小量，便可得到决定偏离量的微分方程：

$$\Delta\dot{\boldsymbol{x}}(t)=\left.\frac{\mathrm{d}\boldsymbol{f}}{\mathrm{d}t}\right|_{\hat{\boldsymbol{x}}}\Delta\boldsymbol{x}(t)+\boldsymbol{w}(t) \tag{1.72}$$

$$\Delta\boldsymbol{z}(t)=\left.\frac{\mathrm{d}\boldsymbol{h}}{\mathrm{d}t}\right|_{\hat{\boldsymbol{x}}}\Delta\boldsymbol{x}(t)+\boldsymbol{v}(t) \tag{1.73}$$

若定义

$$\boldsymbol{F}=\left.\frac{\mathrm{d}\boldsymbol{f}}{\mathrm{d}t}\right|_{\hat{x}};\qquad \boldsymbol{H}=\left.\frac{\mathrm{d}\boldsymbol{h}}{\mathrm{d}t}\right|_{\hat{x}} \tag{1.74}$$

这样就可以利用前面所介绍的离散卡尔曼滤波方程。在每个测量间隔，需执行下面的步骤。

① 线性化标称轨迹方程。标称轨迹通常取最新的状态估计。

② 计算转移矩阵和相当于线性系统离散化的其他矩阵。

③ 积分状态预测方程。这里可以直接利用实际的状态估计，因为这与分别积分标称轨迹的微分方程和其偏差，然后再把它们加起来并没有什么不同。

④ 执行卡尔曼滤波方程。这将给出偏离标称的最优估计，从卡尔曼增益和测量差值的乘积得到的校正值，也可以直接加到预测的状态估计中。

⑤ 返回到步骤①，继续下一个时间间隔。

在测量值的更新频率相对较慢的情况下，滤波器的预测则需要更小的时间间隔，否则，系统的非线性将决定状态估计与标称间的偏差。

1.2.4 蒙特卡洛法

1）基本思想及实施步骤

蒙特卡洛法也称统计模拟法或统计试验法，该方法是一种以概率现象为研究对象，并按抽样调查法求取统计值来推定未知特性量的数值模拟方法。

蒙特卡洛法的基本思想是：为了求解问题，首先建立一个概率模型或随机过程，使它的参数或数字特征等于问题的解；然后通过对模型或过程的观察或抽样试验来计算这些参数或数字特征，最后给出所求解的近似值。解的精确度用估计值的标准差来表示。蒙特卡洛法的主要理论基础是概率统计理论，主要手段是随机抽样、统计试验。

用蒙特卡洛法求解实际问题的基本步骤如下。

① 根据实际问题的特点，构造简单而又便于实现的概率统计模型，使所求的解恰好是所求问题的概率分布或数学期望。

② 给出模型中各种不同分布随机变量的抽样方法。

③ 统计处理模拟结果，给出问题解的统计估计值和精度估计值。

2）在滤波性能评估中的应用

由于滤波过程是随机过程，状态噪声和量测噪声都是随机的，所以对某一次具体的仿真来说，滤波结果又是一个具体的样本序列。这样两次样本序列之间可能存在很大的差异，因此，将导致滤波结果差异很大。此时，基于某次仿真结果对滤波结果的统计特性进行评价并不合理。如果对初始样本和噪声按照其统计特性进行大样本仿真，然后对每个样本分别进行滤波，得到状态估计和估计误差协方差等结果，再对这些样本结果进行统计，得到其期望、标准差或圆概率误差（Circular Error Probability，CEP），进而基于统计结果对滤波性能进行分析。

如图 1.14 所示为基于蒙特卡洛法的滤波性能评估仿真原理框图。

建模完成后，可以构建卡尔曼滤波器，并进行仿真计算。考虑到状态噪声和量测噪声为白噪声，每次仿真时其值会有较大变化，故可采用蒙特卡洛法进行多次重复仿真。图 1.14 中用虚线框起来的部分就是蒙特卡洛法的仿真基本思想，即是组合系统观测值的发生器。将它与卡尔曼滤波器相结合，用最优滤波对随机模型进行最优估计，然后计算其估计值的 CEP 值，便可对滤波性能进行评估。

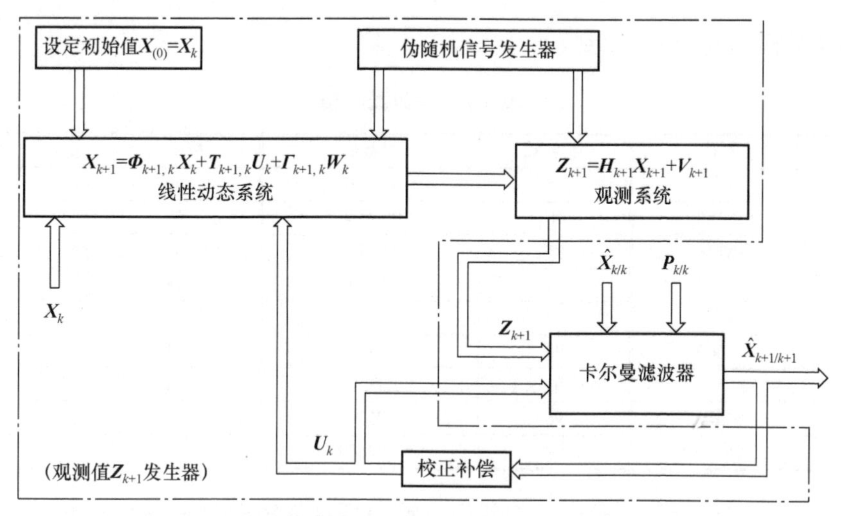

图 1.14　基于蒙特卡洛法的滤波性能评估仿真原理框图

下面介绍一种 CEP 值的计算方法。

（1）剔除野值

设得到了某个状态的多次估计结果为$\{x_i\}(i=1,2,\cdots,N)$，分别计算其期望和标准差：

$$\begin{cases}\mu_x=\dfrac{1}{N}\sum\limits_{i=1}^{N}x_i\\ \sigma_x^2=\dfrac{1}{N-1}\sum\limits_{i=1}^{N}(x_i-\mu_x)^2\end{cases}\tag{1.75}$$

针对每个样本值计算：

$$\begin{cases}\tau_i=\dfrac{x_i-\mu_x}{\sigma_x}\\ t_i=\dfrac{\tau_i\sqrt{N-2}}{\sqrt{N-1-\tau_i^2}}\end{cases}\tag{1.76}$$

在确定了显著性水平α之后，可以结合自由度$N-2$通过查表确定剔除阈值t_{th}，即当$|t_i|>t_{\mathrm{th}}$时，认为x_i是野值而予以剔除，否则予以保留。

（2）利用剩余的数据进行 CEP 值计算

采用剔除野值后的数据，计算其均值和标准差，计算方法同式(1.75)和式(1.76)。再计算

$$\begin{cases}\rho=\sigma_x^4+2\sigma_x^2\mu_x^2\\ \eta=\sigma_x^2+\mu_x^2\\ \sigma=\sqrt{\dfrac{2\rho}{9\eta^2}}\\ \mu=1-\dfrac{2\rho}{9\eta^2}\end{cases}\tag{1.77}$$

得到这些量后，可计算 CEP 值如下

$$x_{\text{CEP}} = \sqrt{\eta(\lambda\sigma + \mu)^2} \tag{1.78}$$

式中 λ 可按参数概率查表 1.2 得到。

表 1.2 参数概率表

概率/%	参数值	概率/%	参数值	概率/%	参数值
50	0	55	0.12538	60	0.25293
65	0.38488	70	0.52400	75	0.67419
80	0.84146	81	0.87776	82	0.91526
83	0.95410	84	0.99442	85	1.03643
86	1.08035	87	1.12646	88	1.17509
89	1.22667	90	1.28173	91	1.34097
92	1.40532	93	1.47608	94	1.55510
95	1.64521	96	1.75168	97	1.88121
98	2.05419	99	2.32679	—	—

蒙特卡洛法在随机过程分析中经常使用，特别是对强耦合和非线性系统，是进行随机系统定量分析的有效方法。采用的随机样本数越多，所得到的实际的估计均方误差就越准确，但计算量也就越大。

1.2.5 一元线性回归

从含有误差的数据中寻求经验方程或提取参数是实验数据处理的重要内容。事实上，用图示法获得直线的斜率和截距是一种较为直观但又比较粗糙的处理方法，而且这种方法有一定的主观成分，结果往往因人而异。与之相对，基于最小二乘准则的曲线拟合方法就是一种比较精确的处理方法，这种曲线拟合方法基于一系列等精密度测量结果，若存在一条最佳的拟合曲线，那么各量测值与这条曲线上对应点之差（残差）的平方和应取极小值。

下面讨论基于最小二乘准则的直线拟合问题（即一元线性回归问题），并进一步假定在等精密度测量结果中，只有因变量 y 有误差，自变量 x 作为准确值处理（实际只需 x 的测量误差远小于 y 的测量误差即可）。

设直线的函数形式是 $y = a + bx$。实验测得的数据为 (x_1, y_1)，$(x_2, y_2), \cdots, (x_k, y_k)$，其中 $x_1, x_2, \cdots, x_k$ 没有测量误差，y 的回归值是 $a + bx_1, a + bx_2, \cdots, a + bx_k$。基于最小二乘准则推算 a 和 b 的值，应满足 y 的测量值 y_i 和回归值 $a + bx_i$ 之差的平方和取极小值：

$$\sum_{i=1}^{k} [y_i - (a + bx_i)]^2 = \min \tag{1.79}$$

选择 a、b 使式(1.79)取极小值的必要条件是

$$\begin{cases} \dfrac{\partial}{\partial a} \sum\limits_{i=1}^{k} [y_i - (a + bx_i)]^2 = 0 \\ \dfrac{\partial}{\partial b} \sum\limits_{i=1}^{k} [y_i - (a + bx_i)]^2 = 0 \end{cases} \tag{1.80}$$

即有

$$\begin{cases} -\sum_{i=1}^{k} 2[y_i - (a + bx_i)] = 0 \\ -\sum_{i=1}^{k} 2x_i[y_i - (a + bx_i)] = 0 \end{cases} \tag{1.81}$$

整理后得

$$\begin{cases} ak + b\sum_{i=1}^{k} x_i = \sum_{i=1}^{k} y_i \\ a\sum_{i=1}^{k} x_i + b\sum_{i=1}^{k} x_i^2 = \sum_{i=1}^{k} x_i y_i \end{cases} \tag{1.82}$$

由式(1.82)解得

$$\begin{cases} b = \dfrac{\sum x_i \sum y_i - k\sum x_i y_i}{\left(\sum x_i\right)^2 - k\sum x_i^2} = \dfrac{\overline{x} \cdot \overline{y} - \overline{xy}}{\overline{x}^2 - \overline{x^2}} \\ a = \dfrac{\sum x_i y_i \sum x_i - \sum y_i \sum x_i^2}{\left(\sum x_i\right)^2 - k\sum x_i^2} = \overline{y} - b\overline{x} \end{cases} \tag{1.83}$$

式中：a、b 称为回归系数。式(1.83)中 $\overline{x} = \frac{1}{k}\sum x_i$，$\overline{y} = \frac{1}{k}\sum y_i$，$\overline{x^2} = \frac{1}{k}\sum x_i^2$，$\overline{xy} = \frac{1}{k}\sum x_i y_i$。

1）相关系数 r

任何一组量测值 $\{x_i, y_i\}$ 都可以通过式(1.83)得到“回归系数” a 和 b，但 x_i 和 y_i 的线性关系是否强烈却需要讨论，一般可通过计算相关系数 r 来描写：

$$r = \frac{\sum\left[\left(x_i - \frac{1}{k}\sum x_i\right)\left(y_i - \frac{1}{k}\sum y_i\right)\right]}{\sqrt{\sum\left(x_i - \frac{1}{k}\sum x_i\right)^2 \cdot \sum\left(y_i - \frac{1}{k}\sum y_i\right)^2}} = \frac{\overline{xy} - \overline{x} \cdot \overline{y}}{\sqrt{\left(\overline{x^2} - \overline{x}^2\right)\left(\overline{y^2} - \overline{y}^2\right)}} \tag{1.84}$$

由于 r 是一个绝对值小于或等于 1 的数，所以若 x、y 有严格的线性关系（直线 $y = a + bx$ 通过全部的实验点 x_i、y_i，$i = 1, 2, \cdots$），则 $y = a + bx$；若 x_i、y_i 之间线性相关强烈，则 $|r| \approx 1$，$r > 0$，表示随着 x 增加，y 也增加；$r < 0$，则表示随着 x 增加，y 减小；$r = 0$，说明 x、y 线性无关。$|r| < 1$，说明 x、y 的线性关系未被严格遵守，其原因可能是来自 y_i 的测量误差（x_i 被认为是准确值），也可能是由于 x、y 之间存在非线性关系或者两者兼有。

2）y_i 的不确定度估计

y_i 为等精度测量，所有的 y_i 应有相同的标准差 $\sigma(y)$。如果预先不知道 $\sigma(y)$，则可按 y 的有限次测量的标准偏差 $s(y)$ 作为它的估计值：

$$s(y) = \sqrt{\frac{\sum[y_i - (a + bx_i)]^2}{k - 2}} \tag{1.85}$$

3）回归系数的不确定度估计

a、b 的标准差（即不确定度）分别为

$$\begin{cases} s(a)=s(y)\sqrt{\dfrac{\sum x_i^2}{k\sum x_i^2-\left(\sum x_i\right)^2}}=s(y)\sqrt{\dfrac{x^2}{k(\overline{x^2}-\overline{x}^2)}} \\ s(b)=s(y)\sqrt{\dfrac{k}{k\sum x_i^2-\left(\sum x_i\right)^2}}=s(y)\sqrt{\dfrac{1}{k(\overline{x^2}-\overline{x}^2)}} \end{cases} \tag{1.86}$$

此外，a、b 的标准差还可以根据相关系数 r 计算得到，即

$$\begin{cases} s(b)=b\sqrt{\dfrac{1}{k-2}\left(\dfrac{1}{r^2}-1\right)} \\ s(a)=\sqrt{\overline{x^2}}\cdot s(b) \end{cases} \tag{1.87}$$

综合利用相关系数 r 、拟合结果的不确定度 $s(y)$ 以及回归系数的不确定度 $u(a)$和$u(b)$ ，便可对一元线性回归的效果进行评估。

1.2.6 有色噪声及相关分析法

1）白噪声和几种有色噪声

下面列举几种可由成形滤波器形成的有色噪声。

（1）白噪声

理想的白噪声均值为常数 m_0 ，且在所有频率范围内功率谱密度均具有同样的强度，即

$$S_{\mathrm{N}}(\omega)=Q \tag{1.88}$$

相应地，其相关函数为 δ 函数，即

$$R_{\mathrm{N}}(\tau)=Q\delta(\tau) \tag{1.89}$$

（2）有限带宽白噪声

有限带宽白噪声的功率谱密度为

$$S_{\mathrm{N}}(\omega)=\begin{cases} Q, & |\omega|\leqslant\omega_0 \\ 0, & |\omega|>\omega_0 \end{cases} \tag{1.90}$$

式中，ω_0 为白噪声的频率范围。

其相关函数为

$$R_{\mathrm{N}}(\tau)=\frac{\tau\sin\omega_0}{\pi\tau} \tag{1.91}$$

（3）随机常数

连续的随机常数过程可表示为

$$\dot{N}(t)=0 \tag{1.92}$$

它说明随机常数的初始值是一个随机变量，每次过程中的值不变。随机常数对应的成形滤波器是一个积分器，如图 1.15 所示，其输入量为零。该成形滤波器方程满足式(1.92)。

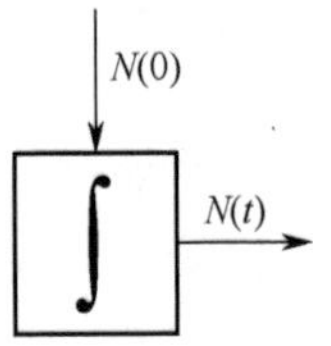

$N(0)$ → $\int$ → $N(t)$

图 1.15 随机常数模型的结构框图

随机常数的相关函数为常值：

$$R_{\mathrm{N}}(\tau)=p_0+m_0^2 \tag{1.93}$$

式中：$p_0=\left[N(t_0)\right]^2$；$m_0$ 为均值。

其相应的功率谱密度为 δ 函数：

$$S_{\mathrm{N}}(\omega)=2\pi(p_0+m_0^2)\delta(\omega) \tag{1.94}$$

陀螺仪逐次启动的不重复性属于随机常数这种模型。随机常数的特点是，在陀螺仪测试之前，其值是不知道的，但在每一次启动后则均保持常值。

离散形式的随机常数可表示为

$$N_{k+1}=N_k \tag{1.95}$$

（4）随机游动

如果陀螺仪的常值漂移在一次启动中不是常数，而是随时间缓慢变化的，那么可以用随机游动来描述这种情况。

如果白噪声通过积分器，则积分器当前时刻的输出是在前一时刻输出的基础上对白噪声的积分。前后时刻输出是相关的，而且输出已不是白噪声而是有色噪声，这称为随机游动过程。

则随机游动过程可表示为

$$\dot{N}(t)=W(t) \tag{1.96}$$

式中：$W(t)$ 是零均值白噪声，$N(t)$ 是随机游动，其结构框图如图 1.16 所示，积分器就是成形滤波器。

（5）随机斜坡

随机过程的值随时间的增长而线性增长，但增长率却是随机变量，这种随机过程称为随机斜坡，其结构框图如图 1.17 所示。可表示为

$$\begin{cases}\dot{N}_1(t)=N_2(t)\\ \dot{N}_2(t)=0\end{cases} \tag{1.97}$$

式中：$N_1(t)$ 是随机斜坡过程，$N_2(t)$ 是增长率，由初始值 $N_2(0)$ 决定。这种随机过程不是平稳过程。

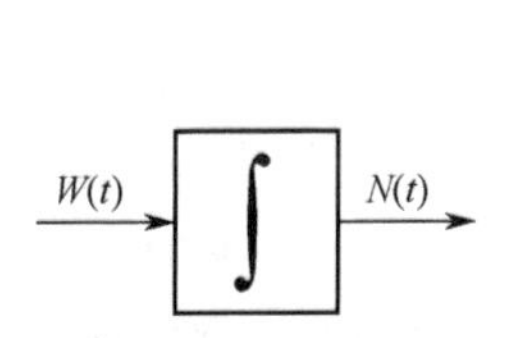

图 1.16　随机游动模型的结构框图

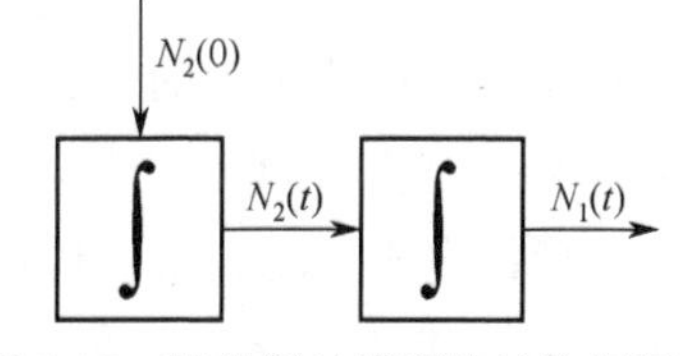

图 1.17　随机斜坡模型的结构框图

（6）一阶马尔可夫过程

如图 1.18 所示为一阶马尔可夫过程的结构框图，这种成形滤波器是一个惯性环节，可表示为

$$\dot{N}(t)=-aN(t)+W(t) \tag{1.98}$$

也就是白噪声通过一阶惯性环节而形成一阶马尔可夫过程，其输出的相关函数为

$$R_{\mathrm{N}}(\tau)=R_{\mathrm{N}}(0)\exp(-a|\tau|) \tag{1.99}$$

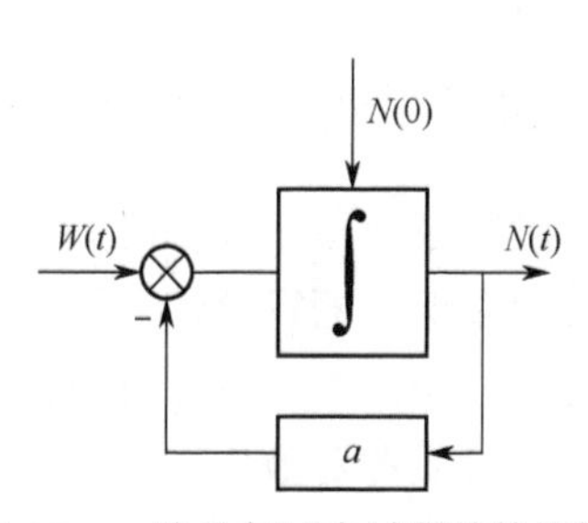

图 1.18　一阶马尔可夫过程的结构框图

式中，$R_{\mathrm{N}}(0)$ 为均方值，a 为反相关时间，τ 为相关函数的时间间隔。其输出功率谱密度为

$$S_{\mathrm{N}}(\omega)=\frac{2R_{\mathrm{N}}(0)a}{\omega^2+a^2} \tag{1.100}$$

2）相关分析法

平稳随机过程输入线性动态系统后，根据输入功率谱密度和输出功率谱密度之间的关系，直接从有色噪声的相关函数得出噪声模型的方法称为相关分析法。

我们知道，对传递函数为 $\phi(s)$ 的线性动态系统，输入平稳随机过程的功率谱密度 $S_{\mathrm{W}}(\omega)$ 和输出平稳随机过程的功率谱密度 $S_{\mathrm{N}}(\omega)$ 有以下关系

$$\begin{aligned}S_{\mathrm{N}}(\omega)&=\phi(\mathrm{j}\omega)\phi(-\mathrm{j}\omega)S_{\mathrm{W}}(\omega)\\&=\left|\phi(\mathrm{j}\omega)\right|^2S_{\mathrm{W}}(\omega)\end{aligned} \tag{1.101}$$

式中，$\phi(\mathrm{j}\omega)$ 是线性动态系统的频率特性。因为功率谱密度是角频率 ω 的偶函数，所以功率谱密度可写为

$$\begin{aligned}S_{\mathrm{N}}(\omega)&=\frac{B(\omega)}{A(\omega)}\\&=\frac{b_0\omega^{2m}+b_1\omega^{2m-2}+\cdots+b_m}{a_0\omega^{2n}+a_1\omega^{2n-2}+\cdots+a_n}\\&=\frac{b_0(\omega^2+z_{\mathrm{b}1}^2)\cdots(\omega^2+z_{\mathrm{b}n}^2)}{a_0(\omega^2+z_{\mathrm{a}1}^2)\cdots(\omega^2+z_{\mathrm{a}n}^2)}\end{aligned} \tag{1.102}$$

式中，z 为复数，有

$$\omega^2+z_i^2=(\mathrm{j}\omega+z_i)(-\mathrm{j}\omega+z_i) \tag{1.103}$$

因此，$S_{\mathrm{N}}(\omega)$ 可分解为

$$S_{\mathrm{N}}(\omega)=\frac{H(\mathrm{j}\omega)H(-\mathrm{j}\omega)}{F(\mathrm{j}\omega)F(-\mathrm{j}\omega)} \tag{1.104}$$

假设输入是单位强度的平稳白噪声，即 $S_{\mathrm{W}}(\omega)=1$，则对照式(1.101)，有

$$\phi(s)=\frac{H(s)}{F(s)} \tag{1.105}$$

即平稳有色噪声可认为是单位强度的平稳白噪声输入传递函数 $\phi(s)$ 后，线性动态系统的输出。这种线性动态系统称为成形滤波器。只要有色噪声的功率谱密度是有理谱密度，按式(1.104)和式(1.105)就一定能找出成形滤波器的传递函数。功率谱密度与相关函数有唯一的对应关系。

在应用相关函数法建立陀螺仪随机漂移模型时，首先利用陀螺仪测试数据对样本功率谱密度或自相关函数进行估计，进而根据估计结果得到成形滤波器的传递函数，最终基于成形滤波器的传递函数便可建立陀螺仪随机漂移的数学模型。

1.2.7 时间序列分析法

时间序列是指按照时间先后记录的一组有序数据，这些数据通常会受到各种偶然因素的影响而表现出随机特性。同时，这些数据彼此之间又存在一定的相关性。时间序列分析法通过对时间序列数据进行分析，旨在揭示时间序列中蕴含的内在规律，进而根据这种规律预测数据走势或者对数据进行处理。本节将对时间序列分析法中常用的时间序列模型以及时间序列建模方法进行介绍。

1）时间序列模型

（1）自回归模型（Auto-Regressive Model，AR 模型）

设有一组平稳时间序列为 $x(1),x(2),\cdots,x(N)$，满足以下模型：

$$x(n)=\sum_{i=1}^{p}\phi_i\cdot x(n-i)+a(n) \tag{1.106}$$

式中，$\phi_1,\phi_2,\cdots,\phi_p$ 为自回归参数；$a(1),a(2),\cdots,a(n)$ 表示均值为零、方差为 σ^2 的白噪声序列。这种模型称为阶数为 p 的自回归模型，记为 $\text{AR}(p)$ 模型。

将满足 $\text{AR}(p)$ 模型的时间序列称为 p 阶自回归序列，由式(1.106)可知，p 阶自回归序列的当前时刻序列值 $x(n)$ 为前 p 个时刻序列值 $x(n-1),\cdots,x(n-p)$ 和当前时刻白噪声 $a(n)$ 的线性组合。

（2）滑动平均模型（Moving Average Model，MA 模型）

设平稳时间序列 $x(1),x(2),\cdots,x(N)$ 满足以下模型：

$$x(n)=\sum_{j=1}^{q}\theta_j\cdot a(n-j)+a(n) \tag{1.107}$$

式中，$\theta_1,\theta_2,\cdots,\theta_q$ 为滑动平均参数；$a(1),a(2),\cdots,a(n)$ 表示均值为零、方差为 σ^2 的白噪声序列。这种模型称为阶数为 q 的滑动平均模型，记为 $\text{MA}(q)$ 模型。

将满足 $\text{MA}(q)$ 模型的时间序列称为 q 阶滑动平均序列，由式(1.107)可知，q 阶滑动平均序列的当前时刻序列值 $x(n)$ 为前 q 个时刻白噪声 $a(n-1),\cdots,a(n-q)$ 和当前时刻白噪声 $a(n)$ 的线性组合。

（3）自回归滑动平均模型（Auto-Regressive Moving Average Model，ARMA 模型）

设平稳时间序列 $x(1),x(2),\cdots,x(N)$ 满足以下模型：

$$x(n)=\sum_{i=1}^{p}\phi_i\cdot x(n-i)+\sum_{j=1}^{q}\theta_j\cdot a(n-j)+a(n) \tag{1.108}$$

式中，$a(1),a(2),\cdots,a(n)$ 表示均值为零、方差为 σ^2 的白噪声序列。当 $q=0$ 时，该模型表示 $\text{AR}(p)$ 模型；当 $p=0$ 时，该模型表示 $\text{MA}(q)$ 模型。可见，这种模型综合了自回归模型和滑动平均模型的特点，称为自回归滑动平均模型，记为 $\text{ARMA}(p,q)$ 模型。

将满足 $\text{ARMA}(p,q)$ 模型的时间序列称为自回归滑动平均序列，由式(1.108)可知，自回归滑动平均序列的当前时刻序列值 $x(n)$ 不仅与前 p 个时刻序列值 $x(n-1),\cdots,x(n-p)$ 具有线性关系，还与前 q 个时刻的白噪声 $a(n-1),\cdots,a(n-q)$ 具有线性关系。

2）时间序列建模方法

对于一组平稳的时间序列 $x(1),x(2),\cdots,x(N)$，建立其时间序列模型的过程主要包括模型识别、模型定阶、参数辨识以及模型适用性检验。

（1）模型识别

模型识别是确定与时间序列 $x(1),x(2),\cdots,x(N)$ 最相符的时间序列模型类型，通常根据时间序列自相关系数和偏自相关系数的截尾性和拖尾性进行模型识别。根据数理统计相关理论，常用时间序列模型的自相关系数和偏自相关系数具有不同的统计特性，如表 1.3 所示。

表 1.3　不同时间序列模型的统计特性

模型类型	AR 模型	MA 模型	ARMA 模型
自相关系数	拖尾性	截尾性	拖尾性
偏自相关系数	截尾性	拖尾性	拖尾性

如图 1.19 所示为自相关系数的不同统计特性。由图 1.19（a）可知，拖尾性表示自相关系数始终具有非零取值，不会在延迟步长大于某个常数后就恒等于零；而由图 1.19（b）可知，截尾性表示自相关系数在延迟步长大于某个常数后就恒等于零。因此，通过计算时间序列 $x(1),x(2),\cdots,x(N)$ 的自相关系数和偏自相关系数，并根据其自相关系数和偏自相关系数的截尾性和拖尾性，即可确定与该序列最相符的时间序列模型类型。

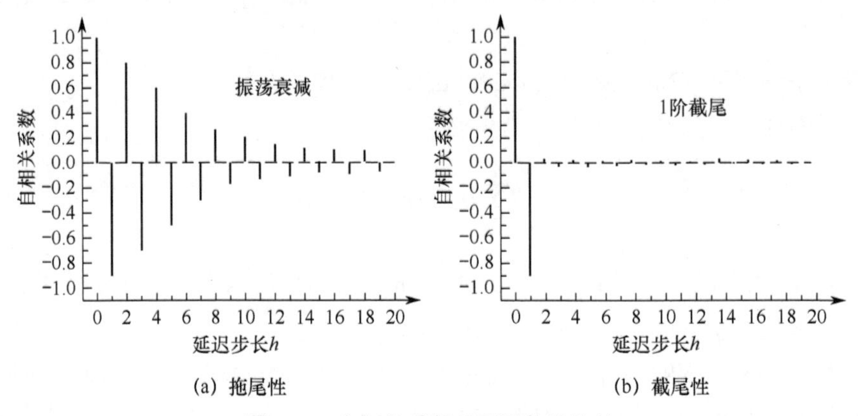

(a) 拖尾性　　(b) 截尾性

图 1.19　自相关系数的不同统计特性

（2）模型定阶

模型定阶是指确定所选择的时间序列模型的阶数。通常，根据赤池信息准则（Akaike Information Criterion，AIC）进行模型定阶，具体过程如下。

选择使 AIC 信息准则函数

$$\mathrm{AIC}(q)=N\ln\frac{\hat{\sigma}_q^2}{N}+2q \tag{1.109}$$

取最小值的模型阶数 q，即为模型的阶数。

在式(1.109)中，$\hat{\sigma}_q^2$ 表示模型拟合残差的平方和，即利用 q 阶时序模型对时间序列 $x(1),x(2),\cdots,x(N)$ 进行拟合时的拟合残差平方和。$\hat{\sigma}_q^2$ 的取值越小，表明时序模型的拟合精度越高。一般来说，当增加模型阶数时，模型拟合效果会变好，即 $\hat{\sigma}_q^2$ 的值会减小。但由于模型阶数过高时会导致“过拟合”现象，且会导致模型复杂、计算量大。因此，AIC 信息准则函数中引入 $2q$ 项对模型阶数进行限制，以避免过拟合并减小模型的复杂度。

因此，以 AR(p) 模型为例，模型定阶的具体步骤如下。

① 令 $q=1$，即利用 AR(1) 模型对时间序列 $x(1),x(2),\cdots,x(N)$ 进行拟合，得到的拟合序列为 $\hat{x}(1),\hat{x}(2),\cdots,\hat{x}(N)$，则 AIC 信息准则函数为

$$\mathrm{AIC}(1)=N\ln\frac{\hat{\sigma}_1^2}{N}+2 \tag{1.110}$$

式中

$$\hat{\sigma}_1^2=\left[x(1)-\hat{x}(1)\right]^2+\left[x(2)-\hat{x}(2)\right]^2+\cdots+\left[x(N)-\hat{x}(N)\right]^2 \tag{1.111}$$

② 采用上述方法可得到 q 取不同值时的 AIC 信息准则函数，即 $\text{AIC}(2)=N\ln(\hat{\sigma}_2^2/N)+4$，$\text{AIC}(3)=N\ln(\hat{\sigma}_3^2/N)+6,\cdots,\text{AIC}(n)=N\ln(\hat{\sigma}_n^2/N)+2n$。

③ 选择令 AIC 信息准则函数取值最小的模型阶数 q，即为所要确定的模型阶数。

（3）参数辨识

参数辨识是指确定所选择的时间序列模型的参数。通常采用最小二乘估计对时间序列模型的参数进行辨识。以 $\text{AR}(p)$ 模型为例，其模型可表示为

$$x(n)=\phi_1 x(n-1)+\phi_2 x(n-2)+\cdots+\phi_p x(n-p)+a(n) \tag{1.112}$$

式中，$\phi_1,\phi_2,\cdots,\phi_p$ 为待辨识的模型参数；$a(n)$ 为白噪声。

将时间序列 $x(1),x(2),\cdots,x(N)$ 代入式(1.112)中，联立可以得到以下线性方程：

$$\begin{cases} x(p+1)=\phi_1 x(p)+\phi_2 x(p-1)+\cdots+\phi_p x(1)+a(p+1) \\ x(p+2)=\phi_1 x(p+1)+\phi_2 x(p)+\cdots+\phi_p x(2)+a(p+2) \\ \qquad\vdots \\ x(N)=\phi_1 x(N-1)+\phi_2 x(N-2)+\cdots+\phi_p x(N-p)+a(N) \end{cases} \tag{1.113}$$

写成矩阵形式，则为

$$\begin{bmatrix} x(p+1) \\ x(p+2) \\ \vdots \\ x(N) \end{bmatrix}=\begin{bmatrix} x(p) & x(p-1) & \cdots & x(1) \\ x(p+1) & x(p) & \cdots & x(2) \\ \vdots & \vdots & \vdots & \vdots \\ x(N-1) & x(N-2) & \cdots & x(N-p) \end{bmatrix}\begin{bmatrix} \phi_1 \\ \phi_2 \\ \vdots \\ \phi_p \end{bmatrix}+\begin{bmatrix} a(p+1) \\ a(p+2) \\ \vdots \\ a(N) \end{bmatrix} \tag{1.114}$$

令

$$\boldsymbol{Y}=\left[x(p+1)\ x(p+2)\ \cdots\ x(N)\right]^{\mathrm{T}}$$

$$\boldsymbol{A}=\left[a(p+1)\ a(p+2)\ \cdots\ a(N)\right]^{\mathrm{T}}$$

$$\boldsymbol{\Phi}=\left[\phi_1\ \phi_2\ \cdots\ \phi_p\right]^{\mathrm{T}}$$

$$\boldsymbol{H}=\begin{bmatrix} x(p) & x(p-1) & \cdots & x(1) \\ x(p+1) & x(p) & \cdots & x(2) \\ \vdots & \vdots & \vdots & \vdots \\ x(N-1) & x(N-2) & \cdots & x(N-p) \end{bmatrix}$$

则式(1.114)可简化为

$$\boldsymbol{Y}=\boldsymbol{H\Phi}+\boldsymbol{A} \tag{1.115}$$

因此，待辨识模型参数的最小二乘估计结果为

$$\boldsymbol{\Phi}=(\boldsymbol{H}^{\mathrm{T}}\boldsymbol{H})^{-1}\boldsymbol{H}^{\mathrm{T}}\boldsymbol{Y} \tag{1.116}$$

（4）模型适用性检验

模型适用性检验是根据一定的准则判断所建立的时间序列模型是否适用。一个有效的时序模型能够准确地预测观测序列中几乎所有与时间相关的输出信息，故模型残差序列应近似为白噪声。因此，可以通过检验模型残差序列是否近似为白噪声来验证所建时间序列模型的有效性。

根据时间序列 $x(1),x(2),\cdots,x(N)$ 以及时间预测序列 $\hat{x}(1),\hat{x}(2),\cdots,\hat{x}(N)$，可以得到模型残差序列 $a(1),a(2),\cdots,a(N)$，即

$$a(n) = x(n) - \hat{x}(n) \tag{1.117}$$

式中，$n = 1,2,\cdots,N$。

由于白噪声各时刻数据之间相互独立，故白噪声的自相关系数应为零。因此，可以通过判断模型残差序列 $a(1),a(2),\cdots,a(N)$ 的自相关系数是否为零来检验其是否为白噪声。模型残差序列 $a(1),a(2),\cdots,a(N)$ 自相关系数的计算方法如下：

$$\hat{\rho}_h = \frac{\sum_{i=h+1}^{N} a(i)\cdot a(i-h)}{\sum_{i=h+1}^{N} [a(i)]^2} (h = 1,2,\cdots) \tag{1.118}$$

式中，h 为延迟步长。

当模型残差序列 $a(1),a(2),\cdots,a(N)$ 为白噪声时，$\hat{\rho}_h$ 应服从均值为零、方差为 $1/N$ 的正态分布。因此，选择适当的置信度水平 α，并根据正态分布函数表查出对应于 α 的临界值 T_D，进而可以得到判定准则：若 $|\hat{\rho}_h| \leqslant T_D$，则认为 $a(1),a(2),\cdots,a(N)$ 为白噪声，即所建模型为适用性模型；若 $|\hat{\rho}_h| > T_D$，则认为 $a(1),a(2),\cdots,a(N)$ 不是白噪声，即所建模型不适用，需要重新进行建模。

1.3 卡尔曼滤波在组合导航系统中的应用方法

由于每种导航系统都有其优点和特色，但也有不足之处。将几种导航系统组合起来，组成组合导航系统，能达到取长补短、综合发挥各种导航系统特点的目的，并能提高导航系统的精度和可靠性，更好地满足载体对导航系统的要求。

自 20 世纪 60 年代现代控制理论出现后，根据最优控制理论和卡尔曼滤波方法设计的滤波器成为组合导航系统的重要部分。组合导航系统将各类传感器输出的导航信息提供给滤波器，应用卡尔曼滤波方法进行信息处理，得到惯性导航系统导航参数或者导航参数误差的最优估计值，再由控制器对惯性导航系统进行校正，从而进一步提高系统的导航精度。

1.3.1 直接法和间接法

卡尔曼滤波的作用是估计系统的状态，在惯性导航系统中应用时，这种状态是指系统输出的导航参数还是指导航参数的误差呢？如果是前者，则滤波方程与惯性导航力学编排方程又有什么关系？如果是后者，滤波状态方程是否就是惯性导航误差方程？这些都是在惯性导航中应用卡尔曼滤波时首先要考虑的问题。

根据所估计的状态不同，卡尔曼滤波在惯性导航中应用时有两种方法：直接法和间接法。直接法估计导航参数本身，间接法估计惯性导航输出的导航参数的误差量。以组合导航为例，直接法的卡尔曼滤波器接收惯性导航系统测量的比力和其他导航系统计算的某些导航参数，经过滤波计算，得到所有导航参数的最优估值，如图 1.20 所示。

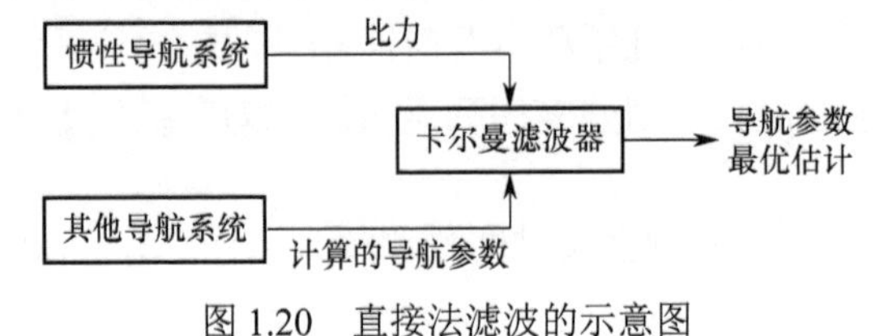

图 1.20 直接法滤波的示意图

这种方法将惯性导航力学编排方程计算和滤波组合计算都结合在一起了。间接法是将惯性导航系统和其他系统各自计算的某些导航参数（分别用 $\boldsymbol{X}_{\mathrm{I}}$ 和 $\boldsymbol{X}_{\mathrm{N}}$ 表示）进行比较，其差值为

$$\boldsymbol{X}_{\mathrm{I}}-\boldsymbol{X}_{\mathrm{N}}=(\boldsymbol{X}+\Delta\boldsymbol{X}_{\mathrm{I}})-(\boldsymbol{X}+\Delta\boldsymbol{X}_{\mathrm{N}})=\Delta\boldsymbol{X}_{\mathrm{I}}-\Delta\boldsymbol{X}_{\mathrm{N}} \tag{1.119}$$

式中，$\boldsymbol{X}$ 为真实的导航参数矢量；$\Delta\boldsymbol{X}_{\mathrm{I}}$ 和 $\Delta\boldsymbol{X}_{\mathrm{N}}$ 分别表示惯性导航系统和其他系统的某些导航参数的误差矢量。滤波器将这种差值作为量测值，经过滤波计算，得出惯性导航系统所有导航参数误差矢量的最优估值，如图 1.21 所示。

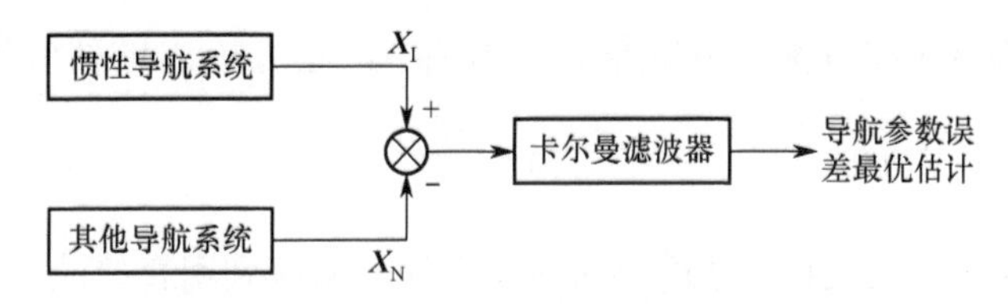

图 1.21　间接法滤波的示意图

下面举一个简化条件下的组合导航例子，并以此来分析直接法和间接法的各自特点。

设载体沿地球子午线等高航行，并设地球半径和重力都是常数，载体内装有单轴水平惯性导航系统，从（北向）加速度计的输出可计算得到即时纬度。由于加速度计和陀螺仪的输出中有零均值的白噪声误差 ∇_y 和 ε_x 以及平台误差角 φ_x，因而惯性导航系统输出的导航参数（纬度和速度）产生误差。为了减少误差，用卡尔曼滤波器将惯性导航系统与载体上某种测速设备组成组合导航系统。

如果采用直接法组合，则因滤波器估计的是载体的速度和位置（V_y 和 L），故滤波的状态方程就是惯性导航力学编排中的速度方程和位置方程，或者是它们的变换形式。指北惯性导航系统的速度方程和位置方程都是非线性方程。对本例来说，它们可以简化为

$$\dot{V}_y=f_y \tag{1.120}$$

$$\dot{L}=\frac{V_y}{R} \tag{1.121}$$

必须注意，V_y、f_y 和 L 分别表示真正的载体速度、比力和纬度。用其他测速设备输出的速度值 V_{Dy} 作为滤波器的测量值。设 V_{Dy} 中有零均值的白噪声误差 m_v，则量测方程为

$$Z=V_{Dy}=V_y+m_v \tag{1.122}$$

式(1.120)～式(1.122)表示滤波器利用测量值 V_{Dy} 去估计载体速度 V_y 和纬度 L 的状态方程和量测方程。但由于比力 f_y 无法得知，故式(1.120)这样的状态方程形式还需要变换，即将 f_y 变换为与加速度输出 f_{cy} 有关的量。下面从一般的三轴情况来导出这种变换关系。

令 $\boldsymbol{f}^t$ 表示比力矢量 $\boldsymbol{f}$ 沿地理坐标系 t 的三个分量所组成的列矩阵；$\boldsymbol{f}^p$ 表示 $\boldsymbol{f}$ 沿平台坐标系 p 的三个分量所组成的列矩阵；$\boldsymbol{f}_c^c$ 表示三个加速度计的输出量组成的列矩阵，则有

$$\begin{aligned}\boldsymbol{f}^t&=\boldsymbol{C}_p^t\boldsymbol{f}^p=[\boldsymbol{I}+(\boldsymbol{\varphi}^t\times)](\boldsymbol{f}_c^c-\nabla^p)=\boldsymbol{f}_c^c+(\boldsymbol{\varphi}^t\times)\boldsymbol{f}_c^c-\nabla^p\\&=\boldsymbol{f}_c^c+(\boldsymbol{\varphi}^t\times)\boldsymbol{f}_t^t-\nabla^p\end{aligned} \tag{1.123}$$

式中（$\boldsymbol{\varphi}^t\times$）表示用平台绕地理坐标系三个轴的误差角分量（$\varphi_x$、$\varphi_y$、$\varphi_z$）所组成的反对称矩阵。将上式应用到本例情况，并认为 $f_z\approx g$，则可得

$$f_y = f_{cy} - \varphi_x g - \nabla_y \tag{1.124}$$

将式(1.124)代入式(1.120)，得到速度状态方程的变换形式

$$\dot{V}_y = f_{cy} - \varphi_x g - \nabla_y \tag{1.125}$$

从式(1.125)可以看出，速度方程还与平台误差角 φ_x 有关，所以还需要将平台误差角方程补充为系统的状态方程。因为单轴平台不存在 φ_y 和 φ_z ，所以可直接写出 φ_x 方程为

$$\dot{\varphi}_x = \frac{V_y}{R} + u_x + \varepsilon_x \tag{1.126}$$

式中，u_x 是平台跟踪地理坐标系的施矩量。在本例中，它可从 V_y 的估值 $\hat{V}_y$ 求得，即

$$u_x = -\frac{\hat{V}_y}{R} \tag{1.127}$$

式(1.125)、式(1.126)和式(1.121)就是这个简化组合导航系统利用直接法滤波的系统状态方程。式(1.122)是量测方程。这样的滤波器可以估计出速度、位置和平台误差角。直接法滤波的简化组合导航系统方块示意图如图 1.22 所示。

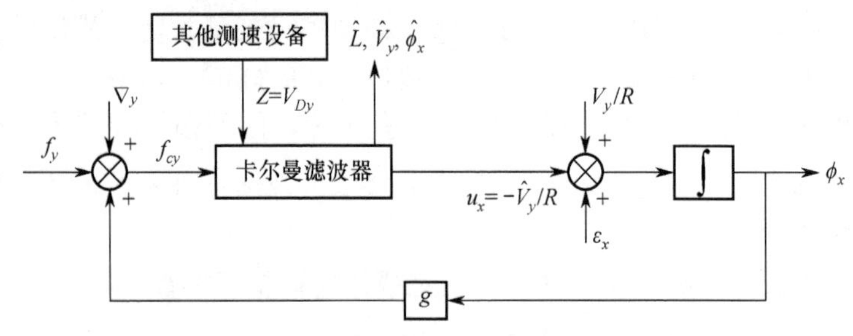

图 1.22 直接法滤波的简化组合导航系统方块示意图

如果采用间接法组合，则滤波器估计的是惯性导航的速度误差、位置误差和平台误差角。按指北惯性导航系统误差方程可以写出滤波器的状态方程为

$$\begin{cases} \Delta\dot{V}_y = \varphi_x g + \nabla_y \\ \Delta\dot{L} = \Delta V_y / R \\ \dot{\varphi}_x = -\Delta V_y / R + \varepsilon_x \end{cases} \tag{1.128}$$

式中，$\Delta V_y = V_{cy} - V_y$、$\Delta L = L_c - L$,V_{cy} 和 L_c 分别是惯性导航系统计算的速度和纬度。量测值是 V_{cy} 和其他测速设备计算的速度值 V_{Dy} 之差，故量测方程为

$$\boldsymbol{Z} = V_{cy} - V_{Dy} = \Delta V_y - m_v \tag{1.129}$$

间接法滤波的简化组合导航系统方块示意图如图 1.23 所示。

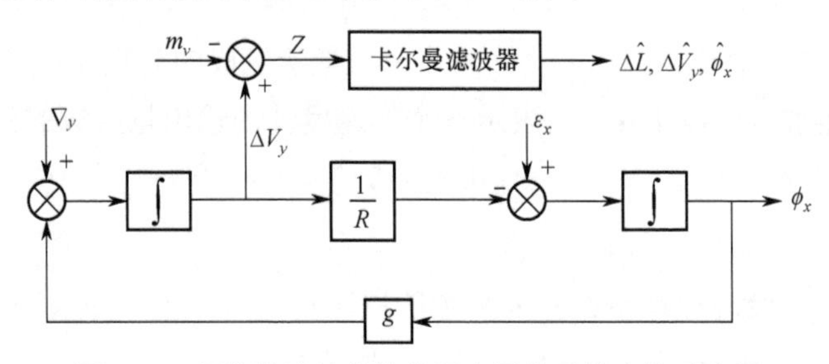

图 1.23 间接法滤波的简化组合导航系统方块示意图

从以上介绍的在简化条件下组合导航系统应用直接法滤波和间接法滤波，可以看出以下特点。

（1）直接法的系统状态方程直接描述导航参数的动态过程，它能较准确地反映系统的真实演变情况；间接法的系统状态方程主要是惯性导航系统的误差方程，它是按一阶近似推导出来的，有一定的近似性。

（2）直接法的系统状态方程是惯性导航系统力学编排方程和某些误差方程（例如平台误差角方程）的组合。滤波器既能起到力学编排方程解算导航参数的作用，又能起到滤波估计的作用。滤波器输出的就是导航参数的估值以及某些误差变量的估值。因此，采用直接法时惯性导航系统不需要单独计算力学编排方程。但如果组合导航在转换到纯惯性导航工作方式时，计算机还需另外编排一组解算力学编排方程的程序。间接法却相反，组合时惯性导航系统仍需单独解算力学编排方程，用于组合的滤波器也需解算滤波方程，但这却便于在程序上对组合导航和纯惯性导航两种工作方式进行相互转换。

（3）两种方法的系统状态方程还有一个区别，即直接法的速度方程中包括加速度计输出的计算比力 f_{cy}，而间接法没有这一项。f_{cy} 主要是载体运动的加速度，它受载体推力的控制，也受载体姿态和外界环境干扰的影响，因此，它的变化比速度快。为了得到准确的估值，滤波的计算周期必须很短，也就是要与惯性导航解算力学编排方程中速度方程用的计算周期一样，这对计算机计算速度提出了较高的要求，而间接法对计算周期的要求却没有这么短。

（4）直接法的系统状态方程一般是非线性的。因此，必须采用非线性滤波。间接法的系统状态方程是线性的，可以直接用于滤波方程。

综上比较，虽然直接法能直接反映系统的真实动态过程，但是实际应用中还存在不少困难，一般只在空间导航的惯性飞行阶段，或在加速度变化缓慢的舰船中可能采用。在飞行器的惯性导航系统中，目前常采用间接法的卡尔曼滤波。

1.3.2　利用卡尔曼滤波器的估值对惯性导航系统进行校正的方法

从卡尔曼滤波器得到估值后，有两种利用估值进行校正的方法，即开环法和闭环法。估值不对系统进行校正或仅对系统的输出量进行校正的方法，称为开环法；将系统估值反馈到系统中，用于校正系统状态的方法称为闭环法。从直接法和间接法得到的估值都可以采用开环法和闭环法。间接法估计的状态都是误差状态，这些误差状态的估值都是作为校正量来利用的。因此，间接法中的开环法也称为输出校正，闭环法也称为反馈校正。

1）输出校正

采用输出校正的间接法滤波是用惯性导航的导航参数误差 $\Delta\boldsymbol{X}_{\mathrm{I}}$ 的估值 $\Delta\hat{\boldsymbol{X}}_{\mathrm{I}}$ 去校正惯性导航输出的导航参数 $\boldsymbol{X}_{\mathrm{I}}$，得到组合导航系统的导航参数的最优估计值 $\hat{\boldsymbol{X}}$，即

$$\hat{\boldsymbol{X}} = \boldsymbol{X}_{\mathrm{I}} - \Delta\hat{\boldsymbol{X}}_{\mathrm{I}} \tag{1.130}$$

若以 $\tilde{\boldsymbol{X}}$ 表示估值 $\hat{\boldsymbol{X}}$ 的估计误差，则有

$$\begin{aligned}\tilde{\boldsymbol{X}} &= \boldsymbol{X} - \hat{\boldsymbol{X}} = \boldsymbol{X} - (\boldsymbol{X}_{\mathrm{I}} - \Delta\hat{\boldsymbol{X}}_{\mathrm{I}}) = \boldsymbol{X} - \boldsymbol{X}_{\mathrm{I}} + \Delta\hat{\boldsymbol{X}}_{\mathrm{I}} = \boldsymbol{X} - (\boldsymbol{X} + \Delta\boldsymbol{X}_{\mathrm{I}}) + \Delta\hat{\boldsymbol{X}}_{\mathrm{I}} \\ &= \Delta\hat{\boldsymbol{X}}_{\mathrm{I}} - \Delta\boldsymbol{X}_{\mathrm{I}} = -\Delta\tilde{\boldsymbol{X}}_{\mathrm{I}}\end{aligned} \tag{1.131}$$

式(1.131)说明，组合导航系统导航参数最优估值 $\hat{\boldsymbol{X}}$ 的估计误差 $\tilde{\boldsymbol{X}}$ 就是惯性导航系统导航参数误差估计 $\Delta\hat{\boldsymbol{X}}_{\mathrm{I}}$ 的估计误差 $\Delta\tilde{\boldsymbol{X}}_{\mathrm{I}}$。式中的负号是由估计误差的定义与导航参数误差的定义不同而造成的。输出校正的滤波示意图如图 1.24 所示。

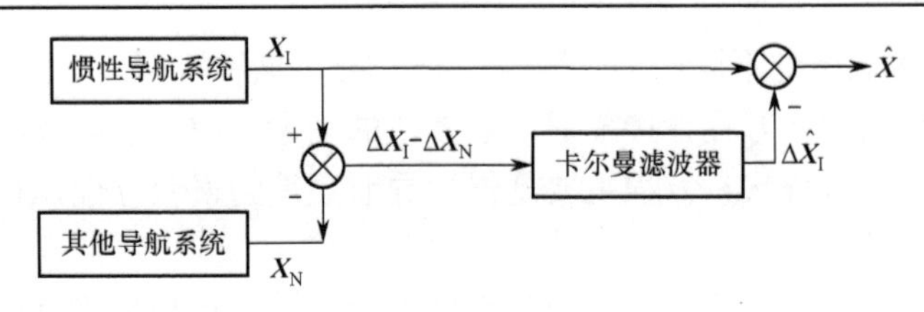

图 1.24 输出校正的滤波示意图

2）反馈校正

采用反馈校正的间接法滤波是将惯性导航的导航参数误差 $\Delta\boldsymbol{X}_I$ 的估值 $\Delta\hat{\boldsymbol{X}}_I$ 反馈到惯性导航系统内，在力学编排计算方程中校正计算的速度值和经纬度值，并给平台施矩以校正平台误差角。因此，经过反馈校正后，惯性导航系统输出的导航参数就是组合导航系统的输出。反馈校正的滤波示意图如图 1.25 所示。

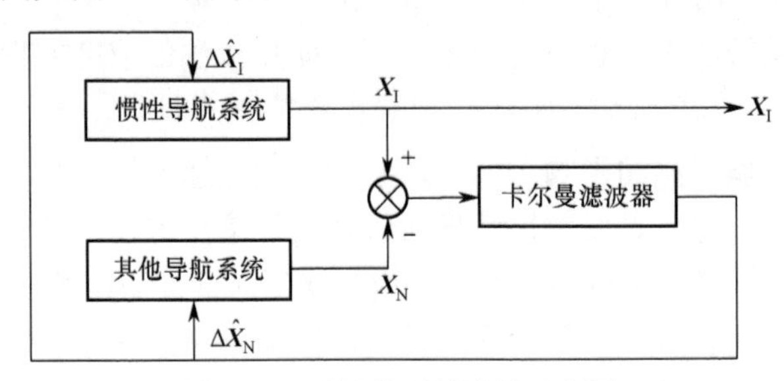

图 1.25 反馈校正的滤波示意图

需要强调的是，虽然从形式上看，输出校正仅校正惯性导航系统的输出量，而反馈校正则校正系统内部的状态，但可以证明，利用输出校正的组合导航系统输出量 $\hat{\boldsymbol{X}}$ 和利用反馈校正的组合导航系统输出量 $\boldsymbol{X}_I$ 具有同样的精度。从这一点上来讲，两种校正方法的性质是一样的。但是，输出校正的滤波器所估计的状态是未经校正的导航参数误差 $\Delta\boldsymbol{X}_I$，而反馈校正的滤波器所估计的状态是经过校正的导航参数误差。前者数值大，后者数值小，而状态方程都是经过一阶近似的线性方程，状态的数值越小，则近似的准确性越高。因此，利用反馈校正的系统状态方程，更能接近真实地反映系统误差状态的动态过程。因此，对实际系统来讲，只要状态能够具体实施反馈校正，组合导航系统就应尽量采用反馈校正的滤波方法。

由于两种校正的效果是一样的，故前面讨论输出校正得到的估计误差关系式(1.131)对两种校正方法都是适用的。对间接法来讲，在理想情况下无论采用哪种校正方法，校正后系统导航参数估值 $\hat{\boldsymbol{X}}$ 的估计误差 $\tilde{\boldsymbol{X}}$ 就是导航参数误差估值 $\Delta\hat{\boldsymbol{X}}_I$ 的估计误差 $\Delta\tilde{\boldsymbol{X}}_I$。而最优滤波器中的 $\boldsymbol{P}_k$ 就是这种估计误差 $\Delta\tilde{\boldsymbol{X}}_I$ 的均方阵。由此可以得出以下结论：由间接法最优滤波器计算得到的误差状态估计均方误差阵 $\boldsymbol{P}_k$ 就是利用误差状态的估值去校正系统状态后的状态误差 $\tilde{\boldsymbol{X}}$ 的均方阵。如果实际系统既需估计又要校正，则在地面模拟滤波方案时可以仅计算滤波器的估计过程，不必再模拟系统得到校正后的状态剩余误差性能，$\boldsymbol{P}_k$ 就是表示这种误差的均方阵。

第2章　惯性传感器件标定系列实验

陀螺仪（Gyroscope）和加速度计（Accelerometer）是惯性导航系统的两大关键传感器件，其性能是影响惯性导航系统精度和稳定性的主要因素。由于惯性导航的积分运算特点，即使微小的惯性传感器件测量误差，随着时间的增长也会引起惯性导航位置、速度和姿态解算误差的不断积累。因此，通过对惯性传感器件的标定进而补偿其测量误差，是提高惯性传感器件测量精度及惯性导航系统导航性能的一种有效手段。

本章在介绍惯性传感器件数学模型的基础上，系统阐述了光纤陀螺仪的静态漂移性能测试、光纤陀螺仪零偏和标度因数的动态标定、基于重力场的加速度计误差标定和基于离心机的加速度计误差标定等惯性传感器件标定系列实验的实验目的、实验原理、实验方法等。

2.1　惯性传感器件的数学模型

捷联惯性导航系统（以下简称捷联惯导系统）目前广泛应用于导航、制导与控制（例如导弹的制导、飞机的导航及人造卫星的姿态控制）等领域。在各种任务中，捷联惯导系统的精度在很大程度上依赖于其中惯性传感器件（即陀螺仪及加速度计）的精度。因此，不断发展各种新型仪表，减小仪表的误差来源，努力提高仪表的精度，一直是惯性传感器件的主要发展方向之一，也符合当前捷联惯导系统发展的迫切需求。然而在任何实际的惯性传感器件中，客观上存在着各种误差源（例如原理误差、结构误差、工艺误差等），通常它们对惯性传感器件性能的影响是不同的。大量实践使工程技术人员逐渐认识到精细地研究惯性传感器件的误差源，以及其对惯性传感器件性能影响的表达形式，具有极其重要的意义。这种在特定环境下，描述惯性传感器件性能的数学表达式，就称为惯性传感器件的数学模型。

有关惯性传感器件数学模型的理论及实验研究，日益受到惯性工程技术人员的普遍重视，其重要性主要表现在以下几个方面。

① 建立精确的数学模型，分析各模型系数的大小及其稳定性，可为改善惯性传感器件的设计、生产及故障诊断提供重要依据。因为各模型系数一般均与惯性传感器件的结构参数有着确定的联系。此外，可为发展新型惯性传感器件，特别是为发展在捷联环境中工作的惯性传感器件提供新的设计思想。

② 根据描述实际性能的数学模型，可以发展相应的误差补偿技术。也就是说，若将惯性传感器件在不同工作环境中的运动规律作用于数学模型上，便可实时地计算出该环境所引起的器件误差。因此，若在捷联惯导系统的导航计算机中，从惯性传感器件的输出中补偿掉这部分误差后，再作用于导航方程，则可大大提高导航精度。特别是对于高性能的捷联惯导系统必须要求惯性传感器件具有优良的模型精度与稳定性，并采取适当的动静态误差补偿技术。这是整个系统获得良好性能不可缺少的手段之一。

③ 利用飞行模拟技术和惯性传感器件的数学模型，可在实验室的数字计算机上模拟整个捷联惯导系统。例如，在捷联惯导系统的飞行模拟实验中（原理如图2.1所示），飞行器沿预

定飞行路线的运动，变换为相对惯性空间的运动($\boldsymbol{\omega}, \boldsymbol{f}$)作用在惯性器件的数学模型上，而该模型的输出相当于陀螺仪和加速度计的实际输出。它作为飞行器惯性运动的量测值作用在导航系统的数学模型上，将预定的飞行器轨迹与导航系统解算的信息（例如位置、速度等）进行比较，便可获得系统的导航误差。也就是说，利用数字模拟技术，可在实验室的计算机上“飞”各种捷联惯导系统，这是评价和发展系统的一种既经济又灵活的研究方法。

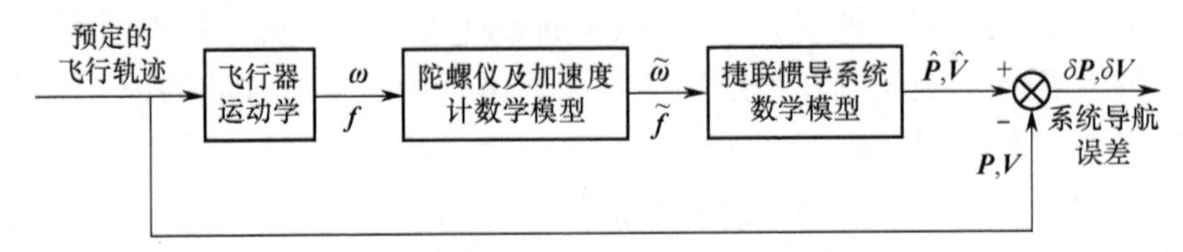

图 2.1 捷联惯导系统飞行模拟实验的原理

下面将分别介绍陀螺仪和加速度计的数学模型。

2.1.1 陀螺仪漂移数学模型

描述陀螺仪漂移规律的数学表达式称为陀螺仪漂移数学模型。依据在不同条件下陀螺仪漂移与有关参数之间的关系，陀螺仪漂移数学模型通常分为以下三类。

（1）静态漂移数学模型。静态漂移数学模型是指在线运动条件下，陀螺仪漂移与加速度或比力之间关系的数学表达式。静态漂移数学模型一般具有三元二次多项式的结构形式。

（2）动态漂移数学模型。动态漂移数学模型是指在角运动条件下，陀螺仪漂移与角速度、角加速度之间关系的数学表达式。动态漂移数学模型一般也具有三元二次多项式的结构形式。

（3）随机漂移数学模型。引起陀螺仪漂移的诸多干扰因素是带有随机性的，陀螺仪漂移实际上是一个随机过程，即使漂移测试的条件不变，所得数据也将是一个随机时间序列。描述该随机时间序列统计相关性的数学表达式，即为陀螺仪随机漂移数学模型。它通常采用AR或ARMA模型来拟合得到。

可见，陀螺仪总的漂移误差由三部分组成：一部分是由线运动引起的静态误差；另一部分是由角运动引起的动态误差；第三部分则是由随机干扰因素引起的随机误差。陀螺仪总漂移速率可表示为

陀螺仪总漂移速率=静态漂移速率+动态漂移速率+随机漂移速率

下面分别给出这三类漂移误差的数学模型。

1）静态漂移数学模型

单自由度陀螺仪（或二自由度陀螺仪的x测量轴）的静态漂移数学模型为

$$\begin{aligned} Y_A(x) = {} & K_0 + K_x A_x + K_y A_y + K_z A_z + K_{xx} A_x^2 + K_{yy} A_y^2 + K_{zz} A_z^2 \\ & + K_{xy} A_x A_y + K_{yz} A_y A_z + K_{xz} A_x A_z + E_x \end{aligned} \tag{2.1}$$

式中，$Y_A(x)$为沿x轴的陀螺仪漂移速率（°/h）；A_x、A_y、A_z分别是沿陀螺仪x、y、z轴的加速度（g）；K_0是与加速度无关的漂移速率（°/h）；K_x、K_y、K_z为与加速度一次方有关的漂移系数（(°/h)/g）；K_{xx}、K_{yy}、K_{zz}为与加速度二次方有关的漂移系数（(°/h)/g^2）；K_{xy}、K_{yz}、K_{zx}为与加速度交叉乘积项有关的漂移系数（(°/h)/g^2）；E_x为陀螺仪的随机误差，表示模型中未考虑的因素所造成的漂移速率。

对陀螺仪来说，静态漂移数学模型的各项均为误差项，类似地也有二自由度陀螺仪静态数学模型。

2）动态漂移数学模型

单自由度陀螺仪（或二自由度陀螺仪的 x 测量轴）的动态数学模型为

$$
\begin{aligned}
Y_B(x) = & D_0 + D_1\omega_x + D_2\omega_y + D_3\omega_z + D_4\omega_x\omega_y + D_5\omega_x\omega_z + D_6\omega_x^2 \\
& + D_7\omega_x^3 + D_8\omega_y\omega_z + D_9\omega_x^2\omega_z + D_{10}\omega_x^2\omega_y + Y_A(x)
\end{aligned} \tag{2.2}
$$

式中，ω_x、ω_y、ω_z 分别为陀螺仪壳体相对惯性空间绕其输入轴、输出轴、自转轴的角速度（rad/s）；D_0 是与载体角速度无关的漂移速率（rad/s），D_1、D_2、D_3 是与载体角速度一次方有关的漂移系数，其余均为与载体角速度二次方、三次方及交叉乘积项有关的漂移系数。D_1 为陀螺仪标度系数；其余系数均为误差系数，对应项均为误差。

3）随机漂移数学模型

陀螺仪漂移是由随机干扰因素引起的，由于它的随机性，所以无法用确定性的函数来进行描述。对这类漂移，可以借助数理统计方法找出它的统计规律，并采用统计函数来进行描述。通常通过对陀螺仪进行大量的测试，根据测试数据进行统计特性分析计算，找出方差及相关函数，用来表述其随机过程，它就代表陀螺仪的随机漂移。在惯性导航系统中通常采用卡尔曼滤波减小随机漂移的影响。随机漂移补偿后，还有剩余误差，并可能变化，所以漂移稳定性也是重要的精度指标。

2.1.2　加速度计的数学模型

与陀螺仪类似，依据在不同条件下加速度计输出与有关参数之间的关系，加速度计的数学模型可以划分为以下三类。

1）静态数学模型

在线运动环境中加速度计的输出与稳态线加速度输入间的依赖关系 $Y = f(\boldsymbol{A})$，称为加速度计的静态数学模型。目前广泛采用的静态数学模型有以下三种形式。

（1）模型 A：

$$
Y = K_0 + K_1A_i + K_2A_i^2 + K_3A_i^3 + K_4A_iA_o + K_5A_iA_p \tag{2.3}
$$

（2）模型 B：

$$
\begin{aligned}
Y = & K_0 + K_1A_i + K_2A_i^2 + K_3A_i^3 + K_4A_iA_o + K_5A_iA_p \\
& + K_6A_oA_p + K_7A_o + K_8A_p + K_9A_p^2
\end{aligned} \tag{2.4}
$$

（3）模型 C：

$$
\begin{aligned}
Y = & K_0 + K_IA_i + K_{II}A_i^2 + K_{III}A_i^3 + K_{io}A_iA_o + K_{ip}A_iA_p \\
& + K_{po}A_pA_o + K_{oo}A_o^2 + K_{ooo}A_o^3 + K_{pp}A_p^2 + K_{ppp}A_p^3
\end{aligned} \tag{2.5}
$$

式中，Y 为加速度计输出（g）；K_0 为零偏（μg）；K_1（K_I）为标度因数（g/g）；K_2、K_3（K_{II}、K_{III}）分别为二阶非线性系数（μg/g²）及三阶非线性系数（μg/g³）；K_4、K_5、K_6（K_{io}、K_{ip}、K_{po}）为交叉耦合项系数（μg/g²）；K_7、K_8 为交叉轴灵敏度（μg/g）；K_9（K_{oo}、K_{ooo}、K_{pp}、K_{ppp}）分别为交

叉轴灵敏度二阶非线性系数（μg/g²）及三阶非线性系数（μg/g³）；A_i、A_o、A_p 分别为沿加速度计输入轴、输出轴及摆轴作用的比力（g）。

显然，在加速度计静态模型中，除 K_1（K_I）是加速度计希望的输出参数外，其余各项均为误差项，这三种模型的区别仅在于考虑的各误差项繁简不一。

2）动态数学模型

在角运动环境中加速度计输出与角速度、角加速度输入间的依赖关系 $Y=f(\boldsymbol{\omega},\dot{\boldsymbol{\omega}})$，称为加速度计的动态数学模型。目前广泛采用的加速度计动态模型具有以下形式：

$$\begin{aligned}Y=&D_1\omega_i+D_2\omega_o+D_3\omega_p+D_4\omega_i^2-D_5\omega_p^2+D_6\omega_i\omega_o\\&+D_7\omega_i\omega_p+D_8\omega_o\omega_p+D_9\dot{\omega}_o\omega_i^2-D_{10}\dot{\omega}_o\omega_p^2\end{aligned}\tag{2.6}$$

式中，ω_i、ω_o、ω_p 分别为加速度计壳体相对惯性空间绕其输入轴、输出轴及摆轴的角速度，（rad/s）；$\dot{\omega}_i$、$\dot{\omega}_o$、$\dot{\omega}_p$ 分别为加速度计壳体相对惯性空间绕其输入轴、输出轴及摆轴的角加速度（rad/s²）。

显然，加速度计动态数学模型中的各项均为误差项。

3）随机数学模型

加速度计的随机数学模型是指加速度计输出与随机误差源之间的关系。在加速度计静态和动态模型中，各系数一般都是有明确物理意义的，因而所产生的误差是确定的、可预测的，而各种不可预测的环境或仪表内部的随机因素（例如温度、磁场、电源、仪表内部的导电装置、接触摩擦、应力变化等）所引起的加速度计输出误差是与运动无关的，其本质上是随机的。应用随机过程的理论和实践研究可以建立某种形式的加速度计统计误差模型。

2.2 光纤陀螺仪的静态漂移性能测试实验

陀螺仪的零偏又称常值漂移，是指当输入角速率为零时，陀螺仪的输出量。陀螺仪零偏通常用零输入情况下输出量的平均值来表示，单位为°/h。当输入角速率为零时，衡量输出量围绕其均值（即零偏）离散程度的指标，又称陀螺仪的零漂，单位为°/h。陀螺仪的零偏和零漂是衡量陀螺仪静态性能的主要性能指标。因此，本节介绍了静态条件下光纤陀螺仪零偏和零漂的标定实验方法，并设计实验使学生掌握利用陀螺仪静态测量数据实现对零偏和零漂的标定方法。

2.2.1 陀螺仪静态测漂的基本原理

陀螺仪的测量输出 $\tilde{\boldsymbol{\omega}}_{ib}^b$ 由敏感输入量 $\boldsymbol{\omega}_{ib}^b$ 和测量误差 $\delta\boldsymbol{\omega}_{ib}^b$ 两部分组成，即

$$\tilde{\boldsymbol{\omega}}_{ib}^b=\boldsymbol{\omega}_{ib}^b+\delta\boldsymbol{\omega}_{ib}^b\tag{2.7}$$

式中，陀螺仪敏感输入量 $\boldsymbol{\omega}_{ib}^b$ 可进一步分解为

$$\boldsymbol{\omega}_{ib}^b=\boldsymbol{C}_n^b(\boldsymbol{\omega}_{ie}^n+\boldsymbol{\omega}_{en}^n)+\boldsymbol{\omega}_{nb}^b\tag{2.8}$$

式中，地球自转角速度 $\boldsymbol{\omega}_{ie}^n=[0,\omega_{ie}\cos L,\omega_{ie}\sin L]^{\mathrm{T}}$ 与纬度 L 有关；位置角速度 $\boldsymbol{\omega}_{en}^n=[-V_{\mathrm{N}}/(R_{\mathrm{M}}+h),V_{\mathrm{E}}/(R_{\mathrm{N}}+h),V_{\mathrm{E}}\tan L/(R_{\mathrm{N}}+h)]^{\mathrm{T}}$ 与对地速度 V_{E} 和 V_{N}、纬度 L 以及高度 h 有关；坐标转换矩阵 $\boldsymbol{C}_n^b$ 和姿态角速度 $\boldsymbol{\omega}_{nb}^b$ 的表达式分别为

$$
\begin{aligned}
\boldsymbol{C}_n^b &= \boldsymbol{R}_y(\gamma)\boldsymbol{R}_x(\theta)\boldsymbol{R}_z(\psi) \\
&= \begin{bmatrix} \cos\gamma & 0 & -\sin\gamma \\ 0 & 1 & 0 \\ \sin\gamma & 0 & \cos\gamma \end{bmatrix}\begin{bmatrix} 1 & 0 & 0 \\ 0 & \cos\theta & \sin\theta \\ 0 & -\sin\theta & \cos\theta \end{bmatrix}\begin{bmatrix} \cos\psi & \sin\psi & 0 \\ -\sin\psi & \cos\psi & 0 \\ 0 & 0 & 1 \end{bmatrix} \\
&= \begin{bmatrix} \cos\gamma\cos\psi - \sin\gamma\sin\theta\sin\psi & \cos\gamma\sin\psi + \sin\gamma\sin\theta\cos\psi & -\sin\gamma\cos\theta \\ -\cos\theta\sin\psi & \cos\theta\cos\psi & \sin\theta \\ \sin\gamma\cos\psi + \cos\gamma\sin\theta\sin\psi & \sin\gamma\sin\psi - \cos\gamma\sin\theta\cos\psi & \cos\gamma\cos\theta \end{bmatrix}
\end{aligned} \tag{2.9}
$$

$$
\begin{aligned}
\boldsymbol{\omega}_{nb}^b &= \boldsymbol{R}_y(\gamma)\boldsymbol{R}_x(\theta)\begin{bmatrix}0 & 0 & \dot{\psi}\end{bmatrix}^{\mathrm{T}} + \boldsymbol{R}_y(\gamma)\begin{bmatrix}\dot{\theta} & 0 & 0\end{bmatrix}^{\mathrm{T}} + \begin{bmatrix}0 & \dot{\gamma} & 0\end{bmatrix}^{\mathrm{T}} \\
&= \begin{bmatrix} -\sin\gamma\cos\theta & \cos\gamma & 0 \\ \sin\theta & 0 & 1 \\ \cos\gamma\cos\theta & \sin\gamma & 0 \end{bmatrix}\begin{bmatrix} \dot{\psi} \\ \dot{\theta} \\ \dot{\gamma} \end{bmatrix}
\end{aligned} \tag{2.10}
$$

式中，$\boldsymbol{R}_i, i = x, y, z$ 表示基元旋转矩阵；θ、γ 和 ψ 分别表示俯仰角、横滚角和偏航角；$\dot{\theta}$、$\dot{\gamma}$ 和 $\dot{\psi}$ 分别表示俯仰角速率、横滚角速率和偏航角速率。

将陀螺仪测量误差 $\delta\boldsymbol{\omega}_{ib}^b$ 建模为常值加白噪的形式，即

$$\delta\boldsymbol{\omega}_{ib}^b = \boldsymbol{\varepsilon} + \boldsymbol{w} \tag{2.11}$$

则将式(2.8)和式(2.11)代入式(2.7)后，陀螺仪测量模型可表示为

$$\tilde{\boldsymbol{\omega}}_{ib}^b = \boldsymbol{C}_n^b(\boldsymbol{\omega}_{ie}^n + \boldsymbol{\omega}_{en}^n) + \boldsymbol{\omega}_{nb}^b + \boldsymbol{\varepsilon} + \boldsymbol{w} \tag{2.12}$$

当陀螺仪相对地面静止时，对地速度 V_{E} 和 V_{N}、俯仰角速率 $\dot{\theta}$、横滚角速率 $\dot{\gamma}$ 以及偏航角速率 $\dot{\psi}$ 均为零。因此，根据位置角速度 $\boldsymbol{\omega}_{en}^n$ 和姿态角速度 $\boldsymbol{\omega}_{nb}^b$ 的表达式可知

$$\boldsymbol{\omega}_{en}^n = \boldsymbol{\omega}_{nb}^b = \boldsymbol{0} \tag{2.13}$$

这样，将式(2.13)代入式(2.12)后，陀螺仪测量模型退化为

$$\tilde{\boldsymbol{\omega}}_{ib}^b = \boldsymbol{C}_n^b\boldsymbol{\omega}_{ie}^n + \boldsymbol{\varepsilon} + \boldsymbol{w} \tag{2.14}$$

式中，地球自转角速度 $\boldsymbol{\omega}_{ie}^n$ 只与纬度 L 有关，坐标转换矩阵 $\boldsymbol{C}_n^b$ 只与俯仰角 θ、横滚角 γ 和偏航角 ψ 有关。因此，若陀螺仪静止时所在位置的纬度和姿态角能够确定，则 $\boldsymbol{C}_n^b\boldsymbol{\omega}_{ie}^n$ 可视为已知项。这样，利用陀螺仪在一段时间内的静态测量数据便可对其零偏 $\boldsymbol{\varepsilon}$ 和零漂 σ 进行标定，标定结果分别为

$$\hat{\boldsymbol{\varepsilon}} = \frac{1}{N}\sum_{j=1}^{N}[\tilde{\boldsymbol{\omega}}_{ib}^b(t_j) - \boldsymbol{C}_n^b\boldsymbol{\omega}_{ie}^n] \tag{2.15}$$

$$\hat{\sigma} = \sqrt{\frac{1}{N-1}\sum_{j=1}^{N}[\tilde{\boldsymbol{\omega}}_{ib}^b(t_j) - \boldsymbol{C}_n^b\boldsymbol{\omega}_{ie}^n - \hat{\boldsymbol{\varepsilon}}]^{\mathrm{T}}[\tilde{\boldsymbol{\omega}}_{ib}^b(t_j) - \boldsymbol{C}_n^b\boldsymbol{\omega}_{ie}^n - \hat{\boldsymbol{\varepsilon}}]} \tag{2.16}$$

式中，N 表示测量数据的序列长度。

2.2.2　实验目的与实验设备

1）实验目的

（1）掌握陀螺仪零偏和零漂等性能指标的定义与内涵。

（2）掌握光纤陀螺仪的静态漂移性能测试方法。

2）实验内容

搭建光纤陀螺仪静态漂移性能测试实验系统，利用捷联惯导系统中陀螺仪在静止条件下的测量输出编写陀螺仪零偏和零漂标定程序，完成光纤陀螺仪的静态漂移性能测试。

如图 2.2 所示为光纤陀螺仪静态漂移性能测试实验系统示意图，该实验系统主要包括光纤捷联惯导系统、工控机和电源等。光纤捷联惯导系统中陀螺仪的测量输出可用于完成静态漂移性能测试；工控机用于光纤捷联惯导系统的调试和实测数据的存储；电源则用于对光纤捷联惯导系统供电。

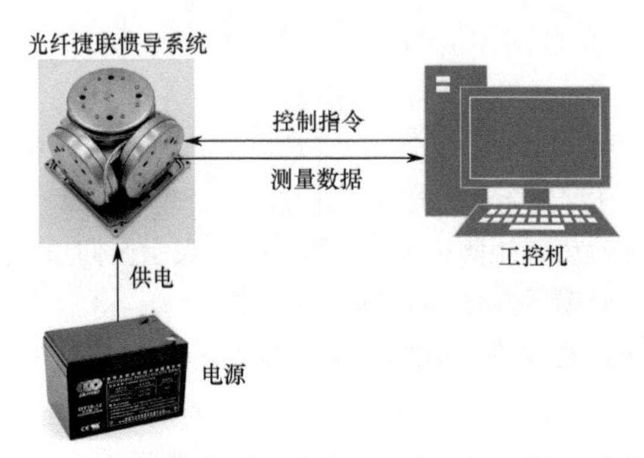

图 2.2　光纤陀螺仪静态漂移性能测试实验系统示意图

如图 2.3 所示为光纤陀螺仪静态漂移性能测试实验方案框图。

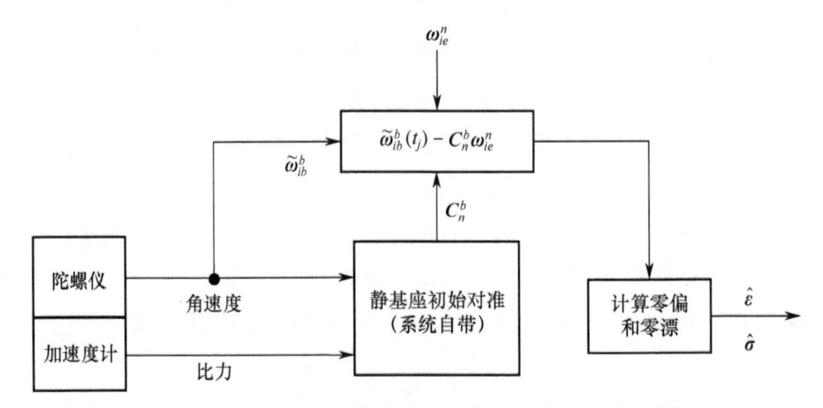

图 2.3　光纤陀螺仪静态漂移性能测试实验方案框图

首先，光纤捷联惯导系统自带的初始对准程序利用陀螺仪和加速度计测量的角速度和比力完成静基座初始对准，获得与姿态角相关的坐标转换矩阵 $\boldsymbol{C}_n^b$；然后，根据先验的纬度信息计算得到地球自转角速度 $\boldsymbol{\omega}_{ie}^n$，进而结合光纤陀螺仪测量的角速度 $\tilde{\boldsymbol{\omega}}_{ib}^b$ 和坐标转换矩阵 $\boldsymbol{C}_n^b$ 计算得到当前时刻 t_j 的陀螺仪测量误差样本 $\tilde{\boldsymbol{\omega}}_{ib}^b(t_j)-\boldsymbol{C}_n^b\boldsymbol{\omega}_{ie}^n$；最后，利用采集到的陀螺仪测量误差样本序列计算零偏和零漂，从而完成光纤陀螺仪静态漂移性能测试。

3）实验设备

实验设备包括 FN-120 光纤捷联惯导系统（实物图如图 2.4 所示）、工控机、25V 蓄电池、降压模块、通信接口等。其中，FN-120 光纤捷联惯导系统中光纤陀螺仪的主要性能指标如表 2.1 所示。

图 2.4　FN-120 光纤捷联惯导系统实物图

表 2.1　光纤陀螺仪的主要性能指标

零偏稳定性	≤0.01°/h（1σ）
零偏重复性	≤0.01°/h（1σ）
随机游走系数	≤0.005°/$\sqrt{\text{h}}$
标度因数非线性度	≤50ppm
标度因数重复性	≤50ppm（1σ）
测量范围	≥±300°/s
准备时间	≤15 s

2.2.3　实验步骤及操作说明

1）仪器安装

光纤陀螺仪静态漂移实验场景如图 2.5 所示，首先将 FN-120 光纤捷联惯导系统放置于实验台上，且在实验过程中始终保持静止。

2）电气连接

（1）利用万用表测量电源输出是否正常（电源电压由 FN-120 光纤捷联惯导系统的供电电压决定）。

（2）FN-120 光纤捷联惯导系统通过通信接口（RS422 转 USB）与工控机连接，25V 蓄电池通过降压模块以 12V 的电压对该系统供电。

（3）检查数据采集系统是否正常，准备采集数据。

3）FN-120 光纤捷联惯导系统的初始化配置

由于本实验方案需要利用光纤捷联惯导系统的初始对准结果来获得坐标转换矩阵 $\boldsymbol{C}_n^b$，所以需对 FN-120 光纤捷联惯导系统进行初始化配置，使其利用系统自带程序完成静基座初始对准后输出姿态和角速度等信息。FN-120 光纤捷联惯导系统上电后，利用该系统自带的测试软件对其进行初始化配置，FN-120 测试软件总体界面如图 2.6 所示。

图 2.5　光纤陀螺仪静态漂移实验场景

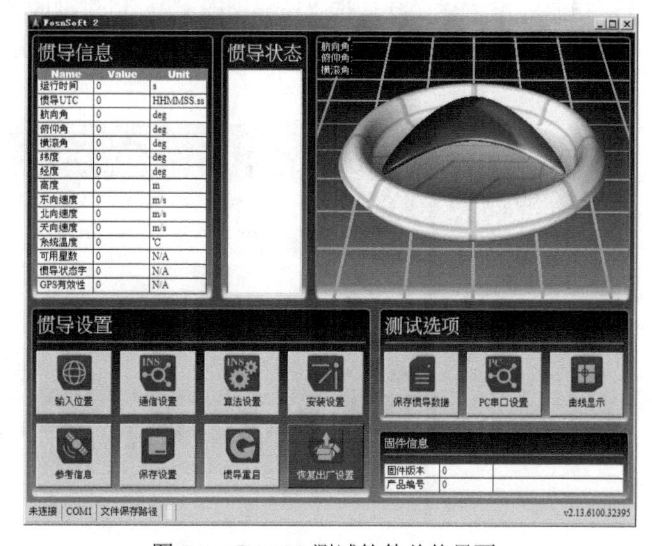

图 2.6　FN-120 测试软件总体界面

（1）如图 2.7 所示，在“PC 串口设置”界面选择相应的串口号。

（2）如图 2.8 所示，在“设置惯导位置”界面输入初始位置。

（3）如图 2.9 所示，在“惯导串口设置”界面通过 COM0 串口（即 RS422）设置 FN-120 光纤捷联惯导系统的输出方式，包括：波特率（默认选“115200”）、数据位（默认选“8”）、停止位（默认选“1”）、校验方式（默认选“偶校验”）、发送周期（默认选“10 ms”）和发送协议（默认选“FOSN STD 2Binary”）。

图 2.7 “PC 串口设置”界面

图 2.8 “设置惯导位置”界面

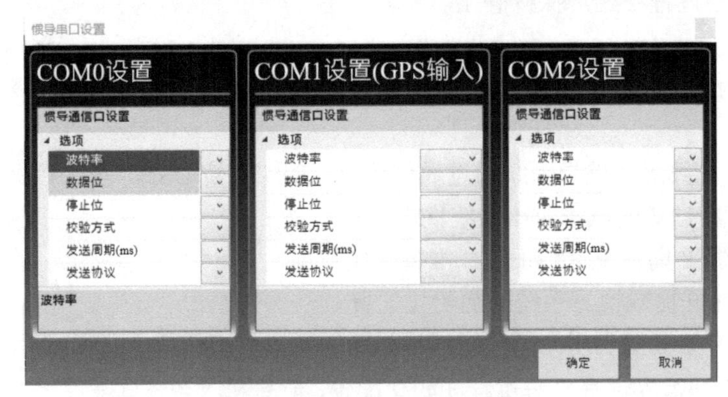

图 2.9 “惯导串口设置”界面

（4）如图 2.10 所示，在“算法设置”界面设置 FN-120 光纤捷联惯导系统的工作流程，包括：初始对准方式（默认选“Immediate”）、粗对准时间（建议设置为 2～3 min）、精对准方式（默认选“ZUPT”，建议设置为 10～15 min）、导航方式（默认选“Pure Inertial”）。

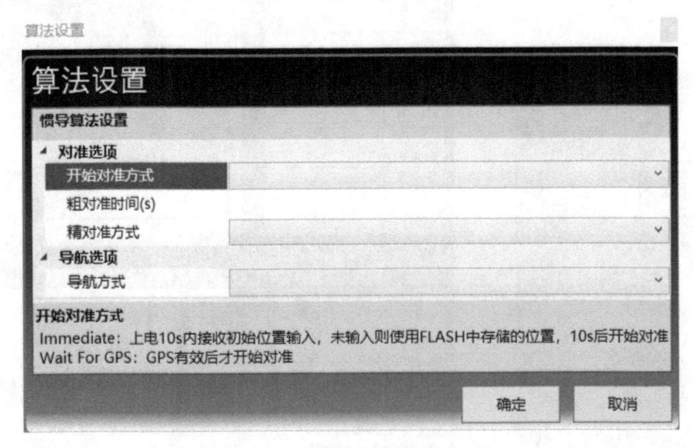

图 2.10 “算法设置”界面

（5）如图 2.11 所示，在“保存惯导数据”界面选择惯导姿态结果、三轴陀螺仪输出的角速度等数据进行保存。

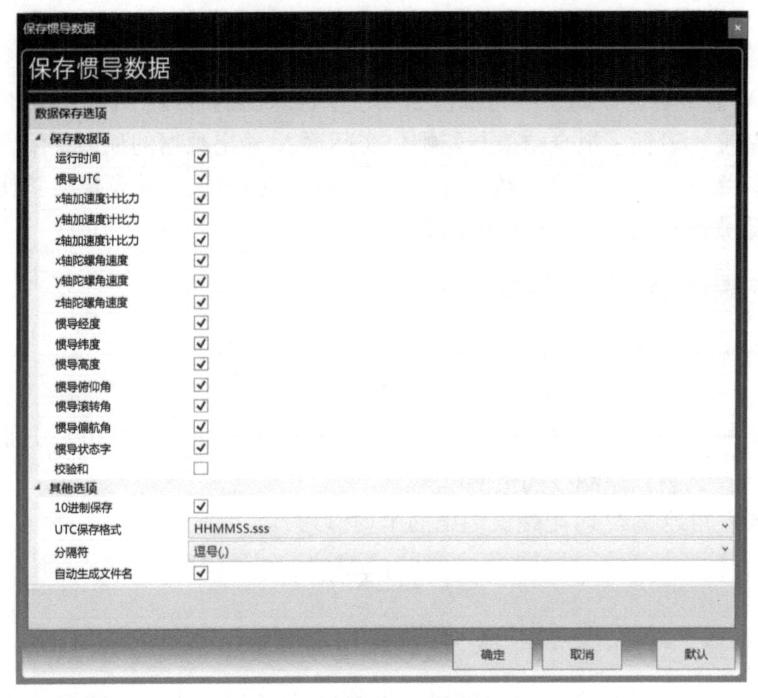

图 2.11 “保存惯导数据”界面

（6）依次执行“保存设置”和“惯导重启”。

4）数据采集

（1）静止 12～18 min 后，FN-120 光纤捷联惯导系统自主完成静基座初始对准，这样便可获得坐标转换矩阵 $\boldsymbol{C}_n^b$。

（2）设定测试时间，建议测试时长设置为 30～60 min。

（3）利用工控机对 FN-120 光纤捷联惯导系统中陀螺仪输出的角速度以及惯性导航姿态结果等数据进行采集和存储。

（4）实验结束后，将光纤陀螺仪静态漂移性能测试实验系统断电，整理实验装置。

5）数据处理

（1）对工控机存储的测量数据（16 进制格式）进行解析，以获得便于后续处理的 10 进制格式数据。

（2）对各组测量数据进行预处理，剔除野值。

（3）根据先验的纬度信息计算得到地球自转角速度 $\boldsymbol{\omega}_{ie}^n=[0,\omega_{ie}\cos L,\omega_{ie}\sin L]^{\mathrm{T}}$。

（4）利用光纤陀螺仪测量的角速度 $\tilde{\boldsymbol{\omega}}_{ib}^b$、坐标转换矩阵 $\boldsymbol{C}_n^b$ 和地球自转角速度 $\boldsymbol{\omega}_{ie}^n$ 计算得到当前时刻 t_j 的陀螺仪测量误差样本 $\tilde{\boldsymbol{\omega}}_{ib}^b(t_j)-\boldsymbol{C}_n^b\boldsymbol{\omega}_{ie}^n$。

（5）利用采集到的陀螺仪测量误差样本序列，分别根据式(2.15)和式(2.16)计算得到零偏和零漂，从而完成光纤陀螺仪静态漂移性能测试。

6）分析实验结果，撰写实验报告

2.3 光纤陀螺仪零偏和标度因数的动态标定实验

陀螺仪标度因数是指陀螺仪输出与输入角速率的比值，该比值是根据整个输入角速率范围内测得的输入/输出数据，通过一元线性回归法拟合求出的直线斜率；而拟合残差决定了该拟合结果的可信度，表征了拟合结果与陀螺仪实际输入/输出数据的偏离程度。本节介绍了动态条件下光纤陀螺仪零偏和标度因数性能指标的标定实验方法，并设计实验使学生掌握利用陀螺仪动态测量数据实现对零偏和标度因数的标定方法。

2.3.1 陀螺仪动态标定基本原理

陀螺仪输入/输出的线性模型可表示为

$$F = K \cdot \Omega + F_0 + V \tag{2.17}$$

式中，F 表示陀螺仪的输出角速率；Ω 表示陀螺仪的输入角速率；K 和 F_0 分别表示陀螺仪的标度因数和零偏；V 表示陀螺仪的量测噪声。

设第 j 个输入角速率 Ω_j 时陀螺仪输出的平均值为 F_j，则有

$$F_j = \frac{1}{N}\sum_{i=1}^{N} F_{ij} \tag{2.18}$$

式中，F_{ij} 表示陀螺仪第 i 个输出值；N 表示采样数据长度。

若在陀螺仪的整个输入范围内共设置 M 组输入角速率，为降低陀螺仪测量噪声 V 对拟合精度的影响，可采用一元线性回归法对陀螺仪的标度因数和零偏进行拟合。拟合结果可表示为

$$\hat{F}_0 = \frac{\left(\sum_{j=1}^{M}\Omega_j^2\right)\left(\sum_{j=1}^{M}F_j\right) - \left(\sum_{j=1}^{M}\Omega_j\right)\left(\sum_{j=1}^{M}\Omega_j F_j\right)}{M\sum_{j=1}^{M}\Omega_j^2 - \left(\sum_{j=1}^{M}\Omega_j\right)^2} \tag{2.19}$$

$$\hat{K} = \frac{M\sum_{j=1}^{M}\Omega_j F_j - \left(\sum_{j=1}^{M}\Omega_j\right)\left(\sum_{j=1}^{M}F_j\right)}{M\sum_{j=1}^{M}\Omega_j^2 - \left(\sum_{j=1}^{M}\Omega_j\right)^2} \tag{2.20}$$

式中，$\hat{F}_0$ 和 $\hat{K}$ 分别表示陀螺仪零偏和标度因数的拟合结果。

进一步，计算得到拟合残差

$$\begin{aligned} v_j &= \hat{F}_j - F_j \\ &= \hat{K} \cdot \Omega_j + \hat{F}_0 - F_j \end{aligned} \tag{2.21}$$

式中，$\hat{F}_j = \hat{K} \cdot \Omega_j + \hat{F}_0$ 表示输出角速率 F_j 的拟合结果。

对拟合残差 v_j 进行相应处理，便引出了标度因数非线性度的概念。标度因数非线性度指在输入的角速率范围内，陀螺仪输出量相对于拟合直线的最大残差与最大输入量之比，计算公式为

$$\left.\begin{aligned} \alpha_j &= \frac{F_j - \hat{F}_j}{|F_{\mathrm{m}}|} = \frac{v_j}{|F_{\mathrm{m}}|} \\ K_{\mathrm{n}} &= \max|\alpha_j| \end{aligned}\right\} \tag{2.22}$$

式中，F_{m} 为最大输入角速率；K_{n} 为标度因数非线性度。

此外，按式(2.20)分别求出陀螺仪以正、反方向输入角速率的标度因数 $\hat{K}_{(+)}$ 和 $\hat{K}_{(-)}$，进而根据式(2.23)求得标度因数不对称度

$$\begin{cases} \bar{K} = \dfrac{\hat{K}_{(+)} + \hat{K}_{(-)}}{2} \\ K_{\mathrm{a}} = \dfrac{\left|\hat{K}_{(+)} - \hat{K}_{(-)}\right|}{\bar{K}} \end{cases} \tag{2.23}$$

式中，K_{a} 为标度因数不对称度，其定义为：在输入的角速率范围内，陀螺仪以正、反方向输入角速率的标度因数差值与其平均值之比。

2.3.2　实验目的与实验设备

1）实验目的

（1）掌握陀螺仪标度因数、标度因数非线性度和标度因数不对称度等性能指标的定义与内涵。

（2）掌握光纤陀螺仪零偏和标度因数的动态标定方法。

2）实验内容

利用高精度三轴速率转台带动光纤陀螺仪按指定的一系列输入角速率进行转动，通过采集光纤陀螺仪在不同角速率条件下的测量输出，编写光纤陀螺仪动态标定程序，完成对光纤陀螺仪零偏和标度因数的标定。

如图 2.12 所示为光纤陀螺仪动态标定实验系统示意图，该实验系统主要包括光纤陀螺仪、三轴速率转台和工控机等。工控机能够向三轴速率转台发送控制指令，驱动其按照指定的输入角速率进行转动。光纤陀螺仪固定安装于三轴速率转台，在转台的带动下进行转动。光纤陀螺仪输出的角速率等测量信息可通过工控机进行存储，进而用于完成光纤陀螺仪动态标定。

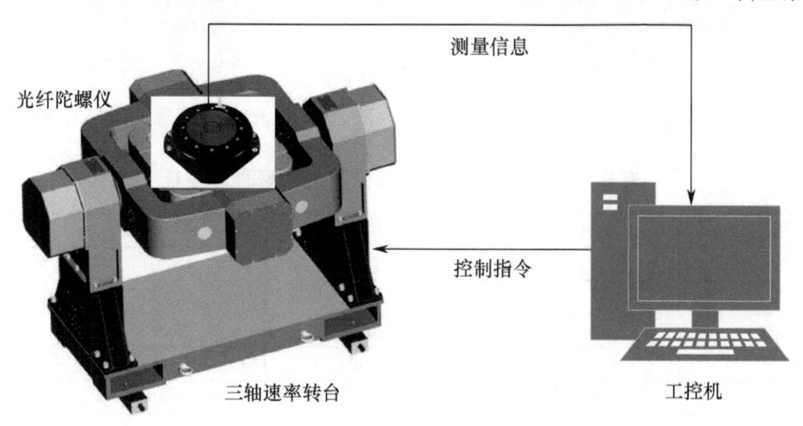

图 2.12　光纤陀螺仪动态标定实验系统示意图

如图 2.13 所示为光纤陀螺仪动态标定实验方案框图。

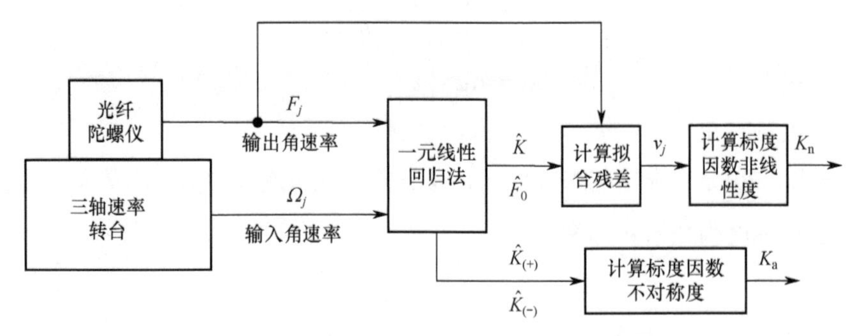

图 2.13 光纤陀螺仪动态标定实验方案框图

三轴速率转台带动光纤陀螺仪按照指定的输入角速率进行转动，这样，通过采集光纤陀螺仪在不同角速率条件下的测量输出便可完成光纤陀螺仪的动态标定。首先，利用光纤陀螺仪的输入角速率 Ω_j 和输出角速率 F_j，根据一元线性回归法拟合得到光纤陀螺仪的零偏 $\hat{F}_0$ 和标度因数 $\hat{K}$；然后，结合输出角速率 F_j 计算得到拟合残差 $v_j = \hat{K} \cdot \Omega_j + \hat{F}_0 - F_j$，进而获得标度因数非线性度 K_n；最后，利用一元线性回归法拟合得到陀螺仪以正、反方向输入角速率的标度因数 $\hat{K}_{(+)}$ 和 $\hat{K}_{(-)}$，进而计算得到标度因数不对称度 K_a。

3）实验设备

KT-F120 光纤陀螺仪（实物图如图 2.14 所示）、SJT-3 型三轴速率转台（实物图如图 2.15 所示）、工控机等。其中，SJT-3 型三轴速率转台的主要性能指标如表 2.2 所示。

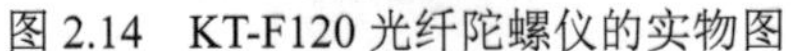

图 2.14 KT-F120 光纤陀螺仪的实物图

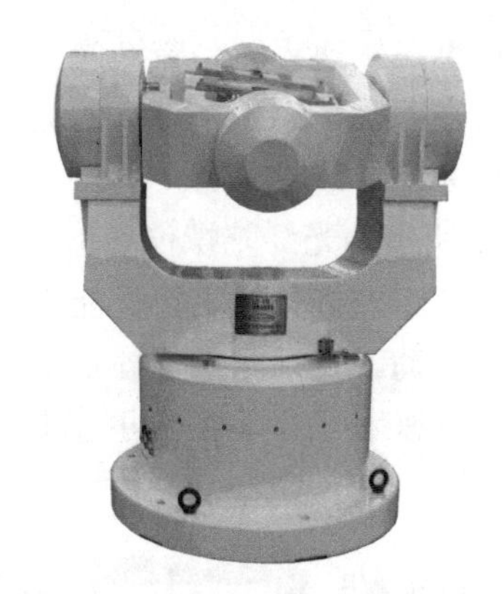

图 2.15 SJT-3 型三轴速率转台的实物图

表 2.2 SJT-3 型三轴速率转台的主要性能指标

指标名称	外框	中框	内框	单位
转角范围	连续	连续	连续	
角位置精度	±2	±2	±2	″
最小角速率	±0.0001	±0.0001	±0.0001	°/s
最大角速率	±400	±600	±1000	°/s
速率精度及平稳性	5×10^{-6}	5×10^{-6}	5×10^{-6}	°
最大角加速度	500	1000	2000	°/s^2

2.3.3 实验步骤及操作说明

1）仪器安装

将 KT-F120 光纤陀螺仪安装固定于转台台面上，并使光纤陀螺仪的输入轴重合于内框的转轴。

2）电气连接

（1）利用万用表测量电源输出是否正常（电源电压由光纤陀螺仪的供电电压决定）。

（2）通过转台滑环连接光纤陀螺仪电源线、光纤陀螺仪与测试系统间的信号线。

（3）连接测试系统和光纤陀螺仪的电源。

（4）检查数据采集系统是否正常，准备采集数据。

3）数据采集

（1）接通光纤陀螺仪和数据采集系统电源，稳定 5 min。

（2）设定采样频率，建议采样频率设置为 100～1000 Hz。

（3）在转台静止情况下，采集光纤陀螺仪的测量输出（数据采集时间为 10 min）。

（4）启动转台，使其依次按指定的 5～10 组角速率正转，转速平稳后，采集光纤陀螺仪的测量输出（每组数据采集时间为 10 min），停转。

（5）使转台依次按指定的 5～10 组角速率反转，转速平稳后，采集光纤陀螺仪的测量输出（每组数据采集时间为 10 min），停转。

（6）实验结束，将光纤陀螺仪动态标定实验系统断电，整理实验装置。

4）数据处理

（1）对工控机存储的测量数据（16 进制格式）进行解析，以获得便于后续处理的 10 进制格式数据。

（2）对测量数据进行预处理，剔除野值。

（3）利用光纤陀螺仪的输入角速率 $\varOmega_j$ 和输出角速率 F_j，根据一元线性回归法拟合得到光纤陀螺仪的零偏 $\hat{F}_0$ 和标度因数 $\hat{K}$。

（4）利用零偏 $\hat{F}_0$、标度因数 $\hat{K}$ 和输出角速率 F_j 计算得到拟合残差 $v_j = \hat{K}\cdot\varOmega_j + \hat{F}_0 - F_j$，进而获得标度因数非线性度 K_{n}。

（5）利用一元线性回归法拟合得到陀螺仪以正、反方向输入角速率的标度因数 $\hat{K}_{(+)}$ 和 $\hat{K}_{(-)}$，进而计算得到标度因数不对称度 K_{a}。

5）分析实验数据，撰写实验报告

2.4 光纤陀螺仪的温度特性测试实验

零偏与标度因数是衡量光纤陀螺仪性能的两项重要指标，并且这两项指标受温度的影响很大。当外界温度变化时，光纤陀螺仪产生热膨胀，导致光纤环路的光程增加，使零偏和标度因数这两项重要指标都会发生变化；而且，外界温度变化会影响信息处理电路元器件的工作状态，从而产生数据读出误差；此外，即使外界温度不发生变化，不同温度点的零偏和标度因数也不相同，这是由于温度不同时陀螺仪内部物理结构也会产生一些变化。总之，温度变化和绝对温度值都会导致零偏与标度因数的变化，进而影响光纤陀螺仪的测量精度。

通过对温度误差进行建模及补偿是提高光纤陀螺仪测量精度的一种有效手段。因此，本节介绍了光纤陀螺仪的温度特性测试实验方法。

2.4.1 光纤陀螺仪零偏和标度因数的温度特性测试原理

在第 i 个温度点 T_i 下，陀螺仪输入/输出的线性模型可表示为

$$F(T_i)=K(T_i)\cdot\Omega(T_i)+F_0(T_i)+V(T_i) \tag{2.24}$$

式中，F 表示陀螺仪的输出角速率；Ω 表示陀螺仪的输入角速率；$K(T_i)$ 和 $F_0(T_i)$ 分别表示陀螺仪在温度点 T_i 下的标度因数和零偏；V 表示陀螺仪的量测噪声。

设 $F_j(T_i)$ 为第 j 个输入角速率 $\Omega_j(T_i)$ 时陀螺仪输出的平均值，则有

$$F_j(T_i)=\frac{1}{N}\sum_{k=1}^{N}F_{jk}(T_i) \tag{2.25}$$

式中，F_{jk} 表示陀螺仪第 k 个输出值；N 表示采样数据长度。

若在陀螺仪的整个输入范围内共设置 M 组输入角速率，为降低陀螺仪量测噪声 V 对拟合精度的影响，可采用一元线性回归法对陀螺仪在温度点 T_i 下的标度因数和零偏进行拟合。拟合结果可表示为

$$\hat{F}_0(T_i)=\frac{\left(\sum_{j=1}^{M}\Omega_j^2(T_i)\right)\left(\sum_{j=1}^{M}F_j(T_i)\right)-\left(\sum_{j=1}^{M}\Omega_j(T_i)\right)\left(\sum_{j=1}^{M}\Omega_j(T_i)F_j(T_i)\right)}{M\sum_{j=1}^{M}\Omega_j^2(T_i)-\left(\sum_{j=1}^{M}\Omega_j(T_i)\right)^2} \tag{2.26}$$

$$\hat{K}(T_i)=\frac{M\sum_{j=1}^{M}\Omega_j(T_i)F_j(T_i)-\left(\sum_{j=1}^{M}\Omega_j(T_i)\right)\left(\sum_{j=1}^{M}F_j(T_i)\right)}{M\sum_{j=1}^{M}\Omega_j^2(T_i)-\left(\sum_{j=1}^{M}\Omega_j(T_i)\right)^2} \tag{2.27}$$

式中，$\hat{F}_0(T_i)$ 和 $\hat{K}(T_i)$ 分别表示陀螺仪在温度点 T_i 下的零偏和标度因数拟合结果。

在陀螺仪的工作温度范围内，按照式(2.24)～式(2.27)便可对陀螺仪在任意温度点下的零偏和标度因数进行拟合。若将陀螺仪在室温 $T_{\rm m}$ 下的零偏和标度因数拟合结果分别记为 $\hat{F}_0(T_{\rm m})$ 和 $\hat{K}(T_{\rm m})$，则其在第 i 个温度点 T_i 下的零偏温度灵敏度和标定因数温度灵敏度可分别表示为

$$\hat{F}_{0,\rm T}(T_i)=\left|\frac{\hat{F}_0(T_i)-\hat{F}_0(T_{\rm m})}{\hat{F}_0(T_{\rm m})(T_i-T_{\rm m})}\right| \tag{2.28}$$

$$\hat{K}_{\rm T}(T_i)=\left|\frac{\hat{K}(T_i)-\hat{K}(T_{\rm m})}{\hat{K}(T_{\rm m})(T_i-T_{\rm m})}\right| \tag{2.29}$$

式中，$\hat{F}_{0,\rm T}(T_i)$ 和 $\hat{K}_{\rm T}(T_i)$ 表示零偏温度灵敏度和标定因数温度灵敏度。

2.4.2 实验目的与实验设备

1）实验目的

（1）掌握陀螺仪零偏温度灵敏度和标定因数温度灵敏度等性能指标的定义与内涵。

（2）掌握光纤陀螺仪零偏和标度因数的温度特性测试方法。

2）实验内容

在室温下，利用三轴温控速率转台带动光纤陀螺仪按指定的一系列输入角速率进行转动，通过采集光纤陀螺仪在不同角速率条件下的测量输出，利用一元线性回归法完成对光纤陀螺仪零偏和标度因数的标定；然后，改变温控箱内的温度，利用同样的方法获得光纤陀螺仪在各温度点下的零偏和标度因数拟合结果，进而计算得到光纤陀螺仪的零偏温度灵敏度和标定因数温度灵敏度。

如图 2.16 所示为光纤陀螺仪的温度特性测试实验系统示意图，该实验系统主要包括光纤陀螺仪、三轴温控速率转台和工控机等。工控机能够向三轴温控速率转台发送控制指令，设置温控箱温度，并驱动其按照指定的输入角速率进行转动。光纤陀螺仪固定安装于三轴温控速率转台，在转台的带动下进行转动。光纤陀螺仪输出的角速率等测量信息可通过工控机进行存储，进而用于完成光纤陀螺仪的温度特性测试。

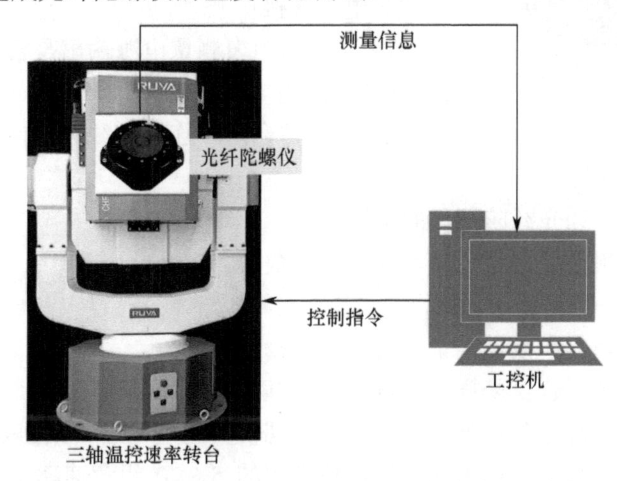

图 2.16　光纤陀螺仪的温度特性测试实验系统示意图

如图 2.17 所示为光纤陀螺仪的温度特性测试实验方案框图。

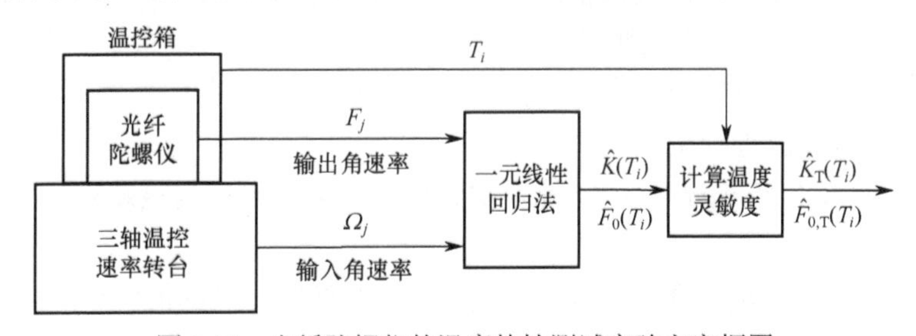

图 2.17　光纤陀螺仪的温度特性测试实验方案框图

三轴温控速率转台带动光纤陀螺仪按照指定的输入角速率进行转动，这样，通过采集光纤陀螺仪在不同温度点和不同角速率条件下的测量输出便可完成光纤陀螺仪的温度特性测试。首先，在室温 T_m 下，利用光纤陀螺仪的输入角速率 Ω_j 和输出角速率 F_j，根据一元线性回归法拟合得到光纤陀螺仪的零偏 $\hat{F}_0(T_m)$ 和标度因数 $\hat{K}(T_m)$；然后，改变温控箱内的温度，利用同样的方法拟合得到光纤陀螺仪在温度点 T_i 下的零偏 $\hat{F}_0(T_i)$ 和标度因数 $\hat{K}(T_i)$；最后，综

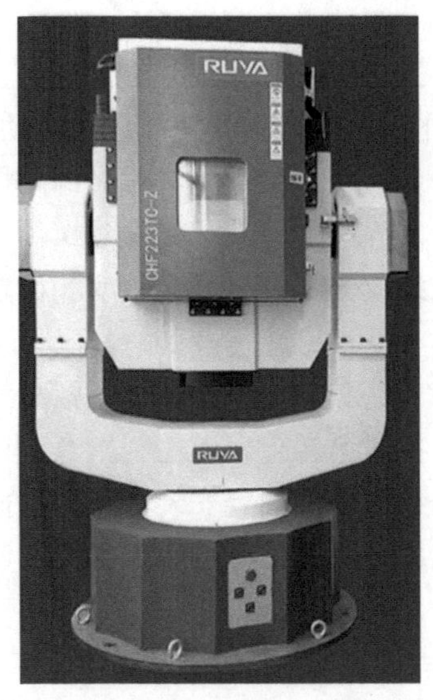

图 2.18 3FDT550WK 型三轴温控速率转台的实物图

合利用 $\hat{F}_0(T_{\mathrm{m}})$、$\hat{K}(T_{\mathrm{m}})$、$\hat{F}_0(T_i)$、$\hat{K}(T_i)$ 和 T_i 计算得到光纤陀螺仪的零偏温度灵敏度 $\hat{F}_{0,\mathrm{T}}(T_i)$ 和标定因数温度灵敏度 $\hat{K}_{\mathrm{T}}(T_i)$。

3）实验设备

KT-F120 光纤陀螺仪、3FDT550WK 型三轴温控速率转台（实物图如图 2.18 所示）、工控机等。

2.4.3 实验步骤及操作说明

1）仪器安装

将 KT-F120 光纤陀螺仪安装固定于转台台面上，并使光纤陀螺仪的输入轴重合于内框的转轴。

2）电气连接

（1）利用万用表测量电源输出是否正常（电源电压由光纤陀螺仪的供电电压决定）。

（2）通过转台滑环连接光纤陀螺仪电源线、光纤陀螺仪与测试系统间的信号线。

（3）连接测试系统和光纤陀螺仪的电源。

（4）检查数据采集系统是否正常，准备采集数据。

3）数据采集

（1）接通光纤陀螺仪和数据采集系统电源，稳定 5 min。

（2）设定采样频率，建议采样频率设置为 100～1000 Hz。

（3）在室温及转台静止条件下，采集光纤陀螺仪的测量输出（数据采集时间为 10 min）。

（4）在室温条件下启动转台，使其依次按指定的 5～10 组角速率正转，转速平稳后，采集光纤陀螺仪的测量输出（每组数据采集时间为 10 min），停转。

（5）在室温条件下使转台依次按指定的 5～10 组角速率反转，转速平稳后，采集光纤陀螺仪的测量输出（每组数据采集时间为 10 min），停转。

（6）设定温度控制箱内部温度为 T_i，待温度稳定后重复步骤（3）～（5），同理可对其他温度下陀螺仪的测量输出进行采集。

（7）实验结束，将光纤陀螺仪动态标定实验系统断电，整理实验装置。

4）数据处理

（1）对工控机存储的测量数据（16 进制格式）进行解析，以获得便于后续处理的 10 进制格式数据。

（2）对测量数据进行预处理，剔除野值。

（3）利用室温 T_{m} 条件下光纤陀螺仪的输入角速率 Ω_j 和输出角速率 F_j，根据一元线性回归法拟合得到光纤陀螺仪的零偏 $\hat{F}_0(T_{\mathrm{m}})$ 和标度因数 $\hat{K}(T_{\mathrm{m}})$。

（4）利用温度点 T_i 条件下光纤陀螺仪的输入角速率 Ω_j 和输出角速率 F_j，根据一元线性回归法拟合得到光纤陀螺仪的零偏 $\hat{F}_0(T_i)$ 和标度因数 $\hat{K}(T_i)$。

（5）综合利用 $\hat{F}_0(T_{\mathrm{m}})$、$\hat{K}(T_{\mathrm{m}})$、$\hat{F}_0(T_i)$、$\hat{K}(T_i)$ 和 T_i 计算得到光纤陀螺仪的零偏温度灵敏

度 $\hat{F}_{0,\mathrm{T}}(T_i)$ 和标定因数温度灵敏度 $\hat{K}_{\mathrm{T}}(T_i)$ 。

5）分析实验数据，撰写实验报告

2.5　基于 Allan 方差的光纤陀螺仪随机误差分析实验

光纤陀螺仪的随机误差主要包括量化噪声、角度随机游走、零偏不稳定性噪声、角速率随机游走和随机斜坡等。对于这些随机误差，采用常规分析方法（例如计算样本均值和方差）无法揭示出潜在的误差源特性；Allan 方差是由美国国家标准局 David Allan 提出的一种在时域上对频域稳定性进行分析的通用方法，它的主要特点是能非常便捷地辨识各种误差源并量化其对整个噪声统计特性的贡献，而且具有便于计算、易于分离误差源等优点。本节介绍了利用 Allan 方差对光纤陀螺仪随机误差进行分析的实验方法，并设计实验使学生掌握如何利用 Allan 方差实现对光纤陀螺仪随机误差的分析与辨识方法。

2.5.1　Allan 方差分析方法的基本原理

Allan 方差是分析光纤陀螺仪随机性能的一个重要手段，它与影响陀螺仪性能的随机误差统计特性有关，能够识别并量化存在于数据中的不同噪声项。如图 2.19 所示，设采样周期为 T_s，对光纤陀螺仪的输出进行采集，得到的随机误差数据为 $\{\delta\omega_k\}(k=1,2,\cdots,N)$ 。

首先，对采集的随机误差数据进行分组，设分组数为 K ，每组的数据长度为 $n(n<N/2)$ ，则 $K=\lfloor N/n \rfloor$，其中 $\lfloor\bullet\rfloor$ 表示向下取整。

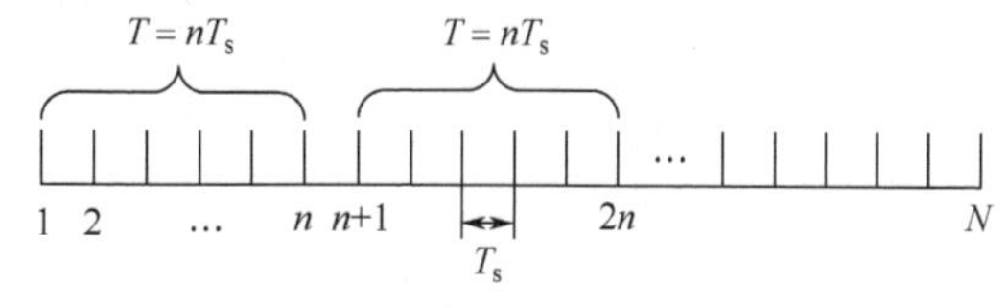

图 2.19　Allan 方差数据分组示意图

然后，对每组数据取均值，即

$$\delta\overline{\omega}_i(T)=\frac{1}{n}\sum_{j=(i-1)n+1}^{in}\delta\omega_j(T) \tag{2.30}$$

再计算 Allan 方差如下：

$$\sigma^2(T)=\frac{1}{2(K-1)}\sum_{k=1}^{K-1}[\delta\overline{\omega}_{k+1}(T)-\delta\overline{\omega}_k(T)]^2 \tag{2.31}$$

式(2.31)给出的是每组数据长度为 n 时的 Allan 方差计算结果。若改变每组数据长度 n ，则可以得到随 $T=nT_\mathrm{s}$ 变化的 Allan 方差。这样，基于 Allan 方差的变化规律可以判定随机误差模型，方法介绍如下。

设随机误差 $\delta\omega$ 的功率谱密度函数为 $S_{\delta\omega}(f)$ ，那么由式(2.31)可得

$$\sigma^2(T)=4\int_0^\infty S_{\delta\omega}(f)\frac{\sin^4(\pi fT)}{(\pi fT)^2}\mathrm{d}f \tag{2.32}$$

由式(2.32)可知，如果知道了随机过程的功率谱密度函数，则可计算得到其 Allan 方差；反之，若得到了 Allan 方差，则可计算出对应的功率谱密度函数，进而得到随机误差模型，这便是基于 Allan 方差进行随机误差建模的思路。在 Allan 方差建模中，考虑到实际的随机误差通常可以视为几种独立随机误差的组合，因此，在掌握典型随机误差的 Allan 方差模型后，即可完成其组合形式的建模。下面给出几种典型随机误差的 Allan 方差模型。

1）典型随机误差的 Allan 方差模型

（1）量化噪声

当对传感器的输出进行数字化采样时，由量化位数所产生的噪声称为量化噪声。这类噪声可以看成白噪声输入至一个矩形窗函数的输出，因而其功率谱密度函数为

$$S_{\delta\omega}(f)=(2\pi f)^2 T_s Q_z^2 \frac{\sin^2(\pi f T_s)}{(\pi f T_s)^2} \tag{2.33}$$

式中，Q_z 为量化噪声强度。当采样周期 T_s 足够短时，式(2.33)可近似为

$$S_{\delta\omega}(f)\approx(2\pi f)^2 T_s Q_z^2 \tag{2.34}$$

将式(2.34)代入式(2.32)，可得

$$\sigma^2(T)=\frac{3Q_z^2}{T^2} \tag{2.35}$$

对式(2.35)两边取对数，再整理可得

$$\log_{10}\sigma(T)=\log_{10}\sqrt{3}Q_z-\log_{10}T \tag{2.36}$$

式(2.36)表明，在 Allan 方差双对数曲线上，量化噪声对应的斜率应为−1，它与 $T=1$ 的交点纵坐标读数为 $\sqrt{3}Q_z$，如图 2.20 所示。

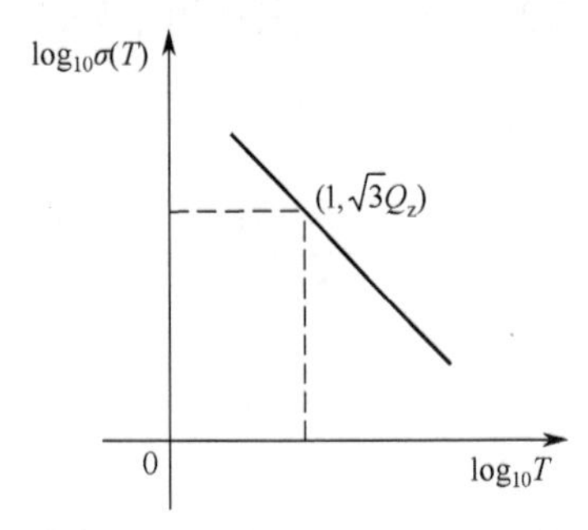

图 2.20 量化噪声的 Allan 方差双对数曲线

由图 2.20 可知，当相关时间 T 增大时，量化噪声的 Allan 方差将相应减小。因此，量化噪声的 Allan 方差只有在相关时间较小时才较大。

（2）角度随机游走

角度随机游走是宽带角速率白噪声对时间积分的结果，即陀螺仪从零时刻起累积的总角增量误差表现为随机游走，而每一时刻的等效角速率误差表现为白噪声。根据随机过程理论，角度随机游走是一种独立增量过程，即角速率白噪声在两相邻采样时刻进行积分，则不同时间段的积分值之间互不相关（相互独立）。

对于角度随机游走，从角速率为白噪声来看，其功率谱密度函数为

$$S_{\delta\omega}(f)=Q^2 \tag{2.37}$$

式中，Q 为角度随机游走系数。

类似地，将式(2.37)代入式(2.32)，可得

$$\sigma^2(T)=\frac{Q^2}{T} \tag{2.38}$$

对式(2.38)两边取对数，再整理可得

$$\log_{10}\sigma(T)=\log_{10}Q-\frac{1}{2}\log_{10}T \tag{2.39}$$

式(2.39)表明，在 Allan 方差双对数曲线上，角度随机游走对应的斜率应为−1/2，它与 $T=1$ 的交点纵坐标读数即为角度随机游走系数 Q，如图 2.21 所示。

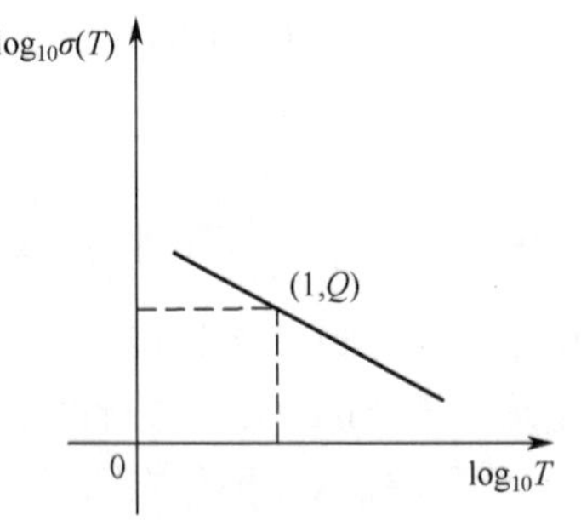

图 2.21 角度随机游走的 Allan 方差双对数曲线

（3）零偏不稳定性噪声

零偏不稳定性噪声又称闪变噪声或 $1/f$ 噪声，顾名思

义，其功率谱密度与频率 f 成反比，即零偏不稳定性噪声的功率谱密度函数为

$$S_{\delta\omega}(f)=\frac{B^2}{2\pi f} \tag{2.40}$$

式中，B 为零偏不稳定性系数。

将式(2.40)代入式(2.32)，可得

$$\begin{aligned}\sigma^2(T)&=\frac{2B^2}{\pi}\int_0^{\infty}\frac{\sin^4(\pi fT)}{(\pi fT)^3}\mathrm{d}(\pi fT)\\&\approx\frac{4B^2}{9}\end{aligned} \tag{2.41}$$

对式(2.41)两边取对数，再整理可得

$$\log_{10}\sigma(T)=\log_{10}\frac{2B}{3} \tag{2.42}$$

式(2.42)表明，在 Allan 方差双对数曲线上，零偏不稳定性噪声对应的斜率应为 0，它与 $T=1$ 的交点纵坐标读数为 $2B/3$，如图 2.22 所示。

（4）角速率随机游走

角速率随机游走是宽带角加速率白噪声对时间积分的结果，即若陀螺仪角加速率误差表现为白噪声，则角速率误差表现为随机游走。

角速率随机游走的功率谱密度函数为

$$S_{\delta\omega}(f)=\frac{K^2}{(2\pi f)^2} \tag{2.43}$$

式中，K 为角速率随机游走系数。

将式(2.43)代入式(2.32)，可得

$$\sigma^2(T)=\frac{K^2}{3}T \tag{2.44}$$

对式(2.44)两边取对数，再整理可得

$$\log_{10}\sigma(T)=\log_{10}\frac{K}{\sqrt{3}}+\frac{1}{2}\log_{10}T \tag{2.45}$$

式(2.45)表明，在 Allan 方差双对数曲线上，角速率随机游走对应的斜率应为 1/2，它与 $T=1$ 的交点纵坐标读数为 $K/\sqrt{3}$，如图 2.23 所示。

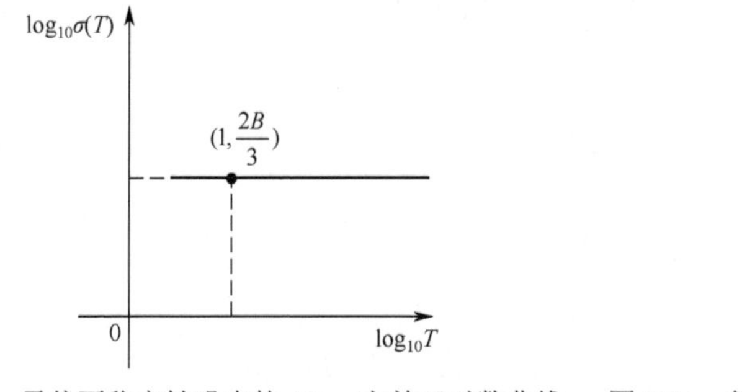

图 2.22　零偏不稳定性噪声的 Allan 方差双对数曲线

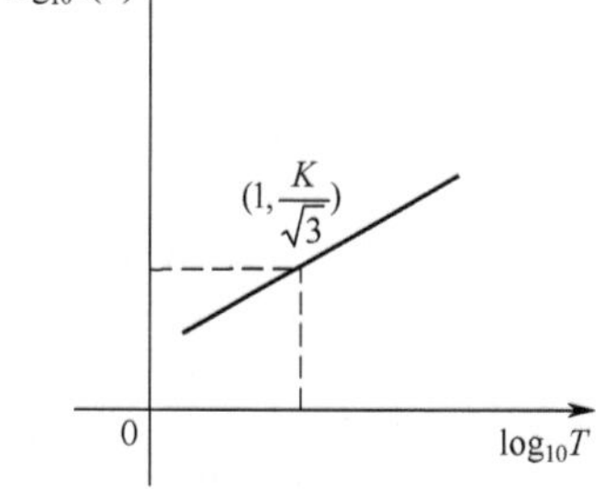

图 2.23　角速率随机游走的 Allan 方差双对数曲线

（5）随机斜坡

若陀螺仪的角速率误差 $\delta\omega$ 与测试时间 t 之间为线性关系，则该误差信号便被称为随机斜坡，其数学模型为

$$\delta\omega(t)=\delta\omega(0)+Rt \tag{2.46}$$

式中，R 为随机斜坡系数，也称为常值角加速率误差系数。

随机斜坡的功率谱密度函数为

$$S_{\delta\omega}(f)=\frac{R^2}{(2\pi f)^3} \tag{2.47}$$

将式(2.47)代入式(2.32)，可得

$$\sigma^2(T)=\frac{R^2}{2}T^2 \tag{2.48}$$

对式(2.48)两边取对数，再整理可得

$$\log_{10}\sigma(T)=\log_{10}\frac{R}{\sqrt{2}}+\log_{10}T \tag{2.49}$$

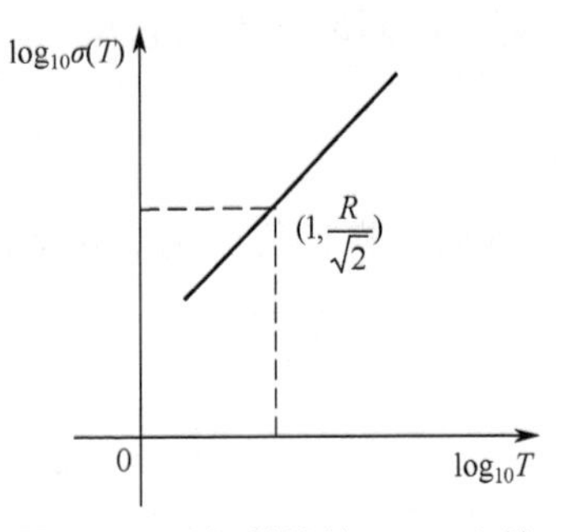

图 2.24 随机斜坡的 Allan 方差双对数曲线

式(2.49)表明，在 Allan 方差双对数曲线上，随机斜坡对应的斜率应为 1，它与 $T=1$ 的交点纵坐标读数为 $R/\sqrt{2}$，如图 2.24 所示。

2）Allan 方差分析实施步骤

（1）设有 n 个在初始采样时间间隔为 t_0 时获得的光纤陀螺仪输出值的初始样本数据，按式(2.50)计算出每个输出值对应的输出角速率

$$\Omega_j(t_0)=\frac{1}{K}F_j(t_0),\quad j=1,2,\cdots,n \tag{2.50}$$

式中，K 为光纤陀螺仪的标度因数。

（2）对于 n 个初始样本的连续数据，把 k 个连续数据作为一个数组，则数组的时间长度为 $\tau=kt_0$。分别取 k 等于 $1,2,4,8,\cdots(k<n/2)$，求出每个数组的平均值（即数组平均），即

$$\bar{\Omega}_p(\tau)=\frac{1}{k}\sum_{j=p}^{p+k}\Omega_j(t_0),\quad p=1,2,\cdots,n-p \tag{2.51}$$

（3）然后，求相邻两个数组平均的差，即

$$\xi_{p+1,p}=\bar{\Omega}_{p+1}(\tau)-\bar{\Omega}_p(\tau) \tag{2.52}$$

给定 τ 后，式(2.52)定义了一个元素为数组平均之差的随机变量集合 $\{\xi_{p+1,p},p=1,\cdots,n-k+1\}$，共有 $n-k$ 个这样的数组平均的差。

（4）求随机变量集合 $\{\xi_{p+1,p},p=1,\cdots,n-k+1\}$ 的方差

$$\sigma^2(\tau)=\frac{1}{2(n-k-1)}\sum_{p=1}^{n-k-1}(\xi_{p+2,p+1}-\xi_{p+1,p})^2 \tag{2.53}$$

即

$$\sigma^2(\tau)=\frac{1}{2(n-k-1)}\sum_{p=1}^{n-k-1}[\bar{\Omega}_{p+2}(\tau)-2\bar{\Omega}_{p+1}(\tau)+\bar{\Omega}_p(\tau)]^2 \tag{2.54}$$

（5）分别取不同的 τ，重复步骤（2）～（4），在双对数坐标系中得到一条 $\sigma(\tau)-\tau$ 曲线，

称为 Allan 方差曲线，进而采用式(2.55)所示的 Allan 方差模型，通过最小二乘拟合获得各项系数

$$\sigma^2(\tau)=\sum_{m=-2}^{2}A_m\tau^m \tag{2.55}$$

式中，A_{-2}、A_{-1}、A_0、A_1、A_2 分别为光纤陀螺仪输出数据中与量化噪声、角度随机游走、零偏不稳定性噪声、角速率随机游走、随机斜坡等各项噪声有关的拟合多项式系数。

2.5.2　实验目的与实验设备

1）实验目的

（1）掌握陀螺仪量化噪声、角度随机游走、零偏不稳定性噪声、角速率随机游走、随机斜坡等性能指标的定义与内涵。

（2）掌握基于 Allan 方差的光纤陀螺仪随机误差分析方法。

2）实验内容

采集光纤陀螺仪在静止情况下的输出数据，进而利用 Allan 方差分析方法识别光纤陀螺仪中随机误差的种类及随机误差参数。通过实验，让学生掌握基于 Allan 方差的光纤陀螺仪随机误差分析方法，并对光纤陀螺仪随机误差有深刻的理解与认识。

如图 2.25 所示为基于 Allan 方差的光纤陀螺仪随机误差分析实验系统示意图，该实验系统主要包括光纤陀螺仪、工控机和电源等。光纤陀螺仪的测量输出可用于完成随机误差特性分析；工控机用于光纤陀螺仪的调试和实测数据的存储；电源则用于对光纤陀螺仪供电。

如图 2.26 所示为基于 Allan 方差的光纤陀螺仪随机误差分析实验流程图。

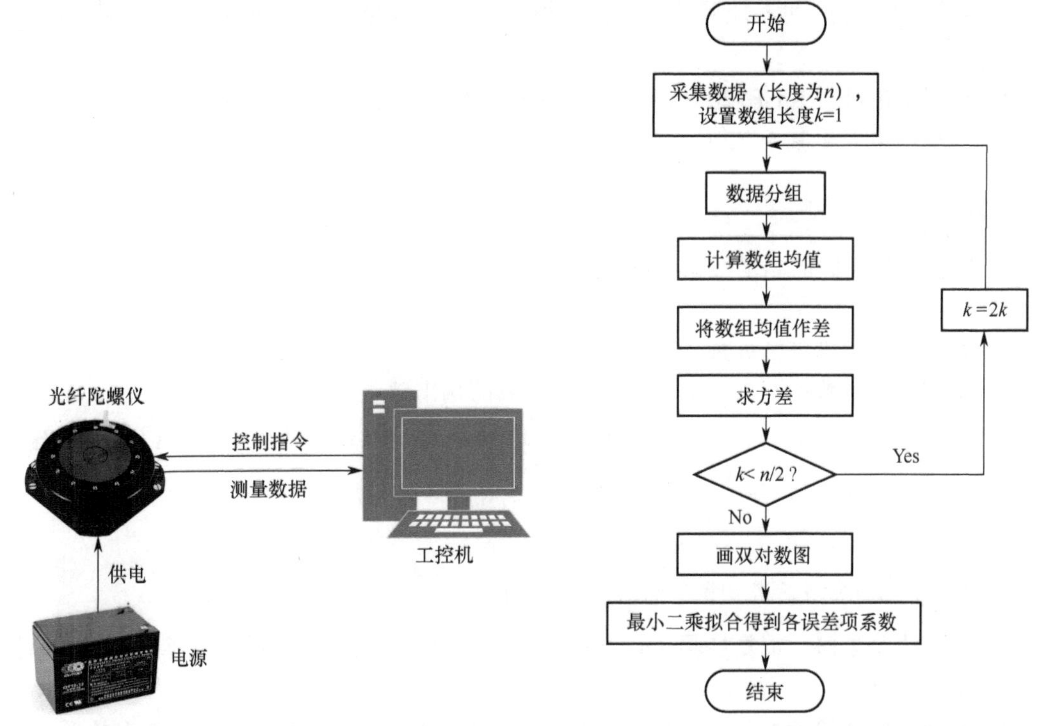

图 2.25　基于 Allan 方差的光纤陀螺仪随机误差分析实验系统示意图

图 2.26　基于 Allan 方差的光纤陀螺仪随机误差分析实验流程图

首先，采集光纤陀螺仪在静止情况下的输出数据，数据长度记为n；其次，设置数组长度$k=1$，对数据进行分组，并对各数组依次进行求均值、作差、求方差等运算；然后，若$k<n/2$，则令k扩大 2 倍继续分组操作，否则，结束分组操作的循环；最后，根据各组计算的方差画双对数图，进而通过最小二乘拟合获得各误差项系数。

3）实验设备

KT-F120 光纤陀螺仪、工控机、25V 蓄电池、降压模块、通信接口等。

2.5.3　实验步骤及操作说明

1）仪器安装

将 KT-F120 光纤陀螺仪放置于实验台上，且在实验过程中始终保持静止。

2）电气连接

（1）利用万用表测量电源输出是否正常（电源电压由 KT-F120 光纤陀螺仪的供电电压决定）。

（2）KT-F120 光纤陀螺仪通过通信接口与工控机连接，25V 蓄电池通过降压模块对该系统供电。

（3）检查数据采集系统是否正常，准备采集数据。

3）KT-F120 光纤陀螺仪的初始化配置

KT-F120 光纤陀螺仪上电后，利用该系统自带的测试软件对其进行初始化配置，使其能够正常启动并将陀螺仪输出的角速率进行保存。

4）数据采集

（1）设定测试时间和采样周期，建议测试时长设置为 30～60 min、采样周期t_0设置为 0.01 s。

（2）利用工控机对 KT-F120 光纤陀螺仪输出的角速率进行采集和存储。

（3）实验结束，将基于 Allan 方差的光纤陀螺仪随机误差分析实验系统断电，整理实验装置。

5）数据处理

（1）对工控机存储的测量数据（16 进制格式）进行解析，以获得便于后续处理的 10 进制格式数据。

（2）对测量数据进行预处理，剔除野值。

（3）将初始样本数据F_j按式(2.50)计算出对应的输出角速率Ω_j。

（4）设置数组长度$k=1$，对数据进行分组，并按式(2.51)求得各数组均值$\bar{\Omega}_p(\tau)(\tau=kt_0)$。

（5）按式(2.52)求得相邻两个数组均值的差$\xi_{p+1,p}=\bar{\Omega}_{p+1}(\tau)-\bar{\Omega}_p(\tau)$，并以数组均值之差为元素构成随机变量集合$\left\{\xi_{p+1,p}, p=1,\cdots,n-k+1\right\}$。

（6）按式(2.53)求得随机变量集合$\left\{\xi_{p+1,p}, p=1,\cdots,n-k+1\right\}$的方差$\sigma^2(\tau)$。

（7）令k扩大 2 倍，重复步骤（4）～（6），直至$k\geqslant n/2$，这样便可获得不同数组时间长度τ对应的$\sigma^2(\tau)$。

（8）根据各组计算的方差$\sigma^2(\tau)$画双对数图，进而通过最小二乘拟合获得各误差项系数。

6）分析实验结果，撰写实验报告

根据实验结果识别并量化存在于光纤陀螺仪输出数据中的随机误差项。

2.6　基于重力场的加速度计误差标定实验

加速度计是惯性导航系统中的重要元器件之一，其测量精度直接影响惯性导航系统的精度。在理想条件下，加速度计的测量输出与输入比力成正比；但实际上，由于不可避免地存在各种干扰因素，所以加速度计的测量输出会包含测量误差。通过对误差因素分析，建立加速度计误差模型，进而实现对加速度计误差的补偿，是提高加速度计测量精度的一种有效手段。

当加速度计在重力场翻滚时，容易获得精确的重力加速度作为加速度计的比力输入，使得加速度计的零偏、标度因数等参数得到较高精度的标定。因此，本节介绍了基于重力场的加速度计误差标定实验方法，并设计实验，使学生掌握如何实现对加速度计零偏、标度因数等参数的标定方法。

2.6.1　基于重力场的加速度计误差标定基本原理

基于重力场的加速度计误差标定通常在多齿分度台或精密分度头上进行。将加速度计通过夹具安装至多齿分度台台面，使加速度计的输入轴与台面平行。测试前需先调整多齿分度台台面在重力铅垂面内，此时多齿分度台的旋转主轴水平。当绕多齿分度台主轴转动时，加速度计的输入轴相对于重力场翻滚，由多齿分度台的转动角度读数可精确确定加速度计各轴向的比力分量。

加速度计的输入轴通常平行于多齿分度台台面（即铅垂面）安装，而其他两个轴则有两种安装方式：一种安装方式是摆轴平行于多齿分度台台面，输出轴平行于多齿分度台旋转主轴的安装状态，称为水平摆安装状态，简称“摆状态”；另一种安装方式是输出轴平行于多齿分度台台面，摆轴平行于多齿分度台旋转主轴的安装状态，称为侧摆安装状态，也称“门状态”。加速度计的安装方式示意图如图 2.27 所示。

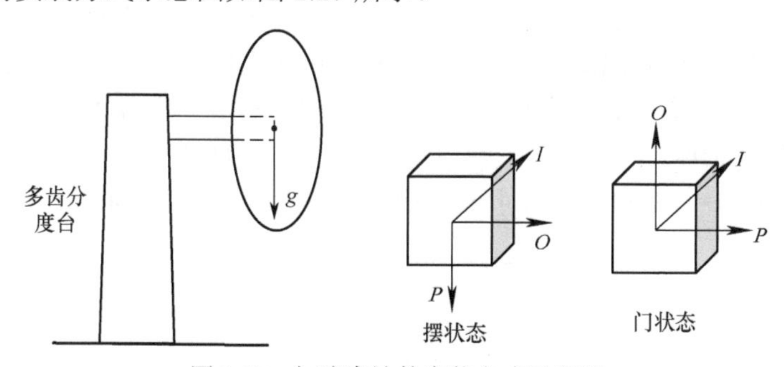

图 2.27　加速度计的安装方式示意图

下面以摆状态安装方式为例说明加速度计的测试方法，门状态类似。

当在重力场中翻滚时，加速度计的数学模型可表示为

$$f = K_F + K_I g_I + K_O g_O + K_P g_P + K_{IO} g_I g_O + K_{IP} g_I g_P + K_{II} g_I^2 + K_{III} g_I^3 \tag{2.56}$$

式中，f 表示加速度计输出的比力；g_I、g_O、g_P 分别表示沿加速度计输入轴、输出轴和摆轴的比力分量，即重力加速度沿加速度计各轴向投影再取反；K_F 为零偏，K_I 为标度因数，K_{II} 和 K_{III} 分别为二阶和三阶非线性系数，K_O 和 K_P 为交叉轴灵敏度，K_{IO} 和 K_{IP} 为交叉耦合系数。

如图 2.27 所示，以摆状态下输入轴 I 水平时为初始角位置，当多齿分度台逆时针转动 θ 角时，g_I、g_O、g_P 的取值分别为

$$\begin{cases} g_I = g\sin\theta \\ g_O = 0 \\ g_P = -g\cos\theta \end{cases} \tag{2.57}$$

式中，g 表示重力加速度的数值大小。

将式(2.57)代入式(2.56)，并将 g 进行归一化处理，整理可得单个角位置对应的量测方程为

$$\begin{aligned} f &= K_F + K_I\sin\theta - K_P\cos\theta - K_{IP}\sin\theta\cos\theta + K_{II}\sin^2\theta + K_{III}\sin^3\theta \\ &= (K_F + \frac{1}{2}K_{II}) + (K_I + \frac{3}{4}K_{III})\sin\theta - K_P\cos\theta \\ &\quad -\frac{1}{2}K_{IP}\sin(2\theta) - \frac{1}{2}K_{II}\cos(2\theta) - \frac{1}{4}K_{III}\sin(3\theta) \end{aligned} \tag{2.58}$$

重新定义如下参数

$$\begin{cases} B_0 = K_F + \frac{1}{2}K_{II} \\ S_1 = K_I + \frac{3}{4}K_{III} \\ C_1 = -K_P \\ S_2 = -\frac{1}{2}K_{IP} \\ C_2 = -\frac{1}{2}K_{II} \\ S_3 = -\frac{1}{4}K_{III} \end{cases} \tag{2.59}$$

则式(2.58)可简化为

$$f = B_0 + S_1\sin\theta + C_1\cos\theta + S_2\sin(2\theta) + C_2\cos(2\theta) + S_3\sin(3\theta) \tag{2.60}$$

在多齿分度台翻滚测试过程中，通常在一周 360°范围内等间隔取点，并且点数一般取为 4 的倍数，这样所有角位置在四个象限中是对称分布的，有利于消除不对称性误差，提高测试精度并减小数据的复杂性。当获得 n 个不同角位置的测试数据后，令

$$\boldsymbol{A}(k) = \left[1\ \sin[\theta(k)]\ \cos[\theta(k)]\ \sin[2\theta(k)]\ \cos[2\theta(k)]\ \sin[3\theta(k)]\right]$$

$$\boldsymbol{X} = \left[B_0\ S_1\ C_1\ S_2\ C_2\ S_3\right]^{\mathrm{T}}$$

$$\boldsymbol{f} = \begin{bmatrix} f(1) \\ f(2) \\ \vdots \\ f(n) \end{bmatrix}, \boldsymbol{A} = \begin{bmatrix} \boldsymbol{A}(1) \\ \boldsymbol{A}(2) \\ \vdots \\ \boldsymbol{A}(n) \end{bmatrix}$$

则联合这些测试数据对应的量测方程可构成方程组，即

$$\boldsymbol{f} = \boldsymbol{A}\boldsymbol{X} \tag{2.61}$$

当 $n \geqslant 6$ 时，可根据式(2.61)求得待标定参数 $\boldsymbol{X}$ 的最小二乘解为

$$\hat{\boldsymbol{X}} = (\boldsymbol{A}^{\mathrm{T}}\boldsymbol{A})^{-1}\boldsymbol{A}^{\mathrm{T}}\boldsymbol{f} \tag{2.62}$$

最后，根据式(2.59)可得加速度计的模型系数分离表达式为

$$\begin{cases} K_F = B_0 + C_2 \\ K_I = S_1 + 3S_3 \\ K_{II} = -2C_2 \\ K_{III} = -4S_3 \\ K_P = -C_1 \\ K_{IP} = -2S_2 \end{cases} \tag{2.63}$$

这样便完成了对加速度计误差系数的标定。

2.6.2　实验目的与实验设备

1）实验目的

（1）掌握加速度计零偏、标度因数、非线性系数、交叉轴灵敏度、交叉耦合系数等性能指标的定义与内涵。

（2）掌握基于重力场的加速度计误差标定方法。

2）实验内容

利用多齿分度台带动石英挠性加速度计按指定的一系列角位置进行转动，通过采集石英挠性加速度计在不同角位置的测量输出，利用最小二乘完成对石英挠性加速度计零偏、标度因数等参数的标定。

如图 2.28 所示为基于重力场的加速度计误差标定实验系统示意图，该实验系统主要包括石英挠性加速度计、多齿分度台、数据采集系统等。石英挠性加速度计固定安装于多齿分度台，在多齿分度台的带动下进行转动。石英挠性加速度计输出的比力经数据采集系统采集和存储，进而用于完成加速度计误差标定实验。

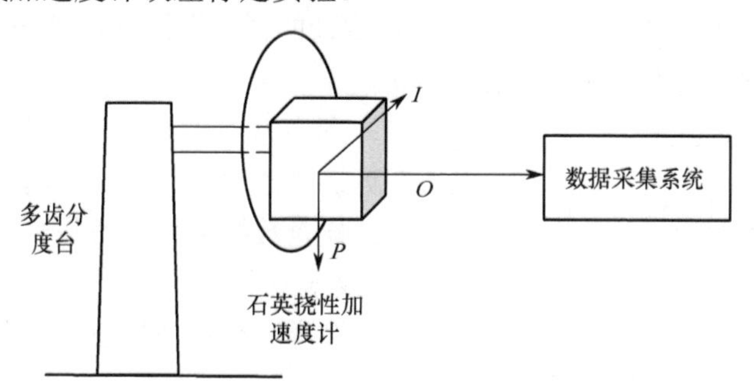

图 2.28　基于重力场的加速度计误差标定实验系统示意图

如图 2.29 所示为基于重力场的加速度计误差标定实验方案框图。多齿分度台带动石英挠性加速度计在重力场中翻滚，根据不同角位置处石英挠性加速度计的测量输出 $f(k)$ 以及多齿分度台的角度读数 $\theta(k)$，便可利用最小二乘完成石英挠性加速度计的标定。

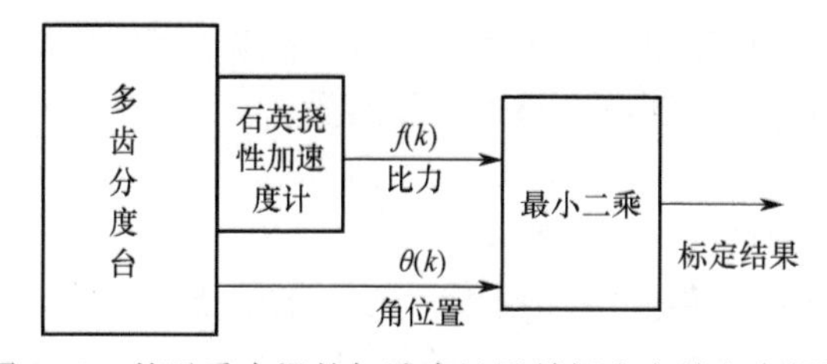

图 2.29　基于重力场的加速度计误差标定实验方案框图

3）实验设备

石英挠性加速度计（实物图如图 2.30 所示）、多齿分度台（实物图如图 2.31 所示）、精密电阻、精密电压表等。

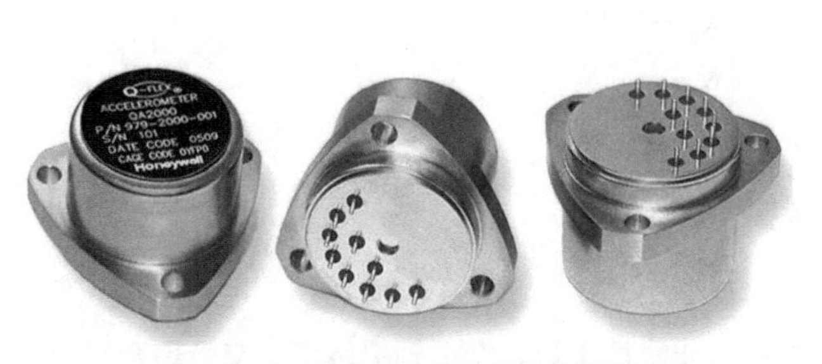

图 2.30 石英挠性加速度计的实物图

图 2.31 多齿分度台的实物图

2.6.3 实验步骤及操作说明

1）仪器安装

（1）调整多齿分度台面至重力铅垂面内，此时多齿分度台的旋转主轴水平。

（2）将石英挠性加速度计安装固定于多齿分度台台面上，使加速度计的输入轴和摆轴平行于多齿分度台台面（即铅垂面）、输出轴平行于多齿分度台旋转主轴。

2）电气连接

（1）通过台面插座和台体插座（通常与滑环连接）将电源输入石英挠性加速度计，并将加速度计的输出电压引至精密电压表测量端。如图 2.32 所示为基于重力场的加速度计误差标定电气连接示意图。测试时，在石英挠性加速度计的再平衡回路中串联精密电阻，并使用精密的六位半数字电压表采集电阻两端的电压 u 。

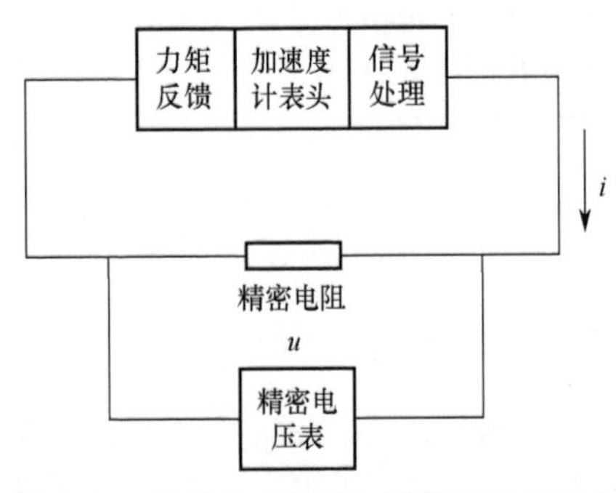

图 2.32 基于重力场的加速度计误差标定电气连接示意图

（2）利用万用表测量电源输出是否正常（电源电压由石英挠性加速度计的供电电压决定）。

（3）检查数据采集系统是否正常，准备采集数据。

3）数据采集

（1）接通石英挠性加速度计和数据采集系统电源，稳定 5 min。

（2）设定采样频率，建议采样频率设置为 100～1000 Hz。

（3）转动多齿分度台面，使其依次转过 n （$n \geqslant 6$）个不同的角位置，记录多齿分度台的角度读数，同时采集石英挠性加速度计的测量输出（每个角位置处的数据采集时间为 10 min）。

（4）实验结束，将实验系统断电，整理实验装置。

4）数据处理

（1）对测量数据进行预处理，剔除野值。

（2）根据不同角位置处石英挠性加速度计的测量输出 $f(k)$ 以及多齿分度台的角度读数 $\theta(k)$ ，利用最小二乘完成石英挠性加速度计的标定。

5）分析实验数据，撰写实验报告

2.7　基于离心机的加速度计误差标定实验

基于重力场的加速度计误差标定实验只能提供±1g 范围内的比力输入，无法进行输入范围大于±1g 的加速度计全量程标定，所以对非线性系数、交叉耦合系数等参数的标定精度较低。然而，离心机能够持续提供恒定的高 g 比力输入，所以基于离心机的加速度计标定实验能够对加速度计全量程范围的性能进行测试。这类实验是将离心机产生的向心加速度作为输入，主要用于标定高 g 比力输入下的加速度计零偏、标度因数、非线性系数、交叉耦合系数等性能指标。基于此，本节介绍了基于离心机的加速度计误差标定基本原理，进一步通过实验，使学生掌握如何利用离心机对高 g 比力输入下加速度计误差进行标定的方法。

2.7.1　基于离心机的加速度计误差标定基本原理

在基于离心机的加速度计误差标定实验中，利用离心机提供的向心加速度作为输入对加速度计进行激励，从而确定出加速度计的待标定参数。加速度计在离心机上的安装位置示意图如图 2.33 所示。

离心机主要由电机、离心机臂、配重和工装等部分组成。电机驱动离心机臂以恒定的旋转角速率 ω 转动，加速度计通过工装安装在离心机臂上，且与旋转轴线距离为 R（常称为工作半径）。根据力学原理，离心机所产生的向心加速度值为

$$a = R\omega^2 \tag{2.64}$$

由图 2.33 可知，加速度计输入轴所敏感到的比力为

$$\begin{aligned} a_i &= -a\cos\beta \\ &= -R\omega^2\cos\beta \end{aligned} \tag{2.65}$$

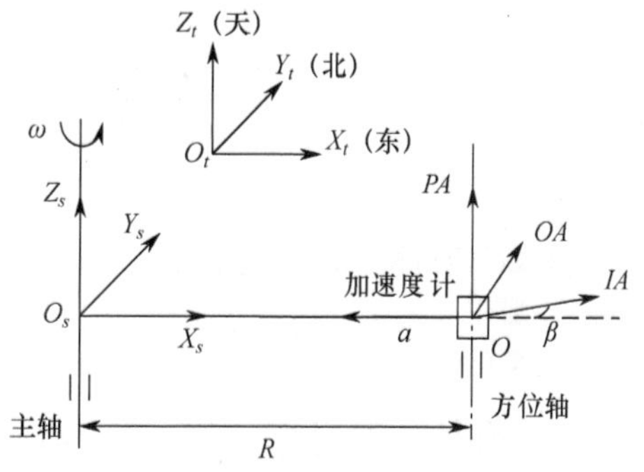

式中，β 为离心机方位轴的偏转角。

图 2.33　加速度计在离心机上的安装位置示意图

考虑加速度计的零偏、标度因数、高阶非线性系数以及奇异二次项系数，则加速度计在离心机上的标定模型可以表示为

$$f = K_0 + K_1 a_i + K_2 a_i^2 + K_q a_i|a_i| + K_3 a_i^3 + \varepsilon \tag{2.66}$$

式中，K_0 为零偏；K_1 为标度因数；K_2 为二阶非线性系数；K_q 为奇异二次项系数；K_3 为三阶非线性系数；ε 为随机测量噪声。

将式(2.65)代入式(2.66)中，可以得到加速度计的输出为

$$\begin{aligned} f = {} & K_0 - K_1 R\omega^2\cos\beta + K_2 R^2\omega^4\cos^2\beta \\ & - K_q R^2\omega^4\cos\beta|\cos\beta| - K_3 R^3\omega^6\cos^3\beta + \varepsilon \end{aligned} \tag{2.67}$$

然而，实际标定中存在的实验设备误差会影响加速度计的输入。考虑方位轴偏转误差 $\Delta\beta$、转速误差 $\Delta\omega$、工作半径误差 ΔR 和加速度计在离心机上的安装误差 θ_x、θ_y、θ_z，则输入比力为

$$\boldsymbol{f}^{\tilde{b}}=\boldsymbol{C}_b^{\tilde{b}}\boldsymbol{C}_s^b\boldsymbol{C}_t^s\boldsymbol{G}^t+\boldsymbol{C}_b^{\tilde{b}}\boldsymbol{C}_s^b\boldsymbol{a}^s \tag{2.68}$$

式中，b 和 $\tilde{b}$ 分别为理想和实际的加速度计坐标系；t 为地理坐标系；s 为离心机坐标系；$\boldsymbol{C}_b^{\tilde{b}}$ 为安装误差矩阵；$\boldsymbol{C}_s^b$、$\boldsymbol{C}_t^s$ 分别为 s 系到 b 系、t 系到 s 系的转移矩阵。因此，沿加速度计输入轴的比力为

$$\begin{aligned}a_i=&-g\theta_y-(R\omega^2+2R\omega\Delta\omega+\Delta R\omega^2)\cos\beta\\&+(\Delta\beta+\theta_z)R\omega^2\sin\beta\end{aligned} \tag{2.69}$$

将式(2.69)代入式(2.66)中，并忽略二阶以上的高阶小量，可得加速度计的输出为

$$\begin{aligned}f=&K_0-K_1g\theta_y-K_1R\omega^2\cos\beta-2K_1R\omega\Delta\omega\cos\beta\\&-K_1\Delta R\omega^2\cos\beta+K_1R\omega^2\Delta\beta\sin\beta\\&+K_1\theta_zR\omega^2\sin\beta+K_2R^2\omega^4\cos^2\beta\\&-K_qR^2\omega^4\cos\beta|\cos\beta|\\&-K_3R^3\omega^6\cos^3\beta+\varepsilon\end{aligned} \tag{2.70}$$

在实际标定中，实验设备误差难以测量，故必须利用算法消除其影响。将方位轴转到 0° 和 180°，并且离心机提供不同转速 $\omega_i(i=0,1,\cdots,n)$ 时，则有

$$f_{pi}=\frac{f_i^0+f_i^{180}}{2}=K_0-K_1g\theta_y+K_2R^2\omega_i^4+\varepsilon_i \tag{2.71}$$

$$\begin{aligned}f_{si}=\frac{f_i^0+f_i^{180}}{2}=&-2K_1\Delta\omega R\omega_i-\left(K_1+\frac{K_1\Delta R}{R}\right)R\omega_i^2\\&-K_qR^2\omega_i^4-K_3R^3\omega_i^6+\varepsilon_i\end{aligned} \tag{2.72}$$

将式(2.71)和式(2.72)分别写为矩阵形式，可得

$$\boldsymbol{Z}_1=\boldsymbol{H}_1\boldsymbol{X}_1+\boldsymbol{\varepsilon}_1 \tag{2.73}$$

$$\boldsymbol{Z}_2=\boldsymbol{H}_2\boldsymbol{X}_2+\boldsymbol{\varepsilon}_2 \tag{2.74}$$

式中，量测向量 $\boldsymbol{Z}_1=[f_{p1},\cdots,f_{pn}]^{\mathrm{T}}$，$\boldsymbol{Z}_2=[f_{s1},\cdots,f_{sn}]^{\mathrm{T}}$；待估计状态向量 $\boldsymbol{X}_1=[K_0-K_1g\theta_y,K_2]^{\mathrm{T}}$，$\boldsymbol{X}_2=[K_1\Delta\omega,K_1+K_1\Delta R/R,K_q,K_3]^{\mathrm{T}}$；量测矩阵 $\boldsymbol{H}_1$、$\boldsymbol{H}_2$ 分别为

$$\boldsymbol{H}_1=\begin{bmatrix}1&R^2\omega_1^4\\\vdots&\vdots\\1&R^2\omega_n^4\end{bmatrix},\quad \boldsymbol{H}_2=\begin{bmatrix}-2R\omega_1&-R\omega_1^2&-R^2\omega_1^4&-R^3\omega_1^6\\\vdots&\vdots&\vdots&\vdots\\-2R\omega_n&-R\omega_n^2&-R^2\omega_n^4&-R^3\omega_n^6\end{bmatrix}$$

最后，利用最小二乘可求得待估计状态向量分别为

$$\hat{\boldsymbol{X}}_1=(\boldsymbol{H}_1^{\mathrm{T}}\boldsymbol{H}_1)^{-1}\boldsymbol{H}_1^{\mathrm{T}}\boldsymbol{Z}_1 \tag{2.75}$$

$$\hat{\boldsymbol{X}}_2=(\boldsymbol{H}_2^{\mathrm{T}}\boldsymbol{H}_2)^{-1}\boldsymbol{H}_2^{\mathrm{T}}\boldsymbol{Z}_2 \tag{2.76}$$

在状态向量 $\boldsymbol{X}_1=[K_0-K_1g\theta_y,K_2]^{\mathrm{T}}$ 和 $\boldsymbol{X}_2=[K_1\Delta\omega,K_1+K_1\Delta R/R,K_q,K_3]^{\mathrm{T}}$ 中，K_2、K_3、K_q 相互独立，而 K_0、K_1、θ_y、$\Delta\omega$、ΔR 相互耦合。可见，在离心机标定实验中通过不同转速测试，可以标定出二阶、三阶非线性系数 K_2、K_3 和奇异二次项系数 K_q；而零偏 K_0 和标度因数 K_1 分别受安装误差 θ_y、转速误差 $\Delta\omega$ 和工作半径误差 ΔR 的影响，无法准确标定。因此，在离心机标定实验的基础上，还需要结合重力场标定法才能准确标定出零偏 K_0 和标度因数 K_1。

2.7.2　实验目的与实验设备

1）实验目的

（1）掌握基于离心机的加速度计误差标定基本原理及实现方法。

（2）理解实验设备误差对加速度计标定结果的影响。

2）实验内容

利用离心机高速旋转所提供的向心加速度对石英挠性加速度计进行充分激励，并且通过转动离心机的方位轴改变加速度计相对于离心机的角位置，然后采集石英挠性加速度计在不同转速及不同角位置的测量输出，利用最小二乘完成对石英挠性加速度计二阶、三阶非线性系数、奇异二次项系数等参数的标定。

如图 2.34 所示为基于离心机的加速度计误差标定实验系统示意图。该实验系统主要包括石英挠性加速度计、离心机和工控机等。工控机能够向离心机发送控制指令，驱动其按照指定的角速率进行高速旋转。石英挠性加速度计通过工装固定安装于离心机的工作台面，并且通过转动离心机的方位轴能够改变加速度计相对于离心机的角位置。石英挠性加速度计输出的比力等测量信息可通过工控机进行存储，进而用于完成基于离心机的加速度计误差标定实验。

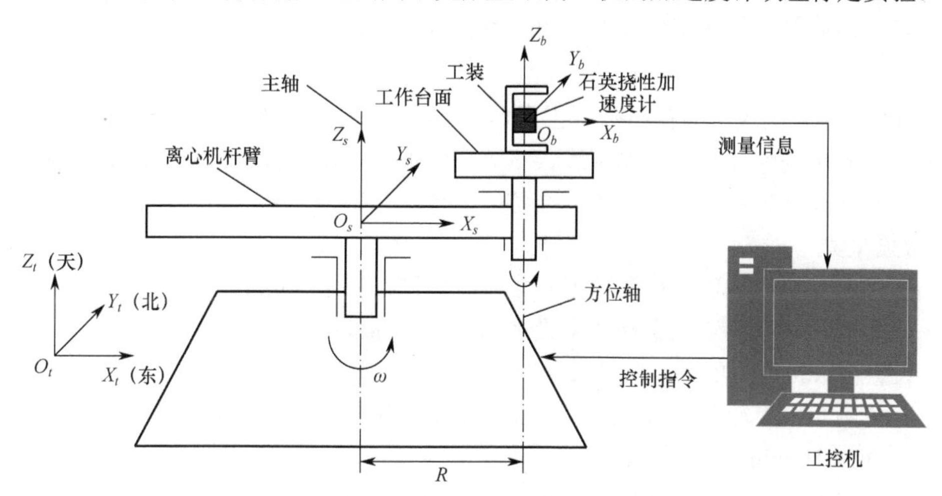

图 2.34　基于离心机的加速度计误差标定实验系统示意图

如图 2.35 所示为基于离心机的加速度计误差标定实验方案框图。离心机高速旋转提供向心加速度对石英挠性加速度计进行激励，通过转动离心机的方位轴改变加速度计相对于离心机的角位置，然后根据石英挠性加速度计在不同角速率 ω 及不同角位置 β 的测量输出 f，便可利用最小二乘完成对石英挠性加速度计的标定。

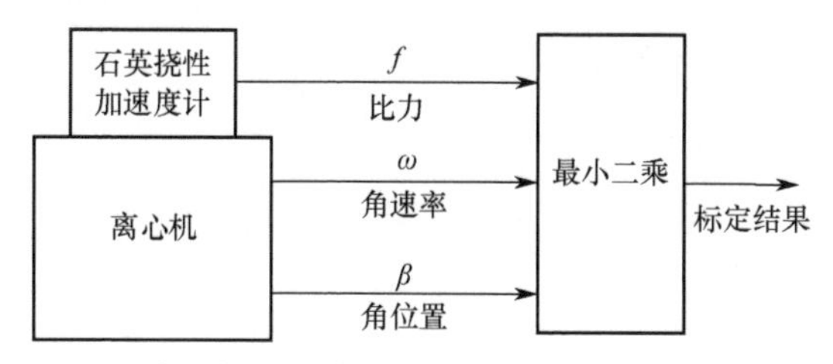

图 2.35　基于离心机的加速度计误差标定实验方案框图

3）实验设备

石英挠性加速度计、离心机（实物图如图 2.36 所示）、工控机等。

图 2.36　离心机的实物图

2.7.3　实验步骤及操作说明

1）仪器安装

（1）调整离心机臂和工作台面在水平面内。

（2）将石英挠性加速度计通过工装固定安装于离心机的工作台面。

（3）转动离心机方位轴使加速度计角位置 β=0°。

2）电气连接

（1）利用万用表测量电源输出是否正常（电源电压由石英挠性加速度计的供电电压决定）。

（2）连接石英挠性加速度计电源线、石英挠性加速度计与测试系统间的信号线。

（3）检查数据采集系统是否正常，准备采集数据。

3）数据采集

（1）接通石英挠性加速度计和数据采集系统电源，稳定 5 min。

（2）设定采样频率，建议采样频率设置为 100～1000 Hz。

（3）设置离心机产生的向心加速度值从 1g 等间隔递增至 5g，间隔取 0.5g。在每一个向心加速度下，待离心机旋转稳定后采集石英挠性加速度计的测量输出（在每一个向心加速度下，数据采集时间为 10 min）。

（4）转动离心机方位轴使加速度计角位置 β=180°，重复步骤（3）。

（5）实验结束，将基于离心机的加速度计误差标定实验系统断电，整理实验装置。

4）数据处理

（1）对测量数据进行预处理，剔除野值。

（2）根据石英挠性加速度计在不同转速及不同角位置的测量输出，利用最小二乘完成对石英挠性加速度计二阶、三阶非线性系数、奇异二次项系数等参数的标定。

5）分析实验数据，撰写实验报告

第3章　捷联惯导系统初始对准系列实验

根据惯性导航解算原理可知，载体的速度和位置是由测得的加速度积分得到的。要进行积分就必须知道初始条件，如初始速度和初始位置。对于平台式惯性导航系统来说，物理平台是测量加速度的基准，要求系统开始工作时，平台处于预定的坐标系内，否则将产生由于平台误差引起的加速度测量误差；而对于捷联惯导系统（SINS），"数学平台"是测量加速度的基准，由于加速度计安装在载体坐标系上，这就要求在系统开始工作时，确定载体坐标系相对导航坐标系（数学平台）的初始姿态矩阵。该姿态矩阵的误差同样会产生加速度测量误差。因此，SINS 初始对准的任务有两项：第一项任务，载体运行前将初始速度和初始位置引入惯性导航系统；第二项任务，求出载体坐标系相对导航坐标系的初始姿态矩阵。

对于第一项任务，在静基座情况下，初始速度为零，初始位置为当地的经纬度。在动基座情况下，这些初始条件一般应由外界提供的速度和位置信息来确定，这一过程也比较简单，只要将这些初始信息通过控制器送入导航计算机即可。至于第二项任务，一般比较复杂，尤其在动基座情况下，基座的晃动、载体的杆臂效应和弹性变形必须加以考虑，它是 SINS 初始对准的主要任务。要求初始姿态矩阵与实际载体坐标系相对导航坐标系的姿态矩阵相一致，这是一项精度指标。但是由于元器件及系统误差的存在，获得的初始姿态矩阵不可能与实际的初始姿态矩阵完全一致，只能是接近一致。初始对准除了精度要求，对准速度也是一个非常重要的指标，特别是对于军用运载体来说更为重要。因此，初始对准的设计指标应包括对准精度和对准速度两个方面。

基于此，本章系统阐述了 SINS 的静基座初始对准、多位置初始对准、晃动基座初始对准以及动基座传递对准等 SINS 初始对准系列实验的实验目的、实验原理、实验方法等。

3.1　静基座初始对准实验

在固定位置的静基座环境下，陀螺仪和加速度计将会分别敏感当地重力加速度和地球自转角速度。此时，将当地重力加速度和地球自转角速度作为高精度的参考基准，并根据陀螺仪对地球自转角速度的测量值和加速度计对地球重力加速度的测量值便可计算出载体的初始姿态矩阵。本节介绍了 SINS 静基座初始对准实验方法，使学生掌握如何利用解析式粗对准和卡尔曼滤波精对准实现 SINS 在静基座条件下的初始对准方法。

3.1.1　静基座初始对准的基本实现原理

在导航系统进入导航状态时，希望在计算机中建立一个能够准确地描述载体坐标系 b 与当地地理坐标系 t 之间关系的坐标变换矩阵 $\boldsymbol{C}_b^t$，以便导航参数在正确的导航坐标系中计算。SINS 初始对准的目的就是确定 $\boldsymbol{C}_b^t$ 的初始值。而 $\boldsymbol{C}_b^t$ 只能通过计算机算出，计算得到的姿态矩阵为 $\boldsymbol{C}_b^{\hat{t}}$，当求得 $\boldsymbol{C}_b^{\hat{t}}$ 以后，若能进一步获得误差角矩阵 $\boldsymbol{\Phi}^t$，则可得

$$\boldsymbol{C}_b^{\hat{t}} = \boldsymbol{C}_t^{\hat{t}}\boldsymbol{C}_b^t = (\boldsymbol{I} - \boldsymbol{\Phi}^t)\boldsymbol{C}_b^t \tag{3.1}$$

利用上式的关系便可对 $\boldsymbol{C}_b^{\hat{t}}$ 进行修正，从而获得更准确的 $\boldsymbol{C}_b^t$，即

$$\begin{aligned}\boldsymbol{C}_b^t &= (\boldsymbol{I}-\boldsymbol{\Phi}^t)^{-1}\boldsymbol{C}_b^{\hat{t}} \\ &= (\boldsymbol{I}+\boldsymbol{\Phi}^t)\boldsymbol{C}_b^{\hat{t}}\end{aligned} \tag{3.2}$$

SINS 静基座初始对准的目的是获得姿态矩阵的初始值，为了兼顾初始对准的快速性和精确性，通常分为粗对准和精对准两个阶段完成初始对准。首先进行粗对准，依靠重力加速度矢量和地球自转角速度矢量的测量值，直接估算从载体坐标系到地理坐标系的姿态矩阵 $\boldsymbol{C}_b^{\hat{t}}$。其特点是对准速度快，对准精度较低，仅为进一步精对准提供一个满足要求的初始姿态矩阵 $\boldsymbol{C}_b^{\hat{t}}$。在精对准阶段，则通过处理惯性器件的输出信息及外部观测信息，精确地确定计算参考坐标系（数学平台）与地理坐标系之间的失准角 $\boldsymbol{\Phi}^t$，进而根据式(3.2)对粗对准结果 $\boldsymbol{C}_b^{\hat{t}}$ 进行修正并建立起更精确的初始姿态矩阵 $\boldsymbol{C}_b^t$。精对准速度比粗对准要慢一些，但对准精度更高。将两者结合起来，以满足在规定时间内达到对准精度的要求。

1）粗对准

粗对准利用 IMU 测量输出获得重力加速度矢量和地球自转角速度矢量在载体坐标系下分量，然后根据“双矢量定姿”原理获得初始姿态矩阵的解析解，解析式粗对准算法流程图如图 3.1 所示。

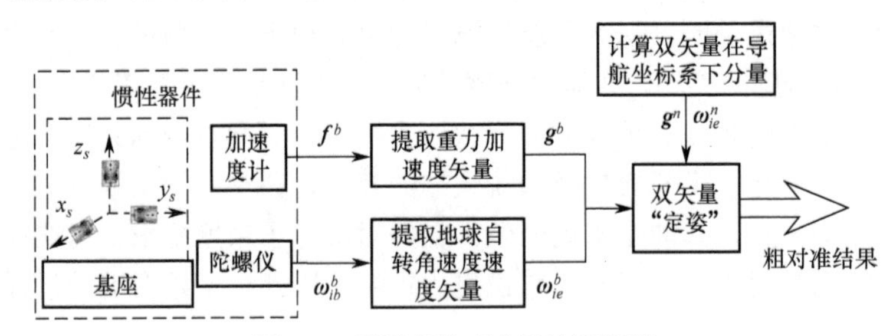

图 3.1 解析式粗对准算法流程图

姿态矩阵 $\boldsymbol{C}_b^{\hat{t}}$ 可以通过加速度计与陀螺仪的测量值来计算。在进行初始对准时，当地的经度 λ 和纬度 L 是已知的，因此重力加速度 $\boldsymbol{g}$ 和地球自转角速度 $\boldsymbol{\omega}_{ie}$ 在地理坐标系的分量都是确定的，它们可分别表示为

$$\boldsymbol{g}^t = \begin{bmatrix} g_x \\ g_y \\ g_z \end{bmatrix} = \begin{bmatrix} 0 \\ 0 \\ -g \end{bmatrix} \tag{3.3}$$

$$\boldsymbol{\omega}_{ie}^t = \begin{bmatrix} \omega_{iex}^t \\ \omega_{iey}^t \\ \omega_{iez}^t \end{bmatrix} = \begin{bmatrix} 0 \\ \omega_{ie}\cos L \\ \omega_{ie}\sin L \end{bmatrix} \tag{3.4}$$

然后，再由 $\boldsymbol{g}$ 和 $\boldsymbol{\omega}_{ie}$ 构成一个新向量 $\boldsymbol{r}$，即

$$\boldsymbol{r} = \boldsymbol{g} \times \boldsymbol{\omega}_{ie} \tag{3.5}$$

根据地理坐标系与载体坐标系之间的转换矩阵 $\boldsymbol{C}_t^b$ 可得：

$$\begin{cases} \boldsymbol{g}^b = \boldsymbol{C}_t^b \boldsymbol{g}^t \\ \boldsymbol{\omega}_{ie}^b = \boldsymbol{C}_t^b \boldsymbol{\omega}_{ie}^t \\ \boldsymbol{r}^b = \boldsymbol{C}_t^b \boldsymbol{r}^t \end{cases} \tag{3.6}$$

由式(3.6)中的 3 个向量等式可以写出 9 个标量方程。由于 $\boldsymbol{g}^b$ 与 $\boldsymbol{\omega}_{ie}^b$ 可以分别利用加速度计和陀螺仪测得，而 $\boldsymbol{\omega}_{ie}^t$、$\boldsymbol{r}^b$、$\boldsymbol{r}^t$ 和 $\boldsymbol{g}^t$ 均可通过计算得到，因此联立求解 9 个标量方程就可以求出 $\boldsymbol{C}_t^b$ 的 9 个元素。

将式(3.6)两边转置，并且 $\boldsymbol{C}_b^t$ 为正交矩阵，即 $(\boldsymbol{C}_t^b)^{\mathrm{T}}=(\boldsymbol{C}_t^b)^{-1}=\boldsymbol{C}_b^t$。于是

$$\begin{cases}(\boldsymbol{g}^b)^{\mathrm{T}}=(\boldsymbol{g}^t)^{\mathrm{T}}\boldsymbol{C}_b^t\\(\boldsymbol{\omega}_{ie}^b)^{\mathrm{T}}=(\boldsymbol{\omega}_{ie}^t)^{\mathrm{T}}\boldsymbol{C}_b^t\\(\boldsymbol{r}^b)^{\mathrm{T}}=(\boldsymbol{r}^t)^{\mathrm{T}}\boldsymbol{C}_b^t\end{cases}\tag{3.7}$$

将式(3.7)写成分块矩阵形式，则有

$$\begin{bmatrix}(\boldsymbol{g}^b)^{\mathrm{T}}\\ \hdashline(\boldsymbol{\omega}_{ie}^b)^{\mathrm{T}}\\ \hdashline(\boldsymbol{r}^b)^{\mathrm{T}}\end{bmatrix}=\begin{bmatrix}(\boldsymbol{g}^t)^{\mathrm{T}}\\ \hdashline(\boldsymbol{\omega}_{ie}^t)^{\mathrm{T}}\\ \hdashline(\boldsymbol{r}^t)^{\mathrm{T}}\end{bmatrix}\boldsymbol{C}_b^t\tag{3.8}$$

由式(3.8)可得

$$\boldsymbol{C}_b^t=\begin{bmatrix}(\boldsymbol{g}^t)^{\mathrm{T}}\\ \hdashline(\boldsymbol{\omega}_{ie}^t)^{\mathrm{T}}\\ \hdashline(\boldsymbol{r}^t)^{\mathrm{T}}\end{bmatrix}^{-1}\begin{bmatrix}(\boldsymbol{g}^b)^{\mathrm{T}}\\ \hdashline(\boldsymbol{\omega}_{ie}^b)^{\mathrm{T}}\\ \hdashline(\boldsymbol{r}^b)^{\mathrm{T}}\end{bmatrix}\tag{3.9}$$

在测得 $\boldsymbol{g}^b$ 和 $\boldsymbol{\omega}_{ie}^b$ 的基础上，计算出 $\boldsymbol{r}^b$、$\boldsymbol{r}^t$，然后就可以按式(3.9)计算出初始姿态矩阵 $\boldsymbol{C}_b^t$。

由式(3.5)可知

$$\begin{aligned}\boldsymbol{r}^t&=\boldsymbol{g}^t\times\boldsymbol{\omega}_{ie}^t\\&=\begin{bmatrix}0&g&0\\-g&0&0\\0&0&0\end{bmatrix}\begin{bmatrix}0\\\omega_{ie}\cos L\\\omega_{ie}\sin L\end{bmatrix}=\begin{bmatrix}g\omega_{ie}\cos L\\0\\0\end{bmatrix}\end{aligned}\tag{3.10}$$

而式(3.9)中的 $\boldsymbol{r}^b$ 为

$$\begin{aligned}\boldsymbol{r}^b&=\boldsymbol{g}^b\times\boldsymbol{\omega}_{ie}^b\\&=\begin{bmatrix}0&-g_z^b&g_y^b\\g_z^b&0&-g_x^b\\-g_y^b&g_x^b&0\end{bmatrix}\begin{bmatrix}\omega_{iex}^b\\\omega_{iey}^b\\\omega_{iez}^b\end{bmatrix}=\begin{bmatrix}\omega_{iez}^b g_y^b-\omega_{iey}^b g_z^b\\\omega_{iex}^b g_z^b-\omega_{iez}^b g_x^b\\\omega_{iey}^b g_x^b-\omega_{iex}^b g_y^b\end{bmatrix}\end{aligned}\tag{3.11}$$

将 $\boldsymbol{r}^t$、$\boldsymbol{g}^t$、$\boldsymbol{\omega}_{ie}^t$ 代入式(3.9)等号右边的左侧逆矩阵，可得

$$\begin{aligned}\begin{bmatrix}(\boldsymbol{g}^t)^{\mathrm{T}}\\ \hdashline(\boldsymbol{\omega}_{ie}^t)^{\mathrm{T}}\\ \hdashline(\boldsymbol{r}^t)^{\mathrm{T}}\end{bmatrix}^{-1}&=\begin{bmatrix}0&0&-g\\0&\omega_{ie}\cos L&\omega_{ie}\sin L\\g\omega_{ie}\cos L&0&0\end{bmatrix}^{-1}\\&=\begin{bmatrix}0&0&\dfrac{1}{g\omega_{ie}}\sec L\\\dfrac{1}{g}\tan L&\dfrac{1}{\omega_{ie}}\sec L&0\\-\dfrac{1}{g}&0&0\end{bmatrix}\end{aligned}\tag{3.12}$$

将测量得到的 $\boldsymbol{g}^b$ 和 $\boldsymbol{\omega}_{ie}^b$ 以及按式(3.11)计算的 $\boldsymbol{r}^b$ 和式(3.12)代入式(3.9)，便可计算出 $\boldsymbol{C}_b^t$，即

$$
\boldsymbol{C}_b^t=\begin{bmatrix} 0 & 0 & \dfrac{1}{g\omega_{ie}}\sec L \\ \dfrac{1}{g}\tan L & \dfrac{1}{\omega_{ie}}\sec L & 0 \\ -\dfrac{1}{g} & 0 & 0 \end{bmatrix}\begin{bmatrix} g_x^b & g_y^b & g_z^b \\ \omega_{iex}^b & \omega_{iey}^b & \omega_{iez}^b \\ \omega_{iez}^b g_y^b-\omega_{iey}^b g_z^b & \omega_{iex}^b g_z^b-\omega_{iez}^b g_x^b & \omega_{iey}^b g_x^b-\omega_{iex}^b g_y^b \end{bmatrix} \tag{3.13}
$$

设 $\boldsymbol{C}_b^t$ 的元素为 $C_{ij}(i=1,2,3;\ j=1,2,3)$，将上式相乘后可求得 $\boldsymbol{C}_b^t$ 的九个元素，即

$$
\begin{cases}
C_{11}=\dfrac{\sec L}{g\omega_{ie}}(\omega_{iez}^b g_y^b-\omega_{iey}^b g_z^b) \\
C_{12}=\dfrac{\sec L}{g\omega_{ie}}(\omega_{iex}^b g_z^b-\omega_{iez}^b g_x^b) \\
C_{13}=\dfrac{\sec L}{g\omega_{ie}}(\omega_{iey}^b g_x^b-\omega_{iex}^b g_y^b) \\
C_{21}=\dfrac{g_x^b}{g}\tan L+\dfrac{\omega_{iex}^b}{\omega_{ie}}\sec L \\
C_{22}=\dfrac{g_y^b}{g}\tan L+\dfrac{\omega_{iey}^b}{\omega_{ie}}\sec L \\
C_{23}=\dfrac{g_z^b}{g}\tan L+\dfrac{\omega_{iez}^b}{\omega_{ie}}\sec L \\
C_{31}=-\dfrac{g_x^b}{g} \\
C_{32}=-\dfrac{g_y^b}{g} \\
C_{33}=-\dfrac{g_z^b}{g}
\end{cases} \tag{3.14}
$$

式(3.14)中的 g_x^b、g_y^b、g_z^b 可用加速度计的输出 $\tilde{f}_x^b$、$\tilde{f}_y^b$、$\tilde{f}_z^b$ 来近似代替，ω_{iex}^b、ω_{iey}^b、ω_{iez}^b 可由陀螺仪的输出 $\tilde{\omega}_{ibx}^b$、$\tilde{\omega}_{iby}^b$、$\tilde{\omega}_{ibz}^b$ 来代替；对准点的纬度 L 与重力加速度 g 的精确值可作为已知数输入系统，ω_{ie} 为常数。显然，按式(3.14)计算出的 $\boldsymbol{C}_b^t$ 为近似值，并可用 $\boldsymbol{C}_b^{\hat{t}}$ 表示。这样进行姿态矩阵的计算也就是完成了解析式粗对准。

2）精对准

由式(3.14)计算的初始姿态矩阵 $\boldsymbol{C}_b^{\hat{t}}$ 是粗略的，不能准确地描述载体坐标系 b 与当地地理坐标系 t 之间的真实角度关系 $\boldsymbol{\Phi}_{tb}$，也就是说初始计算地理坐标系 $\hat{t}$ 与理想地理坐标系 t 不完全重合，其间小角度误差为 $\boldsymbol{\Phi}_{t\hat{t}}$。$t$ 系、$\hat{t}$ 系与 b 系之间的关系如图 3.2 所示。

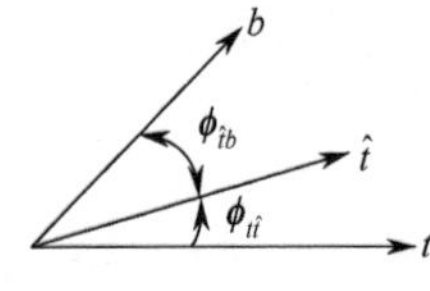

图 3.2 t 系、$\hat{t}$ 系和 b 系之间的关系示意图

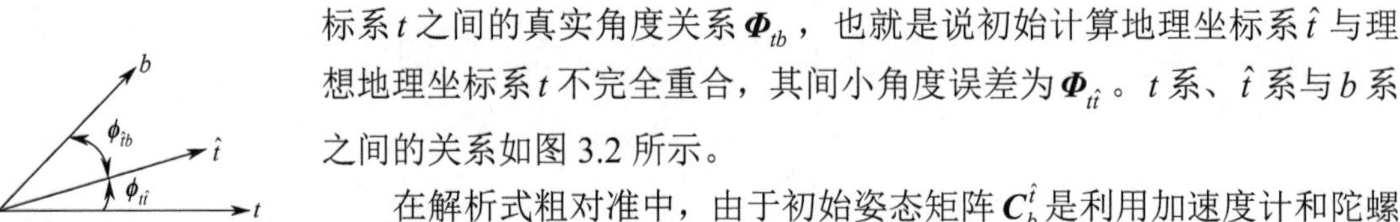

在解析式粗对准中，由于初始姿态矩阵 $\boldsymbol{C}_b^{\hat{t}}$ 是利用加速度计和陀螺仪的测量输出计算得到的，所以 $\boldsymbol{\Phi}_{\hat{t}b}$ 的计算精度主要取决于加速度计及陀螺仪的测量精度。如果能建立起加速度计和陀螺仪的误差模型，并

利用现代估计理论对其误差进行估计补偿，则能有效地提高对准精度，这便是精对准需要完成的任务。

近年来，现代控制理论的一些方法在惯性导航系统中有了成功的应用，其中之一就是运用现代控制理论中的卡尔曼滤波实现惯性导航系统的精对准。运用卡尔曼滤波的精对准方法是在解析式粗对准的基础上进行的。实施分为两步：第一步是运用卡尔曼滤波将粗对准的平台失准角 $\boldsymbol{\Phi}$ 估计出来，同时也尽可能地把惯性器件的误差（陀螺仪常值漂移和加速度计零偏）估计出来；第二步则是根据估计结果将平台失准角消除掉，并对惯性器件的误差进行补偿。第二步是容易实现的，所以对平台失准角的估计是这种对准方法的关键。

从控制论的观点看，惯性导航系统可以视为一个系统，其中有很多状态是未知的，包括我们希望知道的一些状态，如平台失准角，但系统中有些量是可以测量得到的，如加速度计的输出是能够测量的。本节主要介绍运用卡尔曼滤波器实现 SINS 静基座精对准的基本方法，而关于卡尔曼滤波理论的知识可参见本书第 1 章中的相关内容。

静基座精对准，即惯性导航系统在整个对准过程中的位置始终保持不变，静基座精对准流程如图 3.3 所示。

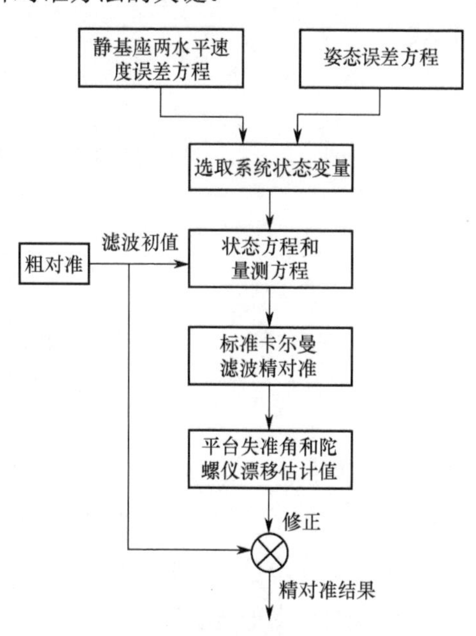

图 3.3　静基座精对准流程

精对准阶段从 SINS 静基座误差模型入手，通过构建卡尔曼滤波状态方程和量测方程，利用卡尔曼滤波得到平台失准角的最优估计值，进而修正粗对准结果，得到较为精确的初始姿态。

选取当地东-北-天坐标系为导航坐标系，从系统的误差方程入手来分析 SINS 的静基座精对准。假设粗对准结束后平台失准角 φ_{E}、φ_{N}、φ_{U} 均为小角度。又在一般情况下，水平失准角比方位失准角要小，故可略去水平交叉耦合项 $\varphi_{\mathrm{N}}\omega_{ie}\sin L$、$\varphi_{\mathrm{E}}\omega_{ie}\cos L$ 和 $-\varphi_{\mathrm{E}}\omega_{ie}\sin L$ 的影响；在静基座条件下对准时，载体的位置是已知的，因此可略去 $\delta L\omega_{ie}\cos L$、$-\delta L\omega_{ie}\sin L$ 项。在这些假设条件下，惯性导航系统的误差方程为

$$\begin{cases}\delta\dot{V}_{\mathrm{E}}=2\omega_{ie}\sin L\delta V_{\mathrm{N}}-\varphi_{\mathrm{N}}g+\nabla_{\mathrm{E}}\\ \delta\dot{V}_{\mathrm{N}}=-2\omega_{ie}\sin L\delta V_{\mathrm{E}}+\varphi_{\mathrm{E}}g+\nabla_{\mathrm{N}}\\ \dot{\varphi}_{\mathrm{E}}=\varphi_{\mathrm{N}}\omega_{ie}\sin L-\varphi_{\mathrm{U}}\omega_{ie}\cos L+\varepsilon_{\mathrm{E}}\\ \dot{\varphi}_{\mathrm{N}}=-\varphi_{\mathrm{E}}\omega_{ie}\sin L+\varepsilon_{\mathrm{N}}\\ \dot{\varphi}_{\mathrm{U}}=\varphi_{\mathrm{E}}\omega_{ie}\cos L+\varepsilon_{\mathrm{U}}\end{cases} \tag{3.15}$$

由于初始对准时间较短，故可假定加速度计误差和陀螺仪漂移为随机常数，即惯性器件模型为

$$\begin{cases}\dot{\nabla}=\mathbf{0}\\ \dot{\boldsymbol{\varepsilon}}=\mathbf{0}\end{cases} \tag{3.16}$$

对于 SINS 有

$$\left.\begin{aligned}&[\nabla_\mathrm{E}\ \nabla_\mathrm{N}\ \nabla_\mathrm{U}]^\mathrm{T}=\boldsymbol{C}_b^t[\nabla_x\ \nabla_y\ \nabla_z]^\mathrm{T}\\&[\varepsilon_\mathrm{E}\ \varepsilon_\mathrm{N}\ \varepsilon_\mathrm{U}]^\mathrm{T}=\boldsymbol{C}_b^t[\varepsilon_x\ \varepsilon_y\ \varepsilon_z]^\mathrm{T}\end{aligned}\right\} \tag{3.17}$$

由式(3.15)、式(3.16)和式(3.17)得到 SINS 静基座精对准的状态方程为

$$\dot{\boldsymbol{X}}(t)=\boldsymbol{AX}(t)+\boldsymbol{W}(t) \tag{3.18}$$

式中，状态变量为$\boldsymbol{X}=\left[\delta V_\mathrm{E}\ \delta V_\mathrm{N}\ \varphi_\mathrm{E}\ \varphi_\mathrm{N}\ \varphi_\mathrm{U}\ \nabla_x\ \nabla_y\ \varepsilon_x\ \varepsilon_y\ \varepsilon_z\right]^\mathrm{T}$，$\delta V_\mathrm{E}$、$\delta V_\mathrm{N}$分别为东向和北向速度误差，$\varphi_\mathrm{E}$、$\varphi_\mathrm{N}$为水平失准角，$\varphi_\mathrm{U}$为方位失准角，$\nabla_x$、$\nabla_y$为加速度计的随机常值零偏，$\varepsilon_x$、$\varepsilon_y$、$\varepsilon_z$为陀螺仪的随机常值漂移，下标$x$、$y$、$z$分别表示载体坐标轴；系统矩阵$\boldsymbol{A}$的具体形式为

$$\boldsymbol{A}=\left[\begin{array}{c|c}\boldsymbol{F}&\boldsymbol{T}\\\hline\boldsymbol{0}_{5\times5}&\boldsymbol{0}_{5\times5}\end{array}\right],\quad \boldsymbol{F}=\left[\begin{array}{cc|ccc}0&2\varOmega_\mathrm{U}&0&-g&0\\-2\varOmega_\mathrm{U}&0&g&0&0\\\hline0&0&0&\varOmega_\mathrm{U}&-\varOmega_\mathrm{N}\\0&0&-\varOmega_\mathrm{U}&0&0\\0&0&\varOmega_\mathrm{N}&0&0\end{array}\right]$$
$$\boldsymbol{T}=\left[\begin{array}{cc|ccc}C_{11}&C_{12}&0&0&0\\C_{21}&C_{22}&0&0&0\\\hline0&0&C_{11}&C_{12}&C_{13}\\0&0&C_{21}&C_{22}&C_{23}\\0&0&C_{31}&C_{32}&C_{33}\end{array}\right] \tag{3.19}$$

$\varOmega_\mathrm{U}=\omega_{ie}\sin L$，$\varOmega_\mathrm{N}=\omega_{ie}\cos L$，其中$L$为当地地理纬度，$\boldsymbol{C}_b^t=\{C_{ij}\}(i=1,2,3;\ j=1,2,3)$，$C_{ij}(i=1,2,3;\ j=1,2,3)$为姿态矩阵$\boldsymbol{C}_b^t$中的元素。$\boldsymbol{W}$是系统噪声，可视为零均值高斯白噪声，系统噪声方差阵为$\boldsymbol{Q}$，且$\boldsymbol{W}=[w_{\delta V_\mathrm{E}}\ w_{\delta V_\mathrm{N}}\ w_{\varphi_\mathrm{E}}\ w_{\varphi_\mathrm{N}}\ w_{\varphi_\mathrm{U}}\,|\,\boldsymbol{0}_{5\times1}]^\mathrm{T}$。

选取两个水平速度误差δV_E、δV_N为量测量，则 SINS 静基座精对准的量测方程为

$$\boldsymbol{Z}(t)=\boldsymbol{HX}(t)+\boldsymbol{V}(t) \tag{3.20}$$

式中，量测矩阵$\boldsymbol{H}=\begin{bmatrix}1&0&0&0&0&0&0&0&0&0\\0&1&0&0&0&0&0&0&0&0\end{bmatrix}$，$\boldsymbol{V}$是量测噪声，可视为零均值高斯白噪声，且量测噪声方差阵为$\boldsymbol{R}$。

由于式(3.18)所代表的系统是连续型的，为便于在计算机中进行卡尔曼滤波递推计算，需要将系统状态方程转化为离散形式。

设离散化后的系统状态方程和量测方程分别为

$$\boldsymbol{X}_k=\boldsymbol{\varPhi}_{k,k-1}\boldsymbol{X}_{k-1}+\boldsymbol{\varGamma}_{k-1}\boldsymbol{W}_{k-1} \tag{3.21}$$

$$\boldsymbol{Z}_k=\boldsymbol{H}_k\boldsymbol{X}_k+\boldsymbol{V}_k \tag{3.22}$$

式中，$\boldsymbol{X}_k$为k时刻的n维状态矢量，也就是被估计的状态矢量；$\boldsymbol{Z}_k$为k时刻的m维量测矢量；$\boldsymbol{\varPhi}_{k,k-1}$为$k-1$到$k$时刻的系统一步转移矩阵（$n\times n$阶）；$\boldsymbol{\varGamma}_{k-1}$为系统噪声驱动矩阵（$n\times r$阶），表征$k-1$时刻的各系统噪声对$k$时刻各个状态的影响程度。

$$\boldsymbol{\varPhi}_{k,k-1}=\boldsymbol{I}+\boldsymbol{A}_{k-1}T+\frac{1}{2!}\boldsymbol{A}_{k-1}^2T^2+\frac{1}{3!}\boldsymbol{A}_{k-1}^3T^3+\cdots \tag{3.23}$$

$$\boldsymbol{\varGamma}_{k-1}=T(\boldsymbol{I}+\frac{1}{2!}\boldsymbol{A}_{k-1}T+\frac{1}{3!}\boldsymbol{A}_{k-1}^2T^2+\cdots)\boldsymbol{G} \tag{3.24}$$

$$G=\begin{bmatrix} I_{5\times5} & 0_{5\times5} \\ 0_{5\times5} & I_{5\times5} \end{bmatrix} \tag{3.25}$$

在式(3.23)～式(3.24)中，T 为滤波周期；A_{k-1} 为 $k-1$ 时刻的系统矩阵，由于 SINS 在整个静基座对准过程中的位置和姿态始终保持不变，故 SINS 可近似为定常系统，因此可用式(3.19)中的系统矩阵 A 代替 A_{k-1} 进行卡尔曼滤波计算。

H_k 为 k 时刻的量测矩阵（$m\times n$ 阶），由于量测矩阵 H 为常值矩阵，不随时间变化，因此有

$$H_k=H=\begin{bmatrix} 1\,0\,0\,0\,0\,0\,0\,0\,0\,0 \\ 0\,1\,0\,0\,0\,0\,0\,0\,0\,0 \end{bmatrix} \tag{3.26}$$

W_{k-1} 为 $k-1$ 时刻的系统噪声序列（r 维）；V_k 为 k 时刻的 m 维量测噪声序列。卡尔曼滤波要求 $\{W_k\}$ 和 $\{V_k\}$ 为互不相关的零均值白噪声序列，有

$$E\{W_k W_j^{\mathrm{T}}\}=Q_k\delta_{kj}\,,\quad E\{V_k V_j^{\mathrm{T}}\}=R_k\delta_{kj} \tag{3.27}$$

式中，Q_k 和 R_k 分别称为系统噪声和量测噪声的方差矩阵。

根据离散化后的状态转移矩阵 $\Phi_{k,k-1}$、系统噪声驱动矩阵 Γ_{k-1}、量测矩阵 H_k，以及系统噪声和量测噪声方差矩阵 Q_k 和 R_k，然后利用离散卡尔曼滤波方程就可以完成平台失准角的递推估计。

3.1.2　静基座初始对准精度评估方法

初始对准的目的是使平台失准角趋于零。而在实际系统中，这个目标不可能实现。这是因为传感器的误差不可能被完全补偿掉。从控制理论的角度看，初始对准过程中所遇到的技术难题，主要是由于系统是不完全可观测的。因此，确定系统在初始对准过程中哪些状态变量是不可观测的对于研究系统的性能具有重要的意义。下面从线性定常系统可观测性的基本定义出发，结合 SINS 静基座精对准的状态方程和量测方程，分析 SINS 静基座精对准的可观测性，并确定出不可观的状态变量。

考虑一个线性定常系统，若系统的可观测性矩阵的秩等于系统的阶数，则系统是完全可观测的。反之，如果系统的可观测性矩阵的秩不等于系统的阶数，则系统是不完全可观测的。通常，系统矩阵 A 与量测矩阵 H 的可观测性矩阵 Q 可表示为

$$Q=\begin{bmatrix} H \\ HA \\ \vdots \\ HA^{n-1} \end{bmatrix} \tag{3.28}$$

式中，n 是系统的阶数。因此，系统完全可观测的必要条件是可观测性矩阵是满秩的。

以北-东-地坐标系为导航坐标系，对于 SINS 静基座精对准系统，其状态模型和量测模型可表示为

$$\begin{cases} \dot{X}(t)=AX(t)+W(t) \\ Z(t)=HX(t)+V(t) \end{cases} \tag{3.29}$$

式中，状态变量为 $X=\left[\delta v_{\mathrm{N}}\ \delta v_{\mathrm{E}}\ \varphi_{\mathrm{N}}\ \varphi_{\mathrm{E}}\ \varphi_{\mathrm{D}}\ \delta a_{\mathrm{N}}\ \delta a_{\mathrm{E}}\ \delta\omega_{\mathrm{N}}\ \delta\omega_{\mathrm{E}}\ \delta\omega_{\mathrm{D}}\right]^{\mathrm{T}}$，$\delta v_{\mathrm{N}}$、$\delta v_{\mathrm{E}}$ 分别为北向和东向速度误差；φ_{N}、φ_{E} 为水平失准角，φ_{D} 为方位失准角；δa_{N}、δa_{E} 和 $\delta\omega_{\mathrm{N}}$、$\delta\omega_{\mathrm{E}}$、$\delta\omega_{\mathrm{D}}$ 分

别代表加速度计的随机常值零偏和陀螺仪的随机常值漂移，下标N、E、D分别表示惯性器件误差在北、东、地方向的等效值；量测量为 $\boldsymbol{Z}=\left[\delta V_{\mathrm{N}}\ \delta V_{\mathrm{E}}\right]^{\mathrm{T}}$；$\boldsymbol{W}$ 和 $\boldsymbol{V}$ 分别为系统噪声和量测噪声；系统矩阵 $\boldsymbol{A}$ 和量测矩阵 $\boldsymbol{H}$ 的具体形式为

$$\boldsymbol{A}=\left[\begin{array}{c|c}\boldsymbol{F} & \boldsymbol{I}_{5\times5}\\ \hline \boldsymbol{0}_{5\times5} & \boldsymbol{0}_{5\times5}\end{array}\right],\quad \boldsymbol{F}=\left[\begin{array}{cc|ccc}0 & 2\Omega_{\mathrm{D}} & 0 & g & 0\\ -2\Omega_{\mathrm{D}} & 0 & -g & 0 & 0\\ \hline 0 & 0 & 0 & \Omega_{\mathrm{D}} & 0\\ 0 & 0 & -\Omega_{\mathrm{D}} & 0 & \Omega_{\mathrm{N}}\\ 0 & 0 & 0 & -\Omega_{\mathrm{N}} & 0\end{array}\right] \tag{3.30}$$

$$\boldsymbol{H}=\begin{bmatrix}1\ 0\ 0\ 0\ 0\ 0\ 0\ 0\ 0\ 0\\ 0\ 1\ 0\ 0\ 0\ 0\ 0\ 0\ 0\ 0\end{bmatrix}$$

$\Omega_{\mathrm{D}}=-\omega_{ie}\sin L$，$\Omega_{\mathrm{N}}=\omega_{ie}\cos L$，其中 L 为当地地理纬度。

将式(3.30)中的量测矩阵 $\boldsymbol{H}$ 与系统矩阵 $\boldsymbol{A}$ 代入式(3.28)中，经过计算可得可观测性矩阵 $\boldsymbol{Q}$ 的秩是7，它小于系统的阶数10，所以矩阵 $\boldsymbol{Q}$ 不满秩。因而，SINS静基座初始对准系统是不完全可观测的。由于存在三个不可观测的状态变量，所以要想估计出所有的状态变量是不可能的。那么在SINS静基座初始对准阶段，确定不可观测的状态变量便成为进行状态估计的关键问题。

由于系统的量测量是可观测的，所以状态变量 δv_{N} 和 δv_{E} 无疑是可观测的。为了方便，重新定义变量如下：

$$\boldsymbol{x}_1=\left[\delta v_{\mathrm{N}}\ \delta v_{\mathrm{E}}\right]^{\mathrm{T}} \tag{3.31}$$

$$\boldsymbol{x}_2=\left[\varphi_{\mathrm{E}}\ \delta a_{\mathrm{N}}\ \delta w_{\mathrm{N}}\ \delta w_{\mathrm{D}}\right]^{\mathrm{T}} \tag{3.32}$$

$$\boldsymbol{x}_3=\left[\varphi_{\mathrm{N}}\ \varphi_{\mathrm{D}}\ \delta a_{\mathrm{E}}\ \delta w_{\mathrm{E}}\right]^{\mathrm{T}} \tag{3.33}$$

以及

$$\boldsymbol{y}_1=\begin{bmatrix}z_1\\ z_2\end{bmatrix}=\begin{bmatrix}\delta v_{\mathrm{N}}\\ \delta v_{\mathrm{E}}\end{bmatrix} \tag{3.34}$$

$$\boldsymbol{y}_2=\begin{bmatrix}\dot{z}_1-2\Omega_{\mathrm{D}}z_2\\ \ddot{z}_2+4\Omega_{\mathrm{D}}^2z_2\\ z_1^{(iii)}+8\Omega_{\mathrm{D}}^3z_2\\ z_2^{(iv)}-16\Omega_{\mathrm{D}}^4z_2\end{bmatrix} \tag{3.35}$$

$$\boldsymbol{y}_3=\begin{bmatrix}\dot{z}_2+2\Omega_{\mathrm{D}}z_1\\ \ddot{z}_1+4\Omega_{\mathrm{D}}^2z_1\\ z_2^{(iii)}-8\Omega_{\mathrm{D}}^3z_1\\ z_1^{(iv)}-16\Omega_{\mathrm{D}}^4z_1\end{bmatrix} \tag{3.36}$$

由于矩阵的秩在初等行变换过程中是保持不变的，所以式(3.28)中矩阵 $\boldsymbol{Q}$ 的可观测性等价于下列方程式(3.37)的可解性：

$$\begin{bmatrix}\boldsymbol{y}_1\\ \boldsymbol{y}_2\\ \boldsymbol{y}_3\end{bmatrix}=\begin{bmatrix}\boldsymbol{I}_{2\times2} & \boldsymbol{0} & \boldsymbol{0}\\ \boldsymbol{0} & \boldsymbol{Q}_2 & \boldsymbol{0}\\ \boldsymbol{0} & \boldsymbol{0} & \boldsymbol{Q}_3\end{bmatrix}\begin{bmatrix}\boldsymbol{x}_1\\ \boldsymbol{x}_2\\ \boldsymbol{x}_3\end{bmatrix} \tag{3.37}$$

式中，$\boldsymbol{I}_{2\times2}$ 是单位矩阵。

$$\boldsymbol{Q}_2 = \begin{bmatrix} g & 1 & 0 & 0 \\ -3g\Omega_D & -2\Omega_D & -g & 0 \\ -7g\Omega_D^2 - g\Omega_N^2 & -4\Omega_D^2 & -3g\Omega_D & g\Omega_N \\ 15g\Omega_D^3 + 3g\Omega_N^2\Omega_D & 8\Omega_D^3 & 7g\Omega_D^2 & -3g\Omega_N\Omega_D \end{bmatrix} \tag{3.38}$$

$$\boldsymbol{Q}_3 = \begin{bmatrix} -g & 0 & 1 & 0 \\ -3g\Omega_D & g\Omega_N & 2\Omega_D & g \\ 7g\Omega_D^2 & -3g\Omega_N\Omega_D & -4\Omega_D^2 & -3g\Omega_D \\ 15g\Omega_D^3 + g\Omega_N^2\Omega_D & -7g\Omega_N\Omega_D^2 - g\Omega_N^3 & -8\Omega_D^3 & -7g\Omega_D^2 - g\Omega_N^2 \end{bmatrix} \tag{3.39}$$

式(3.37)表明系统的可观测性取决于三个互相解耦的子方程的可解性，显然，$\boldsymbol{x}_1$ 是可观测的。因此三个不可观测的状态变量必定存在于 $\boldsymbol{x}_2$ 和 $\boldsymbol{x}_3$ 中，相应地

$$\boldsymbol{y}_2 = \boldsymbol{Q}_2\boldsymbol{x}_2 \tag{3.40}$$

$$\boldsymbol{y}_3 = \boldsymbol{Q}_3\boldsymbol{x}_3 \tag{3.41}$$

不难看出，当系统不在地球极点处时，$\Omega_N \neq 0$，这时 $\boldsymbol{Q}_2$ 的第一列是其他三列的线性组合。因此，由式(3.38)可得，$\boldsymbol{Q}_2$ 的秩为 3，它比 $\boldsymbol{Q}_2$ 的阶数小 1，故 $\boldsymbol{x}_2$ 中只有一个状态变量是不可观测的。同样，因为 $\boldsymbol{Q}_3$ 的第一列是第三列和第四列的线性组合，$\boldsymbol{Q}_3$ 的第二列等于第四列乘以 Ω_N。因此，由式(3.39)可得，$\boldsymbol{Q}_3$ 的秩为 2。显然，在 $\boldsymbol{x}_3$ 中存在两个不可观测的状态变量。经过观察可以发现，φ_D 和 $\delta w_E / \Omega_N$ 对于 $\boldsymbol{y}_3$ 具有相同的影响形式，所以式(3.41)可写为

$$\boldsymbol{y}_3 = \begin{bmatrix} -g & 0 & 1 \\ -3g\Omega_D & g\Omega_N & 2\Omega_D \\ 7g\Omega_D^2 & -3g\Omega_N\Omega_D & -4\Omega_D^2 \\ 15g\Omega_D^3 + g\Omega_N^2\Omega_D & -7g\Omega_N\Omega_D^2 - g\Omega_N^3 & -8\Omega_D^3 \end{bmatrix} \begin{bmatrix} \varphi_N \\ \varphi_D + \dfrac{\delta w_E}{\Omega_N} \\ \delta a_E \end{bmatrix} \tag{3.42}$$

式(3.42)表明 φ_D 和 δw_E 只有一个能够被观测。但是，它们可以被同时选为不可观测的状态变量，这时 φ_N 和 δa_E 必然是可观测的。

注意，当系统位于地球的极点处时，$\Omega_N = 0$，$\boldsymbol{Q}_2$ 的第四列和 $\boldsymbol{Q}_3$ 的第二列都为零，所以 φ_D 和 δw_D 肯定是不可观测的。这也说明了惯性导航系统在极点处不能进行自主式对准的原因。这时 $\boldsymbol{Q}_2$ 的秩降为 2，$\boldsymbol{Q}_3$ 的秩保持不变。

初始对准的目的是使平台失准角 φ_N、φ_E、φ_D 趋于零或尽可能小，所以这些状态变量必须是可观测的。从上面的讨论中可知，$\boldsymbol{x}_3$ 中 δa_E 和 δw_E 必定是不可观测的。那么，从 $\boldsymbol{x}_2$ 中只能选择一个不可观测的状态变量。理论上除 φ_E 之外，其他的状态变量都可以被选为不可观测的状态变量。但是，为了达到较好的估计精度，必须谨慎地对不可观测的状态变量进行选择。从 $\boldsymbol{Q}_2$ 的前两列可以看到，φ_E 与 $\delta a_N / g$ 之间存在着强耦合的关系。此外，如果将 δa_N 选为可观测的状态变量，则需要量测量更高阶的导数来估算 φ_E 的大小，这样便影响了 φ_E 的估计精度，所以应该避免。因此，在 SINS 静基座初始对准过程中，最好选择 δa_N、δa_E、δw_E 作为系统不可观测的状态变量。在这种情况下，便能够估计出 δw_N 与 δw_D 的大小。

一旦选定了不可观测的状态变量之后，便可开始设计用于估算平台失准角的算法。合并式(3.40)的第一个方程和式(3.42)的前两个方程可得：

$$\dot{z}_1 - 2\Omega_D z_2 = g\varphi_E + \delta a_N \tag{3.43}$$

$$\dot{z}_2 + 2\Omega_D z_1 = -g\varphi_N + \delta a_E \tag{3.44}$$

$$\ddot{z}_1 + 4\Omega_D^2 z_1 = -3g\Omega_D\varphi_N + g\Omega_N\left(\varphi_D + \frac{\delta w_E}{\Omega_N}\right) + 2\Omega_D\delta a_E \tag{3.45}$$

将式(3.34)代入式(3.43)～式(3.45)，并求解平台失准角可得：

$$\varphi_N = -\frac{1}{g}(\delta\dot{v}_E + 2\Omega_D\delta v_N - \delta a_E) \tag{3.46}$$

$$\varphi_E = \frac{1}{g}(\delta\dot{v}_N - 2\Omega_D\delta v_E - \delta a_N) \tag{3.47}$$

$$\varphi_D = -\frac{1}{g\Omega_N}(\delta\ddot{v}_N - 3\Omega_D\delta\dot{v}_E - 2\Omega_D^2\delta v_N + \Omega_D\delta a_E) - \frac{\delta w_E}{\Omega_N} \tag{3.48}$$

由于选择 δa_N、δa_E、δw_E 作为系统不可观测的状态变量，所以当这些不可观测的状态变量为零时，平台失准角的估计精度能达到最高，即

$$\hat{\varphi}_N = -\frac{1}{g}(\delta\dot{v}_E + 2\Omega_D\delta v_N) \tag{3.49}$$

$$\hat{\varphi}_E = \frac{1}{g}(\delta\dot{v}_N - 2\Omega_D\delta v_E) \tag{3.50}$$

$$\hat{\varphi}_D = -\frac{1}{g\Omega_N}(\delta\ddot{v}_N - 3\Omega_D\delta\dot{v}_E - 2\Omega_D^2\delta v_N) \tag{3.51}$$

式(3.49)～式(3.51)表明，水平失准角 φ_N 和 φ_E 可以根据系统的量测量以及量测量的一阶导数估算出来，方位失准角 φ_D 可以根据系统的量测量以及量测量的一阶导数和二阶导数估算出来。

显然，根据式(3.49)～式(3.51)和式(3.46)～式(3.48)可以求出估计的误差为

$$\begin{bmatrix}\delta\varphi_N\\ \delta\varphi_E\\ \delta\varphi_D\end{bmatrix} = \begin{bmatrix}\hat{\varphi}_N - \varphi_N\\ \hat{\varphi}_E - \varphi_E\\ \hat{\varphi}_D - \varphi_D\end{bmatrix} = \begin{bmatrix}-\dfrac{\delta a_E}{g}\\ \dfrac{\delta a_N}{g}\\ \dfrac{\delta w_E}{\Omega_N} - \dfrac{\delta a_E}{g}\tan L\end{bmatrix} \tag{3.52}$$

这个估计误差与很多初始对准文献中所给的估计误差完全一样，而且也符合实际的物理意义。水平失准角的估算误差是由加速度计在水平方向的等效误差引起的，方位失准角的估算误差是由东向陀螺漂移和北向水平加速度计的误差引起的，而且这两种误差对方位失准角估计精度的影响都与纬度有关。如：1 *mg* 加速度计误差引起的水平失准角的估算误差约为 3.4 角分；0.015 度/小时的东向陀螺漂移引起的方位失准角的估算误差约为 $3.4\sec L$ 角分；1 *mg* 的东向加速度计误差引起的方位失准角的估算误差约为 $3.4\sec L$ 角分。

3.1.3 实验目的与实验设备

1）实验目的

（1）掌握 SINS 静基座对准的基本实现原理。

（2）初步学习使用标准卡尔曼滤波解决状态估计问题。

（3）对静基座初始对准精度评估方法进行实验验证，理解可观测性与状态估计之间的关系。

2）实验内容

搭建 SINS 静基座初始对准实验验证系统，利用 SINS 中陀螺仪和加速度计的测量输出，编写静基座初始对准程序，完成 SINS 在静基座环境下的自对准。

如图 3.4 所示为车载静基座初始对准实验验证系统示意图，该实验验证系统主要包括车辆、SINS、GNSS 接收机（含接收天线）和工控机等。SINS 中陀螺仪和加速度计的测量输出可用于完成静基座初始对准。SINS 处装配有一套 GNSS，将 SINS 与 GNSS 组成组合导航系统可为验证 SINS 的静基座初始对准性能提供姿态基准信息。工控机用于各子系统的调试和实测数据的存储。

图 3.4 车载静基座初始对准实验验证系统示意图

如图 3.5 所示为车载静基座初始对准实验验证方案框图。

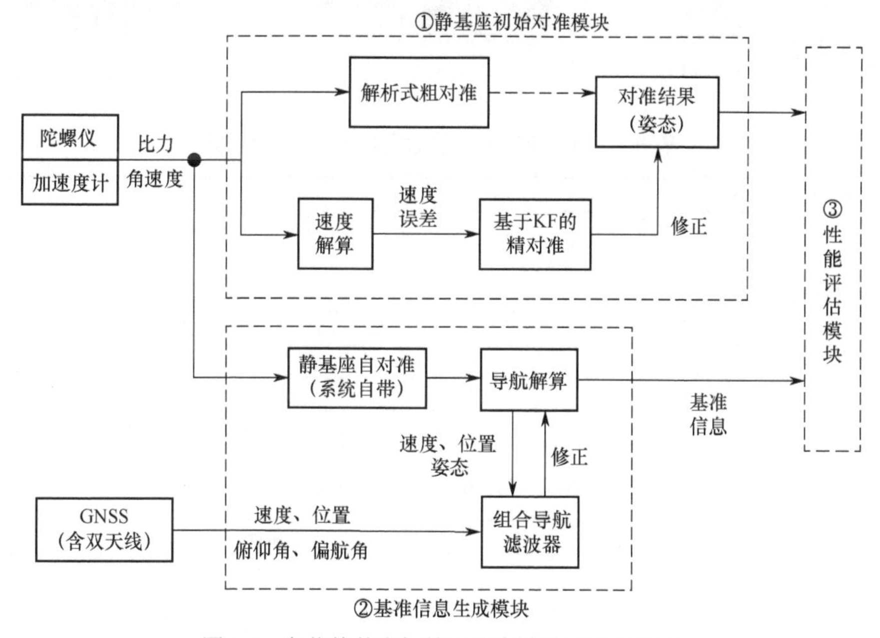

图 3.5 车载静基座初始对准实验验证方案框图

该方案包含以下三个模块。

（1）静基座初始对准模块：为兼顾初始对准的快速性和精确性，SINS 静基座初始对准分为粗对准和精对准两个阶段。在粗对准阶段，利用陀螺仪和加速度计测量的角速度和比力，通过解析式粗对准算法快速计算得到粗略的 SINS 姿态矩阵。在精对准阶段，首先利用陀螺仪和加速度计测量的角速度和比力进行速度解算，然后将解算的速度误差作为量测量，并通过卡尔曼滤波器对粗对准误差进行估计与修正，从而获得 SINS 姿态矩阵的精确结果。

（2）基准信息生成模块：首先，SINS 利用系统自带的静基座自对准算法完成初始对准；随后，SINS 利用系统自带的导航解算算法获得位置、速度和姿态等导航参数；与此同时，GNSS 接收机（含双天线）可输出位置、速度、俯仰角和偏航角等导航参数；这样，将 SINS 与 GNSS 组成组合导航系统（SINS/GNSS 组合导航系统），便可利用该组合导航系统输出的高精度姿态、速度和位置参数作为基准信息。

（3）性能评估模块：以 SINS/GNSS 组合导航系统输出的导航参数为基准信息，对 SINS 静基座初始对准结果进行性能评估。

3）实验设备

实验设备包括 FN-120 光纤捷联惯导（如图 3.6 所示）、司南 M600U 接收机（如图 3.7 所示）、GNSS 接收天线（如图 3.8 所示）、工控机、遥控车辆、25V 蓄电池、降压模块、通信接口等。其中，FN-120 光纤捷联惯导和司南 M600U 接收机的主要性能指标分别如表 3.1 和表 3.2 所示。

图 3.6 FN-120 光纤捷联惯导

图 3.7 司南 M600U 接收机

图 3.8 GNSS 接收天线

表 3.1 FN-120 光纤捷联惯导的主要性能指标

水平姿态对准精度	≤0.01°（1σ）
方位对准精度	≤0.05°sec*L*（*L* 表示所在纬度）
水平姿态保持精度	0.03°/h
方位保持精度	0.05°/h
定位精度（50%CEP）	≤2 nm/h（10 分钟静态对准）
	≤1 nm/h（双位置对准，对准时间小于 30 min）
水平速度精度（RMS）	≤2 m/s（10 分钟静态对准）
	≤1 m/s（双位置对准，对准时间小于 30 min）

表 3.2 司南 M600U 接收机的主要性能指标

伪距精度	10 cm
载波相位精度	0.5 mm
单点定位精度	＜1.5 m
定姿精度	俯仰角 0.4/*l*(°)（*l* 表示基线长度）
	偏航角 0.2/*l*(°)（*l* 表示基线长度）
时钟精度	20 ns
信号重捕获时间	＜2 s
信号跟踪时间	冷启动＜50 s
	温启动＜30 s
	热启动＜15 s
可靠性	＞99.9%

3.1.4　实验步骤及操作说明

1）仪器安装

如图 3.9 所示，将 FN-120 光纤捷联惯导固定安装于遥控车辆上，将司南 M600U 接收机固定安装于车辆中心，并将主、从 GNSS 接收天线分别固定安装于车辆前、后两端。

2）电气连接

（1）利用万用表测量电源输出是否正常（电源电压由 FN-120 光纤捷联惯导、司南 M600U 接收机等子系统的供电电压决定）。

图 3.9　FN-120 静基座初始对准实验场景

（2）FN-120 光纤捷联惯导通过通信接口（RS422 转 USB）与工控机连接，25V 蓄电池通过降压模块以 12V 对该系统供电。

（3）司南 M600U 接收机通过通信接口（RS232 转 USB）与工控机连接，25V 蓄电池通过降压模块以 12V 对该系统供电。

（4）检查数据采集系统是否正常，准备采集数据。

3）系统初始化配置

（1）FN-120 光纤捷联惯导的初始化配置

本实验方案以 SINS/GNSS 组合导航系统输出的导航参数为基准信息，对 SINS 静基座初始对准结果进行性能评估，因此，需要对 FN-120 光纤捷联惯导进行特殊配置，使其工作在组合导航模式，并同时输出比力和角速度等原始测量信息。FN-120 光纤捷联惯导通电后，利用该系统自带的测试软件对其进行初始化配置，FN-120 测试软件总体界面如图 3.10 所示。

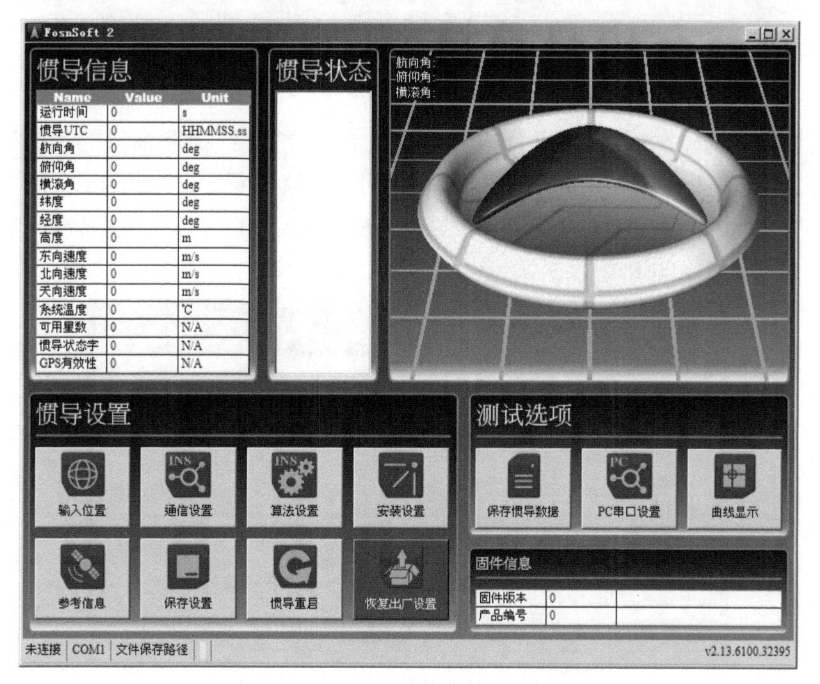

图 3.10　FN-120 测试软件总体界面

① 如图 3.11 所示，在“PC 串口设置”界面选择相应的串口号。

② 如图 3.12 所示，在“设置惯导位置”界面输入初始位置。

③ 如图 3.13 所示，在“惯导串口设置”界面通过 COM0 串口（即 RS422）设置 FN-120 光纤捷联惯导的输出方式，包括：波特率（默认选“115200”）、数据位（默认选“8”）、停止位（默认选“1”）、校验方式（默认选“偶校验”）、发送周期（默认选“10 ms”）和发送协议（默认选“FOSN STD 2Binary”）。

图 3.11 “PC 串口设置”界面

图 3.12 “设置惯导位置”界面

图 3.13 “惯导串口设置”界面

④ 如图 3.14 所示，在“算法设置”界面设置 FN-120 光纤捷联惯导的工作流程，包括：初始对准方式（默认选“Immediate”）、粗对准时间（建议设置为 2～3 min）、精对准方式（默认选“ZUPT”，建议设置为 10～15 min）、导航方式（选“SINS/GNSS 组合导航”）。

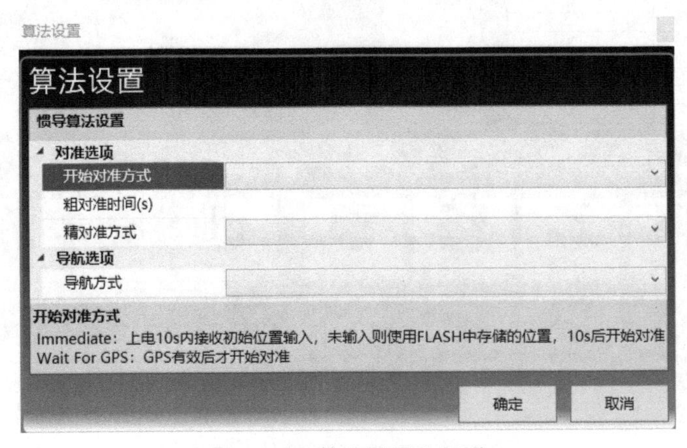

图 3.14 “算法设置”界面

⑤ 在“保存惯导数据”界面选择三轴加速度计输出的比力和三轴陀螺仪输出的角速度（用于完成静基座初始对准）以及 SINS/GNSS 组合导航结果（用于评估静基座初始对准精度）等数据进行保存。

⑥ 依次执行“保存设置”和“惯导重启”。

（2）司南 M600U 接收机的初始化配置

司南 M600U 接收机上电后，利用系统自带的测试软件对其进行初始化配置，使司南 M600U 接收机能够正常工作并向 FN-120 光纤捷联惯导提供组合导航所需的量测信息（即位置、速度、俯仰角和偏航角等导航参数），进而利用 FN-120 光纤捷联惯导自带程序完成 SINS/GNSS 组合导航。

4）数据采集

（1）车辆静止 12～18 min 后，FN-120 光纤捷联惯导自主完成静基座初始对准并进入组合导航模式，这样基准信息生成模块便处于正常工作状态。

（2）设定测试时间，建议测试时长设置为 10～15 min。

（3）利用工控机对 FN-120 光纤捷联惯导中陀螺仪和加速度计输出的角速度和比力（用于完成静基座初始对准）以及 SINS/GNSS 组合导航结果（用于评估静基座初始对准精度）等数据进行采集和存储。

（4）实验结束，将静基座初始对准实验验证系统断电，整理实验装置。

5）数据处理

（1）对工控机存储的测量数据（16 进制格式）进行解析，以获得便于后续处理的 10 进制格式数据。

（2）对各组测量数据进行预处理，剔除野值。

（3）利用 FN-120 光纤捷联惯导中陀螺仪和加速度计输出的角速度和比力，通过解析式粗对准算法快速计算得到粗略的 SINS 姿态矩阵，从而完成静基座粗对准。

（4）利用 FN-120 光纤捷联惯导中陀螺仪和加速度计输出的角速度和比力进行速度解算，并将解算的速度误差作为量测量；进而，基于 SINS 静基座精对准系统模型，编写卡尔曼滤波程序，并利用卡尔曼滤波器对粗对准误差进行估计与修正，完成静基座精对准。

（5）静基座初始对准性能评估。以 FN-120 光纤捷联惯导输出的 SINS/GNSS 组合导航结果为基准，通过比较所得初始对准结果与基准信息间的差异，评估静基座初始对准性能。

（6）验证静基座初始对准精度评估方法。根据所得初始对准结果与基准信息间的差异（即对准误差），并结合 SINS/GNSS 组合导航系统对陀螺仪和加速度计常值误差的估计结果，从而对静基座初始对准精度评估方法进行实验验证。

6）分析实验结果，撰写实验报告

3.2　多位置初始对准实验

SINS 常用卡尔曼滤波方法进行初始对准和标定，在设计卡尔曼滤波器之前，通常先进行系统的可观测性分析，确定卡尔曼滤波器的滤波效果。因为对于可观测的状态变量，卡尔曼滤波估计结果会收敛；而对于那些不可观测的状态变量，卡尔曼滤波器是很难将它估计出来的。从 SINS 静基座误差模型可知，系统是不完全可观测系统。可见，SINS 在固定位置对准时无法对系统误差模型的所有状态进行估计。

惯性导航系统的可观测性是决定对准精度和速度的一个重要因素，为了实现地面静基座快速精确对准，可以通过增加测量信息来改善系统的可观测性。研究发现，等效地转动载体能够巧妙地变换 SINS 误差模型中的系统矩阵，从而改善 SINS 的可观测性，提高对准精度和速度。由于姿态或传感器误差的测量难以得到，故可通过载体坐标系与导航坐标系之间坐标变换矩阵的变化来代替更多的传感器，这便是多位置初始对准的核心思想。基于此，本节介绍了 SINS 的多位置初始对准实验方法。

3.2.1　多位置初始对准的基本实现原理

多位置精对准通过改变惯性测量元器件的位置或等效地转动载体可以巧妙地使 SINS 误差模型中的系统矩阵发生改变，这样通过选择惯性测量元器件的不同位置就可以改善 SINS 的可观测性，从而提高卡尔曼滤波器的估计精度。

在静基座条件下，通过转动惯性测量单元可以实现 SINS 的多位置初始对准。以惯性测量单元绕方位轴转动 180°为例，此时惯性测量单元的转动示意图如图 3.15 所示。

静基座两位置对准方案的基本流程如图 3.16 所示。

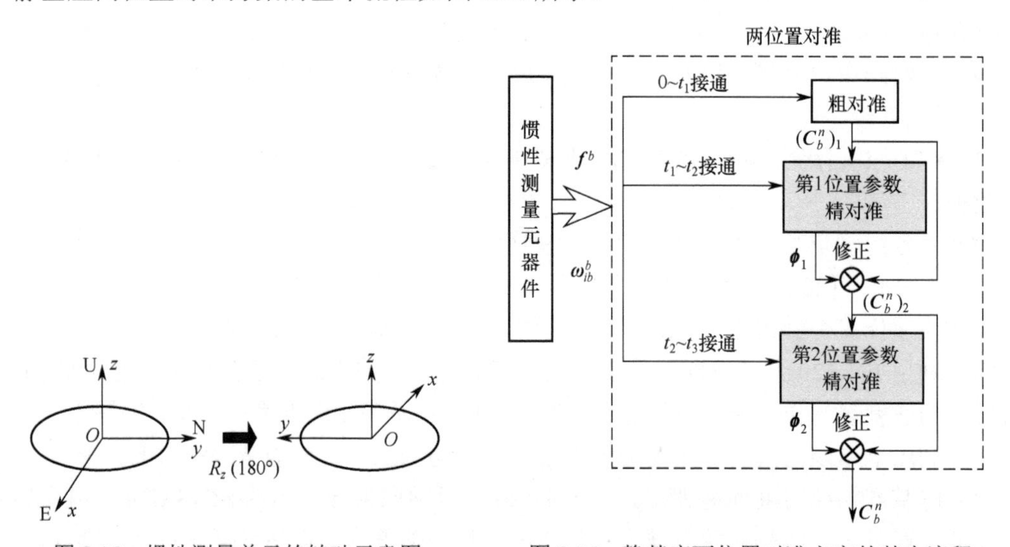

图 3.15　惯性测量单元的转动示意图　　　　图 3.16　静基座两位置对准方案的基本流程

与静基座初始对准时类似，两位置初始对准也可分为粗对准和精对准两个阶段，只是在精对准阶段需要改变惯性测量单元的角位置。

（1）粗对准

粗对准在 $0 \sim t_1$ 时间段内完成，此时仍然利用惯性测量单元测量输出获得重力加速度矢量和地球自转角速度矢量在本体坐标系下分量，然后根据“双矢量定姿”原理获得初始姿态矩阵的解析解。具体解算流程同式(3.3)～式(3.14)。

（2）精对准

精对准阶段根据惯性测量单元的角位置不同，分成第 1 位置精对准和第 2 位置精对准。

① 第 1 位置精对准

第 1 位置精对准在 $t_1 \sim t_2$ 时间段内完成，此时惯性测量单元的角位置与粗对准时一致，因此，仍然可以按照静基座精对准的流程，利用卡尔曼滤波器对姿态矩阵的失准角进行估计与修正。具体建模过程同式(3.15)～式(3.27)。

② 第 2 位置精对准

在t_2时刻转动惯性测量单元至第 2 个角位置，并在$t_2 \sim t_3$时间段内完成第 2 位置精对准。由于惯性测量单元转动角位置后仍然属于静基座，所以此时卡尔曼滤波器的状态模型和量测模型仍然与第 1 位置精对准时类似。只是状态模型中的姿态矩阵需要根据惯性测量单元的转动而更新。

最后，利用卡尔曼滤波器在对准结束时（即t_3时刻）得到的姿态失准角估计结果对惯性测量单元在第 2 个角位置处的姿态矩阵进行修正，便可实现静基座两位置初始对准。

虽然只对两位置初始对准的理论进行了介绍，但该方法不难推广到多位置初始对准，这里不再赘述。

3.2.2 最优多位置初始对准方法

研究结果表明，SINS 的对准误差通过采用多位置技术而大大减小。因此，自然地就提出两个问题：① 为了获得最好的对准精度所需要的最少位置数目是多少？② 对于给定的多位置对准，最优对准方式是什么？为回答这些问题，下面将利用李雅普诺夫变换建立 SINS 等价误差模型，并对 SINS 绕正交轴旋转的可观测性进行分析，进而确定最优对准位置。

1）SINS 等价误差模型的建立

采用东-北-天导航坐标系建立的 SINS 多位置初始对准的状态模型和量测模型分别为

$$\dot{\boldsymbol{X}}(t)=\boldsymbol{A}(t)\boldsymbol{X}(t)+\boldsymbol{W}(t) \tag{3.53}$$

$$\boldsymbol{Z}(t)=\boldsymbol{H}(t)\boldsymbol{X}(t)+\boldsymbol{V}(t) \tag{3.54}$$

式中，状态变量为$\boldsymbol{X}=\begin{bmatrix}\delta V_{\mathrm{E}} & \delta V_{\mathrm{N}} & \varphi_{\mathrm{E}} & \varphi_{\mathrm{N}} & \varphi_{\mathrm{U}} & \nabla_x & \nabla_y & \varepsilon_x & \varepsilon_y & \varepsilon_z\end{bmatrix}^{\mathrm{T}}$，$\delta V_{\mathrm{E}}$和$\delta V_{\mathrm{N}}$分别为东向和北向的速度误差，$\varphi_{\mathrm{E}}$、$\varphi_{\mathrm{N}}$为水平失准角，$\varphi_{\mathrm{U}}$为方位失准角，$\nabla_x$、$\nabla_y$为加速度计的随机常值零偏，$\varepsilon_x$、$\varepsilon_y$、$\varepsilon_z$为陀螺仪的随机常值漂移，下标$x$、$y$、$z$分别表示载体坐标轴；量测量为$\boldsymbol{Z}=\begin{bmatrix}\delta V_{\mathrm{E}} & \delta V_{\mathrm{N}}\end{bmatrix}^{\mathrm{T}}$；$\boldsymbol{W}$和$\boldsymbol{V}$分别为系统噪声和量测噪声；系统矩阵$\boldsymbol{A}$和量测矩阵$\boldsymbol{H}$的具体形式为

$$\boldsymbol{A}=\left[\begin{array}{c|c}\boldsymbol{F} & \boldsymbol{T}\\ \hline \boldsymbol{0}_{5\times5} & \boldsymbol{0}_{5\times5}\end{array}\right],\quad \boldsymbol{H}=\left[\boldsymbol{I}_{2\times2}\,|\,\boldsymbol{0}_{2\times3}\,|\,\boldsymbol{0}_{2\times2}\,|\,\boldsymbol{0}_{2\times3}\right]$$

$$\boldsymbol{T}=\begin{bmatrix}C_{11} & C_{12} & 0 & 0 & 0\\ C_{21} & C_{22} & 0 & 0 & 0\\ 0 & 0 & C_{11} & C_{12} & C_{13}\\ 0 & 0 & C_{21} & C_{22} & C_{23}\\ 0 & 0 & C_{31} & C_{32} & C_{33}\end{bmatrix},\boldsymbol{F}=\left[\begin{array}{cc|ccc}0 & 2\Omega_{\mathrm{D}} & 0 & g & 0\\ -2\Omega_{\mathrm{D}} & 0 & -g & 0 & 0\\ \hline 0 & 0 & 0 & \Omega_{\mathrm{D}} & 0\\ 0 & 0 & -\Omega_{\mathrm{D}} & 0 & \Omega_{\mathrm{N}}\\ 0 & 0 & 0 & -\Omega_{\mathrm{N}} & 0\end{array}\right] \tag{3.55}$$

$\Omega_{\mathrm{U}}=\omega_{ie}\sin L$，$\Omega_{\mathrm{N}}=\omega_{ie}\cos L$，其中$L$为当地地理纬度，$\boldsymbol{C}_b^t=\{C_{ij}\}(i=1,2,3;\ j=1,2,3)$，$C_{ij}(i=1,2,3;\ j=1,2,3)$为姿态矩阵（即捷联矩阵）$\boldsymbol{C}_b^t$中的元素。

由于式(3.53)中的系统矩阵$\boldsymbol{A}$包含时变的捷联矩阵$\boldsymbol{C}_b^n$，其元素皆为姿态角的正、余弦函数，所以利用该模型很难对 SINS 进行可观测性分析。下面引入李雅普诺夫变换，得到 SINS 的等价模型，以简化 SINS 的可观测性分析过程。

对于线性系统式(3.53)的齐次动态方程

$$\dot{\boldsymbol{X}}(t)=\boldsymbol{A}(t)\boldsymbol{X}(t) \tag{3.56}$$

引入李雅普诺夫变换：

$$\bar{\boldsymbol{X}}(t)=\boldsymbol{M}(t)\boldsymbol{X}(t) \tag{3.57}$$

则

$$\dot{\bar{\boldsymbol{X}}}(t)=\bar{\boldsymbol{A}}(t)\bar{\boldsymbol{X}}(t) \tag{3.58}$$

式中：$\bar{\boldsymbol{A}}(t)=[\dot{\boldsymbol{M}}(t)+\boldsymbol{M}(t)\boldsymbol{A}(t)]\boldsymbol{M}^{-1}(t)$。

根据李雅普诺夫变换矩阵 $\boldsymbol{M}(t)$ 的性质，一般选取矩阵 $\boldsymbol{M}(t)$ 为正交矩阵。这里令

$$\boldsymbol{M}(t)=\begin{bmatrix}\boldsymbol{I}_{5\times5} & \boldsymbol{0}_{5\times5}\\ \boldsymbol{0}_{5\times5} & \boldsymbol{T}(t)\end{bmatrix} \tag{3.59}$$

利用式(3.57)进行变换可得

$$\bar{\boldsymbol{X}}=\begin{bmatrix}\delta V_{\mathrm{E}} & \delta V_{\mathrm{N}} & \varphi_{\mathrm{E}} & \varphi_{\mathrm{N}} & \varphi_{\mathrm{U}} & \nabla_{\mathrm{E}} & \nabla_{\mathrm{N}} & \varepsilon_{\mathrm{E}} & \varepsilon_{\mathrm{N}} & \varepsilon_{\mathrm{U}}\end{bmatrix}^{\mathrm{T}} \tag{3.60}$$

式中

$$\begin{cases}\nabla_{\mathrm{E}}=C_{11}\nabla_x+C_{12}\nabla_y\\ \nabla_{\mathrm{N}}=C_{21}\nabla_x+C_{22}\nabla_y\\ \varepsilon_{\mathrm{E}}=C_{11}\varepsilon_x+C_{12}\varepsilon_y+C_{13}\varepsilon_z\\ \varepsilon_{\mathrm{N}}=C_{21}\varepsilon_x+C_{22}\varepsilon_y+C_{23}\varepsilon_z\\ \varepsilon_{\mathrm{U}}=C_{31}\varepsilon_x+C_{32}\varepsilon_y+C_{33}\varepsilon_z\end{cases} \tag{3.61}$$

对 SINS 多位置初始对准的状态方程式(3.53)和量测方程式(3.54)进行李雅普诺夫变换，可得：

$$\bar{\boldsymbol{A}}(t)=\begin{bmatrix}\boldsymbol{F} & \multicolumn{2}{c}{\boldsymbol{I}_{5\times5}}\\ \boldsymbol{0}_{5\times5} & \begin{matrix}\tilde{\boldsymbol{\Omega}}_{nb}^{n}(t) & \boldsymbol{0}_{3\times3}\\ \boldsymbol{0}_{3\times3} & \boldsymbol{\Omega}_{nb}^{n}(t)\end{matrix}\end{bmatrix} \tag{3.62}$$

$$\bar{\boldsymbol{H}}=\boldsymbol{H}\boldsymbol{M}^{-1}=\boldsymbol{H}$$

其中，$\boldsymbol{\Omega}_{nb}^{n}(t)=\boldsymbol{C}_b^n(t)\boldsymbol{\Omega}_{nb}^{b}(t)[\boldsymbol{C}_b^n(t)]^{\mathrm{T}}$ 为反对称矩阵，$\tilde{\boldsymbol{\Omega}}_{nb}^{n}$ 由 $\boldsymbol{\Omega}_{nb}^{n}$ 的前 2 行和前 2 列元素构成，即

$$\boldsymbol{\Omega}_{nb}^{n}(t)=\begin{bmatrix}0 & -\tilde{\omega}_z(t) & \tilde{\omega}_y(t)\\ \tilde{\omega}_z(t) & 0 & -\tilde{\omega}_x(t)\\ -\tilde{\omega}_y(t) & \tilde{\omega}_x(t) & 0\end{bmatrix},\quad \tilde{\boldsymbol{\Omega}}_{nb}^{n}(t)=\begin{bmatrix}0 & -\tilde{\omega}_z(t)\\ \tilde{\omega}_z(t) & 0\end{bmatrix} \tag{3.63}$$

式中

$$\begin{cases}\tilde{\omega}_z(t)=k_1\omega_z-k_2\omega_y+k_3\omega_x\\ \tilde{\omega}_y(t)=-k_4\omega_z+k_5\omega_y-k_6\omega_x\\ \tilde{\omega}_x(t)=k_7\omega_z-k_8\omega_y+k_9\omega_x\end{cases} \tag{3.64}$$

其中

$$\begin{gathered}k_1=\cos\theta\cos\gamma\ \ k_2=-\sin\theta\ \ k_3=-\cos\theta\sin\gamma\\ k_4=\cos\phi\sin\theta\cos\gamma+\sin\phi\sin\gamma\ \ k_5=\cos\phi\cos\theta\ \ k_6=\sin\phi\cos\gamma-\cos\phi\sin\theta\sin\gamma\\ k_7=\cos\phi\sin\gamma-\sin\phi\sin\theta\sin\gamma\ \ k_8=-\sin\phi\cos\theta\ \ k_9=\cos\phi\cos\gamma+\sin\phi\sin\theta\sin\gamma\end{gathered} \tag{3.65}$$

不失一般性地，假定载体坐标系与导航坐标系重合，因此 $\phi=0$、$\theta=0$、$\gamma=0$，将其代入式(3.65)可得：$k_1=1$，$k_2=0$，$k_3=0$；$k_4=0$，$k_5=1$，$k_6=0$；$k_7=0$，$k_8=0$，$k_9=1$，

则式(3.63)可以简化为

$$\boldsymbol{\Omega}_{nb}^{n}(t)=\begin{bmatrix}0 & -\omega_z(t) & \omega_y(t)\\ \omega_z(t) & 0 & -\omega_x(t)\\ -\omega_y(t) & \omega_x(t) & 0\end{bmatrix},\quad \tilde{\boldsymbol{\Omega}}_{nb}^{n}(t)=\begin{bmatrix}0 & -\omega_z(t)\\ \omega_z(t) & 0\end{bmatrix} \tag{3.66}$$

由式(3.66)可以看出，通过等价变换后的系统矩阵里已不含姿态信息 $\boldsymbol{C}_b^n$。这样，通过等价变换后 SINS 的误差状态方程为

$$\dot{\bar{\boldsymbol{X}}}(t)=\bar{\boldsymbol{A}}(t)\bar{\boldsymbol{X}}(t)+\boldsymbol{W}(t) \tag{3.67}$$

量测方程为

$$\boldsymbol{Z}(t)=\boldsymbol{H}(t)\bar{\boldsymbol{X}}(t)+\boldsymbol{V}(t) \tag{3.68}$$

则 SINS 原状态矢量 $\boldsymbol{X}$ 经线性变换后为 $\bar{\boldsymbol{X}}=\left[\delta V_{\mathrm{E}},\delta V_{\mathrm{N}},\varphi_{\mathrm{E}},\varphi_{\mathrm{N}},\varphi_{\mathrm{U}},\nabla_{\mathrm{E}},\nabla_{\mathrm{N}},\varepsilon_{\mathrm{E}},\varepsilon_{\mathrm{N}},\varepsilon_{\mathrm{U}}\right]^{\mathrm{T}}$。显然，经李雅普诺夫等价变换后 SINS 多位置初始对准的状态方程式(3.67)与平台式惯性导航系统（PINS）的误差模型在形式上完全相同，其差别仅在于变换后的状态量中，∇_{E}、∇_{N}、ε_{E}、ε_{N}、ε_{U} 分别为加速度计零偏和陀螺仪常值漂移在导航坐标系中的等效值。这样，可以用变换后的系统模型分析原系统模型的可观测性。

2）SINS 绕正交轴旋转的可观测性分析

根据 SINS 静基座对准系统的可观测性分析结果可知，该系统的可观测性矩阵不满秩，即系统不完全可观测，因此应用卡尔曼滤波器无法对该系统的所有状态进行估计。其中，东向、北向加速度计零偏和东向陀螺仪常值漂移为不可观测状态，这些不可观测状态限制了 SINS 在静基座条件下初始对准的精度和速度。对于 SINS 多位置对准系统，可以通过绕旋转轴转动改变 SINS 的对准位置，从而引入姿态变化来提高系统的可观测性。这时，SINS 多位置对准系统为线性时变系统，因而可采用分段线性定常系统（PWCS）理论来分析该系统的可观测性。

根据 PWCS 理论，用 PWCS 的提取可观测矩阵（SOM）代替总可观测性矩阵（TOM）来分析原线性时变系统的可观测性。SINS 的等价模型方程式(3.67)和式(3.68)对应的齐次方程为

$$\dot{\bar{\boldsymbol{X}}}(t)=\bar{\boldsymbol{A}}_j\bar{\boldsymbol{X}}(t) \tag{3.69}$$

$$\boldsymbol{Z}(t)=\boldsymbol{H}_j\bar{\boldsymbol{X}}(t) \tag{3.70}$$

式中，j 为某一时间段，$j=1,2,\cdots,r$，r 表示时间段的总数目。在每一时间段内，$\bar{\boldsymbol{A}}_j$ 和 $\boldsymbol{H}_j$ 是固定不变的，系统在第 j 时间段的可观测性矩阵 $\boldsymbol{Q}_j$ 为

$$\boldsymbol{Q}_j=\begin{bmatrix}\boldsymbol{H}_j\\ \boldsymbol{H}_j\bar{\boldsymbol{A}}_j\\ \vdots\\ \boldsymbol{H}_j\bar{\boldsymbol{A}}_j^{n-1}\end{bmatrix} \tag{3.71}$$

进一步，联合全部 r 个时间段的可观测性矩阵，便可得到系统的总可观测矩阵 $\boldsymbol{Q}(r)$ 和提取可观测矩阵 $\boldsymbol{Q}_s(r)$ 分别为

$$\boldsymbol{Q}(r)=\begin{bmatrix}\boldsymbol{Q}_1\\ \boldsymbol{Q}_2\mathrm{e}^{\bar{\boldsymbol{A}}_1\Delta_1}\\ \vdots\\ \boldsymbol{Q}_r\mathrm{e}^{\bar{\boldsymbol{A}}_{r-1}\Delta_{r-1}}\cdots\mathrm{e}^{\bar{\boldsymbol{A}}_1\Delta_1}\end{bmatrix},\quad \boldsymbol{Q}_s(r)=\begin{bmatrix}\boldsymbol{Q}_1\\ \boldsymbol{Q}_2\\ \vdots\\ \boldsymbol{Q}_r\end{bmatrix} \tag{3.72}$$

式中，$\Delta_j(j=1,2,\cdots,r)$ 为 t_j 到 t_{j+1} 的时间间隔。

根据等价变换后 SINS 的误差状态方程和量测方程，可以得到 SINS 两位置对准时系统的提取可观测矩阵 $\boldsymbol{Q}_s(2)$ 为

$$\boldsymbol{Q}_s(2)=\begin{bmatrix}\boldsymbol{Q}_1\\\boldsymbol{Q}_2\end{bmatrix} \tag{3.73}$$

式中，$\boldsymbol{Q}_1$ 和 $\boldsymbol{Q}_2$ 分别为 SINS 在第 1 和第 2 个时间段的可观测矩阵。

下面对 SINS 分别绕方位轴、俯仰轴和横滚轴旋转到第 2 位置时系统的可观测性进行分析。

（1）SINS 绕方位轴旋转

根据可观测性的定义，两个外观测量是完全可观测的。因此，只需要分析简化后子系统的可观测性矩阵即可。第 1 时间段系统经初等变换并略去小量后的 SOM 为

$$\boldsymbol{Q}_s'(1)=\begin{bmatrix}0&-g&0&1&0&0&0&0\\g&0&0&0&1&0&0&0\\\Omega_{\mathrm{U}}&0&0&0&0&0&-1&0\\0&\Omega_{\mathrm{U}}&-\Omega_{\mathrm{N}}&0&0&1&0&0\\0&0&0&0&0&0&0&0\\\Omega_{\mathrm{N}}&0&0&0&0&0&0&1\\0&0&0&0&0&0&0&0\\\vdots&\vdots&\vdots&\vdots&\vdots&\vdots&\vdots&\vdots\end{bmatrix} \tag{3.74}$$

可以看出，第 1 时间段系统可观测性矩阵与静态单位置相同，子矩阵的秩 $\mathrm{rank}[\boldsymbol{Q}_s'(1)]=5$，故 $\mathrm{rank}[\boldsymbol{Q}_s(1)]=7<10$，系统是不完全可观测的。第 2 时间段航向角变化，产生恒定的角速率 ω_z，这时 SOM 变为

$$\boldsymbol{Q}_s'(2)=\begin{bmatrix}0&-g&0&1&0&0&0&0\\g&0&0&0&1&0&0&0\\\Omega_{\mathrm{U}}&0&0&0&0&0&-1&0\\0&\Omega_{\mathrm{U}}&-\Omega_{\mathrm{N}}&0&0&1&0&0\\0&0&0&0&0&0&0&0\\\Omega_{\mathrm{N}}&0&0&0&0&0&0&1\\0&0&0&0&0&0&0&0\\0&0&0&0&0&0&0&0\\0&0&0&0&-\omega_z&0&0&0\\0&0&0&\omega_z&0&0&0&0\\0&0&0&0&0&-\omega_z&0&0\\0&0&0&0&0&0&\omega_z&0\\\vdots&\vdots&\vdots&\vdots&\vdots&\vdots&\vdots&\vdots\end{bmatrix} \tag{3.75}$$

可以看出，当纬度 $L\neq 90^\circ$ 时，第 2 时间段子矩阵的秩 $\mathrm{rank}[\boldsymbol{Q}_s'(2)]=8$，故 $\mathrm{rank}[\boldsymbol{Q}_s(2)]=10$，系统变为完全可观测。

（2）SINS 绕横滚轴旋转

第 1 时间段与 SINS 绕方位轴旋转的情况相同，故 $\mathrm{rank}[\boldsymbol{Q}_s(1)]=7$。第 2 时间段横滚角变化，产生恒定的角速率 ω_y，该时间段经过初等变换的 SOM 为

$$
\boldsymbol{Q}_s'(2)=\begin{bmatrix}
0 & -g & 0 & 1 & 0 & 0 & 0 & 0\\
g & 0 & 0 & 0 & 1 & 0 & 0 & 0\\
\varOmega_{\mathrm{U}} & 0 & 0 & 0 & 0 & 0 & -1 & 0\\
0 & \varOmega_{\mathrm{U}} & -\varOmega_{\mathrm{N}} & 0 & 0 & 1 & 0 & 0\\
0 & 0 & 0 & 0 & 0 & 0 & 0 & 0\\
\varOmega_{\mathrm{N}} & 0 & 0 & 0 & 0 & 0 & 0 & 1\\
0 & 0 & 0 & 0 & 0 & 0 & 0 & 0\\
0 & 0 & 0 & 0 & 0 & 0 & 0 & 0\\
0 & 0 & 0 & 0 & 0 & 0 & 0 & 0\\
0 & 0 & 0 & 0 & 0 & 0 & 0 & 0\\
0 & 0 & 0 & 0 & 0 & 0 & 0 & 0\\
0 & 0 & 0 & 0 & 0 & 0 & 0 & \omega_y\\
0 & 0 & 0 & 0 & 0 & 0 & 0 & 0\\
0 & 0 & 0 & 0 & 0 & \varOmega_{\mathrm{N}}-\omega_y & 0 & 0\\
\vdots & \vdots & \vdots & \vdots & \vdots & \vdots & \vdots & \vdots
\end{bmatrix} \tag{3.76}
$$

可以看出，当纬度 $L\neq 90^\circ$ 时，第 2 时间段子矩阵的秩 $\mathrm{rank}[\boldsymbol{Q}_s'(2)]=7$，故 $\mathrm{rank}[\boldsymbol{Q}_s(2)]=9$，系统是不完全可观测的。

（3）SINS 绕俯仰轴旋转

第 1 时间段与 SINS 绕方位轴旋转的情况相同，故 $\mathrm{rank}[\boldsymbol{Q}_s(1)]=7$。第 2 时间段俯仰角变化，产生恒定的角速率 ω_x，该时间段经过初等变换的 SOM 为

$$
\boldsymbol{Q}_s'(2)=\begin{bmatrix}
0 & -g & 0 & 1 & 0 & 0 & 0 & 0\\
g & 0 & 0 & 0 & 1 & 0 & 0 & 0\\
\varOmega_{\mathrm{U}} & 0 & 0 & 0 & 0 & 0 & -1 & 0\\
0 & \varOmega_{\mathrm{U}} & -\varOmega_{\mathrm{N}} & 0 & 0 & 1 & 0 & 0\\
0 & 0 & 0 & 0 & 0 & 0 & 0 & 0\\
\varOmega_{\mathrm{N}} & 0 & 0 & 0 & 0 & 0 & 0 & 1\\
0 & 0 & 0 & 0 & 0 & 0 & 0 & 0\\
0 & 0 & 0 & 0 & 0 & 0 & 0 & 0\\
0 & 0 & 0 & 0 & 0 & 0 & 0 & 0\\
0 & 0 & 0 & 0 & 0 & 0 & 0 & 0\\
0 & 0 & 0 & 0 & 0 & 0 & 0 & \omega_x\\
0 & 0 & 0 & 0 & 0 & 0 & 0 & 0\\
0 & 0 & 0 & 0 & 0 & 0 & \omega_x^2 & 0\\
\vdots & \vdots & \vdots & \vdots & \vdots & \vdots & \vdots & \vdots
\end{bmatrix} \tag{3.77}
$$

可以看出，当纬度 $L\neq 90^\circ$ 时，第 2 时间段子矩阵的秩 $\mathrm{rank}[\boldsymbol{Q}_s'(2)]=6$，故 $\mathrm{rank}[\boldsymbol{Q}_s(2)]=8$，系统为不完全可观测的。

综上所述，SINS 绕 3 个正交轴旋转进行两位置对准时，绕方位轴旋转系统可变为完全可观测，而绕横滚轴和俯仰轴旋转系统仍是不完全可观测的。在实际工程应用时，所关注的问题是，多位置对准时绕何轴转动以及转动多少角度可使滤波估计结果最优？进而实现快速精确对准。因此，对工程应用具有实际参考意义的是知悉系统状态达到最优估计时 SINS 的转动方式和最优转动角位置。

3）最优对准位置的确定

由上述系统可观测性分析可知，SINS 绕方位轴转动可使系统变为完全可观测。因此，下面以绕方位轴转动为基础来寻找最优的对准位置。

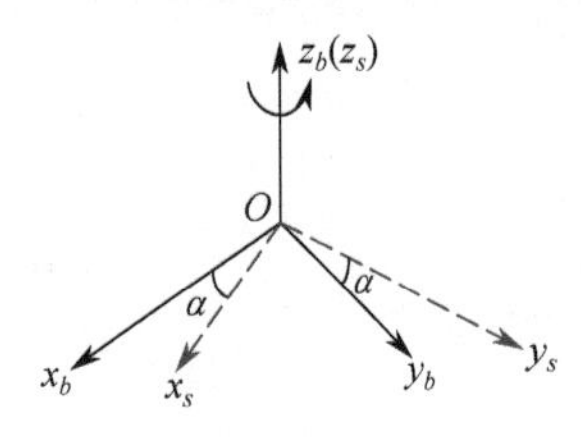

图 3.17 s 系与 b 系的位置关系

定义 s 为 SINS 测量坐标系，b 为载体坐标系，以东-北-天地理坐标系为导航坐标系 n。初始时刻，s 系与 b 系重合；随后，SINS 绕 z_s 轴转动使得 s 系与 b 系的位置关系发生变化。如图 3.17 所示为 SINS 测量坐标系与载体坐标系的位置关系。

假设初始时刻 s 系、b 系与 n 系重合，SINS 以角速率 ω_z 绕方位轴旋转。在旋转过程中，载体静止，t 时刻 s 系到 b 系的转换矩阵为

$$\boldsymbol{C}_s^b=\begin{bmatrix}\cos(\omega_z t) & -\sin(\omega_z t) & 0\\ \sin(\omega_z t) & \cos(\omega_z t) & 0\\ 0 & 0 & 1\end{bmatrix}=\begin{bmatrix}\cos\alpha & -\sin\alpha & 0\\ \sin\alpha & \cos\alpha & 0\\ 0 & 0 & 1\end{bmatrix} \tag{3.78}$$

式中，$\alpha=\omega_z t$ 为 s 系相对 b 系转过的角度，逆时针为正。

在理想角速度 $\boldsymbol{\omega}_{is}^s$ 的激励下，SINS 中陀螺仪的测量输出可表示为

$$\tilde{\boldsymbol{\omega}}_{is}^s=(\boldsymbol{I}+\delta\boldsymbol{K}_g)(\boldsymbol{I}+\delta\boldsymbol{C}_g)\boldsymbol{\omega}_{is}^s+\boldsymbol{\varepsilon}+\boldsymbol{w}_\varepsilon \tag{3.79}$$

式中，$\tilde{\boldsymbol{\omega}}_{is}^s$ 为陀螺仪的输出值，$\delta\boldsymbol{K}_g$、$\delta\boldsymbol{C}_g$ 分别为陀螺仪的比例因子误差矩阵和安装误差矩阵，$\boldsymbol{\omega}_{is}^s$ 为陀螺仪真实输入值，$\boldsymbol{\varepsilon}$ 和 $\boldsymbol{w}_\varepsilon$ 分别表示陀螺仪的常值漂移和随机噪声。

将式(3.79)展开并略去二阶小量，可得陀螺仪的输出误差为

$$\delta\boldsymbol{\omega}_{is}^s=\delta\boldsymbol{k}_g\boldsymbol{\omega}_{is}^s+\boldsymbol{\varepsilon}+\boldsymbol{w}_\varepsilon \tag{3.80}$$

式中，$\delta\boldsymbol{\omega}_{is}^s=\tilde{\boldsymbol{\omega}}_{is}^s-\boldsymbol{\omega}_{is}^s$，$\delta\boldsymbol{k}_g=\delta\boldsymbol{K}_g+\delta\boldsymbol{C}_g$。

设 b 系相对惯性坐标系的理想角速度为 $\boldsymbol{\omega}_{ib}^b$，则陀螺仪的理想输入为

$$\boldsymbol{\omega}_{is}^s=\boldsymbol{C}_b^s\boldsymbol{\omega}_{ib}^b+\boldsymbol{\omega}_{bs}^s \tag{3.81}$$

将式(3.81)代入式(3.80)，并将陀螺仪的输出误差投影到 n 系，可得

$$\begin{aligned}\delta\boldsymbol{\omega}_{is}^n&=\boldsymbol{C}_s^n[\delta\boldsymbol{k}_g(\boldsymbol{C}_b^s\boldsymbol{\omega}_{ib}^b+\boldsymbol{\omega}_{bs}^s)+\boldsymbol{\varepsilon}+\boldsymbol{w}_\varepsilon]\\&=\boldsymbol{C}_b^n\boldsymbol{C}_s^b[\delta\boldsymbol{k}_g(\boldsymbol{C}_b^s\boldsymbol{\omega}_{ib}^b+\boldsymbol{\omega}_{bs}^s)+\boldsymbol{\varepsilon}+\boldsymbol{w}_\varepsilon]\end{aligned} \tag{3.82}$$

由于 b 系与 n 系始终重合，即 $\boldsymbol{C}_b^n=\boldsymbol{I}$，所以

$$\delta\boldsymbol{\omega}_{is}^n=\boldsymbol{C}_s^b[\delta\boldsymbol{k}_g(\boldsymbol{C}_b^s\boldsymbol{\omega}_{ib}^b+\boldsymbol{\omega}_{bs}^s)+\boldsymbol{\varepsilon}+\boldsymbol{w}_\varepsilon] \tag{3.83}$$

其中，$\boldsymbol{\omega}_{bs}^s=[0\ 0\ \omega_z]^{\mathrm{T}}$，$\boldsymbol{C}_b^s=(\boldsymbol{C}_s^b)^{\mathrm{T}}$。

（1）最优两位置的确定

忽略陀螺仪的比例因子误差、安装误差和随机噪声的影响，由式(3.83)可得 n 系等效陀螺仪常值漂移，可表示为

$$\boldsymbol{\varepsilon}^n=\boldsymbol{C}_s^n\boldsymbol{\varepsilon}=\boldsymbol{C}_s^b\boldsymbol{\varepsilon} \tag{3.84}$$

当 SINS 处于第 1 位置，并且 s 系相对 b 系的角位置为 α 时，将式(3.78)代入式(3.84)可得等效陀螺仪常值漂移为

$$\boldsymbol{\varepsilon}_1^n=\begin{bmatrix}\varepsilon_{1\mathrm{E}}\\ \varepsilon_{1\mathrm{N}}\\ \varepsilon_{1\mathrm{U}}\end{bmatrix}=\begin{bmatrix}\varepsilon_x\cos\alpha-\varepsilon_y\sin\alpha\\ \varepsilon_x\sin\alpha+\varepsilon_y\cos\alpha\\ \varepsilon_z\end{bmatrix}\tag{3.85}$$

当 SINS 绕方位轴旋转到 $\alpha+\Delta\alpha$ 位置时，其中 $0<\Delta\alpha<360^\circ$，第 2 位置的 n 系等效陀螺仪常值漂移为

$$\boldsymbol{\varepsilon}_2^n=\begin{bmatrix}\varepsilon_{2\mathrm{E}}\\ \varepsilon_{2\mathrm{N}}\\ \varepsilon_{2\mathrm{U}}\end{bmatrix}=\begin{bmatrix}\varepsilon_x\cos(\alpha+\Delta\alpha)-\varepsilon_y\sin(\alpha+\Delta\alpha)\\ \varepsilon_x\sin(\alpha+\Delta\alpha)+\varepsilon_y\cos(\alpha+\Delta\alpha)\\ \varepsilon_z\end{bmatrix}\tag{3.86}$$

比较式(3.85)和(3.86)可见，绕方位轴转动不能补偿方位陀螺仪漂移误差，如果使

$$\begin{cases}\varepsilon_{1\mathrm{E}}+\varepsilon_{2\mathrm{E}}=0\\ \varepsilon_{1\mathrm{N}}+\varepsilon_{2\mathrm{N}}=0\end{cases}\tag{3.87}$$

可以唯一解得：$\Delta\alpha=180^\circ$。

因此，使 SINS 在 α 和 $\alpha+180^\circ$ 这两个位置上停留相同的时间 t_s，那么 n 系等效陀螺仪常值漂移为

$$\begin{cases}t_s(\varepsilon_{1\mathrm{E}}+\varepsilon_{2\mathrm{E}})=0\\ t_s(\varepsilon_{1\mathrm{N}}+\varepsilon_{2\mathrm{N}})=0\end{cases}\tag{3.88}$$

由此可见，当 SINS 绕方位轴从初始位置旋转 180° 到第 2 位置时，如图 3.18 所示，等效东向和北向陀螺仪常值漂移的符号由正变为负。因此，由式(3.88)可知，若在两个位置处停留相同时间，可以相互抵消两个水平陀螺仪的常值漂移误差。由于方位失准角的估计误差与等效东向陀螺仪漂移有关，因此两位置对准可以提高方位失准角的估计精度。而在 SINS 转动过程中，由于 z 轴陀螺仪敏感轴始终没有变化，因此两位置对准时方位陀螺仪常值漂移的估计精度并不会得到提高。

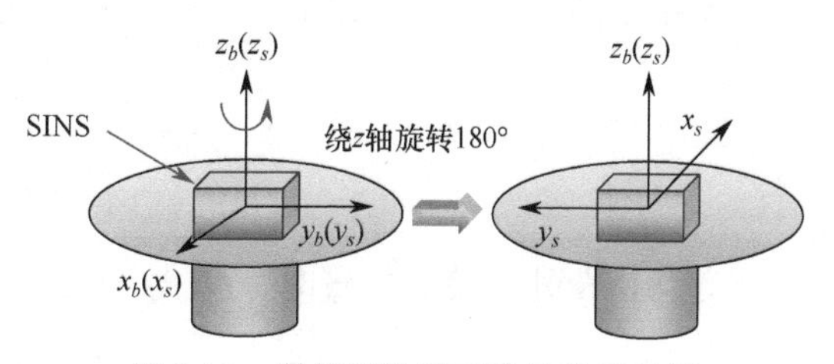

图 3.18　最优两位置对准转动示意图

（2）最优三位置的确定

在保证方位失准角估计精度的前提下，即在两位置的基础上，再绕 x_s 轴旋转 $\Delta\beta$ 到第 3 个位置，其中 $0<\Delta\beta<180^\circ$。在旋转过程中，载体静止，t 时刻 s 系到载体坐标系的转换矩阵为

$$\begin{aligned}\boldsymbol{C}_s^b&=\begin{bmatrix}\cos(\alpha+\Delta\alpha)&-\sin(\alpha+\Delta\alpha)&0\\ \sin(\alpha+\Delta\alpha)&\cos(\alpha+\Delta\alpha)&0\\ 0&0&1\end{bmatrix}\begin{bmatrix}1&0&0\\ 0&\cos\Delta\beta&-\sin\Delta\beta\\ 0&\sin\Delta\beta&\cos\Delta\beta\end{bmatrix}\\ &=\begin{bmatrix}\cos(\alpha+\Delta\alpha)&-\sin(\alpha+\Delta\alpha)\cos\Delta\beta&\sin(\alpha+\Delta\alpha)\sin\Delta\beta\\ \sin(\alpha+\Delta\alpha)&\cos(\alpha+\Delta\alpha)\cos\Delta\beta&-\cos(\alpha+\Delta\alpha)\sin\Delta\beta\\ 0&\sin\Delta\beta&\cos\Delta\beta\end{bmatrix}\end{aligned}\tag{3.89}$$

将初始角位置 $\alpha=0$ 和第一次转动角度 $\Delta\alpha=180^\circ$ 代入式(3.89)可得

$$\boldsymbol{C}_s^b=\begin{bmatrix}-1&0&0\\ 0&-\cos\Delta\beta&\sin\Delta\beta\\ 0&\sin\Delta\beta&\cos\Delta\beta\end{bmatrix}\tag{3.90}$$

当 SINS 处于第 3 位置时，将式(3.90)代入式(3.84)可得等效陀螺仪常值漂移为

$$\boldsymbol{\varepsilon}_3^n = \begin{bmatrix} \varepsilon_{3\mathrm{E}} \\ \varepsilon_{3\mathrm{N}} \\ \varepsilon_{3\mathrm{U}} \end{bmatrix} = \begin{bmatrix} -\varepsilon_x \\ -\varepsilon_y \cos\Delta\beta + \varepsilon_z \sin\Delta\beta \\ \varepsilon_y \sin\Delta\beta + \varepsilon_z \cos\Delta\beta \end{bmatrix} \tag{3.91}$$

将初始位置 $\alpha=0$ 代入式(3.85)和式(3.86)可得：

$$\boldsymbol{\varepsilon}_1^n = [\varepsilon_x \ \varepsilon_y \ \varepsilon_z]^{\mathrm{T}}, \quad \boldsymbol{\varepsilon}_2^n = [-\varepsilon_x \ -\varepsilon_y \ \varepsilon_z]^{\mathrm{T}} \tag{3.92}$$

比较式(3.91)和式(3.92)可见，绕 x_s 轴转动能够补偿方位陀螺仪漂移误差。在两位置对准基础上，SINS 绕 x_s 轴旋转 90° 到第 3 位置时，与 x_s 轴垂直的两个陀螺仪敏感轴方向发生改变，若在这 3 个位置处停留相同时间，可以相互抵消北向和方位陀螺仪常值漂移误差，提高方位陀螺仪常值漂移的估计精度；另外，旋转过程中 x_s 轴保持不动，可保证两位置对准中方位失准角的估计精度。

同理，在两位置的基础上，若 SINS 绕 y_s 轴旋转 $\Delta\gamma$ 到第 3 个位置，其中 $0<\Delta\gamma<180^\circ$。旋转过程中，载体静止，t 时刻 s 系到 b 系的转换矩阵为

$$\begin{aligned} \boldsymbol{C}_s^b &= \begin{bmatrix} \cos(\alpha+\Delta\alpha) & -\sin(\alpha+\Delta\alpha) & 0 \\ \sin(\alpha+\Delta\alpha) & \cos(\alpha+\Delta\alpha) & 0 \\ 0 & 0 & 1 \end{bmatrix} \begin{bmatrix} \cos\Delta\gamma & 0 & \sin\Delta\gamma \\ 0 & 1 & 0 \\ -\sin\Delta\gamma & 0 & \cos\Delta\gamma \end{bmatrix} \\ &= \begin{bmatrix} \cos(\alpha+\Delta\alpha)\cos\Delta\gamma & -\sin(\alpha+\Delta\alpha) & \cos(\alpha+\Delta\alpha)\sin\Delta\gamma \\ \sin(\alpha+\Delta\alpha)\cos\Delta\gamma & \cos(\alpha+\Delta\alpha) & \sin(\alpha+\Delta\alpha)\sin\Delta\gamma \\ -\sin\Delta\gamma & 0 & \cos\Delta\gamma \end{bmatrix} \end{aligned} \tag{3.93}$$

将初始角位置 $\alpha=0$ 和第一次转动角度 $\Delta\alpha=180^\circ$ 代入式(3.93)可得

$$\boldsymbol{C}_s^b = \begin{bmatrix} -\cos\Delta\gamma & 0 & -\sin\Delta\gamma \\ 0 & -1 & 0 \\ -\sin\Delta\gamma & 0 & \cos\Delta\gamma \end{bmatrix} \tag{3.94}$$

当 SINS 处于第 3 位置时，将式(3.94)代入式(3.84)可得等效陀螺仪常值漂移为

$$\boldsymbol{\varepsilon}_3^n = \begin{bmatrix} \varepsilon_{3\mathrm{E}} \\ \varepsilon_{3\mathrm{N}} \\ \varepsilon_{3\mathrm{U}} \end{bmatrix} = \begin{bmatrix} -\varepsilon_x \cos\Delta\gamma - \varepsilon_z \sin\Delta\gamma \\ -\varepsilon_y \\ -\varepsilon_x \sin\Delta\gamma + \varepsilon_z \cos\Delta\gamma \end{bmatrix} \tag{3.95}$$

比较式(3.92)和式(3.95)可见，绕 y_s 轴转动也能够补偿方位陀螺仪漂移误差。在两位置对准基础上，SINS 绕 y_s 轴从第 2 位置旋转 90° 到第 3 位置，且在 3 个位置处停留相同时间，可以相互抵消东向和方位陀螺仪常值漂移误差；但这就会削弱方位对准回路和北向水平对准回路之间的耦合作用，因此势必会降低方位失准角的估计精度。

由此可得，在两位置对准基础上，SINS 绕 x_s 轴旋转 90° 到第 3 位置时，与 x_s 轴垂直的两个陀螺仪敏感轴方向发生改变。若在这三个位置处停留相同时间，则可以相互抵消北向和方位陀螺仪常值漂移误差，提高方位陀螺仪漂移的估计精度。另外，旋转过程中 x_s 轴保持不动，可确保两位置对准中方位失准角的估计精度。而当 SINS 绕 y_s 轴旋转 90° 到第 3 位置时，与 y_s 轴垂直的两个陀螺仪敏感轴方向发生改变。若在这三个位置停留相同时间，则东向和方位陀螺仪漂移误差相互抵消，但这会削弱方位对准回路和北向水平对准回路之间的耦合作用，因此势必会降低方位失准角的估计精度。综上所述，在两位置基础上，SINS 绕 x_s 轴旋转的三位置对准模式优于绕 y_s 轴的旋转模式，由此可得最优三位置对准转动示意图如图 3.19 所示。

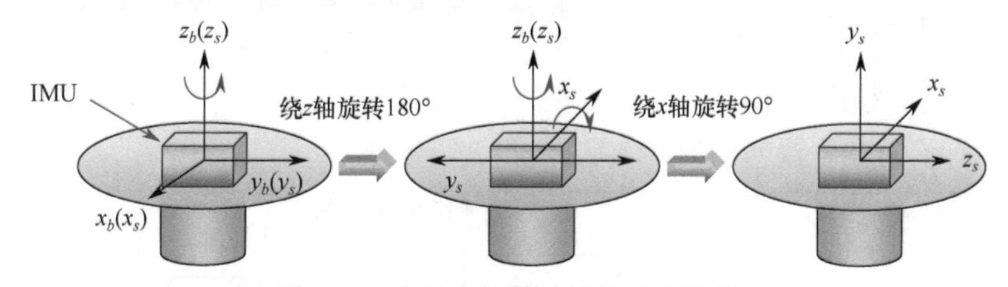

图 3.19 最优三位置对准转动示意图

卡尔曼滤波器的估计误差协方差阵是衡量系统可观测度的重要性能指标，旋转过程中最优位置的确定，是使估计误差协方差阵最小的位置，误差协方差阵由 Riccati 方程获得：

$$\begin{aligned}&\boldsymbol{P}_i^{-1}(k)=(\boldsymbol{\Phi}_i^{\mathrm{T}}(k,k-1)\boldsymbol{P}_i(k-1)\boldsymbol{\Phi}_i(k,k-1)+\boldsymbol{Q})^{-1}+\boldsymbol{H}^{\mathrm{T}}\boldsymbol{R}^{-1}\boldsymbol{H}\\&\boldsymbol{P}_i(0)=\boldsymbol{P}_{i-1}(n)\qquad\qquad(k=1,2,\cdots,r)\end{aligned}\tag{3.96}$$

式中，下标 i 代表时间段序号，$\boldsymbol{\Phi}_i(j,k)=\mathrm{e}^{(j-k)\bar{A}_i\Delta_i}$ 是在第 i 个时间段上从 k 时刻到 j 时刻的状态转移矩阵。由于卡尔曼滤波器中估计误差协方差没有解析解，因此只能利用上式求得数值解。

3.2.3 实验目的与实验设备

1）实验目的

（1）了解高精度三轴转台的使用方法和操作步骤。

（2）掌握 SINS 多位置初始对准的基本工作原理。

（3）学习使用标准卡尔曼滤波解决状态估计问题。

（4）理解角位置变化对 SINS 可观测性的影响机理。

2）实验内容

利用高精度三轴转台带动 SINS 分别绕东向、北向和天向转动，通过采集惯性测量单元在不同角位置处的测量输出，编写多位置初始对准程序，完成 SINS 多位置初始对准，并进一步探究角位置变化对 SINS 可观测性的影响机理。

如图 3.20 所示为多位置初始对准实验验证系统示意图，该实验验证系统主要包括三轴转台、SINS 和工控机等。工控机能够向三轴转台发送控制指令，驱动其按照设计的多位置转动方案进行转动。SINS 固定安装于三轴转台，在转台的带动下实现多位置转动。SINS 中陀螺仪和加速度计输出的角速度和比力等测量信息可通过工控机进行存储，进而用于完成多位置

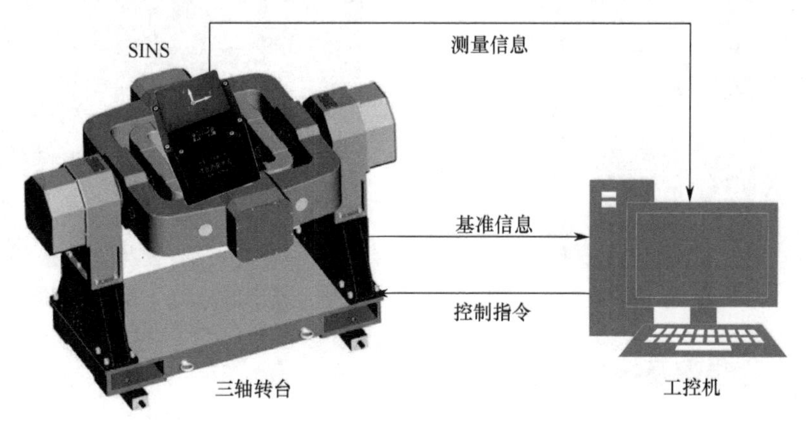

图 3.20 多位置初始对准实验验证系统示意图

初始对准。此外，工控机还可以采集三轴转台的精确角位置信息，并将其作为基准信息对多位置初始对准结果进行评估。

如图 3.21 所示为多位置初始对准实验验证方案框图。

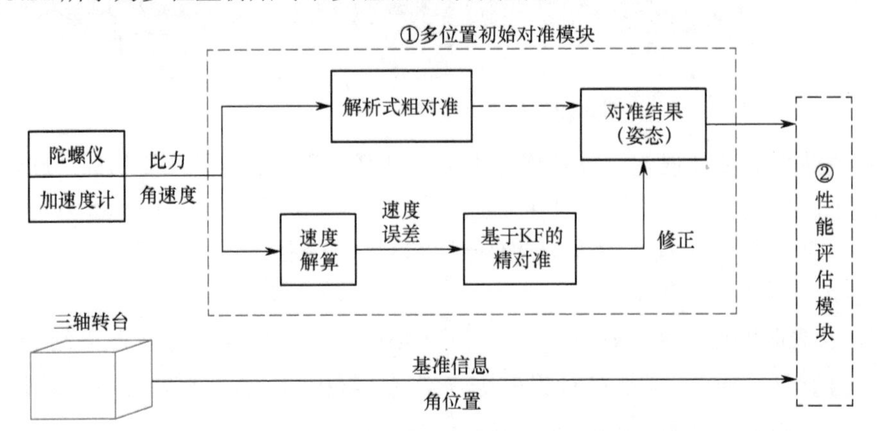

图 3.21 多位置初始对准实验验证方案框图

该方案包含多位置初始对准模块和性能评估模块。

（1）多位置初始对准模块：为兼顾初始对准的快速性和精确性，多位置初始对准分为粗对准和精对准两个阶段。在粗对准阶段，利用陀螺仪和加速度计测量的角速度和比力，通过解析式粗对准算法快速计算得到粗略的 SINS 姿态矩阵。在精对准阶段，首先利用惯性器件在不同角位置的测量信息进行速度解算，然后将解算的速度误差作为量测量，并通过卡尔曼滤波器对粗对准误差进行估计与修正，从而获得 SINS 姿态矩阵的精确结果。

（2）性能评估模块：以三轴转台输出的角位置为基准信息，对 SINS 多位置初始对准结果进行性能评估。

3）实验设备

FN-120 光纤捷联惯导（如图 3.22 所示）、ZT-3-A 三轴伺服转台（如图 3.23 所示）、工控机等。

图 3.22 FN-120 光纤捷联惯导

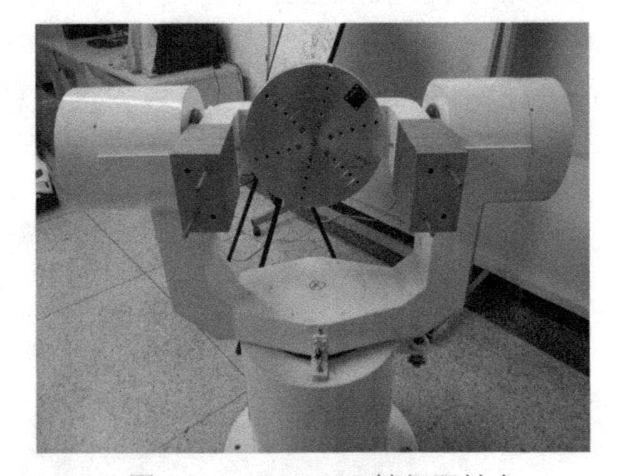

图 3.23 ZT-3-A 三轴伺服转台

3.2.4 实验步骤及操作说明

1）设计三轴转台的转动方案

确定多位置初始对准的转动方案。建议可令惯性测量单元分别绕东向、北向和天向转动

360°，步长为 10°～15°，每个位置停留 300 s。

2）仪器安装

将 FN-120 光纤捷联惯导安装固定于转台台面上，并使惯性测量单元的 3 个敏感轴重合于台体的 3 个转轴。

3）电气连接

（1）利用万用表测量电源输出是否正常（电源电压由惯性测量单元的供电电压决定）。

（2）通过转台滑环连接惯性测量单元电源线、惯性测量单元与测试系统间的信号线。

（3）连接测试系统和惯性测量单元的电源。

（4）检查数据采集系统是否正常，准备采集数据。

4）数据采集

（1）接通惯性测量单元和数据采集系统电源，稳定 5 min。

（2）设定采样频率，建议采样频率设置为 100～1000 Hz。

（3）驱动三轴转台按照设计的转动方案进行转动，记录转过的各个角位置，并采集惯性测量单元在各角位置处的测量输出。

（4）实验结束，将多位置初始对准实验验证系统断电，整理实验装置。

5）数据处理

（1）对工控机存储的测量数据（16 进制格式）进行解析，以获得便于后续处理的 10 进制格式数据。

（2）对测量数据进行预处理，剔除野值。

（3）利用惯性测量单元在第 1 个角位置处输出的角速度和比力，通过解析式粗对准算法快速计算得到粗略的 SINS 姿态矩阵，从而完成多位置粗对准。

（4）根据多位置初始对准原理编写卡尔曼滤波程序，同时利用惯性测量单元在多个角位置处的测量输出，完成对平台失准角等状态量的估计与修正，实现多位置精对准。

（5）多位置初始对准性能评估。以所记录的转台角位置为基准，通过比较多位置初始对准结果与基准信息间的差异，计算得到多位置初始对准误差。

6）分析实验数据，撰写实验报告

（1）根据实验结果，对比分析 SINS 绕东向、北向和天向转动时，系统可观测性的变化情况。

（2）根据实验结果，确定 SINS 多位置对准的最优转序和最优角位置。

3.3　晃动基座初始对准实验

传统固定位置的静基座初始对准方法，是根据陀螺仪对地球自转角速度的测量值和加速度计对地球重力加速度的测量值计算出载体的初始姿态矩阵。在舰船、车辆等晃动基座上，由于载体受到外界或自身因素的影响（如舰船上受风浪影响，车辆上受发动机、人员上下车和阵风影响等），致使载体上 SINS 测量到的地球自转角速度和重力加速度受到严重干扰。干扰角速度可能比地球自转角速度高出数个数量级，致使陀螺仪测量结果的信噪比很低，且干扰角速度具有很宽的频带，已无法从陀螺仪输出中将地球自转角速度这一有用信息提取出来。在这种情况下，不能直接采用地球自转角速度作为参考信息，因而也无法采用传统的静基座对准方法完成初始对准。基于此，本节介绍了 SINS 在晃动基座环境下的初始对准实验方法，并设计实验，使学生掌握如何利用凝固惯性坐标系的思想实现 SINS 在晃动基座下的初始对准方法。

3.3.1 晃动基座初始对准基本原理

按对准阶段来分，SINS 在晃动基座下的初始对准过程可分为粗对准和精对准两个阶段。粗对准阶段通常利用惯性器件测量结果直接估算得到 SINS 姿态矩阵 $\boldsymbol{C}_b^n$ 的粗略初值；精对准则是在粗对准的基础上，通过处理惯性器件的输出信息，精确校正计算导航坐标系与真实导航坐标系之间的平台失准角，使之尽可能地趋近于零，从而得到精确的 SINS 姿态矩阵。然而，在晃动基座环境下，惯性器件测量结果会受到角晃动和线振动干扰的影响。鉴于此，下面将建立晃动基座环境下的惯性器件测量模型，并在此基础上分别介绍晃动基座粗对准和精对准的实现方法。

1）晃动基座惯性器件测量模型

与静基座相比，晃动基座环境下具有强烈的角晃动和线振动干扰，从而影响惯性器件的测量输出。

（1）晃动基座陀螺仪测量模型

将载体的俯仰角、偏航角和横滚角分别记为θ、ψ和γ，则角晃动会引起载体姿态角变化进而产生姿态角速率。根据姿态角速率与b系相对n系的角速度$\boldsymbol{\omega}_{nb}^b$之间的关系，可得

$$\begin{aligned}\boldsymbol{\omega}_{nb}^b&=\boldsymbol{R}_y(\gamma)\boldsymbol{R}_x(\theta)\begin{bmatrix}0 & 0 & \dot{\psi}\end{bmatrix}^{\mathrm{T}}+\boldsymbol{R}_y(\gamma)\begin{bmatrix}\dot{\theta} & 0 & 0\end{bmatrix}^{\mathrm{T}}+\begin{bmatrix}0 & \dot{\gamma} & 0\end{bmatrix}^{\mathrm{T}}\\&=\begin{bmatrix}-\sin\gamma\cos\theta & \cos\gamma & 0\\ \sin\theta & 0 & 1\\ \cos\gamma\cos\theta & \sin\gamma & 0\end{bmatrix}\begin{bmatrix}\dot{\psi}\\ \dot{\theta}\\ \dot{\gamma}\end{bmatrix}\end{aligned} \tag{3.97}$$

式中，$\boldsymbol{R}_i, i=x,y,z$ 表示基元旋转矩阵；$\dot{\theta}$、$\dot{\psi}$和$\dot{\gamma}$分别表示俯仰角速率、偏航角速率和横滚角速率。

线振动会引起载体质心相对n系的线运动，进而产生载体相对地球的速度 $\boldsymbol{v}^n=\begin{bmatrix}v_{\mathrm{E}}^n & v_{\mathrm{N}}^n & v_{\mathrm{U}}^n\end{bmatrix}^{\mathrm{T}}$和加速度$\dot{\boldsymbol{v}}^n$。根据速度$\boldsymbol{v}^n$与$n$系相对$e$系的角速度$\boldsymbol{\omega}_{en}^n$之间的关系，可得

$$\boldsymbol{\omega}_{en}^n=\begin{bmatrix}-\dfrac{v_{\mathrm{N}}^n}{R_{\mathrm{M}}+h} & \dfrac{v_{\mathrm{E}}^n}{R_{\mathrm{N}}+h} & \dfrac{v_{\mathrm{E}}^n\tan L}{R_{\mathrm{N}}+h}\end{bmatrix}^{\mathrm{T}} \tag{3.98}$$

式中，L、λ和h分别表示纬度、经度和高度；R_{M}和R_{N}分别为地球的子午圈半径和卯酉圈半径。

联合式(3.97)和式(3.98)可知，晃动基座环境下陀螺仪的测量模型可表示为

$$\begin{aligned}\tilde{\boldsymbol{\omega}}_{ib}^b&=\boldsymbol{\omega}_{ib}^b+\delta\boldsymbol{\omega}_{ib}^b\\&=\boldsymbol{C}_n^b(\boldsymbol{\omega}_{ie}^n+\boldsymbol{\omega}_{en}^n)+\boldsymbol{\omega}_{nb}^b+\delta\boldsymbol{\omega}_{ib}^b\\&=\boldsymbol{\omega}_{ie}^b+\boldsymbol{\omega}_{en}^b+\boldsymbol{\omega}_{nb}^b+\delta\boldsymbol{\omega}_{ib}^b\end{aligned} \tag{3.99}$$

由式(3.99)可知，陀螺仪测量结果$\tilde{\boldsymbol{\omega}}_{ib}^b$除包含地球自转角速度$\boldsymbol{\omega}_{ie}^b$外，还包含角晃动和线振动引起的干扰角速度项$\boldsymbol{\omega}_{nb}^b$和$\boldsymbol{\omega}_{en}^b$。

（2）晃动基座加速度计测量模型

线振动引起的速度$\boldsymbol{v}^n$还会与角速度$\boldsymbol{\omega}_{ie}^n$和$\boldsymbol{\omega}_{en}^n$相互影响而形成哥氏加速度$2\boldsymbol{\omega}_{ie}^n\times\boldsymbol{v}^n$和向心

加速度 $\boldsymbol{\omega}_{en}^n \times \boldsymbol{v}^n$。综合考虑载体相对地球的加速度 $\dot{\boldsymbol{v}}^n$ 以及哥氏加速度 $2\boldsymbol{\omega}_{ie}^n \times \boldsymbol{v}^n$ 和向心加速度 $\boldsymbol{\omega}_{en}^n \times \boldsymbol{v}^n$，可以将线振动引起的加速度干扰项 $\delta \boldsymbol{a}_{\mathrm{d}}^n$ 表示为

$$\delta \boldsymbol{a}_{\mathrm{d}}^n = \dot{\boldsymbol{v}}^n + (2\boldsymbol{\omega}_{ie}^n + \boldsymbol{\omega}_{en}^n) \times \boldsymbol{v}^n \tag{3.100}$$

此外，当载体质心指向加速度计安装位置的杆臂矢量 $\boldsymbol{r}_p^b$ 不为零时，受杆臂效应影响，加速度计安装位置处产生的向心加速度干扰项 $\delta \boldsymbol{a}_{\mathrm{LA}}^b$ 可表示为

$$\delta \boldsymbol{a}_{\mathrm{LA}}^b = \dot{\boldsymbol{\omega}}_{ib}^b \times \boldsymbol{r}_p^b + \boldsymbol{\omega}_{ib}^b \times \left(\boldsymbol{\omega}_{ib}^b \times \boldsymbol{r}_p^b\right) \tag{3.101}$$

由于 $\boldsymbol{\omega}_{ib}^b = \boldsymbol{C}_n^b(\boldsymbol{\omega}_{ie}^n + \boldsymbol{\omega}_{en}^n) + \boldsymbol{\omega}_{nb}^b$，并且根据式(3.97)和式(3.98)可知：干扰角速度项 $\boldsymbol{\omega}_{en}^n$ 和 $\boldsymbol{\omega}_{nb}^b$ 分别由线振动和角晃动引起，因此，向心加速度干扰项 $\delta \boldsymbol{a}_{\mathrm{LA}}^b$ 同时受角晃动和线振动影响。

联合式(3.100)和式(3.101)可知，晃动基座环境下的加速度计测量模型可表示为

$$\begin{aligned}
\tilde{\boldsymbol{f}}^b &= \boldsymbol{f}^b + \delta \boldsymbol{f}^b \\
&= \boldsymbol{C}_n^b\left(-\boldsymbol{g}^n + \delta \boldsymbol{a}_{\mathrm{d}}^n\right) + \delta \boldsymbol{a}_{\mathrm{LA}}^b + \delta \boldsymbol{f}^b \\
&= -\boldsymbol{g}^b + \delta \boldsymbol{a}_{\mathrm{d}}^b + \delta \boldsymbol{a}_{\mathrm{LA}}^b + \delta \boldsymbol{f}^b
\end{aligned} \tag{3.102}$$

由式(3.102)可知，加速度计测量结果 $\tilde{\boldsymbol{f}}^b$ 中除包含重力加速度 $\boldsymbol{g}^b$ 外，还包含线振动和角晃动引起的干扰加速度项 $\delta \boldsymbol{a}_{\mathrm{d}}^b$ 和 $\delta \boldsymbol{a}_{\mathrm{LA}}^b$。

2）晃动基座粗对准实现方法

根据式(3.99)可知，陀螺仪测量结果 $\tilde{\boldsymbol{\omega}}_{ib}^b$ 除包含地球自转角速度 $\boldsymbol{\omega}_{ie}^b$ 外，还包含角晃动和线振动引起的干扰角速度项 $\boldsymbol{\omega}_{nb}^b$ 和 $\boldsymbol{\omega}_{en}^n$。而且，干扰角速度 $\boldsymbol{\omega}_{nb}^b$ 和 $\boldsymbol{\omega}_{en}^b$ 的数量级通常与地球自准角速率 ω_{ie} 相当，甚至会高于地球自准角速率 ω_{ie} 的数量级。因此，晃动基座环境下无法从陀螺仪测量结果中将地球自转角速度 $\boldsymbol{\omega}_{ie}^b$ 这一有用信息提取出来。对于重力加速度而言，根据式(3.102)可知，加速度计测量结果 $\tilde{\boldsymbol{f}}^b$ 会受到线振动和角晃动引起的干扰加速度项 $\delta \boldsymbol{a}_{\mathrm{d}}^b$ 和 $\delta \boldsymbol{a}_{\mathrm{LA}}^b$ 的影响。由于这两项干扰加速度的幅值通常小于地球重力加速度 g，所以从加速度计测量结果中提取的重力加速度信息仍可作为粗对准的参考信息。但由于重力加速度 $\boldsymbol{g}$ 只包含地球天向信息，所以仍然需要利用地球自转角速度 $\boldsymbol{\omega}_{ie}$ 在 n 系下的先验信息 $\boldsymbol{\omega}_{ie}^n$ 和陀螺仪测量结果 $\tilde{\boldsymbol{\omega}}_{ib}^b$ 才能唯一确定出 SINS 姿态矩阵 $\boldsymbol{C}_b^n$。

（1）晃动基座初始对准问题的等价转换

由于地球自转角速率 ω_{ie} 是一个已知常数，所以只要时间测准，e 系相对 i 系的坐标转换矩阵 $\boldsymbol{C}_i^e(t)$ 就可精确计算得到，即

$$\boldsymbol{C}_i^e(t) = \begin{bmatrix} \cos[\omega_{ie}(t-t_0)] & \sin[\omega_{ie}(t-t_0)] & 0 \\ -\sin[\omega_{ie}(t-t_0)] & \cos[\omega_{ie}(t-t_0)] & 0 \\ 0 & 0 & 1 \end{bmatrix} \tag{3.103}$$

式中，t_0 为对准开始时刻，t 为当前时刻。

又因为初始对准时当地纬度 L 已知，所以 n 系相对 e 系的坐标转换矩阵 $\boldsymbol{C}_e^n$ 也能计算得到，即

$$\boldsymbol{C}_e^n = \begin{bmatrix} 0 & 1 & 0 \\ -\sin L & 0 & \cos L \\ \cos L & 0 & \sin L \end{bmatrix} \tag{3.104}$$

联合式(3.103)和式(3.104)可以求得 n 系相对 i 系的坐标转换矩阵 $\boldsymbol{C}_i^n(t)$，即

$$
\begin{aligned}
\boldsymbol{C}_i^n(t) &= \boldsymbol{C}_e^n \boldsymbol{C}_i^e(t) \\
&= \begin{bmatrix} -\sin[\omega_{ie}(t-t_0)] & \cos[\omega_{ie}(t-t_0)] & 0 \\ -\sin L\cos[\omega_{ie}(t-t_0)] & -\sin L\sin[\omega_{ie}(t-t_0)] & \cos L \\ \cos L\cos[\omega_{ie}(t-t_0)] & \cos L\sin[\omega_{ie}(t-t_0)] & \sin L \end{bmatrix}
\end{aligned} \tag{3.105}
$$

此外，b 系相对 i 系的坐标转换矩阵 $\boldsymbol{C}_b^i(t)$ 与陀螺仪所敏感的角速度 $\boldsymbol{\omega}_{ib}^b$ 满足以下微分方程

$$
\dot{\boldsymbol{C}}_b^i(t) = \boldsymbol{C}_b^i(t)\boldsymbol{\Omega}_{ib}^b(t) \tag{3.106}
$$

式中，$\boldsymbol{\Omega}_{ib}^b$ 表示由角速度 $\boldsymbol{\omega}_{ib}^b$ 构成的反对称矩阵。当忽略陀螺仪误差时，角速度 $\boldsymbol{\omega}_{ib}^b$ 可用陀螺仪测量结果 $\tilde{\boldsymbol{\omega}}_{ib}^b$ 进行代替。但由于 $\boldsymbol{C}_b^i(t)$ 的初值 $\boldsymbol{C}_b^i(0)$ 未知，所以仍无法利用陀螺仪测量结果 $\tilde{\boldsymbol{\omega}}_{ib}^b$ 由式(3.106)直接更新得到 $\boldsymbol{C}_b^i(t)$。为此采用惯性凝固假设，将初始时刻的 b 系凝固于惯性空间得到 i_{b_0} 系，可知 $\boldsymbol{C}_b^{i_{b0}}(t)$ 的初值为单位阵，即 $\boldsymbol{C}_b^{i_{b0}}(t_0)=\boldsymbol{I}$，且 $\boldsymbol{C}_b^{i_{b0}}(t)$ 满足以下微分方程

$$
\dot{\boldsymbol{C}}_b^{i_{b0}}(t) = \boldsymbol{C}_b^{i_{b0}}(t)\boldsymbol{\Omega}_{ib}^b(t) \tag{3.107}
$$

这样，便可利用陀螺仪测量结果 $\tilde{\boldsymbol{\omega}}_{ib}^b$ 由式(3.107)直接更新得到 $\boldsymbol{C}_b^{i_{b0}}(t)$。

将晃动基座环境下时变的 SINS 姿态矩阵 $\boldsymbol{C}_b^n(t)$ 进行如下分解

$$
\boldsymbol{C}_b^n(t) = \boldsymbol{C}_i^n(t)\boldsymbol{C}_{i_{b0}}^i\boldsymbol{C}_b^{i_{b0}}(t) \tag{3.108}
$$

式中，$\boldsymbol{C}_i^n(t)$ 和 $\boldsymbol{C}_b^{i_{b0}}(t)$ 分别由式(3.105)和式(3.107)计算得到，所以只要求得 $\boldsymbol{C}_{i_{b0}}^i$ 便可确定 $\boldsymbol{C}_b^n$。而 $\boldsymbol{C}_{i_{b0}}^i$ 表示 i 系和 i_{b_0} 系这两个惯性坐标系之间的转换关系，是未知常值矩阵。因此，经过式(3.108)的链式分解后，晃动基座环境下时变的 SINS 姿态矩阵 $\boldsymbol{C}_b^n(t)$ 的确定问题转换为定常矩阵 $\boldsymbol{C}_{i_{b0}}^i$ 的确定问题。

（2）晃动基座下定常矩阵 $\boldsymbol{C}_{i_{b0}}^i$ 的确定

一方面，利用坐标转换矩阵 $\boldsymbol{C}_i^n(t)$（可由式(3.105)计算得到）可以将重力加速度在 n 系下的先验信息 $\boldsymbol{g}^n=[0\ 0\ -g]^{\mathrm{T}}$ 投影到 i 系下，即

$$
\boldsymbol{g}^i(t) = \boldsymbol{C}_n^i(t)\boldsymbol{g}^n \tag{3.109}
$$

将式(3.109)展开，可得

$$
\begin{cases} g_x^i(t) = -g\cos L\cos[\omega_{ie}(t-t_0)] \\ g_y^i(t) = -g\cos L\sin[\omega_{ie}(t-t_0)] \\ g_z^i(t) = -g\sin L \end{cases} \tag{3.110}
$$

由式(3.110)可知，重力加速度 $\boldsymbol{g}$ 在 i 系下的分量包含了地球自转角速度 $\boldsymbol{\omega}_{ie}$ 在 n 系下的先验信息 $\boldsymbol{\omega}_{ie}^n=[0\ \omega_{ie}\cos L\ \omega_{ie}\sin L]^{\mathrm{T}}$。而且，重力加速度 $\boldsymbol{g}$ 在惯性空间以地球自转周期进行慢漂，且不同时刻的重力加速度 $\boldsymbol{g}$ 线性无关。

另一方面，利用坐标转换矩阵 $\boldsymbol{C}_b^{i_{b0}}(t)$（可由式(3.107)计算得到）还可将加速度计测量结果 $\tilde{\boldsymbol{f}}^b$ 投影到 i_{b_0} 系下，并提取得到重力加速度在 i_{b_0} 系的分量，即

$$
\boldsymbol{g}^{i_{b0}}(t) = -\boldsymbol{C}_b^{i_{b0}}(t)\tilde{\boldsymbol{f}}^b(t) \tag{3.111}
$$

由于重力加速度 $\boldsymbol{g}$ 在 i 系和 i_{b_0} 系之间的坐标转换关系为

$$
\boldsymbol{g}^i = \boldsymbol{C}_{i_{b0}}^i\boldsymbol{g}^{i_{b0}} \tag{3.112}
$$

所以根据 t_1 和 t_2 任意两个时刻得到的线性无关的重力加速度 $\boldsymbol{g}(t_1)$ 和 $\boldsymbol{g}(t_2)$ 在 i 系和 i_{b_0} 系下的分量便可求解定常矩阵 $\boldsymbol{C}_{i_{b_0}}^{i}$ ，求解公式为

$$\boldsymbol{C}_{i_{b_0}}^{i}=\begin{bmatrix}\left[\boldsymbol{g}^{i}(t_1)\right]^{\mathrm{T}}\\ \hdashline \left[\boldsymbol{g}^{i}(t_2)\right]^{\mathrm{T}}\\ \hdashline \left[\boldsymbol{g}^{i}(t_1)\times\boldsymbol{g}^{i}(t_2)\right]^{\mathrm{T}}\end{bmatrix}^{-1}\begin{bmatrix}\left[\boldsymbol{g}^{i_{b_0}}(t_1)\right]^{\mathrm{T}}\\ \hdashline \left[\boldsymbol{g}^{i_{b_0}}(t_2)\right]^{\mathrm{T}}\\ \hdashline \left[\boldsymbol{g}^{i_{b_0}}(t_1)\times\boldsymbol{g}^{i_{b_0}}(t_2)\right]^{\mathrm{T}}\end{bmatrix} \tag{3.113}$$

最后，将求得的定常矩阵 $\boldsymbol{C}_{i_{b_0}}^{i}$ 代入式(3.108)即可得到粗对准结果 $\boldsymbol{C}_b^n(t)$ 。

晃动基座粗对准算法的原理框图如图 3.24 所示。

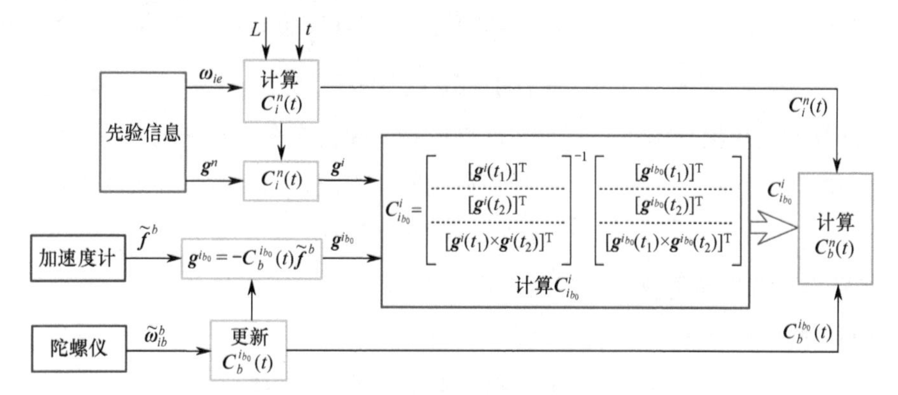

图 3.24　晃动基座粗对准算法的原理框图

如图 3.24 所示，该算法首先将晃动基座中时变的 SINS 姿态矩阵 $\boldsymbol{C}_b^n(t)$ 分解为 $\boldsymbol{C}_i^n(t)$ 、$\boldsymbol{C}_b^{i_{b_0}}(t)$ 和 $\boldsymbol{C}_{i_{b_0}}^{i}$ 三部分；然后，利用地球自转角速率 ω_{ie} 、当地纬度 L 和当前时刻 t 计算坐标转换矩阵 $\boldsymbol{C}_i^n(t)$ ；同时，利用陀螺仪测量结果 $\tilde{\boldsymbol{\omega}}_{ib}^b$ 更新 $\boldsymbol{C}_b^{i_{b_0}}(t)$ ；接着，利用计算得到的坐标转换矩阵 $\boldsymbol{C}_i^n(t)$ 和先验信息 $\boldsymbol{g}^n$ 计算得到 $\boldsymbol{g}^i$ ，并且利用更新后的坐标转换矩阵 $\boldsymbol{C}_b^{i_{b_0}}(t)$ 和加速度计测量结果 $\tilde{\boldsymbol{f}}^b$ 计算得到 $\boldsymbol{g}^{i_{b_0}}$ ；在此基础上，根据 t_1 和 t_2 任意两个时刻的 $\boldsymbol{g}^i(t_1)$ 、 $\boldsymbol{g}^i(t_2)$ 、 $\boldsymbol{g}^{i_{b_0}}(t_1)$ 和 $\boldsymbol{g}^{i_{b_0}}(t_2)$ 便可计算得到定常矩阵 $\boldsymbol{C}_{i_{b_0}}^{i}$ ；最后，联合求解得到的坐标转换矩阵 $\boldsymbol{C}_i^n(t)$ 、$\boldsymbol{C}_b^{i_{b_0}}(t)$ 和 $\boldsymbol{C}_{i_{b_0}}^{i}$ 即可求解出时变姿态矩阵 $\boldsymbol{C}_b^n(t)$ 。

可见，晃动基座初始对准算法采用惯性凝固假设，将初始时刻的惯性测量单元本体坐标系（b 系）凝固于惯性空间得到 i_{b_0} 系，使 b 系相对 i_{b_0} 系的坐标转换矩阵初值为单位阵，这样便可利用陀螺仪测量结果 $\tilde{\boldsymbol{\omega}}_{ib}^b$ 更新坐标转换矩阵 $\boldsymbol{C}_b^{i_{b_0}}(t)$，并且避免了角晃动影响下无法从陀螺仪测量结果 $\tilde{\boldsymbol{\omega}}_{ib}^b$ 中提取地球自转角速度信息的问题。

3）晃动基座精对准实现方法

在粗对准完成后，晃动基座环境下时变的 SINS 姿态矩阵 $\boldsymbol{C}_b^n(t)$ 可按如下链式法则计算得到，即

$$\hat{\boldsymbol{C}}_b^n(t)=\boldsymbol{C}_i^n(t)\hat{\boldsymbol{C}}_{i_{b_0}}^{i}\hat{\boldsymbol{C}}_b^{i_{b_0}}(t) \tag{3.114}$$

式中，$\boldsymbol{C}_i^n(t)$ 由地球自转角速率 ω_{ie} 、当地纬度 L 和当前时刻 t 计算得到；$\hat{\boldsymbol{C}}_b^{i_{b_0}}(t)$ 由陀螺仪测量

结果 $\tilde{\boldsymbol{\omega}}_{ib}^b$ 更新得到；而 $\hat{\boldsymbol{C}}_{i_{b0}}^i$ 由粗对准结果给出。

受陀螺仪测量误差、粗对准误差等因素的影响，由式(3.114)计算得到的 SINS 姿态矩阵 $\hat{\boldsymbol{C}}_b^n(t)$ 仍含有一定的平台失准角。因此，精对准阶段需要应用卡尔曼滤波器对平台失准角等状态量进行估计与修正，进而使 SINS 建立一个更精确的姿态基准。

由于晃动基座粗对准算法是在凝固惯性坐标系内完成的，所以需要建立晃动基座环境下基于凝固惯性坐标系的 SINS 误差模型，进而得到 SINS 晃动基座精对准的系统模型。

（1）基于凝固惯性坐标系的 SINS 误差模型

① 基于凝固惯性坐标系的 SINS 姿态误差模型

由式(3.99)和式(3.107)可知，利用陀螺仪测量结果 $\tilde{\boldsymbol{\omega}}_{ib}^b$ 更新得到的 $\hat{\boldsymbol{C}}_b^{i_{b0}}(t)$ 会受陀螺仪测量误差影响而存在误差。此外，粗对准阶段得到的定常矩阵 $\hat{\boldsymbol{C}}_{i_{b0}}^i$ 同样会存在误差，所以由

$$\hat{\boldsymbol{C}}_b^i(t)=\hat{\boldsymbol{C}}_{i_{b0}}^i\hat{\boldsymbol{C}}_b^{i_{b0}}(t) \tag{3.115}$$

确定得到的计算惯性坐标系相对于真实惯性坐标系之间会存在平台失准角 $\boldsymbol{\varphi}^i$。经过粗对准阶段后，平台失准角 $\boldsymbol{\varphi}^i$ 可视为小量，所以计算得到的 $\hat{\boldsymbol{C}}_b^i(t)$ 与真实的 $\boldsymbol{C}_b^i(t)$ 之间满足以下关系

$$\hat{\boldsymbol{C}}_b^i(t)=\left[\boldsymbol{I}-\boldsymbol{\Phi}^i(t)\right]\boldsymbol{C}_b^i(t) \tag{3.116}$$

式中，$\boldsymbol{\Phi}^i$ 表示由平台失准角 $\boldsymbol{\varphi}^i$ 构成的反对称矩阵。

将式(3.116)两边同时对时间求导，可得

$$\dot{\hat{\boldsymbol{C}}}_b^i(t)=\left[\boldsymbol{I}-\boldsymbol{\Phi}^i(t)\right]\dot{\boldsymbol{C}}_b^i(t)-\dot{\boldsymbol{\Phi}}^i(t)\boldsymbol{C}_b^i(t) \tag{3.117}$$

此外，坐标转换矩阵 $\boldsymbol{C}_b^i(t)$ 和 $\hat{\boldsymbol{C}}_b^i(t)$ 分别满足以下姿态矩阵微分方程，即

$$\dot{\boldsymbol{C}}_b^i(t)=\boldsymbol{C}_b^i(t)\boldsymbol{\Omega}_{ib}^b(t) \tag{3.118}$$

$$\dot{\hat{\boldsymbol{C}}}_b^i(t)=\hat{\boldsymbol{C}}_b^i(t)\tilde{\boldsymbol{\Omega}}_{ib}^b(t) \tag{3.119}$$

式中，$\boldsymbol{\Omega}_{ib}^b$ 和 $\tilde{\boldsymbol{\Omega}}_{ib}^b$ 分别表示角速度 $\boldsymbol{\omega}_{ib}^b$ 和 $\tilde{\boldsymbol{\omega}}_{ib}^b$ 构成的反对称矩阵。

将式(3.118)和式(3.119)分别代入式(3.117)两侧，整理可得

$$\begin{aligned}\dot{\boldsymbol{\Phi}}^i(t)&=-\hat{\boldsymbol{C}}_b^i(t)\left[\tilde{\boldsymbol{\Omega}}_{ib}^b(t)-\boldsymbol{\Omega}_{ib}^b(t)\right]\boldsymbol{C}_i^b(t)\\&\approx-\boldsymbol{C}_b^i(t)\left[\tilde{\boldsymbol{\Omega}}_{ib}^b(t)-\boldsymbol{\Omega}_{ib}^b(t)\right]\boldsymbol{C}_i^b(t)\end{aligned} \tag{3.120}$$

由式(3.120)便可得到基于凝固惯性坐标系的 SINS 姿态误差模型为

$$\begin{aligned}\dot{\boldsymbol{\varphi}}^i(t)&=-\boldsymbol{C}_b^i(t)\left[\tilde{\boldsymbol{\omega}}_{ib}^b(t)-\boldsymbol{\omega}_{ib}^b(t)\right]\\&=-\boldsymbol{C}_b^i(t)\delta\boldsymbol{\omega}_{ib}^b(t)\end{aligned} \tag{3.121}$$

② 基于凝固惯性坐标系的 SINS 速度误差模型

由比力方程可知，晃动基座环境下载体相对地球的真实加速度 $\dot{\boldsymbol{v}}^n$ 可表示为

$$\dot{\boldsymbol{v}}^n=\boldsymbol{C}_b^n\boldsymbol{f}^b-\left(2\boldsymbol{\omega}_{ie}^n+\boldsymbol{\omega}_{en}^n\right)\times\boldsymbol{v}^n+\boldsymbol{g}^n-\boldsymbol{C}_b^n\delta\boldsymbol{a}_{\mathrm{LA}}^b \tag{3.122}$$

利用坐标转换矩阵 $\boldsymbol{C}_i^n(t)$ 将真实加速度 $\dot{\boldsymbol{v}}^n$ 投影到 i 系下，则有

$$\dot{\boldsymbol{v}}^i=\boldsymbol{C}_n^i\dot{\boldsymbol{v}}^n=\boldsymbol{C}_b^i\boldsymbol{f}^b-\left(2\boldsymbol{\omega}_{ie}^i+\boldsymbol{\omega}_{en}^i\right)\times\boldsymbol{v}^i+\boldsymbol{g}^i-\delta\boldsymbol{a}_{\mathrm{LA}}^i \tag{3.123}$$

式中，$\boldsymbol{\omega}_{ie}^i=\left[0\ 0\ \omega_{ie}\right]^{\mathrm{T}}$ 为常值矢量。

由于在晃动基座环境下 $\boldsymbol{\omega}_{en}^i$ 的数量级要明显低于 $\boldsymbol{\omega}_{ie}^i$，所以 SINS 在解算过程中可忽略 $\boldsymbol{\omega}_{en}^i$

的影响。将加速度计测量结果 $\tilde{\boldsymbol{f}}^b$ 经坐标转换矩阵 $\hat{\boldsymbol{C}}_b^i(t)$ 转换到计算惯性坐标系下，并补偿有害加速度项后便可解算得到 i 系下的加速度 $\hat{\dot{\boldsymbol{v}}}^i$，即

$$\hat{\dot{\boldsymbol{v}}}^i = \hat{\boldsymbol{C}}_b^i \tilde{\boldsymbol{f}}^b - 2\boldsymbol{\omega}_{ie}^i \times \hat{\boldsymbol{v}}^i + \boldsymbol{C}_n^i \boldsymbol{g}^n \tag{3.124}$$

式中，$\hat{\boldsymbol{v}}^i$ 为利用 $\hat{\dot{\boldsymbol{v}}}^i$ 进行速度更新后得到的载体速度在 i 系下的分量；将 $\hat{x}$ 统一表示为对物理量 x 的计算值，则式(3.124)中各估计值与真值间的关系可表示为

$$\hat{\boldsymbol{v}}^i = \boldsymbol{v}^i + \delta\boldsymbol{v}^i \tag{3.125}$$

$$\hat{\dot{\boldsymbol{v}}}^i = \dot{\boldsymbol{v}}^i + \delta\dot{\boldsymbol{v}}^i \tag{3.126}$$

$$\hat{\boldsymbol{C}}_b^i = \left(\boldsymbol{I} - \boldsymbol{\Phi}^i\right)\boldsymbol{C}_b^i \tag{3.127}$$

将式(3.125)～式(3.127)代入式(3.124)，可得

$$\hat{\dot{\boldsymbol{v}}}^i = \left(\boldsymbol{I} - \boldsymbol{\Phi}^i\right)\boldsymbol{C}_b^i\left(\boldsymbol{f}^b + \delta\boldsymbol{f}^b\right) - 2\boldsymbol{\omega}_{ie}^i \times \left(\boldsymbol{v}^i + \delta\boldsymbol{v}^i\right) + \boldsymbol{C}_n^i \boldsymbol{g}^n \tag{3.128}$$

再将式(3.128)与式(3.124)作差，并略去关于误差的二阶小量后，便可得到基于凝固惯性坐标系的 SINS 速度误差模型为

$$\delta\dot{\boldsymbol{v}}^i = \boldsymbol{f}^i \times \boldsymbol{\varphi}^i - 2\boldsymbol{\omega}_{ie}^i \times \delta\boldsymbol{v}^i + \boldsymbol{C}_b^i \delta\boldsymbol{f}^b + \boldsymbol{\omega}_{en}^i \times \boldsymbol{v}^i + \delta\boldsymbol{a}_{\mathrm{LA}}^i \tag{3.129}$$

式中，$\boldsymbol{f}^i = \boldsymbol{C}_b^i \boldsymbol{f}^b$ 表示比力在 i 系下的分量。

（2）晃动基座精对准系统模型

考虑惯性器件测量误差中包含常值偏差和随机噪声。选择速度误差 $\delta\boldsymbol{v}^i$、平台失准角 $\boldsymbol{\varphi}^i$、加速度计零偏 ∇^b 和陀螺仪常值漂移 $\boldsymbol{\varepsilon}^b$ 为状态量，并将加速度计和陀螺仪的量测噪声 $\boldsymbol{w}_\varepsilon$ 和 $\boldsymbol{w}_\nabla$ 作为系统噪声，结合基于凝固惯性坐标系的 SINS 姿态误差和速度误差模型，便可得到 SINS 晃动基座精对准的状态模型为

$$\begin{cases}\delta\dot{\boldsymbol{v}}^i = -2\boldsymbol{\omega}_{ie}^i \times \delta\boldsymbol{v}^i + \boldsymbol{f}^i \times \boldsymbol{\varphi}^i + \boldsymbol{C}_b^i\left(\nabla^b + \boldsymbol{w}_\nabla\right) + \boldsymbol{\omega}_{en}^i \times \boldsymbol{v}^i + \delta\boldsymbol{a}_{\mathrm{LA}}^i \\ \dot{\boldsymbol{\varphi}}^i = -\boldsymbol{C}_b^i\left(\boldsymbol{\varepsilon}^b + \boldsymbol{w}_\varepsilon\right) \\ \dot{\nabla}^b = \boldsymbol{0}_{3\times1} \\ \dot{\boldsymbol{\varepsilon}}^b = \boldsymbol{0}_{3\times1}\end{cases} \tag{3.130}$$

式中，$\boldsymbol{w}_\varepsilon$ 和 $\boldsymbol{w}_\nabla$ 分别表示陀螺仪和加速度计的测量噪声矢量。

将 SINS 解算得到的速度 $\hat{\boldsymbol{v}}^i$ 作为量测矢量，并将线振动引起的真实速度 $\boldsymbol{v}^i$ 作为量测噪声矢量，便可得到 SINS 晃动基座精对准的量测模型为

$$\hat{\boldsymbol{v}}^i = \delta\boldsymbol{v}^i + \boldsymbol{v}^i \tag{3.131}$$

联合式(3.130)～式(3.131)，并忽略式(3.130)中加速度干扰项 $\boldsymbol{\omega}_{en}^i \times \boldsymbol{v}^i$ 和 $\delta\boldsymbol{a}_{\mathrm{LA}}^i$ 的影响，便可建立 SINS 晃动基座精对准的系统模型为

$$\begin{cases}\dot{\boldsymbol{X}}(t) = \boldsymbol{A}(t)\boldsymbol{X}(t) + \boldsymbol{G}(t)\boldsymbol{W}(t) \\ \boldsymbol{Z}(t) = \boldsymbol{H}(t)\boldsymbol{X}(t) + \boldsymbol{V}(t)\end{cases} \tag{3.132}$$

式中，$\boldsymbol{X}$ 为状态矢量；$\boldsymbol{Z}$ 为量测矢量；$\boldsymbol{W}$ 为系统噪声矢量；$\boldsymbol{V}$ 为量测噪声矢量；$\boldsymbol{A}$ 为系统矩阵；$\boldsymbol{G}$ 为过程噪声驱动矩阵；$\boldsymbol{H}$ 为量测矩阵，具体形式分别为

$\boldsymbol{X} = \left[\delta v_x^i\ \delta v_y^i\ \delta v_z^i\ \phi_x^i\ \phi_y^i\ \phi_z^i\ \nabla_x^b\ \nabla_y^b\ \nabla_z^b\ \varepsilon_x^b\ \varepsilon_y^b\ \varepsilon_z^b\right]^{\mathrm{T}}$；$\boldsymbol{Z} = \left[\hat{v}_x^i\ \hat{v}_y^i\ \hat{v}_z^i\right]^{\mathrm{T}}$；

$\boldsymbol{W} = \left[w_{\nabla,x}\ w_{\nabla,y}\ w_{\nabla,z}\ w_{\varepsilon,x}\ w_{\varepsilon,y}\ w_{\varepsilon,z}\right]^{\mathrm{T}}$；$\boldsymbol{V} = \left[v_x^i\ v_y^i\ v_z^i\right]^{\mathrm{T}}$；

$$\boldsymbol{A}=\begin{bmatrix}\boldsymbol{\Omega} & \boldsymbol{F} & \boldsymbol{C}_s^i & \boldsymbol{0}_{3\times3}\\ \boldsymbol{0}_{3\times3} & \boldsymbol{0}_{3\times3} & \boldsymbol{0}_{3\times3} & -\boldsymbol{C}_s^i\\ \boldsymbol{0}_{3\times3} & \boldsymbol{0}_{3\times3} & \boldsymbol{0}_{3\times3} & \boldsymbol{0}_{3\times3}\\ \boldsymbol{0}_{3\times3} & \boldsymbol{0}_{3\times3} & \boldsymbol{0}_{3\times3} & \boldsymbol{0}_{3\times3}\end{bmatrix};\quad \boldsymbol{\Omega}=\begin{bmatrix}0 & 2\omega_{ie} & 0\\ -2\omega_{ie} & 0 & 0\\ 0 & 0 & 0\end{bmatrix};\quad \boldsymbol{F}=\begin{bmatrix}0 & -f_z^i & f_y^i\\ f_z^i & 0 & -f_z^i\\ -f_y^i & f_z^i & 0\end{bmatrix};\quad \boldsymbol{G}=\begin{bmatrix}\boldsymbol{C}_s^i & \boldsymbol{0}_{3\times3}\\ \boldsymbol{0}_{3\times3} & -\boldsymbol{C}_s^i\\ \boldsymbol{0}_{3\times3} & \boldsymbol{0}_{3\times3}\\ \boldsymbol{0}_{3\times3} & \boldsymbol{0}_{3\times3}\end{bmatrix};$$

$$\boldsymbol{H}=\begin{bmatrix}\boldsymbol{I}_{3\times3} & \boldsymbol{0}_{3\times3} & \boldsymbol{0}_{3\times3} & \boldsymbol{0}_{3\times3}\end{bmatrix}。$$

如图 3.25 所示为晃动基座精对准原理框图。

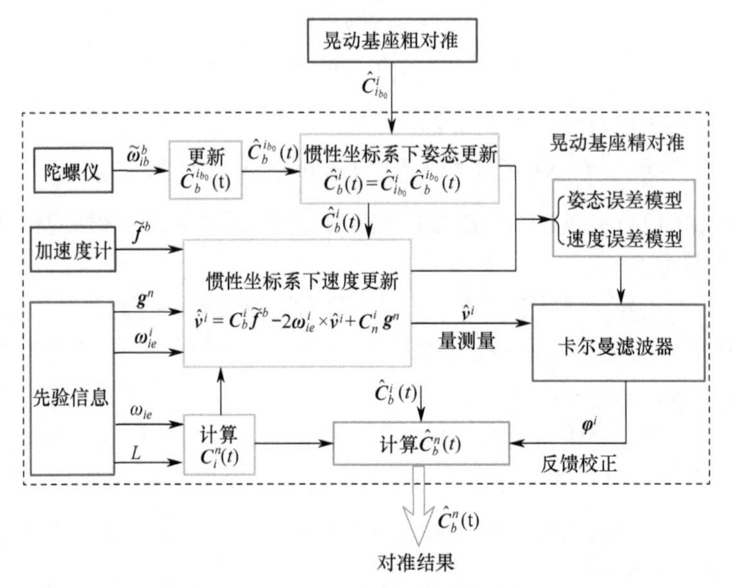

图 3.25　晃动基座精对准原理框图

如图 3.25 所示：首先将 SINS 姿态矩阵 $\hat{\boldsymbol{C}}_b^n(t)$ 分解为 $\boldsymbol{C}_i^n(t)$、$\hat{\boldsymbol{C}}_b^{i_{b0}}(t)$ 和 $\hat{\boldsymbol{C}}_{i_{b0}}^i$ 三部分；然后，利用地球自转角速率 ω_{ie}、当地纬度 L 和当前时刻 t 计算坐标转换矩阵 $\boldsymbol{C}_i^n(t)$；同时，利用陀螺仪测量结果 $\tilde{\boldsymbol{\omega}}_{ib}^b$ 更新坐标转换矩阵 $\hat{\boldsymbol{C}}_b^{i_{b0}}(t)$；接着，利用粗对准结果给出的定常矩阵 $\hat{\boldsymbol{C}}_{i_{b0}}^i$ 和更新后的坐标转换矩阵 $\hat{\boldsymbol{C}}_b^{i_{b0}}(t)$ 完成惯性坐标系下的姿态更新，并利用加速度计测量结果 $\tilde{\boldsymbol{f}}^b$、计算得到的坐标转换矩阵 $\boldsymbol{C}_i^n(t)$ 以及先验信息 $\boldsymbol{\omega}_{ie}^i$ 和 $\boldsymbol{g}^n$ 完成惯性坐标系下的速度更新；在此基础上，基于惯性坐标系建立姿态误差模型和速度误差模型作为卡尔曼滤波器的状态模型，将速度更新得到的惯性坐标系下速度 $\hat{\boldsymbol{v}}^i$ 作为量测量；最后，将坐标转换矩阵 $\boldsymbol{C}_i^n(t)$、$\hat{\boldsymbol{C}}_b^{i_{b0}}(t)$ 和 $\hat{\boldsymbol{C}}_{i_{b0}}^i$ 链式相乘求解出 $\hat{\boldsymbol{C}}_b^n(t)$，并利用卡尔曼滤波器估计得到的平台失准角 $\boldsymbol{\varphi}^i$ 对 $\hat{\boldsymbol{C}}_b^n(t)$ 进行反馈校正，进而完成精对准。

3.3.2　实验目的与实验设备

1）实验目的

（1）掌握高精度三轴速率转台的使用方法和操作步骤。

（2）掌握 SINS 晃动基座初始对准的基本工作原理。

（3）掌握使用标准卡尔曼滤波解决状态估计问题的方法。

（4）理解“惯性凝固假设”对晃动基座初始对准的意义。

2）实验内容

利用六自由度运动平台模拟晃动基座环境，通过采集惯性测量单元在晃动基座环境下的测量输出，编写晃动基座初始对准程序，完成 SINS 的晃动基座初始对准，并进一步探究在凝固惯性坐标系中完成晃动基座初始对准的机理。

如图 3.26 所示为晃动基座初始对准实验验证系统示意图，该实验验证系统主要包括六自由度运动平台、SINS 和工控机等。工控机能够向六自由度运动平台发送控制指令，驱动其按照设计的转动方案进行转动。SINS 固定安装于六自由度运动平台，在平台的带动下实现角晃动和线振动。SINS 中陀螺仪和加速度计输出的角速度和比力等测量信息可通过工控机进行存储，进而用于完成晃动基座初始对准。此外，工控机还可以采集六自由度运动平台的精确角位置信息，并将其作为基准信息对晃动基座初始对准结果进行评估。

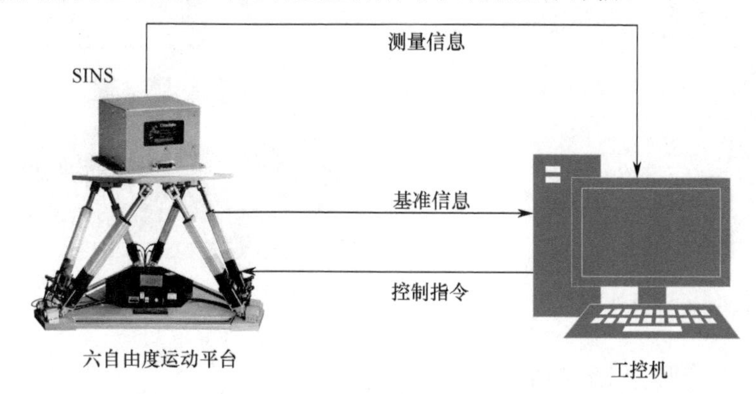

图 3.26　晃动基座初始对准实验验证系统示意图

如图 3.27 所示为晃动基座初始对准实验验证方案框图。

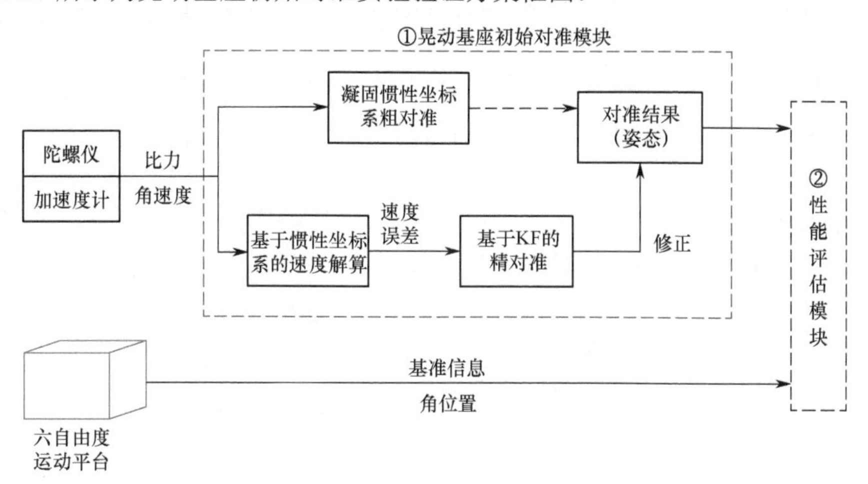

图 3.27　晃动基座初始对准实验验证方案框图

该方案包含晃动基座初始对准模块和性能评估模块。

（1）晃动基座初始对准模块：为兼顾初始对准的快速性和精确性，晃动基座初始对准分为粗对准和精对准两个阶段。在粗对准阶段，利用陀螺仪和加速度计测量的角速度和比力，通过凝固惯性坐标系粗对准算法快速计算得到粗略的 SINS 姿态矩阵。在精对准阶段，首先利用陀螺仪和加速度计测量的角速度和比力在惯性坐标系中进行速度解算，然后将解算的速度误差作为量测量，并通过卡尔曼滤波器对粗对准误差进行估计与修正，从而获得 SINS 姿态矩阵的精确结果。

（2）性能评估模块：以六自由度运动平台输出的角位置为基准信息，对 SINS 晃动基座初始对准结果进行性能评估。

3）实验设备

FN-120 光纤捷联惯导（如图 3.28 所示）、六自由度运动平台（如图 3.29 所示）、工控机等。

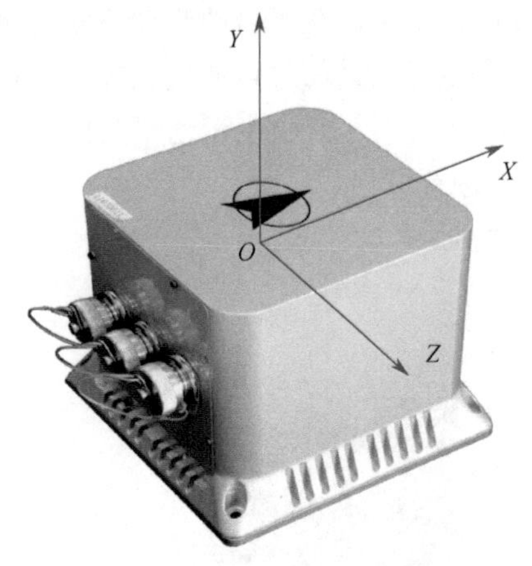

图 3.28 FN-120 光纤捷联惯导

图 3.29 六自由度运动平台

3.3.3 实验步骤及操作说明

1）设计六自由度运动平台的运动方案

设计六自由度运动平台的运动方案，建议将平台沿 3 个轴向的角晃动和线振动均设置为随时间以正弦函数变化的形式。

2）仪器安装

将 FN-120 光纤捷联惯导安装固定于平台台面上，并使惯性测量单元的 3 个敏感轴重合于台体的 3 个转轴。

3）电气连接

（1）利用万用表测量电源输出是否正常（电源电压由惯性测量单元的供电电压决定）。

（2）连接惯性测量单元电源线、惯性测量单元与测试系统间的信号线。

（3）连接测试系统和惯性测量单元的电源。

（4）检查数据采集系统是否正常，准备采集数据。

4）数据采集

（1）接通惯性测量单元和数据采集系统电源，稳定 5 min。

（2）设定采样频率，建议采样频率设置为 100～1000 Hz。

（3）驱动六自由度运动平台按照设计的运动方案进行运动，记录转过的角位置，并采集惯性测量单元的测量输出。

（4）实验结束，将晃动基座初始对准实验验证系统断电，整理实验装置。

5）数据处理

（1）对工控机存储的测量数据（16 进制格式）进行解析，以获得便于后续处理的 10 进制格式数据。

（2）对测量数据进行预处理，剔除野值。

（3）利用 FN-120 光纤捷联惯导中陀螺仪和加速度计输出的角速度和比力，通过凝固惯性坐标系粗对准算法快速计算得到粗略的 SINS 姿态矩阵，从而完成晃动基座粗对准。

（4）利用 FN-120 光纤捷联惯导中陀螺仪和加速度计输出的角速度和比力在惯性坐标系下进行速度解算，并将解算的速度误差作为量测量；进而，基于 SINS 晃动基座精对准系统模型，编写卡尔曼滤波程序，并通过卡尔曼滤波器对粗对准误差进行估计与修正，完成晃动基座精对准。

（5）晃动基座初始对准性能评估。以所记录的平台角位置为基准，通过比较晃动基座初始对准结果与基准信息间的差异，计算得到晃动基座初始对准误差。

6）分析实验数据，撰写实验报告

3.4　动基座传递对准实验

在动基座对准过程中，由于存在基座运动产生的各种干扰，以及受子惯导惯性器件精度的限制，因此无法采用自对准方式完成动基座条件下子惯导的初始对准任务。传递对准是动基座对准的一种常用方法，它是通过载体上需要对准的子惯导与高精度主惯导的导航信息进行比较，估算出子惯导相对主惯导的失准角，进而实现对子惯导的初始对准方法。本节介绍了 SINS 的动基座传递对准实验方法，并设计实验，使学生掌握如何利用传递对准方法实现 SINS 在动基座条件下的初始对准。

3.4.1　动基座传递对准基本原理

传递对准是指运载体搭载任务载荷航行时，任务载荷上需要对准的子惯导与运载体上高精度主惯导的导航参数进行比较，以便估算出主惯导和子惯导间的相对失准角，从而实现对子惯导进行对准的方法。为兼顾快速性和精确性，传递对准通常分为粗对准和精对准两个阶段。如图 3.30 所示为传递对准的基本流程框图。

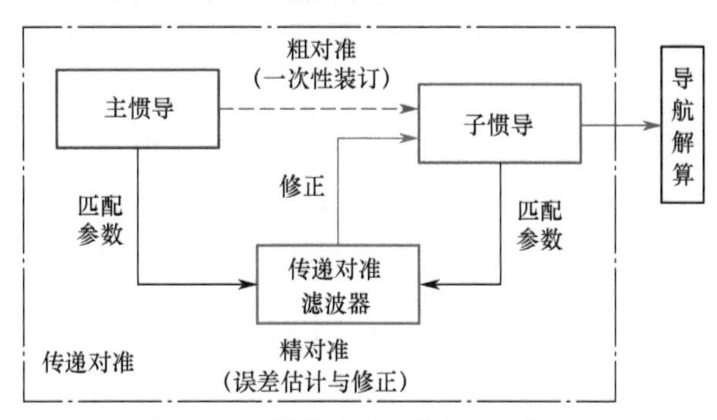

图 3.30　传递对准的基本流程框图

在粗对准阶段，按“一次性”对准方法，将主惯导的位置、速度和姿态等计算参数信息直接给子惯导，即由主惯导信息对子惯导进行初始化，从而快速获得子惯导初始姿态矩阵的粗略估值。受安装误差等因素影响，粗对准阶段得到的子惯导初始姿态矩阵中包含失准角，如果不对该失准角进行修正，那么子惯导的导航解算将会产生较大误差。由于主惯导和子惯导之间各种测量参数或计算参数的差值都不同程度地反映子惯导失准角的大小，所以在精对准阶段便可利用这些差值作为传递对准滤波器的量测量，对子惯导失准角进行估计并修正，进而满足传递对准的精度要求。

精对准阶段通过主惯导和子惯导之间的参数匹配完成对粗对准结果的修正，并对主惯导和子惯导之间的姿态误差、速度误差和位置误差等导航参数误差及惯性器件误差进行估计和修正，所以传递对准也称为惯性测量匹配法。如图 3.31 所示为传递对准原理示意图。

由图 3.31 可知，传递对准的关键在于选择合适的匹配参数并建立相应的系统模型，从而经传递对准滤波器对状态量进行最优估计，最终达到尽可能消除子惯导失准角的目的。主惯导和子惯导的输出信息中可用来进行匹配的物理量包括直接测量的角速度和比力以及导航解算得到的位置、速度和姿态等。根据所选匹配参数是直接测量值还是导航解算值不同，传递对准匹配方式可分为测量参数匹配和计算参数匹配两类；而根据匹配参数的性质，传递对准匹配方式还可分为线运动参数匹配和角运动参数匹配两类。传递对准匹配方式分类示意图如图 3.32 所示。

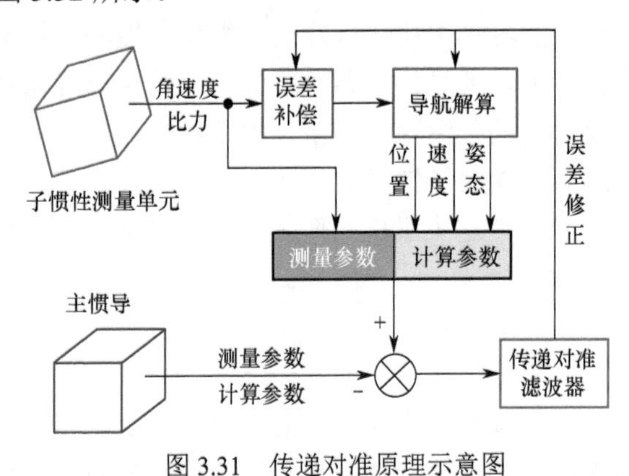

图 3.31 传递对准原理示意图

类别	测量参数匹配	计算参数匹配	
线运动参数匹配	比力匹配	速度匹配	位置匹配
角运动参数匹配	角速度匹配	姿态匹配	

图 3.32 传递对准匹配方式分类示意图

不同的匹配方式对应不同的量测模型，并直接影响传递对准滤波器中各状态量的估计速度和精度，所以匹配方式在很大程度上决定了传递对准性能的优劣。下面以几种常用匹配方式为例介绍传递对准的滤波模型。

1）状态模型

选择子惯导的姿态失准角 $\boldsymbol{\varphi}_{\mathrm{s}}^{n}=[\phi_{\mathrm{s,E}},\phi_{\mathrm{s,N}},\phi_{\mathrm{s,U}}]^{\mathrm{T}}$、速度误差 $\delta\boldsymbol{v}_{\mathrm{s}}^{n}=[\delta v_{\mathrm{s,E}},\delta v_{\mathrm{s,N}},\delta v_{\mathrm{s,U}}]^{\mathrm{T}}$、位置误差 $\delta\boldsymbol{p}_{\mathrm{s}}^{n}=[\delta L_{\mathrm{s}},\delta\lambda_{\mathrm{s}},\delta h_{\mathrm{s}}]^{\mathrm{T}}$、陀螺仪常值漂移 $\boldsymbol{\varepsilon}_{\mathrm{s}}^{s}=[\varepsilon_{\mathrm{s},x},\varepsilon_{\mathrm{s},y},\varepsilon_{\mathrm{s},z}]^{\mathrm{T}}$、加速度计零偏 $\nabla_{\mathrm{s}}^{s}=[\nabla_{\mathrm{s},x},\nabla_{\mathrm{s},y},\nabla_{\mathrm{s},z}]^{\mathrm{T}}$ 以及安装误差角 $\delta\boldsymbol{\alpha}=[\delta\alpha_{x},\delta\alpha_{y},\delta\alpha_{z}]^{\mathrm{T}}$ 为状态量，并将子惯导陀螺仪量测噪声 $\boldsymbol{w}_{\varepsilon_{\mathrm{s}}}^{s}=[w_{\varepsilon_{\mathrm{s}},x},w_{\varepsilon_{\mathrm{s}},y},w_{\varepsilon_{\mathrm{s}},z}]^{\mathrm{T}}$ 和加速度计量测噪声 $\boldsymbol{w}_{\nabla_{\mathrm{s}}}^{s}=[w_{\nabla_{\mathrm{s}},x},w_{\nabla_{\mathrm{s}},y},w_{\nabla_{\mathrm{s}},z}]^{\mathrm{T}}$ 作为系统噪声，建立传递对准系统的状态模型为

$$\dot{\boldsymbol{X}}(t)=\boldsymbol{A}(t)\boldsymbol{X}(t)+\boldsymbol{G}(t)\boldsymbol{W}(t) \tag{3.133}$$

其中，状态向量 $\boldsymbol{X}$、系统噪声向量 $\boldsymbol{W}$、系统矩阵 $\boldsymbol{A}$ 和过程噪声驱动矩阵 $\boldsymbol{G}$ 分别为

$$\boldsymbol{X}=[\phi_{\mathrm{s,E}},\phi_{\mathrm{s,N}},\phi_{\mathrm{s,U}},\delta v_{\mathrm{s,E}},\delta v_{\mathrm{s,N}},\delta v_{\mathrm{s,U}},\delta L_{\mathrm{s}},\delta\lambda_{\mathrm{s}},\delta h_{\mathrm{s}},\varepsilon_{\mathrm{s},x},\varepsilon_{\mathrm{s},y},\varepsilon_{\mathrm{s},z},\nabla_{\mathrm{s},x},\nabla_{\mathrm{s},y},\nabla_{\mathrm{s},z},\delta\alpha_{x},\delta\alpha_{y},\delta\alpha_{z}]^{\mathrm{T}}$$

$$\boldsymbol{W}=[w_{\varepsilon_{\mathrm{s}},x},w_{\varepsilon_{\mathrm{s}},y},w_{\varepsilon_{\mathrm{s}},z},w_{\nabla_{\mathrm{s}},x},w_{\nabla_{\mathrm{s}},y},w_{\nabla_{\mathrm{s}},z}]^{\mathrm{T}}$$

$$
\boldsymbol{A}=\begin{bmatrix} \boldsymbol{\Omega} & \boldsymbol{0}_{3\times3} & \boldsymbol{\Omega}' & -\boldsymbol{C}_s^n & \boldsymbol{0}_{3\times3} & \boldsymbol{0}_{3\times3} \\ \boldsymbol{F} & 2\boldsymbol{\Omega} & \boldsymbol{V}_{\Omega} & \boldsymbol{0}_{3\times3} & \boldsymbol{C}_s^n & \boldsymbol{0}_{3\times3} \\ \boldsymbol{0}_{3\times3} & \boldsymbol{P}_R & \boldsymbol{0}_{3\times3} & \boldsymbol{0}_{3\times3} & \boldsymbol{0}_{3\times3} & \boldsymbol{0}_{3\times3} \\ \boldsymbol{0}_{9\times3} & \boldsymbol{0}_{9\times3} & \boldsymbol{0}_{9\times3} & \boldsymbol{0}_{9\times3} & \boldsymbol{0}_{9\times3} & \boldsymbol{0}_{9\times3} \end{bmatrix}, \quad \boldsymbol{G}=\begin{bmatrix} -\boldsymbol{C}_s^n & \boldsymbol{0}_{3\times3} \\ \boldsymbol{0}_{3\times3} & \boldsymbol{C}_s^n \\ \boldsymbol{0}_{12\times3} & \boldsymbol{0}_{12\times3} \end{bmatrix}
$$

其中，各分块矩阵的具体形式分别为

$$
\boldsymbol{\Omega}=\begin{bmatrix} 0 & \Omega_{\mathrm{U}} & -\Omega_{\mathrm{N}} \\ -\Omega_{\mathrm{U}} & 0 & 0 \\ \Omega_{\mathrm{N}} & 0 & 0 \end{bmatrix}, \quad \boldsymbol{F}=\begin{bmatrix} 0 & -f_{\mathrm{U}} & f_{\mathrm{N}} \\ f_{\mathrm{U}} & 0 & -f_{\mathrm{E}} \\ -f_{\mathrm{N}} & f_{\mathrm{E}} & 0 \end{bmatrix}, \quad \boldsymbol{\Omega}'=\begin{bmatrix} 0 & 0 & 0 \\ -\Omega_{\mathrm{U}} & 0 & 0 \\ \Omega_{\mathrm{N}} & 0 & 0 \end{bmatrix},
$$

$$
\boldsymbol{V}_{\Omega}=\begin{bmatrix} 2v_{\mathrm{U}}\Omega_{\mathrm{U}}+2v_{\mathrm{N}}\Omega_{\mathrm{N}} & 0 & 0 \\ -2v_{\mathrm{E}}\Omega_{\mathrm{N}} & 0 & 0 \\ -2v_{\mathrm{E}}\Omega_{\mathrm{U}} & 0 & 0 \end{bmatrix}, \quad \boldsymbol{P}_R=\begin{bmatrix} 0 & \dfrac{1}{R_{\mathrm{M}}+h} & 0 \\ \dfrac{\sec L}{R_{\mathrm{N}}+h} & 0 & 0 \\ 0 & 0 & 1 \end{bmatrix},
$$

其中，$\Omega_{\mathrm{N}}=\omega_{ie}\cos L$ 和 $\Omega_{\mathrm{U}}=\omega_{ie}\sin L$ 分别表示地球自转角速度在北向和天向的投影，L 表示纬度；f_{E}、f_{N} 和 f_{U} 分别表示比力 $\boldsymbol{f}^n$ 在东向、北向和天向的投影。

2）量测模型

（1）线运动参数匹配方式

常用的匹配参数中比力、速度和位置直接反映的是载体“线运动”，所以这些匹配方式均属于线运动参数匹配方式的类别，它们之间的相互联系如图 3.33 所示。

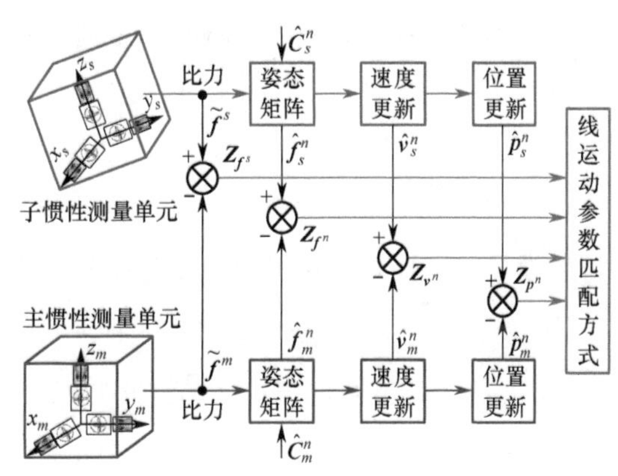

图 3.33　线运动参数匹配方式相互联系示意图

① 将主惯导和子惯导在各自敏感轴确定的坐标系 m 系和 s 系下测得的比力 $\tilde{\boldsymbol{f}}^m$ 和 $\tilde{\boldsymbol{f}}^s$ 直接作差，则有 $\boldsymbol{Z}_{f^s}=\tilde{\boldsymbol{f}}^s-\tilde{\boldsymbol{f}}^m$。这样，以 $\boldsymbol{Z}_{f^s}$ 为传递对准滤波器量测向量的匹配方式称为测量坐标系下比力匹配方式。

② 利用主惯导和子惯导的姿态矩阵 $\hat{\boldsymbol{C}}_m^n$ 和 $\hat{\boldsymbol{C}}_s^n$ 分别将加速度计输出的比力 $\tilde{\boldsymbol{f}}^m$ 和 $\tilde{\boldsymbol{f}}^s$ 投影到导航坐标系下，则有 $\hat{\boldsymbol{f}}_{\mathrm{m}}^n=\hat{\boldsymbol{C}}_m^n\tilde{\boldsymbol{f}}^m$ 和 $\hat{\boldsymbol{f}}_{\mathrm{s}}^n=\hat{\boldsymbol{C}}_s^n\tilde{\boldsymbol{f}}^s$。这样，以 $\hat{\boldsymbol{f}}_{\mathrm{m}}^n$ 和 $\hat{\boldsymbol{f}}_{\mathrm{s}}^n$ 的差值 $\boldsymbol{Z}_{f^n}=\hat{\boldsymbol{f}}_{\mathrm{s}}^n-\hat{\boldsymbol{f}}_{\mathrm{m}}^n$ 为传递对准滤波器量测向量的匹配方式称为导航坐标系下比力匹配方式。

③ 利用主惯导和子惯导的姿态矩阵 $\hat{\boldsymbol{C}}_m^n$ 和 $\hat{\boldsymbol{C}}_s^n$ 分别将加速度计输出的比力 $\tilde{\boldsymbol{f}}^m$ 和 $\tilde{\boldsymbol{f}}^s$ 投影到导航坐标系下，则有 $\hat{\boldsymbol{f}}_{\mathrm{m}}^n=\hat{\boldsymbol{C}}_m^n\tilde{\boldsymbol{f}}^m$ 和 $\hat{\boldsymbol{f}}_{\mathrm{s}}^n=\hat{\boldsymbol{C}}_s^n\tilde{\boldsymbol{f}}^s$；然后，$\hat{\boldsymbol{f}}_{\mathrm{m}}^n$ 和 $\hat{\boldsymbol{f}}_{\mathrm{s}}^n$ 经过有害加速度补偿和积分后可分别解算得到主惯导和子惯导的速度 $\hat{\boldsymbol{v}}_{\mathrm{m}}^n$ 和 $\hat{\boldsymbol{v}}_{\mathrm{s}}^n$。这样，以 $\hat{\boldsymbol{v}}_{\mathrm{m}}^n$ 和 $\hat{\boldsymbol{v}}_{\mathrm{s}}^n$ 的差值 $\boldsymbol{Z}_{v^n}=\hat{\boldsymbol{v}}_{\mathrm{s}}^n-\hat{\boldsymbol{v}}_{\mathrm{m}}^n$ 为传递对准滤波器量测向量的匹配方式被称为速度匹配方式。

④ 利用主惯导和子惯导的姿态矩阵 $\hat{\boldsymbol{C}}_m^n$ 和 $\hat{\boldsymbol{C}}_s^n$ 分别将加速度计输出的比力 $\tilde{\boldsymbol{f}}^m$ 和 $\tilde{\boldsymbol{f}}^s$ 投影到导航坐标系下，则有 $\hat{\boldsymbol{f}}_{\mathrm{m}}^n=\hat{\boldsymbol{C}}_m^n\tilde{\boldsymbol{f}}^m$ 和 $\hat{\boldsymbol{f}}_{\mathrm{s}}^n=\hat{\boldsymbol{C}}_s^n\tilde{\boldsymbol{f}}^s$；然后，$\hat{\boldsymbol{f}}_{\mathrm{m}}^n$ 和 $\hat{\boldsymbol{f}}_{\mathrm{s}}^n$ 经过有害加速度补偿和两次积分后可分别解算得到主惯导和子惯导的位置 $\hat{\boldsymbol{p}}_{\mathrm{m}}^n$ 和 $\hat{\boldsymbol{p}}_{\mathrm{s}}^n$。这样，以 $\hat{\boldsymbol{p}}_{\mathrm{m}}^n$ 和 $\hat{\boldsymbol{p}}_{\mathrm{s}}^n$ 的差值 $\boldsymbol{Z}_{p^n}=\hat{\boldsymbol{p}}_{\mathrm{s}}^n-\hat{\boldsymbol{p}}_{\mathrm{m}}^n$ 为传递对准滤波器量测向量的匹配方式称为位置匹配方式。

可见，这四种线运动参数匹配方式都直接或间接利用了主惯导和子惯导加速度计输出的比力作为匹配量，区别在于匹配之前所经过的计算环节的复杂性不同，其中，测量坐标系下比力匹配方式在匹配之前无须经过计算环节处理，而后三种线运动参数匹配方式在匹配之前所经过的计算环节的复杂性依次递增。下面分别介绍这四种匹配方式的量测模型。

① 速度匹配量测模型

主惯导和子惯导解算得到的速度 $\hat{\boldsymbol{v}}_{\mathrm{m}}^{n}=[\hat{v}_{\mathrm{m,E}},\hat{v}_{\mathrm{m,N}},\hat{v}_{\mathrm{m,U}}]^{\mathrm{T}}$ 和 $\hat{\boldsymbol{v}}_{\mathrm{s}}^{n}=[\hat{v}_{\mathrm{s,E}},\hat{v}_{\mathrm{s,N}},\hat{v}_{\mathrm{s,U}}]^{\mathrm{T}}$ 可分别表示为

$$\begin{cases}\hat{v}_{\mathrm{m,E}}=v_{\mathrm{m,E}}+\delta v_{\mathrm{m,E}}\\ \hat{v}_{\mathrm{m,N}}=v_{\mathrm{m,N}}+\delta v_{\mathrm{m,N}}\\ \hat{v}_{\mathrm{m,U}}=v_{\mathrm{m,U}}+\delta v_{\mathrm{m,U}}\end{cases} \tag{3.134}$$

$$\begin{cases}\hat{v}_{\mathrm{s,E}}=v_{\mathrm{s,E}}+\delta v_{\mathrm{s,E}}\\ \hat{v}_{\mathrm{s,N}}=v_{\mathrm{s,N}}+\delta v_{\mathrm{s,N}}\\ \hat{v}_{\mathrm{s,U}}=v_{\mathrm{s,U}}+\delta v_{\mathrm{s,U}}\end{cases} \tag{3.135}$$

式中，$v_{\mathrm{m,E}}$、$v_{\mathrm{m,N}}$、$v_{\mathrm{m,U}}$ 和 $v_{\mathrm{s,E}}$、$v_{\mathrm{s,N}}$、$v_{\mathrm{s,U}}$ 分别表示主惯导和子惯导处的速度在 n 系下的投影；$\delta v_{\mathrm{m,E}}$、$\delta v_{\mathrm{m,N}}$、$\delta v_{\mathrm{m,U}}$ 和 $\delta v_{\mathrm{s,E}}$、$\delta v_{\mathrm{s,N}}$、$\delta v_{\mathrm{s,U}}$ 分别表示主惯导和子惯导的速度误差。

当不考虑杆臂效应的影响时，主惯导和子惯导处的速度相等，即

$$\begin{cases}v_{\mathrm{m,E}}=v_{\mathrm{s,E}}\\ v_{\mathrm{m,N}}=v_{\mathrm{s,N}}\\ v_{\mathrm{m,U}}=v_{\mathrm{s,U}}\end{cases} \tag{3.136}$$

将主惯导和子惯导解算得到的速度作差，可得

$$\begin{cases}Z_{v^n,\mathrm{E}}=\hat{v}_{\mathrm{s,E}}-\hat{v}_{\mathrm{m,E}}=(v_{\mathrm{s,E}}+\delta v_{\mathrm{s,E}})-(v_{\mathrm{m,E}}+\delta v_{\mathrm{m,E}})=\delta v_{\mathrm{s,E}}-\delta v_{\mathrm{m,E}}\\ Z_{v^n,\mathrm{N}}=\hat{v}_{\mathrm{s,N}}-\hat{v}_{\mathrm{m,N}}=(v_{\mathrm{s,N}}+\delta v_{\mathrm{s,N}})-(v_{\mathrm{m,N}}+\delta v_{\mathrm{m,N}})=\delta v_{\mathrm{s,N}}-\delta v_{\mathrm{m,N}}\\ Z_{v^n,\mathrm{U}}=\hat{v}_{\mathrm{s,U}}-\hat{v}_{\mathrm{m,U}}=(v_{\mathrm{s,U}}+\delta v_{\mathrm{s,U}})-(v_{\mathrm{m,U}}+\delta v_{\mathrm{m,U}})=\delta v_{\mathrm{s,U}}-\delta v_{\mathrm{m,U}}\end{cases} \tag{3.137}$$

以主惯导和子惯导的速度差值为量测向量 $\boldsymbol{Z}_{v^n}=[Z_{v^n,\mathrm{E}},Z_{v^n,\mathrm{N}},Z_{v^n,\mathrm{U}}]^{\mathrm{T}}$，并将主惯导速度误差 $\delta v_{\mathrm{m,E}}$、$\delta v_{\mathrm{m,N}}$、$\delta v_{\mathrm{m,U}}$ 作为噪声处理，则根据式(3.137)可以得到量测模型

$$\begin{aligned}\boldsymbol{Z}_{v^n}&=\boldsymbol{H}_{v^n}\boldsymbol{X}+\boldsymbol{V}_{v^n}\\ &=\left[\begin{array}{ccc:ccc:ccc}0&0&0&1&0&0&0&\cdots&0\\0&0&0&0&1&0&0&\cdots&0\\0&0&0&0&0&1&0&\cdots&0\end{array}\right]\boldsymbol{X}+\begin{bmatrix}-\delta v_{\mathrm{m,E}}\\-\delta v_{\mathrm{m,N}}\\-\delta v_{\mathrm{m,U}}\end{bmatrix}\end{aligned} \tag{3.138}$$

式中，$\boldsymbol{V}_{v^n}=-[\delta v_{\mathrm{m,E}},\delta v_{\mathrm{m,N}},\delta v_{\mathrm{m,U}}]^{\mathrm{T}}$ 为量测噪声；$\boldsymbol{H}_{v^n}=[\boldsymbol{0}_{3\times3}\ \boldsymbol{I}_{3\times3}\ \boldsymbol{0}_{3\times3}\ \boldsymbol{0}_{3\times3}\ \boldsymbol{0}_{3\times3}\ \boldsymbol{0}_{3\times3}]$ 为量测矩阵。

② 位置匹配量测模型

主惯导和子惯导解算得到的位置 $\hat{\boldsymbol{p}}_{\mathrm{m}}^{n}=[\hat{L}_{\mathrm{m}},\hat{\lambda}_{\mathrm{m}},\hat{h}_{\mathrm{m}}]^{\mathrm{T}}$ 和 $\hat{\boldsymbol{p}}_{\mathrm{s}}^{n}=[\hat{L}_{\mathrm{s}},\hat{\lambda}_{\mathrm{s}},\hat{h}_{\mathrm{s}}]^{\mathrm{T}}$ 可分别表示为

$$\begin{cases}\hat{L}_{\mathrm{m}}=L_{\mathrm{m}}+\delta L_{\mathrm{m}}\\ \hat{\lambda}_{\mathrm{m}}=\lambda_{\mathrm{m}}+\delta\lambda_{\mathrm{m}}\\ \hat{h}_{\mathrm{m}}=h_{\mathrm{m}}+\delta h_{\mathrm{m}}\end{cases} \tag{3.139}$$

$$\begin{cases}\hat{L}_{\mathrm{s}}=L_{\mathrm{s}}+\delta L_{\mathrm{s}}\\ \hat{\lambda}_{\mathrm{s}}=\lambda_{\mathrm{s}}+\delta\lambda_{\mathrm{s}}\\ \hat{h}_{\mathrm{s}}=h_{\mathrm{s}}+\delta h_{\mathrm{s}}\end{cases} \tag{3.140}$$

式中，L_{m}、λ_{m}、h_{m} 和 L_{s}、λ_{s}、h_{s} 分别为主惯导和子惯导处的位置参数；δL_{m}、$\delta\lambda_{\mathrm{m}}$、$\delta h_{\mathrm{m}}$ 和 δL_{s}、$\delta\lambda_{\mathrm{s}}$、$\delta h_{\mathrm{s}}$ 分别表示主惯导和子惯导的位置误差。

忽略主惯导和子惯导安装位置差异的影响，认为主惯导和子惯导处的位置相等，即

$$\begin{cases}L_{\mathrm{m}}=L_{\mathrm{s}}\\ \lambda_{\mathrm{m}}=\lambda_{\mathrm{s}}\\ h_{\mathrm{m}}=h_{\mathrm{s}}\end{cases} \tag{3.141}$$

将主惯导和子惯导解算得到的位置作差，可得

$$\begin{cases}Z_{p^n,L}=\hat{L}_{\mathrm{s}}-\hat{L}_{\mathrm{m}}=(L_{\mathrm{s}}+\delta L_{\mathrm{s}})-(L_{\mathrm{m}}+\delta L_{\mathrm{m}})=\delta L_{\mathrm{s}}-\delta L_{\mathrm{m}}\\ Z_{p^n,\lambda}=\hat{\lambda}_{\mathrm{s}}-\hat{\lambda}_{\mathrm{m}}=(\lambda_{\mathrm{s}}+\delta\lambda_{\mathrm{s}})-(\lambda_{\mathrm{m}}+\delta\lambda_{\mathrm{m}})=\delta\lambda_{\mathrm{s}}-\delta\lambda_{\mathrm{m}}\\ Z_{p^n,h}=\hat{h}_{\mathrm{s}}-\hat{h}_{\mathrm{m}}=(h_{\mathrm{s}}+\delta h_{\mathrm{s}})-(h_{\mathrm{m}}+\delta h_{\mathrm{m}})=\delta h_{\mathrm{s}}-\delta h_{\mathrm{m}}\end{cases} \tag{3.142}$$

以主惯导和子惯导的位置差值 $\boldsymbol{Z}_{p^n}=[Z_{p^n,L},Z_{p^n,\lambda},Z_{p^n,h}]^{\mathrm{T}}$ 为量测向量，并将主惯导位置误差 δL_{m}、$\delta\lambda_{\mathrm{m}}$、$\delta h_{\mathrm{m}}$ 作为噪声处理，则根据式(3.142)可以得到量测模型

$$\begin{aligned}\boldsymbol{Z}_{p^n}&=\boldsymbol{H}_{p^n}\boldsymbol{X}+\boldsymbol{V}_{p^n}\\ &=\left[\begin{array}{ccc:ccc:ccc:ccc}0&0&0&0&0&0&1&0&0&0&\cdots&0\\0&0&0&0&0&0&0&1&0&0&\cdots&0\\0&0&0&0&0&0&0&0&1&0&\cdots&0\end{array}\right]\boldsymbol{X}+\begin{bmatrix}-\delta L_{\mathrm{m}}\\-\delta\lambda_{\mathrm{m}}\\-\delta h_{\mathrm{m}}\end{bmatrix}\end{aligned} \tag{3.143}$$

式中，$\boldsymbol{V}_{p^n}=-[\delta L_{\mathrm{m}},\delta\lambda_{\mathrm{m}},\delta h_{\mathrm{m}}]^{\mathrm{T}}$ 为量测噪声；$\boldsymbol{H}_{p^n}=[\boldsymbol{0}_{3\times3}\ \ \boldsymbol{0}_{3\times3}\ \ \boldsymbol{I}_{3\times3}\ \ \boldsymbol{0}_{3\times3}\ \ \boldsymbol{0}_{3\times3}\ \ \boldsymbol{0}_{3\times3}]$ 为量测矩阵。

③ 测量系下比力匹配量测模型

不考虑杆臂效应的影响时，主惯导和子惯导处的比力相等，记为 $\boldsymbol{f}$。根据坐标转换关系，可知

$$\boldsymbol{f}^m=\boldsymbol{C}_s^m\boldsymbol{f}^s \tag{3.144}$$

式中，$\boldsymbol{f}^m=[f_x^m,f_y^m,f_z^m]^{\mathrm{T}}$ 和 $\boldsymbol{f}^s=[f_x^s,f_y^s,f_z^s]^{\mathrm{T}}$ 分别表示比力 $\boldsymbol{f}$ 在 m 系和 s 系下的投影。

当主惯导和子惯导间的安装误差角 $\delta\alpha_x$、$\delta\alpha_y$、$\delta\alpha_z$ 为小角度时，坐标转换矩阵 $\boldsymbol{C}_s^m$ 可表示为

$$\begin{aligned}\boldsymbol{C}_s^m&=\boldsymbol{I}_{3\times3}+\boldsymbol{A}_{\delta\boldsymbol{\alpha}}\\ &=\begin{bmatrix}1&-\delta\alpha_z&\delta\alpha_y\\ \delta\alpha_z&1&-\delta\alpha_x\\ -\delta\alpha_y&\delta\alpha_x&1\end{bmatrix}\end{aligned} \tag{3.145}$$

式中，$\boldsymbol{A}_{\delta\boldsymbol{\alpha}}$ 为 $\delta\boldsymbol{\alpha}=[\delta\alpha_x,\delta\alpha_y,\delta\alpha_z]^{\mathrm{T}}$ 构成的反对称矩阵。

将式(3.145)代入式(3.144)中展开，可得

$$\begin{cases}f_x^m=f_x^s-\delta\alpha_z f_y^s+\delta\alpha_y f_z^s\\ f_y^m=\delta\alpha_z f_x^s+f_y^s-\delta\alpha_x f_z^s\\ f_z^m=-\delta\alpha_y f_x^s+\delta\alpha_x f_y^s+f_z^s\end{cases} \tag{3.146}$$

由于主惯导精度通常比子惯导高出多个数量级，所以可忽略主惯导加速度计的测量误差，并认为主惯导加速度计测量得到的比力 $\tilde{\boldsymbol{f}}^m=[\tilde{f}_x^m,\tilde{f}_y^m,\tilde{f}_z^m]^{\mathrm{T}}$ 等于比力 $\boldsymbol{f}$ 在 m 系下的投影，即

$$\begin{cases}\tilde{f}_x^m=f_x^m\\ \tilde{f}_y^m=f_y^m\\ \tilde{f}_z^m=f_z^m\end{cases} \tag{3.147}$$

而子惯导加速度计测量得到的比力 $\tilde{\boldsymbol{f}}^s=[\tilde{f}_x^s,\tilde{f}_y^s,\tilde{f}_z^s]^{\mathrm{T}}$ 中包含有零偏和测量噪声，即

$$\begin{cases}\tilde{f}_x^s=f_x^s+\nabla_{\mathrm{s},x}+w_{\nabla_{\mathrm{s}},x}\\ \tilde{f}_y^s=f_y^s+\nabla_{\mathrm{s},y}+w_{\nabla_{\mathrm{s}},y}\\ \tilde{f}_z^s=f_z^s+\nabla_{\mathrm{s},z}+w_{\nabla_{\mathrm{s}},z}\end{cases} \tag{3.148}$$

将主惯导和子惯导加速度计测得的比力作差，可得

$$\begin{cases}Z_{f^s,x}=\tilde{f}_x^s-\tilde{f}_x^m\\ \qquad=(f_x^s+\nabla_{\mathrm{s},x}+w_{\nabla_{\mathrm{s}},x})-(f_x^s-\delta\alpha_z f_y^s+\delta\alpha_y f_z^s)\\ \qquad=\nabla_{\mathrm{s},x}+f_y^s\delta\alpha_z-f_z^s\delta\alpha_y+w_{\nabla_{\mathrm{s}},x}\\ Z_{f^s,y}=\tilde{f}_y^s-\tilde{f}_y^m\\ \qquad=(f_y^s+\nabla_{\mathrm{s},y}+w_{\nabla_{\mathrm{s}},y})-(\delta\alpha_z f_x^s+f_y^s-\delta\alpha_x f_z^s)\\ \qquad=\nabla_{\mathrm{s},y}+f_z^s\delta\alpha_x-f_x^s\delta\alpha_z+w_{\nabla_{\mathrm{s}},y}\\ Z_{f^s,z}=\tilde{f}_z^s-\tilde{f}_z^m\\ \qquad=(f_z^s+\nabla_{\mathrm{s},z}+w_{\nabla_{\mathrm{s}},z})-(-\delta\alpha_y f_x^s+\delta\alpha_x f_y^s+f_z^s)\\ \qquad=\nabla_{\mathrm{s},z}+f_x^s\delta\alpha_y-f_y^s\delta\alpha_x+w_{\nabla_{\mathrm{s}},z}\end{cases} \tag{3.149}$$

然后，以主惯导和子惯导加速度计在各自测量坐标系下测得的比力差值为量测向量 $\boldsymbol{Z}_{f^s}=[Z_{f^s,x},Z_{f^s,y},Z_{f^s,z}]^{\mathrm{T}}$，并将子惯导加速度计测量噪声 $w_{\nabla_{\mathrm{s}},x}$、$w_{\nabla_{\mathrm{s}},y}$、$w_{\nabla_{\mathrm{s}},z}$ 作为量测噪声处理，则根据式(3.149)可以得到量测模型

$$\begin{aligned}\boldsymbol{Z}_{f^s}&=\boldsymbol{H}_{f^s}\boldsymbol{X}+\boldsymbol{V}_{f^s}\\ &=\left[\begin{array}{ccc|ccc|ccc}0&\cdots&0&1&0&0&0&-f_z^s&f_y^s\\ 0&\cdots&0&0&1&0&f_z^s&0&-f_x^s\\ 0&\cdots&0&0&0&1&-f_y^s&f_x^s&0\end{array}\right]\boldsymbol{X}+\begin{bmatrix}w_{\nabla_{\mathrm{s}},x}\\ w_{\nabla_{\mathrm{s}},y}\\ w_{\nabla_{\mathrm{s}},z}\end{bmatrix}\end{aligned} \tag{3.150}$$

式中，$\boldsymbol{V}_{f^s}=[w_{\nabla_{\mathrm{s}},x},w_{\nabla_{\mathrm{s}},y},w_{\nabla_{\mathrm{s}},z}]^{\mathrm{T}}$ 为量测噪声；$\boldsymbol{H}_{f^s}=[\boldsymbol{0}_{3\times3}\ \boldsymbol{0}_{3\times3}\ \boldsymbol{0}_{3\times3}\ \boldsymbol{0}_{3\times3}\ \boldsymbol{I}_{3\times3}\ \boldsymbol{A}_{f^s}]$ 为量测矩阵，$\boldsymbol{A}_{f^s}$ 为 $\boldsymbol{f}^s$ 构成的反对称矩阵。

④ 导航坐标系下比力匹配量测模型

受姿态失准角 $\boldsymbol{\varphi}_{\mathrm{s}}^n$ 影响，子惯导解算得到的姿态矩阵 $\hat{\boldsymbol{C}}_s^n$ 与实际的姿态矩阵 $\boldsymbol{C}_s^n$ 之间存在以下关系

$$
\begin{aligned}
\hat{\boldsymbol{C}}_s^n &= \left(\boldsymbol{I}_{3\times3} - \boldsymbol{\Phi}_s^n\right)\boldsymbol{C}_s^n \\
&= \begin{bmatrix} 1 & \phi_{\mathrm{s,U}} & -\phi_{\mathrm{s,N}} \\ -\phi_{\mathrm{s,U}} & 1 & \phi_{\mathrm{s,E}} \\ \phi_{\mathrm{s,N}} & -\phi_{\mathrm{s,E}} & 1 \end{bmatrix}\boldsymbol{C}_s^n
\end{aligned} \tag{3.151}
$$

式中，$\boldsymbol{\Phi}_{\mathrm{s}}^n$ 为 $\boldsymbol{\varphi}_{\mathrm{s}}^n = [\phi_{\mathrm{s,E}}, \phi_{\mathrm{s,N}}, \phi_{\mathrm{s,U}}]^{\mathrm{T}}$ 构成的反对称矩阵。

利用子惯导解算得到的姿态矩阵 $\hat{\boldsymbol{C}}_s^n$ 将加速度计测量的比力 $\tilde{\boldsymbol{f}}^s$ 投影到导航坐标系下，略去关于误差的二阶及二阶以上的小量可得

$$
\begin{aligned}
\hat{\boldsymbol{f}}_{\mathrm{s}}^n &= \hat{\boldsymbol{C}}_s^n \tilde{\boldsymbol{f}}^s \\
&= \left(\boldsymbol{I}_{3\times3} - \boldsymbol{\Phi}_{\mathrm{s}}^n\right)\boldsymbol{C}_s^n\left(\boldsymbol{f}^s + \nabla_{\mathrm{s}}^s + \boldsymbol{w}_{\nabla_{\mathrm{s}}}^s\right) \\
&\approx \left(\boldsymbol{I}_{3\times3} - \boldsymbol{\Phi}_{\mathrm{s}}^n\right)\boldsymbol{f}^n + \boldsymbol{C}_s^n\nabla_{\mathrm{s}}^s + \boldsymbol{C}_s^n\boldsymbol{w}_{\nabla_{\mathrm{s}}}^s
\end{aligned} \tag{3.152}
$$

式中，$\hat{\boldsymbol{f}}_{\mathrm{s}}^n = [\hat{f}_{\mathrm{s,E}}, \hat{f}_{\mathrm{s,N}}, \hat{f}_{\mathrm{s,U}}]^{\mathrm{T}}$，$\boldsymbol{f}^n = [f_{\mathrm{E}}, f_{\mathrm{N}}, f_{\mathrm{U}}]^{\mathrm{T}}$。

将式(3.151)代入式(3.152)中展开，可得

$$
\begin{cases}
\hat{f}_{\mathrm{s,E}} = f_{\mathrm{E}} + f_{\mathrm{N}}\phi_{\mathrm{s,U}} - f_{\mathrm{U}}\phi_{\mathrm{s,N}} + c_{11}(\nabla_{\mathrm{s},x} + w_{\nabla_{\mathrm{s}},x}) + c_{12}(\nabla_{\mathrm{s},y} + w_{\nabla_{\mathrm{s}},y}) + c_{13}(\nabla_{\mathrm{s},z} + w_{\nabla_{\mathrm{s}},z}) \\
\hat{f}_{\mathrm{s,N}} = -f_{\mathrm{E}}\phi_{\mathrm{s,U}} + f_{\mathrm{N}} + f_{\mathrm{U}}\phi_{\mathrm{s,E}} + c_{21}(\nabla_{\mathrm{s},x} + w_{\nabla_{\mathrm{s}},x}) + c_{22}(\nabla_{\mathrm{s},y} + w_{\nabla_{\mathrm{s}},y}) + c_{23}(\nabla_{\mathrm{s},z} + w_{\nabla_{\mathrm{s}},z}) \\
\hat{f}_{\mathrm{s,U}} = f_{\mathrm{E}}\phi_{\mathrm{s,N}} - f_{\mathrm{N}}\phi_{\mathrm{s,E}} + f_{\mathrm{U}} + c_{31}(\nabla_{\mathrm{s},x} + w_{\nabla_{\mathrm{s}},x}) + c_{32}(\nabla_{\mathrm{s},y} + w_{\nabla_{\mathrm{s}},y}) + c_{33}(\nabla_{\mathrm{s},z} + w_{\nabla_{\mathrm{s}},z})
\end{cases} \tag{3.153}
$$

利用主惯导解算得到的姿态矩阵 $\hat{\boldsymbol{C}}_m^n$ 将加速度计测量的比力 $\tilde{\boldsymbol{f}}^m$ 投影到导航坐标系，可得

$$
\hat{\boldsymbol{f}}_{\mathrm{m}}^n = \hat{\boldsymbol{C}}_m^n \tilde{\boldsymbol{f}}^m \tag{3.154}
$$

式中，$\hat{\boldsymbol{f}}_{\mathrm{m}}^n = [\hat{f}_{\mathrm{m,E}}, \hat{f}_{\mathrm{m,N}}, \hat{f}_{\mathrm{m,U}}]^{\mathrm{T}}$。不考虑杆臂效应的影响时，主惯导和子惯导处的比力相等，并且由于主惯导精度较高，所以 $\hat{\boldsymbol{f}}_{\mathrm{m}}^n$ 可被视为子惯导处比力在导航坐标系下的理想值，即 $\hat{\boldsymbol{f}}_{\mathrm{m}}^n = \boldsymbol{f}^n$，展开后可得

$$
\begin{cases}
\hat{f}_{\mathrm{m,E}} = f_{\mathrm{E}} \\
\hat{f}_{\mathrm{m,N}} = f_{\mathrm{N}} \\
\hat{f}_{\mathrm{m,U}} = f_{\mathrm{U}}
\end{cases} \tag{3.155}
$$

将式(3.153)和式(3.155)作差，可得

$$
\begin{cases}
Z_{f^n,\mathrm{E}} = \hat{f}_{\mathrm{s,E}} - \hat{f}_{\mathrm{m,E}} \\
\quad = f_{\mathrm{E}} + f_{\mathrm{N}}\phi_{\mathrm{s,U}} - f_{\mathrm{U}}\phi_{\mathrm{s,N}} + c_{11}(\nabla_{\mathrm{s},x} + w_{\nabla_{\mathrm{s}},x}) + c_{12}(\nabla_{\mathrm{s},y} + w_{\nabla_{\mathrm{s}},y}) + c_{13}(\nabla_{\mathrm{s},z} + w_{\nabla_{\mathrm{s}},z}) - f_{\mathrm{E}} \\
\quad = f_{\mathrm{N}}\phi_{\mathrm{s,U}} - f_{\mathrm{U}}\phi_{\mathrm{s,N}} + c_{11}(\nabla_{\mathrm{s},x} + w_{\nabla_{\mathrm{s}},x}) + c_{12}(\nabla_{\mathrm{s},y} + w_{\nabla_{\mathrm{s}},y}) + c_{13}(\nabla_{\mathrm{s},z} + w_{\nabla_{\mathrm{s}},z}) \\
Z_{f^n,\mathrm{N}} = \hat{f}_{\mathrm{s,N}} - \hat{f}_{\mathrm{m,N}} \\
\quad = -f_{\mathrm{E}}\phi_{\mathrm{s,U}} + f_{\mathrm{N}} + f_{\mathrm{U}}\phi_{\mathrm{s,E}} + c_{21}(\nabla_{\mathrm{s},x} + w_{\nabla_{\mathrm{s}},x}) + c_{22}(\nabla_{\mathrm{s},y} + w_{\nabla_{\mathrm{s}},y}) + c_{23}(\nabla_{\mathrm{s},z} + w_{\nabla_{\mathrm{s}},z}) - f_{\mathrm{N}} \\
\quad = -f_{\mathrm{E}}\phi_{\mathrm{s,U}} + f_{\mathrm{U}}\phi_{\mathrm{s,E}} + c_{21}(\nabla_{\mathrm{s},x} + w_{\nabla_{\mathrm{s}},x}) + c_{22}(\nabla_{\mathrm{s},y} + w_{\nabla_{\mathrm{s}},y}) + c_{23}(\nabla_{\mathrm{s},z} + w_{\nabla_{\mathrm{s}},z}) \\
Z_{f^n,\mathrm{U}} = \hat{f}_{\mathrm{s,U}} - \hat{f}_{\mathrm{m,U}} \\
\quad = f_{\mathrm{E}}\phi_{\mathrm{s,N}} - f_{\mathrm{N}}\phi_{\mathrm{s,E}} + f_{\mathrm{U}} + c_{31}(\nabla_{\mathrm{s},x} + w_{\nabla_{\mathrm{s}},x}) + c_{32}(\nabla_{\mathrm{s},y} + w_{\nabla_{\mathrm{s}},y}) + c_{33}(\nabla_{\mathrm{s},z} + w_{\nabla_{\mathrm{s}},z}) - f_{\mathrm{U}} \\
\quad = f_{\mathrm{E}}\phi_{\mathrm{s,N}} - f_{\mathrm{N}}\phi_{\mathrm{s,E}} + c_{31}(\nabla_{\mathrm{s},x} + w_{\nabla_{\mathrm{s}},x}) + c_{32}(\nabla_{\mathrm{s},y} + w_{\nabla_{\mathrm{s}},y}) + c_{33}(\nabla_{\mathrm{s},z} + w_{\nabla_{\mathrm{s}},z})
\end{cases} \tag{3.156}
$$

然后，以主惯导和子惯导在导航坐标系下的比力差值为量测向量 $\boldsymbol{Z}_{f^n}=[Z_{f^n,\mathrm{E}},Z_{f^n,\mathrm{N}},Z_{f^n,\mathrm{U}}]^{\mathrm{T}}$，并将子惯导加速度计量测噪声 $w_{\nabla_s,x}$、$w_{\nabla_s,y}$、$w_{\nabla_s,z}$ 作为量测噪声处理，则根据式(3.156)可以得到量测模型

$$\boldsymbol{Z}_{f^n}=\boldsymbol{H}_{f^n}\boldsymbol{X}+\boldsymbol{V}_{f^n}$$
$$=\left[\begin{array}{ccc|ccc|ccc|ccc} 0 & -f_{\mathrm{U}} & f_{\mathrm{N}} & 0 & \cdots & 0 & c_{11} & c_{12} & c_{13} & 0 & 0 & 0 \\ f_{\mathrm{U}} & 0 & -f_{\mathrm{E}} & 0 & \cdots & 0 & c_{21} & c_{22} & c_{23} & 0 & 0 & 0 \\ -f_{\mathrm{N}} & f_{\mathrm{E}} & 0 & 0 & \cdots & 0 & c_{31} & c_{32} & c_{33} & 0 & 0 & 0 \end{array}\right]\boldsymbol{X}+\begin{bmatrix} c_{11} & c_{12} & c_{13} \\ c_{21} & c_{22} & c_{23} \\ c_{31} & c_{32} & c_{33} \end{bmatrix}\begin{bmatrix} w_{\nabla_s,x} \\ w_{\nabla_s,y} \\ w_{\nabla_s,z} \end{bmatrix} \tag{3.157}$$

式中，$\boldsymbol{V}_{f^n}=\boldsymbol{C}_s^n\boldsymbol{w}_{\nabla_s}^s$ 为量测噪声；$\boldsymbol{H}_{f^n}=[\boldsymbol{F}\ \boldsymbol{0}_{3\times3}\ \boldsymbol{0}_{3\times3}\ \boldsymbol{0}_{3\times3}\ \boldsymbol{C}_s^n\ \boldsymbol{0}_{3\times3}]$ 为量测矩阵。

（2）角运动参数匹配方式

常用的匹配参数中角速度和姿态角直接反映的是载体“角运动”，所以这些匹配方式均属于角运动参数匹配方式的类别，它们之间的相互联系如图 3.34 所示。

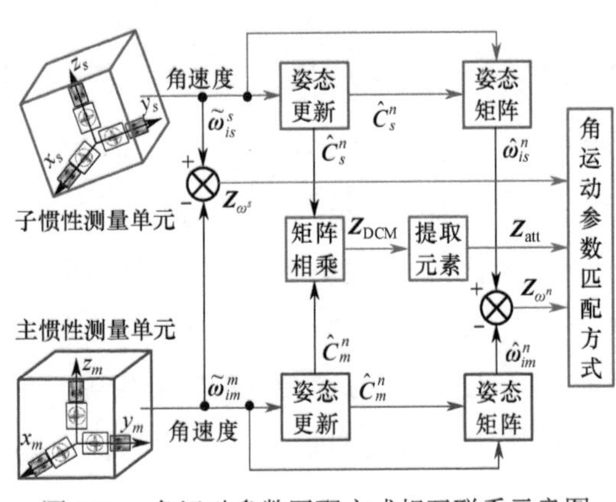

图 3.34 角运动参数匹配方式相互联系示意图

① 将主惯导和子惯导在各自敏感轴确定的坐标系 m 系和 s 系下测定的角速度 $\tilde{\boldsymbol{\omega}}_{im}^m$ 和 $\tilde{\boldsymbol{\omega}}_{is}^s$ 直接作差，则有 $\boldsymbol{Z}_{\omega^s}=\tilde{\boldsymbol{\omega}}_{is}^s-\tilde{\boldsymbol{\omega}}_{im}^m$。这样，以 $\boldsymbol{Z}_{\omega^s}$ 为传递对准滤波器量测向量的匹配方式称为测量坐标系下角速度匹配方式。

② 利用主惯导和子惯导的姿态矩阵 $\hat{\boldsymbol{C}}_m^n$ 和 $\hat{\boldsymbol{C}}_s^n$ 分别将陀螺仪输出的角速度 $\tilde{\boldsymbol{\omega}}_{im}^m$ 和 $\tilde{\boldsymbol{\omega}}_{is}^s$ 投影到导航坐标系下，则有 $\hat{\boldsymbol{\omega}}_{im}^n=\hat{\boldsymbol{C}}_m^n\tilde{\boldsymbol{\omega}}_{im}^m$ 和 $\hat{\boldsymbol{\omega}}_{is}^n=\hat{\boldsymbol{C}}_s^n\tilde{\boldsymbol{\omega}}_{is}^s$。这样，以 $\hat{\boldsymbol{\omega}}_{im}^n$ 和 $\hat{\boldsymbol{\omega}}_{is}^n$ 的差值 $\boldsymbol{Z}_{\omega^n}=\hat{\boldsymbol{\omega}}_{is}^n-\hat{\boldsymbol{\omega}}_{im}^n$ 为传递对准滤波器量测向量的匹配方式称为导航坐标系下角速度匹配方式。

③ 利用主惯导和子惯导陀螺仪输出的角速度 $\tilde{\boldsymbol{\omega}}_{im}^m$ 和 $\tilde{\boldsymbol{\omega}}_{is}^s$ 分别计算得到姿态角速度 $\hat{\boldsymbol{\omega}}_{nm}^m=\tilde{\boldsymbol{\omega}}_{im}^m-\hat{\boldsymbol{C}}_n^m(\boldsymbol{\omega}_{ie}^n+\boldsymbol{\omega}_{en}^n)$ 和 $\hat{\boldsymbol{\omega}}_{ns}^s=\tilde{\boldsymbol{\omega}}_{is}^s-\hat{\boldsymbol{C}}_n^s(\boldsymbol{\omega}_{ie}^n+\boldsymbol{\omega}_{en}^n)$；然后，根据姿态矩阵微分方程 $\dot{\hat{\boldsymbol{C}}}_m^n=\hat{\boldsymbol{C}}_m^n\hat{\boldsymbol{\Omega}}_{nm}^m$ 和 $\dot{\hat{\boldsymbol{C}}}_s^n=\hat{\boldsymbol{C}}_s^n\hat{\boldsymbol{\Omega}}_{ns}^s$ 分别完成主惯导和子惯导姿态更新（$\hat{\boldsymbol{\Omega}}_{nm}^m$ 和 $\hat{\boldsymbol{\Omega}}_{ns}^s$ 分别表示 $\hat{\boldsymbol{\omega}}_{nm}^m$ 和 $\hat{\boldsymbol{\omega}}_{ns}^s$ 构成的反对称矩阵），从而计算得到主惯导和子惯导的姿态矩阵 $\hat{\boldsymbol{C}}_m^n$ 和 $\hat{\boldsymbol{C}}_s^n$；进一步，将主惯导和子惯导解算的姿态矩阵 $\hat{\boldsymbol{C}}_m^n$ 和 $\hat{\boldsymbol{C}}_s^n$ 相乘后计算得到姿态匹配量测矩阵 $\boldsymbol{Z}_{\mathrm{DCM}}=\hat{\boldsymbol{C}}_m^n(\hat{\boldsymbol{C}}_s^n)^{\mathrm{T}}$，并从姿态匹配量测矩阵 $\boldsymbol{Z}_{\mathrm{DCM}}$ 的非对角线元素中提取出 $\boldsymbol{Z}_{\mathrm{att}}$。这样，以 $\boldsymbol{Z}_{\mathrm{att}}$ 为传递对准滤波器量测向量的匹配方式称为姿态匹配方式。

可见，这三种角运动参数匹配方式都直接或间接利用了主惯导和子惯导陀螺仪输出的角速度作为匹配量，区别在于匹配之前所经过的计算环节的复杂性不同，其中，测量坐标系下角速度匹配方式在匹配之前无须经过计算环节处理，而后两种角运动参数匹配方式在匹配之前所经过的计算环节的复杂性依次递增。下面分别介绍这三种匹配方式的量测模型。

① 姿态匹配量测模型

利用主惯导和子惯导的名义安装矩阵 $\hat{\boldsymbol{C}}_m^s$ 以及主惯导和子惯导解算得到的姿态矩阵 $\hat{\boldsymbol{C}}_m^n$、$\hat{\boldsymbol{C}}_s^n$ 相乘，构造得到姿态匹配量测矩阵为

$$\boldsymbol{Z}_{\mathrm{DCM}}=\ddot{\boldsymbol{C}}_m^n(\ddot{\boldsymbol{C}}_s^n\ddot{\boldsymbol{C}}_m^s)^{\mathrm{T}} \tag{3.158}$$

受姿态失准角影响，主惯导和子惯导解算得到的姿态矩阵 $\hat{\boldsymbol{C}}_m^n$ 和 $\hat{\boldsymbol{C}}_s^n$ 与各自实际的姿态矩阵 $\boldsymbol{C}_m^n$ 和 $\boldsymbol{C}_s^n$ 存在以下关系

$$\hat{\boldsymbol{C}}_m^n=\left(\boldsymbol{I}_{3\times3}-\boldsymbol{\Phi}_{\mathrm{m}}^n\right)\boldsymbol{C}_m^n \tag{3.159}$$

$$\hat{\boldsymbol{C}}_s^n=\left(\boldsymbol{I}_{3\times3}-\boldsymbol{\Phi}_{\mathrm{s}}^n\right)\boldsymbol{C}_s^n \tag{3.160}$$

式中，$\boldsymbol{\Phi}_{\mathrm{m}}^n$ 和 $\boldsymbol{\Phi}_{\mathrm{s}}^n$ 分别为主惯导姿态失准角 $\boldsymbol{\varphi}_{\mathrm{m}}^n=[\phi_{\mathrm{m,E}},\phi_{\mathrm{m,N}},\phi_{\mathrm{m,U}}]^{\mathrm{T}}$ 和子惯导姿态失准角 $\boldsymbol{\varphi}_{\mathrm{s}}^n=[\phi_{\mathrm{s,E}},\phi_{\mathrm{s,N}},\phi_{\mathrm{s,U}}]^{\mathrm{T}}$ 构成的反对称矩阵。

而受安装误差角影响，主惯导和子惯导的名义安装矩阵 $\hat{\boldsymbol{C}}_m^s$ 与实际安装矩阵 $\boldsymbol{C}_m^s$ 存在以下关系

$$\hat{\boldsymbol{C}}_m^s=\left(\boldsymbol{I}_{3\times3}+\boldsymbol{A}_{\delta\alpha}\right)\boldsymbol{C}_m^s \tag{3.161}$$

将式(3.159)～式(3.161)代入式(3.158)中，并略去关于误差的二阶及二阶以上的小量可得

$$\begin{aligned}\boldsymbol{Z}_{\mathrm{DCM}}&=\left(\boldsymbol{I}_{3\times3}-\boldsymbol{\Phi}_{\mathrm{m}}^n\right)\boldsymbol{C}_m^n\left[\left(\boldsymbol{I}_{3\times3}-\boldsymbol{\Phi}_{\mathrm{s}}^n\right)\boldsymbol{C}_s^n\left(\boldsymbol{I}_{3\times3}+\boldsymbol{A}_{\delta\alpha}\right)\boldsymbol{C}_m^s\right]^{\mathrm{T}}\\&=\left(\boldsymbol{I}_{3\times3}-\boldsymbol{\Phi}_{\mathrm{m}}^n\right)\boldsymbol{C}_m^n\boldsymbol{C}_s^m\left(\boldsymbol{I}_{3\times3}-\boldsymbol{A}_{\delta\alpha}\right)\boldsymbol{C}_n^s\left(\boldsymbol{I}_{3\times3}+\boldsymbol{\Phi}_{\mathrm{s}}^n\right)\\&\approx\boldsymbol{I}_{3\times3}+\boldsymbol{\Phi}_{\mathrm{s}}^n-\boldsymbol{C}_s^n\boldsymbol{A}_{\delta\alpha}\boldsymbol{C}_n^s-\boldsymbol{\Phi}_{\mathrm{m}}^n\end{aligned} \tag{3.162}$$

由于 $\boldsymbol{\Phi}_{\mathrm{m}}^n$、$\boldsymbol{\Phi}_{\mathrm{s}}^n$ 和 $\boldsymbol{A}_{\delta\alpha}$ 的具体形式分别为

$$\boldsymbol{\Phi}_{\mathrm{m}}^n=\begin{bmatrix}0&-\phi_{\mathrm{m,U}}&\phi_{\mathrm{m,N}}\\\phi_{\mathrm{m,U}}&0&-\phi_{\mathrm{m,E}}\\-\phi_{\mathrm{m,N}}&\phi_{\mathrm{m,E}}&0\end{bmatrix} \tag{3.163}$$

$$\boldsymbol{\Phi}_{\mathrm{s}}^n=\begin{bmatrix}0&-\phi_{\mathrm{s,U}}&\phi_{\mathrm{s,N}}\\\phi_{\mathrm{s,U}}&0&-\phi_{\mathrm{s,E}}\\-\phi_{\mathrm{s,N}}&\phi_{\mathrm{s,E}}&0\end{bmatrix} \tag{3.164}$$

$$\boldsymbol{A}_{\delta\alpha}=\begin{bmatrix}0&-\delta\alpha_z&\delta\alpha_y\\\delta\alpha_z&0&-\delta\alpha_x\\-\delta\alpha_y&\delta\alpha_x&0\end{bmatrix} \tag{3.165}$$

所以将式(3.163)～式(3.165)代入式(3.162)，便可得到

$$\begin{cases}\boldsymbol{Z}_{\mathrm{DCM}}(1,1)=\boldsymbol{Z}_{\mathrm{DCM}}(2,2)=\boldsymbol{Z}_{\mathrm{DCM}}(3,3)=1\\\boldsymbol{Z}_{\mathrm{DCM}}(2,1)=-\boldsymbol{Z}_{\mathrm{DCM}}(1,2)=\phi_{\mathrm{s,U}}-c_{31}\delta\alpha_x-c_{32}\delta\alpha_y-c_{33}\delta\alpha_z-\phi_{\mathrm{m,U}}\\\boldsymbol{Z}_{\mathrm{DCM}}(1,3)=-\boldsymbol{Z}_{\mathrm{DCM}}(3,1)=\phi_{\mathrm{s,N}}-c_{21}\delta\alpha_x-c_{22}\delta\alpha_y-c_{23}\delta\alpha_z-\phi_{\mathrm{m,N}}\\\boldsymbol{Z}_{\mathrm{DCM}}(3,2)=-\boldsymbol{Z}_{\mathrm{DCM}}(2,3)=\phi_{\mathrm{s,E}}-c_{11}\delta\alpha_x-c_{12}\delta\alpha_y-c_{13}\delta\alpha_z-\phi_{\mathrm{m,E}}\end{cases} \tag{3.166}$$

式中，$c_{ij}(i=1,2,3;j=1,2,3)$ 表示子惯导姿态矩阵 $\boldsymbol{C}_s^n$ 的第 i 行、第 j 列元素；$\boldsymbol{Z}_{\mathrm{DCM}}(i,j)(i=1,2,3;j=1,2,3)$ 表示 $\boldsymbol{Z}_{\mathrm{DCM}}$ 的第 i 行、第 j 列元素。

联合式(3.162)和式(3.166)可知，姿态匹配量测矩阵 $\boldsymbol{Z}_{\mathrm{DCM}}$ 可表示为一个单位矩阵 $\boldsymbol{I}_{3\times3}$ 和一个反对称矩阵的和，且该反对称矩阵所对应的矢量 $\boldsymbol{Z}_{\mathrm{att}}=[Z_{\mathrm{att,E}},Z_{\mathrm{att,N}},Z_{\mathrm{att,U}}]^{\mathrm{T}}$ 可表示为

$$\boldsymbol{Z}_{\text{att}}=\begin{bmatrix}Z_{\text{att,E}}\\Z_{\text{att,N}}\\Z_{\text{att,U}}\end{bmatrix}=\frac{1}{2}\begin{bmatrix}\boldsymbol{Z}_{\text{DCM}}(3,2)-\boldsymbol{Z}_{\text{DCM}}(2,3)\\\boldsymbol{Z}_{\text{DCM}}(1,3)-\boldsymbol{Z}_{\text{DCM}}(3,1)\\\boldsymbol{Z}_{\text{DCM}}(2,1)-\boldsymbol{Z}_{\text{DCM}}(1,2)\end{bmatrix}$$
$$=\begin{bmatrix}\phi_{\text{s,E}}-c_{11}\delta\alpha_x-c_{12}\delta\alpha_y-c_{13}\delta\alpha_z-\phi_{\text{m,E}}\\\phi_{\text{s,N}}-c_{21}\delta\alpha_x-c_{22}\delta\alpha_y-c_{23}\delta\alpha_z-\phi_{\text{m,N}}\\\phi_{\text{s,U}}-c_{31}\delta\alpha_x-c_{32}\delta\alpha_y-c_{33}\delta\alpha_z-\phi_{\text{m,U}}\end{bmatrix}\tag{3.167}$$

以 $\boldsymbol{Z}_{\text{att}}=[Z_{\text{att,E}},Z_{\text{att,N}},Z_{\text{att,U}}]^{\text{T}}$ 为量测向量，并将主惯导姿态失准角 $\phi_{\text{m,E}}$、$\phi_{\text{m,N}}$、$\phi_{\text{m,U}}$ 作为噪声处理，则根据式(3.167)可以得到量测模型

$$\boldsymbol{Z}_{\text{att}}=\boldsymbol{H}_{\text{att}}\boldsymbol{X}+\boldsymbol{V}_{\text{att}}$$
$$=\left[\begin{array}{ccc|ccc|ccc}1&0&0&0&\cdots&0&-c_{11}&-c_{12}&-c_{13}\\0&1&0&0&\cdots&0&-c_{21}&-c_{22}&-c_{23}\\0&0&1&0&\cdots&0&-c_{31}&-c_{32}&-c_{33}\end{array}\right]\boldsymbol{X}+\begin{bmatrix}-\phi_{\text{m,E}}\\-\phi_{\text{m,N}}\\-\phi_{\text{m,U}}\end{bmatrix}\tag{3.168}$$

式中，$\boldsymbol{V}_{\text{att}}=-[\phi_{\text{m,E}},\phi_{\text{m,N}},\phi_{\text{m,U}}]^{\text{T}}$ 为量测噪声；$\boldsymbol{H}_{\text{att}}=[\boldsymbol{I}_{3\times3}\ \ \boldsymbol{0}_{3\times3}\ \ \boldsymbol{0}_{3\times3}\ \ \boldsymbol{0}_{3\times3}\ \ \boldsymbol{0}_{3\times3}\ \ -\boldsymbol{C}_s^n]$ 为量测矩阵。

② 测量系下角速度匹配量测模型

不考虑挠曲变形角速度的影响时，主惯导和子惯导处的角速度相等，记为 $\boldsymbol{\omega}_{ib}$。根据坐标转换关系，可知

$$\boldsymbol{\omega}_{ib}^m=\boldsymbol{C}_s^m\boldsymbol{\omega}_{ib}^s\tag{3.169}$$

式中，$\boldsymbol{\omega}_{ib}^m=[\omega_{ib,x}^m,\omega_{ib,y}^m,\omega_{ib,z}^m]^{\text{T}}$ 和 $\boldsymbol{\omega}_{ib}^s=[\omega_{ib,x}^s,\omega_{ib,y}^s,\omega_{ib,z}^s]^{\text{T}}$ 分别表示角速度 $\boldsymbol{\omega}_{ib}$ 在 m 系和 s 系下的投影。

当主惯导和子惯导间的安装误差角 $\delta\alpha_x$、$\delta\alpha_y$、$\delta\alpha_z$ 为小角度时，坐标转换矩阵 $\boldsymbol{C}_s^m$ 可表示为

$$\boldsymbol{C}_s^m=\boldsymbol{I}_{3\times3}+\boldsymbol{A}_{\delta\boldsymbol{\alpha}}$$
$$=\begin{bmatrix}1&-\delta\alpha_z&\delta\alpha_y\\\delta\alpha_z&1&-\delta\alpha_x\\-\delta\alpha_y&\delta\alpha_x&1\end{bmatrix}\tag{3.170}$$

将式(3.170)代入式(3.169)中展开，可得

$$\begin{cases}\omega_{ib,x}^m=\omega_{ib,x}^s-\delta\alpha_z\omega_{ib,y}^s+\delta\alpha_y\omega_{ib,z}^s\\\omega_{ib,y}^m=\delta\alpha_z\omega_{ib,x}^s+\omega_{ib,y}^s-\delta\alpha_x\omega_{ib,z}^s\\\omega_{ib,z}^m=-\delta\alpha_y\omega_{ib,x}^s+\delta\alpha_x\omega_{ib,y}^s+\omega_{ib,z}^s\end{cases}\tag{3.171}$$

由于主惯导精度通常比子惯导高出多个数量级，所以可忽略主惯导陀螺仪的测量误差，并认为主惯导陀螺仪测量得到的角速度 $\tilde{\boldsymbol{\omega}}_{im}^m=[\tilde{\omega}_{im,x}^m,\tilde{\omega}_{im,y}^m,\tilde{\omega}_{im,z}^m]^{\text{T}}$ 等于角速度 $\boldsymbol{\omega}_{ib}$ 在 m 系下的投影，即

$$\begin{cases}\tilde{\omega}_{im,x}^m=\omega_{ib,x}^m\\\tilde{\omega}_{im,y}^m=\omega_{ib,y}^m\\\tilde{\omega}_{im,z}^m=\omega_{ib,z}^m\end{cases}\tag{3.172}$$

而子惯导陀螺仪测量得到的角速度 $\tilde{\boldsymbol{\omega}}_{is}^{s}=[\tilde{\omega}_{is,x}^{s},\tilde{\omega}_{is,y}^{s},\tilde{\omega}_{is,z}^{s}]^{\mathrm{T}}$ 中包含零偏和量测噪声，即

$$\begin{cases}\tilde{\omega}_{is,x}^{s}=\omega_{is,x}^{s}+\varepsilon_{\mathrm{s},x}+w_{\varepsilon_{\mathrm{s}},x}=\omega_{ib,x}^{s}+\varepsilon_{\mathrm{s},x}+w_{\varepsilon_{\mathrm{s}},x}\\ \tilde{\omega}_{is,y}^{s}=\omega_{is,y}^{s}+\varepsilon_{\mathrm{s},y}+w_{\varepsilon_{\mathrm{s}},y}=\omega_{ib,y}^{s}+\varepsilon_{\mathrm{s},y}+w_{\varepsilon_{\mathrm{s}},y}\\ \tilde{\omega}_{is,z}^{s}=\omega_{is,z}^{s}+\varepsilon_{\mathrm{s},z}+w_{\varepsilon_{\mathrm{s}},z}=\omega_{ib,z}^{s}+\varepsilon_{\mathrm{s},z}+w_{\varepsilon_{\mathrm{s}},z}\end{cases}\tag{3.173}$$

将主惯导陀螺仪和子惯导陀螺仪测得的角速度作差，可得

$$\begin{cases}Z_{\omega^{s},x}=\tilde{\omega}_{is,x}^{s}-\tilde{\omega}_{im,x}^{m}\\ \quad=(\omega_{ib,x}^{s}+\varepsilon_{\mathrm{s},x}+w_{\varepsilon_{\mathrm{s}},x})-(\omega_{ib,x}^{s}-\delta\alpha_{z}\omega_{ib,y}^{s}+\delta\alpha_{y}\omega_{ib,z}^{s})\\ \quad=\varepsilon_{\mathrm{s},x}+\omega_{ib,y}^{s}\delta\alpha_{z}-\omega_{ib,z}^{s}\delta\alpha_{y}+w_{\varepsilon_{\mathrm{s}},x}\\ Z_{\omega^{s},y}=\tilde{\omega}_{is,y}^{s}-\tilde{\omega}_{im,y}^{m}\\ \quad=(\omega_{ib,y}^{s}+\varepsilon_{\mathrm{s},y}+w_{\varepsilon_{\mathrm{s}},y})-(\delta\alpha_{z}\omega_{ib,x}^{s}+\omega_{ib,y}^{s}-\delta\alpha_{x}\omega_{ib,z}^{s})\\ \quad=\varepsilon_{\mathrm{s},y}+\omega_{ib,z}^{s}\delta\alpha_{x}-\omega_{ib,x}^{s}\delta\alpha_{z}+w_{\varepsilon_{\mathrm{s}},y}\\ Z_{\omega^{s},z}=\tilde{\omega}_{is,z}^{s}-\tilde{\omega}_{im,z}^{m}\\ \quad=(\omega_{ib,z}^{s}+\varepsilon_{\mathrm{s},z}+w_{\varepsilon_{\mathrm{s}},z})-(-\delta\alpha_{y}\omega_{ib,x}^{s}+\delta\alpha_{x}\omega_{ib,y}^{s}+\omega_{ib,z}^{s})\\ \quad=\varepsilon_{\mathrm{s},z}+\omega_{ib,x}^{s}\delta\alpha_{y}-\omega_{ib,y}^{s}\delta\alpha_{x}+w_{\varepsilon_{\mathrm{s}},z}\end{cases}\tag{3.174}$$

然后，以主惯导和子惯导陀螺仪在各自测量坐标系下测得的角速度差值为量测向量 $\boldsymbol{Z}_{\omega^{s}}=[Z_{\omega^{s},x},Z_{\omega^{s},y},Z_{\omega^{s},z}]^{\mathrm{T}}$，并将子惯导陀螺仪量测噪声 $w_{\varepsilon_{\mathrm{s}},x}$、$w_{\varepsilon_{\mathrm{s}},y}$、$w_{\varepsilon_{\mathrm{s}},z}$ 作为量测噪声处理，则根据式(3.174)可以得到量测模型

$$\begin{aligned}\boldsymbol{Z}_{\omega^{s}}&=\boldsymbol{H}_{\omega^{s}}\boldsymbol{X}+\boldsymbol{V}_{\omega^{s}}\\&=\left[\begin{array}{c|ccc|ccc|ccc}0\cdots0&1&0&0&0&0&0&0&-\omega_{ib,z}^{s}&\omega_{ib,y}^{s}\\0\cdots0&0&1&0&0&0&0&\omega_{ib,z}^{s}&0&-\omega_{ib,x}^{s}\\0\cdots0&0&0&1&0&0&0&-\omega_{ib,y}^{s}&\omega_{ib,x}^{s}&0\end{array}\right]\boldsymbol{X}+\begin{bmatrix}w_{\varepsilon_{\mathrm{s}},x}\\w_{\varepsilon_{\mathrm{s}},y}\\w_{\varepsilon_{\mathrm{s}},z}\end{bmatrix}\end{aligned}\tag{3.175}$$

式中，$\boldsymbol{V}_{\omega^{s}}=[w_{\varepsilon_{\mathrm{s}},x},w_{\varepsilon_{\mathrm{s}},y},w_{\varepsilon_{\mathrm{s}},z}]^{\mathrm{T}}$ 为量测噪声；$\boldsymbol{H}_{\omega^{s}}=[\boldsymbol{0}_{3\times3}\ \boldsymbol{0}_{3\times3}\ \boldsymbol{0}_{3\times3}\ \boldsymbol{I}_{3\times3}\ \boldsymbol{0}_{3\times3}\ \boldsymbol{\Omega}_{ib}^{s}]$ 为量测矩阵，$\boldsymbol{\Omega}_{ib}^{s}$ 为 $\boldsymbol{\omega}_{ib}^{s}$ 构成的反对称矩阵。

③ 导航系下角速度匹配量测模型

受姿态失准角 $\boldsymbol{\varphi}_{s}^{n}$ 影响，子惯导解算得到的姿态矩阵 $\hat{\boldsymbol{C}}_{s}^{n}$ 与实际的姿态矩阵 $\boldsymbol{C}_{s}^{n}$ 之间存在以下关系

$$\begin{aligned}\hat{\boldsymbol{C}}_{s}^{n}&=\left(\boldsymbol{I}_{3\times3}-\boldsymbol{\Phi}_{\mathrm{s}}^{n}\right)\boldsymbol{C}_{s}^{n}\\&=\begin{bmatrix}1&\phi_{\mathrm{s,U}}&-\phi_{\mathrm{s,N}}\\-\phi_{\mathrm{s,U}}&1&\phi_{\mathrm{s,E}}\\\phi_{\mathrm{s,N}}&-\phi_{\mathrm{s,E}}&1\end{bmatrix}\boldsymbol{C}_{s}^{n}\end{aligned}\tag{3.176}$$

式中，$\boldsymbol{\Phi}_{\mathrm{s}}^{n}$ 为 $\boldsymbol{\varphi}_{\mathrm{s}}^{n}=[\phi_{\mathrm{s,E}},\phi_{\mathrm{s,N}},\phi_{\mathrm{s,U}}]^{\mathrm{T}}$ 构成的反对称矩阵。

利用子惯导解算得到的姿态矩阵 $\hat{\boldsymbol{C}}_{s}^{n}$ 将陀螺仪测量的角速度 $\tilde{\boldsymbol{\omega}}_{is}^{s}$ 投影到导航坐标系下，略

去关于误差的二阶及二阶以上的小量可得

$$\begin{aligned}\hat{\boldsymbol{\omega}}_{is}^{n} &= \hat{\boldsymbol{C}}_{s}^{n}\tilde{\boldsymbol{\omega}}_{is}^{s} \\ &= \left(\boldsymbol{I}_{3\times3}-\boldsymbol{\Phi}_{\mathrm{s}}^{n}\right)\boldsymbol{C}_{s}^{n}\left(\boldsymbol{\omega}_{is}^{s}+\boldsymbol{\varepsilon}_{\mathrm{s}}^{s}+\boldsymbol{w}_{\varepsilon_{\mathrm{s}}}^{s}\right) \\ &\approx \left(\boldsymbol{I}_{3\times3}-\boldsymbol{\Phi}_{\mathrm{s}}^{n}\right)\boldsymbol{\omega}_{is}^{n}+\boldsymbol{C}_{s}^{n}\boldsymbol{\varepsilon}_{\mathrm{s}}^{s}+\boldsymbol{C}_{s}^{n}\boldsymbol{w}_{\varepsilon_{\mathrm{s}}}^{s}\end{aligned} \tag{3.177}$$

式中，$\hat{\boldsymbol{\omega}}_{is}^{n}$ 和 $\boldsymbol{\omega}_{is}^{n}$ 的具体形式分别为 $\hat{\boldsymbol{\omega}}_{is}^{n}=[\hat{\omega}_{is,\mathrm{E}}^{n},\hat{\omega}_{is,\mathrm{N}}^{n},\hat{\omega}_{is,\mathrm{U}}^{n}]^{\mathrm{T}}$ 和 $\boldsymbol{\omega}_{is}^{n}=[\omega_{is,\mathrm{E}}^{n},\omega_{is,\mathrm{N}}^{n},\omega_{is,\mathrm{U}}^{n}]^{\mathrm{T}}$。

将式(3.176)代入式(3.177)中展开，可得

$$\begin{cases}\hat{\omega}_{is,\mathrm{E}}^{n}=\omega_{is,\mathrm{E}}^{n}+\omega_{is,\mathrm{N}}^{n}\phi_{\mathrm{s,U}}-\omega_{is,\mathrm{U}}^{n}\phi_{\mathrm{s,N}}+c_{11}(\varepsilon_{\mathrm{s},x}+w_{\varepsilon_{\mathrm{s}},x})+c_{12}(\varepsilon_{\mathrm{s},y}+w_{\varepsilon_{\mathrm{s}},y})+c_{13}(\varepsilon_{\mathrm{s},z}+w_{\varepsilon_{\mathrm{s}},z}) \\ \hat{\omega}_{is,\mathrm{N}}^{n}=-\omega_{is,\mathrm{E}}^{n}\phi_{\mathrm{s,U}}+\omega_{is,\mathrm{N}}^{n}+\omega_{is,\mathrm{U}}^{n}\phi_{\mathrm{s,E}}+c_{21}(\varepsilon_{\mathrm{s},x}+w_{\varepsilon_{\mathrm{s}},x})+c_{22}(\varepsilon_{\mathrm{s},y}+w_{\varepsilon_{\mathrm{s}},y})+c_{23}(\varepsilon_{\mathrm{s},z}+w_{\varepsilon_{\mathrm{s}},z}) \\ \hat{\omega}_{is,\mathrm{U}}^{n}=\omega_{is,\mathrm{E}}^{n}\phi_{\mathrm{s,N}}-\omega_{is,\mathrm{N}}^{n}\phi_{\mathrm{s,E}}+\omega_{is,\mathrm{U}}^{n}+c_{31}(\varepsilon_{\mathrm{s},x}+w_{\varepsilon_{\mathrm{s}},x})+c_{32}(\varepsilon_{\mathrm{s},y}+w_{\varepsilon_{\mathrm{s}},y})+c_{33}(\varepsilon_{\mathrm{s},z}+w_{\varepsilon_{\mathrm{s}},z})\end{cases} \tag{3.178}$$

利用主惯导解算得到的姿态矩阵 $\hat{\boldsymbol{C}}_{m}^{n}$ 将陀螺仪测量的角速度 $\tilde{\boldsymbol{\omega}}_{im}^{m}$ 投影到导航坐标系，可得

$$\hat{\boldsymbol{\omega}}_{im}^{n}=\hat{\boldsymbol{C}}_{m}^{n}\tilde{\boldsymbol{\omega}}_{im}^{m} \tag{3.179}$$

式中，$\hat{\boldsymbol{\omega}}_{im}^{n}$ 的具体形式为 $\hat{\boldsymbol{\omega}}_{im}^{n}=[\hat{\omega}_{im,\mathrm{E}}^{n},\hat{\omega}_{im,\mathrm{N}}^{n},\hat{\omega}_{im,\mathrm{U}}^{n}]^{\mathrm{T}}$。不考虑挠曲变形角速度的影响时，主惯导和子惯导处的角速度相等，并且由于主惯导精度较高，所以 $\hat{\boldsymbol{\omega}}_{im}^{n}$ 可被视为子惯导处角速度在导航坐标系下的理想值，即 $\hat{\boldsymbol{\omega}}_{im}^{n}=\boldsymbol{\omega}_{is}^{n}$，展开后可得

$$\begin{cases}\hat{\omega}_{im,\mathrm{E}}^{n}=\omega_{is,\mathrm{E}}^{n} \\ \hat{\omega}_{im,\mathrm{N}}^{n}=\omega_{is,\mathrm{N}}^{n} \\ \hat{\omega}_{im,\mathrm{U}}^{n}=\omega_{is,\mathrm{U}}^{n}\end{cases} \tag{3.180}$$

将式(3.178)和式(3.180)作差，可得

$$\begin{cases}Z_{\omega^{n},\mathrm{E}}=\hat{\omega}_{is,\mathrm{E}}^{n}-\hat{\omega}_{im,\mathrm{E}}^{n} \\ \quad=\omega_{is,\mathrm{E}}^{n}+\omega_{is,\mathrm{N}}^{n}\phi_{\mathrm{s,U}}-\omega_{is,\mathrm{U}}^{n}\phi_{\mathrm{s,N}}+c_{11}(\varepsilon_{\mathrm{s},x}+w_{\varepsilon_{\mathrm{s}},x})+c_{12}(\varepsilon_{\mathrm{s},y}+w_{\varepsilon_{\mathrm{s}},y})+c_{13}(\varepsilon_{\mathrm{s},z}+w_{\varepsilon_{\mathrm{s}},z})-\omega_{is,\mathrm{E}}^{n} \\ \quad=\omega_{is,\mathrm{N}}^{n}\phi_{\mathrm{s,U}}-\omega_{is,\mathrm{U}}^{n}\phi_{\mathrm{s,N}}+c_{11}(\varepsilon_{\mathrm{s},x}+w_{\varepsilon_{\mathrm{s}},x})+c_{12}(\varepsilon_{\mathrm{s},y}+w_{\varepsilon_{\mathrm{s}},y})+c_{13}(\varepsilon_{\mathrm{s},z}+w_{\varepsilon_{\mathrm{s}},z}) \\ Z_{\omega^{n},\mathrm{N}}=\hat{\omega}_{is,\mathrm{N}}^{n}-\hat{\omega}_{im,\mathrm{N}}^{n} \\ \quad=-\omega_{is,\mathrm{E}}^{n}\phi_{\mathrm{s,U}}+\omega_{is,\mathrm{N}}^{n}+\omega_{is,\mathrm{U}}^{n}\phi_{\mathrm{s,E}}+c_{21}(\varepsilon_{\mathrm{s},x}+w_{\varepsilon_{\mathrm{s}},x})+c_{22}(\varepsilon_{\mathrm{s},y}+w_{\varepsilon_{\mathrm{s}},y})+c_{23}(\varepsilon_{\mathrm{s},z}+w_{\varepsilon_{\mathrm{s}},z})-\omega_{is,\mathrm{N}}^{n} \\ \quad=-\omega_{is,\mathrm{E}}^{n}\phi_{\mathrm{s,U}}+\omega_{is,\mathrm{U}}^{n}\phi_{\mathrm{s,E}}+c_{21}(\varepsilon_{\mathrm{s},x}+w_{\varepsilon_{\mathrm{s}},x})+c_{22}(\varepsilon_{\mathrm{s},y}+w_{\varepsilon_{\mathrm{s}},y})+c_{23}(\varepsilon_{\mathrm{s},z}+w_{\varepsilon_{\mathrm{s}},z}) \\ Z_{\omega^{n},\mathrm{U}}=\hat{\omega}_{is,\mathrm{U}}^{n}-\hat{\omega}_{im,\mathrm{U}}^{n} \\ \quad=\omega_{is,\mathrm{E}}^{n}\phi_{\mathrm{s,N}}-\omega_{is,\mathrm{N}}^{n}\phi_{\mathrm{s,E}}+\omega_{is,\mathrm{U}}^{n}+c_{31}(\varepsilon_{\mathrm{s},x}+w_{\varepsilon_{\mathrm{s}},x})+c_{32}(\varepsilon_{\mathrm{s},y}+w_{\varepsilon_{\mathrm{s}},y})+c_{33}(\varepsilon_{\mathrm{s},z}+w_{\varepsilon_{\mathrm{s}},z})-\omega_{is,\mathrm{U}}^{n} \\ \quad=\omega_{is,\mathrm{E}}^{n}\phi_{\mathrm{s,N}}-\omega_{is,\mathrm{N}}^{n}\phi_{\mathrm{s,E}}+c_{31}(\varepsilon_{\mathrm{s},x}+w_{\varepsilon_{\mathrm{s}},x})+c_{32}(\varepsilon_{\mathrm{s},y}+w_{\varepsilon_{\mathrm{s}},y})+c_{33}(\varepsilon_{\mathrm{s},z}+w_{\varepsilon_{\mathrm{s}},z})\end{cases} \tag{3.181}$$

然后，以主惯导和子惯导在导航坐标系下的角速度差值为量测向量 $\boldsymbol{Z}_{\omega^{n}}=[Z_{\omega^{n},\mathrm{E}},Z_{\omega^{n},\mathrm{N}},Z_{\omega^{n},\mathrm{U}}]^{\mathrm{T}}$，并将子惯导陀螺仪量测噪声 $w_{\varepsilon_{\mathrm{s}},x}$、$w_{\varepsilon_{\mathrm{s}},y}$、$w_{\varepsilon_{\mathrm{s}},z}$ 作为量测噪声处理，则根据式(3.181)可以得到量测模型

$$
\begin{aligned}
\boldsymbol{Z}_{\omega^n} &= \boldsymbol{H}_{\omega^n}\boldsymbol{X}+\boldsymbol{V}_{\omega^n} \\
&= \left[\begin{array}{ccc:ccc:ccc:ccc}
0 & -\omega_{is,\mathrm{U}}^n & \omega_{is,\mathrm{N}}^n & 0 & \cdots & 0 & c_{11} & c_{12} & c_{13} & 0 & \cdots & 0 \\
\omega_{is,\mathrm{U}}^n & 0 & -\omega_{is,\mathrm{E}}^n & 0 & \cdots & 0 & c_{21} & c_{22} & c_{23} & 0 & \cdots & 0 \\
-\omega_{is,\mathrm{N}}^n & \omega_{is,\mathrm{E}}^n & 0 & 0 & \cdots & 0 & c_{31} & c_{32} & c_{33} & 0 & \cdots & 0
\end{array}\right]\boldsymbol{X}+\begin{bmatrix} c_{11} & c_{12} & c_{13} \\ c_{21} & c_{22} & c_{23} \\ c_{31} & c_{32} & c_{33} \end{bmatrix}\begin{bmatrix} w_{\varepsilon_\mathrm{s},x} \\ w_{\varepsilon_\mathrm{s},y} \\ w_{\varepsilon_\mathrm{s},z} \end{bmatrix}
\end{aligned} \tag{3.182}
$$

式中，$\boldsymbol{V}_{\omega^n}=\boldsymbol{C}_s^n\boldsymbol{w}_{\varepsilon_\mathrm{s}}^s$ 为量测噪声；$\boldsymbol{H}_{\omega^n}=[\boldsymbol{\Omega}_{is}^n\ \ \boldsymbol{0}_{3\times3}\ \ \boldsymbol{0}_{3\times3}\ \ \boldsymbol{C}_s^n\ \ \boldsymbol{0}_{3\times3}\ \ \boldsymbol{0}_{3\times3}]$ 为量测矩阵，$\boldsymbol{\Omega}_{is}^n$ 表示表示角速度 $\boldsymbol{\omega}_{is}^n$ 构成的反对称矩阵。

（3）混合参数匹配方式

为综合不同匹配方式的优点，实际工程应用中通常将线运动参数匹配方式和角运动参数匹配方式混合使用，如图 3.35 所示为混合参数匹配方式示意图。

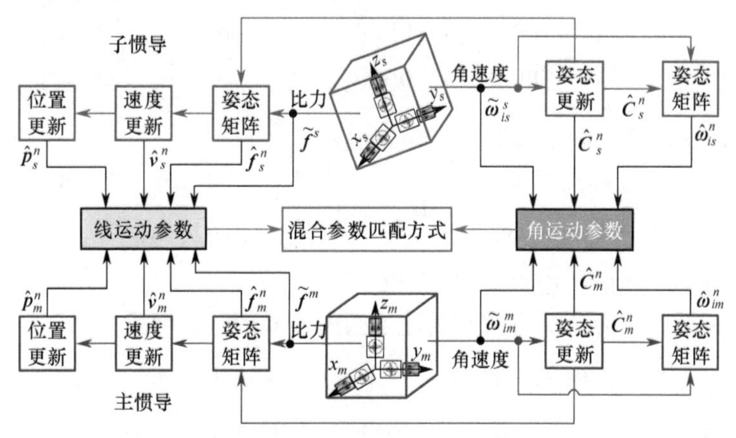

图 3.35　混合参数匹配方式示意图

从常用的线运动参数匹配方式和角运动参数匹配方式中各自选择一种，便可组成混合参数匹配方式，常用的混合参数匹配方式有速度/姿态匹配方式和比力/角速度匹配方式。下面介绍几种常用混合参数匹配方式的量测模型。

① 速度/姿态匹配量测模型

选择速度量测向量 $\boldsymbol{Z}_{v^n}=[Z_{v^n,\mathrm{E}},Z_{v^n,\mathrm{N}},Z_{v^n,\mathrm{U}}]^\mathrm{T}$ 和姿态量测向量 $\boldsymbol{Z}_\mathrm{att}=[Z_\mathrm{att,E},Z_\mathrm{att,N},Z_\mathrm{att,U}]^\mathrm{T}$ 作为速度/姿态匹配方式的量测向量，并根据式(3.143)和式(3.168)可将速度/姿态匹配方式的量测模型表示为

$$
\begin{aligned}
\boldsymbol{Z}_{v^n/\mathrm{att}} &= \left[\begin{array}{ccc:ccc:ccc:ccc}
0 & 0 & 0 & 1 & 0 & 0 & 0 & \cdots & 0 & 0 & 0 & 0 \\
0 & 0 & 0 & 0 & 1 & 0 & 0 & \cdots & 0 & 0 & 0 & 0 \\
0 & 0 & 0 & 0 & 0 & 1 & 0 & \cdots & 0 & 0 & 0 & 0 \\ \hdashline
1 & 0 & 0 & 0 & 0 & 0 & 0 & \cdots & 0 & -c_{11} & -c_{12} & -c_{13} \\
0 & 1 & 0 & 0 & 0 & 0 & 0 & \cdots & 0 & -c_{21} & -c_{22} & -c_{23} \\
0 & 0 & 1 & 0 & 0 & 0 & 0 & \cdots & 0 & -c_{31} & -c_{32} & -c_{33}
\end{array}\right]\boldsymbol{X}+\boldsymbol{V}_{v^n/\mathrm{att}} \\
&= \boldsymbol{H}_{v^n/\mathrm{att}}\boldsymbol{X}+\boldsymbol{V}_{v^n/\mathrm{att}}
\end{aligned} \tag{3.183}
$$

式中，量测向量、量测噪声向量和量测矩阵分别为

$$
\boldsymbol{Z}_{v^n/\mathrm{att}}=\begin{bmatrix}\boldsymbol{Z}_{v^n}\\ \boldsymbol{Z}_\mathrm{att}\end{bmatrix};\quad \boldsymbol{V}_{v^n/\mathrm{att}}=\begin{bmatrix}\boldsymbol{V}_{v^n}\\ \boldsymbol{V}_\mathrm{att}\end{bmatrix};\quad \boldsymbol{H}_{v^n/\mathrm{att}}=\begin{bmatrix}\boldsymbol{H}_{v^n}\\ \boldsymbol{H}_\mathrm{att}\end{bmatrix}=\begin{bmatrix}\boldsymbol{0}_{3\times3} & \boldsymbol{I}_{3\times3} & \boldsymbol{0}_{3\times3} & \boldsymbol{0}_{3\times3} & \boldsymbol{0}_{3\times3} & \boldsymbol{0}_{3\times3}\\ \boldsymbol{I}_{3\times3} & \boldsymbol{0}_{3\times3} & \boldsymbol{0}_{3\times3} & \boldsymbol{0}_{3\times3} & \boldsymbol{0}_{3\times3} & -\boldsymbol{C}_s^n\end{bmatrix}。
$$

② 测量坐标系下比力/角速度匹配量测模型

选择测量坐标系下比力匹配方式和角速度匹配方式的量测向量 $\boldsymbol{Z}_{f^s}=[Z_{f^s,x},Z_{f^s,y},Z_{f^s,z}]^{\mathrm{T}}$ 和 $\boldsymbol{Z}_{\omega^s}=[Z_{\omega^s,x},Z_{\omega^s,y},Z_{\omega^s,z}]^{\mathrm{T}}$ 作为测量坐标系下比力/角速度匹配方式的量测向量，并根据式(3.150)和式(3.175)可将测量坐标系下比力/角速度匹配方式的量测模型表示为

$$\boldsymbol{Z}_{f^s/\omega^s}=\boldsymbol{H}_{f^s/\omega^s}\boldsymbol{X}+\boldsymbol{V}_{f^s/\omega^s}$$
$$=\left[\begin{array}{c:c:c:ccc} 0\cdots 0 & 0\;0\;0 & 1\;0\;0 & 0 & -f_z^s & f_y^s \\ 0\cdots 0 & 0\;0\;0 & 0\;1\;0 & f_z^s & 0 & -f_x^s \\ 0\cdots 0 & 0\;0\;0 & 0\;0\;1 & -f_y^s & f_x^s & 0 \\ \hdashline 0\cdots 0 & 1\;0\;0 & 0\;0\;0 & 0 & -\omega_{ib,z}^s & \omega_{ib,y}^s \\ 0\cdots 0 & 0\;1\;0 & 0\;0\;0 & \omega_{ib,z}^s & 0 & -\omega_{ib,x}^s \\ 0\cdots 0 & 0\;0\;1 & 0\;0\;0 & -\omega_{ib,y}^s & \omega_{ib,x}^s & 0 \end{array}\right]\boldsymbol{X}+\left[\begin{array}{c} w_{\nabla_s,x} \\ w_{\nabla_s,y} \\ w_{\nabla_s,z} \\ \hdashline w_{\varepsilon_s,x} \\ w_{\varepsilon_s,y} \\ w_{\varepsilon_s,z} \end{array}\right] \tag{3.184}$$

式中，量测向量、量测噪声向量和量测矩阵分别为

$$\boldsymbol{Z}_{f^s/\omega^s}=\begin{bmatrix}\boldsymbol{Z}_{f^s}\\ \boldsymbol{Z}_{\omega^s}\end{bmatrix}；\ \boldsymbol{V}_{f^s/\omega^s}=\begin{bmatrix}\boldsymbol{V}_{f^s}\\ \boldsymbol{V}_{\omega^s}\end{bmatrix}=\begin{bmatrix}\boldsymbol{w}_{\nabla_s}^s\\ \boldsymbol{w}_{\varepsilon_s}^s\end{bmatrix}；\ \boldsymbol{H}_{f^s/\omega^s}=\begin{bmatrix}\boldsymbol{H}_{f^s}\\ \boldsymbol{H}_{\omega^s}\end{bmatrix}=\begin{bmatrix}\boldsymbol{0}_{3\times3} & \boldsymbol{0}_{3\times3} & \boldsymbol{0}_{3\times3} & \boldsymbol{0}_{3\times3} & \boldsymbol{I}_{3\times3} & \boldsymbol{A}_{f^s}\\ \boldsymbol{0}_{3\times3} & \boldsymbol{0}_{3\times3} & \boldsymbol{0}_{3\times3} & \boldsymbol{I}_{3\times3} & \boldsymbol{0}_{3\times3} & \boldsymbol{\Omega}_{ib}^s\end{bmatrix}。$$

③ 导航坐标系下比力/角速度匹配量测模型

选择导航坐标系下比力匹配方式和角速度匹配方式的量测向量 $\boldsymbol{Z}_{f^n}=[Z_{f^n,\mathrm{E}},Z_{f^n,\mathrm{N}},Z_{f^n,\mathrm{U}}]^{\mathrm{T}}$ 和 $\boldsymbol{Z}_{\omega^n}=[Z_{\omega^n,\mathrm{E}},Z_{\omega^n,\mathrm{N}},Z_{\omega^n,\mathrm{U}}]^{\mathrm{T}}$ 作为导航坐标系下比力/角速度匹配方式的量测向量，并根据式(3.157)和式(3.182)可将导航坐标系下比力/角速度匹配方式的量测模型表示为

$$\boldsymbol{Z}_{f^n/\omega^n}=\boldsymbol{H}_{f^n/\omega^n}\boldsymbol{X}+\boldsymbol{V}_{f^n/\omega^n}$$
$$=\left[\begin{array}{ccc:c:ccc:ccc:c} 0 & -f_{\mathrm{U}} & f_{\mathrm{N}} & 0\cdots 0 & 0 & 0 & 0 & c_{11} & c_{12} & c_{13} & 0\;0\;0 \\ f_{\mathrm{U}} & 0 & -f_{\mathrm{E}} & 0\cdots 0 & 0 & 0 & 0 & c_{21} & c_{22} & c_{23} & 0\;0\;0 \\ -f_{\mathrm{N}} & f_{\mathrm{E}} & 0 & 0\cdots 0 & 0 & 0 & 0 & c_{31} & c_{32} & c_{33} & 0\;0\;0 \\ \hdashline 0 & -\omega_{is,\mathrm{U}}^n & \omega_{is,\mathrm{N}}^n & 0\cdots 0 & c_{11} & c_{12} & c_{13} & 0 & 0 & 0 & 0\;0\;0 \\ \omega_{is,\mathrm{U}}^n & 0 & -\omega_{is,\mathrm{E}}^n & 0\cdots 0 & c_{21} & c_{22} & c_{23} & 0 & 0 & 0 & 0\;0\;0 \\ -\omega_{is,\mathrm{N}}^n & \omega_{is,\mathrm{E}}^n & 0 & 0\cdots 0 & c_{31} & c_{32} & c_{33} & 0 & 0 & 0 & 0\;0\;0 \end{array}\right]\boldsymbol{X}$$
$$+\left[\begin{array}{ccc} c_{11} & c_{12} & c_{13} \\ c_{21} & c_{22} & c_{23} \\ c_{31} & c_{32} & c_{33} \\ \hdashline c_{11} & c_{12} & c_{13} \\ c_{21} & c_{22} & c_{23} \\ c_{31} & c_{32} & c_{33} \end{array}\right]\left[\begin{array}{c} w_{\nabla_s,x} \\ w_{\nabla_s,y} \\ w_{\nabla_s,z} \\ \hdashline w_{\varepsilon_s,x} \\ w_{\varepsilon_s,y} \\ w_{\varepsilon_s,z} \end{array}\right] \tag{3.185}$$

式中，量测向量、量测噪声向量和量测矩阵分别为

$$\boldsymbol{Z}_{f^n/\omega^n}=\begin{bmatrix}\boldsymbol{Z}_{f^n}\\ \boldsymbol{Z}_{\omega^n}\end{bmatrix}；\ \boldsymbol{V}_{f^n/\omega^n}=\begin{bmatrix}\boldsymbol{V}_{f^n}\\ \boldsymbol{V}_{\omega^n}\end{bmatrix}=\begin{bmatrix}\boldsymbol{C}_s^n\boldsymbol{w}_{\nabla_s}^s\\ \boldsymbol{C}_s^n\boldsymbol{w}_{\varepsilon_s}^s\end{bmatrix}；$$

$$\boldsymbol{H}_{f^s/\omega^s}=\begin{bmatrix}\boldsymbol{H}_{f^n}\\ \boldsymbol{H}_{\omega^n}\end{bmatrix}=\begin{bmatrix}\boldsymbol{F} & \boldsymbol{0}_{3\times3} & \boldsymbol{0}_{3\times3} & \boldsymbol{0}_{3\times3} & \boldsymbol{C}_s^n & \boldsymbol{0}_{3\times3}\\ \boldsymbol{\Omega}_{is}^n & \boldsymbol{0}_{3\times3} & \boldsymbol{0}_{3\times3} & \boldsymbol{C}_s^n & \boldsymbol{0}_{3\times3} & \boldsymbol{0}_{3\times3}\end{bmatrix}。$$

3.4.2　实验目的与实验设备

1）实验目的

（1）掌握传递对准的基本工作原理。

（2）掌握使用标准卡尔曼滤波解决状态估计问题的方法。

（3）理解匹配方式对传递对准快速性与精确性的影响机理。

（4）探究载体机动方式对各状态量估计效果的影响机理。

（5）探究主惯导匹配参数精度对传递对准精度的影响机理。

2）实验内容

将高精度光纤捷联惯导和低精度 MEMS 捷联惯导分别作为主惯导和子惯导系统安装于车辆上，驱动车辆运动模拟动基座环境。通过采集主惯导和子惯导系统在动基座环境下的测量输出，编写传递对准程序，完成动基座传递对准，进而对比分析匹配方式对传递对准快速性与精确性的影响机理。此外，进一步探究载体机动方式对各状态量估计效果的影响机理，以及主惯导匹配参数精度对传递对准精度的影响机理。

如图 3.36 所示为车载传递对准实验验证系统示意图，该实验验证系统主要包括车辆、主惯导、子惯导、两套 GNSS（含接收机及接收天线）和工控机等。主惯导和子惯导均为 SINS，分别固联安装于车辆的不同位置，并且三轴指向近似平行安装。主惯导和子惯导处分别装配有一套 GNSS，它们分别与主惯导和子惯导组成组合导航系统，其中主惯导/GNSS 组合导航系统可代替主惯导为子惯导传递对准提供更高精度的匹配参数；而子惯导/GNSS 组合导航系统则为验证子惯导的传递对准性能提供基准信息，即子惯导的姿态、速度和位置基准值。工控机用于各子系统的调试和实测数据的存储。

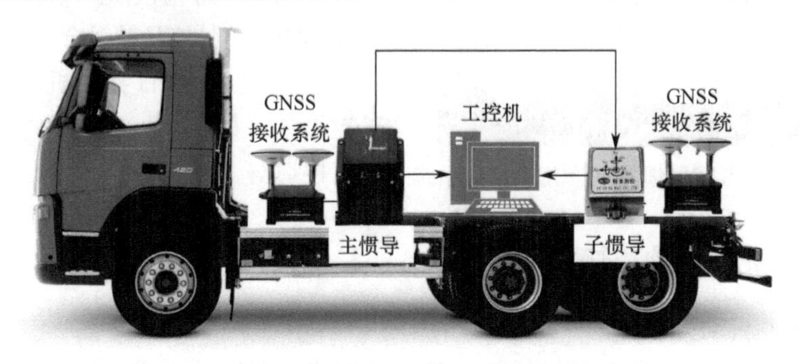

图 3.36　车载传递对准实验验证系统示意图

如图 3.37 所示为车载传递对准实验验证方案框图。

该方案包含传递对准模块、基准信息生成模块和性能评估模块。

① 传递对准模块：为兼顾初始对准的快速性和精确性，传递对准分为粗对准和精对准两个阶段。在粗对准阶段，按“一次性”对准方法，将主惯导（或主惯导/GNSS 组合导航系统）的位置、速度和姿态等参数信息直接给子惯导，即由主惯导信息对子惯导进行初始化，从而快速获得子惯导初始姿态矩阵的粗略估值。在精对准阶段，将主惯导（或主惯导/GNSS 组合

导航系统）的速度、姿态等参数与子惯导的相应参数进行匹配，并通过传递对准滤波器对子惯导失准角进行估计并修正，从而获得子惯导初始姿态矩阵的精确结果。

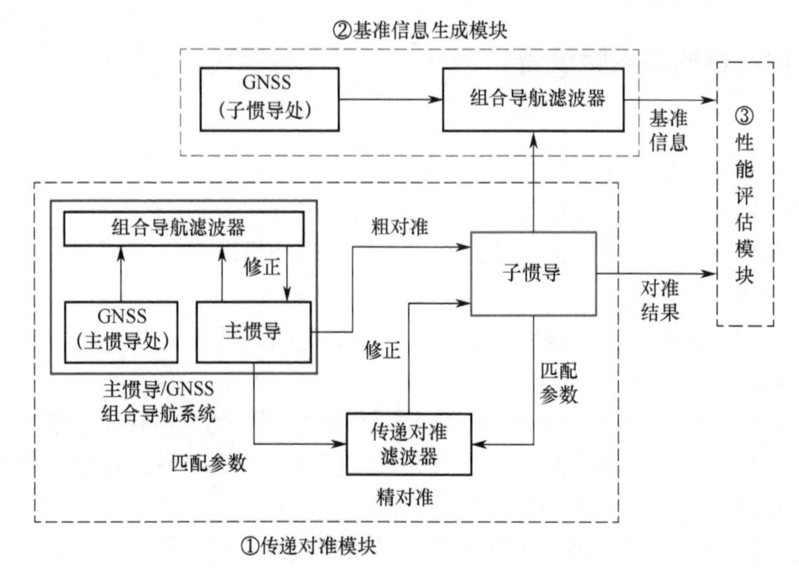

图 3.37 车载传递对准实验验证方案框图

② 基准信息生成模块：将子惯导和子惯导处的 GNSS 组成组合导航系统，并利用该组合导航系统输出的高精度姿态、速度和位置参数作为基准信息。

③ 性能评估模块：以子惯导/GNSS 组合导航系统输出的导航参数为基准信息，对子惯导的传递对准结果进行性能评估。

3）实验设备

FN-120 高精度光纤捷联惯导、低精度 MEMS 捷联惯导/卫星组合导航系统（如图 3.38 所示）、司南 M600U 接收机、GNSS 接收天线、工控机、遥控车辆、25V 蓄电池、降压模块、通信接口等。

图 3.38 低精度 MEMS 捷联惯导/卫星组合导航系统

3.4.3 实验步骤及操作说明

1）确定车辆机动方案

将匀速直线行驶、匀加速直线行驶、车辆转弯等典型机动方式进行有机组合，设计形成一条完整的行驶轨迹。

2）仪器安装

将 FN-120 高精度光纤捷联惯导和低精度 MEMS 捷联惯导分别作为主惯导和子惯导。如图 3.39 所示，将 FN-120 高精度光纤捷联惯导和低精度 MEMS 捷联惯导/卫星组合导航系统固定安装于遥控车辆上，并且使主惯性测量单元和子惯性测量单元的 3 个敏感轴近似平行于车辆的 3 个体轴。此外，将司南 M600U 接收机固定安装于车辆中心，并将主、从 GNSS 接收天线分别固定安装于车辆前、后两端。

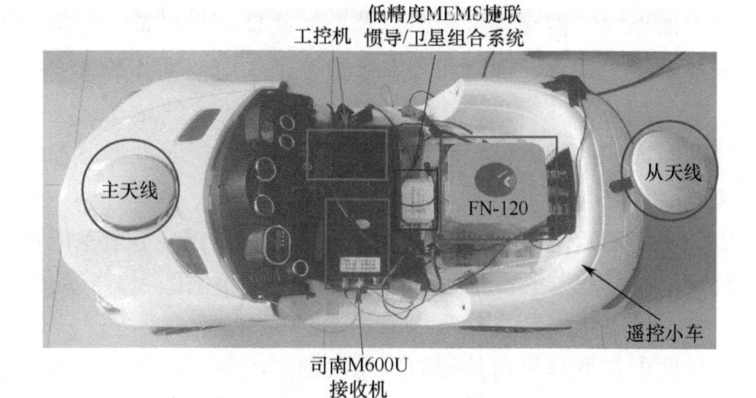

图 3.39　车载传递对准实验验证系统实物图

3）电气连接

（1）利用万用表测量电源输出是否正常（电源电压由主惯导、子惯导、GNSS 接收机等子系统的供电电压决定）。

（2）连接主惯导、子惯导、GNSS 接收机等子系统的电源线，以及各子系统与工控机之间的信号线。

（3）检查数据采集系统是否正常，准备采集数据。

4）数据采集

（1）主惯导、子惯导、GNSS 接收机等子系统通电后，利用工控机对各子系统进行初始化配置，其中主惯导自主完成静基座自对准后进入纯惯导导航解算模式。

（2）设定测试时间，建议测试总时长设置为 15～25 min，其中车辆静止 10～15 min，随后车辆运动 5～10 min。此外，设定各子系统的采样频率，建议将主惯导和子惯导的采样频率设置为 100～1000 Hz，将 GNSS 接收机的采样频率设置为 1～10 Hz。

（3）车辆静止 10～15 min，待主惯导自主完成静基座初始对准。

（4）驱动遥控车辆按照设计的机动方案行驶 5～10 min，同时利用工控机对主惯导陀螺仪和加速度计输出的角速度和比力、子惯导陀螺仪和加速度计输出的角速度和比力、主惯导输出的位置、速度和姿态、司南 M600U 接收机输出的位置、速度、俯仰角和偏航角、低精度 MEMS 捷联惯导/卫星组合导航系统输出的位置、速度和姿态等数据进行采集和存储。

（5）实验结束，将车载传递对准实验验证系统断电，整理实验装置。

5）数据处理

（1）对工控机存储的测量数据（16 进制格式）进行解析，以获得便于后续处理的 10 进制格式数据。

（2）对各子系统的测量数据进行预处理，剔除野值。

（3）将车辆运动起始时刻主惯导（或主惯导/GNSS 组合导航系统）的位置、速度和姿态等导航参数直接给子惯导，完成传递对准粗对准。

（4）构造多种匹配参数，用于传递对准精对准。首先，直接利用主惯导和子惯导加速度计输出的比力构造测量坐标系下比力匹配量，同时直接利用主惯导和子惯导陀螺仪输出的角速度构造测量坐标系下角速度匹配量；然后，利用主惯导和子惯导加速度计输出的比力以及主惯导和子惯导解算的姿态构造导航坐标系下比力匹配量，同时利用主惯导和子惯导陀螺仪输出的角速度以及主惯导和子惯导解算的姿态参数构造导航坐标系下角速度匹配量；最后，利用主惯导和子惯导解算的位置、速度和姿态参数分别构造位置匹配量、速度匹配量和姿态匹配量。

（5）根据不同匹配方式的状态模型和量测模型，编写传递对准滤波程序，进而采用不同匹配方式实现传递对准精对准。

（6）传递对准性能评估。以低精度 MEMS 捷联惯导/卫星组合导航系统输出的导航参数为基准，通过比较传递对准结果与基准信息间的差异，评估不同匹配方式的传递对准性能以及载体机动方式对各状态量估计效果的影响。

（7）探究主惯导匹配参数精度对传递对准精度的影响机理。利用主惯导输出的位置、速度和姿态与司南 M600U 接收机输出的位置、速度、俯仰角和偏航角进行 SINS/GNSS 松组合，将组合导航结果代替主惯导导航参数为子惯导传递对准提供更高精度的匹配参数，进而探究主惯导匹配参数精度对传递对准精度的影响。

6）分析实验结果，撰写实验报告

第 4 章　捷联惯导系统导航解算系列实验

惯性导航系统利用惯性器件（如陀螺仪、加速度计等）测量载体相对于惯性空间的角速度和加速度，进而通过积分运算获得载体的导航参数（如位置、速度和姿态）并实时输出。由于惯性导航系统工作时不依赖任何外部信息、也不向外部辐射能量，具有自主性强、隐蔽性好、导航信息完备、短时精度高、数据输出率高等优点，因此，惯性导航系统被广泛应用于海、陆、空、天、地各种运载体中。惯性导航系统主要包括平台式惯性导航系统与捷联式惯性导航系统两类。

平台式惯性导航系统（Platform Inertial Navigation System，PINS）简称平台惯导系统，其利用陀螺仪稳定平台（惯性平台）跟踪当地水平面，并在该平台上分别安装东向、北向和垂直加速度计，测量载体的运动加速度，进而通过积分运算便可得到载体的速度与位置信息；捷联式惯性导航系统（Strapdown Inertial Navigation System，SINS）简称捷联惯导系统，它是将惯性器件（陀螺仪和加速度计）直接安装在载体上的导航系统。从结构上说，SINS 去掉了实体的惯性平台，而代之以存储在计算机里的"数学平台"。在 PINS 中，惯性平台成为系统结构的主体，其体积和重量约占整个系统的一半，而安装在平台上的陀螺仪和加速度计却只占平台重量的 1/7 左右。此外，该惯性平台是一个高精度、复杂的机电控制系统，它所需的加工制造成本大约要占整个系统费用的 2/5。而且，惯性平台的结构复杂、故障率较高，大大影响了惯性导航系统工作的可靠性。近年来，随着激光陀螺仪和光纤陀螺仪等新型惯性器件的广泛应用以及现代控制理论、计算机技术的飞速发展，SINS 以其体积小、重量轻及成本低等优势已逐渐成为惯性导航系统发展的主流。

本章首先介绍了 SINS 的基本工作原理及导航解算方程，在此基础上进一步结合 SINS 在静基座和动基座条件下的误差传播特性，系统阐述了 SINS 导航解算系列实验的实验目的、实验原理、实验方法等。

4.1　SINS 的导航解算方程

与 PINS 相比，SINS 利用存储在计算机里的"数学平台"代替了实体的惯性平台，进而完成姿态、速度与位置的解算，SINS 工作原理框图如图 4.1 所示。

载体的姿态可用本体坐标系（b 系）相对导航坐标系（n 系）的三次转动角确定，即用偏航角 ψ、俯仰角 θ 和滚转角 γ 确定。由于载体的姿态是不断改变的，因此，姿态矩阵 $\boldsymbol{C}_b^n$ 的元素是时间的函数。为了随时确定载体的姿态，当用四元数方法确定姿态矩阵时，应解一个四元数运动学微分方程（若用方向余弦方法时，要解一个方向余弦矩阵微分方程），即

$$\dot{\boldsymbol{q}} = \frac{1}{2}\boldsymbol{q} \circ \boldsymbol{\omega}_{nb}^b \tag{4.1}$$

式中，$\boldsymbol{\omega}_{nb}^b$ 表示以 0 为实部、姿态角速度 $\boldsymbol{\omega}_{nb}^b$ 为虚部的四元数，$\boldsymbol{q} \circ \boldsymbol{\omega}_{nb}^b$ 表示姿态四元数 $\boldsymbol{q}$ 和四元数 $\boldsymbol{\omega}_{nb}^b$ 的四元数乘法运算；姿态角速度 $\boldsymbol{\omega}_{nb}^b$ 与其他角速度的关系可由式(4.2)给出，因

$\boldsymbol{\omega}_{nb}^b=\boldsymbol{\omega}_{ib}^b-\boldsymbol{\omega}_{in}^b$，可得

$$\begin{aligned}\boldsymbol{\omega}_{nb}^b&=\boldsymbol{\omega}_{ib}^b-\boldsymbol{C}_n^b\boldsymbol{\omega}_{in}^b\\&=\boldsymbol{\omega}_{ib}^b-\boldsymbol{C}_n^b(\boldsymbol{\omega}_{ie}^n+\boldsymbol{\omega}_{en}^n)\end{aligned}\tag{4.2}$$

式中，角速度 $\boldsymbol{\omega}_{ib}^b$ 是对陀螺仪组件的输出进行补偿后的结果；$\boldsymbol{\omega}_{ie}^n=[0,\omega_{ie}\cos L,\omega_{ie}\sin L]^{\mathrm{T}}$ 为地球自转角速度，它可以由纬度 L 和地球自转角速率 ω_{ie} 求得；$\boldsymbol{\omega}_{en}^n=[-V_y^n/(R_{\mathrm{M}}+h),V_x^n/(R_{\mathrm{N}}+h),V_x^n\tan L/(R_{\mathrm{N}}+h)]^{\mathrm{T}}$ 为位置角速度，它可以由相对速度 $\boldsymbol{V}_{en}^n=[V_x^n,V_y^n,V_z^n]^{\mathrm{T}}$、纬度 L 和高度 h 求得，其中 R_{M} 和 R_{N} 分别表示地球的子午圈半径和卯酉圈半径。在确定姿态矩阵 $\boldsymbol{C}_b^n$ 之后，姿态角便可根据 $\boldsymbol{C}_b^n$ 中的相应元素求得。

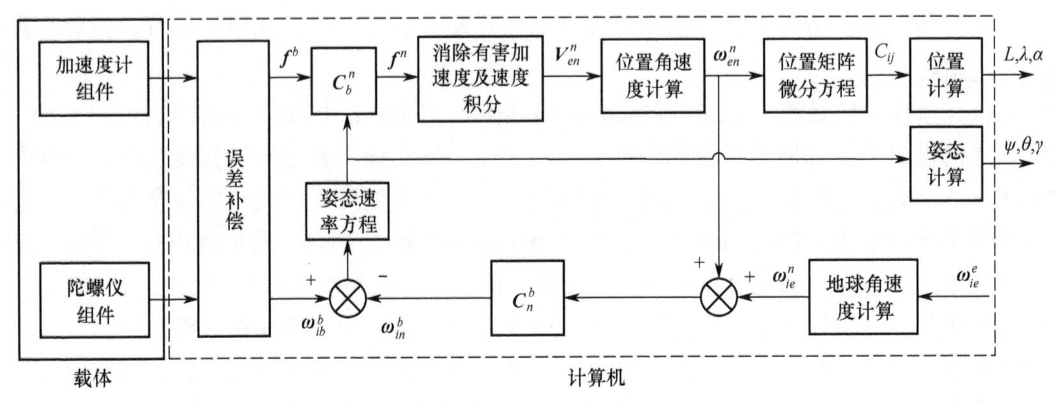

图 4.1 SINS 工作原理框图

对加速度计组件的输出进行补偿后可得 $\boldsymbol{f}^b$，它是沿载体轴的比力，经姿态矩阵 $\boldsymbol{C}_b^n$ 实现其从载体的本体坐标系到导航坐标系的变换，得到导航坐标系中的比力 $\boldsymbol{f}^n$。相对速度 $\boldsymbol{V}_{en}^n$ 可以通过对相对加速度 $\boldsymbol{a}_{en}^n$ 积分得到，其中相对加速度 $\boldsymbol{a}_{en}^n$ 是在导航坐标系下的比力经过消除有害加速度后得到的。

载体的位置计算与相对速度（位置角速度）有关。在获得相对速度的基础上，由于载体位置在不断改变，为正确反映这种变化，需要求解位置矩阵微分方程

$$\dot{\boldsymbol{C}}_e^n=-\boldsymbol{\Omega}_{en}^n\boldsymbol{C}_e^n\tag{4.3}$$

式中，$\boldsymbol{\Omega}_{en}^n$ 表示由位置角速度 $\boldsymbol{\omega}_{en}^n$ 构成的反对称矩阵。这样由位置矩阵 $\boldsymbol{C}_e^n$ 的相应元素可求得载体位置。

4.1.1 姿态方程

对于 PINS，由于惯性测量器件安装在物理平台的台体上，加速度计的敏感轴分别沿平台坐标系三个坐标轴的正向安装，测得载体的加速度信息即为比力 $\boldsymbol{f}$ 在平台坐标系中的分量 f_x^p、f_y^p 和 f_z^p。如果使平台坐标系精确跟踪某一选定的导航坐标系，便可得到比力 $\boldsymbol{f}$ 在导航坐标系中的分量 f_x^n、f_y^n 和 f_z^n。对于 SINS，加速度计是沿本体坐标系安装的，它只能测量沿本体坐标系的比力分量 f_x^b、f_y^b、f_z^b，因此需要将 f_x^b、f_y^b、f_z^b 转换成 f_x^n、f_y^n、f_z^n。实现由本体坐标系到导航坐标系坐标转换的方向余弦矩阵 $\boldsymbol{C}_b^n$ 又称为捷联矩阵；根据捷联矩阵可以唯一地确定载体的姿态角，因此 $\boldsymbol{C}_b^n$ 又可称为载体的姿态矩阵。由于捷联矩阵起到了类似平台的作用

（借助于它可以获得 f_x^n、f_y^n、f_z^n），所以又可称为“数学平台”。显然，SINS 要解决的关键问题就是如何实时求解捷联矩阵，即进行捷联矩阵的即时修正。

1）捷联矩阵的定义

设本体坐标系固连在载体上，其 Ox_b、Oy_b、Oz_b 轴分别沿载体的横轴、纵轴与竖轴，选取游动方位坐标系作为导航坐标系（仍称 n 系），如图 4.2 所示。图 4.2 还标示出了由导航坐标系至本体坐标系的转换关系，导航坐标系进行三次旋转可以到达本体坐标系，其旋转顺序为

$$x_n y_n z_n \xrightarrow[\psi_G]{\text{绕}z_n\text{轴}} x_n' y_n' z_n' \xrightarrow[\theta]{\text{绕}x_n'\text{轴}} x_n'' y_n'' z'' \xrightarrow[\gamma]{\text{绕}y_n''\text{轴}} x_b y_b z_b$$

其中，θ、γ 分别代表载体的俯仰角和滚转角，ψ_G 表示载体纵轴 y_b 的水平投影 y_n' 与游动方位坐标系 y_n 之间的夹角，即游动方位系统的偏航角，称为格网偏航角。由于 y_n（格网北）与地理北向 y_t（真北）之间相差一个游动方位角 α（见图 4.3），故 y_n' 与真北 y_t 之间的夹角，即真偏航角为

$$\psi = \psi_G + \alpha \tag{4.4}$$

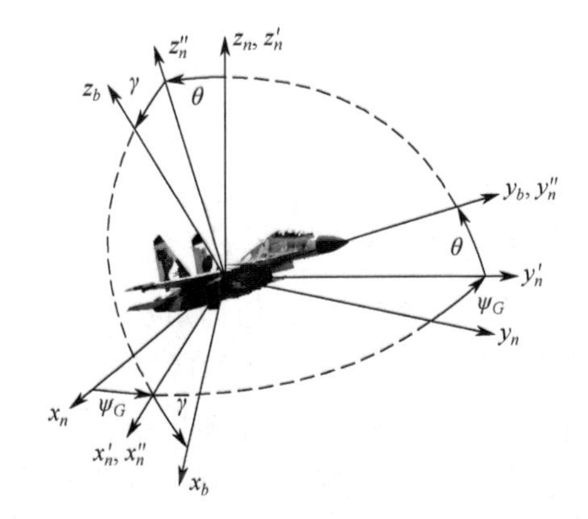

图 4.2 游动方位坐标系与本体坐标系之间的关系

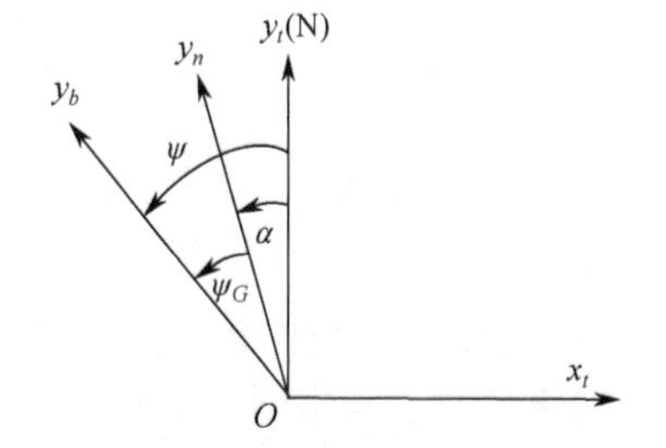

图 4.3 游动方位系统平台偏航角 ψ 与 α、ψ_G 之间的关系

根据三轴旋转顺序，可以得到由导航坐标系到本体坐标系的转换关系，即

$$\begin{aligned}\begin{bmatrix} x_b \\ y_b \\ z_b \end{bmatrix} &= \begin{bmatrix} \cos\gamma & 0 & -\sin\gamma \\ 0 & 1 & 0 \\ \sin\gamma & 0 & \cos\gamma \end{bmatrix} \begin{bmatrix} 1 & 0 & 0 \\ 0 & \cos\theta & \sin\theta \\ 0 & -\sin\theta & \cos\theta \end{bmatrix} \begin{bmatrix} \cos\psi_G & \sin\psi_G & 0 \\ -\sin\psi_G & \cos\psi_G & 0 \\ 0 & 0 & 1 \end{bmatrix} \begin{bmatrix} x_n \\ y_n \\ z_n \end{bmatrix} \\ &= \begin{bmatrix} \cos\gamma\cos\psi_G - \sin\gamma\sin\theta\sin\psi_G & \cos\gamma\sin\psi_G + \sin\gamma\sin\theta\cos\psi_G & -\sin\gamma\cos\theta \\ -\cos\theta\sin\psi_G & \cos\theta\cos\psi_G & \sin\theta \\ \sin\gamma\cos\psi_G + \cos\gamma\sin\theta\sin\psi_G & \sin\gamma\sin\psi_G - \cos\gamma\sin\theta\cos\psi_G & \cos\gamma\cos\theta \end{bmatrix} \cdot \begin{bmatrix} x_n \\ y_n \\ z_n \end{bmatrix}\end{aligned} \tag{4.5}$$

由于方向余弦矩阵 $\boldsymbol{C}_b^n$ 为正交矩阵，所以 $\boldsymbol{C}_b^n = [\boldsymbol{C}_n^b]^{-1} = [\boldsymbol{C}_n^b]^{\mathrm{T}}$，令

$$\boldsymbol{C}_b^n = \begin{bmatrix} T_{11} & T_{12} & T_{13} \\ T_{21} & T_{22} & T_{23} \\ T_{31} & T_{32} & T_{33} \end{bmatrix} \tag{4.6}$$

于是

$$C_b^n=\begin{bmatrix}\cos\gamma\cos\psi_G-\sin\gamma\sin\theta\sin\psi_G & -\cos\theta\sin\psi_G & \sin\gamma\cos\psi_G+\cos\gamma\sin\theta\sin\psi_G\\ \cos\gamma\sin\psi_G+\sin\gamma\sin\theta\cos\psi_G & \cos\theta\cos\psi_G & \sin\gamma\sin\psi_G-\cos\gamma\sin\theta\cos\psi_G\\ -\sin\gamma\cos\theta & \sin\theta & \cos\gamma\cos\theta\end{bmatrix} \tag{4.7}$$

当求得捷联矩阵 $\boldsymbol{C}_b^n$ 后，沿本体坐标系测量的比力 $\boldsymbol{f}^b$ 就可以转换到导航坐标系上，得到 $\boldsymbol{f}^n$：

$$\boldsymbol{f}^n=\boldsymbol{C}_b^n\boldsymbol{f}^b \tag{4.8}$$

根据导航坐标系下的比力 $\boldsymbol{f}^n$，即可进一步求解载体的速度与位置信息。根据式(4.4)～式(4.8)，可以看出捷联矩阵 $\boldsymbol{C}_b^n$ 起到了 PINS 中惯性平台的作用。

2）由捷联矩阵确定载体的姿态角

由式(4.7)可以看出捷联矩阵 $\boldsymbol{C}_b^n$ 是 ψ_G、θ、γ 的函数。由 $\boldsymbol{C}_b^n$ 的元素可以唯一地确定 ψ_G、θ、γ，然后由式(4.4)确定 ψ，从而求得载体的姿态角。

由式(4.9)可得 ψ_G、θ、γ 的主值为

$$\begin{aligned}\theta_{主}&=\arcsin(T_{32})\\ \gamma_{主}&=\arctan\left(\frac{-T_{31}}{T_{33}}\right)\\ \psi_{G主}&=\arctan\left(\frac{-T_{12}}{T_{22}}\right)\end{aligned} \tag{4.9}$$

为了唯一地确定 ψ_G、θ、γ 的真值，首先应给出它们的定义域。俯仰角 θ 的定义域为 $(-90°,90°)$，滚转角 γ 的定义域为 $(-180°,180°)$，格网偏航角 ψ_G 的定义域为 $(0°,360°)$。分析式(4.9)可以看出，由于俯仰角 θ 的定义域与反正弦函数的主值域是一致的，所以 θ 的主值就是其真值；而滚转角 γ 与格网偏航角 ψ_G 的定义域与反正切函数的主值域不一致。所以在求得 γ 及 ψ_G 的主值后还要根据 T_{33} 或 T_{22} 的符号来确定其真值。因此，θ、γ、ψ_G 的真值可表示为

$$\begin{aligned}&\theta=\theta_{主}\\ &\gamma=\begin{cases}\gamma_{主} & T_{33}>0\\ \gamma_{主}+180° & T_{33}<0\ \ \gamma_{主}<0\\ \gamma_{主}-180° & T_{33}<0\ \ \gamma_{主}>0\end{cases}\\ &\psi_G=\begin{cases}\psi_{G主} & T_{22}>0\ \ \psi_{G主}>0\\ \psi_{G主}+360° & T_{22}>0\ \ \psi_{G主}<0\\ \psi_{G主}+180° & T_{22}<0\end{cases}\end{aligned} \tag{4.10}$$

当格网偏航角 ψ_G 确定后，根据式(4.4)可以确定载体的偏航角 ψ，即

$$\psi=\psi_G+\alpha \tag{4.11}$$

可见，捷联矩阵 $\boldsymbol{C}_b^n$ 有两个作用：一个作用是用它来实现坐标转换，将沿本体坐标系安装的加速度计测量的比力转换到导航坐标系上；另一个作用是根据捷联矩阵的元素确定载体的姿态角。

3）姿态矩阵微分方程

姿态矩阵 $\boldsymbol{C}_b^n$ 中的元素是时间的函数。为求 $\boldsymbol{C}_b^n$ 需要求解姿态矩阵微分方程

$$\dot{C}_b^n = C_b^n \Omega_{nb}^b \tag{4.12}$$

式中，Ω_{nb}^b 为姿态角速度 $\omega_{nb}^b = [\omega_{nbx}^b, \omega_{nby}^b, \omega_{nbz}^b]^{\mathrm{T}}$ 组成的反对称阵。

在解式(4.12)时，需要首先已知姿态角速度 ω_{nb}^b。SINS 的 ω_{nb}^b 可以利用陀螺仪测得的角速度 ω_{ib}^b、位移角速度 ω_{en}^n 及已知的地球角速度 ω_{ie}^e 求取。具体过程为

$$\omega_{ib}^b = \omega_{ie}^b + \omega_{en}^b + \omega_{nb}^b \tag{4.13}$$

所以

$$\omega_{nb}^b = \omega_{ib}^b - \omega_{ie}^b - \omega_{en}^b \tag{4.14}$$

式中：ω_{ie}^b 是地球自转角速度在本体坐标系上的分量；

ω_{en}^b 是导航坐标系相对地球坐标系（e系）的角速度在本体坐标系上的分量；

ω_{nb}^b 是本体坐标系相对导航坐标系的角速度在本体坐标系上的分量；

ω_{ib}^b 是陀螺仪测得的本体坐标系相对惯性空间的角速度在本体坐标系上的分量。

考虑到 ω_{ie}^b 和 ω_{ie}^n、ω_{en}^b 和 ω_{en}^n 的关系：

$$\begin{cases} \omega_{ie}^b = C_n^b \omega_{ie}^n \\ \omega_{en}^b = C_n^b \omega_{en}^n \end{cases} \tag{4.15}$$

将式(4.15)代入式(4.14)，可得：

$$\omega_{nb}^b = \omega_{ib}^b - C_n^b(\omega_{ie}^n + \omega_{en}^n) \tag{4.16}$$

式中：$\omega_{en}^n = [-V_y^n/(R_{\mathrm{M}}+h), V_x^n/(R_{\mathrm{N}}+h), V_x^n \tan L/(R_{\mathrm{N}}+h)]^{\mathrm{T}}$ 为位置角速度，它在“位置和速度方程”中由位置角速度方程求得，而地球自转角速度 ω_{ie}^n 可以写为

$$\omega_{ie}^n = C_e^n \omega_{ie}^e = \begin{bmatrix} C_{11} & C_{12} & C_{13} \\ C_{21} & C_{22} & C_{23} \\ C_{31} & C_{32} & C_{33} \end{bmatrix} \begin{bmatrix} 0 \\ 0 \\ \omega_{ie} \end{bmatrix} = \begin{bmatrix} C_{13}\omega_{ie} \\ C_{23}\omega_{ie} \\ C_{33}\omega_{ie} \end{bmatrix} \tag{4.17}$$

式中，C_e^n 是位置矩阵，它将在“位置和速度方程”中由位置矩阵微分方程求得。由式(4.16)和式(4.17)即可得 ω_{nb}^b：

$$\omega_{nb}^b = \begin{bmatrix} \omega_{nbx}^b \\ \omega_{nby}^b \\ \omega_{nbz}^b \end{bmatrix} = \begin{bmatrix} \omega_{ibx}^b \\ \omega_{iby}^b \\ \omega_{ibz}^b \end{bmatrix} - C_n^b \begin{bmatrix} C_{13}\omega_{ie} + \omega_{enx}^n \\ C_{23}\omega_{ie} + \omega_{eny}^n \\ C_{33}\omega_{ie} + \omega_{enz}^n \end{bmatrix} \tag{4.18}$$

这样，将(4.12)式展开，则有

$$\begin{bmatrix} \dot{T}_{11} & \dot{T}_{12} & \dot{T}_{13} \\ \dot{T}_{21} & \dot{T}_{22} & \dot{T}_{23} \\ \dot{T}_{31} & \dot{T}_{32} & \dot{T}_{33} \end{bmatrix} = \begin{bmatrix} T_{11} & T_{12} & T_{13} \\ T_{21} & T_{22} & T_{23} \\ T_{31} & T_{32} & T_{33} \end{bmatrix} \begin{bmatrix} 0 & -\omega_{nbz}^b & \omega_{nby}^b \\ \omega_{nbz}^b & 0 & -\omega_{nbx}^b \\ -\omega_{nby}^b & \omega_{nbx}^b & 0 \end{bmatrix} \tag{4.19}$$

可以看出，式(4.19)对应 9 个一阶微分方程。只要给定初始值 ψ_{G0}、θ_0 和 γ_0，并根据式(4.18)求得姿态角速度 ω_{nb}^b，即可确定姿态矩阵 C_b^n 中的元素值，进而确定载体的姿态角。

然而，由于飞行器等载体的姿态变化速率很快，可达 $400°/\mathrm{s}$ 甚至更高，绕三个轴的速率分量一般来讲都比较大。因此，要解 9 个微分方程，需要采用高阶积分算法才能保证精度。解姿态矩阵微分方程的目的是求出三个姿态角。若采用四元数法，只要解 4 个微分方程，而采用方向余弦法需要解 9 个微分方程，所以采用四元数法效率更高些。总得看来，SINS 的姿

态计算采用四元数比方向余弦矩阵更好。因此，目前 SINS 的姿态方程通常都采用四元数法，再利用四元数和方向余弦矩阵之间的关系，求解姿态矩阵 $\boldsymbol{C}_b^n$ 中的元素值。

4）四元数与姿态矩阵之间的关系

从四元数理论在 SINS 中的应用这一角度出发，给出四元数与姿态矩阵中的元素之间的关系，以确定 SINS 的姿态矩阵。

四元数是由一个实数单位 1 和三个虚数单位 i 、 j、 k 组成的含有四个元的数，其表达式为

$$\boldsymbol{q}=q_0+q_1\mathrm{i}+q_2\mathrm{j}+q_3\mathrm{k} \tag{4.20}$$

一个坐标系相对另一个坐标系的转动可以用四元数唯一地表示出来，用四元数来描述本体坐标系相对游动方位坐标系的转动时，可得：

$$\begin{bmatrix} x_n \\ y_n \\ z_n \end{bmatrix}=\begin{bmatrix} q_0^2+q_1^2-q_2^2-q_3^2 & 2(q_1q_2-q_0q_3) & 2(q_1q_3+q_0q_2) \\ 2(q_1q_2+q_0q_3) & q_0^2-q_1^2+q_2^2-q_3^2 & 2(q_2q_3-q_0q_1) \\ 2(q_1q_3-q_0q_2) & 2(q_2q_3+q_0q_1) & q_0^2-q_1^2-q_2^2+q_3^2 \end{bmatrix}\begin{bmatrix} x_b \\ y_b \\ z_b \end{bmatrix} \tag{4.21}$$

即姿态矩阵可用四元数表示为

$$\boldsymbol{C}_b^n=\begin{bmatrix} q_0^2+q_1^2-q_2^2-q_3^2 & 2(q_1q_2-q_0q_3) & 2(q_1q_3+q_0q_2) \\ 2(q_1q_2+q_0q_3) & q_0^2-q_1^2+q_2^2-q_3^2 & 2(q_2q_3-q_0q_1) \\ 2(q_1q_3-q_0q_2) & 2(q_2q_3+q_0q_1) & q_0^2-q_1^2-q_2^2+q_3^2 \end{bmatrix} \tag{4.22}$$

四元数姿态矩阵式(4.22)与方向余弦矩阵式(4.7)是完全等效的，即对应元素相等，但其表达形式不同。显然，如果知道四元数 $\boldsymbol{q}$ 的 4 个元数，就可以求出姿态矩阵中的 9 个元素，并构成姿态矩阵。反之，知道了姿态矩阵的 9 个元素，也可以求出四元数中的 4 个元数。

由四元数姿态矩阵与方向余弦矩阵对应元素相等，可得：

$$\begin{cases} q_0^2+q_1^2-q_2^2-q_3^2=T_{11} \\ q_0^2-q_1^2+q_2^2-q_3^2=T_{22} \\ q_0^2-q_1^2-q_2^2+q_3^2=T_{33} \end{cases} \tag{4.23}$$

对规范化的四元数，存在

$$q_0^2+q_1^2+q_2^2+q_3^2=1 \tag{4.24}$$

所以由式(4.23)和式(4.24)可得

$$\begin{cases} q_0=\pm\dfrac{1}{2}\sqrt{1+T_{11}+T_{22}-T_{33}} \\ q_1=\pm\dfrac{1}{2}\sqrt{1+T_{11}-T_{22}-T_{33}} \\ q_2=\pm\dfrac{1}{2}\sqrt{1-T_{11}+T_{22}-T_{33}} \\ q_3=\pm\dfrac{1}{2}\sqrt{1-T_{11}-T_{22}+T_{33}} \end{cases} \tag{4.25}$$

根据式(4.22)中非对角元素之差，可得如下关系：

$$
\begin{aligned}
4q_0q_1 &= T_{23}-T_{32}\\
4q_0q_2 &= T_{31}-T_{13}\\
4q_0q_3 &= T_{12}-T_{21}
\end{aligned} \tag{4.26}
$$

只要先确定 q_0 的符号，则 q_1、q_2 和 q_3 的符号也可相应确定，而 q_0 的符号实际上是任意的，这是因为四元数的四个元数同时变符号，四元数不变。因此取：

$$
\begin{cases}
\text{sign}q_0 = + \\
\text{sign}q_1 = \text{sign}(T_{23}-T_{32}) \\
\text{sign}q_2 = \text{sign}(T_{31}-T_{13}) \\
\text{sign}q_3 = \text{sign}(T_{12}-T_{21})
\end{cases} \tag{4.27}
$$

在 SINS 的计算过程中要用到四元数的初值，而在系统初始对准结束后，认为 ψ_0（注意 $\psi=\psi_G-\alpha$）、θ_0 和 γ_0 是已知的，因而可以得到初始的方向余弦矩阵。因此要确定四元数 q_0、q_1、q_2 和 q_3 的初值，可以将初始的方向余弦矩阵代入式(4.25)和式(4.27)中求出。

由四元数可以直接求出方向余弦矩阵的各个元素，因而可以根据四元数计算载体的姿态角，并不断更新姿态矩阵。由于姿态角速度 $\boldsymbol{\omega}_{nb}^b$ 的存在，载体姿态在不断变化，因此，四元数是时间的函数。为了确定四元数的时间特性，需要求解四元数运动学微分方程。

5）四元数运动学微分方程

四元数运动学微分方程可以写为

$$
\dot{\boldsymbol{q}} = \frac{1}{2}\boldsymbol{q}\circ\boldsymbol{\omega}_{nb}^b \tag{4.28}
$$

由于任意两个四元数 $\boldsymbol{q}=[q_0\ q_1\ q_2\ q_3]^{\mathrm{T}}$ 和 $\boldsymbol{p}=[p_0\ p_1\ p_2\ p_3]^{\mathrm{T}}$ 的四元数乘法运算 $\boldsymbol{q}\circ\boldsymbol{p}$ 可以表示为

$$
\boldsymbol{q}\circ\boldsymbol{p} = \begin{bmatrix} p_0 & -p_1 & -p_2 & -p_3 \\ p_1 & p_0 & p_3 & -p_2 \\ p_2 & -p_3 & p_0 & p_1 \\ p_3 & p_2 & -p_1 & p_0 \end{bmatrix}\begin{bmatrix} q_0 \\ q_1 \\ q_2 \\ q_3 \end{bmatrix} \tag{4.29}
$$

因此，将式(4.28)写成矩阵形式为

$$
\begin{bmatrix} \dot{q}_0 \\ \dot{q}_1 \\ \dot{q}_2 \\ \dot{q}_3 \end{bmatrix} = \frac{1}{2}\begin{bmatrix} 0 & -\omega_{nbx}^b & -\omega_{nby}^b & -\omega_{nbz}^b \\ \omega_{nbx}^b & 0 & \omega_{nbz}^b & -\omega_{nby}^b \\ \omega_{nby}^b & -\omega_{nbz}^b & 0 & \omega_{nbx}^b \\ \omega_{nbz}^b & \omega_{nby}^b & -\omega_{nbx}^b & 0 \end{bmatrix}\begin{bmatrix} q_0 \\ q_1 \\ q_2 \\ q_3 \end{bmatrix} \tag{4.30}
$$

这样，SINS 中姿态参数 ψ_G、θ、γ 的求解过程可总结为：首先，系统根据式(4.18)求出姿态角速度 $\boldsymbol{\omega}_{nb}^b$，在此基础上利用式(4.30)求出四元数中的 4 个元数 q_0、q_1、q_2 和 q_3，然后利用四元数姿态矩阵与方向余弦矩阵对应元素相等的原则得到姿态矩阵中的元素 $T_{11},\cdots,T_{33}$，最后根据式(4.9)和式(4.10)求出姿态参数。

4.1.2　位置和速度方程

选取游动方位坐标系作为导航坐标系，建立位置方程，以便求解载体的纬度 L、经度 λ 和游动方位角 α。

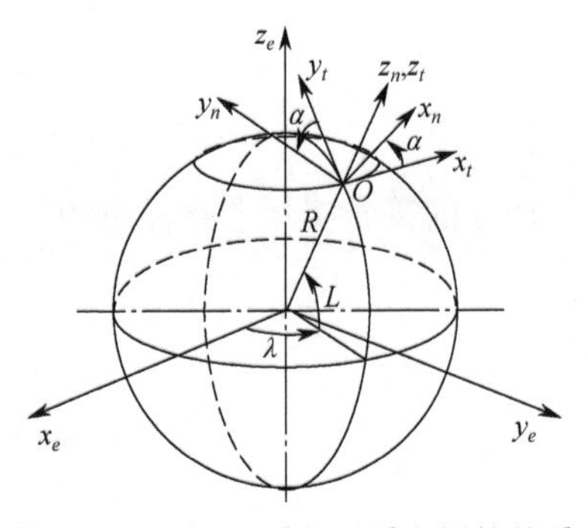

图 4.4 e 系、t 系与 n 系之间的关系

1）位置矩阵 $\boldsymbol{C}_e^n$ 的定义

将地球坐标系的 x_e 轴和 y_e 轴固定在赤道平面内，且 x_e 轴正方向与零经线（本初子午线）一致。参照图 4.4 可知，只要经过两次旋转，地球坐标系（e 系）便与地理坐标系（t 系）重合。第一次绕 z_e 轴转 $(90°+\lambda)$，第二次绕 x_t 轴（东）旋转 $(90°-L)$。可见，地球坐标系与地理坐标系的转换矩阵 $\boldsymbol{C}_e^n$ 包含载体的经纬度信息，因此，$\boldsymbol{C}_e^n$ 称为位置矩阵。依据坐标系的旋转关系，可得位置矩阵 $\boldsymbol{C}_e^n$ 为

$$\boldsymbol{C}_e^n=\begin{bmatrix}-\sin\lambda & \cos\lambda & 0\\ -\sin L\cos\lambda & -\sin L\sin\lambda & \cos L\\ \cos L\cos\lambda & \cos L\sin\lambda & \sin L\end{bmatrix} \tag{4.31}$$

又因地理坐标系与导航坐标系（n 系）之间仅差一个游动方位角 α，它们之间的转换矩阵为

$$\boldsymbol{C}_t^n=\begin{bmatrix}\cos\alpha & \sin\alpha & 0\\ -\sin\alpha & \cos\alpha & 0\\ 0 & 0 & 1\end{bmatrix} \tag{4.32}$$

于是地球坐标系（e 系）与导航坐标系（n 系）之间的转换矩阵为

$$\boldsymbol{C}_e^n=\boldsymbol{C}_t^n\boldsymbol{C}_e^t \tag{4.33}$$

将式(4.31)和式(4.32)代入式(4.33)，可得：

$$\boldsymbol{C}_e^n=\begin{bmatrix}-\cos\alpha\sin\lambda-\sin\alpha\sin L\cos\lambda & \cos\alpha\cos\lambda-\sin\alpha\sin L\sin\lambda & \sin\alpha\cos L\\ \sin\alpha\sin\lambda-\cos\alpha\sin L\cos\lambda & -\sin\alpha\cos\lambda-\cos\alpha\sin L\sin\lambda & \cos\alpha\cos L\\ \cos L\cos\lambda & \cos L\sin\lambda & \sin L\end{bmatrix} \tag{4.34}$$

定义位置矩阵 $\boldsymbol{C}_e^n$ 中各元素为

$$\boldsymbol{C}_e^n=\begin{bmatrix}C_{11} & C_{12} & C_{13}\\ C_{21} & C_{22} & C_{23}\\ C_{31} & C_{32} & C_{33}\end{bmatrix} \tag{4.35}$$

则由式(4.34)和式(4.35)可得纬度 L、经度 λ 和游动方位角 α，即

$$\begin{gathered}L=\arcsin(C_{33})\\ \lambda=\arctan\left(\frac{C_{32}}{C_{31}}\right)\\ \alpha=\arctan\left(\frac{C_{13}}{C_{23}}\right)\end{gathered} \tag{4.36}$$

这些计算需要利用反三角函数。由于三角函数存在多值问题，而我们需要的是 L、λ 和 α 的真值，所以需要对式(4.36)求得结果做进一步真值判断，其真值判断方法与姿态角的判断方法相同。

2）位置矩阵 $\boldsymbol{C}_e^n$ 微分方程

欲得到式(4.35)对应的位置矩阵 $\boldsymbol{C}_e^n$，则需要解 $\boldsymbol{C}_e^n$ 所对应的微分方程，即

$$\dot{\boldsymbol{C}}_e^n=-\boldsymbol{\Omega}_{en}^n\boldsymbol{C}_e^n \tag{4.37}$$

式中：

$$\boldsymbol{\Omega}_{en}^{n}=\begin{bmatrix}0 & -\omega_{enz}^{n} & \omega_{eny}^{n}\\ \omega_{enz}^{n} & 0 & -\omega_{enx}^{n}\\ -\omega_{eny}^{n} & \omega_{enx}^{n} & 0\end{bmatrix} \tag{4.38}$$

是位置角速度 $\boldsymbol{\omega}_{en}^{n}$ 组成的反对称阵。

对于游动方位系统 $\omega_{enz}^{n}=0$，展开式(4.37)，则导航计算机要解算的微分方程为

$$\begin{cases}\dot{C}_{12}=-\omega_{eny}^{n}C_{32}\\ \dot{C}_{13}=-\omega_{eny}^{n}C_{33}\\ \dot{C}_{22}=\omega_{enx}^{n}C_{32}\\ \dot{C}_{23}=\omega_{enx}^{n}C_{33}\\ \dot{C}_{32}=\omega_{eny}^{n}C_{12}-\omega_{enx}^{n}C_{22}\\ \dot{C}_{33}=\omega_{eny}^{n}C_{13}-\omega_{enx}^{n}C_{23}\end{cases} \tag{4.39}$$

在给定初始值 L_0、λ_0 和 α_0 后，根据式(4.34)和式(4.35)求得位置矩阵 $\boldsymbol{C}_e^n$ 中 C_{12}、C_{13}、C_{22}、C_{23}、C_{32}、C_{33} 这 6 个元素的初值；然后利用位置角速度 $\boldsymbol{\omega}_{en}^{n}$ 求解式(4.39)，并利用方向余弦矩阵中各元素之间的关系

$$C_{31}=C_{12}C_{23}-C_{22}C_{13} \tag{4.40}$$

求得 C_{31}；最后根据式(4.36)求得位置参数。

3）位置角速度方程

由式(4.37)～式(4.39)可知，位置矩阵的确定需要已知位置角速度 $\boldsymbol{\omega}_{en}^{n}$。因此，先建立位置角速度方程，进而求得位置角速度 $\boldsymbol{\omega}_{en}^{n}$。

在地理坐标系内，位置角速度与相对速度 $\boldsymbol{V}_{en}^{t}$ 之间的关系为

$$\begin{cases}\omega_{etx}^{t}=-\dfrac{V_y^t}{R_{yt}}\\ \omega_{ety}^{t}=\dfrac{V_x^t}{R_{xt}}\\ \omega_{etz}^{t}=\dfrac{V_x^t}{R_{xt}}\tan L\end{cases} \tag{4.41}$$

式中，$R_{xt}=R_{\mathrm{e}}\left(1+e\sin^2 L\right)$，$R_{yt}=R_{\mathrm{e}}\left(1-2e+3e\sin^2 L\right)$，$e$ 为地球扁率。因为

$$\begin{cases}V_x^t=V_x^n\cos\alpha-V_y^n\sin\alpha\\ V_y^t=V_x^n\sin\alpha+V_y^n\cos\alpha\end{cases} \tag{4.42}$$

又

$$\begin{bmatrix}\omega_{enx}^{n}\\ \omega_{eny}^{n}\\ \omega_{enz}^{n}\end{bmatrix}=\boldsymbol{C}_t^n\begin{bmatrix}\omega_{etx}^{t}\\ \omega_{ety}^{t}\\ \omega_{etz}^{t}\end{bmatrix}=\begin{bmatrix}\cos\alpha & \sin\alpha & 0\\ -\sin\alpha & \cos\alpha & 0\\ 0 & 0 & 1\end{bmatrix}\begin{bmatrix}\omega_{etx}^{t}\\ \omega_{ety}^{t}\\ \omega_{etz}^{t}\end{bmatrix} \tag{4.43}$$

对游动方位系统来说，$\omega_{enz}^{n}=0$，故可得

$$\begin{bmatrix} \omega_{enx}^n \\ \omega_{eny}^n \end{bmatrix} = \begin{bmatrix} -\left(\dfrac{1}{R_{yt}} - \dfrac{1}{R_{xt}}\right)\sin\alpha\cos\alpha & -\left(\dfrac{\cos^2\alpha}{R_{yt}} + \dfrac{\sin^2\alpha}{R_{xt}}\right) \\ \dfrac{\sin^2\alpha}{R_{yt}} + \dfrac{\cos^2\alpha}{R_{xt}} & \left(\dfrac{1}{R_{yt}} - \dfrac{1}{R_{xt}}\right)\sin\alpha\cos\alpha \end{bmatrix} \begin{bmatrix} V_x^n \\ V_y^n \end{bmatrix} \tag{4.44}$$

令：

$$\begin{cases} \dfrac{1}{R_{yn}} = \dfrac{\cos^2\alpha}{R_{yt}} + \dfrac{\sin^2\alpha}{R_{xt}} \\ \dfrac{1}{R_{xn}} = \dfrac{\sin^2\alpha}{R_{yt}} + \dfrac{\cos^2\alpha}{R_{xt}} \end{cases} \tag{4.45}$$

相当于游动方位等效曲率半径。

令

$$\frac{1}{\tau_a} = \left(\frac{1}{R_{yt}} - \frac{1}{R_{xt}}\right)\sin\alpha\cos\alpha \tag{4.46}$$

则有

$$\begin{bmatrix} \omega_{enx}^n \\ \omega_{eny}^n \end{bmatrix} = \begin{bmatrix} -\dfrac{1}{\tau_a} & -\dfrac{1}{R_{yn}} \\ \dfrac{1}{R_{xn}} & \dfrac{1}{\tau_a} \end{bmatrix} \begin{bmatrix} V_x^n \\ V_y^n \end{bmatrix} \tag{4.47}$$

式中，τ_a为扭曲曲率。而

$$\begin{bmatrix} -\dfrac{1}{\tau_a} & -\dfrac{1}{R_{yn}} \\ \dfrac{1}{R_{xn}} & \dfrac{1}{\tau_a} \end{bmatrix}$$

称为曲率阵。式(4.47)提供了地球为椭球体情况下的位置角速度方程。

4）速度方程

从惯性导航基本方程出发，可以直接写出 SINS 的速度方程，即

$$\begin{bmatrix} \dot{V}_x^n \\ \dot{V}_y^n \\ \dot{V}_z^n \end{bmatrix} = \begin{bmatrix} f_x^n \\ f_y^n \\ f_z^n \end{bmatrix} + \begin{bmatrix} 0 & 2\omega_{iez}^n & -(2\omega_{iey}^n + \omega_{eny}^n) \\ -2\omega_{iez}^n & 0 & 2\omega_{iex}^n + \omega_{enx}^n \\ 2\omega_{iey}^n + \omega_{eny}^n & -(2\omega_{iex}^n + \omega_{enx}^n) & 0 \end{bmatrix} \begin{bmatrix} V_x^n \\ V_y^n \\ V_z^n \end{bmatrix} - \begin{bmatrix} 0 \\ 0 \\ g \end{bmatrix} \tag{4.48}$$

4.1.3 SINS 导航解算方框图

采用游动方位坐标系为导航坐标系的 SINS 导航解算方框图如图 4.5 所示。固定于载体上的加速度计和陀螺仪分别测量载体相对惯性空间的比力 $\boldsymbol{f}^{b'}$ 和角速度 $\boldsymbol{\omega}_{ib}^{b'}$。为消除载体角运动等干扰对惯性器件的影响，加速度计和陀螺仪的输出必须经过误差补偿才能作为系统导航参数计算的准确信息。在理想情况下，经误差补偿后的惯性器件输出，就是载体相对惯性空间的比力 $\boldsymbol{f}^b$ 和角速度 $\boldsymbol{\omega}_{ib}^b$。

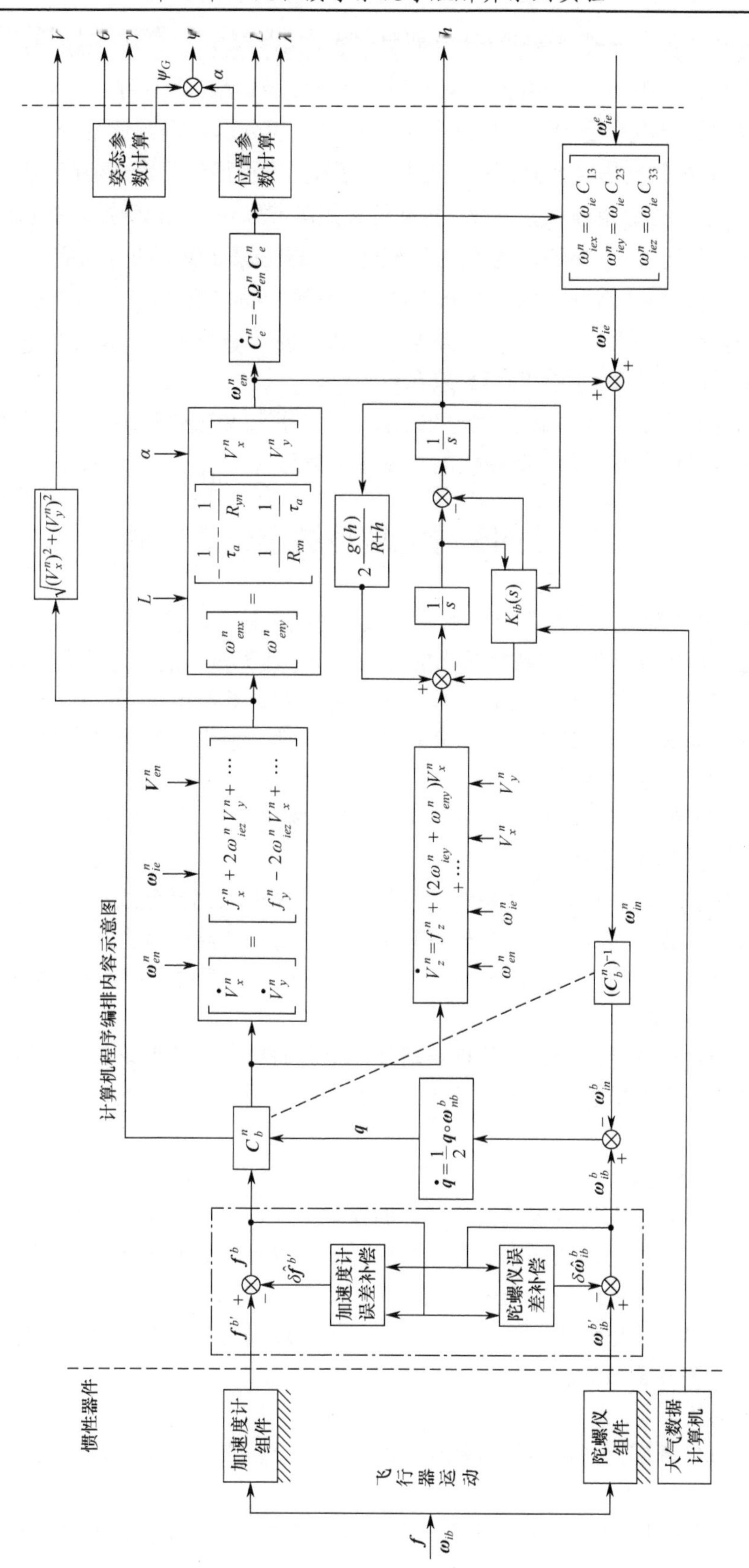

图 4.5　SINS 导航解算方框图

为计算位置参数，首先，将加速度计测量的本体坐标系相对惯性空间的比力在本体坐标系轴向上的分量 $\boldsymbol{f}^b$，通过姿态矩阵 $\boldsymbol{C}_b^n$ 变换到游动方位坐标系，得到 $\boldsymbol{f}^n$。然后，将比力 $\boldsymbol{f}^n$ 用速度方程对有害加速度和重力加速度进行补偿并通过积分运算得到速度分量 $\boldsymbol{V}_{en}^n$。速度分量 $\boldsymbol{V}_{en}^n$ 不仅可用于系统的输出，而且可以结合位置角速度方程得到位置角速度 $\boldsymbol{\omega}_{en}^n$。位置角速度 $\boldsymbol{\omega}_{en}^n$ 一方面通过求解位置矩阵微分方程，更新位置矩阵 $\boldsymbol{C}_e^n$，进而解算载体的位置参数 L、λ、α；另一方面与地球角速度 $\boldsymbol{\omega}_{ie}^n$ 叠加，经姿态矩阵变换后与陀螺仪输出的角速度 $\boldsymbol{\omega}_{ib}^b$ 一起构成姿态角速度 $\boldsymbol{\omega}_{nb}^n$，并通过姿态微分方程的积分运算，实时更新姿态矩阵 $\boldsymbol{C}_b^n$。姿态矩阵 $\boldsymbol{C}_b^n$ 除可以完成从本体坐标系到游动方位坐标系的坐标变换，担负起“数学平台”的作用之外，还可根据其矩阵中的元素，解算出载体的姿态参数 θ、γ、ψ_G。

同时，为克服系统高度通道不稳定的缺陷，系统引入大气数据计算机提供的气压高度信息，并采用三阶阻尼方案，以得到稳定的高度输出信息。

4.2 SINS 导航解算数字仿真实验

由于 SINS 的大部分工作要在计算机中完成，因此在整个系统误差中，很多方面的误差难以用解析的方法给出，而需要用数字仿真的方法给出。计算技术的飞速发展使得 SINS 的设计与分析工作（特别是系统的误差分析工作）可以首先在计算机上进行，在此基础上再进行系统的硬件（包括陀螺仪、加速度计与计算机等）及软件（包括各种计算机算法及不同迭代周期的选择等）的设计或选择。

根据系统误差的特点，按照数字仿真的功能可将数字仿真分为以下几类。

1）检验数学模型的正确性

在进行数字仿真时，首先要为系统的数学模型选择机上执行算法，编制好相应的主程序与子程序，并进行数字仿真。当数学模型有错误时，仿真的结果就会出现异常。当所选用的数学模型不够精确时，系统的误差将不能满足要求，从而应探讨更精确的数学模型。

2）系统软件的仿真

这时可将惯性器件看成无误差的理想器件，单独研究由于计算机算法所造成的误差，其中包括对数值积分算法的选取、各种迭代周期的选取、字长的选取以及单精度或双精度的选取等。

3）系统硬件的选取

这时可在计算机中人为地设置惯性器件的误差，通过采用高精度的算法来减小算法误差的影响，从而确定硬件对系统误差的影响，这样就可以根据导航精度的要求对惯性器件提出适宜的要求，进而设计或选用适当的惯性器件。接下来在系统软件仿真的基础上，确定所选用的元器件的类型与输出形式，选用适宜的计算机，以满足系统对计算机实时接口、计算速度及计算机字长等方面的要求。

4）SINS 的仿真

在上述仿真的基础上，进而可对整个系统进行数字仿真。数字仿真可以采用以下几种方式进行。

（1）对于给定的飞行任务条件，进行一次完整飞行过程的全数字仿真，确定总的系统误差。

（2）对于典型的工作状态（包括最不利的工作状态）进行仿真，确定系统在典型工作状态下的误差。典型的工作状态包括静止状态、等角速率运动状态和振动状态等。

（3）系统的初始对准仿真，根据选用的惯性器件以及计算机的性能对初始对准误差进行仿真，从而判断系统的初始对准是否满足给定的要求。

（4）与初步的飞行试验配合进行的数字仿真。将 SINS 的惯性器件安装在飞行器上进行飞行试验，并通过机载的记录装置将陀螺仪与加速度计的输出记录下来，然后到地面上再进行离线的数字仿真，为 SINS 的飞行试验打下基础。

由此可见，数字仿真手段对于 SINS 中惯性器件误差模型、导航解算和初始对准等算法测试和性能验证具有重要意义。巡航式飞行器和弹道式飞行器是两类最为典型的飞行器，它们在受力情况、飞行任务特点、导航坐标系的选取等方面存在差异。基于此，本节将分别介绍巡航式飞行器和弹道式飞行器的 SINS 数字仿真平台设计方法，并基于该数字仿真平台对 SINS 的性能进行验证。

4.2.1　SINS 数字仿真平台工作原理

SINS 数字仿真平台的工作过程为：首先，根据巡航式（或弹道式）飞行器的飞行任务特点设计一段轨迹，并生成飞行器的位置、速度和姿态等导航参数的理想值；其次，根据生成的导航参数的理想值并结合陀螺仪和加速度计的数学模型，生成惯性器件的测量信息；然后，将惯性器件的测量信息输出到 SINS 导航解算算法中得到导航结果；最后，将解算的导航结果与导航参数的理想值相比较，得到导航误差结果并验证惯性器件误差模型和导航解算算法的性能。可见，SINS 数字仿真平台应由以下四部分组成，总体框架如图 4.6 所示。

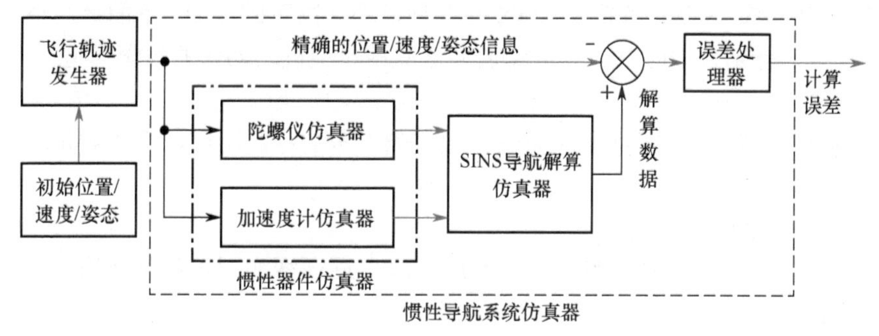

图 4.6　SINS 数字仿真平台总体框架

1）飞行轨迹发生器

飞行轨迹发生器对飞行器的轨迹进行模拟，为后续进行惯性器件测量数据生成、SINS 导航解算和导航误差处理与性能评估提供依据。对于巡航式飞行器，该模块是根据巡航式飞行器的飞行任务特点，生成包含爬升、转弯、俯冲或加减速等飞行状态在内的一条完整轨迹，然后再根据不同飞行状态的数学模型实时输出飞行器对应时刻的位置、速度和姿态等导航参数的理想值；而对于弹道式飞行器，该模块则是根据弹道式飞行器在不同阶段的飞行特点，生成包含主动段、自由段和再入段等飞行段在内的一条完整轨迹，再根据不同飞行阶段的数学模型实时输出飞行器对应时刻的位置、速度和姿态等导航参数的理想值。

2）惯性器件仿真器

惯性器件仿真器模拟生成陀螺仪和加速度计的测量信息，供 SINS 导航解算仿真器使用。

该模块以飞行轨迹发生器输出的导航参数的理想值为输入信息，根据陀螺仪和加速度计的数学模型，生成包含惯性器件误差的角速度和比力。

3）SINS 导航解算仿真器

SINS 导航解算仿真器是根据 SINS 的导航解算方程设计而成的，它以惯性器件仿真器输出的测量结果为输入信息，通过位置、速度和姿态更新解算得到飞行器的位置、速度和姿态等导航结果。

4）误差处理器

误差处理器将 SINS 导航解算仿真器计算得到的包含解算误差的导航结果与飞行轨迹发生器输出的导航参数的理想值进行比较，得到 SINS 解算的位置、速度和姿态等参数的导航误差。在此基础上，对惯性器件误差模型和导航解算算法的性能进行分析和评估。

4.2.2 飞行轨迹发生器

对于给定的飞行任务，可以先设计出相应的飞行轨迹，然后利用飞行轨迹发生器计算出不同时刻的位置、速度和姿态等导航参数的理想值。下面从不同飞行状态的数学模型、导航参数的求取方法等方面分别对巡航式飞行器和弹道式飞行器的飞行轨迹发生器的设计方法进行介绍。

1）巡航式飞行器的飞行轨迹发生器

（1）典型机动动作的数学模型

对于巡航式飞行器，为使飞行轨迹发生器生成的飞行轨迹尽可能接近实际情况，需要建立各种典型机动动作的数学模型，并做成相应的模块。在测试时，可以将任意几种机动动作组合成一条飞行轨迹，从而充分反映 SINS 在各种机动情况下的性能。下面针对巡航式飞行器的飞行任务特点，分别建立爬升、转弯和俯冲这三种典型机动动作的数学模型。

① 爬升

巡航式飞行器的爬升可分为 3 个阶段：改变俯仰角的拉起阶段、等俯仰角爬升阶段和结束爬升后的改平阶段。

A．改变俯仰角的拉起阶段

在该阶段，巡航式飞行器的俯仰角以等角速率 $\dot{\theta}_0$ 逐渐增加到等角爬升的角度。设该阶段的初始时刻为 t_{01}，则有

$$\dot{\theta}=\dot{\theta}_0;\quad \theta=\dot{\theta}(t-t_{01}) \tag{4.49}$$

B．等俯仰角爬升阶段

在该阶段，巡航式飞行器以恒定的俯仰角 θ_c 爬升到需要的高度，则有

$$\dot{\theta}=0;\quad \theta=\theta_c \tag{4.50}$$

C．结束爬升后的改平阶段

在该阶段，巡航式飞行器以等角速率 $-\dot{\theta}_0$ 逐渐减小俯仰角。设该阶段的初始时刻为 t_{02}，则有

$$\dot{\theta}=-\dot{\theta}_0;\quad \theta=\theta_c+\dot{\theta}(t-t_{02}) \tag{4.51}$$

② 转弯

设巡航式飞行器为协调转弯，转弯过程无侧滑，飞行轨迹在水平面内。以右转弯为例分析协调转弯过程中的转弯半径和转弯角速率。

设转弯过程中巡航式飞行器的速度为 V_y^b、转弯半径为 R、转弯角速率为 ω_z^h，转弯所需的向心力 A_x^h 由升力因倾斜产生的水平分量来提供，则有

$$\begin{cases} A_x^h = R \cdot (\omega_z^h)^2 = (V_y^b)^2 / R = g \cdot \tan\gamma \\ R = (V_y^b)^2 / (g \cdot \tan\gamma) \\ \omega_z^h = V_y^b / R = g \cdot \tan\gamma / V_y^b \end{cases} \tag{4.52}$$

巡航式飞行器的转弯分为 3 个阶段：由平飞改变滚转角进入转弯阶段、保持滚转角以等角速率转弯阶段和转完后的改平阶段。

A．进入转弯阶段

在该阶段，巡航式飞行器以等角速率 $\dot{\gamma}_0$ 将滚转角调整到所需的值。设该阶段的初始时刻为 t_{03}，则有

$$\begin{cases} \dot{\gamma} = \dot{\gamma}_0 \\ \gamma = \dot{\gamma}(t - t_{03}) \\ \omega_z^h = g \cdot \tan\gamma / V_y^b = g \cdot \tan[\dot{\gamma}(t - t_{03})] / V_y^b \\ \Delta\psi = \int_{t_{03}}^{t} \omega_z^h \mathrm{d}t \end{cases} \tag{4.53}$$

B．等角速率转弯阶段

在该阶段，巡航式飞行器保持滚转角 γ_c 并绕 z 轴以等角速率 ω_0 转弯。则有

$$\gamma = \gamma_c;\quad \omega_z^h = \omega_0 \tag{4.54}$$

C．改平阶段

在该阶段，巡航式飞行器以等角速率 $-\dot{\gamma}_0$ 逐渐减小滚转角。设该阶段的初始时刻为 t_{04}，则有

$$\dot{\gamma} = -\dot{\gamma}_0;\quad \gamma = \gamma_c + \dot{\gamma}(t - t_{04}) \tag{4.55}$$

③ 俯冲

俯冲过程的飞行轨迹在地垂面内，俯仰角的改变方向与爬升过程相反，分为改变俯仰角进入俯冲阶段、等俯仰角俯冲阶段和俯冲后的改平阶段。

A．进入俯冲阶段

在该阶段，巡航式飞行器以等角速率 $\dot{\theta}_1$ 逐渐减小到所需的俯冲角。设该阶段的初始时刻为 t_{05}，则有

$$\dot{\theta} = -\dot{\theta}_1;\quad \theta = \dot{\theta}(t - t_{05}) \tag{4.56}$$

B．等俯仰角俯冲阶段

在该阶段，巡航式飞行器以恒定的俯仰角 θ_{c1} 俯冲到需要的高度。则有

$$\dot{\theta} = 0;\quad \theta = \theta_{c1} \tag{4.57}$$

C．改平阶段

在该阶段，巡航式飞行器以等角速率 $\dot{\theta}_1$ 逐渐增加俯仰角。设该阶段的初始时刻为 t_{06}，则有

$$\dot{\theta} = \dot{\theta}_1;\quad \theta = \theta_{c1} + \dot{\theta}(t - t_{06}) \tag{4.58}$$

（2）导航参数的求取

除上述三种典型机动动作外，巡航式飞行器的一段完整轨迹中通常还可能包含起飞、加速、减速、平飞和降落等飞行状态。下面进一步介绍不同飞行状态下导航参数精确值的求取方法。

① 加速度

A．巡航式飞行器机动飞行时在轨迹坐标系中的加速度如下。

巡航式飞行器以加速度a做直线加速飞行时：$a_x^t = a_z^t = 0$; $a_y^t = a$；

巡航式飞行器以滚转角γ做无侧滑转弯时：$a_y^t = a_z^t = 0$; $a_x^t = g \cdot \tan\gamma$；

巡航式飞行器爬升或俯冲时：$a_x^t = a_y^t = 0$; $a_z^t = \dot{\theta} \cdot V_y^t$；

巡航式飞行器爬升改平或俯冲改平时：$a_x^t = a_y^t = 0$; $a_z^t = \dot{\theta} \cdot V_y^t$；

巡航式飞行器匀速等角爬升或等角俯冲时：$a_x^t = a_y^t = a_z^t = 0$。

B．巡航式飞行器在导航坐标系中的加速度为

$$\begin{bmatrix} a_x^n \\ a_y^n \\ a_z^n \end{bmatrix} = \boldsymbol{C}_t^n \begin{bmatrix} a_x^t \\ a_y^t \\ a_z^t \end{bmatrix} \tag{4.59}$$

C．巡航式飞行器在本体坐标系中的加速度为

$$\begin{bmatrix} a_x^b \\ a_y^b \\ a_z^b \end{bmatrix} = \boldsymbol{C}_t^b \begin{bmatrix} a_x^t \\ a_y^t \\ a_z^t \end{bmatrix} \tag{4.60}$$

② 速度

A．在导航坐标系中的速度为

$$\begin{bmatrix} V_x^n \\ V_y^n \\ V_z^n \end{bmatrix} = \begin{bmatrix} V_{x0}^n \\ V_{y0}^n \\ V_{z0}^n \end{bmatrix} + \begin{bmatrix} \int_{t_0}^t a_x^n \mathrm{d}t \\ \int_{t_0}^t a_y^n \mathrm{d}t \\ \int_{t_0}^t a_z^n \mathrm{d}t \end{bmatrix} \tag{4.61}$$

B．在轨迹坐标系中的速度为

$$\begin{bmatrix} V_x^t \\ V_y^t \\ V_z^t \end{bmatrix} = \boldsymbol{C}_n^t \begin{bmatrix} V_x^n \\ V_y^n \\ V_z^n \end{bmatrix} \tag{4.62}$$

C．在本体坐标系中的速度为

$$\begin{bmatrix} V_x^b \\ V_y^b \\ V_z^b \end{bmatrix} = \boldsymbol{C}_n^b \begin{bmatrix} V_x^n \\ V_y^n \\ V_z^n \end{bmatrix} \tag{4.63}$$

③ 位置

$$\begin{bmatrix} L \\ \lambda \\ h \end{bmatrix} = \begin{bmatrix} L_0 \\ \lambda_0 \\ h_0 \end{bmatrix} + \begin{bmatrix} \int_{t_0}^t \dfrac{V_y^n}{R_\mathrm{M} + h} \mathrm{d}t \\ \int_{t_0}^t \dfrac{V_x^n \sec L}{R_\mathrm{N} + h} \mathrm{d}t \\ \int_{t_0}^t V_z^n \mathrm{d}t \end{bmatrix} \tag{4.64}$$

式中，$R_M = R_e(1-2e+3e\sin^2 L)$，$R_N = R_e(1+e\sin^2 L)$；$e$ 为地球扁率；R_e 为地球的长半轴；L 为即时纬度，λ 为即时经度，h 为即时高度。

2）弹道式飞行器的飞行轨迹发生器

在设计弹道式飞行器的飞行轨迹发生器时，首先需要建立描述其速度、位置、姿态的动力学和运动学方程，进而根据给定的初始条件生成包含主动段、自由段和再入段等飞行阶段在内的一条完整轨迹，以及对应时刻的位置、速度和姿态等导航参数的理想值。下面对弹道式飞行器在不同飞行阶段的受力情况进行分析，并在此基础上介绍各飞行段轨迹的设计方法。

（1）不同飞行阶段受力情况分析

弹道式飞行器的飞行过程大致可以分为三个阶段：主动段、自由段和再入段，各飞行阶段与受力情况如表 4.1 所示。

表 4.1　弹道式飞行器的飞行阶段与受力情况

	主动段	自由段	再入段
飞行阶段	从发射点到关机点	从关机之后到再入地球大气层为止	从进入大气层到打击目标为止
受力情况	地心引力、推力、阻力	地心引力	地心引力、阻力

① 主动段：从发射点到关机点，有效载荷被助推到需要的高度和预定的状态，然后与非有效载荷分离。主动段又可以分为三个阶段：垂直发射、主动段转弯和等角爬升阶段。

② 自由段：有效载荷仅在地心引力作用下按照椭圆轨迹飞行。

③ 再入段：弹头或者作为自由再入体的运载火箭再入地球大气层时，在迎面阻力和升力等气动力以及地心引力的影响下运动。

（2）主动段弹道轨迹设计

弹道式飞行器在主动段消耗燃料加速上升，受到发动机推力、空气阻力、升力、重力等影响，实际的受力情况比较复杂。因此，这里进行简化处理：假定主动段内弹体姿态只有俯仰角 θ_g 发生变化，而偏航角 ψ_g 与滚转角 γ_g 无变化，所以弹体的飞行轨迹一直在发射点重力坐标系的 $Ox_g y_g$ 面内；此外，考虑到主动段飞行时间比较短，可以认为主动段内弹体所受的重力一直沿发射点重力坐标系 Oy_g 轴的负向。从而，在发射点重力坐标系下建立弹道式飞行器主动段的质心动力学和运动学方程为

$$\begin{cases} \dot{v} = \dfrac{P - X_d}{m} - g\sin\theta_g \\ v_x^g = v\cos\theta_g \\ v_y^g = v\sin\theta_g \end{cases} \tag{4.65}$$

式中，v 为弹体相对发射点的速度大小；重力加速度 g 可表示为 $g = g_0(R_e/r)^2$，g_0 为赤道海平面处的重力加速度，$r = \sqrt{x_g^2 + (y_g + R_e)^2}$ 为弹体到地心的距离；θ_g 为弹体相对发射点重力坐标系的俯仰角；P 为发动机推力；X_d 为空气阻力。当攻角为零且不考虑风速影响时，空气阻力的计算公式为

$$X_d = \frac{1}{2}\rho v^2 C_{xw} S_w \tag{4.66}$$

式中，ρ 为空气密度；C_{xw} 为标准阻力系数，与相对速度大小 v 有关；S_w 为弹体横截面积。

对姿态变化直接给定运动规律，θ_g 按抛物线规律给定，偏航角 ψ_g 和滚转角 γ_g 则恒定为零，保持不变。

$$\begin{cases} \theta_g = \theta(t) \\ \psi_g = 0 \\ \gamma_g = 0 \end{cases} \tag{4.67}$$

$$\theta(t) = \begin{cases} \theta_1 & ,t < t_1 \\ \dfrac{(\theta_1 - \theta_2)(t_2 - t)^2}{(t_2 - t_1)^2} & ,t_1 \leqslant t \leqslant t_2 \\ \theta_2 & ,t_2 \leqslant t \end{cases} \tag{4.68}$$

在设定发射点位置 (λ_0, L_0, h_0)、方位角 A、发射时刻 t_0 和初始相对速度 $\boldsymbol{V}_0^g$ 后，根据式(4.65)便可计算得到任意当前时刻 t 弹体在发射点重力坐标系下的相对速度 $\boldsymbol{V}_r^g = [v_x^g \ v_y^g \ 0]^{\mathrm{T}}$ 和位置 $\boldsymbol{P}_r^g = [x_g \ y_g \ 0]^{\mathrm{T}}$，其中，下标 r 表示相对速度或位置。

弹道式飞行器通常以发射点惯性坐标系（li 系）为导航坐标系，进一步考虑地球自转影响，便可得到弹体相对发射点惯性坐标系的绝对速度

$$\boldsymbol{V}^{li} = \boldsymbol{C}_g^{li}\boldsymbol{V}_r^g + \left(\boldsymbol{C}_i^{li}\boldsymbol{\omega}_{ie}^i\right) \times \left(\boldsymbol{C}_g^{li}\boldsymbol{P}_r^g\right) \tag{4.69}$$

利用得到的弹体相对发射点惯性坐标系的绝对速度 $\boldsymbol{V}^{li}$，用一阶算法积分，结合初始位置信息便可得到弹体在发射点惯性坐标系的位置信息

$$\boldsymbol{P}_{k+1}^{li} = \boldsymbol{P}_k^{li} + \boldsymbol{V}_k^{li} T_s \tag{4.70}$$

式中，T_s 为采样间隔，下标 k 表示时间序列。

本体坐标系相对于发射点惯性坐标系的姿态，可以根据它们间的转换关系求得

$$\boldsymbol{C}_{li}^b = \boldsymbol{C}_g^b \boldsymbol{C}_{li}^g \tag{4.71}$$

式中，$\boldsymbol{C}_g^b = \boldsymbol{R}_x(\gamma_g)\boldsymbol{R}_y(\psi_g)\boldsymbol{R}_z(\theta_g)$。

此外，根据 $\boldsymbol{C}_{li}^b$ 中各元素与姿态角之间的关系

$$\boldsymbol{C}_{li}^b = \begin{bmatrix} \cos\psi\cos\theta & \cos\psi\sin\theta & -\sin\psi \\ \sin\gamma\sin\psi\cos\theta - \cos\gamma\sin\theta & \sin\gamma\sin\psi\sin\theta + \cos\gamma\cos\theta & \sin\gamma\cos\psi \\ \cos\gamma\sin\psi\cos\theta + \sin\gamma\sin\theta & \cos\gamma\sin\psi\sin\theta - \sin\gamma\cos\theta & \cos\gamma\cos\psi \end{bmatrix} \tag{4.72}$$

可进一步求得姿态角。

（3）自由段弹道轨迹设计

弹道式飞行器在关机点后的自由段处于大气层外，受力相对简单，动力学模型可简化为开普勒二体轨道模型。利用关机点时刻的速度 $\boldsymbol{V}_{\mathrm{S}}^{li}$ 和位置 $\boldsymbol{P}_{\mathrm{S}}^{li}$ 便可完全确定其轨迹，其中，下标S表示关机点。

① 利用坐标系间的转换关系，求得关机点时刻弹体在地心惯性坐标系下位置和速度分别为

$$\begin{cases} \boldsymbol{P}_{\mathrm{S}}^{i} = \boldsymbol{P}_{\mathrm{L},0}^{i} + \boldsymbol{C}_{li}^{i}\boldsymbol{P}_{\mathrm{S}}^{li} \\ \boldsymbol{V}_{\mathrm{S}}^{i} = \boldsymbol{C}_{li}^{i}\boldsymbol{V}_{\mathrm{S}}^{li} \end{cases} \tag{4.73}$$

式中，$\boldsymbol{P}_{\mathrm{L},0}^{i}$ 表示发射点惯性坐标系的坐标原点在地心惯性坐标系下的位置，即发射时刻 t_0 发射点 L 在地心惯性坐标系下分量：

$$\boldsymbol{P}_{\mathrm{L},0}^{i} = R_{\mathrm{e}}\left[\cos(L_0)\cos(S_0+\lambda_0), \cos(L_0)\sin(S_0+\lambda_0), \sin(L_0)\right]^{\mathrm{T}} \tag{4.74}$$

式中，λ_0 和 L_0 分别为发射点的经度和纬度；S_0 为发射时刻的格林尼治恒星时。

② 求得轨道根数，并确定轨道形状

A．根据关机点处的地心距 r_{S} 和速率 v_{S} 计算半长轴 a：

$$r_{\mathrm{S}} = \left|\boldsymbol{P}_{\mathrm{S}}^{i}\right|, \quad v_{\mathrm{S}} = \left|\boldsymbol{V}_{\mathrm{S}}^{i}\right| \tag{4.75}$$

$$a = \frac{\mu r_{\mathrm{S}}}{2\mu - r_{\mathrm{S}}{v_{\mathrm{S}}}^2} \tag{4.76}$$

式中，μ 为地球引力常数。

B．计算偏心率 e 和关机点处的偏近点角 E。由于

$$\begin{cases} e\sin(E) = \dfrac{1}{\sqrt{\mu a}}\boldsymbol{P}_{\mathrm{S}}^{i}\cdot\boldsymbol{V}_{\mathrm{S}}^{i} \\ e\cos(E) = 1 - \dfrac{r_{\mathrm{S}}}{a} \end{cases} \tag{4.77}$$

所以偏心率 e 和关机点处的偏近点角 E 主值为

$$\begin{cases} e = \sqrt{\dfrac{\left(\boldsymbol{P}_{\mathrm{S}}^{i}\cdot\boldsymbol{V}_{\mathrm{S}}^{i}\right)^2}{\mu a} + (1-\dfrac{r_{\mathrm{S}}}{a})^2} \\ E_{\mathrm{main}} = \arctan\left[\dfrac{1}{\sqrt{\mu a}}\left(\boldsymbol{P}_{\mathrm{S}}^{i}\cdot\boldsymbol{V}_{\mathrm{S}}^{i}\right)/(1-\dfrac{r_{\mathrm{S}}}{a})\right] \end{cases} \tag{4.78}$$

由于 $E\in[0^\circ,360^\circ)$，所以可以进一步得到偏近点角真值为

$$E = \begin{cases} E_{\mathrm{main}} & ,e\sin(E)>0\ \&\ e\cos(E)>0 \\ E_{\mathrm{main}}+\pi & ,e\cos(E)<0 \\ E_{\mathrm{main}}+2\pi & ,e\sin(E)<0\ \&\ e\cos(E)>0 \end{cases} \tag{4.79}$$

C．计算轨道倾角 i。由于 $i\in[0^\circ,180^\circ)$，所以可以直接得到轨道倾角真值为

$$i = \arccos\left[\frac{P_{\mathrm{S},x}^{i}V_{\mathrm{S},y}^{i} - P_{\mathrm{S},y}^{i}V_{\mathrm{S},x}^{i}}{\sqrt{\mu a(1-e^2)}}\right] \tag{4.80}$$

D．计算升交点赤经 Ω。由于

$$\begin{cases} \sin(\Omega) = \dfrac{P_{\mathrm{S},y}^{i}V_{\mathrm{S},z}^{i} - P_{\mathrm{S},z}^{i}V_{\mathrm{S},y}^{i}}{\sqrt{\mu a(1-e^2)}\sin(i)} \\ \cos(\Omega) = \dfrac{P_{\mathrm{S},x}^{i}V_{\mathrm{S},z}^{i} - P_{\mathrm{S},z}^{i}V_{\mathrm{S},x}^{i}}{\sqrt{\mu a(1-e^2)}\sin(i)} \end{cases} \tag{4.81}$$

所以升交点赤经主值为

$$\Omega_{\text{main}} = \arctan\left[\frac{P_{S,y}^i V_{S,z}^i - P_{S,z}^i V_{S,y}^i}{P_{S,x}^i V_{S,z}^i - P_{S,z}^i V_{S,x}^i}\right] \tag{4.82}$$

又因为$\Omega \in [0^\circ, 360^\circ)$，所以可以进一步得到升交点赤经真值为

$$\Omega = \begin{cases} \Omega_{\text{main}} & ,\sin(\Omega) > 0 \,\&\, \cos(\Omega) > 0 \\ \Omega_{\text{main}} + \pi & ,\cos(\Omega) < 0 \\ \Omega_{\text{main}} + 2\pi, & \sin(\Omega) < 0 \,\&\, \cos(\Omega) > 0 \end{cases} \tag{4.83}$$

E．计算关机点处的平近点角M_S。根据偏心率e和关机点处的偏近点角E可得

$$M_S = E - e\sin(E) \tag{4.84}$$

F．计算关机点处的真近点角f。由于

$$\tan\left(\frac{f}{2}\right) = \sqrt{\frac{1+e}{1-e}}\tan(\frac{E}{2}) \tag{4.85}$$

所以关机点处的真近点角的半角主值为

$$\frac{f}{2}_{\text{main}} = \arctan\left[\sqrt{\frac{1+e}{1-e}}\tan(\frac{E}{2})\right] \tag{4.86}$$

根据$f/2$与$E/2$同象限且$f/2 \in \left[0^\circ, 180^\circ\right)$，求得真近点角的半角真值为

$$\frac{f}{2} = \begin{cases} \frac{f}{2}_{\text{main}} & ,\frac{E}{2} < \frac{\pi}{2} \\ \frac{f}{2}_{\text{main}} + \pi, & \frac{E}{2} > \frac{\pi}{2} \end{cases} \tag{4.87}$$

进而可以计算得到真近点角f。

G．计算关机点处的纬度幅角u和近地点幅角ω。根据

$$\begin{cases} \sin(u) = \dfrac{P_{S,z}^i}{r_S \sin(i)} \\ \cos(u) = \dfrac{P_{S,y}^i \sin(\Omega)}{r_S} + \dfrac{P_{S,x}^i \cos(\Omega)}{r_S} \end{cases} \tag{4.88}$$

可以求得关机点处的纬度幅角u，并由

$$\omega = u - f \tag{4.89}$$

可进一步求得近地点幅角主值，将其归一化到$[0^\circ, 360^\circ)$便可得到近地点幅角ω。综上，便可得到一段弹道轨迹的所有轨道参数。

③ 利用轨道参数确定弹体在任意时刻t的位置和速度

A．计算当前时刻的平近点角M。

$$M = M_S + \sqrt{\frac{\mu}{a^3}}(t - t_S) \tag{4.90}$$

式中，t_S为关机时刻。

B．计算当前时刻的偏近点角E。

设定精度阈值ε，利用迭代公式

$$E_{j+1} = M + e\sin(E_j) \tag{4.91}$$

计算得到此时的偏近点角E_{j+1}，若$\left|E_{j+1} - E_j\right| \leqslant \varepsilon$，则结束迭代过程，其中，下标$j$表示迭代

$$\begin{cases}\boldsymbol{P}_{\mathrm{S}}^{i}=\boldsymbol{P}_{\mathrm{L},0}^{i}+\boldsymbol{C}_{li}^{i}\boldsymbol{P}_{\mathrm{S}}^{li}\\ \boldsymbol{V}_{\mathrm{S}}^{i}=\boldsymbol{C}_{li}^{i}\boldsymbol{V}_{\mathrm{S}}^{li}\end{cases}\tag{4.73}$$

式中，$\boldsymbol{P}_{\mathrm{L},0}^{i}$ 表示发射点惯性坐标系的坐标原点在地心惯性坐标系下的位置，即发射时刻 t_0 发射点 L 在地心惯性坐标系下分量：

$$\boldsymbol{P}_{\mathrm{L},0}^{i}=R_{\mathrm{e}}\left[\cos(L_0)\cos(S_0+\lambda_0),\cos(L_0)\sin(S_0+\lambda_0),\sin(L_0)\right]^{\mathrm{T}}\tag{4.74}$$

式中，λ_0 和 L_0 分别为发射点的经度和纬度；S_0 为发射时刻的格林尼治恒星时。

② 求得轨道根数，并确定轨道形状

A．根据关机点处的地心距 r_{S} 和速率 v_{S} 计算半长轴 a：

$$r_{\mathrm{S}}=\left|\boldsymbol{P}_{\mathrm{S}}^{i}\right|,\quad v_{\mathrm{S}}=\left|\boldsymbol{V}_{\mathrm{S}}^{i}\right|\tag{4.75}$$

$$a=\frac{\mu r_{\mathrm{S}}}{2\mu-r_{\mathrm{S}}{v_{\mathrm{S}}}^{2}}\tag{4.76}$$

式中，μ 为地球引力常数。

B．计算偏心率 e 和关机点处的偏近点角 E。由于

$$\begin{cases}e\sin(E)=\dfrac{1}{\sqrt{\mu a}}\boldsymbol{P}_{\mathrm{S}}^{i}\cdot\boldsymbol{V}_{\mathrm{S}}^{i}\\ e\cos(E)=1-\dfrac{r_{\mathrm{S}}}{a}\end{cases}\tag{4.77}$$

所以偏心率 e 和关机点处的偏近点角 E 主值为

$$\begin{cases}e=\sqrt{\dfrac{\left(\boldsymbol{P}_{\mathrm{S}}^{i}\cdot\boldsymbol{V}_{\mathrm{S}}^{i}\right)^{2}}{\mu a}+(1-\dfrac{r_{\mathrm{S}}}{a})^{2}}\\ E_{\mathrm{main}}=\arctan\left[\dfrac{1}{\sqrt{\mu a}}\left(\boldsymbol{P}_{\mathrm{S}}^{i}\cdot\boldsymbol{V}_{\mathrm{S}}^{i}\right)/(1-\dfrac{r_{\mathrm{S}}}{a})\right]\end{cases}\tag{4.78}$$

由于 $E\in[0^{\circ},360^{\circ})$，所以可以进一步得到偏近点角真值为

$$E=\begin{cases}E_{\mathrm{main}}\quad,e\sin(E)>0\,\&\,e\cos(E)>0\\ E_{\mathrm{main}}+\pi\ ,e\cos(E)<0\\ E_{\mathrm{main}}+2\pi,e\sin(E)<0\,\&\,e\cos(E)>0\end{cases}\tag{4.79}$$

C．计算轨道倾角 i。由于 $i\in[0^{\circ},180^{\circ})$，所以可以直接得到轨道倾角真值为

$$i=\arccos\left[\frac{P_{\mathrm{S},x}^{i}V_{\mathrm{S},y}^{i}-P_{\mathrm{S},y}^{i}V_{\mathrm{S},x}^{i}}{\sqrt{\mu a(1-e^{2})}}\right]\tag{4.80}$$

D．计算升交点赤经 $\varOmega$。由于

$$\begin{cases}\sin(\varOmega)=\dfrac{P_{\mathrm{S},y}^{i}V_{\mathrm{S},z}^{i}-P_{\mathrm{S},z}^{i}V_{\mathrm{S},y}^{i}}{\sqrt{\mu a(1-e^{2})}\sin(i)}\\ \cos(\varOmega)=\dfrac{P_{\mathrm{S},x}^{i}V_{\mathrm{S},z}^{i}-P_{\mathrm{S},z}^{i}V_{\mathrm{S},x}^{i}}{\sqrt{\mu a(1-e^{2})}\sin(i)}\end{cases}\tag{4.81}$$

所以升交点赤经主值为

$$\Omega_{\text{main}} = \arctan\left[\frac{P_{\text{S},y}^i V_{\text{S},z}^i - P_{\text{S},z}^i V_{\text{S},y}^i}{P_{\text{S},x}^i V_{\text{S},z}^i - P_{\text{S},z}^i V_{\text{S},x}^i}\right] \tag{4.82}$$

又因为$\Omega \in [0^\circ, 360^\circ)$，所以可以进一步得到升交点赤经真值为

$$\Omega = \begin{cases} \Omega_{\text{main}} & ,\sin(\Omega) > 0 \,\&\, \cos(\Omega) > 0 \\ \Omega_{\text{main}} + \pi & ,\cos(\Omega) < 0 \\ \Omega_{\text{main}} + 2\pi, & \sin(\Omega) < 0 \,\&\, \cos(\Omega) > 0 \end{cases} \tag{4.83}$$

E．计算关机点处的平近点角M_{S}。根据偏心率e和关机点处的偏近点角E可得

$$M_{\text{S}} = E - e\sin(E) \tag{4.84}$$

F．计算关机点处的真近点角f。由于

$$\tan\left(\frac{f}{2}\right) = \sqrt{\frac{1+e}{1-e}}\tan\left(\frac{E}{2}\right) \tag{4.85}$$

所以关机点处的真近点角的半角主值为

$$\frac{f}{2}_{\text{main}} = \arctan\left[\sqrt{\frac{1+e}{1-e}}\tan\left(\frac{E}{2}\right)\right] \tag{4.86}$$

根据$f/2$与$E/2$同象限且$f/2 \in [0^\circ, 180^\circ)$，求得真近点角的半角真值为

$$\frac{f}{2} = \begin{cases} \frac{f}{2}_{\text{main}} & ,\frac{E}{2} < \frac{\pi}{2} \\ \frac{f}{2}_{\text{main}} + \pi, & \frac{E}{2} > \frac{\pi}{2} \end{cases} \tag{4.87}$$

进而可以计算得到真近点角f。

G．计算关机点处的纬度幅角u和近地点幅角ω。根据

$$\begin{cases} \sin(u) = \dfrac{P_{\text{S},z}^i}{r_{\text{S}}\sin(i)} \\ \cos(u) = \dfrac{P_{\text{S},y}^i\sin(\Omega)}{r_{\text{S}}} + \dfrac{P_{\text{S},x}^i\cos(\Omega)}{r_{\text{S}}} \end{cases} \tag{4.88}$$

可以求得关机点处的纬度幅角u，并由

$$\omega = u - f \tag{4.89}$$

可进一步求得近地点幅角主值，将其归一化到$[0^\circ, 360^\circ)$便可得到近地点幅角ω。综上，便可得到一段弹道轨迹的所有轨道参数。

③ 利用轨道参数确定弹体在任意时刻t的位置和速度

A．计算当前时刻的平近点角M。

$$M = M_{\text{S}} + \sqrt{\frac{\mu}{a^3}}(t - t_{\text{S}}) \tag{4.90}$$

式中，t_{S}为关机时刻。

B．计算当前时刻的偏近点角E。

设定精度阈值ε，利用迭代公式

$$E_{j+1} = M + e\sin(E_j) \tag{4.91}$$

计算得到此时的偏近点角E_{j+1}，若$\left|E_{j+1} - E_j\right| \leqslant \varepsilon$，则结束迭代过程，其中，下标$j$表示迭代

次数。

C. 计算当前时刻的真近点角 f。利用式(4.85)～式(4.87)所表示的真近点角与偏近点角的关系确定此时的真近点角 f。

D. 计算当前时刻弹体在轨道坐标系下的位置和速度。计算此时弹体的地心距以及轨道坐标系下的径向速度和横向速度分别为

$$\begin{cases} r = \dfrac{a(1-e^2)}{1+e\cos(f)} \\ v_r = \sqrt{\dfrac{\mu}{a(1-e^2)}}e\sin(f) \\ v_u = \sqrt{\dfrac{\mu}{a(1-e^2)}}[1+e\cos(f)] \end{cases} \tag{4.92}$$

据此，可得到轨道坐标系下的位置和速度分别为 $\boldsymbol{P}^o = [r,0,0]^{\mathrm{T}}$ 和 $\boldsymbol{V}^o = [v_r, v_u, 0]^{\mathrm{T}}$。

E. 计算当前时刻弹体在发射点惯性坐标系下的位置和速度。利用地心惯性坐标系与轨道坐标系间的转换矩阵 $\boldsymbol{C}_i^o = \boldsymbol{R}_z(u)\boldsymbol{R}_x(i)\boldsymbol{R}_z(\Omega)$ 可得到地心赤道惯性坐标系下位置和速度分别为

$$\begin{cases} \boldsymbol{P}^i = \boldsymbol{C}_o^i \boldsymbol{P}^o \\ \boldsymbol{V}^i = \boldsymbol{C}_o^i \boldsymbol{V}^o \end{cases} \tag{4.93}$$

进而可得到弹体在发射点惯性坐标系下的位置和速度分别为

$$\begin{cases} \boldsymbol{P}^{li} = \boldsymbol{C}_i^{li}\left(\boldsymbol{P}^i - \boldsymbol{P}_{\mathrm{L},0}^i\right) \\ \boldsymbol{V}^{li} = \boldsymbol{C}_i^{li} \boldsymbol{V}^i \end{cases} \tag{4.94}$$

（4）再入段弹道轨迹设计

在再入段，通常是将弹道式飞行器视为一个质量集中于质心的质点，此时弹体主要受到地心引力和大气阻力作用。为了简化处理，仍假定弹体始终处于同一弹道面内飞行，并且攻角为零。

在发射点重力坐标系下建立弹道式飞行器再入段的质心动力学和运动学方程为

$$\begin{cases} \dot{v} = -g\sin\theta_g - \dfrac{X_d}{m} \\ \dot{\theta}_g = \left(\dfrac{v}{y_g + R_{\mathrm{e}}} - \dfrac{g}{v}\right)\cos\theta_g \\ v_x^g = \dfrac{R_{\mathrm{e}} v\cos\theta_g}{y_g + R_{\mathrm{e}}} \\ v_y^g = v\sin\theta_g \end{cases} \tag{4.95}$$

式(4.95)的求解需要利用再入段开始时弹体在发射点重力坐标系下的位置、速度和姿态等导航参数信息作为初值信息。下面介绍如何利用自由段结束时弹体在地心赤道惯性坐标系下位置和速度参数计算得到再入段的初值信息。

将自由段结束时弹体在地心赤道惯性坐标系下的位置和速度分别记为 $\boldsymbol{P}_{\mathrm{R}}^i$ 和 $\boldsymbol{P}_{\mathrm{R}}^i$，其中，下标 R 表示再入段起点。利用地心赤道惯性坐标系与发射点重力坐标系间的转换矩阵 $\boldsymbol{C}_i^g$，可得到再入段开始时刻 t_3 弹体在发射点重力坐标系下的相对位置和速度分别为

$$\begin{cases} \boldsymbol{P}_{r,t_3}^g = \boldsymbol{C}_i^g \left(\boldsymbol{P}_{\mathrm{R}}^i - \boldsymbol{P}_{\mathrm{L},t_3}^i \right) \\ \boldsymbol{V}_{r,t_3}^g = \boldsymbol{C}_i^g \boldsymbol{V}_{\mathrm{R}}^i - \left(\boldsymbol{C}_i^g \boldsymbol{\omega}_{ie}^i \right) \times \boldsymbol{P}_{r,t_3}^g \end{cases} \tag{4.96}$$

式中，$\boldsymbol{P}_{\mathrm{L},t_3}^i$ 表示再入段开始时刻 t_3 发射点在地心赤道惯性坐标系下的投影：

$$\boldsymbol{P}_{\mathrm{L},t_3}^i = R_{\mathrm{e}} \left[\cos(L_0)\cos(S_{t_3} + \lambda_0), \cos(L_0)\sin(S_{t_3} + \lambda_0), \sin(L_0) \right]^{\mathrm{T}} \tag{4.97}$$

此外，再入段开始时刻 t_3 弹体相对发射点重力坐标系的俯仰角可利用发射点重力坐标系下的相对速度 $\boldsymbol{V}_{r,t_3}^g = [v_{x,t_3}^g \ \ v_{y,t_3}^g \ \ 0]^{\mathrm{T}}$ 计算得到

$$\theta_{g,t_3} = \arctan\left(\frac{v_{y,t_3}^g}{v_{x,t_3}^g} \right) \tag{4.98}$$

将式(4.96)～式(4.98)计算得到的再入段开始时刻弹体在发射点重力坐标系下的相对位置、速度和俯仰角作为再入段的初值信息，然后利用式(4.95)便可计算得到整个再入段弹体在发射点重力坐标系下的位置、速度和姿态等导航参数信息。最后，仍然将再入段弹体在发射点重力坐标系下的导航参数转换到发射点惯性坐标系下，计算过程与主动段一致。

4.2.3 惯性器件仿真器

惯性器件仿真器由陀螺仪仿真器和加速度计仿真器两部分构成。陀螺仪仿真器和加速度计仿真器输出仿真数据的过程实质为 SINS 导航解算仿真器的逆过程，是已知姿态角、速度、位置信息，求陀螺仪和加速度计输出的过程。

陀螺仪、加速度计模型的输入量是由飞行轨迹发生器产生的。经过运算和处理之后，陀螺仪和加速度计可输出 SINS 导航解算所需的角速度和比力信息。当只研究导航算法误差时，则不考虑惯性器件的误差；当研究惯性器件的误差时，其误差也可通过惯性器件仿真器给出。

1）陀螺仪仿真器的数学模型

陀螺仪是敏感载体角运动的器件，实际输出中包含理想输出量和器件误差两部分。角速度陀螺仪测量的理想输出量是本体坐标系（b 系）相对于惯性坐标系（i 系）的转动角速度在本体坐标系中的投影 $\boldsymbol{\omega}_{ib}^b$。下面分别介绍巡航式飞行器和弹道式飞行器中陀螺仪理想输出量的计算方法，并在此基础上考虑陀螺仪的误差，进而建立陀螺仪仿真器的数学模型。

（1）巡航式飞行器陀螺仪理想输出量的计算

对于巡航式飞行器，通过飞行轨迹数据中的姿态角和姿态角速率可以得到本体坐标系相对于导航坐标系（n 系）的转动角速度在本体坐标系中的投影 $\boldsymbol{\omega}_{nb}^b$；通过飞行轨迹数据中的水平速度、纬度、高度可以计算出导航坐标系相对于惯性坐标系的转动角速度在地理坐标系中的投影 $\boldsymbol{\omega}_{in}^n$，通过姿态角可以计算出导航坐标系和本体坐标系之间的转换矩阵 $\boldsymbol{C}_n^b$，$\boldsymbol{\omega}_{in}^n$ 与转换矩阵 $\boldsymbol{C}_n^b$ 相乘即可得到 $\boldsymbol{\omega}_{in}^b$；然后将 $\boldsymbol{\omega}_{nb}^b$ 与 $\boldsymbol{\omega}_{in}^b$ 相加，就可以得到陀螺仪的理想输出量 $\boldsymbol{\omega}_{ib}^b$。具体求解过程如下。

① 本体坐标系相对于导航坐标系（n 系）的转动角速度在本体坐标系中的投影 $\boldsymbol{\omega}_{nb}^b$ 为

$$\begin{bmatrix} \omega_{nbx}^b \\ \omega_{nby}^b \\ \omega_{nbz}^b \end{bmatrix} = \boldsymbol{R}_y(\gamma)\boldsymbol{R}_x(\theta) \begin{bmatrix} 0 \\ 0 \\ \dot{\psi} \end{bmatrix} + \boldsymbol{R}_y(\gamma) \begin{bmatrix} \dot{\theta} \\ 0 \\ 0 \end{bmatrix} + \begin{bmatrix} 0 \\ \dot{\gamma} \\ 0 \end{bmatrix}$$

$$
=\begin{bmatrix} \cos\gamma & 0 & -\sin\gamma\cos\theta \\ 0 & 1 & \sin\theta \\ \sin\gamma & 0 & \cos\gamma\cos\theta \end{bmatrix}\begin{bmatrix} \dot{\theta} \\ \dot{\gamma} \\ \dot{\psi} \end{bmatrix} \tag{4.99}
$$

② 导航坐标系相对于惯性坐标系的转动角速度在本体坐标系中的投影 $\boldsymbol{\omega}_{in}^{b}$。

导航坐标系相对于惯性坐标系的转动角速度在导航坐标系中的投影 $\boldsymbol{\omega}_{in}^{n}$ 可以表示为

$$
\boldsymbol{\omega}_{in}^{n}=\boldsymbol{\omega}_{ie}^{n}+\boldsymbol{\omega}_{en}^{n} \tag{4.100}
$$

式中，$\boldsymbol{\omega}_{ie}^{n}$、$\boldsymbol{\omega}_{en}^{n}$ 分别为地球自转角速度和导航坐标系相对于地球坐标系的转动角速度在导航坐标系中的投影，其表达式分别为

$$
\begin{gathered}
\boldsymbol{\omega}_{ie}^{n}=\begin{bmatrix} 0 \\ \omega_{ie}\cos L \\ \omega_{ie}\sin L \end{bmatrix} \\
\boldsymbol{\omega}_{en}^{n}=\begin{bmatrix} -V_y^n/(R_{\mathrm{M}}+h) \\ V_x^n/(R_{\mathrm{N}}+h) \\ V_x^n\tan L/(R_{\mathrm{N}}+h) \end{bmatrix}
\end{gathered} \tag{4.101}
$$

式中，ω_{ie} 为地球自转角速率。

根据式(4.100)、式(4.101)以及姿态转换矩阵 $\boldsymbol{C}_{n}^{b}$ 可以得到

$$
\boldsymbol{\omega}_{in}^{b}=\boldsymbol{C}_{n}^{b}\boldsymbol{\omega}_{in}^{n}=\boldsymbol{C}_{n}^{b}(\boldsymbol{\omega}_{ie}^{n}+\boldsymbol{\omega}_{en}^{n}) \tag{4.102}
$$

③ 求得陀螺仪仿真器的理想输出 $\boldsymbol{\omega}_{ib}^{b}$ 为

$$
\boldsymbol{\omega}_{ib}^{b}=\boldsymbol{\omega}_{in}^{b}+\boldsymbol{\omega}_{nb}^{b} \tag{4.103}
$$

（2）弹道式飞行器陀螺仪理想输出量的计算

由于弹道式飞行器通常以发射点惯性坐标系（li 系）为导航坐标系，所以通过飞行轨迹数据中的姿态角和姿态角速率可以得到弹体坐标系相对于发射点惯性坐标系（li 系）的转动角速度在弹体坐标系中的投影 $\boldsymbol{\omega}_{lib}^{b}$：

$$
\begin{aligned}
\begin{bmatrix} \omega_{libx}^{b} \\ \omega_{liby}^{b} \\ \omega_{libz}^{b} \end{bmatrix} &= \boldsymbol{R}_x(\gamma)\boldsymbol{R}_y(\psi)\begin{bmatrix} 0 \\ 0 \\ \dot{\theta} \end{bmatrix}+\boldsymbol{R}_x(\gamma)\begin{bmatrix} 0 \\ \dot{\psi} \\ 0 \end{bmatrix}+\begin{bmatrix} \dot{\gamma} \\ 0 \\ 0 \end{bmatrix} \\
&= \begin{bmatrix} -\sin(\psi) & 0 & 1 \\ \cos(\psi)\sin(\gamma) & \cos(\gamma) & 0 \\ \cos(\psi)\cos(\gamma) & -\sin(\gamma) & 0 \end{bmatrix}\begin{bmatrix} \dot{\theta} \\ \dot{\psi} \\ \dot{\gamma} \end{bmatrix}
\end{aligned} \tag{4.104}
$$

因为任意两个惯性坐标系之间不存在相互转动，所以式(4.104)求得的 $\boldsymbol{\omega}_{lib}^{b}$ 便可作为陀螺仪仿真器的理想输出量 $\boldsymbol{\omega}_{ib}^{b}$，即 $\boldsymbol{\omega}_{ib}^{b}=\boldsymbol{\omega}_{lib}^{b}$。

（3）陀螺仪仿真器的数学模型

陀螺仪是敏感载体角运动的器件，由于陀螺仪本身存在误差，因此陀螺仪的输出为

$$
\tilde{\boldsymbol{\omega}}_{ib}^{b}=\boldsymbol{\omega}_{ib}^{b}+\boldsymbol{\varepsilon}^{b} \tag{4.105}
$$

式中，$\tilde{\boldsymbol{\omega}}_{ib}^{b}$ 为陀螺仪实际测得的角速度，$\boldsymbol{\varepsilon}^{b}$ 为陀螺仪的测量误差。

巡航式飞行器和弹道式飞行器中陀螺仪的理想输出量可分别根据式(4.99)～式(4.103)或者式(4.104)求出。在陀螺仪仿真器中，仅考虑陀螺仪的常值漂移、时间相关漂移和随机误差的影响，则 $\boldsymbol{\varepsilon}^{b}$ 的计算公式可以表示为

$$\boldsymbol{\varepsilon}^b=\boldsymbol{\varepsilon}_b+\boldsymbol{\varepsilon}_r+\boldsymbol{w}_g \tag{4.106}$$

式中，$\boldsymbol{\varepsilon}_b$ 为常值漂移，$\boldsymbol{\varepsilon}_r$ 为时间相关漂移，可用一阶马尔可夫过程来描述，$\boldsymbol{w}_g$ 为白噪声。$\boldsymbol{\varepsilon}_b$、$\boldsymbol{\varepsilon}_r$ 的数学模型为

$$\begin{cases}\dot{\boldsymbol{\varepsilon}}_b=\mathbf{0}\\ \dot{\boldsymbol{\varepsilon}}_r=-\dfrac{1}{T_r}\boldsymbol{\varepsilon}_r+\boldsymbol{w}_r\end{cases} \tag{4.107}$$

式中，T_r 为相关时间；$\boldsymbol{w}_r$ 为驱动白噪声，其方差为 σ_r^2。

陀螺仪仿真器的原理框图如图 4.7 所示。

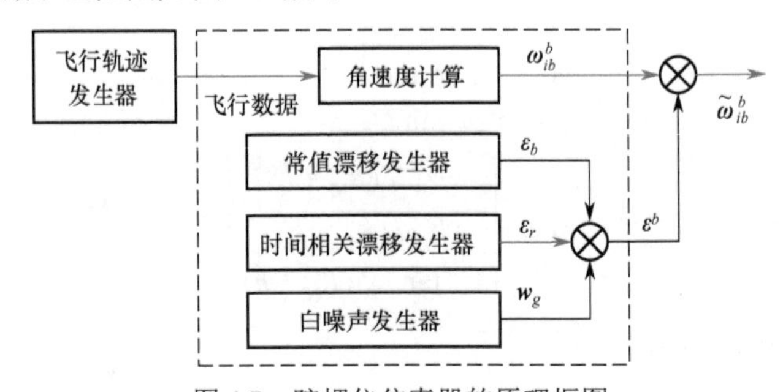

图 4.7　陀螺仪仿真器的原理框图

2）加速度计仿真器的数学模型

加速度计是敏感载体线运动的器件，它测量的物理量是比力，实际输出中同样包含理想输出量和器件误差两部分。下面分别介绍巡航式飞行器和弹道式飞行器中加速度计理想输出量的计算方法，并在此基础上考虑加速度计的误差，进而建立加速度计仿真器的数学模型。

（1）巡航式飞行器加速度计理想输出量的计算

巡航式飞行器通常以东-北-天地理坐标系为导航坐标系。在导航坐标系中，比力与飞行器相对地球加速度之间的关系可以表示为

$$\boldsymbol{f}^n=\boldsymbol{a}^n+(2\boldsymbol{\omega}_{ie}^n+\boldsymbol{\omega}_{en}^n)\times\boldsymbol{V}^n-\boldsymbol{g}^n \tag{4.108}$$

式中，$\boldsymbol{a}^n$ 为飞行器相对于地球的加速度在导航坐标系中的投影；$\boldsymbol{\omega}_{en}^n\times\boldsymbol{V}^n$ 为飞行器相对于地球转动所引起的向心加速度；$2\boldsymbol{\omega}_{ie}^n\times\boldsymbol{V}^n$ 为飞行器相对地球速度与地球自转角速度的相互影响而形成的哥氏加速度；$\boldsymbol{g}^n$ 为地球的重力加速度在导航坐标系的投影。

$\boldsymbol{a}^n$、$\boldsymbol{V}^n$ 可以从飞行轨迹数据中获得；根据式(4.101)可知，$\boldsymbol{\omega}_{ie}^n$、$\boldsymbol{\omega}_{en}^n$ 可以通过飞行轨迹数据中的水平速度、纬度和高度算出。利用式(4.108)算出导航坐标系下的比力 $\boldsymbol{f}^n$，将其乘上转换矩阵 $\boldsymbol{C}_n^b$，就可以得到本体坐标系下的比力为

$$\boldsymbol{f}^b=\boldsymbol{C}_n^b\boldsymbol{f}^n \tag{4.109}$$

式中，$\boldsymbol{C}_n^b$ 可通过飞行轨迹数据中的姿态角计算得到，$\boldsymbol{f}^b$ 就是 SINS 中加速度计仿真器的理想输出。

（2）弹道式飞行器加速度计理想输出量的计算

弹道式飞行器通常以发射点惯性坐标系（li 系）为导航坐标系。在发射点惯性坐标系（li 系）中，比力与弹体相对发射点惯性坐标系的加速度 $\boldsymbol{a}^{li}$ 之间的关系可以表示为

$$\boldsymbol{f}^{li}=\boldsymbol{a}^{li}-\boldsymbol{g}^{li} \tag{4.110}$$

式中，$\boldsymbol{a}^{li}$为弹体相对于发射点惯性坐标系的加速度在发射点惯性坐标系中的投影，可以从飞行轨迹数据中获得；$\boldsymbol{g}^{li}$表示重力加速度在发射点惯性坐标系中的投影，可根据地球的引力场模型及飞行轨迹数据中弹体在发射点惯性坐标系下的位置得到。

通过飞行轨迹数据中的姿态角可以算出转换矩阵$\boldsymbol{C}_{li}^{b}$，利用式(4.110)算出导航坐标系下的比力$\boldsymbol{f}^{li}$，将其乘上转换矩阵$\boldsymbol{C}_{li}^{b}$，就可以得到弹体坐标系下的比力，即加速度计仿真器的理想输出量为

$$\boldsymbol{f}^{b}=\boldsymbol{C}_{li}^{b}\boldsymbol{f}^{li} \tag{4.111}$$

（3）加速度计仿真器的数学模型

加速度计是敏感载体线运动的器件。由于加速度计本身存在误差，因此，加速度计的输出为

$$\tilde{\boldsymbol{f}}^{b}=\boldsymbol{f}^{b}+\nabla_{a}^{b} \tag{4.112}$$

式中，$\tilde{\boldsymbol{f}}^{b}$为加速度计实际测得的比力，$\nabla_{a}^{b}$为加速度计的误差。

巡航式飞行器和弹道式飞行器中加速度计的理想输出量可分别根据式(4.108)～式(4.109)或者式(4.110)～式(4.111)计算得出。在加速度计仿真器中，仅考虑加速度计的常值零偏、时间相关误差和随机误差的影响，则加速度计误差∇_{a}^{b}的计算公式为

$$\nabla_{a}^{b}=\nabla_{a}+\nabla_{r}+\boldsymbol{w}_{a} \tag{4.113}$$

式中，∇_{a}为加速度计的常值零偏，∇_{r}为时间相关误差，可用一阶马尔可夫过程来描述，$\boldsymbol{w}_{a}$为白噪声。∇_{b}、∇_{r}的数学模型为

$$\begin{cases}\dot{\nabla}_{a}=\boldsymbol{0}\\ \dot{\nabla}_{r}=-\dfrac{1}{T_{a}}\nabla_{r}+\boldsymbol{w}_{a}\end{cases} \tag{4.114}$$

式中，T_{a}为相关时间；$\boldsymbol{w}_{a}$为白噪声，其方差为σ_{a}^{2}。

加速度计仿真器的原理框图如图 4.8 所示。

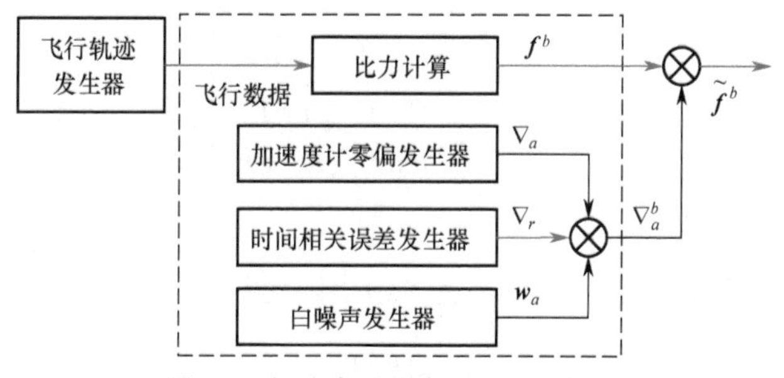

图 4.8　加速度计仿真器的原理框图

4.2.4　SINS 导航解算仿真器

在 SINS 导航解算仿真器内，可以利用陀螺仪和加速度计的输出进行 SINS 解算，进而得到载体相对于导航坐标系的位置、速度和姿态等导航参数。通常，由于巡航式飞行器和弹道式飞行器所选用的导航坐标系不同，所以下面分别从姿态更新、速度更新和位置更新等方面对巡航式飞行器和弹道式飞行器的 SINS 导航解算仿真器进行介绍。

1）巡航式飞行器的 SINS 导航解算仿真器

对于巡航式飞行器，SINS 导航解算得到的位置、速度和姿态等导航参数需要在地理坐标系中进行表示，基于地理坐标系的 SINS 导航解算原理框图如图 4.9 所示。

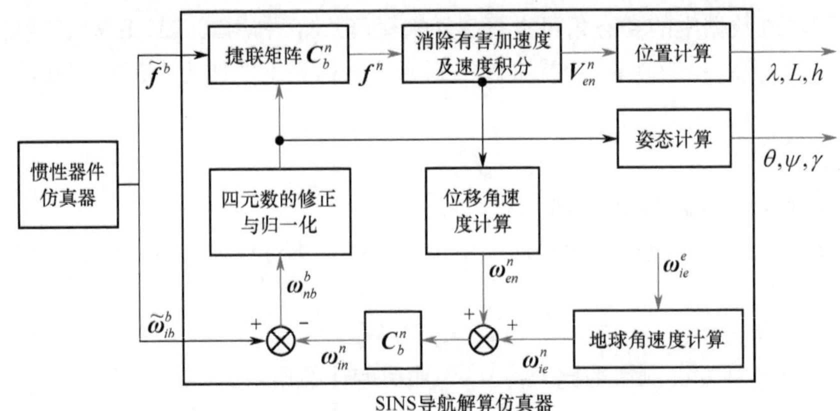

图 4.9　基于地理坐标系的 SINS 导航解算原理框图

巡航式飞行器的 SINS 导航解算仿真器中各部分算法如下。

（1）姿态角速度计算

SINS 的姿态角速度 $\boldsymbol{\omega}_{nb}^b$，可以利用陀螺仪测得的角速度 $\boldsymbol{\omega}_{ib}^b$、地球自转角速度 $\boldsymbol{\omega}_{ie}^n$、位置角速度 $\boldsymbol{\omega}_{en}^n$ 以及姿态矩阵 $\boldsymbol{C}_b^n$ 来求取。由于整个捷联算法是一个迭代算法，如果用 k 表示当前这一次循环，则 $\boldsymbol{\omega}_{nb,k}^b$ 的表达式为

$$\boldsymbol{\omega}_{nb,k}^b = \boldsymbol{\omega}_{ib,k}^b - (\boldsymbol{C}_{b,k}^n)^{\mathrm{T}}(\boldsymbol{\omega}_{en,k}^n + \boldsymbol{\omega}_{ie,k}^n) \tag{4.115}$$

式中，$\boldsymbol{\omega}_{ie}^n$、$\boldsymbol{\omega}_{en}^n$ 的表达式如下：

$$\begin{cases} \boldsymbol{\omega}_{ie}^n = \begin{bmatrix} 0 \\ \omega_{ie}\cos L \\ \omega_{ie}\sin L \end{bmatrix} \\ \boldsymbol{\omega}_{en}^n = \begin{bmatrix} -V_y^n/(R_{\mathrm{M}}+h) \\ V_x^n/(R_{\mathrm{N}}+h) \\ V_x^n\tan L/(R_{\mathrm{N}}+h) \end{bmatrix} \end{cases} \tag{4.116}$$

（2）四元数计算

由四元数对姿态矩阵进行更新计算，首先给出四元数微分方程的表达式为

$$\dot{\boldsymbol{q}} = \frac{1}{2}\boldsymbol{q} \circ \boldsymbol{\omega}_{nb}^b \tag{4.117}$$

式中，$\boldsymbol{q} = [q_0\ q_1\ q_2\ q_3]^{\mathrm{T}}$ 表示姿态四元数，$\boldsymbol{\omega}_{nb}^b$ 表示以 0 为实部、姿态角速度 $\boldsymbol{\omega}_{nb}^b$ 为虚部的四元数，$\boldsymbol{q} \circ \boldsymbol{\omega}_{nb}^b$ 表示姿态四元数 $\boldsymbol{q}$ 和四元数 $\boldsymbol{\omega}_{nb}^b$ 的四元数乘法运算。

式(4.117)可进一步展开为

$$\begin{bmatrix} \dot{q}_0 \\ \dot{q}_1 \\ \dot{q}_2 \\ \dot{q}_3 \end{bmatrix} = \frac{1}{2}\begin{bmatrix} 0 & -\omega_{nbx}^b & -\omega_{nby}^b & -\omega_{nbz}^b \\ \omega_{nbx}^b & 0 & \omega_{nbz}^b & -\omega_{nby}^b \\ \omega_{nby}^b & -\omega_{nbz}^b & 0 & \omega_{nbx}^b \\ \omega_{nbz}^b & \omega_{nby}^b & -\omega_{nbx}^b & 0 \end{bmatrix}\begin{bmatrix} q_0 \\ q_1 \\ q_2 \\ q_3 \end{bmatrix} \tag{4.118}$$

四元数微分方程的解的迭代形式为

$$\boldsymbol{q}(k+1)=\left\{\cos\frac{\Delta\theta_0}{2}\boldsymbol{I}+\frac{\sin\frac{\Delta\theta_0}{2}}{\Delta\theta_0}[\Delta\boldsymbol{\theta}]\right\}\boldsymbol{q}(k) \tag{4.119}$$

式中，$\Delta\boldsymbol{\theta}$ 的表达式如下：

$$\Delta\boldsymbol{\theta}=\begin{bmatrix} 0 & -\Delta\theta_x & -\Delta\theta_y & -\Delta\theta_z \\ \Delta\theta_x & 0 & \Delta\theta_z & -\Delta\theta_y \\ \Delta\theta_y & -\Delta\theta_z & 0 & \Delta\theta_x \\ \Delta\theta_z & \Delta\theta_y & -\Delta\theta_x & 0 \end{bmatrix} \tag{4.120}$$

设采样间隔为 Δt，则 $\Delta\boldsymbol{\theta}_i=\boldsymbol{\omega}_{nbi}^b\Delta t$（$i=x,y,z$）；$\Delta\theta_0$ 的表达式为

$$\Delta\theta_0=\sqrt{\Delta\theta_x^2+\Delta\theta_y^2+\Delta\theta_z^2} \tag{4.121}$$

根据式(4.119)实时地求出姿态四元数，便可以唯一确定姿态矩阵中的各个元素，将式中的 $\cos(\Delta\theta_0/2)$、$\sin(\Delta\theta_0/2)$ 展成级数并取有限项。据此得到的四元数更新算法如下。

一阶算法：

$$\boldsymbol{q}(k+1)=\left\{\boldsymbol{I}+\frac{1}{2}[\Delta\boldsymbol{\theta}]\right\}\boldsymbol{q}(k) \tag{4.122}$$

二阶算法：

$$\boldsymbol{q}(k+1)=\left\{\left(1-\frac{(\Delta\theta_0)^2}{8}\right)\boldsymbol{I}+\frac{1}{2}[\Delta\boldsymbol{\theta}]\right\}\boldsymbol{q}(k) \tag{4.123}$$

三阶算法：

$$\boldsymbol{q}(k+1)=\left\{\left(1-\frac{(\Delta\theta_0)^2}{8}\right)\boldsymbol{I}+\left(\frac{1}{2}-\frac{(\Delta\theta_0)^2}{48}\right)[\Delta\boldsymbol{\theta}]\right\}\boldsymbol{q}(k) \tag{4.124}$$

四阶算法：

$$\boldsymbol{q}(k+1)=\left\{\left(1-\frac{(\Delta\theta_0)^2}{8}+\frac{(\Delta\theta_0)^4}{384}\right)\boldsymbol{I}+\left(\frac{1}{2}-\frac{(\Delta\theta_0)^2}{48}\right)[\Delta\boldsymbol{\theta}]\right\}\boldsymbol{q}(k) \tag{4.125}$$

（3）姿态矩阵计算

设 q_0、q_1、q_2 和 q_3 为更新后的姿态四元数，则姿态矩阵 $\boldsymbol{C}_b^n$ 可表示为

$$\begin{aligned}\boldsymbol{C}_{b,k+1}^n&=\begin{bmatrix} q_0^2+q_1^2-q_2^2-q_3^2 & 2(q_1q_2-q_0q_3) & 2(q_1q_3+q_0q_2) \\ 2(q_1q_2+q_0q_3) & q_0^2-q_1^2+q_2^2-q_3^2 & 2(q_2q_3-q_0q_1) \\ 2(q_1q_3-q_0q_2) & 2(q_2q_3+q_0q_1) & q_0^2-q_1^2-q_2^2+q_3^2 \end{bmatrix}\\ &=\begin{bmatrix} T_{11} & T_{12} & T_{13} \\ T_{21} & T_{22} & T_{23} \\ T_{31} & T_{32} & T_{33} \end{bmatrix}\end{aligned} \tag{4.126}$$

（4）姿态角计算

根据式(4.126)求得的姿态矩阵 $\boldsymbol{C}_b^n$，可以进一步求出 $k+1$ 时刻的姿态角主值分别为

$$\begin{cases}\psi=\arctan\left(-\dfrac{T_{12}}{T_{22}}\right)\\ \theta=\arcsin(T_{32})\\ \gamma=\arctan\left(-\dfrac{T_{31}}{T_{33}}\right)\end{cases} \tag{4.127}$$

进一步，根据姿态 $\boldsymbol{C}_b^n$ 中元素的正负号可得到姿态角的真值。

（5）速度计算

速度计算在仿真器中分为两步进行。

① 导航坐标系中的比力计算，即比力坐标变换。用加速度计输出的 k 时刻的比力 $\boldsymbol{f}^b$ 和姿态转换矩阵 $\boldsymbol{C}_b^n$ 计算出此时比力在导航坐标系中的投影为

$$\boldsymbol{f}^n=\boldsymbol{C}_b^n\boldsymbol{f}^b \tag{4.128}$$

② 速度微分方程求解。利用 k 时刻地球自转角速度 $\boldsymbol{\omega}_{ie,k}^n$、位置角速度 $\boldsymbol{\omega}_{en,k}^n$ 以及导航坐标系中的比力 $\boldsymbol{f}_k^n$ 可以求出速度的微分方程为

$$\begin{bmatrix}\dot{V}_x^n\\ \dot{V}_y^n\\ \dot{V}_z^n\end{bmatrix}=\begin{bmatrix}f_x^n\\ f_y^n\\ f_z^n\end{bmatrix}-\begin{bmatrix}0 & -(2\omega_{iez}^n+\omega_{enz}^n) & 2\omega_{iey}^n+\omega_{eny}^n\\ 2\omega_{iez}^n+\omega_{enz}^n & 0 & -(2\omega_{iex}^n+\omega_{enx}^n)\\ -(2\omega_{iey}^n+\omega_{eny}^n) & 2\omega_{iex}^n+\omega_{enx}^n & 0\end{bmatrix}\begin{bmatrix}V_x^n\\ V_y^n\\ V_z^n\end{bmatrix}+\begin{bmatrix}0\\ 0\\ -g_k\end{bmatrix} \tag{4.129}$$

式中，g_k 为地球重力加速度，其表达式可近似写成

$$g_k=g_0\left(1-\frac{2h}{R_e}\right) \tag{4.130}$$

式中，$g_0=9.78049\text{m}/\text{s}^2$。

（6）位置计算

飞行器所在位置的经度、纬度和高度可以根据下列方程求得

$$\dot{L}=\frac{V_y^n}{R_M+h},\quad \dot{\lambda}=\frac{V_x^n\sec L}{R_N+h},\quad \dot{h}=V_z^n \tag{4.131}$$

由于高度通道是发散的，所以一般不单纯对垂直加速度计的输出进行积分来计算高度，而是使用高度计（如气压式高度表、无线电高度表、大气数据系统等）的信息对惯性导航系统的高度通道进行阻尼。

（7）初始条件的设定

为了进行导航解算，需要事先知道两类数据：一类数据是开始计算时给定的初始条件，另一类数据是通过计算而获得的初始数据。

① 初始条件的给定

在进行导航解算之前，需要给定的初始条件包括：初始位置 L_0、λ_0、h_0；初始速度 V_{x0}^n、V_{y0}^n、V_{z0}^n；初始姿态角 ψ_0、θ_0、γ_0。

② 初始条件的计算

A．初始四元数计算。根据四元数与欧拉角的关系，并利用给定的初始姿态角，可以求出初始四元数为

$$
\begin{cases}
q_0 = \cos\dfrac{\psi_0}{2}\cos\dfrac{\theta_0}{2}\cos\dfrac{\gamma_0}{2} - \sin\dfrac{\psi_0}{2}\sin\dfrac{\theta_0}{2}\sin\dfrac{\gamma_0}{2} \\
q_1 = \cos\dfrac{\psi_0}{2}\sin\dfrac{\theta_0}{2}\cos\dfrac{\gamma_0}{2} - \sin\dfrac{\psi_0}{2}\cos\dfrac{\theta_0}{2}\sin\dfrac{\gamma_0}{2} \\
q_2 = \cos\dfrac{\psi_0}{2}\cos\dfrac{\theta_0}{2}\sin\dfrac{\gamma_0}{2} + \sin\dfrac{\psi_0}{2}\sin\dfrac{\theta_0}{2}\cos\dfrac{\gamma_0}{2} \\
q_3 = \cos\dfrac{\psi_0}{2}\sin\dfrac{\theta_0}{2}\sin\dfrac{\gamma_0}{2} + \sin\dfrac{\psi_0}{2}\cos\dfrac{\theta_0}{2}\cos\dfrac{\gamma_0}{2}
\end{cases}
\tag{4.132}
$$

利用初始姿态四元数，还可以根据式(4.126)获得初始姿态矩阵 $\boldsymbol{C}_{b0}^{n}$。

B．初始地球自转角速度和位置角速度计算。根据式(4.116)，并利用给定的初始位置和速度，可以求出初始时刻的地球自转角速度 $\boldsymbol{\omega}_{ie0}^{n}$、位置角速度 $\boldsymbol{\omega}_{en0}^{n}$。

C．重力加速度的初始值计算。重力加速度 g 的初始值可以根据 h_0 的初始值由式(4.130)计算得到。

D．子午圈、卯酉圈半径初始值的计算。子午圈半径 R_{M}、卯酉圈半径 R_{N} 的表达式分别为

$$
\begin{cases}
R_{\mathrm{M}} = R_{\mathrm{e}}(1-2e+3e\sin^2 L) \\
R_{\mathrm{N}} = R_{\mathrm{e}}(1+e\sin^2 L)
\end{cases}
\tag{4.133}
$$

利用给定的初始纬度 L_0 即可求出 R_{M0}、R_{N0}。

2）弹道式飞行器的 SINS 导航解算仿真器

对于弹道式飞行器，SINS 导航解算得到的位置、速度和姿态等导航参数需要在发射点惯性坐标系中进行表示，基于发射点惯性坐标系的 SINS 导航解算原理框图如图 4.10 所示。

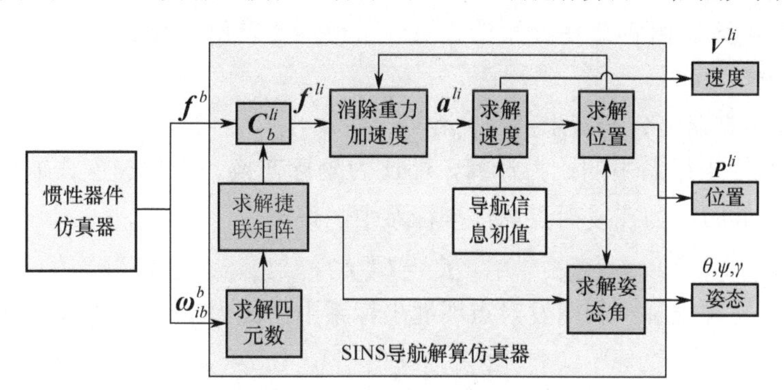

图 4.10　基于发射点惯性坐标系的 SINS 导航解算原理框图

弹道式飞行器的 SINS 导航解算仿真器中各部分算法如下。

（1）四元数计算

由四元数对姿态矩阵进行更新计算，首先给出四元数微分方程的表达式为

$$
\dot{\boldsymbol{q}} = \frac{1}{2}\boldsymbol{q} \circ \boldsymbol{\omega}_{ib}^{b}
\tag{4.134}
$$

式中，$\boldsymbol{q} = [q_0 \ q_1 \ q_2 \ q_3]^{\mathrm{T}}$ 表示姿态四元数，$\boldsymbol{\omega}_{ib}^{b}$ 表示以 0 为实部、陀螺仪测得的姿态角速度 $\boldsymbol{\omega}_{ib}^{b}$ 为虚部的四元数。

式(4.134)可进一步展开为

$$\begin{bmatrix} \dot{q}_0 \\ \dot{q}_1 \\ \dot{q}_2 \\ \dot{q}_3 \end{bmatrix} = \frac{1}{2} \begin{bmatrix} 0 & -\omega_{ibx}^b & -\omega_{iby}^b & -\omega_{ibz}^b \\ \omega_{ibx}^b & 0 & \omega_{ibz}^b & -\omega_{iby}^b \\ \omega_{iby}^b & -\omega_{ibz}^b & 0 & \omega_{ibx}^b \\ \omega_{ibz}^b & \omega_{iby}^b & -\omega_{ibx}^b & 0 \end{bmatrix} \begin{bmatrix} q_0 \\ q_1 \\ q_2 \\ q_3 \end{bmatrix} \tag{4.135}$$

该四元数微分方程的求解过程同式(4.119)～式(4.125)。

（2）姿态矩阵计算

设q_0、q_1、q_2和q_3为更新后的姿态四元数，则姿态矩阵$\boldsymbol{C}_b^{li}$可表示为

$$\begin{aligned} \boldsymbol{C}_{b,k+1}^{li} &= \begin{bmatrix} q_0^2+q_1^2-q_2^2-q_3^2 & 2(q_1q_2-q_0q_3) & 2(q_1q_3+q_0q_2) \\ 2(q_1q_2+q_0q_3) & q_0^2-q_1^2+q_2^2-q_3^2 & 2(q_2q_3-q_0q_1) \\ 2(q_1q_3-q_0q_2) & 2(q_2q_3+q_0q_1) & q_0^2-q_1^2-q_2^2+q_3^2 \end{bmatrix} \\ &= \begin{bmatrix} T_{11} & T_{12} & T_{13} \\ T_{21} & T_{22} & T_{23} \\ T_{31} & T_{32} & T_{33} \end{bmatrix} \end{aligned} \tag{4.136}$$

（3）姿态角计算

根据式(4.136)求得的姿态矩阵$\boldsymbol{C}_b^{li}$，可以进一步求出$k+1$时刻的姿态角主值分别为

$$\begin{cases} \theta = \arctan\left(\dfrac{T_{21}}{T_{11}}\right) \\ \psi = \arcsin(-T_{31}) \\ \gamma = \arctan\left(\dfrac{T_{32}}{T_{33}}\right) \end{cases} \tag{4.137}$$

进一步，根据姿态矩阵$\boldsymbol{C}_b^{li}$中元素的正负号可得到姿态角的真值。

（4）速度计算

速度计算在仿真器中分为两步进行。

① 发射点惯性坐标系中的比力计算，即比力坐标变换。用加速度计输出的比力$\boldsymbol{f}^b$和姿态矩阵$\boldsymbol{C}_b^{li}$计算出此时比力在发射点惯性坐标系中的投影

$$\boldsymbol{f}^{li} = \boldsymbol{C}_b^{li}\boldsymbol{f}^b \tag{4.138}$$

② 速度微分方程求解。利用发射点惯性坐标系中的比力$\boldsymbol{f}^{li}$可以求解速度的微分方程

$$\begin{bmatrix} \dot{V}_x \\ \dot{V}_y \\ \dot{V}_z \end{bmatrix} = \begin{bmatrix} f_x^{li} \\ f_y^{li} \\ f_z^{li} \end{bmatrix} + \begin{bmatrix} g_x^{li} \\ g_y^{li} \\ g_z^{li} \end{bmatrix} \tag{4.139}$$

式中，$\boldsymbol{g}^{li}=[g_x^{li}\ g_y^{li}\ g_z^{li}]^{\mathrm{T}}$为重力加速度在发射点惯性坐标系中的投影，其表达式可近似写成

$$\boldsymbol{g}^{li} = \boldsymbol{C}_i^{li}\boldsymbol{g}^i = \boldsymbol{C}_i^{li}\left(-\frac{\mu}{r^3}\boldsymbol{P}^i\right) \tag{4.140}$$

式中，$\boldsymbol{P}^i$表示弹体在地心赤道惯性坐标系（i系）中的位置；$r=\left|\boldsymbol{P}^i\right|$表示弹体到地心的距离。

$\boldsymbol{P}^i$可根据弹体在发射点惯性坐标系中的位置$\boldsymbol{P}^{li}$计算得到

$$\boldsymbol{P}^i = \boldsymbol{P}_{\mathrm{L},0}^i + \boldsymbol{C}_{li}^i\boldsymbol{P}^{li} \tag{4.141}$$

式中，$\boldsymbol{P}_{\mathrm{L},0}^i$表示发射点惯性坐标系的坐标原点在$i$系下的位置，即发射时刻$t_0$发射点$L$在地心

赤道惯性坐标系的投影

$$P_{L,0}^{i}=R_{e}\left[\cos(L_0)\cos(S_0+\lambda_0),\cos(L_0)\sin(S_0+\lambda_0),\sin(L_0)\right]^{T} \tag{4.142}$$

式中，λ_0 和 L_0 分别为发射点的经度和纬度；S_0 为发射时刻的格林尼治恒星时。

（5）位置计算

弹体在发射点惯性坐标系中的位置 $\boldsymbol{P}^{li}=[X,Y,Z]^{T}$ 可以根据下列微分方程求得

$$\dot{\boldsymbol{P}}^{li}=\boldsymbol{V}^{li} \tag{4.143}$$

（6）初始条件的设定

为了导航解算，需要事先知道两类数据：一类数据是开始计算时给定的初始条件，另一类数据是通过计算而获得的初始数据。

① 初始条件的给定

在进行导航解算之前，需要给定的初始条件包括：初始位置 X_0、Y_0、Z_0；初始速度 V_{x0}、V_{y0}、V_{z0}；初始姿态角 θ_0、ψ_0、γ_0。

② 初始条件的计算

初始四元数计算。根据四元数与欧拉角的关系，并利用给定的初始姿态角，可以求出初始四元数为

$$\begin{cases} q_0=\cos\dfrac{\psi_0}{2}\cos\dfrac{\theta_0}{2}\cos\dfrac{\gamma_0}{2}+\sin\dfrac{\psi_0}{2}\sin\dfrac{\theta_0}{2}\sin\dfrac{\gamma_0}{2} \\ q_1=\cos\dfrac{\psi_0}{2}\cos\dfrac{\theta_0}{2}\sin\dfrac{\gamma_0}{2}-\sin\dfrac{\psi_0}{2}\sin\dfrac{\theta_0}{2}\cos\dfrac{\gamma_0}{2} \\ q_2=\sin\dfrac{\psi_0}{2}\cos\dfrac{\theta_0}{2}\cos\dfrac{\gamma_0}{2}+\cos\dfrac{\psi_0}{2}\sin\dfrac{\theta_0}{2}\sin\dfrac{\gamma_0}{2} \\ q_3=\cos\dfrac{\psi_0}{2}\sin\dfrac{\theta_0}{2}\cos\dfrac{\gamma_0}{2}-\sin\dfrac{\psi_0}{2}\cos\dfrac{\theta_0}{2}\sin\dfrac{\gamma_0}{2} \end{cases} \tag{4.144}$$

利用初始的姿态四元数，还可以根据式(4.136)获得初始姿态矩阵 $\boldsymbol{C}_{b0}^{li}$。

4.2.5　误差处理器

由 SINS 导航解算仿真器计算出的带误差的导航参数与飞行轨迹发生器产生的导航参数的理想值进行比较，得出计算的位置、速度和姿态等参数的导航误差。这些误差中往往包含噪声，对这些带有噪声的导航误差进行处理后可得到仿真器的计算误差。

4.2.6　SINS 性能仿真验证

如图 4.11 所示为 SINS 数字仿真平台的结构框图。下面分别以巡航式飞行器和弹道式飞行器为例，进行 SINS 数字仿真平台的设计及其性能的验证。

1）巡航式飞行器的 SINS 数字仿真平台设计及其性能验证

（1）飞行轨迹仿真设计

利用巡航式飞行器的飞行轨迹发生器设计一条飞机的飞行轨迹，该轨迹包含起飞、爬升、转弯、连续转弯、俯冲和加减速等典型机动动作。其中爬升包含拉起、等角爬升和改平三个阶段；转弯包含进入转弯、等角转弯和转弯改平三个阶段；连续转弯由多次转弯连续地构成 S 形轨迹以完成巡航任务；俯冲包含进入俯冲、等角俯冲和俯冲改平三个阶段。

飞机的初始位置为：40°N、116°E、高度为 500 m，初始速度和姿态角均为零。飞机在加

减速时的加速度大小均为 4 m/s^2，在爬升和俯冲时的俯仰角速率均为 0.15 °/s，在转弯时的滚转角速率均为 0.15 °/s，在连续转弯时的滚转角速率均为 0.35 °/s。系统的仿真步长设定为 0.01 s，仿真总时间为 120 min，具体的飞行状态见表 4.2。

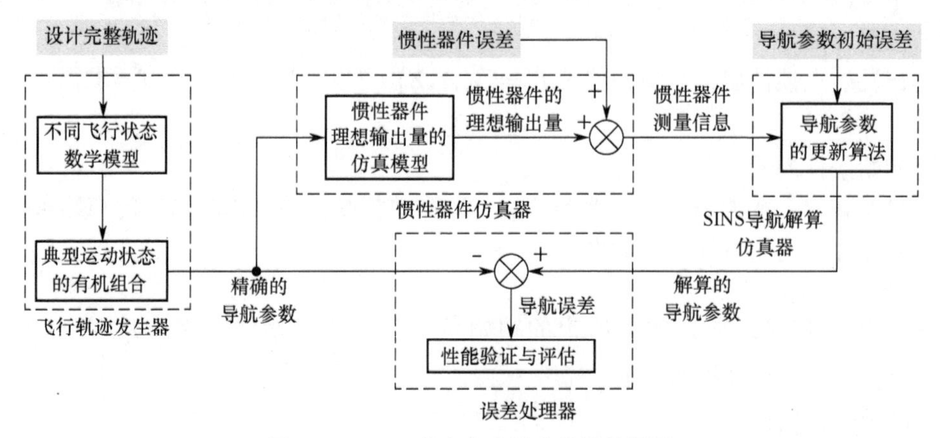

图 4.11 SINS 数字仿真平台的结构框图

表 4.2 飞行状态

序号	时间（s）	状态	序号	时间（s）	状态
1	0～100	匀加速直线行驶	10	1891～1991	匀加速直线行驶
2	100～700	匀速直线行驶	11	1991～2700	匀速直线行驶
3	700～750	进入爬升	12	2700～4808	连续转弯
4	750～800	等角爬升	13	4808～5500	匀速直线行驶
5	800～850	爬升改平	14	5500～5600	匀减速直线行驶
6	850～1550	匀速直线行驶	15	5600～6200	匀速直线行驶
7	1550～1650	进入转弯	16	6200～6300	进入转弯
8	1650～1791	等角转弯	17	6300～6441	等角转弯
9	1791～1891	转弯改平	18	6441～6541	转弯改平
			19	6541～7200	匀速直线行驶

巡航式飞行器的飞行轨迹发生器输出的飞机三维仿真飞行轨迹如图 4.12 所示。

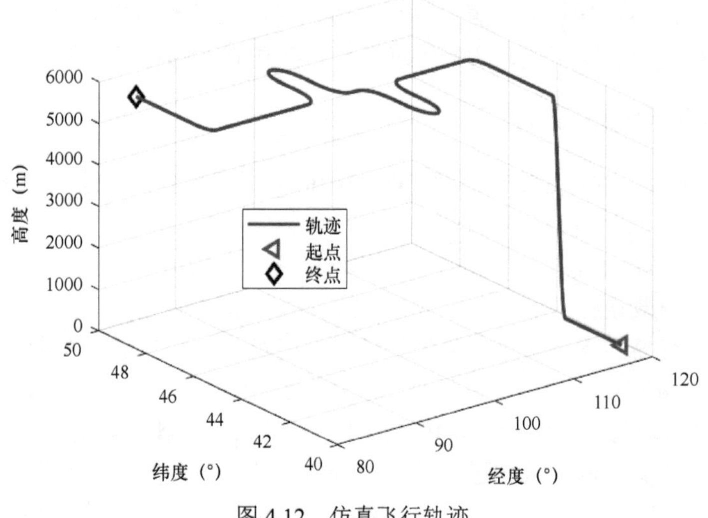

图 4.12 仿真飞行轨迹

利用飞行轨迹发生器得到的速度和姿态曲线分别如图 4.13 和图 4.14 所示。

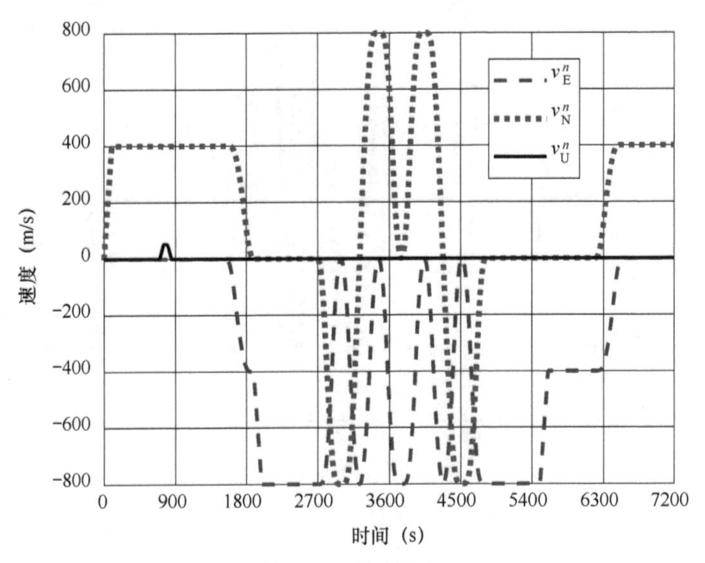

图 4.13　速度曲线

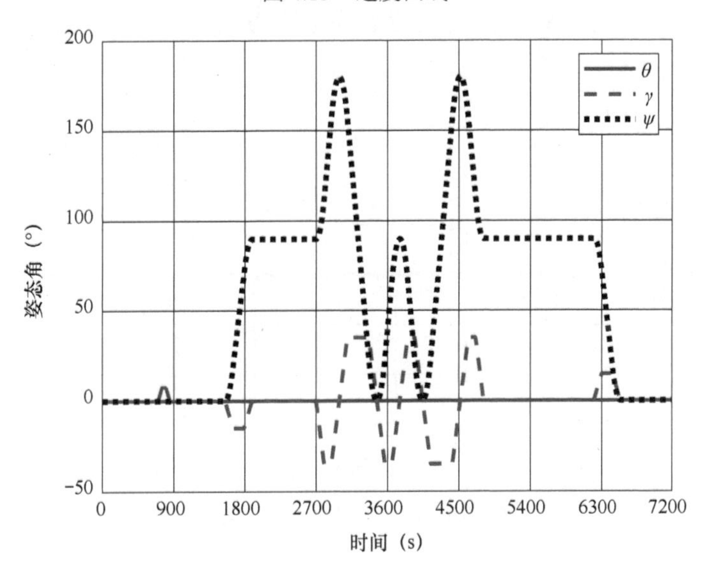

图 4.14　姿态曲线

通过将飞行轨迹发生器输出的飞机轨迹以及速度和姿态等导航参数结果与预先设定的飞机完整轨迹的各个飞行状态进行对比，可以发现飞行轨迹发生器的输出结果与预先设计的飞行轨迹一致。

（2）惯性器件仿真器的输出结果

将飞行轨迹发生器生成的导航参数的理想值输入惯性器件仿真器中，同时考虑惯性器件受常值误差和随机噪声影响，设置陀螺仪常值漂移和高斯白噪声的标准差均为 0.01°/h，加速度计零偏和高斯白噪声的标准差均为$10\mu g$，得到陀螺仪仿真器和加速度计仿真器的输出分别如图 4.15 和图 4.16 所示。

将惯性器件仿真器输出的角速度和比力结果与预先设计的飞机完整轨迹各个阶段的飞行状态进行对比，可以发现惯性器件仿真器的输出结果与预先设计的各个阶段的飞行状态一致。

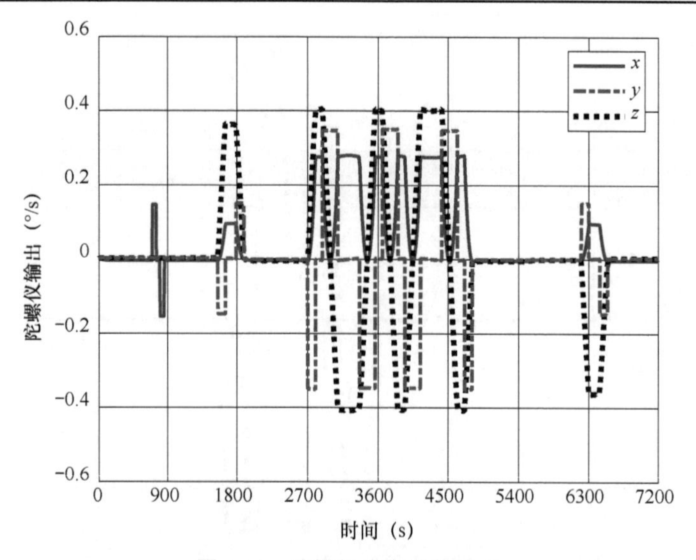

图 4.15 陀螺仪仿真器的输出

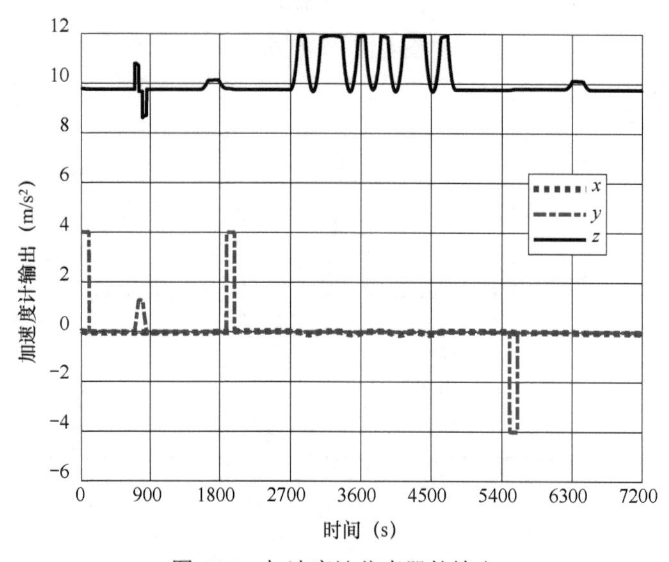

图 4.16 加速度计仿真器的输出

（3）SINS 性能验证

将惯性器件仿真器生成的角速度和比力结果输入 SINS 导航解算仿真器中，并设置初始对准误差为零，则 SINS 导航解算仿真器便可通过位置、速度和姿态更新解算得到飞机的位置、速度和姿态等导航结果。如图 4.17 所示为解算得到的轨迹与飞行轨迹发生器生成的理论轨迹的对比结果。

从图 4.17 可以看出，SINS 导航解算仿真器解算得到的轨迹与飞行轨迹发生器生成的理论轨迹基本吻合，但是受惯性器件误差的影响，两者的差异（即导航解算误差）随时间累积。进一步将 SINS 导航解算仿真器计算得到的包含解算误差的导航结果输入误差处理器中，则误差处理器便可将 SINS 导航解算仿真器计算得到的导航结果与飞行轨迹发生器输出的导航参数的理想值进行比较，进而得到 SINS 解算的位置、速度和姿态等参数的导航误差，从而实现对 SINS 性能的仿真验证。

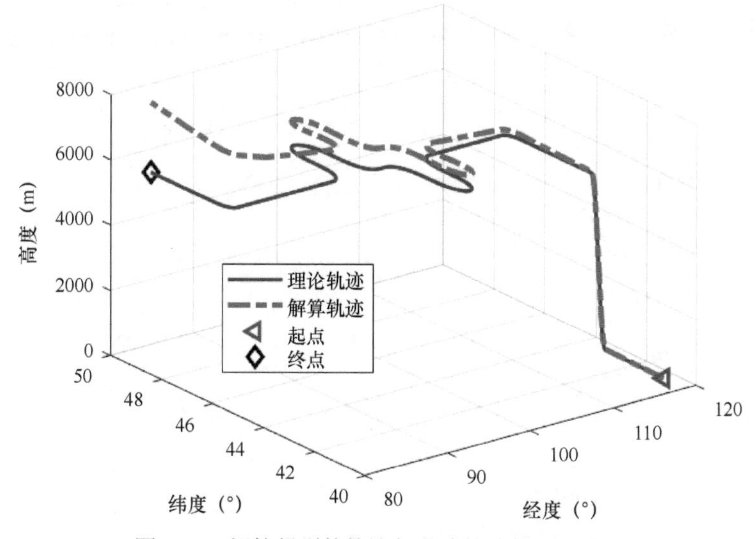

图 4.17　解算得到的轨迹与理论轨迹的对比结果

2）弹道式飞行器的 SINS 数字仿真平台设计及其性能验证

（1）飞行轨迹仿真设计

利用弹道式飞行器的飞行轨迹发生器设计一条弹道导弹的飞行轨迹，该轨迹包含主动段、自由段和再入段等飞行阶段。弹道导弹的初始位置为：39.98°N、116.35°E、高度为 32.82 m，初始时刻相对地球的速度大小为 0 m/s，发射方位角为 90°，发射时刻的格林尼治恒星时为 0°。弹体横截面积 S_w=1.5 m^2，标准阻力系数 C_{xw} 取为 1。系统的仿真步长设定为 0.01 s，仿真总时间为 1830 s。主动段时长为 158 s，偏航角 ψ_g 和滚转角 γ_g 恒定为零；初始俯仰角 θ_1=90°，垂直向上时间 t_1=10 s；主动段结束时俯仰角 θ_2=30°，俯仰角保持时间 t_2=140 s；弹道导弹发射起飞重量 20 t，燃料消耗率为 120.25 kg/s，比冲为 2600 m/s。弹道导弹在关机点处发生姿态机动，使本体坐标系 y_b 轴负向在自由段始终与 50 km 处的大气层相切。

弹道式飞行器的飞行轨迹发生器输出的弹道导弹三维飞行轨迹如图 4.18 和图 4.19 所示。

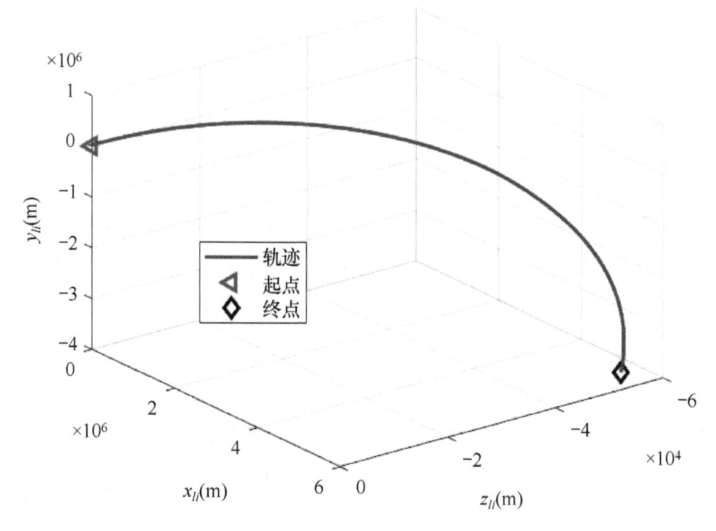

图 4.18　发射点惯性坐标系下的飞行轨迹

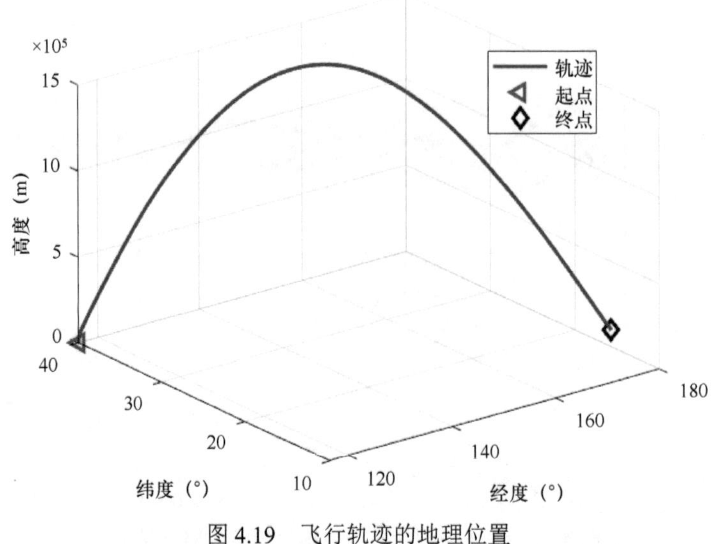

图 4.19　飞行轨迹的地理位置

利用飞行轨迹发生器得到的弹道导弹相对发射点惯性坐标系的速度和姿态曲线分别如图 4.20 和图 4.21 所示。

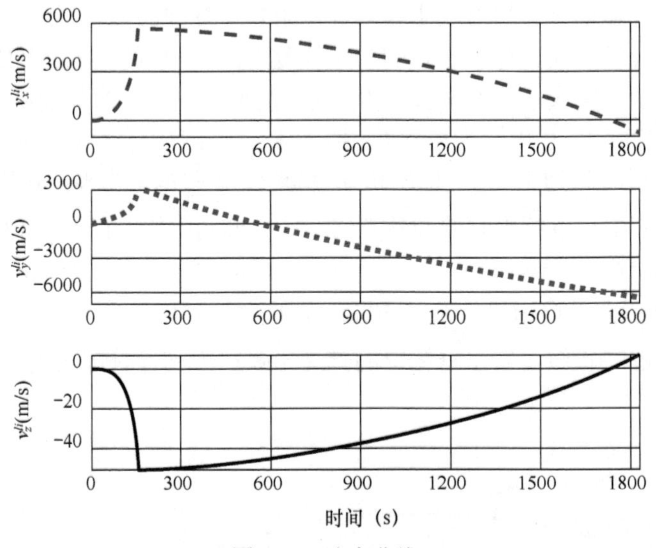

图 4.20　速度曲线

由图 4.20 和图 4.21 可以看出，由于在关机点存在受力突变，故生成的速度曲线不平滑，即它的导数不连续；且关机点处设计有较大的姿态机动，故姿态角会发生突变。将飞行轨迹发生器输出的弹道导弹轨迹以及速度和姿态等导航参数结果与预先设计的弹道导弹完整轨迹的各个飞行状态进行对比，可以发现飞行轨迹发生器的输出结果与预先设计的飞行轨迹一致。

（2）惯性器件仿真器的输出结果

将飞行轨迹发生器生成的导航参数的理想值输入惯性器件仿真器中，同时考虑惯性器件受常值误差和随机噪声影响，设置陀螺仪常值漂移为 0.5°/h，陀螺仪随机测量噪声的标准差为 0.1°/h，加速度计零偏为$100\mu g$，加速度计随机测量噪声的标准差为$50\mu g$，得到陀螺仪仿真器和加速度计仿真器的输出分别如图 4.22 和图 4.23 所示。

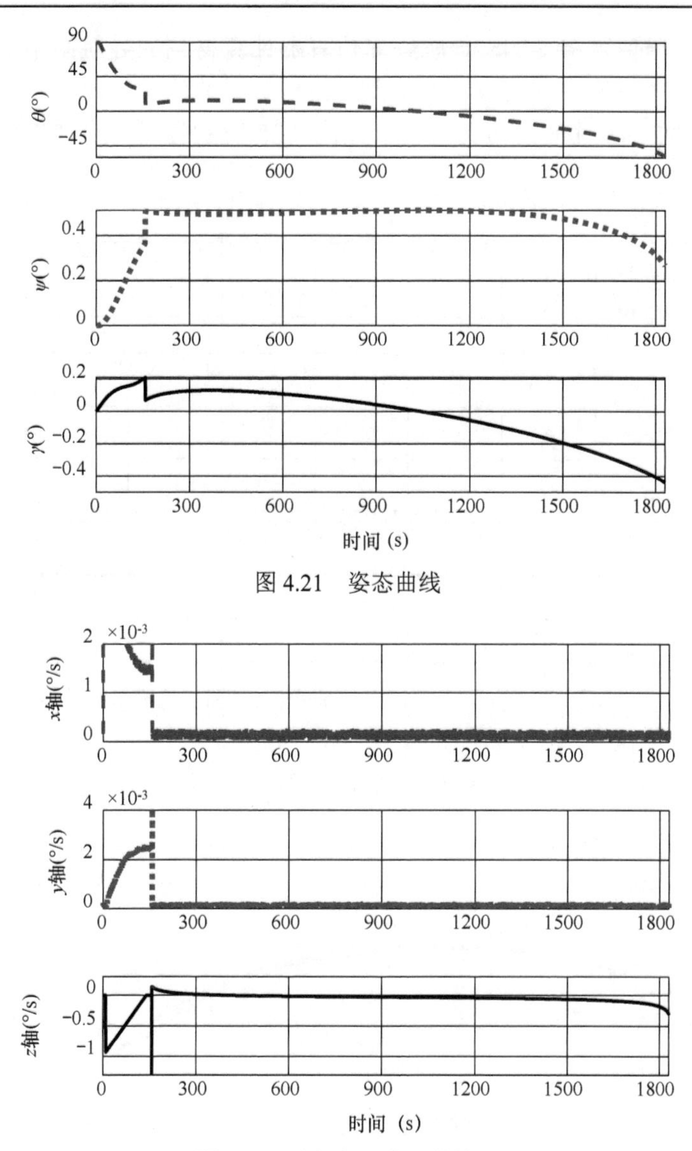

图 4.21　姿态曲线

图 4.22　陀螺仪仿真器的输出

将惯性器件仿真器输出的角速度和比力结果与预先设计的弹道导弹完整轨迹各个阶段的飞行状态进行对比，可以发现惯性器件仿真器的输出结果与预先设计的各个阶段的飞行状态一致。

（3）SINS 性能验证

将惯性器件仿真器生成的角速度和比力结果输入 SINS 导航解算仿真器中，并设置初始对准误差为零，则 SINS 导航解算仿真器便可通过位置、速度和姿态更新解算得到弹道导弹的位置、速度和姿态等导航结果。如图 4.24 所示为解算得到的轨迹与飞行轨迹发生器生成的理论轨迹的对比结果。

从图 4.24 可以看出，SINS 导航解算仿真器解算得到的轨迹与飞行轨迹发生器生成的理论轨迹基本吻合，但是受惯性器件误差的影响，两者的差异（即导航解算误差）随时间累积。进一步将 SINS 导航解算仿真器计算得到的包含解算误差的导航结果输入误差处理器中，则误差处理器便可将 SINS 导航解算仿真器计算得到的导航结果与飞行轨迹发生器输出的导航参数的理想值进行比较，并得到 SINS 解算的位置、速度和姿态等参数的导航误差，从而实现对 SINS 性能的仿真验证。如图 4.25 所示为发射点惯性坐标系下三个方向的位置误差曲线。

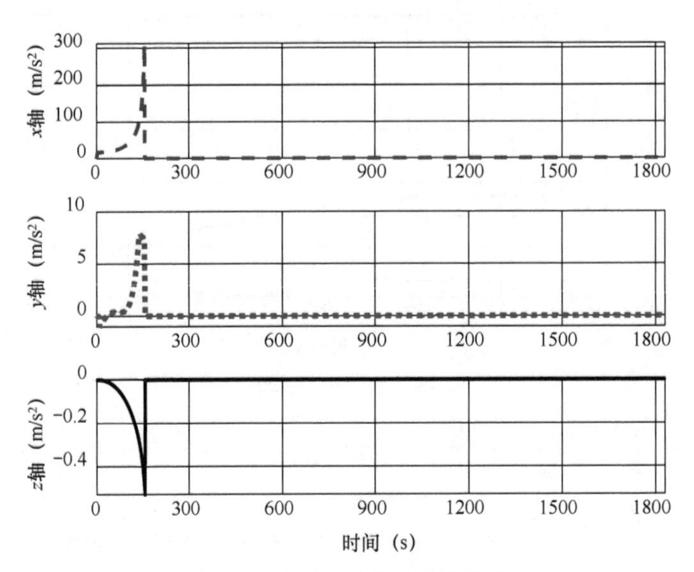

图 4.23　加速度计仿真器的输出

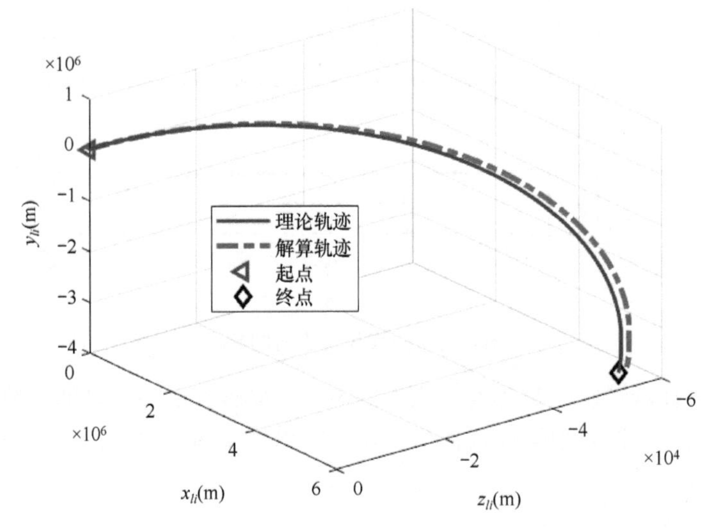

图 4.24　解算得到的轨迹与理论轨迹的对比结果

由图 4.25 可知，经过 1830 s 的误差累积，x-y-z 三个方向的位置误差分别达到 2000 m、6000 m 和 1000 m。此时，SINS 解算误差主要由陀螺仪和加速度计测量误差引起，由 SINS 解算误差传播特性理论可知，陀螺仪常值漂移引起的系统解算误差大都是振荡传播的，而加速度计零偏引起的系统解算误差均为舒勒振荡分量。图 4.25 所得结果验证了 SINS 位置误差随时间振荡发散的特点，且位置误差分量中包含舒勒周期的影响。

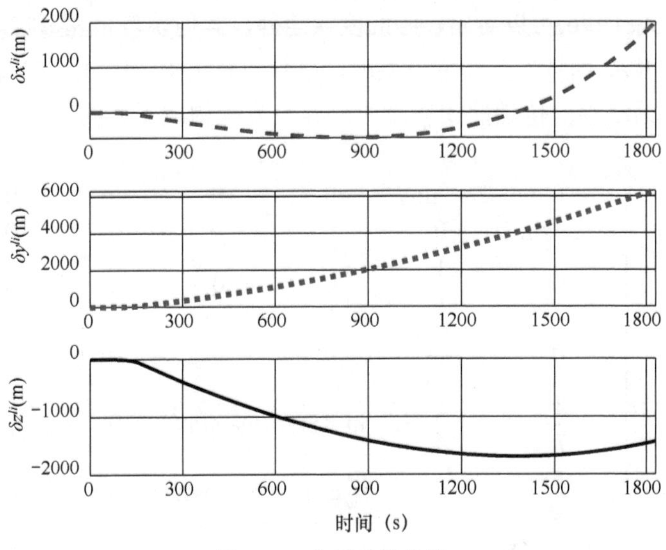

图 4.25　位置误差曲线

4.3　SINS 静基座导航解算误差验证实验

SINS 从本质上讲是一个测量系统，理想的 SINS 能够提供载体的准确位置、速度和姿态。由于实际 SINS 工作时会受到各种误差因素的影响，因此对理想的 SINS 进行分析实际上是没有意义的。只有对 SINS 进行误差分析，才能发现 SINS 的典型特性。因为 SINS 的工作时间主要集中在载体处于巡航状态时，而载体处于静基座与巡航状态时，SINS 的误差模型差别很小，因此本节重点关注 SINS 处于静止状态时的误差传播特性，进而介绍 SINS 静基座导航解算误差验证实验的实验目的、实验原理、实验方法等。

4.3.1　SINS 静基座导航解算误差传播特性

1）误差方程及框图

通常我们将各误差量对于各误差因素的响应形式称为误差传播特性。作为基本分析方法，这里只研究静基座条件下的情况。静基座条件下指北方位惯性导航系统误差方程组为

$$\begin{cases}\delta\dot{V}_x = 2\omega_{ie}\sin L\cdot\delta V_y - \phi_y g + \nabla_x \\ \delta\dot{V}_y = -2\omega_{ie}\sin L\cdot\delta V_x + \phi_x g + \nabla_y \\ \delta\dot{L} = \dfrac{1}{R}\delta V_y \\ \dot{\phi}_x = -\dfrac{1}{R}\delta V_y + \phi_y\omega_{ie}\sin L - \phi_z\omega_{ie}\cos L + \varepsilon_x \\ \dot{\phi}_y = \dfrac{1}{R}\delta V_x - \delta L\cdot\omega_{ie}\sin L - \phi_x\omega_{ie}\sin L + \varepsilon_y \\ \dot{\phi}_z = \dfrac{1}{R}\tan L\cdot\delta V_x + \delta L\cdot\omega_{ie}\cos L + \phi_x\omega_{ie}\cos L + \varepsilon_z\end{cases} \tag{4.145}$$

$$\delta\dot{\lambda} = \frac{\sec L}{R}\delta V_x \tag{4.146}$$

从式(4.145)和式(4.146)可以看出，除经度误差外，其他误差相互影响。只要知道了 δV_x，再积分一次即可求得 $\delta\lambda$ 的特性，经度误差就可单独计算出来。因此，列写系统误差方程时，经度误差方程不在系统误差传递的闭环之内。其余方程构成了大的闭环，首先把式(4.145)写成矩阵形式为

$$\begin{pmatrix} \delta\dot{V}_x \\ \delta\dot{V}_y \\ \delta\dot{L} \\ \dot{\phi}_x \\ \dot{\phi}_y \\ \dot{\phi}_z \end{pmatrix} = \begin{pmatrix} 0 & 2\omega_{ie}\sin L & 0 & 0 & -g & 0 \\ -2\omega_{ie}\sin L & 0 & 0 & g & 0 & 0 \\ 0 & \dfrac{1}{R} & 0 & 0 & 0 & 0 \\ 0 & -\dfrac{1}{R} & 0 & 0 & \omega_{ie}\sin L & -\omega_{ie}\cos L \\ \dfrac{1}{R} & 0 & -\omega_{ie}\sin L & -\omega_{ie}\sin L & 0 & 0 \\ \dfrac{\tan L}{R} & 0 & \omega_{ie}\cos L & \omega_{ie}\cos L & 0 & 0 \end{pmatrix} \times \begin{pmatrix} \delta V_x \\ \delta V_y \\ \delta L \\ \phi_x \\ \phi_y \\ \phi_z \end{pmatrix} + \begin{pmatrix} \nabla_x \\ \nabla_y \\ 0 \\ \varepsilon_x \\ \varepsilon_y \\ \varepsilon_z \end{pmatrix} \tag{4.147}$$

对式(4.145)和式(4.146)进行拉普拉斯变换，得

$$\begin{pmatrix} s\delta V_x(s) \\ s\delta V_y(s) \\ s\delta L(s) \\ s\phi_x(s) \\ s\phi_y(s) \\ s\phi_z(s) \end{pmatrix} = \begin{pmatrix} 0 & 2\omega_{ie}\sin L & 0 & 0 & -g & 0 \\ -2\omega_{ie}\sin L & 0 & 0 & g & 0 & 0 \\ 0 & \dfrac{1}{R} & 0 & 0 & 0 & 0 \\ 0 & -\dfrac{1}{R} & 0 & 0 & \omega_{ie}\sin L & -\omega_{ie}\cos L \\ \dfrac{1}{R} & 0 & -\omega_{ie}\sin L & -\omega_{ie}\sin L & 0 & 0 \\ \dfrac{\tan L}{R} & 0 & \omega_{ie}\cos L & \omega_{ie}\cos L & 0 & 0 \end{pmatrix} \times \begin{pmatrix} \delta V_x(s) \\ \delta V_y(s) \\ \delta L(s) \\ \phi_x(s) \\ \phi_y(s) \\ \phi_z(s) \end{pmatrix} + \begin{pmatrix} \delta V_{x0} \\ \delta V_{y0} \\ \delta L_0 \\ \phi_{x0} \\ \phi_{y0} \\ \phi_{z0} \end{pmatrix} + \begin{pmatrix} \nabla_x(s) \\ \nabla_y(s) \\ 0 \\ \varepsilon_x(s) \\ \varepsilon_y(s) \\ \varepsilon_z(s) \end{pmatrix} \tag{4.148}$$

$$s\delta\lambda(s) = \frac{\sec L}{R}\delta V_x(s) + \delta\lambda_0 \tag{4.149}$$

图 4.26 是根据式(4.148)和式(4.149)画出的静基座条件下惯性导航系统误差方框图。该图全面描述了误差源和误差量之间的联系形式，在惯性导航系统的地面联调、误差分析以及初始对准中均具有重要的参考作用。

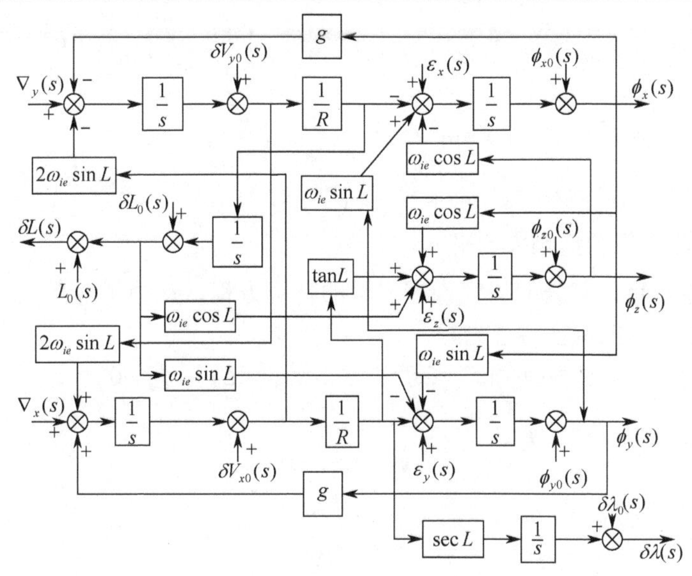

图 4.26　静基座条件下惯性导航系统误差方块图

2）系统误差特性

用列矩阵 $\boldsymbol{X}(t)$ 表示式(4.147)中的误差列向量，用 $\boldsymbol{F}$ 表示系数阵，用 $\boldsymbol{W}(t)$ 表示误差列向量，于是该式可写成

$$\dot{\boldsymbol{X}}(t)=\boldsymbol{F}\boldsymbol{X}(t)+\boldsymbol{W}(t) \tag{4.150}$$

相应的拉普拉斯变换方程为

$$s\boldsymbol{X}(s)=\boldsymbol{F}\boldsymbol{X}(s)+\boldsymbol{X}_0+\boldsymbol{W}(s) \tag{4.151}$$

拉普拉斯变换的解为

$$\boldsymbol{X}(s)=(s\boldsymbol{I}-\boldsymbol{F})^{-1}[\boldsymbol{X}_0+\boldsymbol{W}(s)] \tag{4.152}$$

式中，$\boldsymbol{I}$ 为单位矩阵。

根据求逆公式

$$(s\boldsymbol{I}-\boldsymbol{F})^{-1}=\frac{\boldsymbol{N}(s)}{|s\boldsymbol{I}-\boldsymbol{F}|} \tag{4.153}$$

式(4.153)右端的分母即为特征矩阵的行列式，分子为特征矩阵的伴随矩阵。将特征行列式展开，得

$$\Delta(s)=|s\boldsymbol{I}-\boldsymbol{F}|$$

$$=\begin{vmatrix} s & -2\omega_{ie}\sin L & 0 & 0 & g & 0 \\ 2\omega_{ie}\sin L & s & 0 & -g & 0 & 0 \\ 0 & -\dfrac{1}{R} & s & 0 & 0 & 0 \\ 0 & \dfrac{1}{R} & 0 & s & -\omega_{ie}\sin L & \omega_{ie}\cos L \\ -\dfrac{1}{R} & 0 & \omega_{ie}\sin L & \omega_{ie}\sin L & s & 0 \\ -\dfrac{\tan L}{R} & 0 & -\omega_{ie}\cos L & -\omega_{ie}\cos L & 0 & s \end{vmatrix}$$

$$
\begin{aligned}
&= s^4(s^2+\omega_{ie}^2)+4\omega_{ie}^2\sin^2 L\cdot s^2(s^2+\omega_{ie}^2)+2\frac{g}{R}s^2(s^2+\omega_{ie}^2)+\frac{g^2}{R}(s^2+\omega_{ie}^2)\\
&=(s^2+\omega_{ie}^2)\left(s^4+4\omega_{ie}^2\sin^2 L\cdot s^2+2\frac{g}{R}s^2+\frac{g^2}{R}\right)\\
&=(s^2+\omega_{ie}^2)[s^4+2s^2(\omega_{\mathrm{s}}^2+2\omega_{ie}^2\sin^2 L)+\omega_{\mathrm{s}}^4]
\end{aligned}
\tag{4.154}
$$

式中，$\omega_{\mathrm{s}}^2 = g/R$ 即为舒勒角频率的平方。

作为系统误差分析，首先应研究误差方程的特征方程，从中了解系统的误差传播特性。指北方位系统误差方程的特征方程为

$$(s^2+\omega_{ie}^2)[s^4+2s^2(\omega_{\mathrm{s}}^2+2\omega_{ie}^2\sin^2 L)+\omega_{\mathrm{s}}^4]=0 \tag{4.155}$$

由

$$(s^2+\omega_{ie}^2)=0 \tag{4.156}$$

可得一组特征根为

$$s_{1,2}=\pm\mathrm{j}\omega_{ie} \tag{4.157}$$

式中，ω_{ie} 为地球自转角速率，简称地转频率，与其相应的振荡周期即为地转周期 T_{e}，则有

$$T_{\mathrm{e}}=\frac{2\pi}{\omega_{ie}}=24\,\mathrm{h}$$

可见惯性导航系统中有振荡周期为 24 h 的长周期。

再由式(4.155)中

$$s^4+2s^2(\omega_{\mathrm{s}}^2+2\omega_{ie}^2\sin^2 L)+\omega_{\mathrm{s}}^4=0 \tag{4.158}$$

因式(4.158)不能求得精确解析解。但考虑到 $\omega_{\mathrm{s}}^2 >> \omega_{ie}^2$，因而式(4.158)可近似写成

$$[s^2+(\omega_{\mathrm{s}}+\omega_{ie}\sin L)^2][s^2+(\omega_{\mathrm{s}}-\omega_{ie}\sin L)^2]=0 \tag{4.159}$$

由此可得出另外两组近似解为

$$\begin{cases} s_{3,4}\approx\pm\mathrm{j}(\omega_{\mathrm{s}}+\omega_{ie}\sin L)\\ s_{5,6}\approx\pm\mathrm{j}(\omega_{\mathrm{s}}-\omega_{ie}\sin L)\end{cases} \tag{4.160}$$

可见，系统的特征根全为虚根，说明系统为无阻尼振荡系统，振荡频率共有 3 个，分别为

$$\begin{cases} \omega_1=\omega_{ie}\\ \omega_2=\omega_{\mathrm{s}}+\omega_{\mathrm{F}}\\ \omega_2=\omega_{\mathrm{s}}-\omega_{\mathrm{F}}\end{cases} \tag{4.161}$$

式中，ω_{ie} 为自转角频率，ω_{s} 为舒勒角频率，$\omega_{\mathrm{F}}=\omega_{ie}\sin L$ 为傅科角频率。后两个频率对应的周期分别为

$$T_{\mathrm{s}}=\frac{2\pi}{\omega_{\mathrm{s}}}=84.4\,\mathrm{min} \tag{4.162}$$

$$T_{\mathrm{F}}=\frac{2\pi}{\omega_{\mathrm{F}}}=\frac{2\pi}{\omega_{ie}\sin L}=34\,\mathrm{h}\ \text{（当}L=45^\circ\text{时）} \tag{4.163}$$

另外，式(4.160)所示的四个根中还包含角频率为 $\omega_{\mathrm{s}}+\omega_{ie}\sin L$ 和 $\omega_{\mathrm{s}}-\omega_{ie}\sin L$ 的两种振荡运动。但由于 $\omega_{ie}\sin L << \omega_{\mathrm{s}}$，说明在系统误差量的表达式中将包含两种频率相近的正弦分量的线性组合，即

$$
\begin{aligned}
x(t)&=x_0\sin[(\omega_{\mathrm{s}}+\omega_{ie}\sin L)t]+x_0\sin[(\omega_{\mathrm{s}}+\omega_{ie}\sin L)t]\\
&=2x_0\cos[(\omega_{ie}\sin L)t]\cdot\sin(\omega_{\mathrm{s}}t)
\end{aligned}
\tag{4.164}
$$

即产生一个角频率为 ω_s 的振荡，其幅值为 $2x_0\cos[(\omega_{ie}\sin L)t]$。这实际上相当于舒勒振荡的振幅受到傅科频率的调制。

综上分析可知，在惯性导航系统中有三种振荡周期：舒勒周期、地转周期、傅科周期。在惯性导航系统的误差传播特性中，将包含三种可能的周期变化成分。首先是地转周期 T_e，它起因于地转造成的表观运动，体现为平台误差角引起的地转角速度分量的交叉耦合作用；舒勒周期 T_s 的起因是平台水平回路实现了舒勒调谐；傅科周期 T_F 则是由于补偿有害加速度引起的交叉耦合项。若在速度误差方程式中忽略 $2\omega_{ie}\sin L\delta V_y$ 及 $2\omega_{ie}\sin L\delta V_x$ 项，则将不会出现傅科频率。这时系统的特征方程(4.155)变成如下形式：

$$(s^2+\omega_{ie}^2)(s^2+\omega_s^2)^2=0 \tag{4.165}$$

即只出现地转周期 T_e 和舒勒周期 T_s。

3）系统误差传播特性

（1）特征矩阵的逆矩阵的求取

通过求取系统误差方程的解析解和误差传播特性曲线可以看出特定的误差量对于特定误差因素的相应形式。为使求解简单，但又不妨碍对解的主要特性的了解，下面我们进行系统分析时可以忽略由于补偿有害加速度而引入的交叉耦合项，也就是不考虑傅科周期的影响。

式(4.152)为系统的拉普拉斯变换解，其中的 $(s\boldsymbol{I}-\boldsymbol{F})^{-1}$ 为特征矩阵的逆矩阵，是一个 6×6 的方阵，若用 $\boldsymbol{C}$ 表示，则可写为

$$\boldsymbol{C}=\begin{bmatrix} C_{11} & C_{12} & \cdots & C_{16} \\ C_{21} & \cdots & \cdots & \cdots \\ \cdots & \cdots & \cdots & \cdots \\ C_{16} & \cdots & \cdots & C_{66} \end{bmatrix} \tag{4.166}$$

式中

$$\begin{cases} C_{11}\approx\dfrac{s}{s^2+{\omega_s}^2} \\ C_{12}\approx 0 \\ C_{13}\approx\dfrac{gs\omega_{ie}\sin L}{(s^2+\omega_{ie}^2)(s^2+\omega_s^2)} \\ C_{14}\approx\dfrac{gs\omega_{ie}\sin L}{(s^2+\omega_s^2)(s^2+\omega_{ie}^2)} \\ C_{15}\approx-\dfrac{g[s^2+{\omega_{ie}}^2\cos^2 L]}{(s^2+\omega_s^2)(s^2+\omega_{ie}^2)} \\ C_{16}\approx-\dfrac{g\omega_{ie}^2\sin L\cos L}{(s^2+\omega_s^2)(s^2+\omega_{ie}^2)} \end{cases}$$

$$\begin{cases} C_{21} \approx 0 \\ C_{22} \approx \dfrac{s}{s^2+\omega_s^2} \\ C_{23} \approx -\dfrac{g\omega_{ie}^2}{(s^2+\omega_s^2)(s^2+\omega_{ie}^2)} \\ C_{24} \approx \dfrac{gs^2}{(s^2+\omega_s^2)(s^2+\omega_{ie}^2)} \\ C_{25} \approx \dfrac{gs\omega_{ie}\sin L}{(s^2+\omega_s^2)(s^2+\omega_{ie}^2)} \\ C_{26} \approx -\dfrac{gs\omega_{ie}\cos L}{(s^2+\omega_s^2)(s^2+\omega_{ie}^2)} \end{cases}$$

$$\begin{cases} C_{31} \approx 0 \\ C_{32} \approx \dfrac{1}{(s^2+\omega_s^2)R} \\ C_{33} \approx \dfrac{s(s^2+\omega_s^2+\omega_{ie}^2)}{(s^2+\omega_s^2)(s^2+\omega_{ie}^2)} \approx \dfrac{s}{(s^2+\omega_{ie}^2)} \\ C_{34} \approx \dfrac{s\omega_s^2}{(s^2+\omega_s^2)(s^2+\omega_{ie}^2)} \\ C_{35} \approx \dfrac{\omega_s^2\omega_{ie}\sin L}{(s^2+\omega_s^2)(s^2+\omega_{ie}^2)} \\ C_{36} \approx \dfrac{\omega_s^2\omega_{ie}\cos L}{(s^2+\omega_s^2)(s^2+\omega_{ie}^2)} \end{cases}$$

$$\begin{cases} C_{41} \approx 0 \\ C_{42} \approx -\dfrac{1}{(s^2+\omega_s^2)R} \\ C_{43} \approx -\dfrac{s\omega_{ie}^2}{(s^2+\omega_s^2)(s^2+\omega_{ie}^2)} \\ C_{44} \approx \dfrac{s^3}{(s^2+\omega_s^2)(s^2+\omega_{ie}^2)} \\ C_{45} \approx \dfrac{s^2\omega_{ie}\sin L}{(s^2+\omega_s^2)(s^2+\omega_{ie}^2)} \\ C_{46} \approx -\dfrac{s^2\omega_{ie}\cos L}{(s^2+\omega_s^2)(s^2+\omega_{ie}^2)} \end{cases}$$

$$\begin{cases} C_{51} \approx \dfrac{1}{(s^2+\omega_s^2)R} \\ C_{52} \approx 0 \\ C_{53} \approx -\dfrac{s^2\omega_{ie}\sin L}{(s^2+\omega_s^2)(s^2+\omega_{ie}^2)} \\ C_{54} \approx -\dfrac{s^2\omega_{ie}\sin L}{(s^2+\omega_s^2)(s^2+\omega_{ie}^2)} \\ C_{55} \approx \dfrac{s(s^2+\omega_{ie}^2\cos^2 L)}{(s^2+\omega_s^2)(s^2+\omega_{ie}^2)} \\ C_{56} \approx \dfrac{s\omega_{ie}^2\sin L\cos L}{(s^2+\omega_s^2)(s^2+\omega_{ie}^2)} \end{cases}$$

$$\begin{cases} C_{61} \approx \dfrac{\tan L}{R(s^2+\omega_s^2)} \\ C_{62} \approx 0 \\ C_{63} \approx \dfrac{\omega_{ie}(s^2\cos L+\omega_s^2\sec L)}{(s^2+\omega_s^2)(s^2+\omega_{ie}^2)} \\ C_{64} \approx \dfrac{\omega_{ie}(s^2\cos L+\omega_s^2\sec L)}{(s^2+\omega_s^2)(s^2+\omega_{ie}^2)} \\ C_{65} \approx \dfrac{s(\omega_{ie}^2\sin L\cos L-\omega_s^2\tan L)}{(s^2+\omega_s^2)(s^2+\omega_{ie}^2)} \\ C_{66} \approx \dfrac{s(s^2+\omega_s^2+\omega_{ie}^2\sin^2 L)}{(s^2+\omega_s^2)(s^2+\omega_{ie}^2)} \approx \dfrac{s}{(s^2+\omega_{ie}^2)} \end{cases}$$

这样，确定了逆矩阵的元素之后，分析系统误差传播特性就很方便了。

（2）陀螺仪漂移引起的系统误差

设陀螺仪漂移为常值误差。经度误差取决于东向速度误差，即

$$\delta\lambda(s) = \frac{\sec L}{Rs}\cdot\delta V_x(s) \tag{4.167}$$

考虑到这个关系。陀螺仪常值漂移引起的系统误差方程为

$$\begin{bmatrix} \delta V_x(s) \\ \delta V_y(s) \\ \delta L(s) \\ \delta\lambda(s) \\ \phi_x(s) \\ \phi_y(s) \\ \phi_z(s) \end{bmatrix} = \begin{bmatrix} C_{14} & C_{15} & C_{16} \\ C_{24} & C_{25} & C_{26} \\ C_{34} & C_{35} & C_{36} \\ \dfrac{\sec L}{Rs}C_{14} & \dfrac{\sec L}{Rs}C_{15} & \dfrac{\sec L}{Rs}C_{16} \\ C_{44} & C_{45} & C_{46} \\ C_{54} & C_{55} & C_{56} \\ C_{64} & C_{65} & C_{66} \end{bmatrix} \begin{bmatrix} \varepsilon_x(s) \\ \varepsilon_y(s) \\ \varepsilon_z(s) \end{bmatrix} \tag{4.168}$$

由于单位阶跃信号的拉普拉斯变换为$1/s$，则$\varepsilon_i(s)=\varepsilon_i/s,(i=x,y,z)$，将其代入方程(4.168)

中，求其拉普拉斯反变换，得到解析表达式为

$$\begin{aligned}\delta V_x(t)=&\frac{g\sin L}{\omega_s^2-\omega_{ie}^2}\left[\sin(\omega_{ie}t)-\frac{\omega_{ie}}{\omega_s}\sin(\omega_s t)\right]\varepsilon_x\\&+R\left[\frac{\omega_s^2-\omega_{ie}^2\cos^2 L}{\omega_s^2-\omega_{ie}^2}\cos(\omega_s t)-\frac{\omega_s^2\sin^2 L}{\omega_s^2-\omega_{ie}^2}\cos(\omega_{ie}t)-\cos^2 L\right]\varepsilon_y\\&+R\sin L\cos L\left[\frac{\omega_s^2}{\omega_s^2-\omega_{ie}^2}\cos(\omega_{ie}t)-\frac{\omega_{ie}^2}{\omega_s^2-\omega_{ie}^2}\cos(\omega_s t)-1\right]\varepsilon_z\end{aligned}\tag{4.169a}$$

$$\begin{aligned}\delta V_y(t)=&\frac{g}{\omega_s^2-\omega_{ie}^2}\left[\cos(\omega_{ie}t)-\cos(\omega_s t)\right]\varepsilon_x\\&+\frac{g\sin L}{\omega_s^2-\omega_{ie}^2}\left[\sin(\omega_{ie}t)-\frac{\omega_{ie}}{\omega_s}\sin(\omega_s t)\right]\varepsilon_y\\&-\frac{g\cos L}{\omega_s^2-\omega_{ie}^2}\left[\sin(\omega_{ie}t)-\frac{\omega_{ie}}{\omega_s}\sin(\omega_s t)\right]\varepsilon_z\end{aligned}\tag{4.169b}$$

$$\begin{aligned}\delta L(t)=&\frac{\omega_s^2}{\omega_s^2-\omega_{ie}^2}\left[\frac{1}{\omega_{ie}}\sin(\omega_{ie}t)-\frac{1}{\omega_s}\sin(\omega_s t)\right]\varepsilon_x\\&-\frac{\sin L}{R\omega_{ie}}\left[\frac{\omega_s^2}{\omega_s^2-\omega_{ie}^2}\cos(\omega_{ie}t)-\frac{\omega_{ie}^2}{\omega_s^2-\omega_{ie}^2}\cos(\omega_s t)-1\right]\varepsilon_y\\&+\frac{\cos L}{R\omega_{ie}}\left[\frac{\omega_s^2}{\omega_s^2-\omega_{ie}^2}\cos(\omega_{ie}t)-\frac{\omega_{ie}^2}{\omega_s^2-\omega_{ie}^2}\cos(\omega_s t)-1\right]\varepsilon_z\end{aligned}\tag{4.169c}$$

$$\begin{aligned}\delta\lambda(t)=&\frac{\tan L}{\omega_{ie}}\left[1-\frac{\omega_s^2}{\omega_s^2-\omega_{ie}^2}\cos(\omega_{ie}t)+\frac{\omega_{ie}^2}{\omega_s^2-\omega_{ie}^2}\cos(\omega_s t)\right]\varepsilon_x\\&+\left[\frac{\sec L(\omega_s^2-\omega_{ie}^2\cos^2 L)}{\omega_s(\omega_s^2-\omega_{ie}^2)}\sin(\omega_s t)-\frac{\omega_{ie}^2\tan L\sin L}{\omega_{ie}\left(\omega_s^2-\omega_{ie}^2\right)}\sin(\omega_{ie}t)-t\cos L\right]\varepsilon_y\\&+\sin L\left[\frac{\omega_s^2}{\omega_{ie}(\omega_s^2-\omega_{ie}^2)}\sin(\omega_{ie}t)-\frac{\omega_{ie}^2}{\omega_{ie}(\omega_s^2-\omega_{ie}^2)}\sin(\omega_s t)-t\right]\varepsilon_z\end{aligned}\tag{4.169d}$$

$$\begin{aligned}\phi_x(t)=&\frac{1}{\omega_s^2-\omega_{ie}^2}\left[\omega_s\sin(\omega_s t)-\omega_{ie}\sin(\omega_{ie}t)\right]\varepsilon_x\\&+\frac{\omega_{ie}\sin L}{\omega_s^2-\omega_{ie}^2}\left[\cos(\omega_{ie}t)-\cos(\omega_s t)\right]\varepsilon_y\\&-\frac{\omega_{ie}\cos L}{\omega_s^2-\omega_{ie}^2}\left[\cos(\omega_{ie}t)-\cos(\omega_s t)\right]\varepsilon_z\end{aligned}\tag{4.169e}$$

$$\begin{aligned}\phi_y(t)=&\frac{\omega_{ie}\sin L}{\omega_s^2-\omega_{ie}^2}\left[\cos(\omega_s t)-\cos(\omega_{ie}t)\right]\varepsilon_x\\&+\left[\frac{\omega_s^2-\omega_{ie}^2\cos^2 L}{\omega_s(\omega_s^2-\omega_{ie}^2)}\sin(\omega_s t)-\frac{\omega_{ie}\sin^2 L}{\omega_s^2-\omega_{ie}^2}\sin(\omega_{ie}t)\right]\varepsilon_y\\&+\frac{\omega_{ie}\sin L\cos L}{\omega_s^2-\omega_{ie}^2}\left[\sin(\omega_{ie}t)-\frac{\omega_{ie}}{\omega_s}\sin(\omega_s t)\right]\varepsilon_z\end{aligned}\tag{4.169f}$$

$$\phi_z(t)=\frac{\sec L}{\omega_{ie}}\left[1+\frac{\omega_{ie}^2\cos^2 L-\omega_s^2}{\omega_s^2-\omega_{ie}^2}\cos(\omega_{ie}t)+\frac{\omega_{ie}^2\sin^2 L}{\omega_s^2-\omega_{ie}^2}\cos(\omega_s t)\right]\varepsilon_x$$
$$+\frac{\omega_{ie}^2\sin L\cos L-\omega_s^2\tan L}{\omega_s^2-\omega_{ie}^2}\left[\frac{1}{\omega_{ie}}\sin(\omega_{ie}t)-\frac{1}{\omega_s}\sin(\omega_s t)\right]\varepsilon_y \tag{4.169g}$$
$$+\left[\frac{\omega_s^2-\omega_{ie}^2\cos^2 L}{\omega_{ie}(\omega_s^2-\omega_{ie}^2)}\sin(\omega_{ie}t)-\frac{\omega_{ie}^2\sin^2 L}{\omega_s(\omega_s^2-\omega_{ie}^2)}\sin(\omega_s t)\right]\varepsilon_z$$

根据方程式(4.168)的解析表达式(4.169a)～(4.169g)可以看出：由于陀螺仪漂移引起的系统误差大都是振荡传播的误差。但对某些导航参数（速度、位置）及平台姿态产生了常值偏差，更为严重的是陀螺仪漂移引起了随时间积累的导航定位误差。东向陀螺仪漂移 ε_x 不引起随时间积累的误差。除给经度及方位误差产生常值分量 $\tan L\cdot\varepsilon_x/\omega_{ie}$ 及 $\sec L\cdot\varepsilon_x/\omega_{ie}$ 外，其他均为振荡性误差。北向及方位陀螺仪漂移引起的系统误差是相似的，它们给纬度误差形成常值偏差 $\sin L\cdot\varepsilon_y/\omega_{ie}$ 及 $-\cos L\cdot\varepsilon_z/\omega_{ie}$。特别值得注意的是，$\varepsilon_y$ 及 ε_z 产生了随时间积累性的误差项 $-t\cos L\cdot\varepsilon_y$ 及 $-t\sin L\cdot\varepsilon_z$。北向及方位陀螺仪漂移产生的平台姿态误差均为振荡性的。

从上面的分析可以看出，北向及方位陀螺仪漂移对系统误差影响比东向陀螺仪漂移大，好像可以降低对东向陀螺仪的要求，其实并不是这样。从初始对准原理可以看出，方位对准的精度主要取决于东向陀螺仪漂移的大小，$\phi_{z0}=\varepsilon_x/(\omega_{ie}\cdot\cos L)$。因此，三个陀螺仪漂移都是产生系统误差的关键性指标。要提高系统精度必须相应地提高陀螺仪漂移的指标。为了更具体、更形象地表示陀螺仪漂移对系统误差的影响，下面我们对其进行举例说明。

【例 4.1】　设东向、北向、方位三个方向的陀螺仪漂移 ε_x、ε_y、ε_z 均等于 $0.01°/\text{h}$，忽略其他因素，在静基座条件下分别求其对经度误差 $\delta\lambda$ 的影响。

解：由式(4.169d)可知 ε_x 对 $\delta\lambda(t)$ 的影响为

$$\delta\lambda(t)=\left\{\frac{\tan L}{\omega_{ie}}[1-\cos(\omega_{ie}t)]-\frac{\omega_{ie}\tan L}{\omega_s^2-\omega_{ie}^2}[\cos(\omega_{ie}t)-\cos(\omega_s t)]\right\}\varepsilon_x \tag{4.170a}$$

ε_y 对 $\delta\lambda(t)$ 的影响为

$$\delta\lambda(t)=\left\{\frac{\sec L(\omega_s^2-\omega_{ie}^2\cos^2 L)}{\omega_s(\omega_s^2-\omega_{ie}^2)}\sin(\omega_s t)-\frac{\omega_s^2\tan L\sin L}{\omega_{ie}(\omega_s^2-\omega_{ie}^2)}\sin(\omega_{ie}t)-t\cos L\right\}\varepsilon_y \tag{4.170b}$$

ε_z 对 $\delta\lambda(t)$ 的影响为

$$\delta\lambda(t)=\left[\frac{\omega_s^2\sin L}{\omega_{ie}(\omega_s^2-\omega_{ie}^2)}\sin(\omega_{ie}t)-\frac{\omega_{ie}^2\sin L}{\omega_s(\omega_s^2-\omega_{ie}^2)}\sin(\omega_s t)-t\sin L\right]\varepsilon_z \tag{4.170c}$$

根据式(4.170a)～式(4.170c)可以画出 ε_x、ε_y、ε_z 对 $\delta\lambda(t)$ 影响误差曲线，如图 4.27 所示。

从图 4.27 中可以看出，ε_x、ε_y、ε_z 均对经度误差 $\delta\lambda(t)$ 有影响，其中 ε_x 对 $\delta\lambda(t)$ 的影响包含地球自转周期、舒勒周期分量，ε_y、ε_z 对其影响除包含地球自转周期、舒勒周期分量外，还有随时间累积的分量。

（3）加速度计零偏引起的系统误差

设加速度计零偏为常值，则由加速度计零偏引起的系统误差方程为

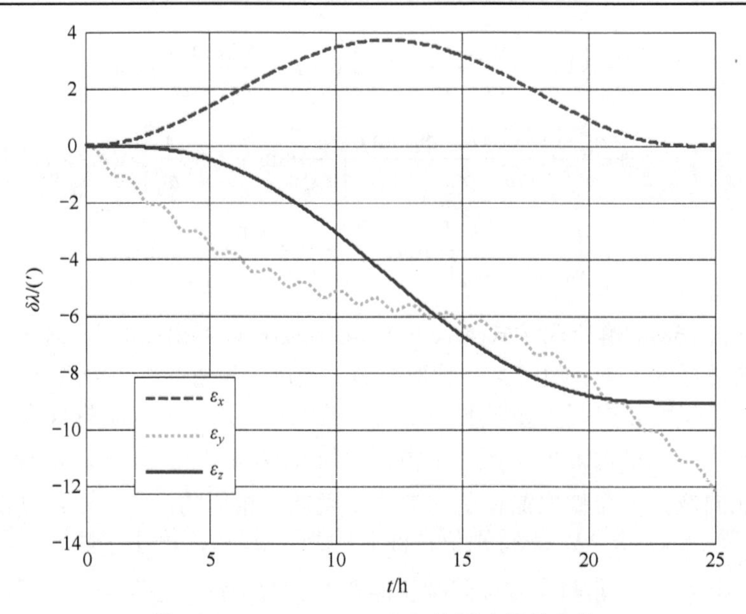

图 4.27 ε_x、ε_y、ε_z 对 $\delta\lambda$ 的影响误差曲线

$$\begin{cases} \delta V_x(s)=\dfrac{s}{s^2+\omega_s^2}\cdot\dfrac{\nabla_x}{s} \\ \delta V_y(s)=\dfrac{s}{s^2+\omega_s^2}\cdot\dfrac{\nabla_y}{s} \\ \delta L(s)=\dfrac{1}{(s^2+\omega_s^2)R}\cdot\dfrac{\nabla_y}{s} \\ \delta\lambda(s)=\dfrac{\sec L}{(s^2+\omega_s^2)R}\cdot\dfrac{\nabla_x}{s} \\ \phi_x(s)=-\dfrac{1}{(s^2+\omega_s^2)R}\cdot\dfrac{\nabla_y}{s} \\ \phi_y(s)=\dfrac{1}{(s^2+\omega_s^2)R}\cdot\dfrac{\nabla_x}{s} \\ \phi_z(s)=\dfrac{\tan L}{(s^2+\omega_s^2)R}\cdot\dfrac{\nabla_x}{s} \end{cases} \tag{4.171}$$

将式(4.171)进行拉普拉斯反变换得：

$$\begin{cases} \delta V_x(t)=\dfrac{\nabla_x}{\omega_s}\sin(\omega_s t) \\ \delta V_y(t)=\dfrac{\nabla_y}{\omega_s}\sin(\omega_s t) \\ \delta L(t)=\dfrac{\nabla_y}{g}[1-\cos(\omega_s t)] \\ \delta\lambda(t)=\dfrac{\nabla_x \sec L}{g}[1-\cos(\omega_s t)] \end{cases}$$

$$\begin{cases}\phi_x(t)=-\dfrac{\nabla_y}{g}[1-\cos(\omega_s t)]\\ \phi_y(t)=\dfrac{\nabla_x}{g}[1-\cos(\omega_s t)]\\ \phi_z(t)=\dfrac{\nabla_x\tan L}{g}[1-\cos(\omega_s t)]\end{cases}\tag{4.172}$$

从式(4.172)可以清楚地看出，由∇_x、∇_y产生的系统误差均为舒勒振荡分量，其中对位置和平台姿态具有常值分量误差，可以说平台姿态精度取决于加速度计零偏误差。现在举例说明。

【例 4.2】 设东向加速度计零偏误差为$\nabla_x=10^{-4}g$，在静基座条件下求其对平台误差角ϕ_y的影响。

解：由式(4.172)可知，东向加速度计零偏∇_x引起的平台误差角ϕ_y为

$$\phi_y(t)=\frac{\nabla_x}{g}[1-\cos(\omega_s t)]\tag{4.173}$$

根据式(4.173)可画出∇_x对ϕ_y的影响误差曲线，如图 4.28 所示。

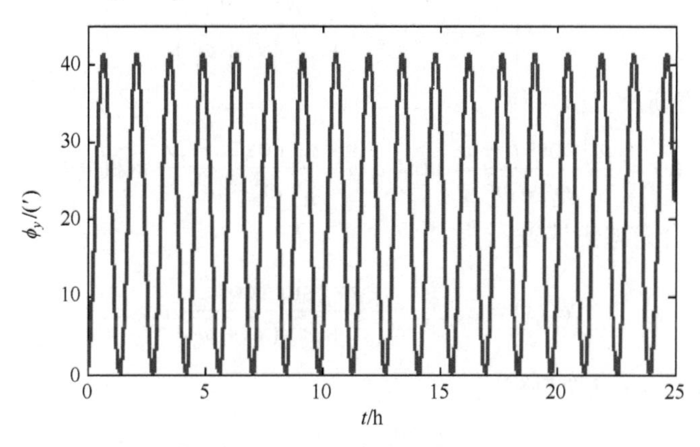

图 4.28　∇_x对ϕ_y的影响误差曲线

从图 4.28 可以看出，东向加速度计零偏∇_x对平台误差角ϕ_y的影响误差中包含了常值分量和舒勒振荡分量。

（4）起始误差对系统误差的影响

假设起始误差为δV_{x0}、δV_{y0}、δL_0、ϕ_{x0}、ϕ_{y0}、ϕ_{z0}，这里不考虑$\delta\lambda_0$的影响，因为它在系统中处于开环状态。则误差矩阵为

$$\begin{bmatrix}\delta V_x(s)\\ \delta V_y(s)\\ \delta L(s)\\ \phi_x(s)\\ \phi_y(s)\\ \phi_z(s)\end{bmatrix}=\begin{bmatrix}C_{11} & C_{12} & \cdots & C_{16}\\ C_{21} & C_{22} & \cdots & C_{26}\\ \vdots & \vdots & & \vdots\\ C_{61} & C_{62} & \cdots & C_{66}\end{bmatrix}\begin{bmatrix}\delta V_{x0}\\ \delta V_{y0}\\ \delta L_0\\ \phi_{x0}\\ \phi_{y0}\\ \phi_{z0}\end{bmatrix}\tag{4.174}$$

根据以上的推算过程可以预知，除ϕ_{y0}及ϕ_{z0}可以产生$\delta\lambda$及ϕ_z的常值分量外，大部分产生

的系统误差都是振荡性误差。这是因为这些误差源比加速度计零偏及陀螺仪漂移均低一阶次；而δV_{x0}、δV_{y0}引起的系统误差均为舒勒周期振荡分量，这从加速度计零漂引起的系统误差可以知道。至于δL_0、ϕ_{x0}、ϕ_{y0}、ϕ_{z0}引起的系统误差的振荡周期包括舒勒周期分量及地球自转周期分量两部分，这从陀螺仪漂移引起的系统误差的特性可推知。下面举例分析起始误差对系统误差的影响。

【例 4.3】 设平台东向初始失准角$\phi_{x0}=50''$、北向初始失准角$\phi_{y0}=30''$、方位初始失准角$\phi_{z0}=3'$，忽略其他因素，分别求其对平台姿态误差ϕ_y的影响。

解：由式(4.174)知，由ϕ_{x0}引起的平台姿态角误差ϕ_y为

$$\phi_y(s)=C_{54}\phi_{x0}=\frac{-s^2\omega_{ie}\sin L}{(s^2+\omega_{ie}^2)(s^2+\omega_{\rm s}^2)}\phi_{x0} \tag{4.175}$$

对式(4.175)求拉普拉斯反变换可得

$$\phi_y(t)=\frac{\omega_{ie}\sin L}{\omega_{ie}^2-\omega_{\rm s}^2}[\omega_{\rm s}\sin(\omega_{\rm s}t)-\omega_{ie}\sin(\omega_{ie}t)]\phi_{x0} \tag{4.176}$$

由ϕ_{y0}引起的平台姿态角误差ϕ_y为

$$\phi_y(s)=C_{55}\phi_{y0}=\frac{s(s^2+\omega_{ie}^2\cos^2 L)}{(s^2+\omega_{ie}^2)(s^2+\omega_{\rm s}^2)}\phi_{y0} \tag{4.177}$$

对式(4.177)求拉普拉斯反变换可得

$$\phi_y(t)=\left[\frac{\omega_{ie}^2\cos^2 L-\omega_{\rm s}^2}{\omega_{ie}^2-\omega_{\rm s}^2}\cos(\omega_{\rm s}t)-\frac{\omega_{ie}^2\cos^2 L-\omega_{ie}^2}{\omega_{ie}^2-\omega_{\rm s}^2}\cos(\omega_{ie}t)\right]\phi_{y0} \tag{4.178}$$

由ϕ_{z0}引起的平台姿态角误差ϕ_y为

$$\phi_y(s)=C_{56}\phi_{z0}=\frac{s\omega_{ie}^2\sin L\cos L}{(s^2+\omega_{ie}^2)(s^2+\omega_{\rm s}^2)}\phi_{z0} \tag{4.179}$$

对式(4.179)求拉普拉斯反变换可得：

$$\phi_y(t)=\frac{\omega_{ie}^2\cos L\sin L}{\omega_{ie}^2-\omega_{\rm s}^2}[\cos(\omega_{\rm s}t)-\cos(\omega_{ie}t)]\phi_{z0} \tag{4.180}$$

根据式(4.176)、式(4.178)和式(4.180)，可画出平台初始失准角ϕ_{x0}、ϕ_{y0}、ϕ_{z0}对平台误差角ϕ_y的影响误差曲线，如图 4.29 所示。

图 4.29 表明：ϕ_{x0}、ϕ_{y0}、ϕ_{z0}对ϕ_y的影响均包含地球自转周期分量和舒勒周期分量，且ϕ_{y0}对ϕ_y影响最大。

【例 4.4】 设$\delta L_0=30''$，忽略其他因素，求其对纬度误差δL的影响。

解：由式(4.174)知，L_0产生的δL误差可以表示为

$$\delta L(s)=C_{33}\delta L_0=\frac{s(s^2+\omega_{\rm s}^2+\omega_{ie}^2)}{(s^2+\omega_{\rm s}^2)(s^2+\omega_{ie}^2)}\cdot\delta L_0 \tag{4.181}$$

若考虑到$\omega_{\rm s}>>\omega_{ie}$，则式(4.181)近似表示为

$$\delta L(s)=C_{33}\delta L_0=\frac{s}{s^2+\omega_{ie}^2}\cdot\delta L_0 \tag{4.182}$$

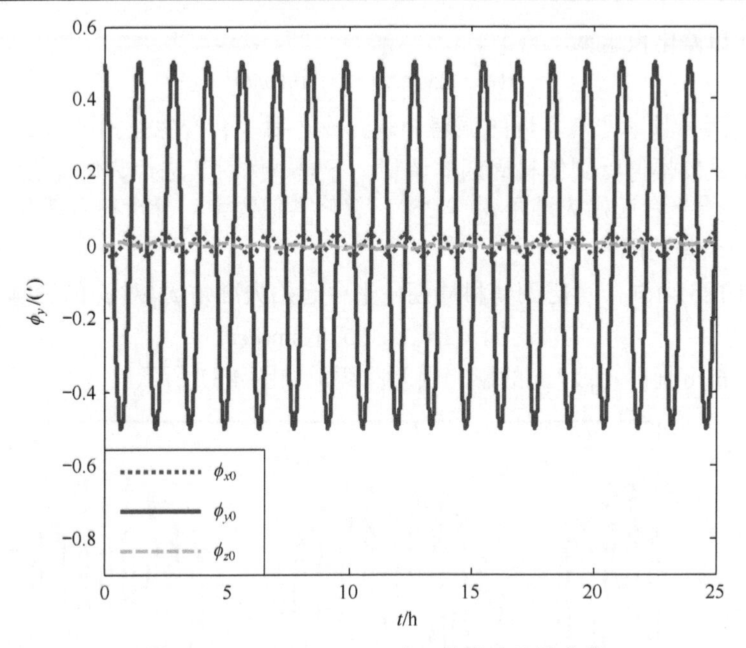

图 4.29　ϕ_{x0}、ϕ_{y0}、ϕ_{z0} 对 ϕ_y 的影响误差曲线

其拉普拉斯反变换为

$$\delta L(t)=\delta L_0\cos(\omega_{ie}t) \tag{4.183}$$

δL_0 对 δL 的影响误差曲线如图 4.30 所示。

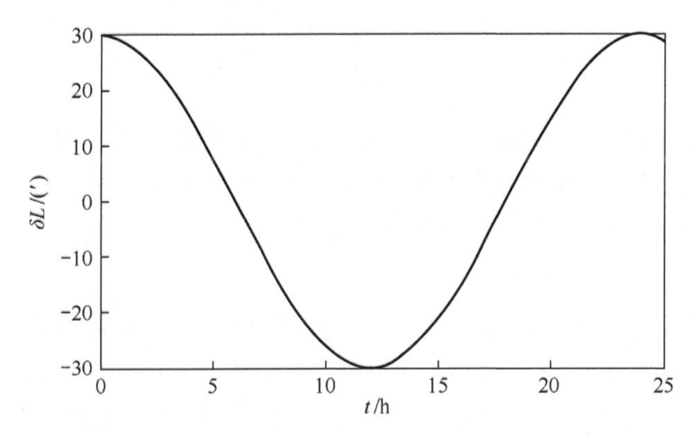

图 4.30　δL_0 对 δL 的影响误差曲线

由 δL_0 引起的 δL 误差基本上按地球周期振荡，而 $\delta\lambda_0$ 引起的 $\delta\lambda$ 误差则为简单的关系式 $\delta\lambda=\delta\lambda_0$。为什么同样都是导航定位初始误差，却引起了两种大不相同的误差传播特性呢？这是因为前者工作在闭环状态，而后者工作在开环状态。

以上误差分析均没有考虑傅科周期的影响，这是因为在建立误差方程时忽略了哥氏加速度误差补偿交叉耦合项。实际系统中傅科周期的影响还是比较明显的。它对舒勒振荡分量起调制作用。由于舒勒频率远大于傅科频率，即 $\omega_s >> \omega_F$（$\omega_F=\omega_{ie}\sin L$），因而系统中的两个振荡角频率 $\omega_s+\omega_F$、$\omega_s-\omega_F$ 非常接近。这样，在误差量的叠加分量中将会出现两个相近频率的线性组合，即

$$x(t)=x_0\sin[(\omega_s+\omega_F)t]+x_0\sin[(\omega_s-\omega_F)t] \tag{4.184}$$

将式(4.184)进行和差化积运算，得：

$$x(t)=2x_0\cos(\omega_{\mathrm{F}}t)\sin(\omega_{\mathrm{s}}t) \tag{4.185}$$

这表明上述两种频率非常接近的振荡分量合成之后，会产生差拍现象。合成的结果是误差的舒勒周期分量的幅值受到傅科周期的调制。下面举例对其进行具体分析。

【例 4.5】 设平台起始失准角 $\phi_{x0}=25''$，忽略其他因素，分析在有傅科周期的影响下其对平台误差角 ϕ_x 误差的影响。

解：由式(4.185)可知，考虑到傅科周期，平台起始失准角 ϕ_{x0} 对 ϕ_x 的影响为

$$\phi_x(t)=2\phi_{x0}\cos(\omega_{\mathrm{F}}t)\cdot\sin(\omega_{\mathrm{s}}t) \tag{4.186}$$

根据式(4.186)可画出 ϕ_{x0} 对 ϕ_x 的影响误差曲线，如图 4.31 所示。

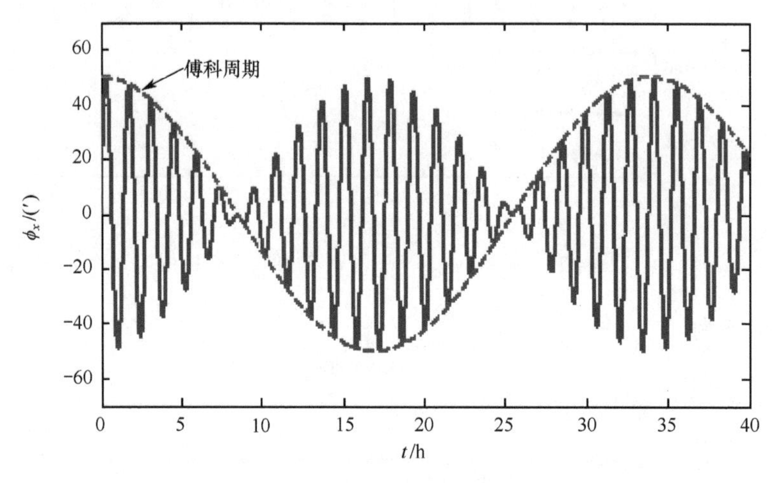

图 4.31 ϕ_{x0} 对 ϕ_x 的影响误差曲线

图 4.31 表明系统误差中除出现地球周期振荡分量和舒勒振荡分量外，还出现了傅科周期分量，且它对 ϕ_{x0} 产生的正弦振荡的幅值 $\sin(\omega_{\mathrm{s}}t)\phi_{x0}$ 起余弦调制作用。

这里仅举例说明系统中具体三个振荡周期特征的误差传播，其实这种情况在系统的位置误差及平台姿态误差中是普遍存在的。

综上所述，通过误差分析可以得出如下结论：陀螺仪漂移是最严重的误差源；北向及方位陀螺仪漂移将引起累积性误差；东向陀螺仪漂移只对纬度及平台方位误差产生常值偏差；加速度计主要产生平台姿态常值偏差。因此大体上说，导航定位误差主要由陀螺仪漂移产生，平台姿态误差主要由加速度误差产生。至于初始条件误差则引起振荡性误差。陀螺仪漂移及加速度计零偏引起的系统误差大部分属于振荡性误差。振荡周期有三个，其中傅科周期对舒勒周期分量进行调制。三个周期的概念在误差分析及实验中经常要用到。总之，陀螺仪和加速度计是惯性导航系统中的关键元件，尤其是陀螺仪的指标更为重要。

4.3.2 实验目的与实验设备

1）实验目的

（1）掌握 SINS 导航解算的基本工作原理。

（2）分析并理解 SINS 静基座导航解算误差传播特性。

（3）对比分析惯性器件精度对 SINS 导航解算精度的影响。

2）实验内容

搭建 SINS 静基座导航解算实验验证系统，利用惯性测量单元在静基座条件下的测量输出，编写导航解算程序，完成 SINS 在静基座环境下的导航解算；进一步，根据实验结果分析并理解 SINS 静基座导航解算误差传播特性，并对比分析惯性器件精度对 SINS 导航解算精度的影响。

如图 4.32 所示为车载静基座导航解算实验验证系统示意图，该实验验证系统主要包括车辆、SINS 和工控机等。SINS 中陀螺仪和加速度计的测量输出可用于完成静基座导航解算。工控机可用于调试 SINS，并对 SINS 测量数据进行存储。

图 4.32 车载静基座导航解算实验验证系统示意图

如图 4.33 所示为车载静基座导航解算实验验证方案框图。

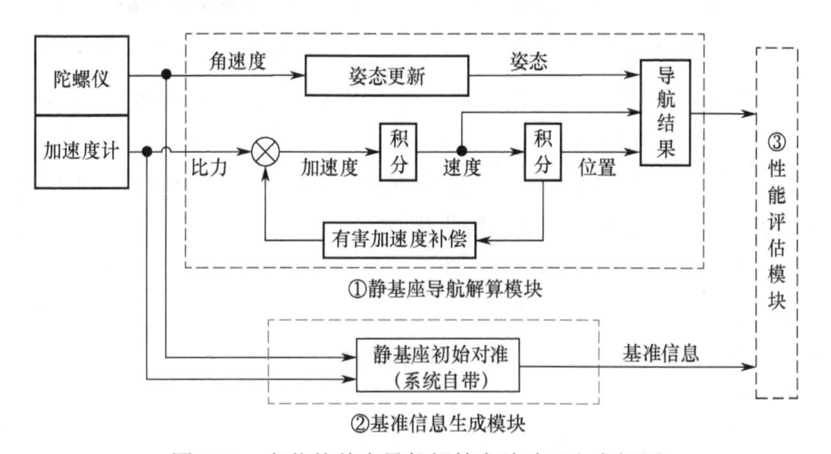

图 4.33 车载静基座导航解算实验验证方案框图

该方案包含以下三个模块。

（1）静基座导航解算模块：利用静基座条件下陀螺仪和加速度计测量的角速度和比力，根据姿态方程、位置和速度方程完成姿态、位置和速度等导航参数的实时更新，从而实现 SINS 在静基座条件下的导航解算。

（2）基准信息生成模块：SINS 利用系统自带的静基座自对准算法完成初始对准。由于 SINS 在静基座条件下的姿态、位置和速度等导航参数皆不随时间发生变化，因此可将 SINS 的初始对准结果作为静基座条件下的基准信息。

（3）性能评估模块：以 SINS 静基座初始对准结果为基准信息，对 SINS 静基座导航解算结果进行性能评估。

3）实验设备

FN-120 高精度光纤捷联惯导、低精度 MEMS 捷联惯导、工控机、遥控车辆、25 V 蓄电池、降压模块、通信接口等。

4.3.3 实验步骤及操作说明

1）仪器安装

如图 4.34 所示，将 FN-120 高精度光纤捷联惯导和低精度 MEMS 捷联惯导固定安装于遥控车辆上，并且使主惯性测量单元和子惯性测量单元的 3 个敏感轴近似平行于车辆的 3 个体轴。

2）电气连接

实验验证系统的电气连接如图 4.35 所示。

图 4.34 SINS 静基座导航解算实验场景

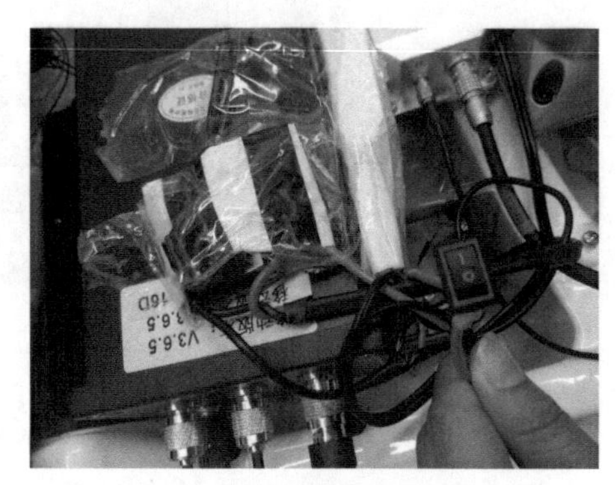

图 4.35 实验验证系统的电气连接

（1）利用万用表测量电源输出是否正常（电源电压由 FN-120 高精度光纤捷联惯导、低精度 MEMS 捷联惯导等子系统的供电电压决定）。

（2）FN-120 高精度光纤捷联惯导通过通信接口（RS422 转 USB）与工控机连接，25 V 蓄电池通过降压模块以 12 V 的电压对该系统供电。

（3）低精度 MEMS 捷联惯导通过通信接口（RS232 转 USB）与工控机连接，25 V 蓄电池通过降压模块以 12 V 的电压对该系统供电。

（4）检查数据采集系统是否正常，准备采集数据。

3）系统初始化配置

（1）FN-120 高精度光纤捷联惯导的初始化配置

本实验方案以 SINS 静基座初始对准结果为基准信息，对 SINS 静基座导航解算结果进行性能评估，因此，需要对 FN-120 高精度光纤捷联惯导进行初始化配置，使其利用系统自带程序完成静基座初始对准后输出比力和角速度等原始测量信息。FN-120 高精度光纤捷联惯导上电后，利用该系统自带的测试软件对其进行初始化配置。

① 在“PC 串口设置”界面选择相应的串口号。

② 在“设置惯导位置”界面输入初始位置。

③ 在“惯导串口设置”界面通过 COM0 串口（即 RS422）设置 FN-120 高精度光纤捷联惯导的输出方式，包括：波特率（默认选“115200”）、数据位（默认选“8”）、停止位（默认选“1”）、校验方式（默认选“偶校验”）、发送周期（默认选“10 ms”）和发送协议（默认选“FOSN STD 2Binary”）。

④ 在“算法设置”界面设置 FN-120 高精度光纤捷联惯导的工作流程，包括：初始对准方式（默认选“Immediate”）、粗对准时间（建议 2～3 min）、精对准方式（默认选“ZUPT”，建议 10～15 min）、导航方式（默认选“Pure Inertial”）。

⑤ 如图 4.36 所示，在“保存惯导数据”界面选择三轴加速度计输出的比力和三轴陀螺仪输出的角速度（用于完成静基座导航解算）以及 SINS 静基座初始对准结果（用于评估静基座导航解算精度）等数据进行保存。

⑥ 依次执行“保存设置”和“惯导重启”。

图 4.36 “保存惯导数据”界面

（2）低精度 MEMS 捷联惯导的初始化配置

低精度 MEMS 捷联惯导上电后，利用系统自带的测试软件对其进行初始化配置，使其能够正常启动，并将三轴加速度计输出的比力和三轴陀螺仪输出的角速度（用于完成静基座导航解算）进行保存。

4）数据采集

（1）车辆静止 12～18 min 后，FN-120 高精度光纤捷联惯导自主完成静基座初始对准，这样便可获得评估后续导航解算性能的基准信息。

（2）FN-120 高精度光纤捷联惯导初始对准结束后，车辆始终保持静止，建议数据采集时长为 2 h（为验证 SINS 导航解算误差中的舒勒周期分量，采集时长应不短于 84.4 min）。

（3）利用工控机对 FN-120 高精度光纤捷联惯导和低精度 MEMS 捷联惯导中陀螺仪和加速度计输出的角速度和比力（用于完成静基座导航解算）进行采集和存储；此外，还需要对 FN-120 高精度光纤捷联惯导的初始对准结果进行采集和存储，以评估静基座导航解算精度。

（4）实验结束，将静基座初始对准断电，整理实验装置。

5）数据处理

（1）如图 4.37 所示，对工控机存储的测量数据（16 进制格式）进行解析，以获得便于后续处理的 10 进制格式数据。

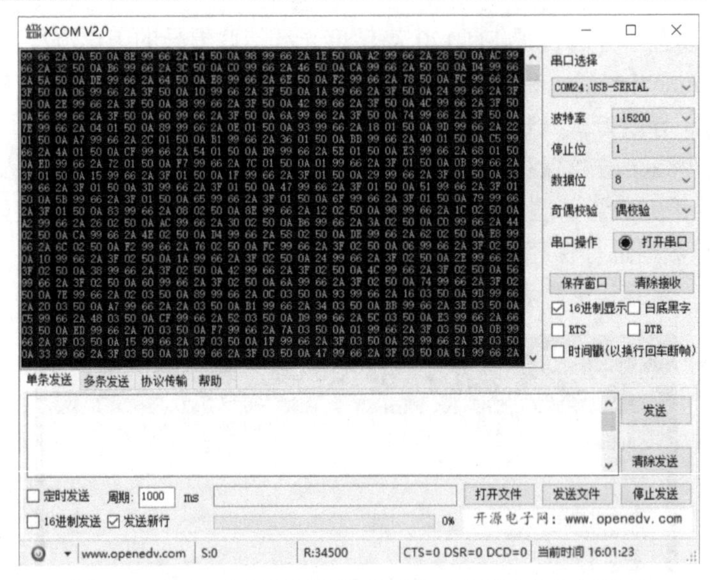

图 4.37 “串口调试”通用软件读取工控机存储数据界面

(2) 对各组测量数据进行预处理，剔除野值。

(3) 利用 FN-120 高精度光纤捷联惯导中陀螺仪和加速度计输出的角速度和比力，根据姿态方程、位置和速度方程完成姿态、位置和速度等导航参数的实时更新，从而实现高精度 SINS 在静基座条件下的导航解算。

(4) 利用低精度 MEMS 捷联惯导中陀螺仪和加速度计输出的角速度和比力，根据姿态方程、位置和速度方程完成姿态、位置和速度等导航参数的实时更新，从而实现低精度 SINS 在静基座条件下的导航解算。

(5) 静基座导航解算性能评估。以 FN-120 光纤捷联惯导输出的初始对准结果为基准，通过比较所得导航解算结果与基准信息间的差异，评估静基座导航解算性能。

(6)基于所获得的实验结果，分析并验证 SINS 在静基座条件下的导航解算误差传播特性；同时，通过对比 FN-120 高精度光纤捷联惯导和低精度 MEMS 捷联惯导的误差曲线，分析惯性器件精度对 SINS 导航解算精度的影响。

6) 分析实验结果，撰写实验报告

4.4 SINS 动基座导航解算误差验证实验

SINS 动基座导航解算误差方程常作为惯性基组合导航系统的状态模型，是对 SINS 与其他导航系统进行信息融合的重要依据。本节将推导出 SINS 动基座导航解算误差方程，进而介绍 SINS 动基座导航解算误差验证实验的实验目的、实验原理、实验方法等。

4.4.1 SINS 动基座导航解算误差方程

1) 姿态误差方程

以地理坐标系为导航坐标系，在 SINS 中，载体的姿态角是通过姿态矩阵（“数学平台”）计算出来的。理想情况下，导航计算机计算的地理坐标系（$\hat{t}$ 系）应与真实地理坐标系（t 系）

一致，即计算姿态矩阵 $\boldsymbol{C}_b^{\hat{t}}$ 与理想姿态矩阵 $\boldsymbol{C}_b^t$ 相同。然而，由于系统存在测量误差、计算误差和干扰误差等误差源，故计算姿态矩阵 $\boldsymbol{C}_b^{\hat{t}}$ 与理想姿态矩阵 $\boldsymbol{C}_b^t$ 之间会产生偏差，即“数学平台”存在误差。显然，“数学平台”的误差反映了 $\hat{t}$ 系和 t 系之间的姿态误差（其大小用平台失准角 $\boldsymbol{\varphi}$ 表示），因此，SINS 的姿态误差方程即为“数学平台”的误差方程。

在 SINS 中，姿态矩阵 $\boldsymbol{C}_b^t$ 是通过姿态微分方程 $\dot{\boldsymbol{C}}_b^t = \boldsymbol{C}_b^t \boldsymbol{\Omega}_{tb}^b$ 计算出来的，而反对称矩阵 $\boldsymbol{\Omega}_{tb}^b$ 是由姿态角速度 $\boldsymbol{\omega}_{tb}^b$ 决定的，$\boldsymbol{\omega}_{tb}^b$ 又是通过姿态角速度方程 $\boldsymbol{\omega}_{tb}^b = \boldsymbol{\omega}_{ib}^b - \boldsymbol{C}_t^b \boldsymbol{\omega}_{ie}^t - \boldsymbol{C}_t^b \boldsymbol{\omega}_{et}^t$ 得到的。这样，当陀螺仪存在测量误差、地面输入的经纬度存在输入误差及导航计算机存在计算误差时，姿态角速度 $\boldsymbol{\omega}_{tb}^b$ 必然存在误差，从而使计算的姿态矩阵 $\boldsymbol{C}_b^{\hat{t}}$ 与理想姿态矩阵 $\boldsymbol{C}_b^t$ 存在偏差，也就是 $\hat{t}$ 系和 t 系之间存在平台失准角 $\boldsymbol{\varphi}$。

可见，“数学平台”的误差角运动由矩阵微分方程 $\dot{\boldsymbol{C}}_b^{\hat{t}} = \boldsymbol{C}_b^{\hat{t}} \boldsymbol{\Omega}_{\hat{t}b}^b$ 确定，而 $\boldsymbol{\Omega}_{\hat{t}b}^b$ 取决于 $\boldsymbol{\omega}_{\hat{t}b}^b$。因此，在推导数学平台误差方程过程中，首先应确定 $\boldsymbol{\omega}_{\hat{t}b}^b$，并分析其物理含义，进而将矩阵微分方程变换成平台失准角 $\boldsymbol{\varphi}$ 表示的姿态误差方程。

（1）姿态角速度 $\boldsymbol{\omega}_{\hat{t}b}^b$ 的计算

设 t 系到 $\hat{t}$ 系的方向余弦矩阵为 $\boldsymbol{C}_t^{\hat{t}}$，由于 t 系与 $\hat{t}$ 系之间仅相差一个小角度 $\boldsymbol{\varphi} = \begin{bmatrix} \phi_x & \phi_y & \phi_z \end{bmatrix}^{\mathrm{T}}$，所以有：

$$\boldsymbol{C}_t^{\hat{t}} = \begin{bmatrix} 1 & \phi_z & -\phi_y \\ -\phi_z & 1 & \phi_x \\ \phi_y & -\phi_x & 1 \end{bmatrix} = \boldsymbol{I} - \boldsymbol{\Phi}^t \tag{4.187}$$

式中：

$$\boldsymbol{\Phi}^t = \begin{bmatrix} 0 & -\phi_z & \phi_y \\ \phi_z & 0 & -\phi_x \\ -\phi_y & \phi_x & 0 \end{bmatrix} \tag{4.188}$$

同理，$\hat{t}$ 系到 t 系的方向余弦矩阵 $\boldsymbol{C}_{\hat{t}}^t$ 为

$$\boldsymbol{C}_{\hat{t}}^t = [\boldsymbol{C}_t^{\hat{t}}]^{\mathrm{T}} = \begin{bmatrix} 1 & -\phi_z & \phi_y \\ \phi_z & 1 & -\phi_x \\ -\phi_y & \phi_x & 1 \end{bmatrix} = \boldsymbol{I} + \boldsymbol{\Phi}^t \tag{4.189}$$

姿态角速度 $\boldsymbol{\omega}_{\hat{t}b}^b$ 的表达式为

$$\boldsymbol{\omega}_{\hat{t}b}^b = \tilde{\boldsymbol{\omega}}_{ib}^b - \hat{\boldsymbol{\omega}}_{ie}^b - \boldsymbol{\omega}_{e\hat{t}}^b \tag{4.190}$$

式中：$\tilde{\boldsymbol{\omega}}_{ib}^b$ 表示由陀螺仪测量的载体角速度；$\hat{\boldsymbol{\omega}}_{ie}^b$ 表示由导航计算机计算的地球自转角速度；$\boldsymbol{\omega}_{e\hat{t}}^b$ 表示由导航计算机计算的载体位置角速度。

SINS 中的陀螺仪在其输出的测量值 $\tilde{\boldsymbol{\omega}}_{ib}^b$ 中除地球角速度 $\boldsymbol{\omega}_{ie}^b$ 之外，还含有陀螺仪漂移 $\boldsymbol{\varepsilon}_b$ 以及角运动和线运动干扰 $\boldsymbol{\omega}_d^b$，即

$$\tilde{\boldsymbol{\omega}}_{ib}^b = \boldsymbol{\omega}_{ie}^b + \boldsymbol{\varepsilon}_b + \boldsymbol{\omega}_d^b \tag{4.191}$$

设 $\delta\boldsymbol{\omega}_{ib}^b = \boldsymbol{\varepsilon}_b + \boldsymbol{\omega}_d^b$，则有

$$\tilde{\boldsymbol{\omega}}_{ib}^b = \boldsymbol{\omega}_{ie}^b + \delta\boldsymbol{\omega}_{ib}^b \tag{4.192}$$

为实现地球自转角速度 $\boldsymbol{\omega}_{ie}^t$ 从地理坐标系到本体坐标系的变换，需要用到 $\boldsymbol{C}_t^b$ 及其逆矩阵。但导航计算机中只能得到 $\boldsymbol{C}_{\hat{t}}^b$ 及其逆矩阵。因此，实际计算时只能采用 $\boldsymbol{C}_{\hat{t}}^b$ 代替 $\boldsymbol{C}_t^b$，即

$$\hat{\boldsymbol{\omega}}_{ie}^b = \boldsymbol{C}_{\hat{t}}^b \hat{\boldsymbol{\omega}}_{ie}^t \tag{4.193}$$

在式(4.193)中用 $\hat{\boldsymbol{\omega}}_{ie}^t$ 代替 $\boldsymbol{\omega}_{ie}^t$，这是由于地球自转角速度 $\boldsymbol{\omega}_{ie}^t$ 也是计算得到的。

当存在纬度误差时，计算的地球自转角速度 $\hat{\boldsymbol{\omega}}_{ie}^t$ 可表示为

$$\hat{\boldsymbol{\omega}}_{ie}^t = \begin{bmatrix} 0 \\ \omega_{ie}\cos(L+\delta L) \\ \omega_{ie}\sin(L+\delta L) \end{bmatrix} \approx \begin{bmatrix} 0 \\ \omega_{ie}\cos L \\ \omega_{ie}\sin L \end{bmatrix} + \begin{bmatrix} 0 \\ -\delta L\omega_{ie}\sin L \\ \delta L\omega_{ie}\cos L \end{bmatrix} \tag{4.194}$$

令

$$\delta\boldsymbol{\omega}_{ie}^t = \begin{bmatrix} 0 \\ -\delta L\omega_{ie}\sin L \\ \delta L\omega_{ie}\cos L \end{bmatrix} \tag{4.195}$$

则式(4.194)可写成：

$$\hat{\boldsymbol{\omega}}_{ie}^t = \boldsymbol{\omega}_{ie}^t + \delta\boldsymbol{\omega}_{ie}^t \tag{4.196}$$

将式(4.196)代入式(4.193)可得：

$$\hat{\boldsymbol{\omega}}_{ie}^b = \boldsymbol{C}_{\hat{t}}^b \boldsymbol{\omega}_{ie}^t + \boldsymbol{C}_{\hat{t}}^b \delta\boldsymbol{\omega}_{ie}^t \tag{4.197}$$

在式(4.197)的右端第二项中，因为 δL 是一阶小量，所以 $\delta\boldsymbol{\omega}_{ie}^t$ 也是一阶小量，又因 t 系与 $\hat{t}$ 系之间只差一个小角度 $\boldsymbol{\varphi}$，可认为两者近似重合。由于一阶小量 $\delta\boldsymbol{\omega}_{ie}^t$ 在两个接近重合的坐标系中分解时，其投影是相等的。于是，式(4.197)右端第二项可写成：

$$\boldsymbol{C}_{\hat{t}}^b \delta\boldsymbol{\omega}_{ie}^t = \boldsymbol{C}_{\hat{t}}^b \delta\boldsymbol{\omega}_{ie}^{\hat{t}} = \delta_1\boldsymbol{\omega}_{ie}^b \tag{4.198}$$

而在式(4.197)的右端第一项中，因为 $\boldsymbol{\omega}_{ie}^t$ 不是小量，所以 $\boldsymbol{C}_{\hat{t}}^b \boldsymbol{\omega}_{ie}^t \neq \boldsymbol{\omega}_{ie}^b$，而是应把式(4.189)代入得：

$$\begin{aligned} \boldsymbol{C}_{\hat{t}}^b \boldsymbol{\omega}_{ie}^t &= \boldsymbol{C}_t^b \boldsymbol{C}_{\hat{t}}^t \boldsymbol{\omega}_{ie}^t \\ &= \boldsymbol{C}_t^b (\boldsymbol{I} + \boldsymbol{\Phi}^t)\boldsymbol{\omega}_{ie}^t \\ &= \boldsymbol{C}_t^b \boldsymbol{\omega}_{ie}^t + \boldsymbol{C}_t^b \boldsymbol{\Phi}^t \boldsymbol{\omega}_{ie}^t \\ &= \boldsymbol{\omega}_{ie}^b + \boldsymbol{C}_t^b \boldsymbol{\Phi}^t \boldsymbol{\omega}_{ie}^t \\ &= \boldsymbol{\omega}_{ie}^b + \delta_2\boldsymbol{\omega}_{ie}^b \end{aligned} \tag{4.199}$$

式中，$\delta_2\boldsymbol{\omega}_{ie}^b = \boldsymbol{C}_t^b \boldsymbol{\Phi}^t \boldsymbol{\omega}_{ie}^t$。式(4.199)表明，在本体坐标系下，地球自转角速度的理想值与计算值之间存在交叉耦合误差 $\delta_2\boldsymbol{\omega}_{ie}^b$。

将式(4.198)和式(4.199)代入式(4.197)，得：

$$\hat{\boldsymbol{\omega}}_{ie}^b = \boldsymbol{\omega}_{ie}^b + \delta_1\boldsymbol{\omega}_{ie}^b + \delta_2\boldsymbol{\omega}_{ie}^b \tag{4.200}$$

由式(4.200)可以看出，计算得到的地球自转角速度 $\hat{\boldsymbol{\omega}}_{ie}^b$ 由两部分组成：一部分是理想地球自转角速度 $\boldsymbol{\omega}_{ie}^b$；另一部分是因输入纬度误差而引起的计算误差 $\delta_1\boldsymbol{\omega}_{ie}^b$ 以及经由坐标变换而产生的交叉耦合误差 $\delta_2\boldsymbol{\omega}_{ie}^b$。

把式(4.192)和式(4.200)代入式(4.190)，可得：

$$\begin{aligned} \boldsymbol{\omega}_{\hat{t}b}^b &= \boldsymbol{\omega}_{ie}^b + \delta\boldsymbol{\omega}_{ib}^b - (\boldsymbol{\omega}_{ie}^b + \delta_1\boldsymbol{\omega}_{ie}^b + \delta_2\boldsymbol{\omega}_{ie}^b) - \boldsymbol{\omega}_{e\hat{t}}^b \\ &= \delta\boldsymbol{\omega}_{ib}^b - \delta_1\boldsymbol{\omega}_{ie}^b - \delta_2\boldsymbol{\omega}_{ie}^b - \boldsymbol{\omega}_{e\hat{t}}^b \end{aligned} \tag{4.201}$$

（2）姿态误差方程的推导

根据 t 系的姿态矩阵微分方程，可类推出 $\hat{t}$ 系的姿态矩阵微分方程为

$$\dot{\boldsymbol{C}}_b^{\hat{t}} = \boldsymbol{C}_b^{\hat{t}} \boldsymbol{\Omega}_{\hat{t}b}^b \tag{4.202}$$

式中，$\boldsymbol{\Omega}_{\hat{t}b}^b$ 是 $\boldsymbol{\omega}_{\hat{t}b}^b$ 的反对称矩阵。

由于

$$\boldsymbol{C}_b^{\hat{t}} = \boldsymbol{C}_t^{\hat{t}} \boldsymbol{C}_b^t \tag{4.203}$$

对式(4.203)求导可得：

$$\dot{\boldsymbol{C}}_b^{\hat{t}} = \dot{\boldsymbol{C}}_t^{\hat{t}} \boldsymbol{C}_b^t + \boldsymbol{C}_t^{\hat{t}} \dot{\boldsymbol{C}}_b^t \tag{4.204}$$

对式(4.187)求导，可得：

$$\dot{\boldsymbol{C}}_t^{\hat{t}} = -\dot{\boldsymbol{\Phi}}^t \tag{4.205}$$

结合 $\dot{\boldsymbol{C}}_b^{\hat{t}} = \boldsymbol{C}_b^{\hat{t}} \boldsymbol{\Omega}_{\hat{t}b}^b$、$\dot{\boldsymbol{C}}_b^t = \boldsymbol{C}_b^t \boldsymbol{\Omega}_{tb}^b$ 以及式(4.187)与式(4.205)，可将式(4.204)写为

$$\boldsymbol{C}_b^{\hat{t}} \boldsymbol{\Omega}_{\hat{t}b}^b = -\dot{\boldsymbol{\Phi}}^t \boldsymbol{C}_b^t + (\boldsymbol{I} - \boldsymbol{\Phi}^t) \boldsymbol{C}_b^t \boldsymbol{\Omega}_{tb}^b \tag{4.206}$$

两边同时右乘 $\boldsymbol{C}_t^b$，整合可得：

$$\begin{aligned} \dot{\boldsymbol{\Phi}}^t &= \boldsymbol{C}_b^t \boldsymbol{\Omega}_{tb}^b \boldsymbol{C}_t^b - \boldsymbol{\Phi}^t \boldsymbol{C}_b^t \boldsymbol{\Omega}_{tb}^b \boldsymbol{C}_t^b - \boldsymbol{C}_b^{\hat{t}} \boldsymbol{\Omega}_{\hat{t}b}^b \boldsymbol{C}_t^b \\ &= \boldsymbol{C}_b^t \boldsymbol{\Omega}_{tb}^b \boldsymbol{C}_t^b - \boldsymbol{\Phi}^t \boldsymbol{C}_b^t \boldsymbol{\Omega}_{tb}^b \boldsymbol{C}_t^b - \boldsymbol{C}_b^t \boldsymbol{\Omega}_{\hat{t}b}^b \boldsymbol{C}_t^b + \boldsymbol{\Phi}^t \boldsymbol{C}_b^t \boldsymbol{\Omega}_{\hat{t}b}^b \boldsymbol{C}_t^b \end{aligned} \tag{4.207}$$

根据相似变换法则：

$$\begin{cases} \boldsymbol{\Omega}_{tb}^t = \boldsymbol{C}_b^t \boldsymbol{\Omega}_{tb}^b \boldsymbol{C}_t^b \\ \boldsymbol{\Omega}_{\hat{t}b}^t = \boldsymbol{C}_b^t \boldsymbol{\Omega}_{\hat{t}b}^b \boldsymbol{C}_t^b \end{cases} \tag{4.208}$$

可将式(4.207)变换为

$$\dot{\boldsymbol{\Phi}}^t = \boldsymbol{\Omega}_{tb}^t - \boldsymbol{\Omega}_{\hat{t}b}^t - \boldsymbol{\Phi}^t \boldsymbol{\Omega}_{tb}^t + \boldsymbol{\Phi}^t \boldsymbol{\Omega}_{\hat{t}b}^t \tag{4.209}$$

根据式(4.209)可知，推导 $\boldsymbol{\Omega}_{\hat{t}b}^t$ 与 $\boldsymbol{\Omega}_{tb}^t$ 的差值，即可得到 SINS 的姿态误差方程。$\boldsymbol{\Omega}_{\hat{t}b}^t$ 与 $\boldsymbol{\Omega}_{tb}^t$ 分别由 $\boldsymbol{\omega}_{\hat{t}b}^t$ 与 $\boldsymbol{\omega}_{tb}^t$ 确定，可以分别写为

$$\begin{aligned} \boldsymbol{\omega}_{\hat{t}b}^t &= \boldsymbol{C}_b^t \left(\boldsymbol{\omega}_{ib}^b + \delta \boldsymbol{\omega}_{ib}^b \right) - \boldsymbol{C}_{\hat{t}}^t \left(\boldsymbol{\omega}_{ie}^{\hat{t}} + \boldsymbol{\omega}_{e\hat{t}}^{\hat{t}} \right) \\ \boldsymbol{\omega}_{tb}^t &= \boldsymbol{C}_b^t \boldsymbol{\omega}_{ib}^b - \left(\boldsymbol{\omega}_{ie}^t + \boldsymbol{\omega}_{et}^t \right) \end{aligned} \tag{4.210}$$

式中，$\delta \boldsymbol{\omega}_{ib}^b$ 为陀螺仪的测量误差（同式(4.192)），$\boldsymbol{\omega}_{ie}^{\hat{t}}$ 与 $\boldsymbol{\omega}_{e\hat{t}}^{\hat{t}}$ 均为 $\hat{t}$ 系下的计算角速度。

考虑到解算值 $\boldsymbol{\omega}_{ie}^{\hat{t}}$ 和 $\boldsymbol{\omega}_{e\hat{t}}^{\hat{t}}$ 与对应真值间存在误差小量，即有：

$$\boldsymbol{\omega}_{ie}^{\hat{t}} = \boldsymbol{\omega}_{ie}^t + \delta \boldsymbol{\omega}_{ie}^t \qquad \boldsymbol{\omega}_{e\hat{t}}^{\hat{t}} = \boldsymbol{\omega}_{et}^t + \delta \boldsymbol{\omega}_{et}^t \tag{4.211}$$

将式(4.210)和式(4.211)代入式(4.209)，并将式(4.209)中的元素写成列向量形式，忽略二阶小量后可得 SINS 的姿态误差方程为

$$\dot{\boldsymbol{\varphi}} = \begin{bmatrix} \dot{\phi}_x \\ \dot{\phi}_y \\ \dot{\phi}_z \end{bmatrix} = -\boldsymbol{\omega}_{it}^t \times \boldsymbol{\varphi} + \delta \boldsymbol{\omega}_{it}^t - \boldsymbol{C}_b^t \delta \boldsymbol{\omega}_{ib}^b \tag{4.212}$$

式中：

$$\boldsymbol{\omega}_{it}^{t}=\boldsymbol{\omega}_{ie}^{t}+\boldsymbol{\omega}_{et}^{t}=\begin{bmatrix}0\\ \omega_{ie}\cos L\\ \omega_{ie}\sin L\end{bmatrix}+\begin{bmatrix}-\dfrac{v_{\mathrm{N}}^{n}}{R_{\mathrm{M}}+h}\\ \dfrac{v_{\mathrm{E}}^{n}}{R_{\mathrm{N}}+h}\\ \dfrac{v_{\mathrm{E}}^{n}\tan L}{R_{\mathrm{N}}+h}\end{bmatrix}\qquad \delta\boldsymbol{\omega}_{ib}^{b}=\begin{bmatrix}\varepsilon_{x}^{b}+\omega_{dx}^{b}\\ \varepsilon_{y}^{b}+\omega_{dy}^{b}\\ \varepsilon_{z}^{b}+\omega_{dz}^{b}\end{bmatrix}$$

$$\delta\boldsymbol{\omega}_{it}^{t}=\delta\boldsymbol{\omega}_{ie}^{t}+\delta\boldsymbol{\omega}_{et}^{t}=\begin{bmatrix}0\\ -\omega_{ie}\sin L\delta L\\ \omega_{ie}\cos L\delta L\end{bmatrix}+\begin{bmatrix}-\dfrac{1}{R_{\mathrm{M}}+h}\delta v_{\mathrm{N}}^{n}+\dfrac{v_{\mathrm{N}}^{n}}{\left(R_{\mathrm{M}}+h\right)^{2}}\delta h\\ \dfrac{1}{R_{\mathrm{N}}+h}\delta v_{\mathrm{E}}^{n}-\dfrac{v_{\mathrm{E}}^{n}}{\left(R_{\mathrm{N}}+h\right)^{2}}\delta h\\ \dfrac{\tan L}{R_{\mathrm{N}}+h}\delta v_{\mathrm{E}}^{n}+\dfrac{v_{\mathrm{E}}^{n}\sec^{2}L}{R_{\mathrm{N}}+h}\delta L-\dfrac{v_{\mathrm{E}}^{n}\tan L}{\left(R_{\mathrm{N}}+h\right)^{2}}\delta h\end{bmatrix}$$

其中，卯酉圈半径 $R_{\mathrm{N}}=R_{\mathrm{e}}\left(1+e\sin^{2}L\right)$，子午圈半径 $R_{\mathrm{M}}=R_{\mathrm{e}}\left(1-2e+3e\sin^{2}L\right)$。

2）速度误差方程

根据惯性导航系统的比力方程

$$\boldsymbol{f}^{b}=\boldsymbol{C}_{t}^{b}\left[\dot{\boldsymbol{v}}_{et}^{t}+\left(2\boldsymbol{\omega}_{ie}^{t}+\boldsymbol{\omega}_{et}^{t}\right)\times\boldsymbol{v}_{et}^{t}-\boldsymbol{g}^{t}\right]\tag{4.213}$$

可得载体相对于 t 系的加速度在地理坐标系下分量 $\dot{\boldsymbol{v}}_{et}^{t}$ 可表示

$$\dot{\boldsymbol{v}}_{et}^{t}=\boldsymbol{C}_{b}^{t}\boldsymbol{f}^{b}-\left(2\boldsymbol{\omega}_{ie}^{t}+\boldsymbol{\omega}_{et}^{t}\right)\times\boldsymbol{v}_{et}^{t}+\boldsymbol{g}^{t}\tag{4.214}$$

而在惯性导航系统实际解算的过程中，只能利用加速度计输出 $\tilde{\boldsymbol{f}}^{b}$ 近似代替 $\boldsymbol{f}^{b}$，由地球重力场模型确定的当地重力加速度 $\hat{\boldsymbol{g}}^{t}$ 近似代替 $\boldsymbol{g}^{t}$，并利用惯性导航系统解算得到的 $\boldsymbol{\omega}_{ie}^{\hat{t}}$、$\boldsymbol{\omega}_{e\hat{t}}^{\hat{t}}$ 和 $\boldsymbol{C}_{b}^{\hat{t}}$ 分别近似代替 $\boldsymbol{\omega}_{ie}^{t}$、$\boldsymbol{\omega}_{et}^{t}$ 和 $\boldsymbol{C}_{b}^{t}$ 来确定载体的对地加速度，则有

$$\dot{\boldsymbol{v}}_{e\hat{t}}^{\hat{t}}=\boldsymbol{C}_{b}^{\hat{t}}\tilde{\boldsymbol{f}}^{b}-\left(2\boldsymbol{\omega}_{ie}^{\hat{t}}+\boldsymbol{\omega}_{e\hat{t}}^{\hat{t}}\right)\times\boldsymbol{v}_{e\hat{t}}^{\hat{t}}+\hat{\boldsymbol{g}}^{t}\tag{4.215}$$

考虑到各测量值和解算值与对应真值间存在误差小量，即有：

$$\begin{aligned}&\tilde{\boldsymbol{f}}^{b}=\boldsymbol{f}^{b}+\delta\boldsymbol{f}^{b} &&\hat{\boldsymbol{g}}^{t}=\boldsymbol{g}^{t}+\delta\boldsymbol{g}^{t}\\ &\boldsymbol{v}_{e\hat{t}}^{\hat{t}}=\boldsymbol{v}_{et}^{t}+\delta\boldsymbol{v}_{et}^{t} &&\boldsymbol{\omega}_{ie}^{\hat{t}}=\boldsymbol{\omega}_{ie}^{t}+\delta\boldsymbol{\omega}_{ie}^{t}\\ &\dot{\boldsymbol{v}}_{e\hat{t}}^{\hat{t}}=\dot{\boldsymbol{v}}_{et}^{t}+\delta\dot{\boldsymbol{v}}_{et}^{t} &&\boldsymbol{\omega}_{e\hat{t}}^{\hat{t}}=\boldsymbol{\omega}_{et}^{t}+\delta\boldsymbol{\omega}_{et}^{t}\end{aligned}\tag{4.216}$$

式中，$\delta\boldsymbol{f}^{b}$ 为加速度计的测量误差，主要包括常值偏置 ∇ 与角运动引起的扰动 $\boldsymbol{a}_{d}$；$\delta\boldsymbol{g}^{t}$ 为重力加速度补偿残余误差项，其影响通常可忽略。将式(4.216)代入式(4.215)，可得

$$\dot{\boldsymbol{v}}_{e\hat{t}}^{\hat{t}}=\left(\boldsymbol{I}-\boldsymbol{\Phi}^{t}\right)\boldsymbol{C}_{b}^{t}\left(\boldsymbol{f}^{b}+\delta\boldsymbol{f}^{b}\right)-\left[2\left(\boldsymbol{\omega}_{ie}^{t}+\delta\boldsymbol{\omega}_{ie}^{t}\right)+\left(\boldsymbol{\omega}_{et}^{t}+\delta\boldsymbol{\omega}_{et}^{t}\right)\right]\times\left(\boldsymbol{v}_{et}^{t}+\delta\boldsymbol{v}_{et}^{t}\right)+\boldsymbol{g}^{t}\tag{4.217}$$

令式(4.217)与式(4.214)作差，并略去二阶及以上高阶小量得

$$\delta\dot{\boldsymbol{v}}_{et}^{t}\approx\boldsymbol{f}^{t}\times\boldsymbol{\varphi}-\left(2\boldsymbol{\omega}_{ie}^{t}+\boldsymbol{\omega}_{et}^{t}\right)\times\delta\boldsymbol{v}_{et}^{t}+\boldsymbol{v}_{et}^{t}\times\left(2\delta\boldsymbol{\omega}_{ie}^{t}+\delta\boldsymbol{\omega}_{et}^{t}\right)+\boldsymbol{C}_{b}^{t}\delta\boldsymbol{f}^{b}\tag{4.218}$$

式(4.218)即为 SINS 的速度误差方程。

3）位置误差方程

载体所在位置的地理纬度、经度和高度的时间导数可表示为

$$\dot{L}=\frac{v_{\mathrm{N}}^{n}}{R_{\mathrm{M}}+h} \qquad \dot{\lambda}=\frac{v_{\mathrm{E}}^{n}\sec L}{R_{\mathrm{N}}+h} \qquad \dot{h}=v_{\mathrm{U}}^{n} \tag{4.219}$$

式中，$\boldsymbol{v}_{et}^{t}=\begin{bmatrix}v_{\mathrm{E}}^{n} & v_{\mathrm{N}}^{n} & v_{\mathrm{U}}^{n}\end{bmatrix}^{\mathrm{T}}$ 为载体速度在 t 系下的分量。忽略子午圈和卯酉圈半径的微小误差，对式(4.219)求微分可得：

$$\begin{aligned}
\delta\dot{L}&=\frac{\delta v_{\mathrm{N}}^{n}}{R_{\mathrm{M}}+h}-\frac{v_{\mathrm{N}}^{n}}{\left(R_{\mathrm{M}}+h\right)^{2}}\delta h\\
\delta\dot{\lambda}&=\frac{\sec L}{R_{\mathrm{N}}+h}\delta v_{\mathrm{E}}^{n}+\frac{v_{\mathrm{E}}^{n}\sec L\tan L}{R_{\mathrm{N}}+h}\delta L-\frac{v_{\mathrm{E}}^{n}\sec L}{\left(R_{\mathrm{N}}+h\right)^{2}}\delta h\\
\delta\dot{h}&=\delta v_{\mathrm{U}}^{n}
\end{aligned} \tag{4.220}$$

式(4.220)即为 SINS 的位置误差方程。

4.4.2　实验目的与实验设备

1）实验目的

（1）掌握 SINS 导航解算的基本工作原理。

（2）分析并理解 SINS 动基座导航解算误差传播特性。

（3）验证 SINS 动基座导航解算误差方程的有效性。

2）实验内容

搭建 SINS 导航解算实验平台，利用惯性测量单元在动基座条件下的测量输出，编写导航解算程序，完成 SINS 在动基座环境下的导航解算；同时，以 SINS/GNSS 组合导航结果为基准信息计算 SINS 动基座导航解算误差；进一步，根据实验结果分析并理解 SINS 动基座导航解算误差传播特性，从而对 SINS 动基座导航解算误差方程进行验证。

如图 4.38 所示为车载动基座导航解算实验验证系统示意图，该实验验证系统主要包括车辆、SINS、GNSS 接收系统（含接收天线）和工控机等。SINS 中陀螺仪和加速度计的测量输出可用于完成动基座导航解算。SINS 处装配有一套 GNSS，SINS/GNSS 组合导航系统可为验证 SINS 的动基座导航解算性能提供基准信息。工控机用于各子系统的调试和实测数据的存储。

图 4.38　车载动基座导航解算实验验证系统示意图

如图 4.39 所示为车载动基座导航解算实验验证方案框图。

该方案包含以下三个模块。

① 动基座导航解算模块：利用动基座条件下陀螺仪和加速度计测量的角速度和比力，根据姿态方程、位置和速度方程完成姿态、位置和速度等导航参数的实时更新，从而实现 SINS

在动基座条件下的导航解算。

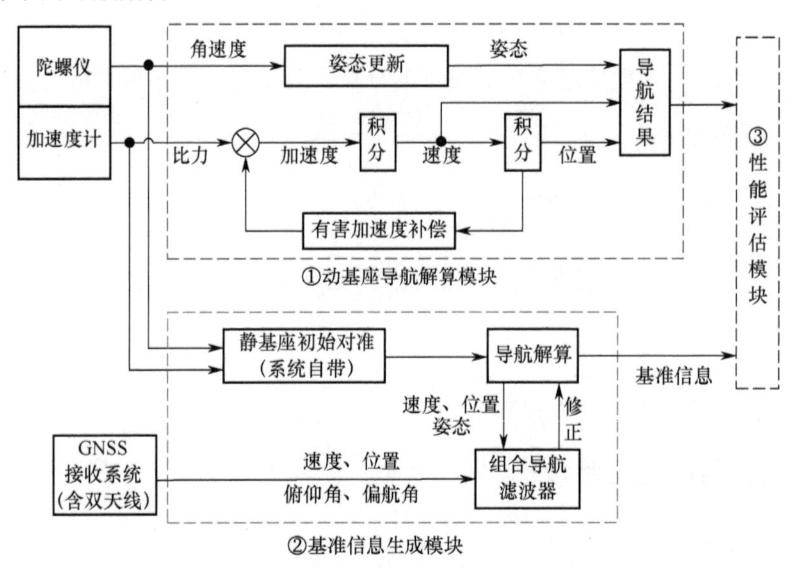

图 4.39 车载动基座导航解算实验验证方案框图

② 基准信息生成模块：首先，SINS 利用系统自带的静基座自对准算法完成初始对准；随后，SINS 利用系统自带的导航解算算法获得位置、速度和姿态等导航参数；与此同时，GNSS 接收系统（含双天线）可输出位置、速度、俯仰角和偏航角等导航参数；这样，将 SINS 与 GNSS 组成组合导航系统，便可利用该组合导航系统输出的高精度姿态、速度和位置参数作为基准信息。

③ 性能评估模块：以 SINS/GNSS 组合导航系统输出的导航参数为基准信息，对 SINS 动基座导航解算结果进行性能评估。

3）实验设备

FN-120 光纤捷联惯导、司南 M600U 接收机、GNSS 接收天线、工控机、遥控车辆、25 V 蓄电池、降压模块、通信接口等。

4.4.3 实验步骤及操作说明

1）确定车辆机动方案

将匀速直线行驶、匀加速直线行驶、车辆转弯等典型机动方式进行有机组合，设计形成一条完整的行驶轨迹。

2）仪器安装

将 FN-120 光纤捷联惯导固定安装于遥控车辆上，将司南 M600U 接收机固定安装于车辆中心，并将主、从 GNSS 接收天线分别固定安装于车辆前、后两端。

3）电气连接

（1）利用万用表测量电源输出是否正常（电源电压由 FN-120 光纤捷联惯导、司南 M600U 接收机等子系统的供电电压决定）。

（2）FN-120 光纤捷联惯导通过通信接口（RS422 转 USB）与工控机连接，25 V 蓄电池通过降压模块以 12 V 的电压对该系统供电。

（3）司南 M600U 接收机通过通信接口（RS232 转 USB）与工控机连接，25 V 蓄电池通过降压模块以 12 V 的电压对该系统供电。

（4）检查数据采集系统是否正常，准备采集数据。

4）系统初始化配置

（1）FN-120 光纤捷联惯导的初始化配置

本实验方案以 SINS/GNSS 组合导航系统输出的导航参数为基准信息，对 SINS 动基座导航解算结果进行性能评估，因此，需要对 FN-120 光纤捷联惯导进行特殊配置，使其工作在组合导航模式并同时输出比力和角速度等原始测量信息。FN-120 光纤捷联惯导上电后，利用该系统自带的测试软件对其进行初始化配置。

① 在“PC 串口设置”界面选择相应的串口号。

② 在“设置惯导位置”界面输入初始位置。

③ 在“惯导串口设置”界面通过 COM0 串口（即 RS422）设置 FN-120 光纤捷联惯导的输出方式，包括：波特率（默认选“115200”）、数据位（默认选“8”）、停止位（默认选“1”）、校验方式（默认选“偶校验”）、发送周期（默认选“10 ms”）和发送协议（默认选“FOSN STD 2Binary”）。

④ 在“算法设置”界面设置 FN-120 光纤捷联惯导的工作流程，包括：初始对准方式（默认选“Immediate”）、粗对准时间（建议 2～3 min）、精对准方式（默认选“ZUPT”，建议 10～15 min）、导航方式（选“SINS/GNSS 组合导航”）。

⑤ 如图 4.40 所示，在“保存惯导数据”界面选择三轴加速度计输出的比力和三轴陀螺仪输出的角速度（用于完成动基座导航解算）以及 SINS/GNSS 组合导航结果（用于评估动基座导航解算精度）等数据进行保存。

图 4.40　“保存惯导数据”界面

⑥ 依次执行“保存设置”和“惯导重启”。

（2）司南 M600U 接收机的初始化配置

司南 M600U 接收机上电后，利用系统自带的测试软件对其进行初始化配置，使司南 M600U 接收机能够正常工作并向 FN-120 光纤捷联惯导提供组合导航所需的测量信息（即位置、速度、俯仰角和偏航角等导航参数），进而利用 FN-120 光纤捷联惯导自带程序完成 SINS/GNSS 组合导航。

5）数据采集

（1）车辆静止 12～18 min 后，FN-120 光纤捷联惯导自主完成静基座初始对准并进入组合导航模式，这样基准信息生成模块便处于正常工作状态。

（2）按照设计的机动方案驱动遥控车辆行驶，建议数据采集时长为 2 h（为验证 SINS 解算误差中的舒勒周期分量，采集时长应不短于 84.4 min）。

（3）利用工控机对 FN-120 光纤捷联惯导中陀螺仪和加速度计输出的角速度和比力（用于完成动基座导航解算）以及 SINS/GNSS 组合导航结果（用于评估动基座导航解算精度）等数据进行采集和存储。

（4）实验结束，将动基座导航解算实验验证系统断电，整理实验装置。

6）数据处理

（1）对工控机存储的测量数据（16 进制格式）进行解析，以获得便于后续处理的 10 进制格式数据。

（2）对各组测量数据进行预处理，剔除野值。

（3）利用 FN-120 光纤捷联惯导中陀螺仪和加速度计输出的角速度和比力，根据姿态方程、位置和速度方程完成姿态、位置和速度等导航参数的实时更新，从而实现 SINS 在动基座条件下的导航解算。

（4）动基座导航解算性能评估。以 FN-120 光纤捷联惯导输出的 SINS/GNSS 组合导航结果为基准，通过比较所得导航解算结果与基准信息间的差异，评估动基座导航解算性能；此外，分析并理解 SINS 动基座导航解算误差传播特性，进而验证 SINS 动基座导航解算误差方程的有效性。

7）分析实验结果，撰写实验报告

第 5 章　卫星导航基础系列实验

本章为卫星导航定位的基础实验，旨在通过实验让学生对卫星导航系统的基本原理有一个整体认识，掌握卫星导航系统涉及的时间系统、坐标系统及其相互转换关系、GNSS 卫星轨道的计算方法，理解电离层和对流层延迟及其修正方法，为 GNSS 定位、测速、定姿系列实验以及 SINS/GNSS 组合导航系列实验的开展提供基础理论。

5.1　GNSS 信号的结构

GNSS 信号是用户利用 GNSS 卫星进行定位、测速和授时的基础与前提。GNSS 接收机通过处理至少 4 颗卫星的 GNSS 信号，可以为用户提供高精度的位置、速度以及时间信息。为了对 GNSS 信号的产生、结构和特点有一个基本的了解，本节从 GNSS 信号的构成、GNSS 信号的伪码和 GNSS 信号的导航电文三个方面对 GNSS 信号进行介绍。

5.1.1　GNSS 信号的构成

北斗卫星导航系统是我国定位、导航和授时的重要基础设施。下面以北斗导航信号为例介绍 GNSS 信号的构成。如图 5.1 所示为北斗导航信号生成示意图。由图 5.1 可知，北斗卫星所发射的信号从结构上可以分为三个层次：载波、测距码（伪码）和导航电文。在这 3 个层次中，首先使用测距码对数据码进行扩频调制，然后经过调制而依附在正弦形式的载波上，最后北斗卫星将调制后的载波信号播发出去。

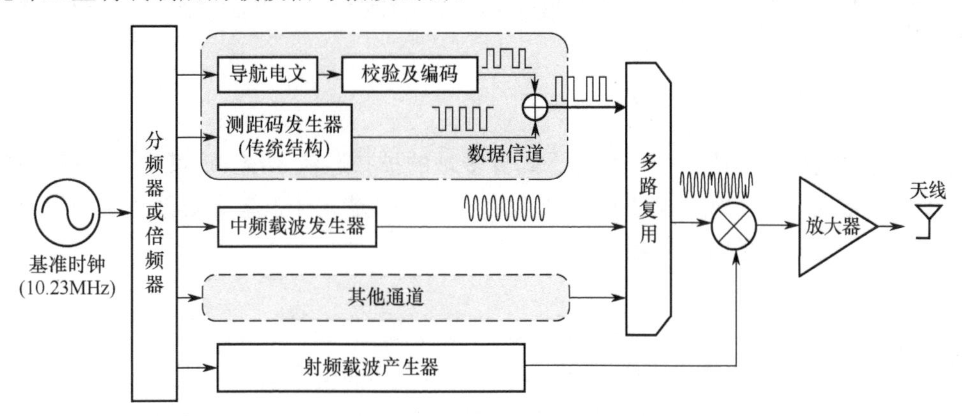

图 5.1　北斗导航信号生成示意图

载波是指携带调制信号的高频振荡波。北斗卫星所用的载波共有五个，分别为 B1I 载波、B2I 载波、B3I 载波、B1C 载波以及 B2a 载波，北斗卫星导航系统导航信号对应的载波频率如表 5.1 所示。其中，B1C 载波和 B2a 载波只在北斗三号 MEO 卫星和 IGSO 卫星上播发，在 GEO 卫星上不播发。采用多个频率载波的目的是便于应用双频或多频观测技术计算电离层延迟改正，以提高定位的精度。而采用高频率载波是为了更精确地测定多普勒频移，从而提高测速的精度；

同时也是为了减小信号的电离层延迟，因为电离层延迟与信号频率 f 的平方成反比。

表 5.1 北斗卫星导航系统导航信号对应的载波频率

北斗导航信号	B1I 载波	B2I 载波	B3I 载波	B1C 载波	B2a 载波
载波频率/MHz	1561.098	1207.140	1268.520	1575.420	1176.450

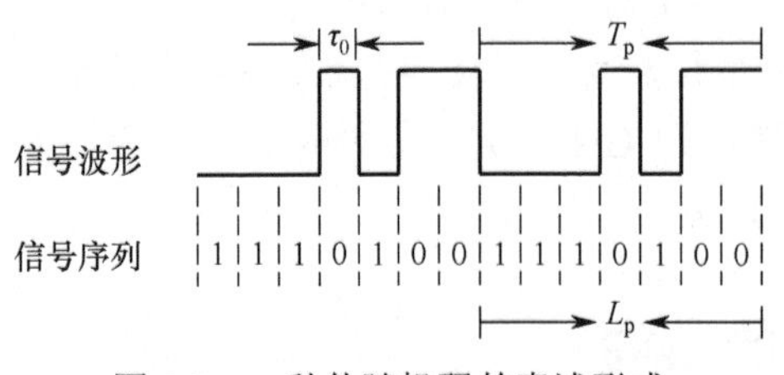

图 5.2 一种伪随机码的表述形式

测距码是用于测定从卫星到接收机之间距离的二进制码。北斗卫星中所用的测距码从性质上讲属于伪随机噪声码，即伪码。伪码可以增强信号传输过程中的抗干扰能力，降低导航电文解码的误码率。另外，伪码相移可以反映信号传输时间，从而计算出伪距、伪距率等参数。如图 5.2 所示为一种伪随机码的表述形式。图 5.2 中的 τ_0 为一个码元对应的时间，以秒为单位，称为码元宽度；L_p 为一个周期内的码元数，称为码长，常用 bit 作为码长的单位，如 $L_p = 7\text{bit}$；T_p 为以秒为单位的时间周期，即 $T_p = L_p \cdot \tau_0$。

导航电文也称数据码（D 码），是北斗卫星以二进制码的形式发送给用户的导航定位数据，主要包括卫星星历、卫星星钟改正、电离层延迟改正、卫星工作状态信息、全部卫星的概略星历、差分及完好性信息和格网点电离层信息等。导航电文是北斗定位的数据基础。

当前，北斗卫星导航系统中常用的观测值有码相位观测值（伪距观测值）和载波相位观测值两种。伪距观测值指的是北斗卫星到接收机之间含有误差的距离，是通过测定北斗卫星信号从北斗卫星传播到接收机所需的时间而得到的；载波相位观测值实际上是北斗卫星信号与接收机的本地信号之间的相位差。理论和实践均表明，各种观测值的精度是对应波长或者码元长度的 1%。由于北斗信号中载波的波长远小于伪码的码元长度，因此载波相位观测值远比伪距观测值的精度高。载波相位观测值由于具有精度高的优点，因此常用于精密定位和多天线定姿中。

5.1.2 GNSS 信号的伪码

北斗卫星导航系统本质上是一个基于码分多址的扩频通信系统，而其中的码就是指伪码，它是北斗信号结构中位于载波之上的第二个层次。伪码是北斗卫星导航系统实现码分多址的基础与前提，是北斗信号的重要组成部分。

1）伪码的产生

在北斗卫星导航系统中，B1I 信号和 B2I 信号伪码（以下简称 C_{B1I} 码和 C_{B2I} 码）的码速率为 2.046Mcps（码片每秒，chips per second），码长为 2046。如图 5.3 所示为 C_{B1I} 码和 C_{B2I} 码发生器的结构。C_{B1I} 码和 C_{B2I} 码由线性序列 G_1 与 G_2 模 2 和（模 2 加）后截短最后 1 码片生成。G_1 序列和 G_2 序列分别由 11 位的线性移位寄存器生成，其生成多项式为

$$G_1(X) = 1 + X + X^7 + X^8 + X^9 + X^{10} + X^{11} \tag{5.1}$$

$$G_2(X) = 1 + X + X^2 + X^3 + X^4 + X^5 + X^8 + X^9 + X^{11} \tag{5.2}$$

G_1 序列的初始相位为 01010101010，G_2 序列的初始相位为 01010101010。通过对产生 G_2 序列的移位寄存器不同抽头的模 2 和可以实现 G_2 序列相位的不同偏移，与 G_1 序列模 2 和后可

以生成不同卫星的伪码。

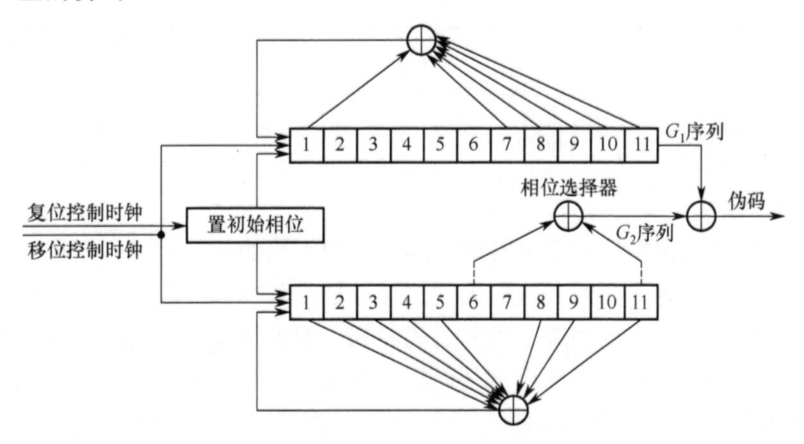

图 5.3　C_{B1I} 码和 C_{B2I} 码发生器的结构

B3I 信号伪码（以下简称 C_{B3I} 码）的码速率为 10.23 Mcps，码长为 10230。如图 5.4 所示为 C_{B3I} 码发生器的结构。C_{B3I} 码由两个线性序列 G_1 与 G_2 截短、模 2 和后再截短产生。G_1 序列与 G_2 序列均由 13 位的线性移位寄存器生成，周期为 8191 码片，其生成多项式为

$$G_1(X)=1+X+X^3+X^4+X^{13} \tag{5.3}$$

$$G_2(X)=1+X+X^5+X^6+X^7+X^9+X^{10}+X^{12}+X^{13} \tag{5.4}$$

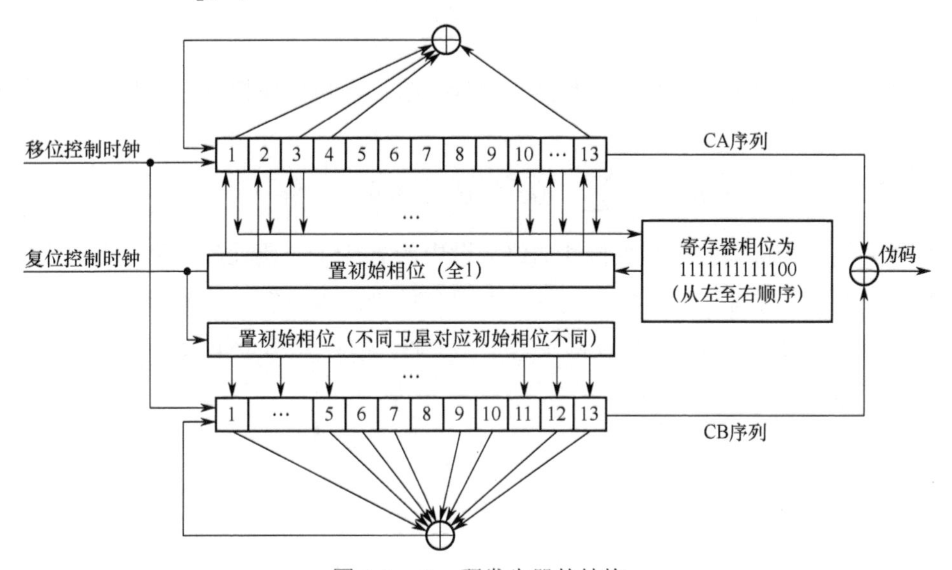

图 5.4　C_{B3I} 码发生器的结构

将 G_1 序列产生的码序列截短 1 码片，使其变成周期为 8190 码片的 CA 序列；G_2 序列产生周期为 8191 码片的 CB 序列。CA 序列与 CB 序列模 2 和，产生周期为 10230 码片的 C_{B3I} 码。G_1 序列在每个伪码周期（1 ms）起始时刻或 G_1 序列寄存器相位为 1111111111100 时设置为初始相位，G_2 序列在每个伪码周期（1 ms）起始时刻设置为初始相位。G_1 序列的初始相位为 1111111111111。G_2 序列的初始相位由 1111111111111 经过不同的移位次数形成，不同的初始相位对应着不同卫星。如表 5.2 所示为北斗卫星导航系统三个频点信号的伪码特征。

表 5.2 北斗卫星导航系统三个频点信号的伪码特征

信号	码长	周期/ms	码速率/Mcps
B1I 信号	2046	1	2.046
B2I 信号	2046	1	2.046
B3I 信号	10230	1	10.23

2）伪码的特性

由于北斗卫星信号采用码分多址技术，因而采用不同的伪码对不同卫星的导航数据进行扩频调制。北斗接收机为了跟踪其视野内的北斗卫星，其内部必须在复现载频信号（包括多普勒效应）的同时，也复现所跟踪卫星的伪码序列。通过将复现的伪码同输入伪码在不同相位误差上进行相关运算，使二者同步，从而完成对输入信号的解扩。伪码的同步通过捕获和跟踪完成。伪码最主要的特性是它的相关性，高的自相关值和低的互相关值为伪码的捕获和跟踪提供了大的动态域。

伪码的相关特性主要包括互相关特性和自相关特性。

（1）互相关特性

每颗卫星使用的伪码与其他卫星的伪码有最小的互相关值。也就是说，假定卫星 i 和卫星 k 的伪码分别为 C^i 和 C^k，则它们的互相关函数可以写为

$$R_{ik}(\tau)=\sum_{l=0}^{1022}C^i(l)\cdot C^k(l+\tau)\approx 0 \tag{5.5}$$

（2）自相关特性

所有的伪码在相位对齐的情况下有最大的相关值，当相位差超过一个基码时，相关输出几乎为零，即

$$R_{kk}(\tau)=\sum_{l=0}^{1022}C^k(l)\cdot C^k(l+\tau)\approx 0 \qquad |\tau|\geqslant 1 \tag{5.6}$$

如图 5.5 所示为伪码的自相关特性曲线，图中的 T_c 为一个码元的宽度，当复现伪码与输入伪码的相位误差为零时，达到完全相关，出现相关峰；当二者之间的相位误差在一个码元内时，出现部分相关；当二者的相位误差大于一个码元时，完全不相关。

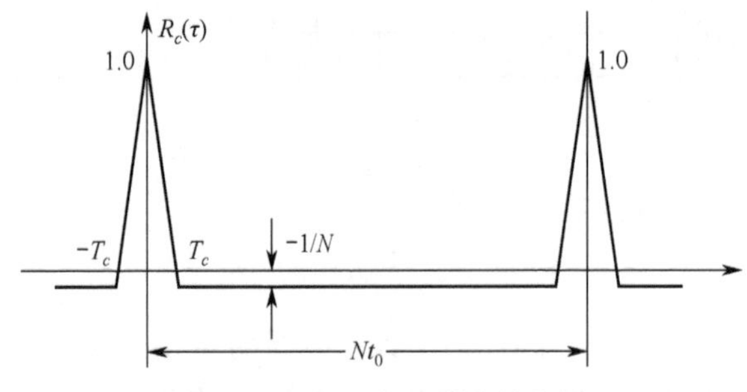

图 5.5 伪码的自相关特性曲线

5.1.3 GNSS 信号的导航电文

导航电文主要包括卫星星历、卫星星钟改正、电离层延迟改正、卫星工作状态信息、全部卫星的概略星历、差分及完好性信息和格网点电离层信息等。北斗二号导航电文和北斗三

号导航电文在数据组成结构和编排方式上有较大区别，下面以北斗二号导航电文为例进行介绍。根据速率和结构的不同，北斗二号导航电文可分为 D1 导航电文和 D2 导航电文。

1）D1 导航电文

D1 导航电文由 MEO/IGSO 卫星的 B1I 信号和 B2I 信号播发，速率为 50 bit/s，并调制有速率为 1 bit/s 的二次编码。如图 5.6 所示为 D1 导航电文帧结构。D1 导航电文由超帧、主帧和子帧组成。每个超帧为 36000 bit，历时 12 min，由 24 个主帧组成；每个主帧为 1500 bit，历时 30 s，由 5 个子帧组成；每个子帧为 300 bit，历时 6 s，由 10 个字组成；每个字为 30 bit，历时 0.6 s，由导航电文数据及校验码两部分组成。每个子帧的第 1 个字有 26 bit 的信息位和 4 bit 的校验码，其他 9 个字均有 22 bit 的信息位和 8 bit 的校验码。

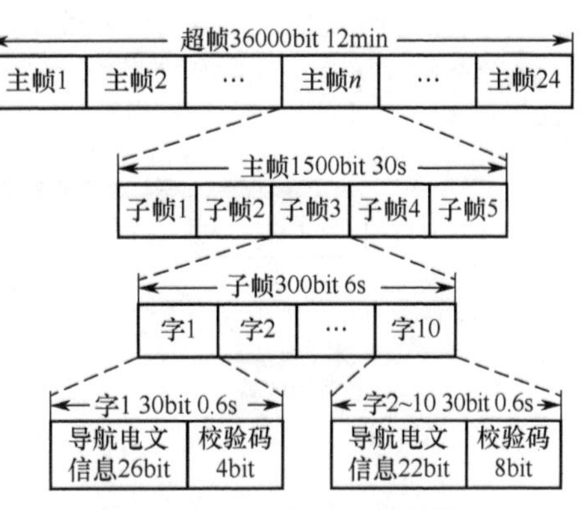

图 5.6　D1 导航电文帧结构

D1 导航电文包含基本导航信息，包括本卫星基本导航信息（包括周内秒计数、整周计数、用户距离精度、卫星自主健康标识、电离层延迟改正参数、卫星星历参数及数据龄期、卫星钟差参数及数据龄期、星上设备时延差）、全部卫星历书及与其他系统时间同步信息（UTC 或其他卫星导航系统的导航时）。

D1 导航电文的主帧结构及信息内容如图 5.7 所示。子帧 1～子帧 3 播发本卫星基本导航信息；子帧 4 和子帧 5 的信息内容由 24 个页面分时发送，其中子帧 4 的页面 1～24 和子帧 5 的页面 1～10 播发全部卫星的历书信息以及与其他系统的时间同步信息；子帧 5 的页面 11～24 为预留页面。

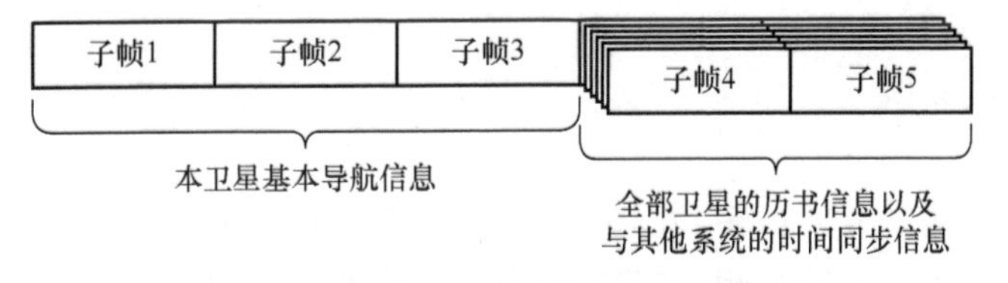

图 5.7　D1 导航电文的主帧结构及信息内容

2）D2 导航电文

D2 导航电文由 GEO 卫星的 B1I 信号和 B2I 信号播发，速率为 500 bit/s。如图 5.8 所示为 D2 导航电文帧结构。D2 导航电文由超帧、主帧和子帧组成。每个超帧为 180000 bit，历时 6 min，由 120 个主帧组成；每个主帧为 1500 bit，历时 3 s，由 5 个子帧组成；每个子帧为 300 bit，历时 0.6 s，由 10 个字组成；每个字为 30 bit，历时 0.06 s，由导航电文数据以及校验码两部分组成。每个子帧的第 1 个字有 26 bit 的信息位和 4 bit 的校验码，其他 9 个字均有 22 bit 的信息位和 8 bit 的校验码。

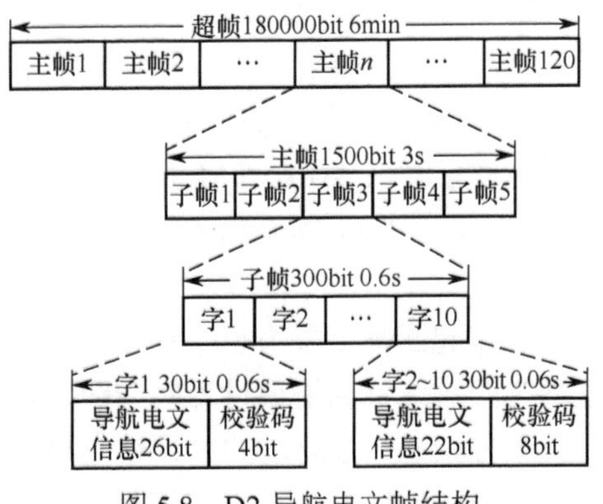

图 5.8　D2 导航电文帧结构

D2 导航电文包含本卫星的基本导航信息、全部卫星历书、与其他系统时间同步信息、北斗完好性及差分信息、格网点电离层信息。

D2 导航电文的主帧结构及信息内容如图 5.9 所示。子帧 1 播发本卫星基本导航信息，由 10 个页面分时发送；子帧 2～4 播发北斗系统完好性及差分信息，由 6 个页面分时发送；子帧 5 播发全部卫星的历书、格网点电离层信息以及与其他系统的时间同步信息，由 120 个页面分时发送。

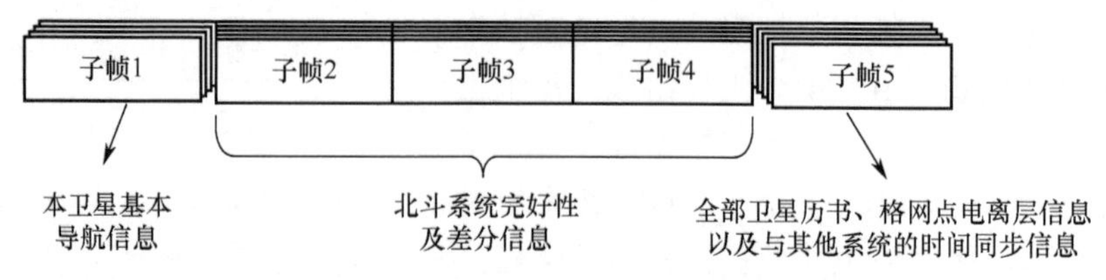

图 5.9 D2 导航电文的主帧结构及信息内容

5.2 卫星导航时间系统转换实验

卫星导航系统的核心服务是为用户提供时空信息，具体表现为用户在某一时刻所处的位置和速度。其中，“某一时刻”是相对于参考时间系统而言的。可见，时间系统是卫星导航系统的核心。理解 GNSS 导航定位中常用的时间系统及其相互之间的转换关系是掌握卫星导航定位原理的前提和基础。因此，本节主要开展卫星导航时间系统的转换实验，使学生掌握 GNSS 中常用的时间系统及其相互之间的转换关系。

5.2.1 卫星导航时间系统转换的基本原理

1）时间系统及其转换关系

（1）常用的时间系统

① 协调世界时

世界时（UT1）是以地球自转为基础的时间系统。由于受极移、不恒定的地球自转角速度和其他季节性变化等因素的影响，UT1 并不是一个严格均匀的时间系统。例如，由于地球自转角速度存在着长期变慢的趋势，因而经极移校正后的 UT1 仍按每年大约 1 s 的速度变慢。

卫星导航系统普遍采用原子时作为高精度时间基准。原子时是以物质内部原子运动特征为基础的时间系统。当物质内部原子在两个能级之间跃迁时，原子会辐射或吸收一定频率的电磁波，且该频率具有高度稳定性。为了建立统一的原子时，国际上对位于 50 多个国家的共计约 200 座原子钟产生的原子时采取加权平均，形成了国际原子时（TAI）。TAI 是一个高度精确、均匀的时间系统。然而，由于 TAI 与地球自转无关，故其与 UT1 的差距逐年增大，从而导致 TAI 并不适用于天文测量、天文导航等应用场合。

因此，为了兼顾对 UT1 时刻和原子时秒长的需求，1972 年起国际上采用了一种以原子时秒长为基础，在时刻上尽量接近于 UT1 的时间系统，这种时间系统称为协调世界时（UTC），简称为协调时。它实际上是 UT1 与 TAI 两者之间的一种折中方案：一方面，UTC 严格地以精确的 TAI 秒长为基础；另一方面，当 UTC 与 UT1 的差距超过 0.9 s 时，UTC 采用闰秒（或称为跳秒）的方法加插一秒，使 UTC 在时刻上尽量接近 UT1，这也保证了 UTC 与 UT1 的差异始终保持在 0.9 s 之内。

目前，UTC 几乎是所有国家实行的标准时间。这样，对于处于不同时区的国家和地区而言，它们的当地时间与 UTC 之间只存在一个整数小时的差异。

② GNSS 时间

GPS、BDS、Galileo 和 GLONASS 卫星导航系统分别建立了其各自专用的时间系统，即 GPS 时（GPST）、北斗时（BDT）、Galileo 时（GST）和 GLONASS 时（GLONASST）。其中 GPST、BDT 和 GST 均属于原子时系统，它们的秒长与 TAI 相同，但与 TAI 具有不同的起始历元。GPST 的起始历元为 1980 年 1 月 6 日 0 时 0 分 0 秒 UTC，BDT 的起始历元为 2006 年 1 月 1 日 0 时 0 分 0 秒 UTC，GST 的起始历元为 1999 年 8 月 22 日 0 时 0 分 0 秒 UTC。GPST、BDT 和 GST 通过 TAI 与 UTC 建立联系，它们与 UTC 之间的闰秒信息在其卫星导航电文中播报。GLONASST 属于 UTC 时间系统，其起始时间为 1996 年，它的产生是基于 GLONASS 同步中心时间的。由于 GLONASS 控制部分的特性，GLONASST 与 UTC 存在 3 h 的整数差，此外它们还存在 1 ms 以内的系统差。

（2）时间系统之间的转换

① BDT 与 UTC 之间的转换

BDT 属于原子时系统，其起始历元为 2006 年 1 月 1 日 0 时 0 分 0 秒 UTC，其秒长与 TAI 相同，但与 TAI 具有不同的起始历元。由于从 TAI 的起始历元（1958 年 1 月 1 日）至 BDT 的起始历元共有 33 s 的正闰秒，因此 BDT 与 TAI 之间相差 33 s，则有

$$\mathrm{BDT} = \mathrm{TAI} - 33\mathrm{s} \tag{5.7}$$

而 TAI 与 UTC 之间的关系为

$$\mathrm{TAI} = \mathrm{UTC} + \mathrm{LeapSec} \tag{5.8}$$

因此，将式(5.8)代入式(5.7)，可得 BDT 与 UTC 之间的转换公式为

$$\mathrm{BDT} = \mathrm{UTC} + \mathrm{LeapSec} - 33\mathrm{s} \tag{5.9}$$

式中，LeapSec 为跳秒，可以由国际地球自转服务机构 IERS 提供。

② GPST 与 UTC 之间的转换

GPST 与 BDT 一样同属于原子时系统，其起始历元为 1980 年 1 月 6 日 0 时 0 分 0 秒 UTC，其秒长与 TAI 相同，但与 TAI 具有不同的起始历元。GPST 与 UTC 之间的转换公式为

$$\mathrm{GPST} = \mathrm{UTC} + \mathrm{LeapSec} - 19\mathrm{s} \tag{5.10}$$

③ GST 与 UTC 之间的转换

GST 也属于原子时系统，其起始历元为 1999 年 8 月 22 日 0 时 0 分 0 秒 UTC，其秒长与 TAI 相同，但与 TAI 具有不同的起始历元。GST 与 UTC 之间的转换公式为

$$\mathrm{GST} = \mathrm{UTC} + \mathrm{LeapSec} - 32\mathrm{s} \tag{5.11}$$

④ GLONASST 与 UTC 之间的转换

GLONASST 属于 UTC 时间系统，其起始时间为 1996 年。由于 GLONASS 控制部分特性，其与协调时 UTC 存在 3 h 的整数差，此外它们还存在 1 ms 以内的系统差 tr。因此，GLONASST 与 UTC 之间的转换公式为

$$\mathrm{GLONASST} = \mathrm{UTC} + 3\mathrm{h} - \mathrm{tr} \tag{5.12}$$

2）时间标示法及其转换关系

时间标示法指的是表示时间的方法，它有别于定义时间尺度的时间系统，是建立在时间

系统之上的时间表达方式。在卫星导航系统的应用与数据处理中，常采用的时间标示法主要包括历法、儒略日、周+周内时间和GLONASST计时等。

（1）常用的时间标示法

① 历法：历法规定了年的起始时间、长度和分划，制定了日及更长时间分划单位的编排规则，用年、月、日来标示时间。这种时间标示方法符合日常生活习惯，能够很容易地反映季节信息，但由于其不是采用连续数据来标示时间的，因而不适合直接用于科学计算。目前世界上广泛采用的历法是格里高利历，其在标示时间时采用年、月、日、时、分、秒的方法，如2022年5月9日15时16分54秒。

② 儒略日：儒略日是一种连续数值标示时间的方法，适合用于科学计算。儒略日是从公元前4713年1月1日12时起开始计算的天数，例如，2006年1月1日零时的儒略日为2453736.5。不同时间标示法所标示的时间可以通过它进行转换。但由于儒略日无法直接反映季节信息，因此通常不在日常生活中使用。

③ 周+周内时间：GPS、BDS和Galileo卫星导航系统的时间标示法均采用周（Week Number，WN）+周内时间（Time of Week，TOW）的形式，但起始历元有所不同。例如，2006年1月1日零时UTC用GPS时间标示法为第1356周第14秒，用BDS时间标示法为第0周第0秒，用Galileo时间标示法为第332周第33秒。

④ GLONASST计时：采用四年一个循环，循环内按天计时，表示形式为$N_4:N_T:h:m:s$，如3:325:13:12:32，其中N_4表示从1996年开始，每4年加1的计数值；N_T表示4年期间的日历序号，即在当年的4年循环期间，当前为第几天；h、m、s分别对应时、分、秒。

（2）不同时间标示法的转换

① 格里高利历至儒略日的转换

根据格里高利历计算儒略日的公式如下：

$$T_{\mathrm{JD}} = \mathrm{INT}[365.25y] + \mathrm{INT}[30.6001(m+1)] + D + 1720981.5 + \frac{h}{24} + \frac{m}{1440} + \frac{s}{86400} \tag{5.13}$$

且若$M \leqslant 2$，则$y = Y-1, m = M+12$；若$M > 2$，则$y = Y, m = M$。

式中，T_{JD}为儒略日；Y、M、D、h、m、s分别对应格里高利历的年、月、日、时、分、秒；$\mathrm{INT}[\cdot]$为取整函数。

② 儒略日至格里高利历的转换

根据儒略日计算格里高利历的公式如下：

$$\begin{cases} J = \mathrm{INT}[T_{\mathrm{JD}} + 0.5] \\ N = \mathrm{INT}\left[\dfrac{4(J+68569)}{146097}\right] \\ L_1 = J + 68569 - \mathrm{INT}\left[\dfrac{N \times 146097 + 3}{4}\right] \\ Y_1 = \mathrm{INT}\left[\dfrac{4000(L_1+1)}{1461001}\right] \\ L_2 = L_1 - \mathrm{INT}\left[\dfrac{1461 \times Y_1}{4}\right] + 31 \end{cases}$$

$$\begin{cases} M_1 = \mathrm{INT}\left[\dfrac{80 \times L_2}{2447}\right] \\ L_3 = \mathrm{INT}\left[\dfrac{M_1}{11}\right] \\ Y = \mathrm{INT}\left[100(N-49) + Y_1 + L_3\right] \\ M = M_1 + 2 - 12L_3 \\ D = L_2 - \mathrm{INT}\left[\dfrac{2447 \times M_1}{80}\right] \\ T = (T_{\mathrm{JD}} + 0.5 - J) \times 24 \\ h = \mathrm{INT}[T] \\ T_1 = (T - h) \times 60 \\ m = \mathrm{INT}[T_1] \\ s = (T_1 - m) \times 60 \end{cases} \tag{5.14}$$

③ 儒略日至 BD 周+周内秒（Seconds of Week，SOW）的转换

BD 周数为

$$T_{\mathrm{WN}} = \mathrm{INT}\left[\frac{T_{\mathrm{JD}} - 2453736.5}{7}\right] \tag{5.15}$$

BD 周内秒为

$$T_{\mathrm{SOW}} = \left(\frac{T_{\mathrm{JD}} - 2453736.5}{7} - T_{\mathrm{WN}}\right) \times 604800 \tag{5.16}$$

注意，由式(5.15)和式(5.16)计算出的 BD 周+周内秒具有如下约束条件：

$$\begin{cases} T_{\mathrm{WN}} \geqslant 0 \\ 0 \leqslant T_{\mathrm{SOW}} < 604800 \end{cases} \tag{5.17}$$

④ BD 周+周内秒至儒略日的转换

根据 BD 周+周内秒计算儒略日的公式为

$$T_{\mathrm{JD}} = 2453736.5 + T_{\mathrm{WN}} \times 7 + \frac{T_{\mathrm{SOW}}}{86400} \tag{5.18}$$

注意，根据 BD 周+周内秒得到的儒略日大于 2006 年 1 月 1 日零时对应的儒略日，即

$$T_{\mathrm{JD}} \geqslant 2453736.5 \tag{5.19}$$

⑤ 儒略日至 GPS 周+周内秒的转换

GPS 周数为

$$T_{\mathrm{WN}} = \mathrm{INT}\left[\frac{T_{\mathrm{JD}} - 2444244.5}{7}\right] \tag{5.20}$$

GPS 周内秒为

$$T_{\mathrm{SOW}} = \left(\frac{T_{\mathrm{JD}} - 2444244.5}{7} - T_{\mathrm{WN}}\right) \times 604800 \tag{5.21}$$

注意，由式(5.20)和式(5.21)计算出的 GPS 周+周内秒也满足式(5.17)的约束条件。

⑥ GPS 周+周内秒至儒略日的转换

根据 GPS 周+周内秒计算儒略日的公式为

$$T_{\mathrm{JD}} = 2444244.5 + T_{\mathrm{WN}} \times 7 + \frac{T_{\mathrm{SOW}}}{86400} \tag{5.22}$$

注意，根据 GPS 周+周内秒得到的儒略日大于 1980 年 1 月 6 日零时对应的儒略日，即

$$T_{\mathrm{JD}} \geqslant 2444244.5 \tag{5.23}$$

⑦ 儒略日至 Galileo 周+周内秒的转换

Galileo 周数为

$$T_{\mathrm{WN}} = \mathrm{INT}\left[\frac{T_{\mathrm{JD}} - 2451412.5}{7}\right] \tag{5.24}$$

Galileo 周内秒为

$$T_{\mathrm{SOW}} = \left(\frac{T_{\mathrm{JD}} - 2451412.5}{7} - T_{\mathrm{WN}}\right) \times 604800 \tag{5.25}$$

注意，由式(5.24)和式(5.25)计算出的 Galileo 周+周内秒也满足式(5.17)的约束条件。

⑧ Galileo 周+周内秒至儒略日的转换

根据 Galileo 周+周内秒计算儒略日的公式为

$$T_{\mathrm{JD}} = 2451412.5 + T_{\mathrm{WN}} \times 7 + \frac{T_{\mathrm{SOW}}}{86400} \tag{5.26}$$

注意，根据 Galileo 周+周内秒得到的儒略日大于 1999 年 8 月 22 日零时对应的儒略日，即

$$T_{\mathrm{JD}} \geqslant 2451412.5 \tag{5.27}$$

⑨ 儒略日至 GLONASST 计时的转换

根据儒略日计算 GLONASST 计时的步骤如下：

a．将儒略日转换成格里高利历，求解出 Y、M、D、h、m、s；

b．计算 N_4：$N_4 = \mathrm{INT}\left(\frac{Y-1996}{4}\right)+1$；

c．计算出 $1996+4\times(N_4-1)$ 年 1 月 1 日对应的儒略日 T_{JDN}；

d．计算 N_T：$N_T = T_{\mathrm{JD}} - T_{\mathrm{JDN}} + 1$；

⑩ GLONASST 计时至儒略日的转换

根据 GLONASST 计时计算儒略日的步骤如下：

a．计算出 $1996+4\times(N_4-1)$ 年 1 月 1 日对应的儒略日 T_{JDN}；

b．根据 T_{JDN} 计算出 GLONASST 计时对应的儒略日：$T_{\mathrm{JD}} = N_T - 1 + T_{\mathrm{JDN}} + \frac{h}{24} + \frac{m}{1440} + \frac{s}{86400}$。

5.2.2 实验目的与实验设备

1）实验目的

（1）理解 UTC 和 GNSS 时间的定义。

（2）掌握 UTC 与 BDT、GPST、GST、GLONASST 之间的转换方法。

（3）掌握格里高利历、儒略日、周+周内时间、GLONASST 计时等时间表示方式；

（4）掌握不同时间表示方式之间的转换方法。

2）实验内容

在空旷无遮挡的环境下搭建 GNSS 时间系统转换实验系统，并利用 GNSS 接收机进行一段时间的静态测量，以获得 RINEX 格式（GNSS 标准数据格式）的输出数据文件。其中，RINEX 格式的输出数据文件主要包括用于存放 GNSS 观测值（伪距/载波相位）的观测数据文件、用于存放卫星导航电文的导航电文文件和用于存放气象数据的气象数据文件。通过读取输出数据文件中的观测数据文件，获得用格里高利历表示的首次观测记录时刻 UTC，并将其转换为用周+周内秒表示的 BDT、GPST、GST，以及用 GLONASST 计时表示的 GLONASST。

如图 5.10 所示为 GNSS 时间系统转换实验系统示意图。该实验系统主要包括电源、GNSS 接收机、GNSS 接收天线和工控机等。GNSS 接收天线接收卫星导航信号，经由 GNSS 接收机捕获、跟踪处理后，获得 RINEX 格式的输出数据文件并将其存储到工控机中。工控机读取输出数据文件中的观测数据文件，获得首次观测记录时刻并完成时间系统及时间表示方式的转换。另外，工控机还用于实现 GNSS 接收机的调试以及输出数据文件的存储。

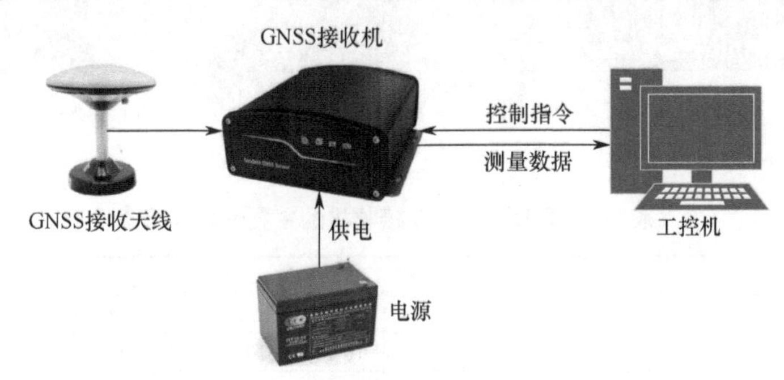

图 5.10　GNSS 时间系统转换实验系统示意图

如图 5.11 所示为 GNSS 时间系统转换实验方案流程图。

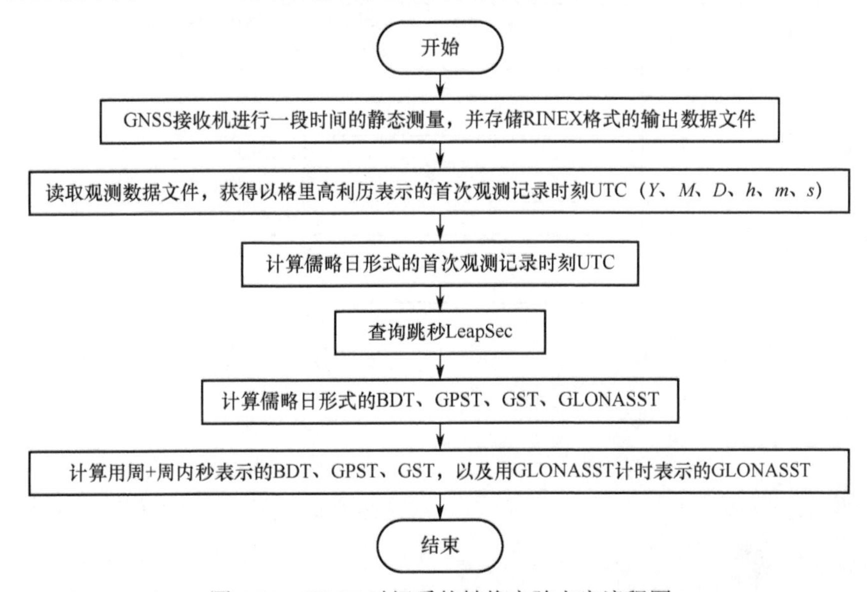

图 5.11　GNSS 时间系统转换实验方案流程图

通过读取 RINEX 格式输出数据文件中的观测数据文件获得用格里高利历表示的首次观测

记录时刻 UTC，并根据首次观测记录时刻 UTC 的年Y、月M、日D、时h、分m、秒s计算儒略日形式的 UTC。在 IERS 网站上查询所需要的跳秒信息 LeapSec，并计算儒略日形式的 BDT、GPST、GST、GLONASST，进而将其转换为用周+周内秒表示的 BDT、GPST、GST，以及用 GLONASST 计时表示的 GLONASST。

3）实验设备

司南 M300C 接收机（如图 5.12 所示）、GNSS 接收天线（如图 5.13 所示）、工控机（如图 5.14 所示）、25 V 蓄电池、降压模块、通信接口等。其中，司南 M300C 接收机的主要性能指标如表 5.3 所示。

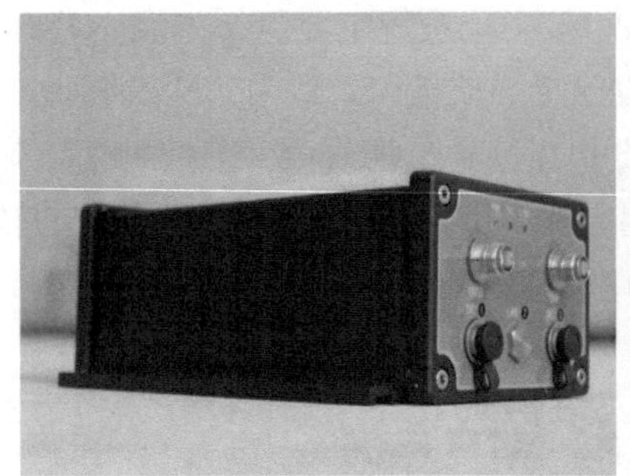

图 5.12 司南 M300C 接收机

图 5.13 GNSS 接收天线

图 5.14 工控机

表 5.3 司南 M300C 接收机的主要性能指标

信号	GPS：L1 C/A 码 L1/L2 P 码；北斗二号：B1/B2
更新率	1 Hz、2 Hz、5 Hz，可选配 10 Hz/20 Hz
伪距精度	L1=10 cm/L2=10 cm；B1=10 cm/B2=10 cm
载波相位精度	L1=0.5 mm/L2=1 mm；B1=0.5 mm/B2=0.5 mm
时钟精度	20 ns
单点定位精度	<1.5 m
静态差分精度	水平：±（$2.5+1\times10^{-6}\times D$）mm 垂直：±（$5.0+1\times10^{-6}\times D$）mm
信号重捕获时间	<2 s
信号跟踪时间	冷启动<50 s
	温启动<30 s
	热启动<15 s
存储空间	内置 100 MB 存储器
工作温度	-40℃～+70℃
可靠性	>99.9%

图 5.15 GNSS 时间系统转换实验场景图

5.2.3 实验步骤及操作说明

1）仪器安装

将司南 M300C 接收机和 GNSS 接收天线放置在空旷无遮挡的地面上，GNSS 接收天线和电源分别通过射频电缆和电线与接收机相连接，如图 5.15 所示为 GNSS 时间系统转换实验场景图。

2）电气连接

（1）利用万用表测量电源的输出电压是否正常（电源输出电压由司南 M300C 接收机的供电电压决定）。

（2）司南 M300C 接收机通过通信接口（RS232 转 USB）与工控机连接，25 V 蓄电池通过降压模块以 12 V 的电压对接收机供电。

（3）检查数据采集系统是否正常，准备采集数据。

3）系统初始化配置

司南 M300C 接收机上电后，利用系统自带的测试软件 CRU 对 M300C 接收机进行初始化配置，测试软件 CRU 的总体界面如图 5.16 所示。

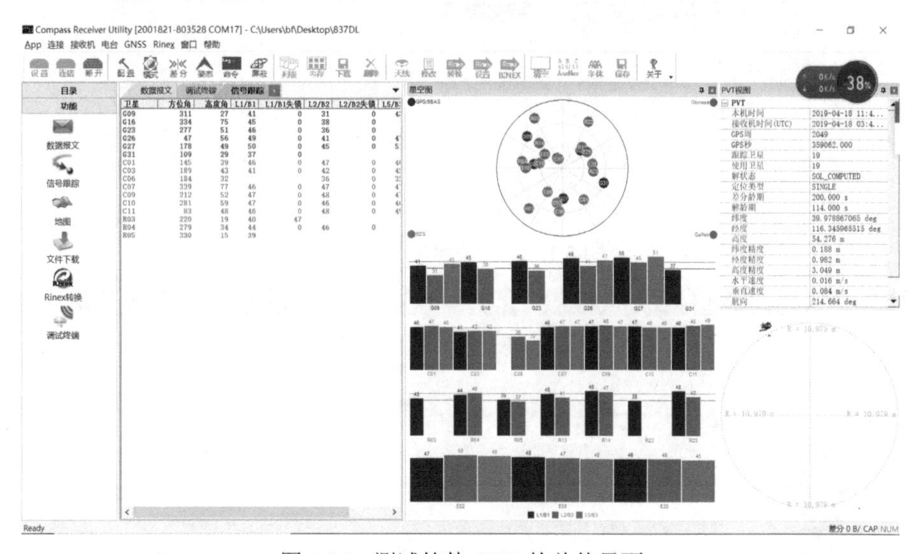

图 5.16　测试软件 CRU 的总体界面

对司南 M300C 接收机进行初始化配置的具体步骤如下。

（1）如图 5.17 所示，在“连接设置”界面中选择相应的串口号（COM）以及波特率（默认选“115200”）。

（2）单击“连接”，待软件界面显示板卡的 SN 号等信息后，表明连接正常。

（3）如图 5.18 所示，在“接收机配置”界面中设置输出数据的采样间隔（默认选“5 Hz”）、GPS/BDS/GLONASS/GALILEO 高度截止角（默认选“10”）、数据自动存储（默认选“自动”）、数据存储时段（默认选“手动”），将端口设置选择为“原始数据输出”，启动模式、差分端口、差分格式等不需要设置。

（4）所有数据记录设置完成后，需要重启板卡，以完成初始化配置。

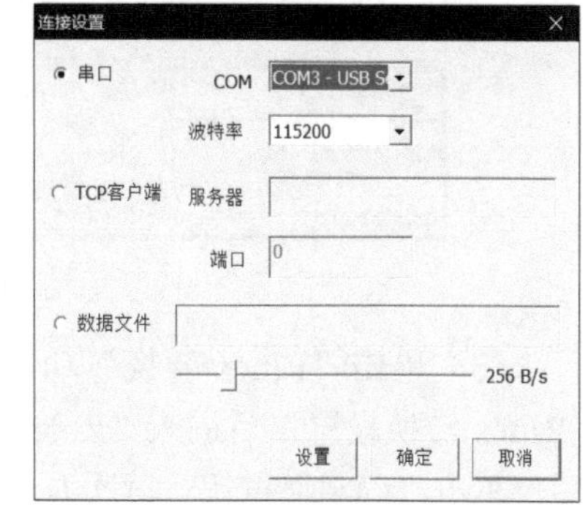

图 5.17　“连接设置”界面

4）数据采集与存储

（1）重启板卡后，保持司南 M300C 接收机静置约 10 min，进行静态测量。

（2）测量完成后，单击“文件下载”功能键，数据信息显示区里显示的即为接收机自动记录的原始输出数据文件，如图 5.19 所示。

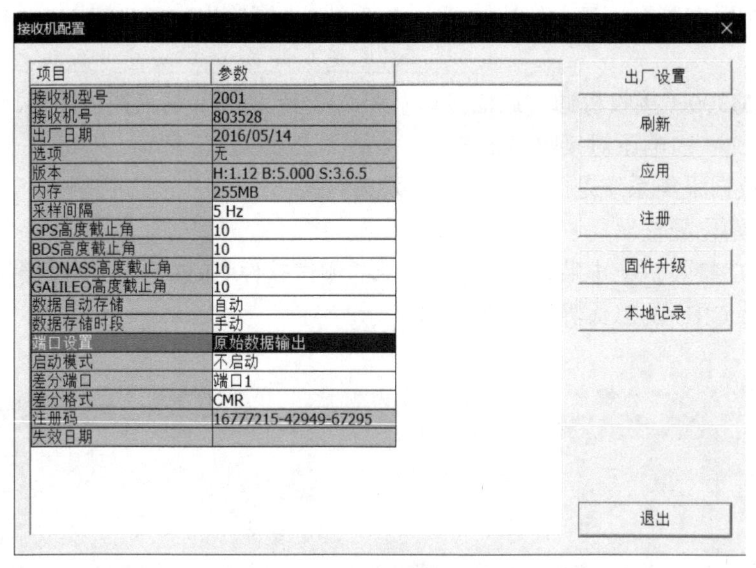

图 5.18 “接收机配置”界面

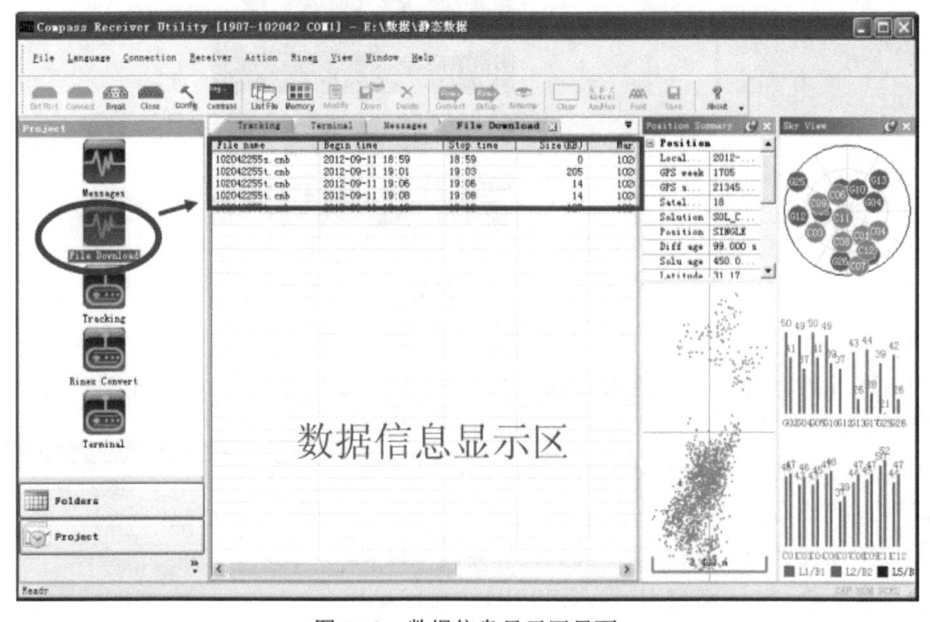

图 5.19 数据信息显示区界面

（3）单击“Rinex 转换”功能键，并右击数据信息显示区中的原始输出数据文件，选择“Rinex 转换设置”后进入“Rinex 转换设置”界面，如图 5.20 所示。将输出格式选为“2.10”后，单击“确定”按钮。再次右击原始输出数据文件，选择“转换到 Rinex”选项，将其转换为 RINEX 格式的输出数据文件，并将 RINEX 格式的输出数据文件下载到工控机中。

（4）实验结束，将司南 M300C 接收机断电，整理实验装置。

5）数据处理

（1）在工控机中读取 RINEX 格式输出数据文件中的观测数据文件，获得首次观测记录时刻，该时刻是用格里高利历表示的 UTC，观测数据文件示例如图 5.21 所示。

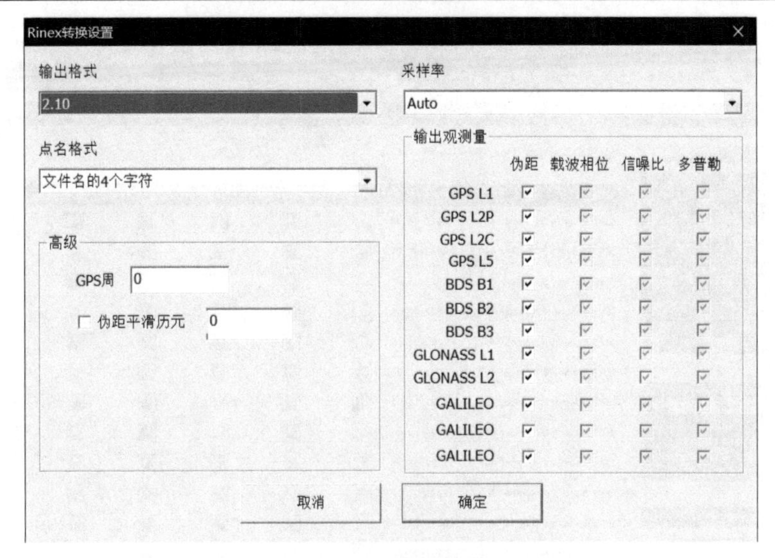

图 5.20 “Rinex 转换设置”界面

```
s021001a.12d
1  1.0                 COMPACT RINEX FORMAT                    CRINEX VERS   / TYPE
2  RNX2CRX ver.4.0.4                        25-Jan-12 21:05    CRINEX PROG / DATE
3       2.11           Observation          G (GPS)            RINEX VERSION / TYPE
4  row                 Dataflow Processing 12/31/2011 23:59:49 PGM / RUN BY / DATE
5  85402                                                       MARKER NAME
6  Monitor Station     NGA                                     OBSERVER / AGENCY
7  1                   ITT                                     REC # / TYPE / VERS
8  85402               AshTech Geodetic 3                      ANT # / TYPE
9   -3939182.5797  3467075.4156 -3613220.3038                  APPROX POSITION XYZ
10         0.0000        0.0000        0.0000                  ANTENNA: DELTA H/E/N
11      1     1                                                WAVELENGTH FACT L1/2
12     10    L1    L2    C1    C2    P1    P2    D1    D2    S1# / TYPES OF OBSERV
13           S2                                                # / TYPES OF OBSERV
14   2012     1     1     0     0    0.0000000      GPS        TIME OF FIRST OBS   首次观测记录时刻
15   2012     1     2     0     0    0.0000000      GPS        TIME OF LAST  OBS
16 85402                                                       MARKER NUMBER
17                                                             END OF HEADER
18 &12  1  1  0  0  0.0000000  0 11G 2G 3G 4G 7G 8G10G13G16G20G23G30
19
20 3&-1817536531 3&-1416264940 3&25096419741 3&0 3&25096419254 3&25096423760 3&-774174 3&-603253 3&37930 3&39650
21 3&-5519793136 3&-4301115896 3&24260622693 3&0 3&24260622854 3&24260632882 3&1104114 3&860354 3&38260 3&40240
22 3&-7679706985 3&-5585313061 3&24314004517 3&0 3&24314003304 3&24314009520 3&-1590764 3&-1239549 3&39460 3&40570
23 3&-24743455313 3&-19280602463 3&20723823660 3&20722853050 3&20723823848 3&20723825871 3&806816 3&628688 3&51950 3&52360
24 3&-15354946369 3&-11964882002 3&22362982267 3&0 3&22362981274 3&22362986006 3&2372451 3&1848666 3&46810 3&44380
25 3&-21141679580 3&-16474029728 3&21842991135 3&0 3&21842989690 3&21842993826 3&2044453 3&1593077 3&48990 3&47410
26 3&-24725557917 3&-19266665685 3&20685089494 3&0 3&20685089181 3&20685091002 3&425223 3&331342 3&51160 3&52350
27 3&-15714965023 3&-12184935604 3&22726939399 3&0 3&22726938934 3&22726941791 3&-2141799 3&-1668934 3&47490 3&43840
28 3&-12331434926 3&-9608917670 3&23213517676 3&0 3&23213516923 3&23213523224 3&-3486515 3&-2716763 3&42410 3&41500
29 3&-21751089407 3&-16948897413 3&21161401406 3&0 3&21161400634 3&21161401491 3&-1216393 3&-947839 3&51620 3&50170
30 3&2555352905 3&2065052979 3&25219915305 3&0 3&25219914093 3&25219921735 3&-3243269 3&-2527222 3&39600 3&38440
31                3
32
33 23424870 18253097 4457640 0 4457192 4457952 -13289 -10353 230 1120
34 -32968710 -25689886 -6271876 0 -6272488 -6274842 -10315 -8049 990 -460
35 47859208 37292776 9104538 0 9105701 9106572 -9076 -7076 -1460 -1840
36 -24033520 -18727405 -4573313 -4576180 -4573621 -4573335 -11383 -8872 -30 -20
37 -71017113 -55337961 -13514164 0 -13514496 -13514708 -10430 -8129 -200 -140
38 -61104753 -47614085 -11628696 0 -11627921 -11627995 -15266 -11893 90 100
39 -12646247 -9854226 -2406950 0 -2406601 -2406546 -7362 -5737 50 -20
40 64479882 50244022 12270343 0 12270187 12269995 -15026 -11708 -30 -180
41 104677087 81566366 19919020 0 19918623 19920501 -5418 -4213 -860 1290
42 36620817 28535678 6968860 0 6968794 6968883 -8599 -6698 20 50
43 97365903 75869393 18527409 0 18527441 18527853 -4496 -3495 -1830 -1740
44              1 &              2                           19   0 23G30
```

图 5.21 观测数据文件示例

（2）根据首次观测记录时刻 UTC 的年 Y、月 M、日 D、时 h、分 m、秒 s，计算儒略日形式的 UTC。

（3）登录 IERS 网站，选择 BULLETIN C 即可根据时间获得所需的跳秒信息，IERS BULLETIN C 下载界面如图 5.22 所示。

（4）根据儒略日形式的 UTC 和跳秒信息，计算儒略日形式的 BDT、GPST、GST、GLONASST。

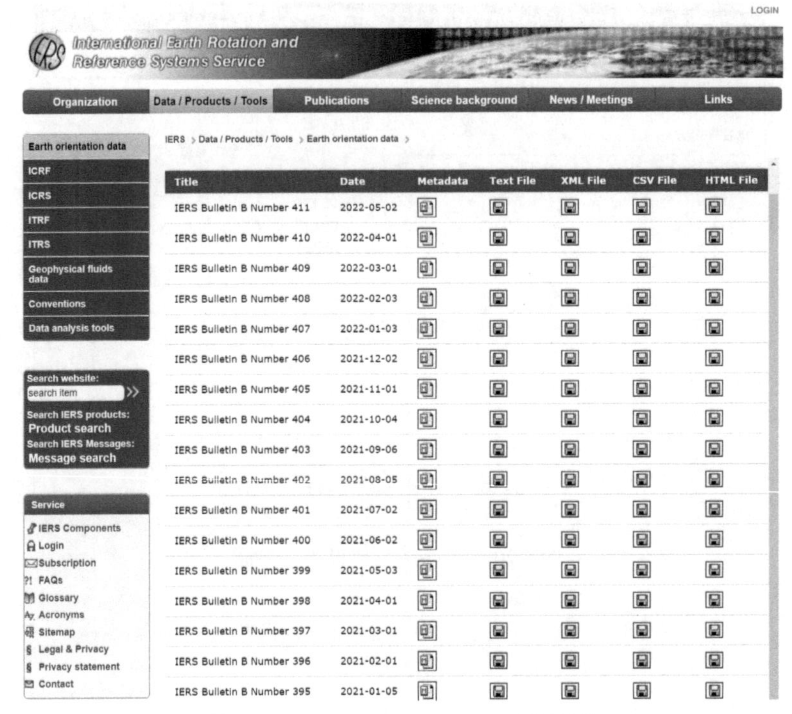

图 5.22 IERS BULLETIN C 下载界面

（5）将儒略日形式的 BDT、GPST、GST、GLONASST 转换为用周+周内秒表示的 BDT、GPST、GST，以及用 GLONASST 计时表示的 GLONASST。

6）分析实验结果，撰写实验报告

5.3 卫星导航空间坐标系统转换实验

在卫星导航系统中，空间坐标系统是描述卫星运动、处理观测数据和表达站点或用户位置的基础与前提。理解 GNSS 常用的空间坐标系统，熟悉它们各自之间的转换关系，对 GNSS 的数据处理至关重要。因此，本节主要开展卫星导航空间坐标系统的转换实验，使学生掌握 GNSS 中的常用坐标系及其相互之间的转换关系。

5.3.1 卫星导航空间坐标系统转换的基本原理

物体在空间中的位置通常可以用其在某个空间坐标系统中的坐标来描述。GNSS 领域经常涉及的空间坐标系统，主要包括地球坐标系和站心坐标系。

1）地球坐标系

在研究地面点之间几何关系的问题中，一般使用地球坐标系。地球坐标系固定在地球上且随地球一起在空间做公转和自转运动，它与地球是固联的。因此，地球坐标系也称为地固坐标系。所有与地球保持固定关系的点，如地面点，它们在地球坐标系中的坐标值是不变的，因此在地球坐标系中研究它们之间的几何关系是比较方便的。

地球坐标系可以分为地心大地坐标系和地心地固直角坐标系，本节将分别对它们的定义以及表示方式进行简要的介绍。

（1）大地水准面与旋转椭球体

人类赖以生存的地球实际上是一个质量非均匀分布、形状不规则的几何球体。地球表面是一个起伏不平、极其复杂的曲面，因此建立精确的数学模型来描述地球表面是难以实现的。但由于海洋面积占地球总面积的 71%，因此可以用一个与处于流体静平衡状态的海洋面重合并延伸到大陆内部的水准面作为地球表面，该水准面称为大地水准面，示意图如图 5.23 所示。但由于大地水准面的形状是不规则的，所以大地水准面不能用一个简单的几何形状和数学模型来描述。

为了建立统一的、精密的地球坐标系，因此必须寻求一个在形状和大小上与地球非常接近的数学体来描述地球的形状，并以该数学体为基准建立地球坐标系。在研究导航问题时，通常把地球近似为一个旋转椭球体。示意图如图 5.24 所示。旋转椭球体的短半轴与地球自转轴重合，长半轴的大小与赤道半径相等。

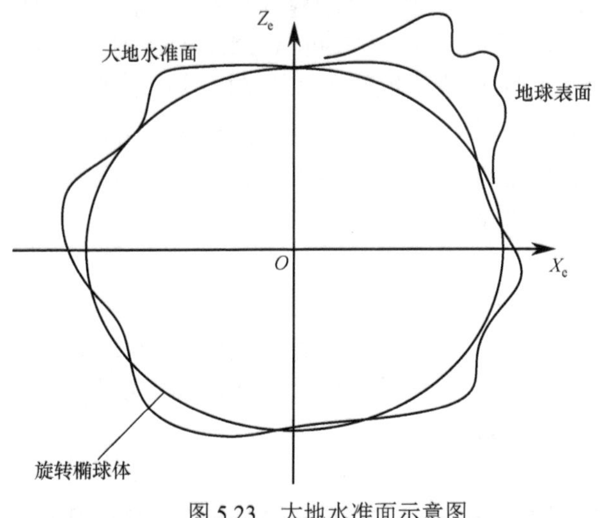

图 5.23　大地水准面示意图

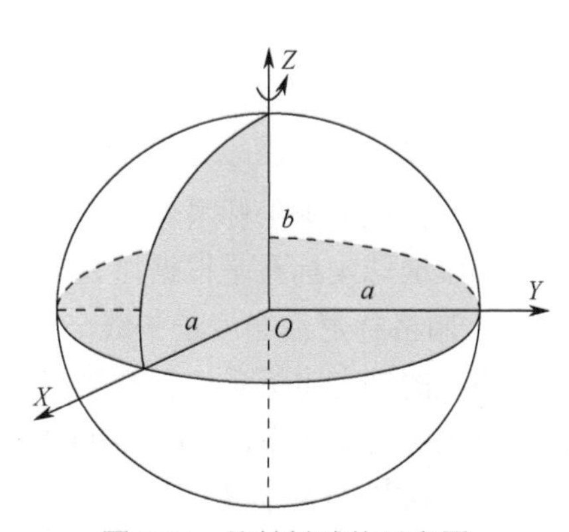

图 5.24　旋转椭球体示意图

描述旋转椭球体几何特征（形状和大小）的参数有两个，即通常采用的椭球长半轴 a 和扁率 f。扁率 f 与长半轴 a、短半轴 b 的关系为

$$f = \frac{a-b}{a} \tag{5.28}$$

长半轴 a 和扁率 f 仅反映旋转椭球体的几何特性，为研究地球的物理特性，还必须有物理参数。为此，国际上明确规定采用以下四个参数来综合表示旋转椭球体的几何和物理特性，即旋转椭球体的长半轴 a、引力常数与地球质量的乘积 GM（通常用 μ 来表示）、地球重力场二阶带谐系数 J_2、地球自转角速度 ω。由此 4 个参数，进而可推导出旋转椭球体的其他参数。

（2）地心大地坐标系

地心大地坐标系采用的旋转椭球体的定义为：旋转椭球体的中心与地球质心重合，短轴与地球自转轴重合，起始子午面与格林尼治零度子午面重合，示意图如图 5.25 所示。

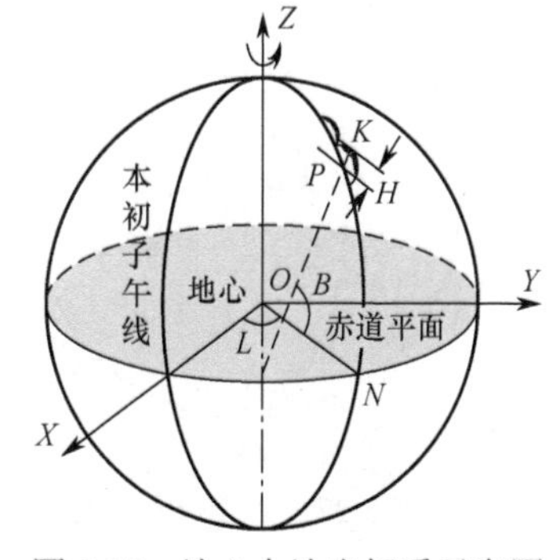

图 5.25　地心大地坐标系示意图

在图 5.25 中，O 是参考椭球的中心，Z 轴为椭球旋转轴，

XOZ 平面为起始子午面，XOY 平面为赤道面。过空间中任意一点 K 作椭球的法线与椭球面相交于点 P，该法线在赤道平面上的投影为 ON。过点 K 的法线与赤道面的交角称为该点的大地纬度，以 B 表示，由赤道面起算，向北为正，称为北纬，向南为负，称为南纬。过点 P 的子午面与起始子午面的夹角称为该点的大地经度，以 L 表示，由起始子午面起算，向东为正，称为东经，向西为负，称为西经。点 K 到点 P 的距离称为大地高，用 H 表示。点 K 在地心大地坐标系中的坐标为 $K(B,L,H)$。北斗定位结果所表示的经度、纬度即定义在地心大地坐标系下。因此，地心大地坐标系是卫星导航定位中应用最为广泛的坐标系。

（3）地心地固直角坐标系

地心地固直角坐标系简称为地心地固坐标系，其定义为：原点 O 与地球质心重合，Z 轴与地球自转轴重合并指向北极，X 轴指向格林尼治零度子午线与赤道面的交点，Y 轴垂直于 XOZ 平面并与 X 、Z 轴构成右手坐标系，示意图如图 5.26 所示。任意一点的位置可以用坐标 (x,y,z) 表示。

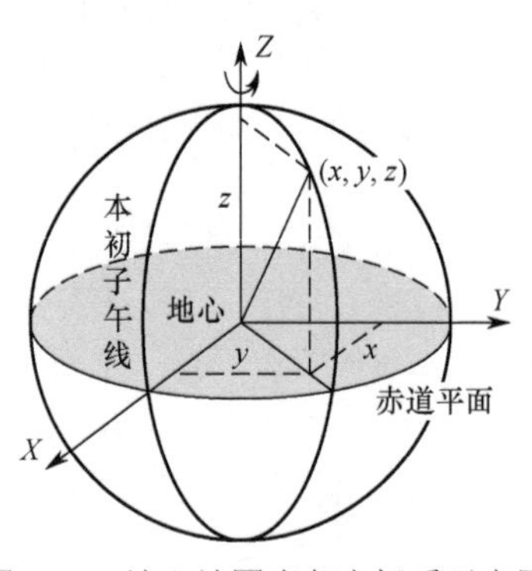

图 5.26 地心地固直角坐标系示意图

虽然用 (x,y,z) 表示地球上点的坐标不如经度、纬度和高度那么直观，但是对于求两点之间的距离、两点之间的角度关系等数学运算却很方便，因此在导航定位方程中，用户和卫星的坐标都采用该坐标系进行描述。

（4）协议地球坐标系

协议地球坐标系是根据协议地极定义的坐标系，其原点为地球质心，Z 轴指向协议地极，X 轴指向格林尼治零度子午线与协议赤道面的交点，Y 轴与 X、Z 轴构成右手坐标系。卫星导航系统的参考坐标系一般都采用协议地球坐标系，如美国 GPS 采用 WGS-84 坐标系，中国北斗卫星导航系统采用 CGCS2000 坐标系，即 2000 国家大地坐标系。

① WGS-84 坐标系

GPS 定位结果是在 WGS-84 坐标系中给出的。WGS-84 坐标系使用国际时间局（BIH）定义的 1984 年新纪元参考框架，其坐标系原点定义于地球质心，Z 轴指向 $BIH_{1984.0}$ 协议地极，X 轴指向格林尼治零度子午线与协议赤道面的交点，Y 轴与 X、Z 轴构成右手坐标系。WGS-84 坐标系如图 5.27 所示，其参考椭球的基本常数如表 5.4 所示。

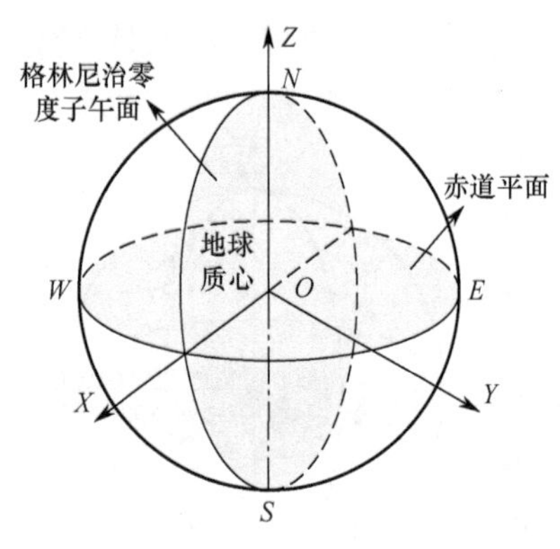

图 5.27 WGS-84 坐标系

表 5.4 WGS-84 坐标系参考椭球的基本常数

序号	参数	定义
1	长半轴	$a = 6378137.0\text{m}$
2	扁率	$f = 1/298.257223563$
3	地球引力常数	$\mu = 3.986005 \times 10^{14}\ \text{m}^3/\text{s}^2$
4	地球自转角速度	$\omega_e = 7.2921151467 \times 10^{-5}\ \text{rad/s}$

② CGCS2000 坐标系

CGCS2000 坐标系的原点为包括海洋和大气的整个地球的质量中心，Z 轴由原点指向历元 2000.0 的地球参考极，X 轴由原点指向格林尼治零度子午线与地球赤道面（历元 2000.0）交点，Y 轴与 X、Z 轴构成右手坐标系。历元 2000.0 的地球参考极及其对应的赤道面与 IERS 定义的一致，因此，也称为 IERS 参考极（IRP）和 IERS 参考子午面（IRM）。CGCS2000 坐标系如图 5.28 所示，其参考椭球的基本常数如表 5.5 所示。

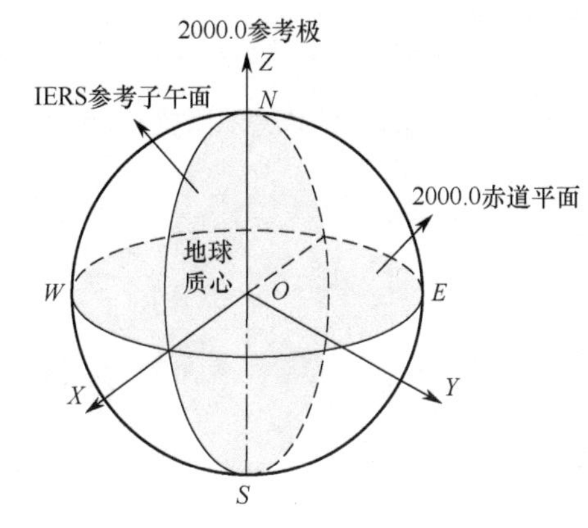

图 5.28　CGCS2000 坐标系

表 5.5　CGCS2000 坐标系参考椭球的基本常数

序号	参数	定义
1	长半轴	$a = 6378137.0\text{m}$
2	扁率	$f = 1/298.257222101$
3	地球引力常数	$\mu = 3.986004418 \times 10^{14}\ \text{m}^3/\text{s}^2$
4	地球自转角速度	$\omega_e = 7.2921150 \times 10^{-5}\ \text{rad/s}$

2）站心坐标系

站心坐标系通常以用户所在的位置点 P 为坐标原点，三个坐标轴分别是相互垂直的东向、北向和天向，因而站心坐标系又可称为东-北-天（ENU）坐标系。站心坐标系的天向与大地坐标系在此点的高程方向一致。站心坐标系固定在地球上，本质上是一种地固坐标系。站心坐标系如图 5.29 所示。

由图 5.29 可知，站心坐标系的空间直角表示形式如下：

① 以站心（用户所在位置）为坐标原点；

② Z 轴与站心点的椭球法线重合，向上为正（或称为天顶方向）；

③ X 轴为站心点的正东向；

④ Y 轴为站心点的正北向。

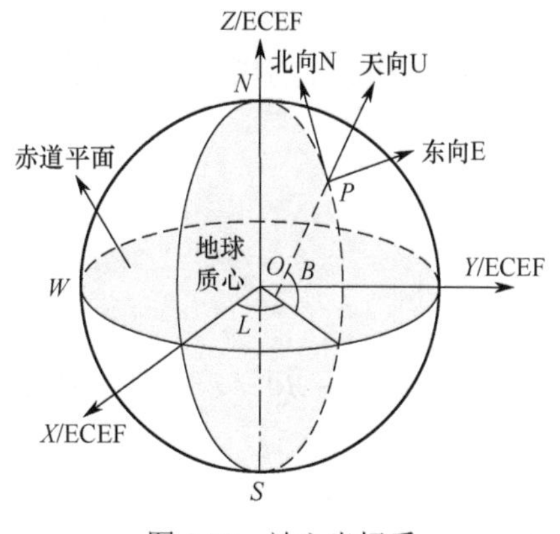

图 5.29　站心坐标系

3）不同坐标系之间的转换

在卫星导航系统的应用与数据处理过程中，需要将不同坐标系的坐标值进行转换。下面介绍不同坐标系之间的转换方法。

（1）地心地固直角坐标系与大地坐标系之间的转换

① 地心大地坐标系转换到地心地固直角坐标系

已知某一点 P 的大地纬度 B 、经度 L 和高度 H ，则可以得到该点在地心地固直角坐标系的坐标 (x,y,z) 为

$$\begin{cases} x = (N+H)\cos B\cos L \\ y = (N+H)\cos B\sin L \\ z = [N(1-e^2)+H]\sin B \end{cases} \tag{5.29}$$

式中，N 为参考椭球的卯酉圈半径，即

$$N = \frac{a}{\sqrt{1-e^2\sin^2 B}} \tag{5.30}$$

a 为参考椭球长半轴；e^2 为参考椭球第一偏心率平方，即

$$e^2 = \frac{a^2-b^2}{a^2} \tag{5.31}$$

若已知参考椭球的扁率 f，e^2 也可由 f 计算，即 $e^2 = 2f - f^2$。

② 地心地固直角坐标系转换到地心大地坐标系

已知某一点 P 在地心地固直角坐标系中的坐标为 (x,y,z)，则可以得到该点在地心大地坐标系的坐标 (B,L,H) 为

$$\begin{cases} B = \arctan\left(\dfrac{z+e^2 N\sin B}{\sqrt{x^2+y^2}}\right) \\ L = \arctan\left(\dfrac{y}{x}\right) \\ H = \dfrac{\sqrt{x^2+y^2}}{\cos B} - N \end{cases} \tag{5.32}$$

式中，N 和 e^2 分别由式(5.30)和式(5.31)计算得到。

不难看出，采用式(5.32)计算大地纬度 B 时，由于公式中也含有待求量 B，因此需要进行迭代计算。但由于 e^2 是一个小量，因此收敛很快。迭代步骤如下。

a．由于 e^2 是一个小量，可以先将其忽略，得到初始值 B_0，即

$$B_0 = \arctan\left(\frac{z}{\sqrt{x^2+y^2}}\right) \tag{5.33}$$

b．将 B_0 分别代入式(5.30)和式(5.32)，得到 N 和 B_1，即

$$\begin{cases} N = \dfrac{a}{\sqrt{1-e^2\sin^2 B_0}} \\ B_1 = \arctan\left(\dfrac{z+e^2 N\sin B_0}{\sqrt{x^2+y^2}}\right) \end{cases} \tag{5.34}$$

c．若 $|B_1 - B_0| \geqslant \varepsilon$，则用 B_1 更新 B_0，即 $B_0 = B_1$，重新代入式(5.34)；否则算法收敛，即 $|B_1 - B_0| < \varepsilon$，此时计算得到的 B_1 即为所求的大地纬度 B。其中，ε 为一个小量，一般可以取 1×10^{-13}。

上述迭代一般只需进行 3～4 次循环即可收敛。收敛后，便可利用大地纬度 B 计算参考椭球的卯酉圈曲率半径 N，之后利用所得的 B 和 N 计算高程 H。

（2）地心地固直角坐标系与地心经纬高坐标系之间的转换

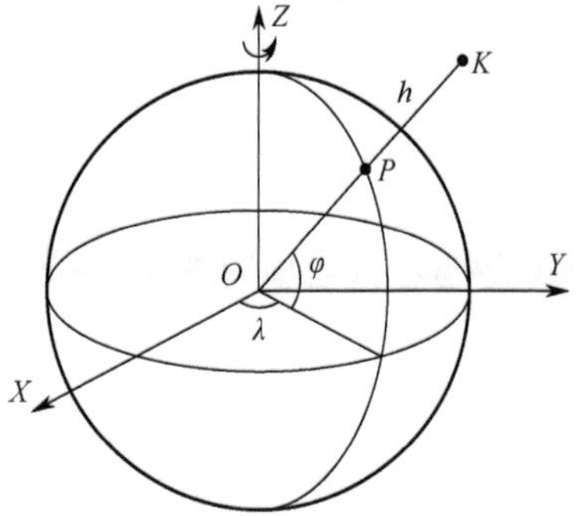

图 5.30 地心经纬高坐标系

地心经纬高坐标系如图 5.30 所示，其原点位于地球质心，空间中任意一点 K 与地心 O 的连线交椭球面于点 P，该连线与地球赤道平面之间的夹角即为纬度 φ，含自转轴和格林尼

治零度子午面与过点 K 的子午面之间的夹角为经度 λ，点 K 与点 P 的距离为高度 h。

① 地心地固直角坐标系转换到地心经纬高坐标系

设某一点 P 在地心地固直角坐标系中的坐标为 (x,y,z)，在地心经纬高坐标系中的坐标为 (φ,λ,h)，由地心地固直角坐标系转换到地心经纬高坐标系的公式如下：

$$\begin{cases} h = \sqrt{x^2+y^2+z^2} \\ \lambda = \arctan\dfrac{y}{x} \\ \varphi = \arctan\dfrac{z}{\sqrt{x^2+y^2}} \end{cases} \tag{5.35}$$

② 地心经纬高坐标系转换到地心地固直角坐标系

设某一点 P 在地心地固直角坐标系中的坐标为 (x,y,z)，在地心经纬高坐标系中的坐标为 (φ,λ,h)，由地心经纬高坐标系转换到地心地固直角坐标系的公式如下：

$$\begin{bmatrix} x \\ y \\ z \end{bmatrix} = h\begin{bmatrix} \cos\varphi\cos\lambda \\ \cos\varphi\sin\lambda \\ \sin\varphi \end{bmatrix} \tag{5.36}$$

（3）不同地心地固直角坐标系之间的转换

① WGS-84 坐标系转换到 CGCS2000 坐标系

已知某一点 P 在 WGS-84 坐标系中的坐标为 (x,y,z)，则可以得到该点在 CGCS2000 坐标系中的坐标 (x_1,y_1,z_1) 为

$$\begin{bmatrix} x_1 \\ y_1 \\ z_1 \end{bmatrix} = \begin{bmatrix} x \\ y \\ z \end{bmatrix} + \begin{bmatrix} t_x \\ t_y \\ t_z \end{bmatrix} + \begin{bmatrix} d & -r_z & r_y \\ r_z & d & -r_x \\ -r_y & r_x & d \end{bmatrix} \cdot \begin{bmatrix} x \\ y \\ z \end{bmatrix} \tag{5.37}$$

式中，$t_x = -1.9\,\text{mm}$，$t_y = -1.7\,\text{mm}$，$t_z = -10.5\,\text{mm}$，$d = 1.34\times10^{-9}$，$r_x = r_y = r_z = 0$。

② CGCS2000 坐标系转换到 WGS-84 坐标系

已知某一点 P 在 CGCS2000 坐标系中的坐标为 (x_1,y_1,z_1)，则可以得到该点在 WGS-84 坐标系中的坐标 (x,y,z) 为

$$\begin{bmatrix} x \\ y \\ z \end{bmatrix} = \begin{bmatrix} x_1 \\ y_1 \\ z_1 \end{bmatrix} + \begin{bmatrix} -t_x \\ -t_y \\ -t_z \end{bmatrix} + \begin{bmatrix} -d & r_z & -r_y \\ -r_z & -d & r_x \\ r_y & -r_x & -d \end{bmatrix} \cdot \begin{bmatrix} x_1 \\ y_1 \\ z_1 \end{bmatrix} \tag{5.38}$$

式中，t_x、t_y、t_z、d、r_x、r_y、r_z 的取值与式(5.37)一致。

（4）地心地固直角坐标系与站心坐标系之间的转换

若站心在地心大地坐标系中的坐标为 (B,L,H)，则地心地固直角坐标系到站心坐标系的转换矩阵为

$$\begin{aligned} \boldsymbol{C} &= \boldsymbol{R}_X(90^\circ - B)\cdot\boldsymbol{R}_Z(L+90^\circ) \\ &= \begin{bmatrix} -\sin L & \cos L & 0 \\ -\sin B\cos L & -\sin B\sin L & \cos B \\ \cos B\cos L & \cos B\sin L & \sin B \end{bmatrix} \end{aligned} \tag{5.39}$$

式中，$\boldsymbol{R}_X(\cdot)$ 和 $\boldsymbol{R}_Z(\cdot)$ 分别为绕 X 轴和 Z 轴旋转的基元旋转矩阵。

已知站心和待转换点在地心地固直角坐标系中的坐标分别为(ref_x,ref_y,ref_z)和(x,y,z)，则利用转换矩阵$\boldsymbol{C}$可以得到待转换点在站心坐标系中的坐标(e,n,u)为

$$\begin{bmatrix} e \\ n \\ u \end{bmatrix} = \begin{bmatrix} -\sin L & \cos L & 0 \\ -\sin B\cos L & -\sin B\sin L & \cos B \\ \cos B\cos L & \cos B\sin L & \sin B \end{bmatrix} \begin{bmatrix} x-\text{ref\_}x \\ y-\text{ref\_}y \\ z-\text{ref\_}z \end{bmatrix} \tag{5.40}$$

假如是站心坐标系转换到地心地固直角坐标系，对转换矩阵$\boldsymbol{C}$求逆即可得到站心坐标系到地心地固直角坐标系的转换矩阵，转换过程与上述类似，不再展开介绍。

5.3.2 实验目的与实验设备

1）实验目的

（1）掌握地心地固直角坐标系的定义及表示方式。

（2）掌握大地经纬高坐标系的定义及表示方式。

（3）掌握 CGCS2000 坐标系和 WGS-84 坐标系的定义。

（4）掌握 CGCS2000 坐标系与 WGS-84 坐标系之间的转换方法。

2）实验内容

在空旷无遮挡的环境下搭建 GNSS 空间坐标系统转换实验系统，并利用 GNSS 接收机在单 GPS 模式下进行一段时间的静态定位，以获得.txt 格式的定位数据文件。通过读取该文件，获得接收机在 WGS-84 大地经纬高坐标系中表示的定位结果，进而根据 WGS-84 坐标系与 CGCS2000 坐标系之间的转换方法，将其转换为在 CGCS2000 坐标系中表示的定位结果。

如图 5.31 所示为 GNSS 空间坐标系统转换实验系统示意图。该实验系统主要包括电源、GNSS 接收机、GNSS 接收天线和工控机等。工控机能够向 GNSS 接收机发送控制指令，使其在单 GPS 模式下进行静态定位解算，并将其采集得到的.txt 格式的定位数据文件存储到工控机中，工控机读取该文件，获得 GNSS 接收机的静态定位结果进而完成 GNSS 空间坐标系统的转换。

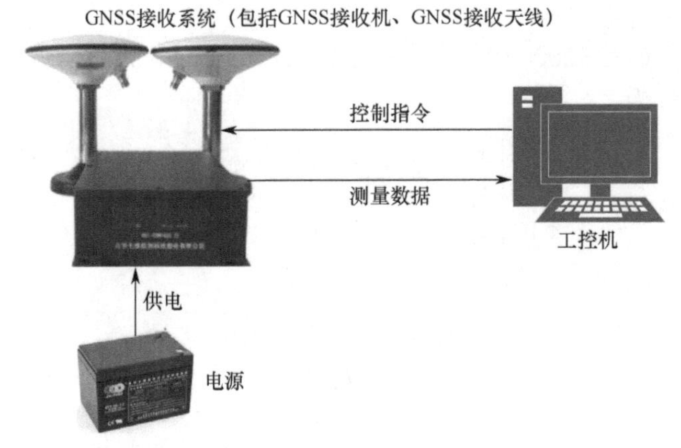

图 5.31 GNSS 空间坐标系统转换实验系统示意图

如图 5.32 所示为 GNSS 空间坐标系统转换实验方案流程图。

GNSS 接收机在单 GPS 模式下进行静态定位解算，并存储.txt 格式的定位数据文件。工控机读取该文件，获得在 WGS-84 大地经纬高坐标系中表示的定位结果，即经度L、纬度B、高度H。根据大地经纬高坐标系至地心地固坐标系的转换方法，计算在 WGS-84 地心地固坐

标系中表示的定位结果。按照 WGS-84 地心地固坐标系与 CGCS2000 地心地固坐标系之间的转换公式，计算在 CGCS2000 地心地固坐标系中表示的定位结果，进而将其转换为在 CGCS2000 大地经纬高坐标系中表示的定位结果。

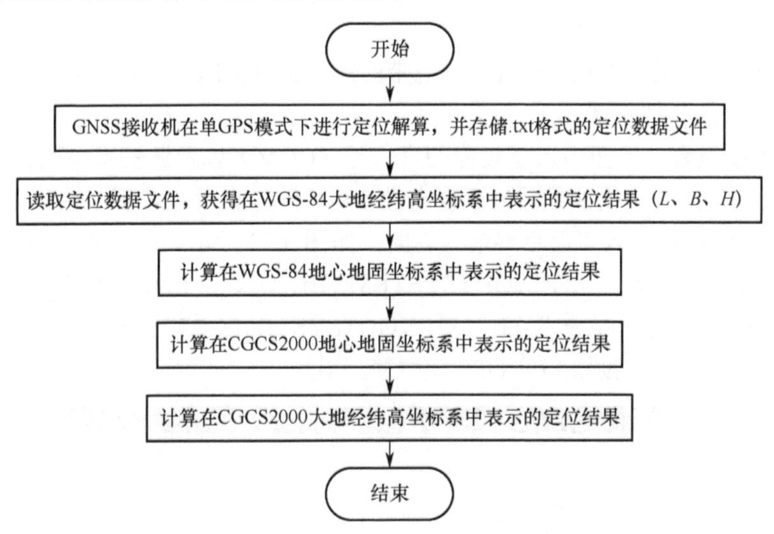

图 5.32　GNSS 空间系统转换实验方案流程图

3）实验设备

司南 M300C 接收机（如图 5.33 所示）、GNSS 接收天线（如图 5.34 所示）、工控机、25 V 蓄电池、降压模块、通信接口等。

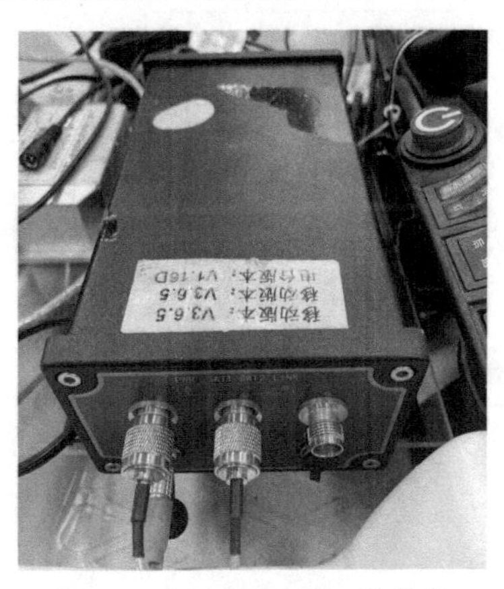

图 5.33　司南 M300C 接收机

图 5.34　GNSS 接收天线

5.3.3　实验步骤及操作说明

1）仪器安装

将司南 M300C 接收机和 GNSS 接收天线放置在空旷无遮挡的地面上，GNSS 接收天线和电源分别通过射频电缆和电线与接收机相连接。

2）电气连接

（1）利用万用表测量电源的输出电压是否正常（电源输出电压由司南 M300C 接收机的供电电压决定）。

（2）司南 M300C 接收机通过通信接口（RS232 转 USB）与工控机连接，25 V 蓄电池通过降压模块以 12 V 的电压对接收机供电。

（3）检查数据采集系统是否正常，准备采集数据。

3）系统初始化配置

司南 M300C 接收机上电后，利用系统自带的测试软件 CRU 对 M300C 接收机进行初始化配置。初始化配置的具体步骤如下。

（1）在“连接设置”界面中选择相应的串口号（COM）以及波特率（默认选“115200”）。

（2）单击“连接”，待软件界面显示板卡的 SN 号等信息后，表明连接正常。

（3）单击“命令”，进入“命令终端”界面，如图 5.35 所示。在“命令终端”界面的命令窗口中依次输入指令“LOCKOUTSYSTEM BD2”、“LOCKOUTSYSTEM BD3”、“LOCKOUTSYSTEM GLONASS”和“LOCKOUTSYSTEM GALILEO”后，单击“发送”按钮，将司南 M300C 接收机设置为单 GPS 定位模式。

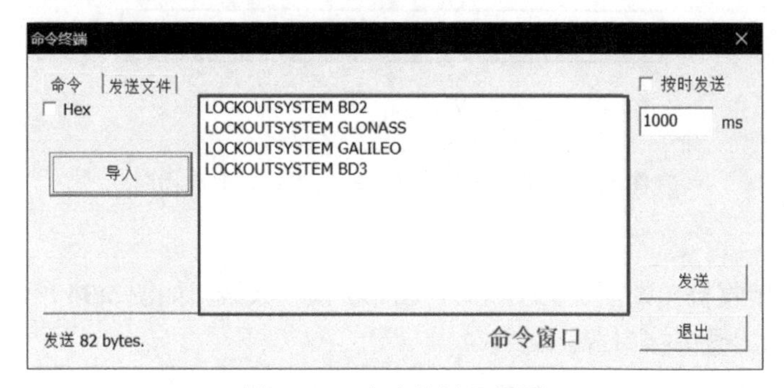

图 5.35 “命令终端”界面

（4）如图 5.36 所示，在“接收机配置”界面中设置输出数据的采样间隔（默认选“5 Hz”）、GPS/BDS/GLONASS/GALILEO 高度截止角（默认选“10”）、数据自动存储（默认选“自动”）、数据存储时段（默认选“手动”）、端口设置（默认选“正常模式”），启动模式、差分端口、差分格式等不需要设置。

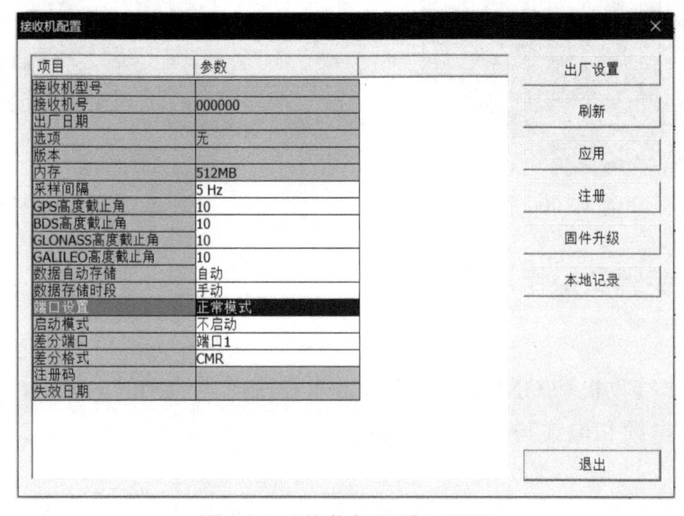

图 5.36 “接收机配置”界面

（5）所有数据记录设置完成后，需要重启板卡，以完成初始化配置。

4）数据采集与存储

（1）重启板卡后，保持司南 M300C 接收机静置约 10 min，进行静态定位解算。

（2）定位解算完成后，单击“调试终端”功能键，调试终端窗口中显示的即为接收机自动记录的定位数据，如图 5.37 所示。

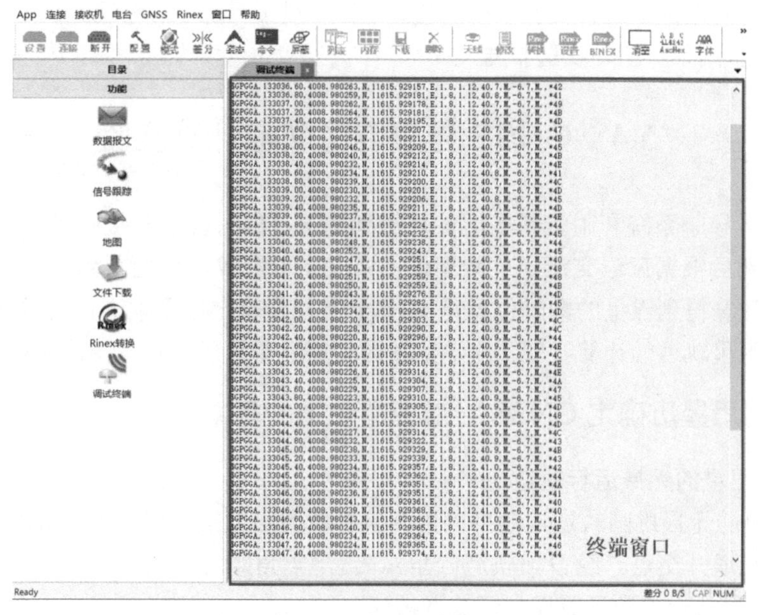

图 5.37　调试终端窗口

（3）单击“保存”按钮，将终端窗口中显示的定位数据文件以.txt 格式保存到工控机中。

（4）实验结束，将司南 M300C 接收机断电，整理实验装置。

5）数据处理

（1）在工控机中读取.txt 格式的定位数据文件，获得接收机在 WGS-84 大地经纬高坐标系中表示的定位结果，定位数据文件示例如图 5.38 所示。

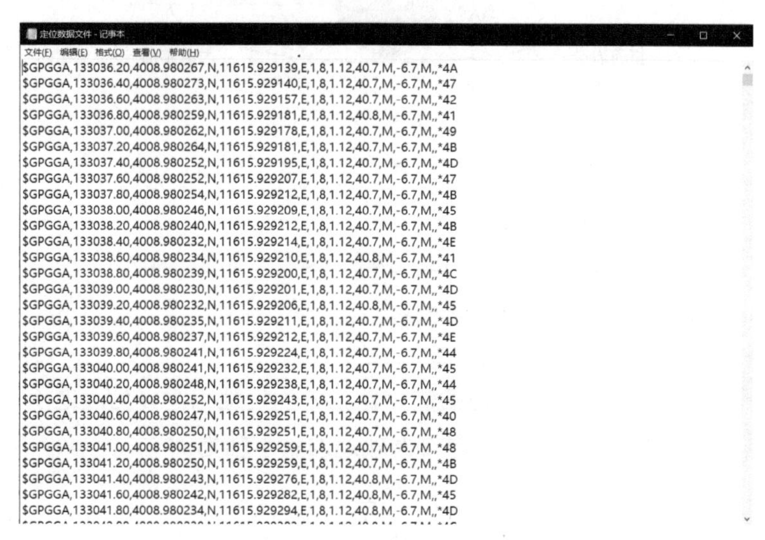

$GPGGA,133036.20,4008.980267,N,11615.929139,E,1,8,1.12,40.7,M,-6.7,M,,*4A
$GPGGA,133036.40,4008.980273,N,11615.929140,E,1,8,1.12,40.7,M,-6.7,M,,*47
$GPGGA,133036.60,4008.980263,N,11615.929157,E,1,8,1.12,40.7,M,-6.7,M,,*42
$GPGGA,133036.80,4008.980259,N,11615.929181,E,1,8,1.12,40.8,M,-6.7,M,,*41
$GPGGA,133037.00,4008.980262,N,11615.929178,E,1,8,1.12,40.7,M,-6.7,M,,*49
$GPGGA,133037.20,4008.980264,N,11615.929181,E,1,8,1.12,40.7,M,-6.7,M,,*4B
$GPGGA,133037.40,4008.980252,N,11615.929195,E,1,8,1.12,40.7,M,-6.7,M,,*4D
$GPGGA,133037.60,4008.980252,N,11615.929207,E,1,8,1.12,40.7,M,-6.7,M,,*47
$GPGGA,133037.80,4008.980254,N,11615.929212,E,1,8,1.12,40.7,M,-6.7,M,,*4B
$GPGGA,133038.00,4008.980246,N,11615.929209,E,1,8,1.12,40.7,M,-6.7,M,,*45
$GPGGA,133038.20,4008.980240,N,11615.929212,E,1,8,1.12,40.7,M,-6.7,M,,*4B
$GPGGA,133038.40,4008.980232,N,11615.929214,E,1,8,1.12,40.7,M,-6.7,M,,*4E
$GPGGA,133038.60,4008.980234,N,11615.929210,E,1,8,1.12,40.8,M,-6.7,M,,*41
$GPGGA,133038.80,4008.980239,N,11615.929200,E,1,8,1.12,40.7,M,-6.7,M,,*4C
$GPGGA,133039.00,4008.980230,N,11615.929201,E,1,8,1.12,40.7,M,-6.7,M,,*4D
$GPGGA,133039.20,4008.980232,N,11615.929206,E,1,8,1.12,40.8,M,-6.7,M,,*45
$GPGGA,133039.40,4008.980235,N,11615.929211,E,1,8,1.12,40.7,M,-6.7,M,,*4D
$GPGGA,133039.60,4008.980237,N,11615.929212,E,1,8,1.12,40.7,M,-6.7,M,,*4E
$GPGGA,133039.80,4008.980241,N,11615.929224,E,1,8,1.12,40.7,M,-6.7,M,,*44
$GPGGA,133040.00,4008.980241,N,11615.929232,E,1,8,1.12,40.7,M,-6.7,M,,*45
$GPGGA,133040.20,4008.980248,N,11615.929238,E,1,8,1.12,40.7,M,-6.7,M,,*44
$GPGGA,133040.40,4008.980252,N,11615.929243,E,1,8,1.12,40.7,M,-6.7,M,,*45
$GPGGA,133040.60,4008.980247,N,11615.929251,E,1,8,1.12,40.7,M,-6.7,M,,*40
$GPGGA,133040.80,4008.980250,N,11615.929251,E,1,8,1.12,40.7,M,-6.7,M,,*48
$GPGGA,133041.00,4008.980251,N,11615.929259,E,1,8,1.12,40.7,M,-6.7,M,,*48
$GPGGA,133041.20,4008.980250,N,11615.929259,E,1,8,1.12,40.7,M,-6.7,M,,*4B
$GPGGA,133041.40,4008.980243,N,11615.929276,E,1,8,1.12,40.8,M,-6.7,M,,*4D
$GPGGA,133041.60,4008.980242,N,11615.929282,E,1,8,1.12,40.8,M,-6.7,M,,*45
$GPGGA,133041.80,4008.980234,N,11615.929294,E,1,8,1.12,40.8,M,-6.7,M,,*4D

图 5.38　定位数据文件示例

（2）根据大地经纬高坐标系至地心地固坐标系的转换方法，计算在 WGS-84 地心地固坐标系中表示的定位结果。

（3）按照 WGS-84 地心地固坐标系与 CGCS2000 地心地固坐标系之间的转换公式，计算在 CGCS2000 地心地固坐标系中表示的定位结果。

（4）根据地心地固坐标系至大地经纬高坐标系的转换方法，计算在 CGCS2000 大地经纬高坐标系中表示的定位结果。

6）分析实验结果，撰写实验报告

5.4 GNSS 导航卫星轨道计算实验

GNSS 卫星导航系统利用卫星星历计算得到的卫星即时位置与接收机测得的用户与卫星之间的距离，然后根据三球交汇定位原理进行实时定位解算，进而得到用户的位置。可见，利用卫星星历计算得到卫星的即时位置是 GNSS 实现导航定位必须进行的重要一步。因此，本节开展导航卫星轨道的计算实验，使学生掌握利用卫星星历进行卫星即时位置的计算方法。

5.4.1 利用星历确定 GNSS 导航卫星轨道的基本原理

1）GNSS 卫星的无摄运行轨道

GNSS 卫星的无摄椭圆轨道运动可以用开普勒轨道参数来描述，开普勒轨道参数共包含 6 个，分别为：轨道升交点赤经 Ω、轨道倾角 i、近地点角距 ω、长半轴 a、偏心率 e 和真近点角 v。GNSS 卫星轨道参数示意图如图 5.39 所示。

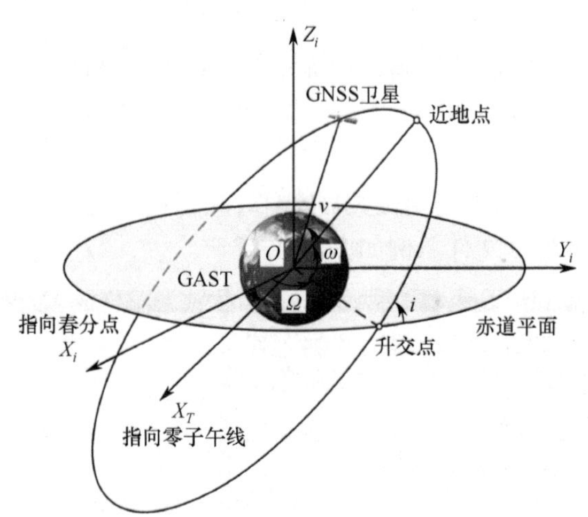

图 5.39 GNSS 卫星轨道参数示意图

下面具体介绍 GNSS 卫星的 6 个轨道参数。

（1）卫星轨道大小和形状参数：a 和 e

如图 5.40 所示，地球位于椭圆轨道的焦点 F，P 为近地点，A 为远地点，r_P 和 r_A 分别为近地点和远地点的地心距，则 GNSS 卫星椭圆轨道的长半轴为

$$a = \frac{r_P + r_A}{2} \tag{5.41}$$

卫星椭圆轨道的偏心率为

$$e = \frac{r_A - a}{a} = \frac{a - r_P}{a} = \frac{r_A - r_P}{r_A + r_P} \tag{5.42}$$

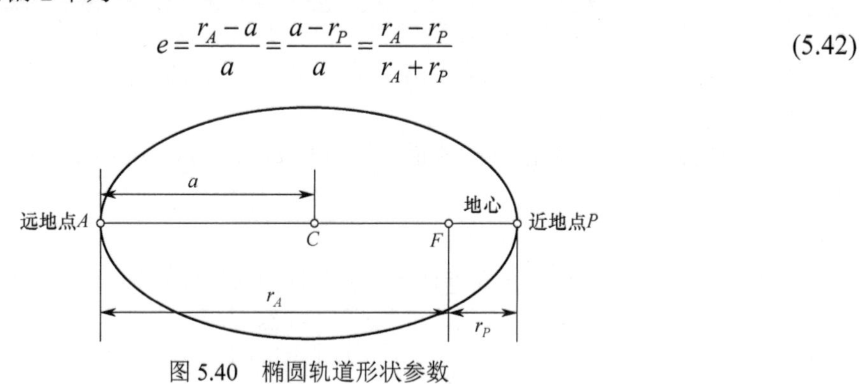

图 5.40　椭圆轨道形状参数

由于椭圆的长半轴 a 和偏心率 e 决定了椭圆的形状大小，因此将其称为形状参数。

（2）卫星轨道平面的定向参数：Ω、i 和 ω

如图 5.41 所示为轨道倾角、升交点赤经及近地点角距示意图。由图 5.41 可知，卫星轨道的升交点赤经 Ω 是地球赤道平面上春分点和升交点对地心 O 的夹角，其中升交点是指当卫星由南向北运行时，其轨道与地球赤道面的一个交点。升交点赤经 Ω 确定了卫星轨道升交点在地球赤道平面内的方位。

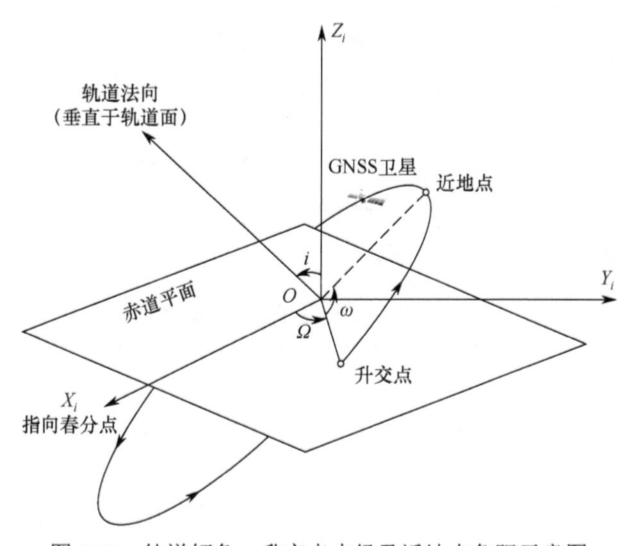

图 5.41　轨道倾角、升交点赤经及近地点角距示意图

地心与升交点位于卫星轨道平面上，但是同时通过地心和升交点的平面有无数个，而卫星运行的轨道平面只是其中一个。卫星轨道平面与赤道面之间的夹角称为轨道倾角 i，它与升交点赤经 Ω 一起决定了卫星轨道平面相对于赤道面的方位。

尽管 Ω 和 i 两个参数完全决定了卫星运行的轨道平面，但是在这一平面内，以地心为焦点的椭圆又存在无数个。近地点角距（近地点幅角）ω（0°～360°）是卫星轨道平面上的升交点与近地点之间的地心夹角，它进一步确定了卫星椭圆轨道在轨道平面中的方位，即椭圆长轴和短轴的位置。

（3）卫星的位置参数：v

以上 5 个轨道参数已经完全确定了卫星的椭圆运行轨道，卫星在某一时刻必定位于此轨道上的某一点处。真近点角v（0°～360°）是卫星在运行轨道上的当前位置与近地点之间的地心夹角。至此，可以确定某一时刻的卫星相对于地心O的空间位置。

对于一颗在无摄状态下运行的卫星，在它的 6 个轨道参数中只有真近点角v是关于时间的函数，其余 5 个轨道参数均为常数。

若已知任意时刻t卫星的 6 个轨道参数(Ω,i,ω,a,e,v)，则可以计算出卫星的地心距：

$$r=\frac{a(1-e^2)}{1-e\cos v} \tag{5.43}$$

则在轨道平面坐标系（X轴指向近地点，Z轴指向轨道动量矩方向）中卫星位置为

$$\begin{bmatrix} x' \\ y' \\ z' \end{bmatrix}=\begin{bmatrix} r\cos v \\ r\sin v \\ 0 \end{bmatrix} \tag{5.44}$$

2）卫星星历

GNSS 卫星的实际运动并不是简单的二体运动，而是受各种摄动力的作用。在摄动力作用下，开普勒轨道参数会随时间发生长期、长周期或短周期等变化。因此，为了准确地描述卫星的实际运行轨道，GNSS 采用一套扩展的开普勒轨道参数，其中包括相对某一参考历元的开普勒轨道参数以及轨道摄动改正项参数，这套开普勒轨道参数即称为卫星星历。

以北斗卫星星历为例进行介绍。北斗卫星导航系统在发展过程中，采用了两种相似但又有区别的卫星星历。根据其使用的阶段，北斗卫星星历可分为北斗二号卫星星历和北斗三号卫星星历。在从北斗二号到北斗三号的平稳过渡期中，北斗卫星均播发这两种星历。

（1）北斗二号卫星星历

北斗二号卫星星历由 6 个开普勒轨道参数、3 个摄动线性改正项和 6 个周期改正项系数等共 15 个描述轨道特性的参数和 1 个星历参考时间组成，其广播星历参数的更新时间为 1 h。北斗二号卫星星历参数定义如表 5.6 所示。

表 5.6　北斗二号卫星星历参数定义

序号	参数	定义
1	t_{oe}	星历参考时间
2	$\sqrt{A}$	卫星轨道长半轴的平方根
3	e	轨道偏心率
4	i_0	t_{oe} 时的轨道倾角
5	Ω_0	周历元零时刻计算的升交点经度
6	ω	轨道近地点角距
7	M_0	t_{oe} 时的平近点角
8	Δn	平均运动角速率改正值
9	$\dot{\Omega}$	升交点赤经变化率
10	$\dot{i}$	轨道倾角变化率
11	C_{uc}	升交点角距（纬度幅角）余弦调和改正项振幅
12	C_{us}	升交点角距（纬度幅角）正弦调和改正项振幅
13	C_{rc}	卫星地心距余弦调和改正项振幅
14	C_{rs}	卫星地心距正弦调和改正项振幅
15	C_{ic}	轨道倾角余弦调和改正项振幅
16	C_{is}	轨道倾角正弦调和改正项振幅

在北斗二号卫星星历的 16 个参数中，t_{oe} 表示星历参考时间，从每星期六/星期日子夜零点起算，即星期六的 24:00:00 或者星期日的 00:00:00 起算。其余 15 个参数表示卫星轨道的运动情况，北斗二号卫星星历示意图如图 5.42 所示。

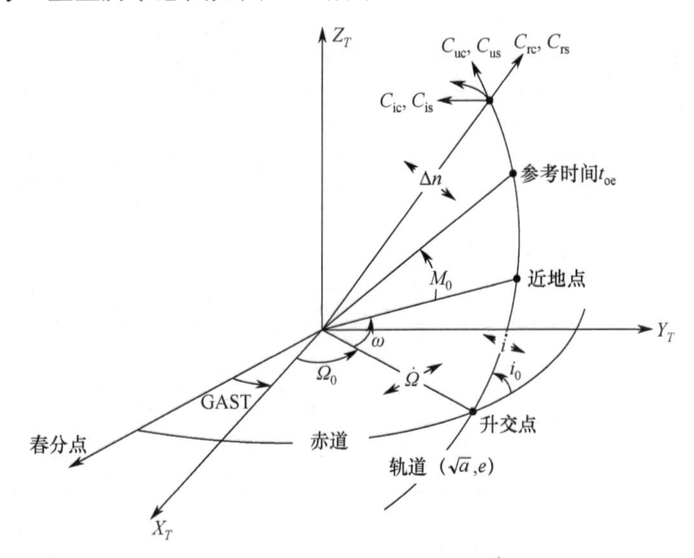

图 5.42　北斗二号卫星星历示意图

在北斗二号卫星星历参数中，除 6 个开普勒轨道参数以外，其余的 9 个参数可以分为以下两组。

① 3 个摄动线性改正项

a．平均运动角速率改正值 Δn，或称为卫星平均运动角速度与计算值之差。它是在 J_2 项摄动、日月引力摄动和太阳光压摄动作用下，近地点角距变化率 $\dot{\omega}$ 长期漂移的结果。

b．升交点赤经变化率 $\dot{\Omega}$ 是升交点赤经摄动量中的长期漂移项，主要是由 J_2 项摄动和极移运动造成的。

c．轨道倾角变化率 $\dot{i}$，是摄动力对轨道面沿法线正反两个方向综合作用的结果。

② 6 个周期改正项系数

分别由升交点角距、卫星地心距和轨道倾角组成三对余弦和正弦调和改正项振幅。这些周期改正项主要是由 J_2 项摄动和地球引力场高阶带谐系数的周期项影响，以及月球引力摄动等其他摄动力影响造成的。

（2）北斗三号卫星星历

为了提高卫星星历的精度，北斗三号采用了由 18 个轨道参数组成的卫星星历。北斗三号卫星星历包括 6 个轨道参数（ΔA、e、i_0、ω_0、M_0、Ω_0）、长期项（$\dot{A}$、Δn、$\Delta\dot{n}$、$\Delta\dot{\Omega}$、$\dot{i}$）以及短周期项（C_{rs}、C_{rc}、C_{is}、C_{ic}、C_{uc}、C_{us}），北斗三号卫星星历参数定义如表 5.7 所示。与有 16 个轨道参数的北斗二号卫星星历相比，主要变化如下。

表 5.7　北斗三号卫星星历参数定义

序号	参数	定义
1	t_{oe}	星历参考时间
2	ΔA	参考时刻长半轴相对于参考值的偏差

（续表）

序号	参数	定义
3	e	轨道偏心率
4	i_0	t_{oe} 时的轨道倾角
5	Ω_0	周历元零时刻计算的升交点经度
6	ω	近地点角距
7	M_0	t_{oe} 时的平近点角
8	$\dot{A}$	长半轴的变化率
9	Δn	参考时刻卫星平均运动角速率与计算值之差
10	$\Delta\dot{n}$	参考时刻卫星平均运动角速率与计算值之差的变化率
11	$\dot{\Omega}$	升交点赤经变化率
12	$\dot{i}$	轨道倾角变化率
13	C_{uc}	升交点角距（纬度幅角）余弦调和改正项振幅
14	C_{us}	升交点角距（纬度幅角）正弦调和改正项振幅
15	C_{rc}	卫星地心距余弦调和改正项振幅
16	C_{rs}	卫星地心距正弦调和改正项振幅
17	C_{ic}	轨道倾角余弦调和改正项振幅
18	C_{is}	轨道倾角正弦调和改正项振幅

① 6 个轨道参数中的长半轴 $\sqrt{A}$ 改成了长半轴的改变量 ΔA；

② 长期项增加了长半轴的变化率 $\dot{A}$ 和平均运动角速率改正量的变化率 $\Delta\dot{n}$。

3）卫星空间位置的计算

用户接收机根据接收到的北斗卫星星历参数，可以计算北斗卫星在 CGCS2000 地心地固直角坐标系中的坐标值。因此，根据北斗三号卫星星历计算卫星位置的具体过程如下。

（1）计算归化时间 t_k。

卫星星历给出的轨道参数是以星历参考时间 t_{oe} 作为基准的，为了得到各个轨道参数在 t 时刻的值，必须求出 t 时刻与星历参考时刻 t_{oe} 之间的差异，公式为

$$t_k = t - t_{oe} \tag{5.45}$$

（2）计算长半轴 A_k。

卫星星历的 18 个轨道参数中没有直接提供长半轴的值，而是提供了参考时刻 t_{oe} 长半轴相对于参考值的偏差和长半轴的变化率，据此计算长半轴的过程如下。

首先，计算参考时刻 t_{oe} 的长半轴 A_0，即

$$A_0 = A_{ref} + \Delta A \tag{5.46}$$

式中，A_{ref} 为长半轴的参考值，MEO 卫星为 27906100 m，IGSO/GEO 卫星为 42162200 m。

然后，计算 t_k 时刻的长半轴 A_k，即

$$A_k = A_0 + \dot{A} \cdot t_k \tag{5.47}$$

（3）计算卫星的平均运动角速率 n。

根据参考时刻 t_{oe} 的长半轴 A_0 可得，

$$n_0 = \sqrt{\frac{\mu}{A_0^3}} \tag{5.48}$$

而卫星平均运动角速率的偏差为

$$\Delta n_A = \Delta n_0 + \frac{1}{2}\Delta\dot{n}_0 \cdot t_k \tag{5.49}$$

则校正后的卫星平均运动角速率计算公式为

$$n_A = n_0 + \Delta n_A \tag{5.50}$$

（4）计算信号发射时刻的平近点角 M_k。

将卫星星历中给出的 M_0 代入以下公式：

$$M_k = M_0 + n_A \cdot t_k \tag{5.51}$$

（5）计算信号发射时刻的偏近点角 E_k。

根据 M_k 和卫星星历中的 e，采用迭代法计算偏近点角。E_k 的迭代初始值 E_0 可置为 M_k，计算公式为

$$\begin{cases} E_0 = M_k \\ E_{k+1} = M_k + e\sin E_k \end{cases} \tag{5.52}$$

当 E_k 前后两次的计算值小于设定的阈值（如 10^{-13}）时结束迭代，一般经过 2～3 次迭代后，即可获得相当精确的解。

（6）计算信号发射时刻的真近点角 v_k。

根据 E_k 和卫星星历中的 e，真近点角的计算公式为

$$\begin{cases} \sin v_k = \dfrac{\sqrt{1-e^2}\sin E_k}{1-e\cos E_k} \\ \cos v_k = \dfrac{\cos E_k - e}{1-e\cos E_k} \\ v_k = \arctan\left(\dfrac{\sqrt{1-e^2}\sin E_k}{\cos E_k - e}\right) \end{cases} \tag{5.53}$$

（7）计算信号发射时刻的纬度幅角 ϕ_k。

根据 v_k 和卫星星历中的 ω，纬度幅角的计算公式为

$$\phi_k = v_k + \omega \tag{5.54}$$

（8）计算信号发射时刻的摄动校正项。

根据第（7）步计算得到的 ϕ_k 和卫星星历参数中的 C_{rs}、C_{rc}、C_{is}、C_{ic}、C_{uc}、C_{us} 计算纬度幅角改正项 δu_k、地心距改正项 δr_k、轨道倾角改正项 δi_k，计算公式为

$$\begin{cases} \delta u_k = C_{\text{us}}\sin(2\phi_k) + C_{\text{uc}}\cos(2\phi_k) \\ \delta r_k = C_{\text{rs}}\sin(2\phi_k) + C_{\text{rc}}\cos(2\phi_k) \\ \delta i_k = C_{\text{is}}\sin(2\phi_k) + C_{\text{ic}}\cos(2\phi_k) \end{cases} \tag{5.55}$$

（9）计算摄动校正后的纬度幅角 u_k、卫星地心距 r_k、轨道倾角 i_k。将第（8）步计算得到的摄动校正量代入以下公式

$$\begin{cases} u_k = \phi_k + \delta u_k \\ r_k = A_k(1-e\cos E_k) + \delta r_k \\ i_k = i_0 + \dot{i}\cdot t_k + \delta i_k \end{cases} \tag{5.56}$$

（10）计算卫星在轨道平面直角坐标系中的坐标。

通过以下公式将极坐标 (r_k, u_k) 转换成在轨道平面直角坐标系 (X', Y') 中的坐标 (x'_k, y'_k)：

$$\begin{cases} x'_k = r_k\cos u_k \\ y'_k = r_k\sin u_k \end{cases} \tag{5.57}$$

（11）计算信号发射时刻的升交点经度 Ω_k 。

利用升交点经度的线性模型计算改正后的升交点经度，即

$$\Omega_k = \Omega_0 + (\dot{\Omega} - \dot{\Omega}_e)t_k - \dot{\Omega}_e t_{\mathrm{oe}} \tag{5.58}$$

（12）计算卫星在 CGCS2000 地心地固直角坐标系中的坐标。

第（10）步计算得到了卫星在轨道平面直角坐标系中的坐标，轨道平面直角坐标系先绕 X' 轴转 $-i_k$ ，再绕旋转后的 Z' 轴旋转 $-\Omega_k$ ，即可与 CGCS2000 地心地固直角坐标系重合，因此，卫星在 CGCS2000 地心地固直角坐标系中的坐标为

$$\begin{cases} x_k = x_k' \cos\Omega_k - y_k' \cos i_k \sin\Omega_k \\ y_k = x_k' \sin\Omega_k + y_k' \cos i_k \cos\Omega_k \\ z_k = y_k' \sin i_k \end{cases} \tag{5.59}$$

以上的步骤（1）～（12）即为利用接收到的北斗三号卫星星历计算北斗卫星在 CGCS2000 地心地固直角坐标系中坐标的方法。

5.4.2 实验目的与实验设备

1）实验目的

（1）认识无摄椭圆轨道。

（2）掌握开普勒轨道参数的含义及特点。

（3）认识北斗二号和北斗三号卫星导航系统的星历参数。

（4）掌握根据北斗三号卫星星历参数确定北斗卫星实时位置的方法。

2）实验内容

在空旷无遮挡的环境下搭建 GNSS 导航卫星轨道计算实验系统，并利用 GNSS 接收机在单北斗三号（BD3）模式下进行一段时间的静态测量，以获得 RINEX 格式的输出数据文件。其中 RINEX 格式的输出数据文件主要包括用于存放 GNSS 观测值（伪距/载波相位）的观测数据文件、用于存放卫星导航电文的导航电文文件和用于存放气象数据的气象数据文件。通过读取输出数据文件中的导航电文文件，获得北斗三号卫星星历参数，进而根据卫星星历参数计算得到北斗卫星的实时位置。

如图 5.43 所示为 GNSS 导航卫星轨道计算实验系统示意图。该实验系统主要包括 GNSS 接收机、GNSS 接收天线、电源和工控机等。工控机能够向 GNSS 接收机发送控制指令，使其在

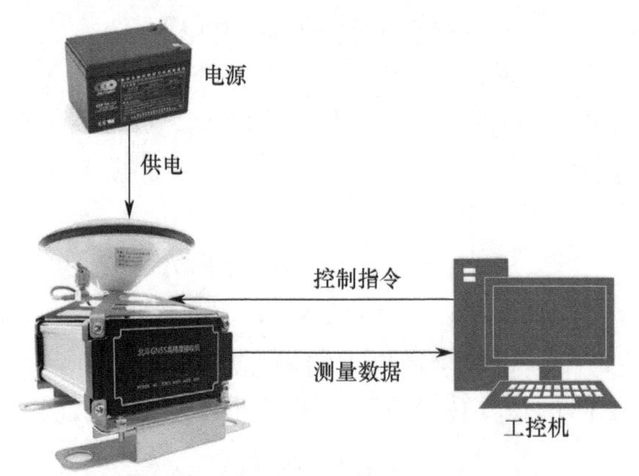

图 5.43 GNSS 导航卫星轨道计算实验系统示意图

单 BD3 模式下进行静态测量，以获得 RINEX 格式的输出数据文件并将其存储到工控机中。工控机读取输出数据文件中的导航电文文件，获得北斗三号卫星星历参数并完成对北斗卫星实时位置的计算。另外，工控机还用于实现 GNSS 接收机的调试及输出数据文件的存储。

如图 5.44 所示为 GNSS 导航卫星轨道计算实验方案流程图。

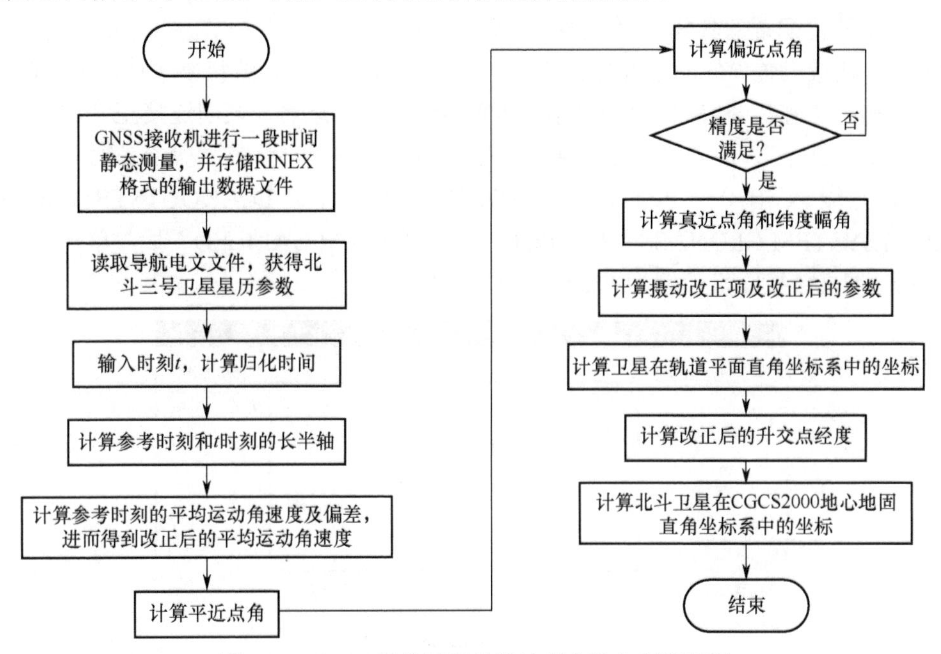

图 5.44　GNSS 导航卫星轨道计算实验方案流程图

GNSS 接收机在单 BD3 模式下进行一段时间的静态测量，并存储 RINEX 格式的输出数据文件。通过读取输出数据文件中的导航电文文件，获得北斗三号卫星星历参数。根据输入时刻 t 和参考时刻计算归化时间，并依次计算 t 时刻的长半轴、改正后的平均运动角速度、平近点角、偏近点角、真近点角和纬度幅角；根据星历参数计算 t 时刻的摄动改正项，并得到改正后的纬度幅角、地心距、轨道倾角，进而计算北斗卫星在轨道平面直角坐标系中的坐标；根据星历参数计算 t 时刻改正后的升交点经度，并结合改正后的轨道倾角和北斗卫星在轨道平面直角坐标系中的坐标，计算北斗卫星在 CGCS2000 地心地固直角坐标系中的坐标。

（3）实验设备

司南 M300C 接收机、GNSS 接收天线、工控机、25 V 蓄电池、降压模块、通信接口等。

5.4.3　实验步骤及操作说明

1）仪器安装

将司南 M300C 接收机和 GNSS 接收天线放置在空旷无遮挡的地面上，GNSS 接收天线和电源分别通过射频电缆和电线与接收机相连接。

2）电气连接

（1）利用万用表测量电源的输出电压是否正常（电源输出电压由司南 M300C 接收机的供电电压决定）。

（2）司南 M300C 接收机通过通信接口（RS232 转 USB）与工控机连接，25 V 蓄电池通过降压模块以 12 V 的电压对接收机供电。

（3）检查数据采集系统是否正常，准备采集数据。

3）系统初始化配置

司南 M300C 接收机上电后，利用系统自带的测试软件 CRU 对司南 M300C 接收机进行初始化配置。初始化配置的具体步骤如下。

（1）在“连接设置”界面中选择相应的串口号（COM）以及波特率（默认选“115200”）。

（2）单击“连接”，待软件界面显示板卡的 SN 号等信息后，表明连接正常。

（3）单击“命令”，进入“命令终端”界面，如图 5.45 所示。在“命令终端”界面的命令窗口中依次输入指令“LOCKOUTSYSTEM GPS”、“LOCKOUTSYSTEM BD2”、“LOCKOUTSYSTEM GLONASS”和“LOCKOUTSYSTEM GALILEO”后，单击“发送”按钮，将司南 M300C 接收机设置为单 BD3 定位模式。

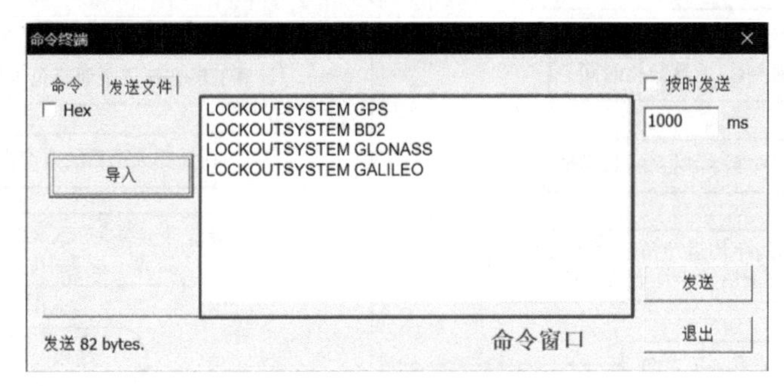

图 5.45 “命令终端”界面

（4）在“接收机配置”界面中设置输出数据的采样间隔（默认选“5 Hz”）、GPS/BDS/GLONASS/GALILEO 高度截止角（默认选“10”）、数据自动存储（默认选“自动”）、数据存储时段（默认选“手动”），将端口设置选择为“原始数据输出”（默认选“正常模式”），启动模式、差分端口、差分格式等不需要设置。

（5）所有数据记录设置完成后，需要重启板卡，以完成初始化配置。

4）数据采集与存储

（1）重启板卡后，保持司南 M300C 接收机静置约 10 min，进行静态测量。

（2）测量完成后，单击“文件下载”按钮，数据信息显示区里显示的即为接收机自动记录的原始输出数据文件。

（3）单击“Rinex 转换”按钮，并右击数据信息显示区中的原始输出数据文件，选择“Rinex 转换设置”后进入设置界面。将输出格式选为“2.10”后，单击“确定”按钮。再次右击原始输出数据文件，选择“转换到 Rinex”选项，将其转换为 RINEX 格式的输出数据文件，并将 RINEX 格式的输出数据文件下载到工控机中。

（4）实验结束，将司南 M300C 接收机断电，整理实验装置。

5）数据处理

（1）在工控机中读取 RINEX 格式输出数据文件中的导航电文文件，获得北斗三号卫星星历参数，导航电文文件示例如图 5.46 所示。

（2）根据输入时刻 t 和参考时刻计算归化时间。

（3）计算 t 时刻的长半轴。

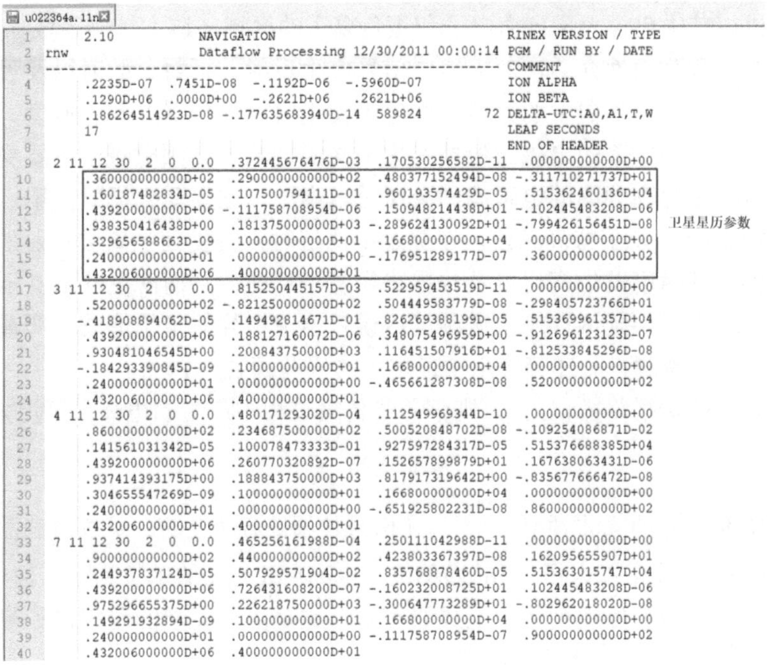

```
u022364a.11n
1      2.10           NAVIGATION                              RINEX VERSION / TYPE
2  rnw                Dataflow Processing 12/30/2011 00:00:14 PGM / RUN BY / DATE
3  ---------------------------------------------------------- COMMENT
4      .2235D-07  .7451D-08  -.1192D-06  -.5960D-07           ION ALPHA
5      .1290D+06  .0000D+00  -.2621D+06   .2621D+06           ION BETA
6      .186264514923D-08 -.177635683940D-14  589824        72 DELTA-UTC:A0,A1,T,W
7      17                                                     LEAP SECONDS
8                                                             END OF HEADER
9   2 11 12 30  2  0  0.0  .372445676476D-03  .170530256582D-11  .000000000000D+00
10     .360000000000D+02  .290000000000D+02  .480377152494D-08 -.311710271737D+01
11     .160187482834D-05  .107500794111D-01  .960193574429D-05  .515362460136D+04
12     .439200000000D+06 -.111758708954D-06  .150948214438D+01 -.102445483208D-06
13     .938350416438D+00  .181375000000D+03 -.289624130092D+01 -.799426156451D-08
14     .329656588663D-09  .100000000000D+01  .166800000000D+04  .000000000000D+00
15     .240000000000D+01  .000000000000D+00 -.176951289177D-07  .360000000000D+02
16     .432006000000D+06  .400000000000D+01
17  3 11 12 30  2  0  0.0  .815250445157D-03  .522959453519D-11  .000000000000D+00
18     .520000000000D+02 -.821250000000D+02  .504449583779D-08 -.298405723766D+01
19    -.418908894062D-05  .149492814671D-01  .826269388199D-05  .515369961357D+04
20     .439200000000D+06  .188127160072D-06  .348075496959D+00 -.912696123123D-07
21     .930481046545D+00  .200843750000D+03  .116451507916D+01 -.812533845296D-08
22    -.184293390845D-09  .100000000000D+01  .166800000000D+04  .000000000000D+00
23     .240000000000D+01  .000000000000D+00 -.465661287308D-08  .520000000000D+02
24     .432006000000D+06  .400000000000D+01
25  4 11 12 30  2  0  0.0  .480171293020D-04  .112549969344D-10  .000000000000D+00
26     .860000000000D+02  .234687500000D+02  .500520848702D-08 -.109254086871D-02
27     .141561031342D-05  .100078473333D-01  .927597284317D-05  .515376688385D+04
28     .439200000000D+06  .260770320892D-07  .152657899879D+01  .167638063431D-06
29     .937414393175D+00  .188843750000D+03  .817917319642D+00 -.835677666472D-08
30     .304655547269D-09  .100000000000D+01  .166800000000D+04  .000000000000D+00
31     .240000000000D+01  .000000000000D+00 -.651925802231D-08  .860000000000D+02
32     .432006000000D+06  .400000000000D+01
33  7 11 12 30  2  0  0.0  .465256161988D-04  .250111042988D-11  .000000000000D+00
34     .900000000000D+02  .440000000000D+02  .423803367397D-08  .162095655907D+01
35     .244937837124D-05  .507929571904D-02  .835768878460D-05  .515363015747D+04
36     .439200000000D+06  .726431608200D-07 -.160232008725D+01  .102445483208D-06
37     .975296655375D+00  .226218750000D+03 -.300647773289D+01 -.802962018020D-08
38     .149291932894D-09  .100000000000D+01  .166800000000D+04  .000000000000D+00
39     .240000000000D+01  .000000000000D+00 -.111758708954D-07  .900000000000D+02
40     .432006000000D+06  .400000000000D+01
```

卫星星历参数

图 5.46　导航电文文件示例

（4）计算 t 时刻改正后的平均运动角速度。

（5）计算 t 时刻的平近点角。

（6）计算 t 时刻的偏近点角。

（7）计算 t 时刻的真近点角。

（8）计算 t 时刻的纬度幅角。

（9）计算 t 时刻的摄动改正项。

（10）计算摄动校正后的纬度幅角、地心距、轨道倾角。

（11）计算北斗卫星在轨道平面直角坐标系中的坐标。

（12）计算 t 时刻改正后的升交点经度。

（13）计算北斗卫星在 CGCS2000 地心地固直角坐标系中的坐标。

6）分析实验结果，撰写实验报告

5.5　GNSS 信号电离层延迟改正实验

GNSS 信号在空间传播过程中，受到大气的影响，会产生电离层折射和对流层折射等现象，从而引起 GNSS 接收机的测量误差，进而导致 GNSS 的定位误差。因此，本节开展 GNSS 信号电离层延迟改正实验，使学生掌握电离层延迟的特性及其改正方法。

5.5.1　电离层延迟及其改正方法

1）电离层延迟误差的特性

距离地面 60～2000 km 的大气层区域，在太阳紫外线辐射、X 射线的光化离解以及太阳风和银河宇宙射线中高能粒子撞击离解的共同作用下，这部分大气层区域被电离，形成一个整体上呈电中性但其中包含大量自由电子和正负离子的区域，该大气层区域称为电离层。

电离层作为一种弥散性介质，对无线电信号产生反射、折射、散射以及吸收等作用，直接影响电磁波的传播。电离层中的大量自由电子使电磁波的传播方向、速度、相位及振幅等参数发生变化，对不同频率的电磁波传播产生不同的影响。高频电磁波主要受到电离层的反射作用。特高频乃至更高频率的电磁波则会穿透电离层，主要受到折射作用。导航卫星信号的载波频率（>1 GHz）属于特高频段，在穿过电离层时，会受到电离层折射效应的影响，使测距码和载波的传播速度发生变化以及传播路径发生弯曲，从而产生几米甚至几十米的延迟误差，该误差称为电离层延迟误差。这种延迟误差给卫星导航定位造成了严重的精度损失，成为卫星导航定位、授时、测速等应用中最主要的误差源之一。

将 GNSS 信号的传播路径记为 l，则信号在传播过程中产生的电离层延迟为

$$I = \pm 40.28 \frac{N_e}{f^2} \tag{5.60}$$

式中，f 为 GNSS 信号的载波频率；N_e 为在信号传播路径 l 上的、单位横截面积中所包含的电子数总量（TEC），通常以电子数/m^2 为单位；电离层延迟 I 的单位为 m。对于伪距观测量，上式取正号；对于载波相位观测量，上式取负号，这是由电离层的码相位和载波相位的反向特性所导致的。其中，N_e 的计算公式为

$$N_e = \int_l n_e \mathrm{d}l \tag{5.61}$$

式中，n_e 表示自由电子密度。

从式(5.60)可以看出，电离层延迟误差与 TEC 成正比，与载波频率的平方成反比。由于电离层中的自由电子密度在离地面 350～450 km 的区域达到最大，因此通常可认为所有的自由电子都集中在 350～450 km 某一高度处的一个无限薄的球面上，卫星、电离层、接收机的几何空间关系如图 5.47 所示。

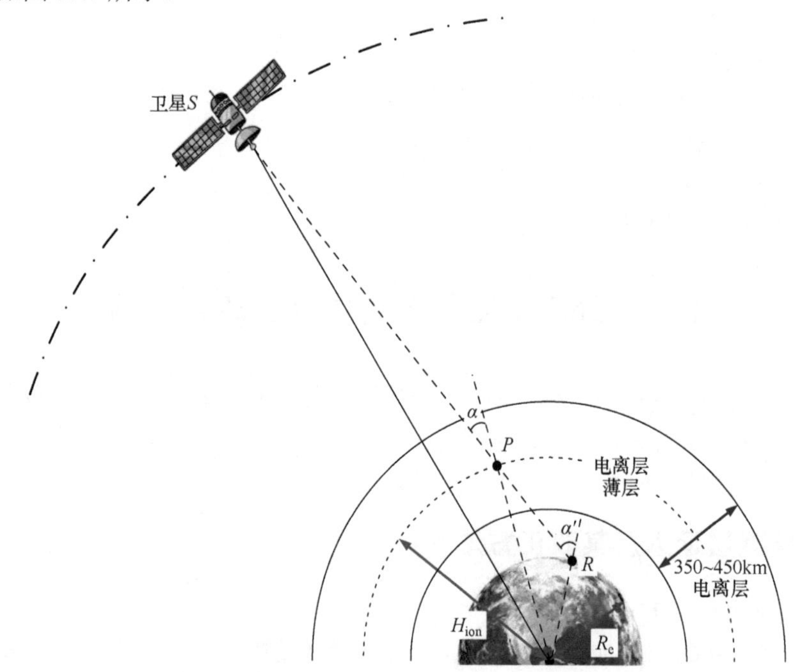

图 5.47 卫星、电离层、接收机的几何空间关系

在图 5.47 中，将电离层薄层高度记为 H_{ion}，地球平均半径记为 R_{e}，用户接收机 R 至卫星 S 的连线与电离层薄层的交点记为穿刺点 P，卫星在 P 处的天顶角记为 α，卫星在接收机 R 处的天顶角记为 α'，则信号从卫星 S 传播到接收机 R 的电离层延迟 I 为

$$I = \pm\frac{40.28}{f^2}\text{VTEC}\frac{1}{\cos\alpha} \tag{5.62}$$

式中，VTEC 为穿刺点 P 处的垂直电子总含量；$1/\cos\alpha$ 为投影函数。

由于电离层受到太阳辐射、地磁活动及其他因素的影响，因此电离程度和电子密度等参数一直处于变化中。例如地球自转产生了昼夜交替现象，电离层的自由电子密度受到太阳辐射的影响随着地球自转而不断发生变化，使电离层 TEC 产生了周日变化规律。通常，电离层 TEC 在一天当中的下午 14 时达到峰值。而 TEC 越高，表明电离层自由电子密度越大，对电磁波的折射效应越明显。因此，在定位前，用户接收机必须消除电离层延迟误差的影响。

2）电离层延迟改正方法

对于单频接收机，电离层延迟改正方法有两种：一种方法是用相对定位或差分定位的方法消除电离层延迟误差。当两站相距不远时，两站观测同一卫星的电离层延迟误差可认为基本相同，因此通过相对定位或差分定位可以基本消除电离层延迟误差；另一种方法是模型改正的方法。模型改正又分为两种方法，一种方法是直接采用导航电文所提供的电离层延迟改正 T_{gd}，该值是卫星在天顶方向的电离层延迟改正数，需将 T_{gd} 投影到视线方向才能获得用户与卫星视线方向（斜方向）的电离层延迟改正数；另一种方法是依据导航电文提供的电离层延迟改正系数计算电离层延迟改正数。

对于多频接收机，可以利用电离层延迟误差与载波频率平方成反比的关系消除电离层延迟误差。下面分别对单频接收机电离层延迟改正方法和多频接收机电离层延迟改正方法进行介绍。

（1）单频接收机电离层延迟改正方法

以北斗二号的电离层延迟改正为例。目前，北斗二号通常采用 8 参数的 Klobuchar 电离层延迟改正模型进行电离层延迟改正。Klobuchar 电离层延迟改正模型描述了电离层延迟随地方时的变化规律，该模型将夜晚电离层延迟视为一个常数，并将白天电离层延迟视为半个周期的余弦波，Klobuchar 电离层延迟改正模型如图 5.48 所示。

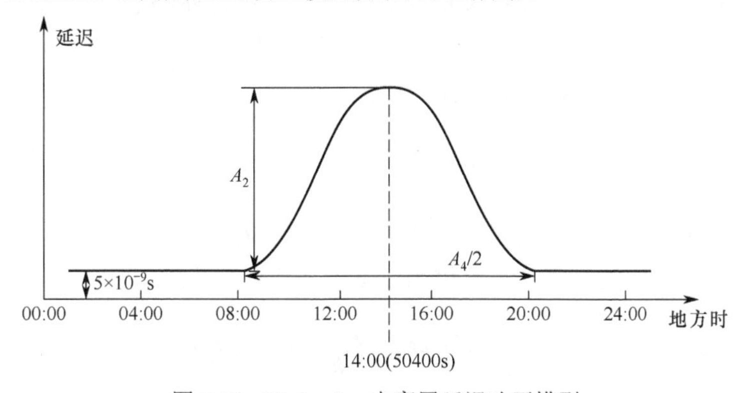

图 5.48　Klobuchar 电离层延迟改正模型

由图 5.48 可知，夜晚的电离层延迟取 5×10^{-9} s，换算成距离为 1.5 m。白天的电离层延迟则由 3 个参数描述：余弦曲线的幅度 A_2、余弦曲线的周期 A_4 以及余弦曲线的波峰对应的时间

50400 s（14 h）。其中，A_2 和 A_4 可根据导航电文中电离层延迟改正系数 α_0、α_1、α_2、α_3 和 β_0、β_1、β_2、β_3 计算得到。

因此，北斗单频接收机通过接收导航电文中播发的电离层延迟改正系数对电离层延迟进行改正。用户利用 8 参数的 Klobuchar 改正模型计算 B1I 信号的电离层垂直延迟改正 $I'(t)$，单位为 s，具体为

$$I'(t)=\begin{cases}5\times10^{-9}+A_2\cos\left[\dfrac{2\pi(t-50400)}{A_4}\right], & |t-50400|<\dfrac{A_4}{4}\\ 5\times10^{-9}, & |t-50400|\geqslant\dfrac{A_4}{4}\end{cases} \tag{5.63}$$

式中，t 是接收机至卫星连线与电离层交点（穿刺点 P）处的地方时（取值范围为 0～86400），单位为秒。其计算公式为

$$t=\left(t_E+\lambda_P\cdot\frac{43200}{\pi}\right) \tag{5.64}$$

式中，t_E 是用户测量时刻的 BDT，取周内秒计数部分；λ_P 是电离层穿刺点的地理经度，单位为弧度。注意，由于 t 的取值范围为 0～86400，因此需要将式(5.64)的计算结果除以 86400 后取其余数。

A_2 为白天电离层延迟余弦曲线的幅度，用 α_n 系数求得，

$$A_2=\begin{cases}\sum\limits_{n=0}^{3}\alpha_n\left|\dfrac{\phi_P}{\pi}\right|^n, & A_2\geqslant0\\ 0, & A_2<0\end{cases} \tag{5.65}$$

A_4 为余弦曲线的周期，单位为秒，用 β_n 系数求得，

$$A_4=\begin{cases}172800, & A_4\geqslant172800\\ \sum\limits_{n=0}^{3}\beta_n\left|\dfrac{\phi_P}{\pi}\right|^n, & 172800>A_4\geqslant72000\\ 72000, & A_4<72000\end{cases} \tag{5.66}$$

式(5.65)和式(5.66)中的 ϕ_P 是电离层穿刺点的地理纬度，单位为弧度。

电离层穿刺点 P 的地理纬度 ϕ_P、地理经度 λ_P 的计算公式为

$$\begin{cases}\phi_P=\arcsin(\sin\phi_u\cdot\cos\psi+\cos\phi_u\cdot\sin\psi\cdot\cos A)\\ \lambda_P=\lambda_u+\arcsin\left(\dfrac{\sin\psi\cdot\sin A}{\cos\phi_P}\right)\end{cases} \tag{5.67}$$

式中，ϕ_u 为用户地理纬度；λ_u 为用户地理经度，单位均为弧度；A 为卫星方位角，单位为弧度；ψ 为用户和穿刺点的地心张角，单位为弧度，其计算公式为

$$\psi=\frac{\pi}{2}-E-\arcsin\left(\frac{R_e}{R_e+h}\cdot\cos E\right) \tag{5.68}$$

式中，R_e 为地球半径，取值为 6378 km；E 为卫星高度角，单位为弧度；h 为电离层单层高度，取值为 375 km。

因此，在计算得到电离层垂直延迟改正 $I'(t)$后，通过公式：

$$I_{\mathrm{B1I}}(t)=\frac{1}{\sqrt{1-\left(\dfrac{R_{\mathrm{e}}}{R_{\mathrm{e}}+h}\cdot\cos E\right)^{2}}}\cdot I'(t) \tag{5.69}$$

可将 $I'(t)$ 转化为 B1I 信号传播路径上的电离层延迟改正 $I_{\mathrm{B1I}}(t)$，单位为秒。

对于 B2I/B3I 信号，其传播路径上的电离层延迟改正需在 $I_{\mathrm{B1I}}(t)$ 的基础上乘以一个与频率有关的因子 $k_{1,n}(f)$，其值为

$$k_{1,n}(f)=\frac{f_1^2}{f_n^2} \tag{5.70}$$

式中，f_1 表示 B1I 信号的标称载波频率；f_n 表示 B2I/B3I 信号的标称载波频率（n 取 2 和 3），计算时注意单位保持一致。

（2）多频接收机电离层延迟改正方法

电离层延迟和信号频率的平方成反比，因此在有双频观测值的条件下，可以直接利用双频组合的方式计算得到电离层延迟。设 P_1 和 P_2 分别代表双频接收机用户在同一时刻对同一颗卫星发射的频率为 f_1 信号和频率为 f_2 信号的伪距观测值，不考虑卫星硬件延迟、接收机硬件延迟和噪声等，则有

$$\begin{cases}P_1=r+I_1+\delta\\P_2=r+I_2+\delta\end{cases} \tag{5.71}$$

式中，r 为卫星至接收机的几何距离；I_1 和 I_2 分别为相应频率信号上的电离层延迟；δ 为其他与频率无关的综合项。

将 P_1 和 P_2 作差，消去频率无关项后，可得

$$P_1-P_2=I_1-I_2 \tag{5.72}$$

结合电离层延迟和频率平方之间的比例关系，对式(5.72)进行解算可得

$$\begin{cases}I_1=\dfrac{f_2^2}{f_1^2-f_2^2}(P_1-P_2)\\I_2=\dfrac{f_1^2}{f_1^2-f_2^2}(P_1-P_2)\end{cases} \tag{5.73}$$

需要注意的是，由于载波相位观测值比伪距观测值的精度高 1～2 个量级，所以在实际数据处理中通常利用载波相位平滑伪距的方法来提高伪距观测值的精度。

导航信号在卫星和接收机内部传播过程中会产生时间延迟，该时间延迟在不同卫星、不同频率或同一频率不同类型的观测信号中均不相同，称为硬件延迟。卫星的硬件延迟差异是利用双频改正法解算电离层延迟的最大误差源之一。

北斗导航电文中调制了星上 T_{GD1}、T_{GD2} 参数，分别为 B1I、B2I 信号的硬件延迟，称为星上设备延迟，单位为秒。B3I 信号的设备延迟已包含在导航电文的钟差参数 a_0 中，无须再改正星上设备延迟。对于双频伪距观测值，在实际计算中，考虑到设备延迟等问题，可结合接收到的导航电文解算电离层延迟。对于接收机获取的伪距观测量 P，可以先利用下式进行改正：

$$P'=P-c\cdot T_{\mathrm{GD}} \tag{5.74}$$

再利用改正后的伪距观测值计算电离层延迟。

在实际定位过程中，对于 B1I 和 B3I 双频用户，采用 B1I/B3I 双频消电离层组合伪距公式来改正电离层延迟效应，具体计算方法如下：

$$\mathrm{PR}=\frac{\mathrm{PR}_{\mathrm{B3I}}-k_{1,3}(f)\cdot \mathrm{PR}_{\mathrm{B1I}}}{1-k_{1,3}(f)}+\frac{c\cdot k_{1,3}(f)\cdot T_{\mathrm{GD1}}}{1-k_{1,3}(f)} \tag{5.75}$$

式中，PR 为经过电离层改正后的伪距；$\mathrm{PR}_{\mathrm{B1I}}$ 为 B1I 信号的观测伪距（经卫星钟差改正但未经 T_{GD1} 改正）；$\mathrm{PR}_{\mathrm{B3I}}$ 为 B3I 信号的观测伪距（经卫星钟差和设备延迟改正）；T_{GD1} 为 B1I 信号的星上设备延迟，通过导航电文向用户播发；c 为光速。

5.5.2 实验目的与实验设备

1）实验目的

（1）认识电离层延迟产生的原因。

（2）认识电离层延迟对 GNSS 信号的影响。

（3）了解电离层延迟改正的计算流程。

（4）掌握根据 Klobuchar 电离层延迟改正模型（简称 8 参数模型）计算电离层延迟改正的方法。

2）实验内容

在空旷无遮挡的环境下搭建 GNSS 信号电离层延迟改正实验系统，并利用 GNSS 接收机在单北斗二号（BD2）模式下进行一段时间静态测量，以获得 RINEX 格式的输出数据文件。通过读取输出数据文件中的导航电文文件，可以获得北斗二号卫星星历参数和电离层延迟改正系数，并根据卫星星历参数计算出北斗卫星的实时位置。通过读取输出数据文件中的观测数据文件，可以获得卫星与接收机之间的伪距观测值，并根据伪距观测值计算出接收机的位置。根据卫星位置、接收机位置以及电离层延迟改正系数，利用 Klobuchar 电离层延迟改正模型计算出电离层延迟改正。

如图 5.49 所示为 GNSS 信号电离层延迟改正实验系统示意图。该实验系统主要包括 GNSS 接收机、GNSS 接收天线、电源和工控机等。工控机能够向 GNSS 接收机发送控制指令，使其在单 BD2 模式下进行静态测量，以获得 RINEX 格式的输出数据文件并将其存储到工控机中，工控机读取输出数据文件中的观测数据文件和导航电文文件，获得伪距观测值、北斗二号卫星星历参数以及电离层延迟改正系数，进而完成对电离层延迟改正的计算。

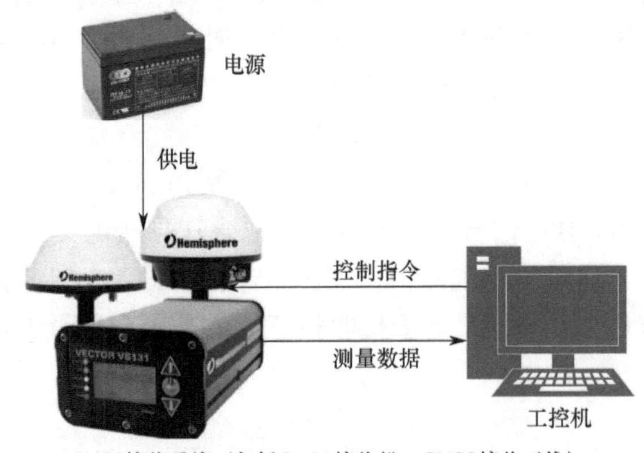

图 5.49　GNSS 信号电离层延迟改正实验系统示意图

如图 5.50 所示为 GNSS 信号电离层延迟改正实验方案流程图。

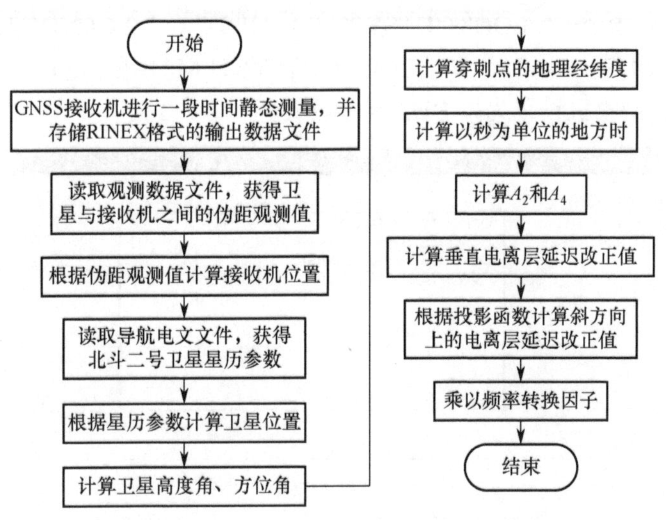

图 5.50　GNSS 信号电离层延迟改正实验方案流程图

GNSS 接收机在单 BD2 模式下进行一段时间的静态测量，并存储 RINEX 格式的输出数据文件。通过读取观测数据文件和导航电文文件，获得伪距观测值、北斗二号卫星星历以及电离层延迟改正系数。根据伪距观测值和星历参数分别计算接收机位置和卫星位置。根据接收机位置和卫星位置依次计算出卫星的高度角和方位角、穿刺点的地理经纬度、穿刺点的地方时、A_2 和 A_4，以得到垂直电离层延迟改正值；进而根据投影函数计算斜方向上的电离层延迟改正值，并结合对应信号频点值计算频率转换因子，以得到最终的电离层延迟改正值。

3）实验设备

司南 M300C 接收机、GNSS 接收天线、工控机、25 V 蓄电池、降压模块、通信接口等。

5.5.3　实验步骤及操作说明

1）仪器安装

将司南 M300C 接收机和 GNSS 接收天线放置在空旷无遮挡的地面上，GNSS 接收天线和电源分别通过射频电缆和电线与接收机相连接。

2）电气连接

（1）利用万用表测量电源的输出电压是否正常（电源输出电压由司南 M300C 接收机的供电电压决定）。

（2）司南 M300C 接收机通过通信接口（RS232 转 USB）与工控机连接，25 V 蓄电池通过降压模块以 12 V 的电压对接收机供电。

（3）检查数据采集系统是否正常，准备采集数据。

3）系统初始化配置

司南 M300C 接收机上电后，利用系统自带的测试软件 CRU 对司南 M300C 接收机进行初始化配置。初始化配置的具体步骤如下。

（1）在“连接设置”界面中选择相应的串口号（COM）以及波特率（默认选“115200”）。

（2）单击“连接”，待软件界面显示板卡的 SN 号等信息后，表明连接正常。

（3）单击“命令”，进入“命令终端”界面，如图 5.51 所示。在“命令终端”界面的命令窗口中依次输入指令“LOCKOUTSYSTEM GPS”、“LOCKOUTSYSTEM BD3”、“LOCKOUTSYSTEM GLONASS”和“LOCKOUTSYSTEM GALILEO”后，单击“发送”按钮，将司南 M300C 接收机设置为单 BD2 定位模式。

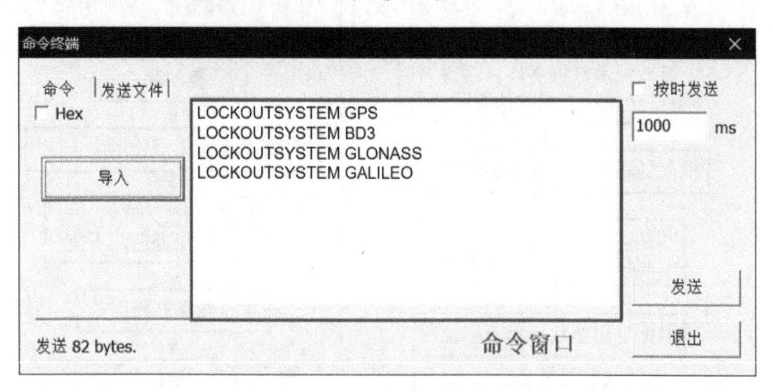

图 5.51 “命令终端”界面

（4）在“接收机配置”界面中设置输出数据的采样间隔（默认选“5 Hz”）、GPS/BDS/GLONASS/GALILEO 高度截止角（默认选“10”）、数据自动存储（默认选“自动”）、数据存储时段（默认选“手动”），将端口设置选择为“原始数据输出”（默认选“正常模式”），启动模式、差分端口、差分格式等不需要设置。

（5）所有数据记录设置完成后，需要重启板卡，以完成初始化配置。

4）数据采集与存储

（1）重启板卡后，保持司南 M300C 接收机静置约 10 min，进行静态测量。

（2）测量完成后，单击“文件下载”按钮，数据信息显示区里显示的即为接收机自动记录的原始输出数据文件。

（3）单击“Rinex 转换”按钮，并右击数据信息显示区中的原始输出数据文件，选择“Rinex 转换设置”后进入设置界面。将输出格式选为“2.10”后，单击“确定”按钮。再次右击原始输出数据文件，选择“转换到 Rinex”选项，将其转换为 RINEX 格式的输出数据文件，并将 RINEX 格式的输出数据文件下载到工控机中。

（4）实验结束，将司南 M300C 接收机断电，整理实验装置。

5）数据处理

（1）在工控机中读取 RINEX 格式输出数据文件中的导航电文文件，获得北斗二号卫星星历参数和电离层延迟改正系数，导航电文文件示例如图 5.52 所示。同时，根据北斗二号卫星星历参数，计算得到北斗卫星的位置。

（2）在工控机中读取 RINEX 格式输出数据文件中的观测数据文件，获得卫星与接收机之间的伪距观测值，并根据伪距观测值计算得到接收机的位置。

（3）根据 CGCS2000 地心地固直角坐标系下的卫星位置和用户位置，计算卫星在接收机处的高度角和方位角。

（4）根据卫星的高度角和方位角计算地心张角。同时，根据用户在 CGCS2000 地心地固直角坐标系中的坐标计算其地理经纬度，进而计算出穿刺点的地理经纬度。

（5）根据穿刺点的地理经度和测量时刻，计算穿刺点处的地方时。

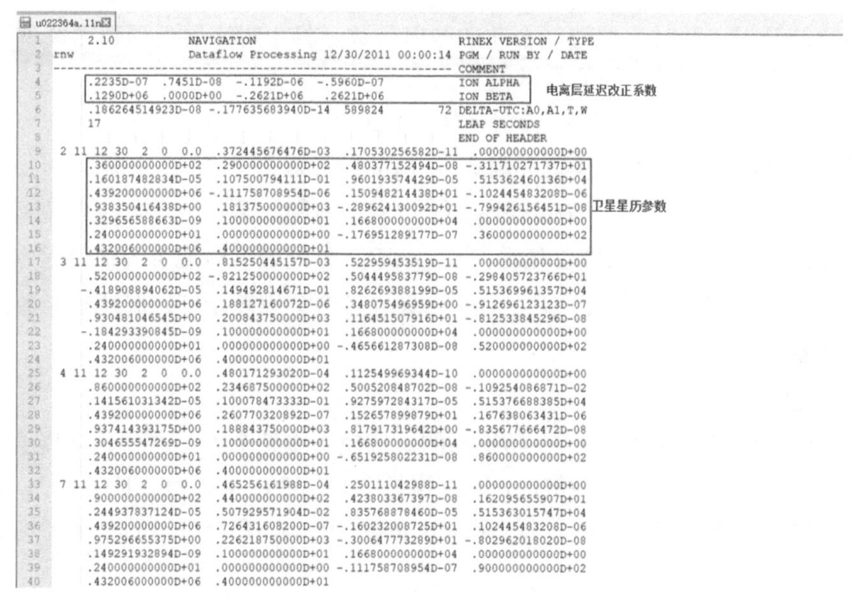

```
u022364a.11n
 1      2.10           NAVIGATION                                  RINEX VERSION / TYPE
 2 rnw                 Dataflow Processing 12/30/2011 00:00:14 PGM / RUN BY / DATE
 3 ------------------------------------------------------------ COMMENT
 4      .2235D-07  .7451D-08  -.1192D-06  -.5960D-07           ION ALPHA
 5      .1290D+06  .0000D+00  -.2621D+06   .2621D+06           ION BETA
 6      .186264514923D-08 -.177635683940D-14  589824        72 DELTA-UTC:A0,A1,T,W
 7      17                                                     LEAP SECONDS
 8                                                             END OF HEADER
 9  2 11 12 30  2  0  0.0  .372445676476D-03  .170530256582D-11  .000000000000D+00
10     .360000000000D+02  .290000000000D+02  .480377152494D-08 -.311710271737D+01
11     .160187482834D-05  .107500794111D-01  .960193574429D-05  .515362460136D+04
12     .439200000000D+06 -.111758708954D-06  .150948214438D+01 -.102445483208D-06
13     .938350416438D+00  .181375000000D+03 -.289624130092D+01 -.799426156451D-08
14     .329656588663D-09  .100000000000D+01  .166800000000D+04  .000000000000D+00
15     .240000000000D+01  .000000000000D+00 -.176951289177D-07  .360000000000D+02
16     .432006000000D+06  .400000000000D+01
17  3 11 12 30  2  0  0.0  .815250445157D-03  .522959453519D-11  .000000000000D+00
18     .520000000000D+02 -.821250000000D+02  .504449583779D-08 -.298405723766D+01
19    -.418908894062D-05  .149492814671D-01  .826269388199D-05  .515369961357D+04
20     .439200000000D+06  .188127160072D-06  .348075496959D+00 -.912696123123D-07
21     .930481046545D+00  .200843750000D+03  .116451507916D+01 -.812533845296D-08
22    -.184293390845D-09  .100000000000D+01  .166800000000D+04  .000000000000D+00
23     .240000000000D+01  .000000000000D+00 -.465661287308D-08  .520000000000D+02
24     .432006000000D+06  .400000000000D+01
25  4 11 12 30  2  0  0.0  .480171293020D-04  .112549969344D-10  .000000000000D+00
26     .860000000000D+02  .234687500000D+02  .500520848702D-08 -.109254086871D-02
27     .141561031342D-05  .100078473333D-01  .927597284317D-05  .515376688385D+04
28     .439200000000D+06  .260770320892D-07  .152657899879D+01  .167638063431D-06
29     .937414393175D+00  .188843750000D+03  .817917319642D+00 -.835677666472D-08
30     .304655547269D-09  .100000000000D+01  .166800000000D+04  .000000000000D+00
31     .240000000000D+01  .000000000000D+00 -.651925802231D-08  .860000000000D+02
32     .432006000000D+06  .400000000000D+01
33  7 11 12 30  2  0  0.0  .465256161988D-04  .250111042988D-11  .000000000000D+00
34     .900000000000D+02  .440000000000D+02  .423803367397D-08  .162095655907D+01
35     .244937837124D-05  .507929571904D-02  .835768878460D-05  .515363015747D+04
36     .439200000000D+06  .726431608200D-07 -.160232008725D+01  .102445483208D-06
37     .975296655375D+00  .226218750000D+03 -.300647773289D+01 -.802962018020D-08
38     .149291932894D-09  .100000000000D+01  .166800000000D+04  .000000000000D+00
39     .240000000000D+01  .000000000000D+00 -.111758708954D-07  .900000000000D+02
40     .432006000000D+06  .400000000000D+01
```


图 5.52 导航电文文件示例

（6）根据穿刺点的地理纬度和电离层延迟改正系数，计算 A_2 和 A_4。

（7）计算垂直电离层延迟改正值。

（8）根据投影函数计算斜方向上的电离层延迟改正值。

（9）根据对应信号的频点值计算频率转换因子，求得最终的电离层延迟改正值。

6）分析实验结果，撰写实验报告

5.6 GNSS 信号对流层延迟改正实验

除电离层延迟以外，对流层延迟也是 GNSS 信号在空间中传播的主要误差。因此，在 GNSS 信号电离层延迟改正的基础上，本节进一步开展 GNSS 信号对流层延迟改正实验，使学生掌握对流层延迟的特性及其改正方法。

5.6.1 对流层延迟及其改正方法

对流层是从地面开始延伸至地面以上约 50 km 的大气层。当卫星导航信号从中穿越时，会改变信号的传播速度和路径，这一现象称为对流层延迟。对流层延迟对导航信号的影响，在天顶方向为 1.9～2.5 m；随着高度角不断减小，对流层延迟将增加至 20～80 m。

对流层延迟的改正方法有很多种，主要分为外部改正法、参数估计法和函数模型法。目前国际上常用函数模型法对对流层延迟进行改正。函数模型法将对流层延迟分为天顶延迟改正和映射函数两部分分别进行建模，进而利用天顶延迟改正与映射函数乘积的形式来计算斜方向的对流层延迟改正值。目前，常用的对流层天顶延迟（Zenith Tropospheric Delay，ZTD）模型主要有 Hopfield 模型、Saastamoinen 模型、UNB 模型以及激光模型；针对对流层天顶延迟模型的映射函数主要有 Hopfield 映射函数、Saastamoinen 映射函数、Niell 函数以及 CFA 函数等。

根据对流层天顶延迟模型可以得到与测站垂直方向上的对流层延迟信息，但不能求得斜方向上的对流层延迟。此时需要选择合适的映射函数，将由对流层天顶延迟模型计算的改正值投影到任意斜方向。二者之间的数学关系式为

$$D_{\text{tro}} = D_{\text{tro}}^{z} \cdot M_{\text{F}}(E) \tag{5.76}$$

进一步划分对流层天顶延迟模型，则式(5.76)可表示为

$$D_{\text{tro}} = D_{\text{dry}}^{z} \cdot M_{\text{F,dry}}(E) + D_{\text{wet}}^{z} \cdot M_{\text{F,wet}}(E) \tag{5.77}$$

式中，D_{tro}表示对流层任意方向的总延迟；D_{dry}^{z}、D_{wet}^{z}分别表示对流层天顶延迟方向的干、湿延迟；$M_{\text{F}}(E)$表示总体映射函数；$M_{\text{F,dry}}(E)$、$M_{\text{F,wet}}(E)$分别表示干、湿映射函数；E表示导航卫星的高度角。

1）Hopfield 模型

Hopfield 模型是 Hopfield 于 1969 年提出的。该模型将整个大气层分为电离层和对流层，并假定对流层的大气温度下降率为常数，即高程每上升 1000 m，温度下降 6.8℃。天顶总延迟认为是天顶干延迟和天顶湿延迟的总和。Hopfield 利用全球 18 个台站的一年平均资料拟合得到了以下经验公式，即

$$D_{\text{tro}}^{z} = D_{\text{dry}}^{z} + D_{\text{wet}}^{z} \tag{5.78}$$

式中，D_{tro}^{z}为对流层天顶总延迟；D_{dry}^{z}为天顶干延迟部分；D_{wet}^{z}为天顶湿延迟部分。

天顶干延迟的计算式为

$$D_{\text{dry}}^{z} = 10^{-6}\int_{h_0}^{h_{\text{dry}}} N_{\text{dry}}\,\mathrm{d}h = 1.552\times10^{-5}\times\frac{P_0}{T_0}\times(h_{\text{dry}} - h_0) \tag{5.79}$$

天顶湿延迟的计算式为

$$D_{\text{wet}}^{z} = 10^{-6}\int_{h_0}^{h_{\text{wet}}} N_{\text{wet}}\,\mathrm{d}h = 7.46512\times10^{-2}\times\frac{e_0}{T_0^2}\times(h_{\text{wet}} - h_0) \tag{5.80}$$

式(5.79)和式(5.80)中，P_0为测站的大气压强（mbar）；T_0为测站的温度（K）；h_0为测站高程；h_{dry}、h_{wet}分别表示干、湿大气的层顶高度；e_0为水汽压。存在以下经验公式：

$$\begin{cases} h_{\text{dry}} = 40136 + 148.72(T_0 - 273.16) \\ h_{\text{wet}} = 11000 \\ e_0 = \text{RH}\times 10^{\frac{7.5(T_0-273.3)}{T_0}} \end{cases} \tag{5.81}$$

式中，RH 为测站的相对湿度。

当以实测气象参数（用户在计算时，要先获取测站的气压P_0、气温T_0以及相对湿度 RH）作为输入时，Hopfield 模型的精度可达到厘米级。但是，由于 Hopfield 模型将对流层中的温度下降率假设为常数，而相关研究表明，高度较高的对流层中温度下降率不满足常数的假设，因此在测站高度较高时，该模型会出现较大的计算偏差。

为了进一步提高 Hopfield 模型的精度，1972 年，Hopfield 又提出了 Hopfield 的改进模型。该模型的干、湿延迟计算公式为

$$D_i^{z} = 10^{-6} N_i \sum_{k=1}^{9} \frac{f_{k,i}}{k} r_i^k,\quad i = \text{dry,wet} \tag{5.82}$$

式中，$N_{\text{dry}} = 77.64\dfrac{P}{T}$，$N_{\text{wet}} = -\dfrac{12.96e_0}{T} + \dfrac{371800e_0}{T^2}$，$f_{1,i} = 1$，$f_{2,i} = 4a_i$，$f_{3,i} = 6a_i^2 + 4b_i$，

$f_{4,i}=4a_i(a_i^2+3b_i)$，$f_{5,i}=a_i^4+12a_i^2b_i+6b_i^2$，$f_{6,i}=4a_ib_i(a_i^2+3b_i)$，$f_{7,i}=b_i^2(6a_i^2+4b_i)$，$f_{8,i}=4a_ib_i^3$，$f_{9,i}=b_i^4$，$r_i=\sqrt{(R_e+h_i)^2-R_e^2\sin^2 z-R_e\cos z}$，$R_e=6378137\text{m}$。其中，$z$ 表示测站的天顶距，变量 a_i、b_i 定义为

$$a_i=-\frac{\cos z}{h_i},\ b_i=-\frac{\sin^2 z}{2h_iR_e} \tag{5.83}$$

Hopfield 于 1972 年总结了干、湿大气层的高度和大气折射率误差模型后，将映射函数简单表示为高度角的正割函数。为了更加符合大气廓线的规律，后人对其进行了改进，改进后的较为精确的 Hopfield 映射函数模型为

$$M_{\mathrm{F}}(E)=\frac{1}{\sin\sqrt{E^2+\theta^2}} \tag{5.84}$$

式中，当计算干分量映射函数时，$\theta=2.5^\circ$；当计算湿分量映射函数时，$\theta=1.5^\circ$。

2）Saastamoinen 模型

Saastamoinen 模型依然将对流层延迟分为干、湿分量进行计算。但不同于 Hopfield 模型和改进 Hopfield 模型，Saastamoinen 模型将对流层分成两层：地表到 12 km 的对流层和 12～50 km 的平流层，并认为对流层的温度递减率为 6.5°C/km，平流层的大气温度假设为常数，而水汽压则是利用基于回归线的气压廓线对折射指数的湿项进行积分得到的。

干分量和湿分量可分别表示为

$$D_{\mathrm{dry}}^z=10^{-6}k_1\frac{R_{\mathrm{dry}}}{g_m}P_0 \tag{5.85}$$

$$D_{\mathrm{wet}}^z=10^{-6}\left(k_2'+\frac{k_3}{T}\right)\frac{R_{\mathrm{dry}}}{(\lambda+1)g_{\mathrm{m}}}e_0 \tag{5.86}$$

式中，$k_1=77.642\ \text{K/hPa}$，$k_2=64.7\ \text{K/hPa}$，$k_2'=k_2-0.622k_1\ \text{K/hPa}$，$k_3=371900\ \text{K}^2/\text{hPa}$，$R_{\mathrm{dry}}=287.04\ \text{m}^2/(\text{s}^2\text{K})$，$g_{\mathrm{m}}=9.784\ \text{m/s}^2$，$\lambda=3$。

根据式(5.85)和式(5.86)，并考虑测站的地理位置和高程，可得基于 Saastamoinen 模型的对流层天顶延迟为

$$D_{\mathrm{tro}}^z=2.277\times10^{-3}\left[P_0+\left(\frac{1255}{T_0}+0.05\right)e_0\right]\Big/f(B,H) \tag{5.87}$$

$$f(B,H)=1-0.266\times10^{-2}\cdot\cos(2B)-0.28\times10^{-3}\cdot H \tag{5.88}$$

式中，B 为测站纬度；H 为测站高程（km）。

Saastamoinen 映射函数的建立需要已知大气折射廓线以及干、湿对流层和平流层的边界值。进而，利用 Saastamoinen 映射函数和对流层天顶延迟可以得到对流层斜方向总延迟为

$$D_{\mathrm{tro}}=2.277\times10^{-3}\sec z_0\left[P_0+\left(\frac{1255}{T_0}+0.05\right)e_0-B\tan^2 z_0\right] \tag{5.89}$$

式中，z_0 表示卫星天顶距。

5.6.2　实验目的与实验设备

1）实验目的

（1）认识对流层延迟产生的原因。

（2）认识对流层延迟对 GNSS 信号的影响。

（3）了解对流层延迟的计算流程。

（4）掌握根据 Hopfield 模型计算对流层延迟的方法。

2）实验内容

在空旷无遮挡的环境下搭建 GNSS 信号对流层延迟改正实验系统，并利用 GNSS 接收机进行一段时间的静态测量，以获得 RINEX 格式的输出数据文件。通过读取导航电文文件，获得 GNSS 卫星星历，并根据星历参数计算卫星位置。通过读取观测数据文件，获得卫星与接收机之间的伪距观测值，并根据伪距观测值计算接收机的位置。另外，分别利用气压计、温度计和湿度计测得接收机处的大气压强、温度和相对湿度。根据卫星位置、接收机位置以及接收机处的大气压强、温度和相对湿度，利用 Hopfield 模型计算对流层延迟。

如图 5.53 所示为 GNSS 信号对流层延迟改正实验系统示意图。该实验系统主要包括 GNSS 接收机、GNSS 接收天线、电源、气压计、温度计、湿度计和工控机等。GNSS 接收天线接收导航信号，经由接收机捕获、跟踪处理后，获得 RINEX 格式的输出数据文件并将其存储到工控机中。气压计、温度计、湿度计分别测得接收机处的大气压强、温度和相对湿度。工控机读取观测数据文件和导航电文文件，获得伪距观测值和卫星星历参数，进而结合测得的大气压强、温度和相对湿度，完成对流层延迟的计算。另外，工控机还用于实现 GNSS 接收机的调试以及输出数据文件的存储。

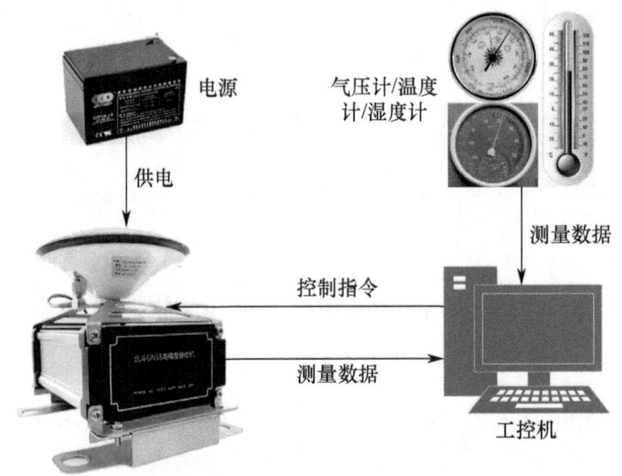

图 5.53 GNSS 信号对流层延迟改正实验系统示意图

如图 5.54 所示为 GNSS 信号对流层延迟改正实验方案流程图。

GNSS 接收机进行一段时间的静态测量，并存储 RINEX 格式的输出数据文件。通过读取观测数据文件和导航电文文件，获得伪距观测值和 GNSS 卫星星历参数。根据伪距观测值和卫星星历参数分别计算接收机位置和卫星位置。根据接收机位置和卫星位置，计算卫星的高度角和接收机的地理高度，并结合所测得的接收机处的气温、气压和相对湿度值，计算天顶干延迟和天顶湿延迟；进而根据 Hopfield 模型分别计算信号传播路径上的干、湿延迟，最终得到信号传播路径上的总延迟。

3）实验设备

司南 M300C 接收机（如图 5.55 所示）、GNSS 接收天线（如图 5.56 所示）、气压计（如

图 5.57 所示）、温度计、湿度计（如图 5.58 所示）、工控机、25 V 蓄电池、降压模块、通信接口等。

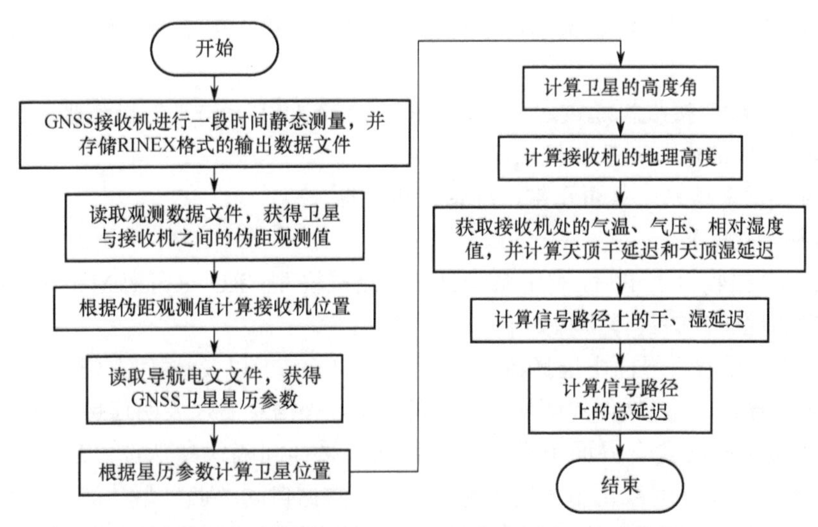

图 5.54　GNSS 信号对流层延迟改正实验方案流程图

图 5.55　司南 M300C 接收机

图 5.56　GNSS 接收天线

图 5.57　气压计

图 5.58　湿度计

5.6.3　实验步骤及操作说明

1）仪器安装

将司南 M300C 接收机和 GNSS 接收天线放置在空旷无遮挡的地面上，接收天线和电源分别通过射频电缆和电线与接收机相连接。气压计、温度计、湿度计放置在接收机附近。

2）电气连接

（1）利用万用表测量电源的输出电压是否正常（电源输出电压由司南 M300C 接收机的供电电压决定）。

（2）司南 M300C 接收机通过通信接口（RS232 转 USB）与工控机连接，25 V 蓄电池通过降压模块以 12 V 的电压对接收机供电。

（3）检查数据采集系统是否正常，准备采集数据。

3）系统初始化配置

司南 M300C 接收机上电后，利用系统自带的测试软件 CRU 对司南 M300C 接收机进行初始化配置。初始化配置的具体步骤如下。

（1）在“连接设置”界面中选择相应的串口号（COM）以及波特率（默认选“115200”）。

（2）单击“连接”，待软件界面显示板卡的 SN 号等信息后，表明连接正常。

（3）在“接收机配置”界面中设置输出数据的采样间隔（默认选“5 Hz”）、GPS/BDS/GLONASS/GALILEO 高度截止角（默认选“10”）、数据自动存储（默认选“自动”）、数据存储时段（默认选“手动”），将端口设置选择为“原始数据输出”（默认选“正常模式”），启动模式、差分端口、差分格式等不需要设置。

（4）所有数据记录设置完成后，需要重启板卡，以完成初始化配置。

4）数据采集与存储

（1）重启板卡后，保持司南 M300C 接收机静置约 10 min，进行静态测量。

（2）测量完成后，单击“文件下载”按钮，数据信息显示区里显示的即为接收机自动记录的原始输出数据文件。

（3）单击“Rinex 转换”按钮，并右击数据信息显示区中的原始输出数据文件，选择“Rinex 转换设置”后进入设置界面。将输出格式选为“2.10”后，单击“确定”按钮。再次右击原始输出数据文件，选择“转换到 Rinex”选项，将其转换为 RINEX 格式的输出数据文件，并将 RINEX 格式的输出数据文件下载到工控机中。

（4）实验结束，将司南 M300C 接收机断电，整理实验装置。

5）数据处理

（1）在工控机中读取 RINEX 格式输出数据文件中的导航电文文件，获得 GNSS 卫星星历参数，进而根据卫星星历参数计算得到卫星的位置。

（2）在工控机中读取 RINEX 格式输出数据文件中的观测数据文件，获得卫星与接收机之间的伪距观测值，并根据伪距观测值计算得到接收机的位置。

（3）根据卫星位置和接收机位置计算卫星的高度角。

（4）根据接收机在地心地固直角坐标系中的位置坐标计算其地理高度。

（5）综合接收机处的气温、气压和相对湿度值计算天顶干延迟和天顶湿延迟。

（6）根据 Hopfield 映射函数分别计算信号路径上的干、湿延迟。

（7）计算信号路径上的总延迟。

6）分析实验结果，撰写实验报告

5.7　GNSS 信号接收功率验证实验

确定 GNSS 信号到达接收机处的功率对于接收机前端设计至关重要。通过计算 GNSS 信号的接收功率可以为接收机前端设计提供依据。因此，本节开展 GNSS 信号接收功率验证实验，使学生掌握利用 GNSS 信号接收功率模型计算信号接收功率的方法。

5.7.1　GNSS 信号接收功率验证实验的基本原理

1）GNSS 信号接收功率模型

GNSS 卫星利用发射天线向外发射信号，而信号的发射和卫星上各种电子器件的运行等所需的电能，全部来自卫星上的太阳能电池板对太阳能的吸收与转化。目前，GPS 卫星对调制有 C/A 码的 L1 载波信号的发射功率约为 26.8 W。需要注意的是，这里所说的信号及其功率，实际上是指载波信号及其功率，而调制载波的伪码和数据码体现的是信息而非能量。

为了提高信号发射效率，卫星天线在设计上通常使其信号发射具有一定的指向性，即原本散发到天线四周各方向上的信号功率被集中起来朝向地球发射，而天线的这种指向性称为方向增益，即在不同方向上天线具有不同大小的增益值。根据 GPS 系统接口数据文件，GPS 卫星发射天线在不同发射角下的增益如图 5.59 所示。其中发射角是指信号发射方向与 GPS 卫星和地心之间的连线所形成的角度。由图 5.59 可知，发射天线的增益大小与发射角有关。当发射角约为 10°时，主瓣信号的增益峰值为 15 dB。第一旁瓣信号的增益峰值出现在发射角约为 32°处，大小约为 3 dB。第二旁瓣信号的增益始终低于 0 dB。

GNSS 卫星发射信号，经过自由空间传播后，被地球表面的接收机所接收，GNSS 信号自由空间传播示意图如图 5.60 所示。设卫星信号的发射功率为 P_{T}，卫星发射天线在某一方向上的增益为 G_{T}，则在此方向上与该卫星 S 相距为 d 的接收机 R 处，接收天线单位面积所拦截的卫星信号功率为

$$\psi = \frac{P_{\mathrm{T}} G_{\mathrm{T}}}{4\pi d^2} \tag{5.90}$$

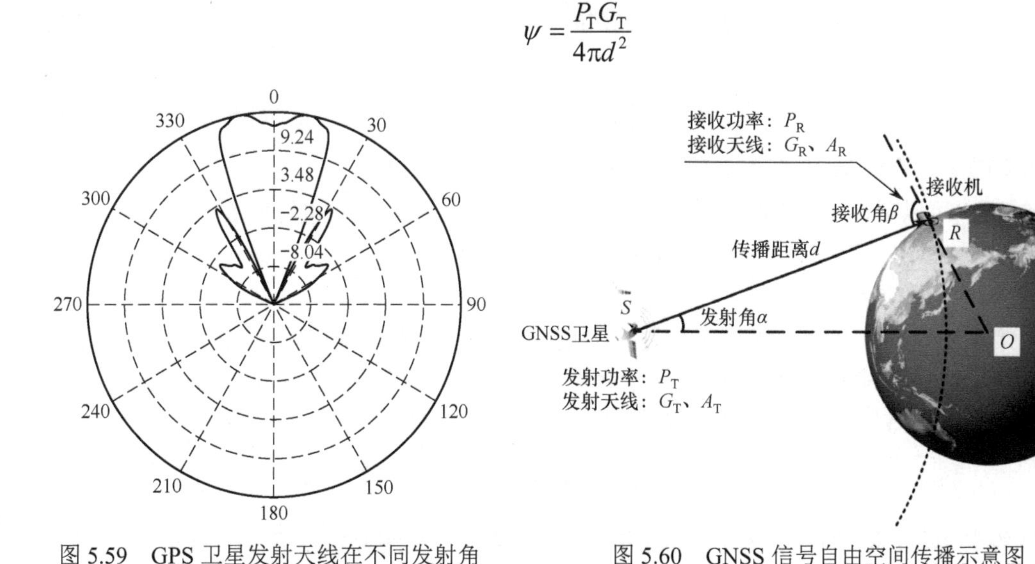

图 5.59　GPS 卫星发射天线在不同发射角下的增益

图 5.60　GNSS 信号自由空间传播示意图

式中，单位面积上的接收功率ψ通常又称为功率流密度。

同样地，用来接收信号的接收天线通常也具有一定的指向性。若接收天线在信号传播方向上的有效接收面积为A_{R}，则该接收天线的相应增益G_{R}为

$$G_{\mathrm{R}}=\frac{4\pi A_{\mathrm{R}}}{\lambda^2} \tag{5.91}$$

则有效接收面积A_{R}可表示为

$$A_{\mathrm{R}}=\frac{G_{\mathrm{R}}\lambda^2}{4\pi} \tag{5.92}$$

式中，λ为信号的波长。事实上，在信号发射端，卫星发射天线的有效发射面积A_{T}与其增益G_{T}之间也遵从类似的关系，即$G_{\mathrm{T}}=4\pi A_{\mathrm{T}}/\lambda^2$。

接收天线与发射天线的工作原理是相同的，而它们之间所不同的只是能量传递方向相反。天线的有效接收（或发射）面积与其物理尺寸的大小和形状有关，而式(5.91)揭示了天线设计中的基本规则：天线越大，增益越高。这个式子还表明对于同一天线，载波信号的波长越短即频率越高，天线增益就越高。

由于接收机R处的卫星信号功率流密度为ψ，有效接收面积为A_{R}，因此在点R处的接收天线所接收到的卫星信号功率P_{R}为

$$P_{\mathrm{R}}=\psi\cdot A_{\mathrm{R}}=\frac{P_{\mathrm{T}}G_{\mathrm{T}}A_{\mathrm{R}}}{4\pi d^2} \tag{5.93}$$

进一步，将式(5.92)代入式(5.93)中，可得

$$P_{\mathrm{R}}=\frac{P_{\mathrm{T}}G_{\mathrm{T}}}{4\pi d^2}\cdot\frac{G_{\mathrm{R}}\lambda^2}{4\pi}=\frac{P_{\mathrm{T}}G_{\mathrm{T}}G_{\mathrm{R}}\lambda^2}{(4\pi d)^2} \tag{5.94}$$

式(5.94)称为GNSS信号自由空间传播公式，又称为富莱斯（Friis）传播公式或者链接方程，它表明了信号发射功率P_{T}与接收功率P_{R}之间的关系。在工程计算中，式(5.94)通常等价表示为以下链路功率模型：

$$P_{\mathrm{R}}=P_{\mathrm{T}}+G_{\mathrm{T}}+20\lg\left(\frac{\lambda}{4\pi d}\right)-L_{\mathrm{A}}+G_{\mathrm{R}} \tag{5.95}$$

式中各项均表示成dB的形式，其中$20\lg\left(\frac{\lambda}{4\pi d}\right)$为自由空间传播损耗，其取值大小与信号波长$\lambda$和传输距离$d$有关；$L_{\mathrm{A}}$表示大小约为2 dB的大气损耗。

由式(5.95)可以看出，GNSS信号传播链路分为信号发射端、空间传输过程、信号接收端三个阶段。GNSS信号空间传播链路示意图如图5.61所示。

2）信噪比和载噪比

信号接收功率的强弱并不能完全描述信号的清晰程度或者质量好坏。实际上，信号的质量好坏主要与信号相对噪声的强弱有关。信号的质量通常用信噪比（Signal-Noise Ratio，SNR）来衡量，它定义为信号功率P_{R}与噪声功率N之间的比率，即

$$\mathrm{SNR}=\frac{P_{\mathrm{R}}}{N} \tag{5.96}$$

SNR没有单位，其值通常表示成dB的形式。显然，SNR越高，则信号的质量越好。SNR的大小直接影响接收机的捕获、跟踪性能。

噪声功率N与噪声温度T之间的对应关系为

$$N = kTB_n \tag{5.97}$$

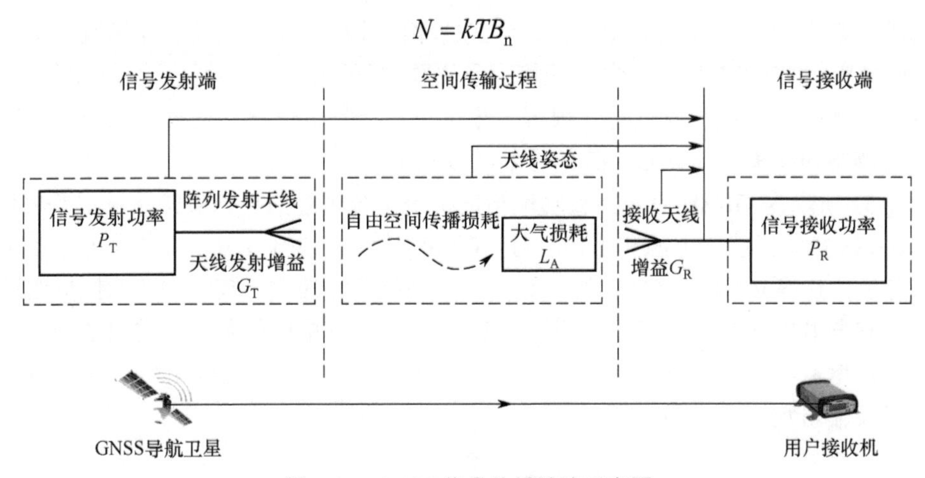

图 5.61　GNSS 信号传播链路示意图

式中，N 的单位为瓦特（W），T 的单位为开尔文（K），B_n 是以 Hz 为单位的噪声带宽，玻尔兹曼常数 k 等于 1.38×10^{-23}J/K 。

由于噪声功率 N 以及相应的 SNR 与噪声带宽 B_n 的取值大小有关，因而给定一个 SNR，一般应当指出其所采用的噪声带宽值，这会给 SNR 的应用带来不便。为此，在衡量信号相对噪声的强弱时需要定义一个与噪声带宽无关的参数。载波噪声比 C/N_0 简称载噪比，其大小与接收机所采用的噪声带宽 B_n 无关，这有利于不同接收机之间的性能对比。载噪比 C/N_0 的定义如下：

$$C/N_0 = \frac{P_R}{N_0} \tag{5.98}$$

式中，载噪比 C/N_0 的单位为 dB·Hz；N_0 为噪声功率频谱密度，单位为 dBW/Hz，其与噪声功率 N 之间的关系为

$$N = N_0 \cdot B_n \tag{5.99}$$

进一步，根据式(5.96)、式(5.98)和式(5.99)，可以得到 SNR 与载噪比 C/N_0 之间的关系为

$$C/N_0 = \text{SNR} \cdot B_n \tag{5.100}$$

对于一般的接收机来说，N_0 的典型值为−205 dBW/Hz，那么接收功率为−160 dBW 的载波信号对应的载噪比为 45 dB·Hz。室外 GNSS 接收信号的载噪比大致在 35～55 dB·Hz 这一范围内变动，其中大于 40 dB·Hz 的信号一般可以视为强信号，而小于 28 dB·Hz 的信号则被视为弱信号。

5.7.2　实验目的与实验设备

1）实验目的

（1）了解 GNSS 天线增益的定义与影响因素。

（2）认识接收机信号接收功率的影响因素。

（3）理解信号信噪比和载噪比的概念。

（4）掌握 GNSS 信号接收功率的计算方法。

2）实验内容

在空旷无遮挡的环境下搭建 GNSS 信号接收功率验证实验系统，并利用 GNSS 接收机进

行一段时间的静态测量，以获得 RINEX 格式的输出数据文件。通过读取导航电文文件获得 GNSS 卫星星历，并根据卫星星历参数计算卫星位置。通过读取观测数据文件获得伪距观测值，并根据伪距观测值计算接收机位置。根据卫星位置、接收机位置、发射天线增益和接收天线增益，利用链路功率模型计算 GNSS 信号的接收功率。

如图 5.62 所示为 GNSS 信号接收功率验证实验系统示意图。该实验系统主要包括 GNSS 接收机、GNSS 接收天线、电源和工控机等。GNSS 接收天线接收卫星导航信号，经由接收机捕获、跟踪后，获得 RINEX 格式的输出数据文件并将其存储到工控机中。工控机通过读取观测数据文件和导航电文文件，获得伪距观测值和 GNSS 卫星星历参数，进而结合发射天线增益和接收天线增益，完成 GNSS 信号接收功率的计算。另外，工控机还用于实现 GNSS 接收机的调试以及输出数据文件的存储。

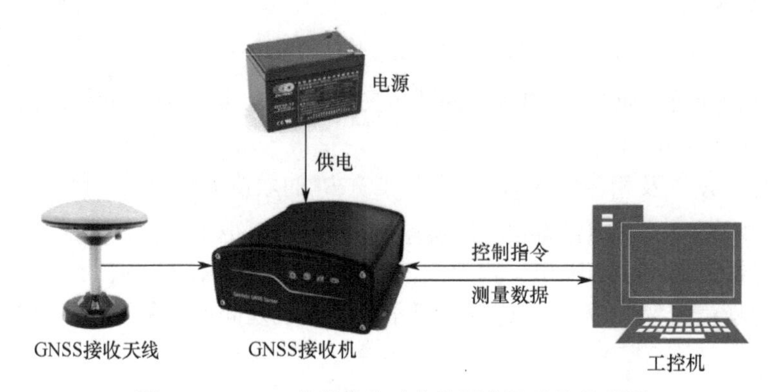

图 5.62　GNSS 信号接收功率验证实验系统示意图

如图 5.63 所示为 GNSS 信号接收功率验证实验方案流程图。

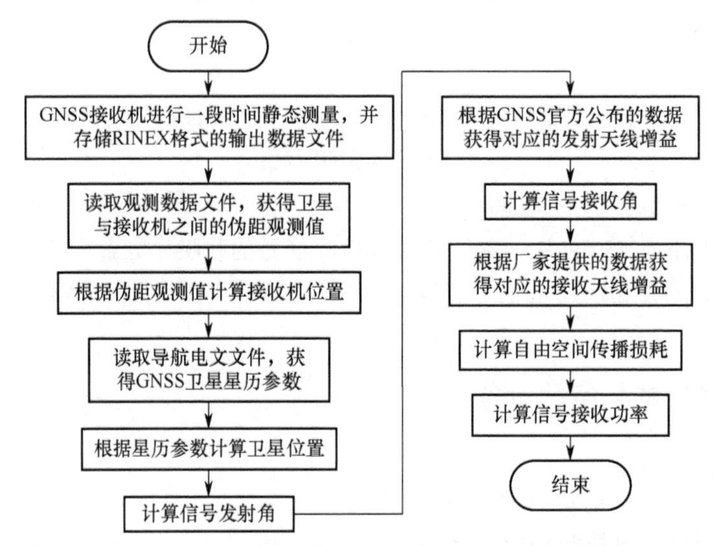

图 5.63　GNSS 信号接收功率验证实验方案流程图

GNSS 接收机进行一段时间的静态测量，并存储 RINEX 格式的输出数据文件。通过读取观测数据文件和导航电文文件，获得伪距观测值和 GNSS 卫星星历。根据伪距观测值和卫星星历参数分别计算接收机位置和卫星位置。根据接收机位置和卫星位置，计算信号发射角和接收角，并分别根据 GNSS 官方和接收天线厂家提供的天线增益数据，获得对应的发射天线增益和接收天线增益，进而利用链路功率模型计算得到 GNSS 信号的接收功率。

3）实验设备

司南 M300C 接收机、GNSS 接收天线、工控机、25 V 蓄电池、降压模块、通信接口等。

5.7.3　实验步骤及操作说明

1）仪器安装

将司南 M300C 接收机和 GNSS 接收天线放置在空旷无遮挡的地面上，GNSS 接收天线和电源分别通过射频电缆和电线与接收机相连接。

2）电气连接

（1）利用万用表测量电源的输出电压是否正常（电源输出电压由司南 M300C 接收机的供电电压决定）。

（2）司南 M300C 接收机通过通信接口（RS232 转 USB）与工控机连接，25 V 蓄电池通过降压模块以 12 V 的电压对接收机供电。

（3）检查数据采集系统是否正常，准备采集数据。

3）系统初始化配置

司南 M300C 接收机上电后，利用系统自带的测试软件 CRU 对司南 M300C 接收机进行初始化配置。初始化配置的具体步骤如下。

（1）在“连接设置”界面中选择相应的串口号（COM）以及波特率（默认选“115200”）。

（2）单击“连接”，待软件界面显示板卡的 SN 号等信息后，表明连接正常。

（3）在“接收机配置”界面中设置输出数据的采样间隔（默认选“5 Hz”）、GPS/BDS/GLONASS/GALILEO 高度截止角（默认选“10”）、数据自动存储（默认选“自动”）、数据存储时段（默认选“手动”），将端口设置选择为“原始数据输出”（默认选“正常模式”），启动模式、差分端口、差分格式等不需要设置。

（4）所有数据记录设置完成后，需要重启板卡，以完成初始化配置。

4）数据采集与存储

（1）重启板卡后，保持司南 M300C 接收机静置约 10 min，进行静态测量。

（2）测量完成后，单击“文件下载”按钮，数据信息显示区里显示的即为接收机自动记录的原始输出数据文件。

（3）单击“Rinex 转换”按钮，并右击数据信息显示区中的原始输出数据文件，选择“Rinex 转换设置”后进入设置界面。将输出格式选为“2.10”后，单击“确定”按钮。再次右击原始输出数据文件，选择“转换到 Rinex”选项，将其转换为 RINEX 格式的输出数据文件，并将 RINEX 格式的输出数据文件下载到工控机中。

（4）实验结束，将司南 M300C 接收机断电，整理实验装置。

5）数据处理

（1）在工控机中读取 RINEX 格式输出数据文件中的导航电文文件，获得 GNSS 卫星星历参数，进而根据卫星星历参数计算得到卫星的位置。

（2）在工控机中读取 RINEX 格式输出数据文件中的观测数据文件，获得卫星与接收机之间的伪距观测值，并根据伪距观测值计算得到接收机的位置。

（3）根据卫星位置和接收机位置计算 GNSS 信号的发射角，并根据 GNSS 官方公布的发射天线增益数据，获得此发射角对应的发射天线增益。

（4）根据卫星位置和接收机位置计算 GNSS 信号的接收角，并根据接收天线厂家提供的接收天线增益数据，获得此接收角对应的接收天线增益。

（5）根据卫星位置和接收机位置计算两者之间的距离，进而计算 GNSS 信号的自由空间传播损耗。

（6）根据链路功率模型计算 GNSS 信号的接收功率。

6）分析实验结果，撰写实验报告

第 6 章　卫星导航接收机基带信号处理系列实验

卫星导航接收机是一种能够接收、跟踪、变换和测量卫星导航定位信号的无线电接收设备，它是用户实现导航定位、测速和授时的终端设备。导航卫星发射的信号传播到卫星导航接收机的天线后，接收机首先需要对信号进行捕获，然后跟踪卫星信号以保证连续测距，同时从导航信号中解调出导航电文，才能够实现连续定位。可见，卫星导航接收机必须具备码的捕获、码的锁定与测距、导航电文的解调等功能。

因此，本章分别开展 GNSS 信号捕获实验、GNSS 信号跟踪实验、GNSS 信号导航电文解调实验等接收机基带信号处理实验，旨在通过实验让学生掌握 GNSS 信号捕获、跟踪、导航电文解调的原理与实现方法。

6.1　GNSS 信号捕获实验

GNSS 信号捕获是卫星导航接收机基带信号处理的第一步。接收机在进行信号捕获时首先快速搜索可见卫星，然后确定出粗略的码相位及多普勒频移参数，并利用这些参数初始化 GNSS 信号跟踪环路。此外，如果跟踪环路失锁，捕获环节需要及时地进行信号重捕获。可见，GNSS 信号捕获性能直接影响接收机的首次定位时间和灵敏度等关键指标。因此，本节主要开展 GNSS 信号捕获实验，使学生掌握 GNSS 信号捕获的基本原理及其实现方法。

6.1.1　GNSS 信号捕获的基本原理

1）GNSS 信号捕获模型

信号捕获的目的是确定可见卫星及卫星信号载波频率、码相位的粗略值。由于卫星导航接收机接收到的 GNSS 信号是若干颗可见卫星信号的叠加，因此卫星信号的捕获实际上是对可见卫星、码相位和载波频率的三维搜索过程，信号捕获的三维搜索方向如图 6.1 所示。

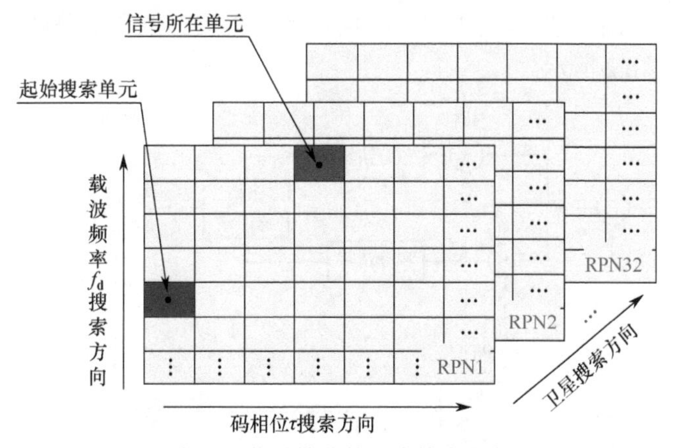

图 6.1　信号捕获的三维搜索方向

由于不同卫星的伪随机码是近似正交的，因此接收机可以对不同卫星信号进行并行独立处理。这样，在对某颗卫星信号进行捕获时，三维搜索过程便降为对载波频率和码相位的二维搜索过程。因此，当接收机接收到某颗 GNSS 信号后，经射频前端下变频和采样处理后得到数字中频信号，其模型为

$$r(n)=A\cdot c(n-\tau)\cdot d(n-\tau)\cdot\cos[2\pi(f_{\mathrm{IF}}+f_{\mathrm{d}})n+\varphi_0]+\eta(n) \tag{6.1}$$

式中，n 为信号的采样点序号；A 为信号的幅值；$c(\cdot)$ 为伪随机码；$d(\cdot)$ 为数据码；τ 为码相位延迟；f_{IF} 为信号的标称中频频率；f_{d} 为信号的多普勒频移；φ_0 为初始载波相位；$\eta(n)$ 为高斯白噪声。

在对数字中频信号 $r(n)$ 进行捕获时，接收机先根据码相位和多普勒频移的估计值生成对应的本地信号 $\hat{r}(n)$，其模型为

$$\hat{r}(n)=\hat{c}(n-\hat{\tau})\cdot\exp[-\mathrm{j}2\pi(f_{\mathrm{IF}}+\hat{f}_{\mathrm{d}})n] \tag{6.2}$$

式中，$\hat{\tau}$ 为信号伪随机码相位的估计值；$\hat{f}_{\mathrm{d}}$ 为信号多普勒频移的估计值。

之后，将数字中频信号 $r(n)$ 与本地信号 $\hat{r}(n)$ 进行相关运算，并滤除其中的高频分量，进而可得到第 n 个采样点的相关结果为

$$r(n)\cdot\hat{r}(n)=\frac{A\cdot c(n-\tau)\cdot\hat{c}(n-\hat{\tau})\cdot d(n-\tau)}{2}\exp[\mathrm{j}2\pi\delta f_{\mathrm{d}}n+\mathrm{j}\varphi_0] \tag{6.3}$$

式中，$\delta f_{\mathrm{d}}=f_{\mathrm{d}}-\hat{f}_{\mathrm{d}}$ 为信号多普勒频移的估计误差。

对式(6.3)所得的相关结果进行累积运算，当累积时段内的导航数据位 $d(\cdot)$ 不发生翻转时，则可得到累积结果 Z 为

$$\begin{aligned}Z&=\sum_{n=0}^{N-1}\frac{A\cdot c(n-\tau)\cdot\hat{c}(n-\hat{\tau})\cdot d(n-\tau)}{2}\exp[\mathrm{j}2\pi\delta f_{\mathrm{d}}n+\mathrm{j}\varphi_0]\\&=\frac{A\cdot R(\delta\tau)\cdot d}{2}N\cdot\mathrm{sinc}(\pi\delta f_{\mathrm{d}}N)\cdot\exp[\mathrm{j}\pi\delta f_{\mathrm{d}}(N-1)+\mathrm{j}\varphi_0]\end{aligned} \tag{6.4}$$

式中，N 为信号的总采样点数；$R(\delta\tau)$ 为伪随机码的自相关函数，$\delta\tau=\tau-\hat{\tau}$ 为本地估计码相位与实际码相位的偏差。

式(6.4)即为 GNSS 信号的基本捕获模型。由式(6.4)可知，相关累积结果 Z 与多普勒频移估计误差 δf_{d} 和码相位估计误差 $\delta\tau$ 有关。当 δf_{d} 和 $\delta\tau$ 均不为零时，Z 的幅值会产生衰减；而当 δf_{d} 和 $\delta\tau$ 均为零时，Z 取得峰值。可见，GNSS 信号捕获是通过对本地信号和接收信号进行相关累积运算，进而根据累积结果中的峰值位置获得码相位和多普勒频移的估计值，信号捕获基本原理图如图 6.2 所示。

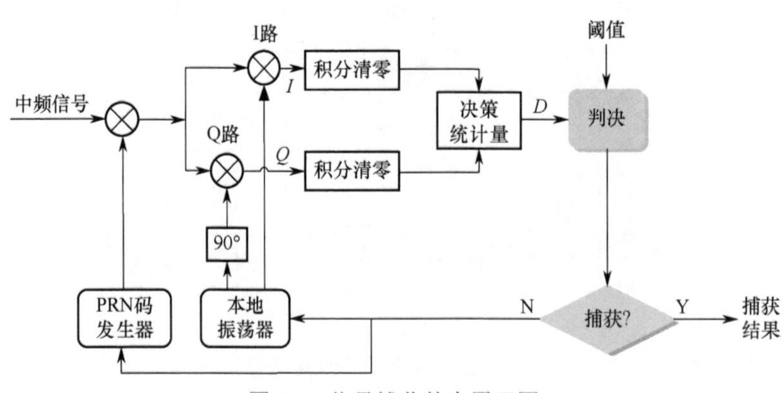

图 6.2 信号捕获基本原理图

首先，将GNSS中频信号与本地信号进行相关处理，进而将I路和Q路的相关结果分别进行累积运算，并利用两路的相关累积结果构造决策统计量D。进一步，将决策统计量D与设定的阈值进行比较，判断其是否超过阈值。若超过阈值，则完成信号捕获，峰值对应的码相位和多普勒频移即为捕获结果；若没有超过阈值，则说明未捕获到信号，需要改变本地信号的码相位和多普勒频移，再次进行相关累积运算，直至搜索完整个码相位和多普勒频移范围。

2）GNSS信号捕获方法

GNSS信号捕获方法可以分为硬件捕获法和软件捕获法。传统的卫星导航接收机一般使用硬件捕获法，但随着芯片技术和微处理器速度的提高，软件捕获法日益成熟，已经成为GNSS信号捕获的发展趋势。按照GNSS信号捕获的实现方式，软件捕获法又可分为时域串行搜索捕获方法、频域并行载波频率搜索捕获方法、频域并行码相位搜索捕获方法。下面对这三种主要的捕获方法进行简要介绍。

（1）时域串行搜索捕获方法

时域串行搜索捕获方法是一种最常用的GNSS信号捕获方法，如图6.3所示为时域串行搜索捕获方法的原理图。

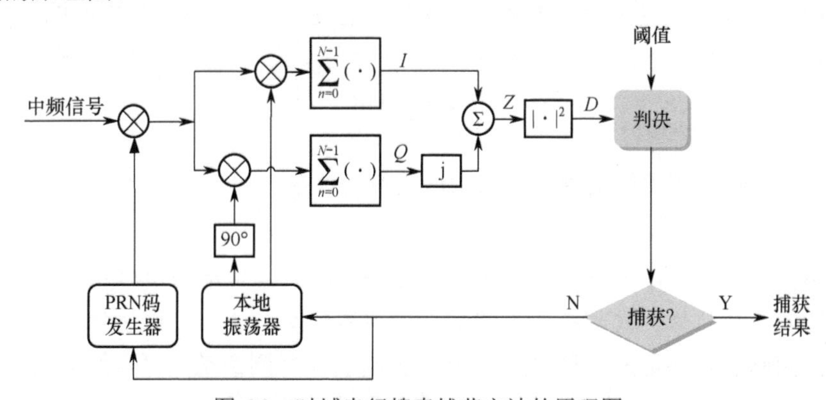

图6.3　时域串行搜索捕获方法的原理图

由图6.3可知，在时域串行搜索捕获过程中，输入的中频信号先后与PRN码发生器产生的本地码信号以及本地振荡器产生的同相和正交两路本地载波进行相关运算，以实现码剥离和载波剥离；进而分别对同相和正交两路的相关结果进行累加运算，并将累加结果构成一个复信号，即

$$Z = I + \mathrm{j}Q = \sum_{n=0}^{N-1} r(n) \cdot \hat{c}(n-\hat{\tau}) \cdot \exp[-\mathrm{j}2\pi(f_{\mathrm{IF}} + \hat{f}_{\mathrm{d}})n] \tag{6.5}$$

进一步，利用所得复信号模的平方构造决策统计量，即

$$D(\hat{\tau}, \hat{f}_{\mathrm{d}}) = |Z|^2 = I^2 + Q^2 \tag{6.6}$$

将决策统计量$D(\hat{\tau}, \hat{f}_{\mathrm{d}})$与设定的阈值进行比较，判断其是否超过阈值。若超过阈值，则说明已捕获到信号，输出码相位估计值$\hat{\tau}$和多普勒频移估计值$\hat{f}_{\mathrm{d}}$；若没有超过阈值，则说明未捕获到信号，需要改变本地信号的码相位和多普勒频移，再次进行相关累积运算，直至遍历搜索完整个码相位和多普勒频移范围。

时域串行搜索捕获方法实现过程简单，便于工程应用。但由于该方法需要采用串行的方式对整个多普勒频移和码相位范围进行二维遍历搜索，因此计算量比较大，会对接收机的实时性产生一定的影响。

（2）频域并行载波频率搜索捕获方法

频域并行载波频率搜索捕获方法利用傅里叶变换将信号从时域转换到频域，进而根据频域中峰值所在位置得到载波频率估计值，从而实现对载波频率的并行搜索，使得总搜索过程降为对码相位的一维搜索过程，大大减少了计算量。频域并行载波频率搜索捕获方法的原理图如图 6.4 所示。

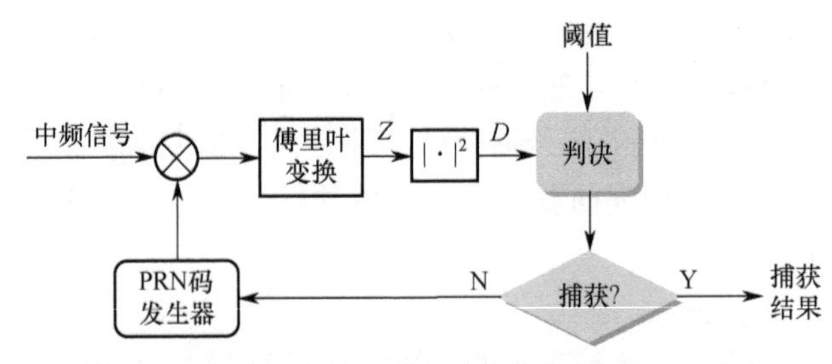

图 6.4 频域并行载波频率搜索捕获方法的原理图

由图 6.4 可知，在频域并行载波频率搜索捕获过程中，通过将 PRN 码发生器产生的本地码信号与中频信号进行相关处理，并对相关结果进行傅里叶变换，便可得到频域相关结果，即

$$Z = \mathrm{FFT}[r(n)\cdot\hat{c}(n-\hat{\tau})] \tag{6.7}$$

式中，$\mathrm{FFT}(\cdot)$ 表示快速傅里叶变换。

进一步，利用频域相关结果模的平方构造决策统计量，即

$$D(\hat{\tau}) = |Z|^2 \tag{6.8}$$

当本地码信号与输入中频信号中的码信号完全对齐时，本地码信号与中频信号的相关结果为一个连续的载波信号，其频率即为待估计的载波频率，这一过程也就是码剥离过程，如图 6.5 所示。因此，对决策统计量 $D(\hat{\tau})$ 进行峰值检验，并判断是否存在明显的峰值输出。若存在，则说明已捕获到信号，输出码相位估计值 $\hat{\tau}$ 和信号的载波频率 $\hat{f}_{\mathrm{d}}$（峰值处对应的频率）；若不存在，则说明未捕获到信号，这时需要改变本地信号的码相位，再次进行相关累积运算，直至遍历搜索完整个码相位范围。

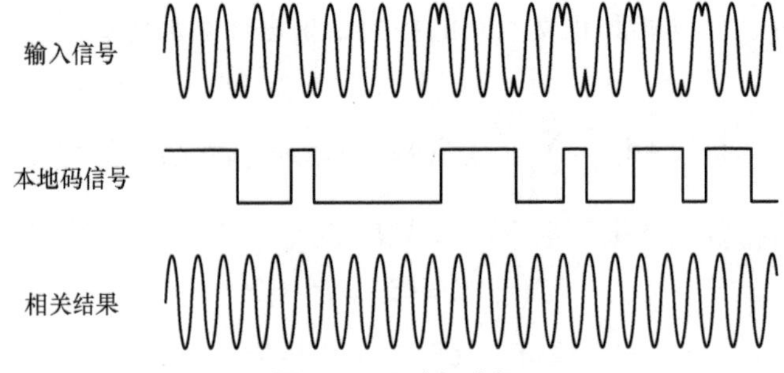

图 6.5 码剥离过程

相较于时域串行搜索捕获方法，频域并行载波频率搜索捕获方法将总搜索过程降为对码相位的一维搜索过程，有效地减少了搜索次数，显著提高了信号捕获的快速性。

（3）频域并行码相位搜索捕获方法

信号捕获过程中需要实现接收信号与本地码信号的相关处理。频域并行码相位搜索捕获

方法基于时域码相位循环相关等价于频域码相位共轭相乘的基本思想，一次性完成对码相位这一维的搜索，从而使得总搜索过程降为对载波频率的一维搜索过程。频域并行码相位搜索捕获方法的原理图如图 6.6 所示。

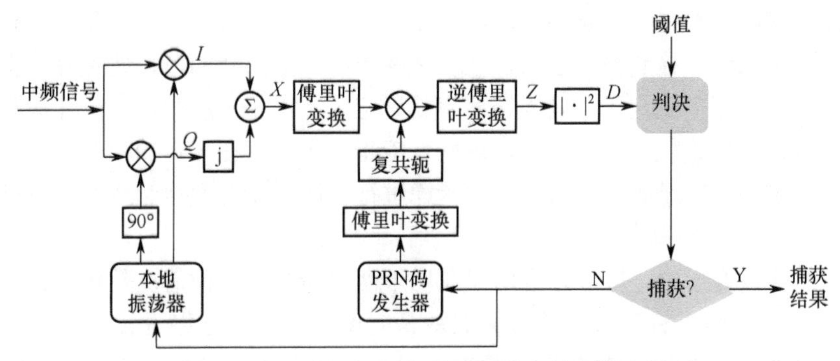

图 6.6　频域并行码相位搜索捕获方法的原理图

由图 6.6 可知，在频域并行码相位搜索捕获过程中，先将本地振荡器产生的同相和正交两路本地载波信号与中频信号进行相关处理，进而将同相和正交两路的相关结果构成一个复信号，即

$$x(n) = I(n) + \mathrm{j}Q(n) = r(n) \cdot \exp[-\mathrm{j}2\pi(f_{\mathrm{IF}} + \hat{f}_{\mathrm{d}})n] \tag{6.9}$$

进一步，将 PRN 码发生器产生的本地码信号经过傅里叶变换和复共轭处理后，与复信号的傅里叶变换结果相乘，并将所得结果经过逆傅里叶变换后，获得时域相关结果，即

$$Z = I_Z^2 + \mathrm{j}Q_Z^2 = \mathrm{IFFT}\{\overline{\mathrm{FFT}[\hat{c}(n-\hat{\tau})]} \cdot \mathrm{FFT}[x(n)]\} \tag{6.10}$$

式中，$\mathrm{IFFT}(\cdot)$ 表示逆傅里叶变换；$\overline{(\cdot)}$ 表示取复共轭值；$\hat{c}(n-\hat{\tau})$ 表示 PRN 码发生器产生的本地码信号。

利用时域相关结果模的平方构造决策统计量，即

$$D(\hat{f}_{\mathrm{d}}) = |Z|^2 = I_Z^2 + Q_Z^2 \tag{6.11}$$

将决策统计量 $D(\hat{f}_{\mathrm{d}})$ 与设定的阈值进行比较，判断其是否超过阈值。若超过阈值，则说明已捕获到信号，进而根据时域相关的峰值位置便可确定待估计的码相位，而本地载波信号的频率即为待估计的载波频率；若没有超过阈值，则说明未捕获到信号，只需改变本地载波信号的多普勒频移后再次进行相关累积运算，直至搜索完整个多普勒频移范围。

与前述两种捕获方法相比，频域并行码相位搜索捕获方法利用频域上码相位的一次共轭相乘便可实现时域上码相位的遍历循环相关，将总搜索过程降为对载波频率的一维搜索过程，所需搜索次数更少，捕获快速性更好；另外，由于该方法通过对所有采样点进行遍历循环相关，因此码相位的搜索步长即为码长除以采样点数。这样，便将前两种方法一个码片的搜索步长进行了大幅缩减，从而对码相位实现了更加精细的搜索，因此对于码相位参数的估计精度更高。换言之，对于码长为 1023 码片（chip）的 GPS C/A 码，若采样频率为 10 MHz，则一个码周期（即 1ms）的本地码序列包含 10000 个采样点。频域并行码相位搜索捕获方法的码相位搜索步长即为 1023/10000 chip，远小于 1 chip，因此该方法最终会得到更加精确的码相位参数估计值。

3）GNSS 信号捕获性能指标

GNSS 信号捕获的性能主要由捕获时间、灵敏度、检测概率、虚警概率等指标来衡量。捕获时间决定了捕获的快速性，捕获时间越短，捕获快速性越好。灵敏度决定了能够捕获到信号的最低载噪比，接收机的灵敏度越高，能够捕获到信号的信噪比越低。检测概率和虚警概率决定了信号捕获的可靠性，检测概率越大，虚警概率越小，则捕获的可靠性越好。实际上，一旦接收机灵敏度和检测概率确定了，则虚警概率就确定了。工程应用中需要设计捕获时间短、灵敏度高、可靠性好的接收机。但实际上，这些性能指标之间存在一定的相互制约关系，如捕获时间和灵敏度二者是一对矛盾体，必须折中考虑进行设计，以得到相对高性能的捕获方案。

（1）检测概率和虚警概率

在图 6.1 的搜索方格中，每个方格均存在以下两种情况：一种情况是包含信号和噪声；另一种情况只包含噪声而没有信号。信号捕获就是对所有待搜索方格进行检测，判断出存在信号的方格，该方格对应的码相位和载波频率即为待估计参数。可见，信号捕获实际上是一个假设检验问题。因此，可以定义如下两个假设：

零假设 H_0：假设只有噪声存在；

非零假设 H_1：假设既有信号，又有噪声存在。

检测概率 P_{d} 定义为当信号和噪声均存在时，决策统计量 D 超过阈值 V_{t} 的概率；虚警概率 P_{fa} 定义为当仅存在噪声时，决策统计量 D 超过阈值 V_{t} 的概率。因此，捕获过程中单次试验的检测概率和虚警概率为

$$P_{\mathrm{d}} = \int_{V_{\mathrm{t}}}^{\infty} p(D \mid H_1)\mathrm{d}D \tag{6.12}$$

$$P_{\mathrm{fa}} = \int_{V_{\mathrm{t}}}^{\infty} p(D \mid H_0)\mathrm{d}D \tag{6.13}$$

式中，$p(D \mid H_1)$ 表示非零假设 H_1 成立时，决策统计量 D 的概率密度函数；$p(D \mid H_0)$ 表示在零假设 H_0 成立时，决策统计量 D 的概率密度函数。

（2）捕获灵敏度及捕获时间

捕获灵敏度是指能够满足信号捕获虚警概率和检测概率要求的载噪比最小值。因此，捕获灵敏度可以用信噪比（SNR）或载噪比（C/N_0）的最小值来表示。

在信号捕获过程中，捕获驻留时间定义为给出一次判决结果的捕获处理时间，而捕获时间 T_{a} 是指搜索并捕获到卫星信号所需要的时间。由于 T_{a} 为随机变量，一般用捕获时间的期望 $\overline{T}_{\mathrm{a}}$（即平均捕获时间）表示捕获特性。在满足捕获可靠性的前提下，平均捕获时间决定了捕获性能的好坏，它是评价接收机性能的一项重要指标。

在一定的载噪比环境中，对捕获性能的评定通常基于两个准则：

（1）给定 $(P_{\mathrm{d}}, P_{\mathrm{fa}})$ 后，要求捕获驻留时间尽量小；

（2）在一定的捕获驻留时间和虚警概率条件下，要求检测概率尽量大。

其中，第二个准则一般称为 Neyman-Pearson 准则。

6.1.2 实验目的与实验设备

1）实验目的

（1）了解卫星导航信号的结构组成。

（2）学习卫星导航信号的捕获原理。

（3）掌握时域串行搜索捕获方法、频域并行载波频率搜索捕获方法、频域并行码相位搜索捕获方法的基本思想、特点以及实现流程。

2）实验方案

在空旷无遮挡的环境下搭建 GNSS 信号捕获实验系统，并利用 GNSS 接收机在单 BD2 模式下进行一段时间的静态测量，以获得 RINEX 格式的输出数据文件。通过读取输出数据文件中的观测数据文件，获得伪距和伪距率观测值，并根据伪距和伪距率观测值计算中频信号的码相位及多普勒频移，从而模拟产生中频信号。利用时域串行搜索捕获方法、频域并行载波频率搜索捕获方法、频域并行码相位搜索捕获方法对模拟中频信号进行捕获，粗略地估算出可见卫星的信号参数值（码相位和多普勒频移）。

如图 6.7 所示为 GNSS 信号捕获实验系统示意图。该实验系统主要包括 GNSS 接收机、GNSS 接收天线、电源和工控机等。GNSS 接收天线接收卫星导航信号，经由 GNSS 接收机捕获、跟踪处理后，获得 RINEX 格式的输出数据文件。工控机读取输出数据文件中的观测数据文件，获得伪距和伪距率观测值，进而完成对中频信号的模拟与捕获。另外，工控机还用于实现 GNSS 接收机的调试以及输出数据文件的存储。

图 6.7　GNSS 信号捕获实验系统示意图

如图 6.8 所示为 GNSS 信号捕获实验方案框图。

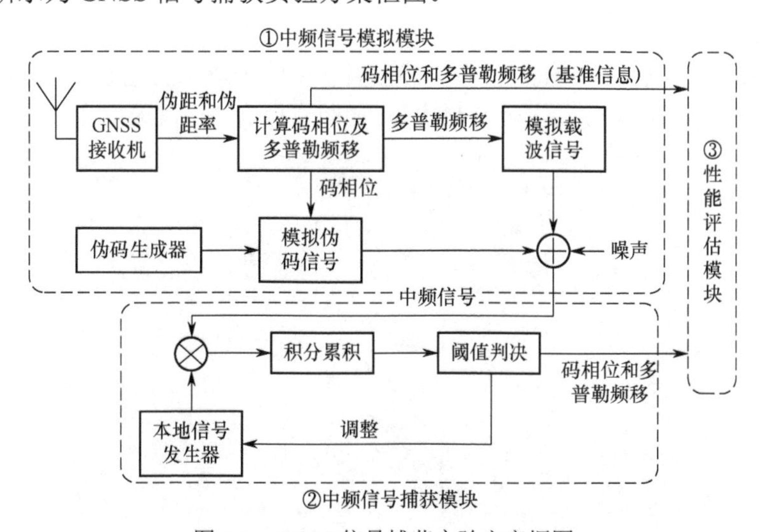

图 6.8　GNSS 信号捕获实验方案框图

该方案包含以下三个模块。

（1）中频信号模拟模块。GNSS 接收天线接收卫星导航信号，经由 GNSS 接收机捕获、跟踪处理后，获得 RINEX 格式的输出数据文件。通过读取输出数据文件中的观测数据文件，获得伪距和伪距率观测值。根据伪距和伪距率观测值与码相位和多普勒频移之间的转换关系，计算得到中频信号的码相位及多普勒频移，并分别模拟出伪码信号和载波信号，进而添加噪声模拟产生中频信号。

（2）中频信号捕获模块。分别采用时域串行搜索捕获方法、频域并行载波频率搜索捕获方法、频域并行码相位搜索捕获方法对模拟产生的中频信号进行捕获，粗略地估算出中频信号的参数值，即码相位和多普勒频移，并将其输入性能评估模块。

（3）性能评估模块。将根据伪距和伪距率观测值计算得到的码相位和多普勒频移作为基准信息，对中频信号的捕获结果进行性能评估。

3）实验设备

司南 M300C 接收机（如图 6.9 所示）、GNSS 接收天线（如图 6.10 所示）、工控机（如图 6.11 所示）、25 V 蓄电池、降压模块、通信接口等。

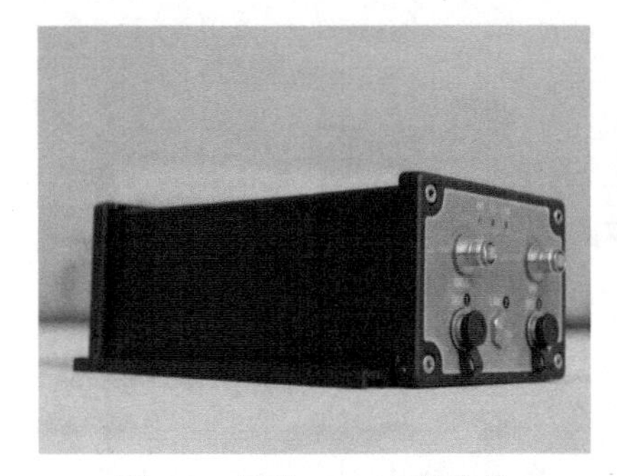

图 6.9　司南 M300C 接收机

图 6.10　GNSS 接收天线

图 6.11　工控机

6.1.3　实验步骤及操作说明

1）仪器安装

将司南 M300C 接收机和 GNSS 接收天线放置在空旷无遮挡的地面上，GNSS 接收天线和电源分别通过射频电缆和电线与接收机相连接，如图 6.12 所示为 GNSS 信号捕获实验场景图。

图 6.12　GNSS 信号捕获实验场景图

2）电气连接

（1）利用万用表测量电源的输出电压是否正常（电源输出电压由司南 M300C 接收机的供电电压决定）。

（2）司南 M300C 接收机通过通信接口（RS232 转 USB）与工控机连接，25 V 蓄电池通过降压模块以 12 V 的电压对接收机供电。

（3）检查数据采集系统是否正常，准备采集数据。

3）系统初始化配置

司南 M300C 接收机上电后，利用系统自带的测试软件 CRU 对司南 M300C 接收机进行初始化配置，测试软件 CRU 总体界面如图 6.13 所示。

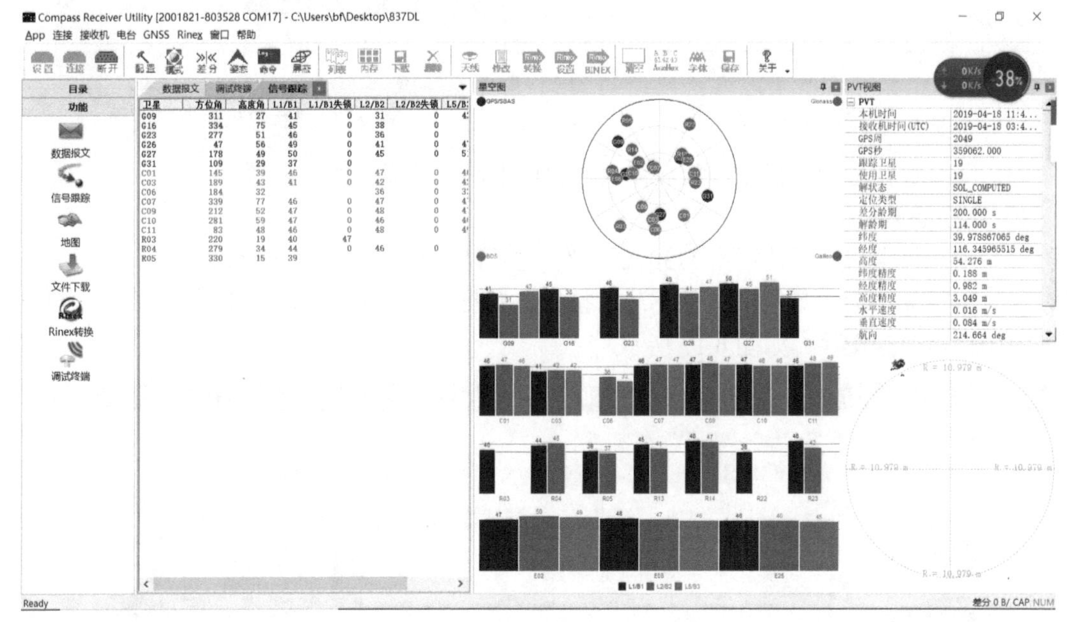

图 6.13 测试软件 CRU 总体界面

对司南 M300C 接收机进行初始化配置的具体步骤如下。

（1）如图 6.14 所示，在“连接设置”界面中选择相应的串口号（COM）以及波特率（默认选“115200”）。

（2）单击“连接”，待软件界面显示板卡的 SN 号等信息后，表明连接正常。

（3）单击“命令”，进入“命令终端”界面，如图 6.15 所示。在“命令终端”界面的命令窗口中依次输入指令“LOCKOUTSYSTEM GPS”、“LOCKOUTSYSTEM BD3”、“LOCKOUTSYSTEM GLONASS”和“LOCKOUTSYSTEM GALILEO”后，单击“发送”按钮，将司南 M300C 接收机设置为单 BD2 定位模式。

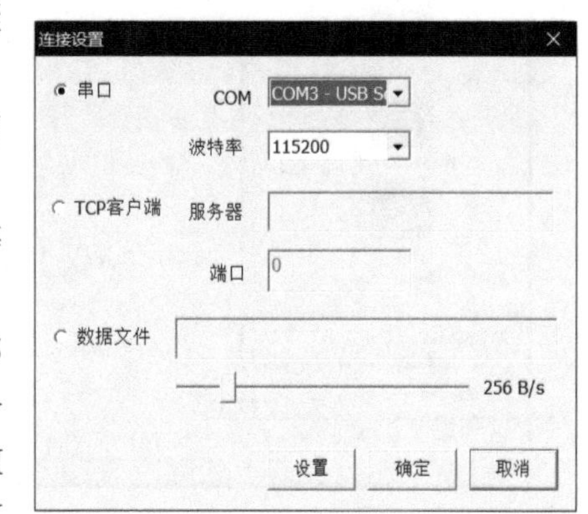

图 6.14 “连接设置”界面

（4）如图 6.16 所示，在“接收机配置”界面中设置输出数据的采样间隔（默认选“5 Hz”）、GPS/BDS/GLONASS/GALILEO 高度截止角（默认选“10”）、数据自动存储（默认选“自动”）、数据存储时段（默认选“手动”），将端口设置选择为“原始数据输出”，启动模式、差分端口、差分格式等不需要设置。

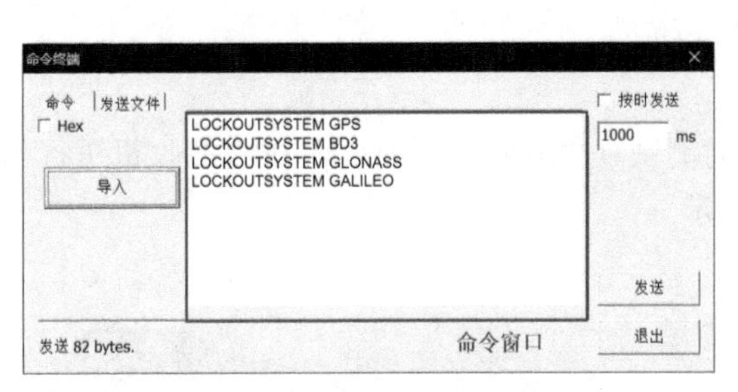

图 6.15 “命令终端”界面

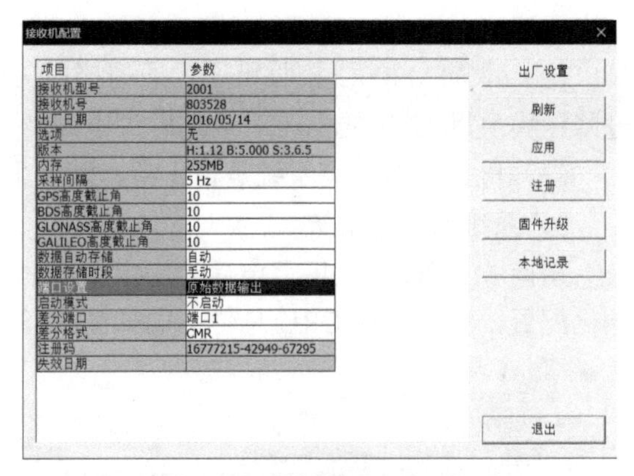

图 6.16 “接收机配置”界面

（5）所有数据记录设置完成后，需要重启板卡，以完成初始化配置。

4）数据采集与存储

（1）重启板卡后，保持司南 M300C 接收机静置约 10 min，进行静态测量；

（2）测量完成后，单击“文件下载”按钮，数据信息显示区里显示的即为接收机自动记录的原始输出数据文件，如图 6.17 所示。

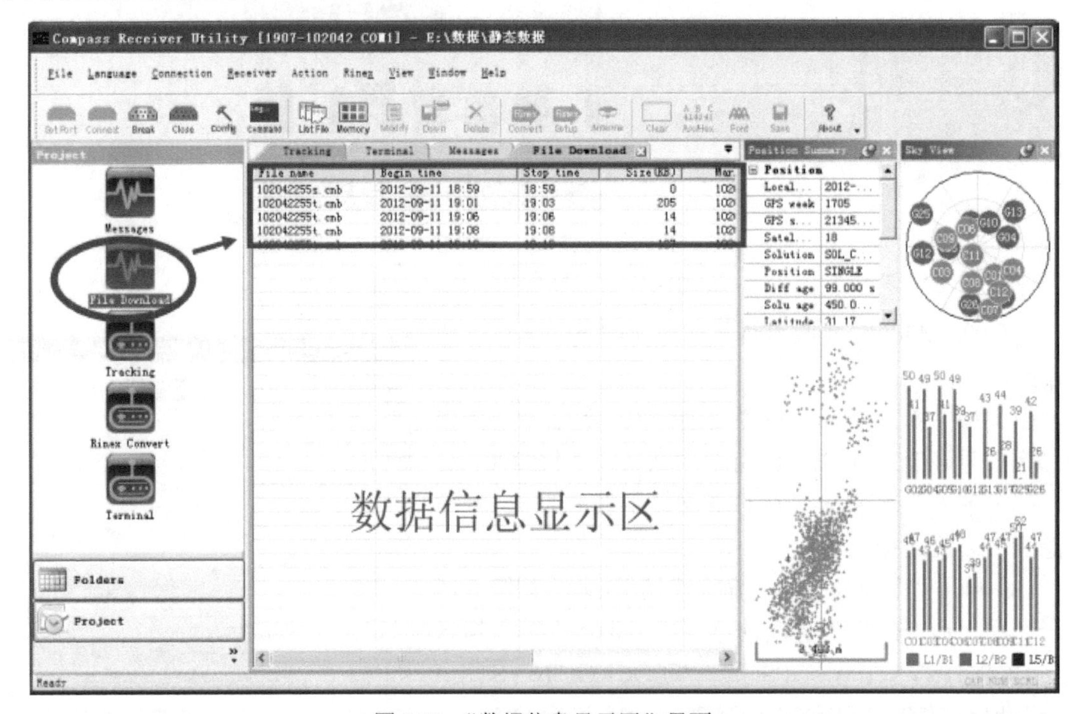

图 6.17 “数据信息显示区”界面

（3）单击“Rinex 转换”按钮，并右击数据信息显示区中的原始输出数据文件，选择“Rinex 转换设置”后进入设置界面，如图 6.18 所示。将输出格式选为“2.10”后，单击“确定”按钮。再次右击原始输出数据文件，选择“转换到 Rinex”选项，将其转换为 RINEX 格式的输出数据文件，并将 RINEX 格式的输出数据文件下载到工控机中。

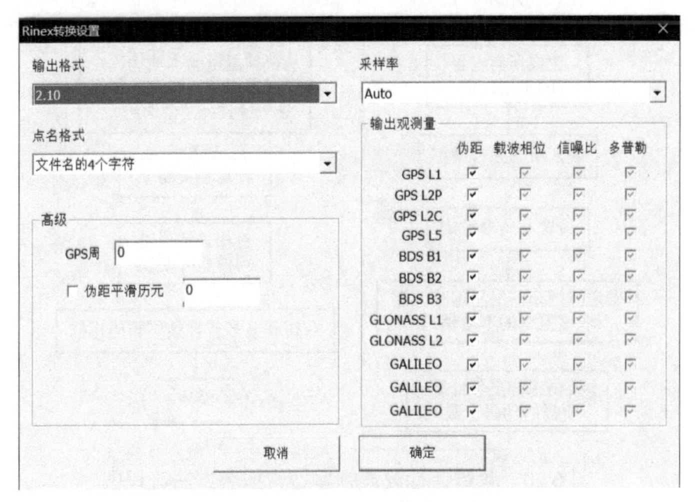

图 6.18 “Rinex 转换设置”界面

（4）实验结束，将司南 M300C 接收机断电，整理实验装置。

5）数据处理

（1）在工控机中读取 RINEX 格式输出数据文件中的观测数据文件，获得伪距和伪距率观测值，并根据伪距和伪距率观测值与码相位和多普勒频移之间的转换关系，计算得到中频信号的码相位及多普勒频移。

（2）根据中频信号的码相位和多普勒频移，分别模拟伪码信号和载波信号，进而添加噪声模拟产生中频信号。

（3）采用时域串行搜索捕获方法对模拟中频信号进行捕获，粗略地估算出中频信号的码相位和多普勒频移，如图 6.19 所示为时域串行搜索捕获方法流程图。

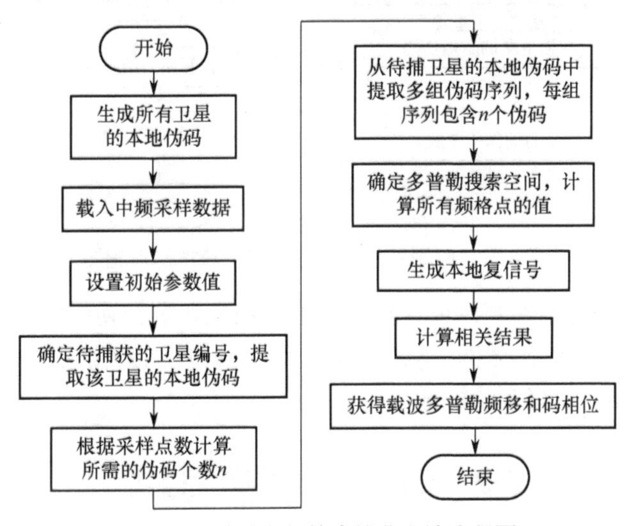

图 6.19　时域串行搜索捕获方法流程图

（4）采用频域并行载波频率搜索捕获方法对模拟中频信号进行捕获，粗略地估算出中频信号的码相位和多普勒频移，如图 6.20 所示为频域并行载波频率搜索捕获方法流程图。

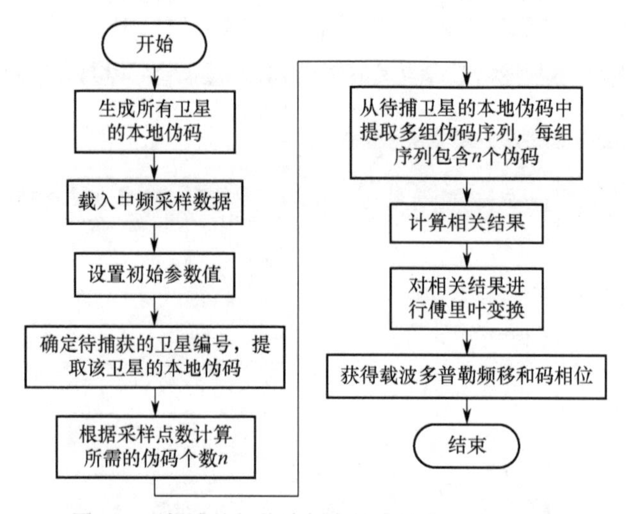

图 6.20 频域并行载波频率搜索捕获方法流程图

（5）采用频域并行码相位搜索捕获方法对模拟中频信号进行捕获，粗略地估算出中频信号的码相位和多普勒频移，如图 6.21 所示为频域并行码相位搜索捕获方法流程图。

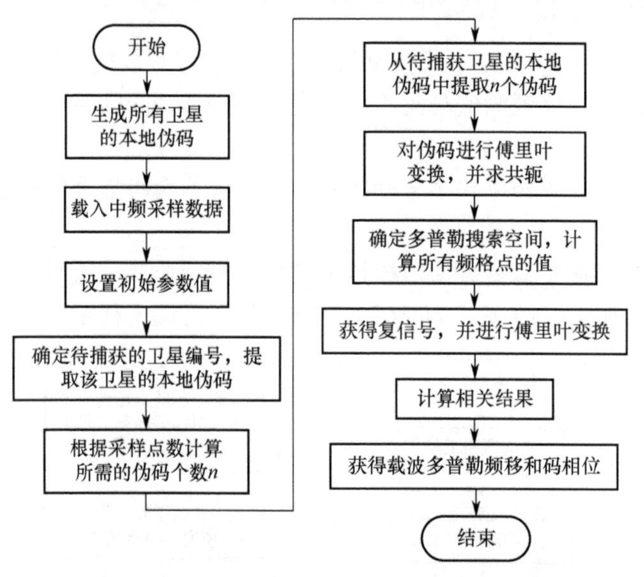

图 6.21 频域并行码相位搜索捕获方法流程图

（6）将根据伪距和伪距率观测值计算得到的码相位和多普勒频移作为基准信息，对三种捕获方法的捕获结果进行对比分析，从而比较三种捕获方法的优缺点。

6）分析实验结果，撰写实验报告

6.2 GNSS 信号跟踪实验

捕获仅能提供对卫星信号载波频率和码相位参数的粗略估计，但由于参数的估计精度较差，不足以完成导航电文的解调；另外，由于卫星与接收机之间的相对运动以及卫星时钟与接收机晶体振荡器的频率漂移等原因，接收到的卫星信号的载波频率和码相位会随着时间的推移而变化，并且这些变化通常是不可预测的。因此，信号跟踪环路的主要作用是逐步精细对多普勒频移和码相位参数的估计，并以闭环反馈的形式实现对卫星信号的持续锁定，然后从跟踪到的卫星信号中解调出导航电文，同时输出伪距、载波相位等测量值。可见，信号跟踪的精度和稳定性从根本上决定了接收机的导航性能。因此，本节主要开展 GNSS 信号跟踪实验，使学生掌握 GNSS 信号跟踪的基本原理及其实现方法。

6.2.1 GNSS 信号跟踪的基本原理

1）导航电文的解调

跟踪的目的是使捕获所得的码相位和载波频率参数估计值精确化，以获得伪距和伪距率等原始测量信息，并保持对卫星信号的锁定，然后从跟踪到的卫星信号中解调出导航电文。如图 6.22 所示为导航电文解调方案。

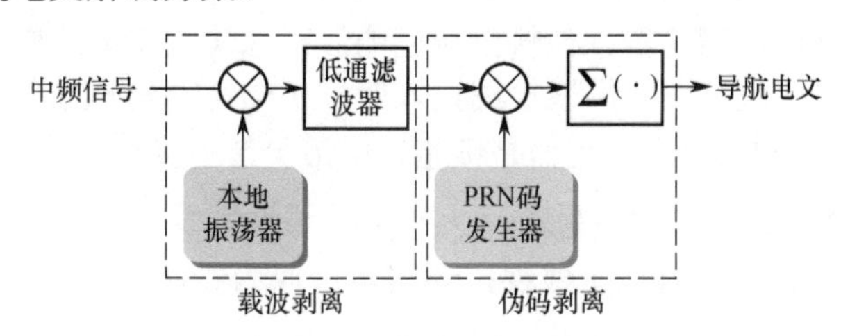

图 6.22 导航电文解调方案

由图 6.22 可知，利用本地振荡器和 PRN 码发生器产生的本地载波及本地码信号分别对中频信号进行载波和伪码剥离，即可解调出导航电文。在考虑单个卫星信号的情况下，经接收机射频前端下变频和采样处理后得到的中频信号可表示为

$$r(n) = A \cdot c(n-\tau) \cdot d(n-\tau) \cdot \cos[2\pi(f_{\mathrm{IF}} + f_{\mathrm{d}})n] + \eta(n) \tag{6.14}$$

式中，A 为信号的幅值；$c(\cdot)$ 为伪随机码；$d(\cdot)$ 为数据码；τ 为码相位延迟；f_{IF} 为信号的标称中频频率；f_{d} 为信号的多普勒频移；$\eta(n)$ 为高斯白噪声。

为了从中频信号 $r(n)$ 中获取导航电文，必须通过载波剥离将中频信号变为基带信号。如图 6.22 所示，载波的剥离是通过中频信号与本地载波信号的相关来实现的。假定本地载波信号的频率及相位与中频信号完全一致，则相关结果为

$$\begin{aligned} x(n) &= r(n) \cdot \cos[2\pi(f_{\mathrm{IF}} + f_{\mathrm{d}})n] \\ &= \frac{1}{2}Ac(n-\tau)d(n-\tau) + \frac{1}{2}Ac(n-\tau)d(n-\tau)\cos[4\pi(f_{\mathrm{IF}} + f_{\mathrm{d}})n] \end{aligned} \tag{6.15}$$

式中，信号的高频分量可以通过低通滤波器去除，经低通滤波器后的信号为

$$x'(n) = \frac{1}{2}Ac(n-\tau)d(n-\tau) \tag{6.16}$$

进一步，需要从信号 $x'(n)$ 中剥离伪码，这一步是通过将信号 $x'(n)$ 与本地码信号进行相关来实现的。假定本地码信号与信号 $x'(n)$ 中的码相位完全一致，则相关输出为

$$y(n) = \sum_{n=0}^{N-1} x'(n) \cdot c(n-\tau) = \frac{1}{2}ANd(n-\tau) \tag{6.17}$$

式中，N 为信号的总采样点数。

由以上分析可知，导航电文解调过程中需要产生两个本地信号，即本地载波信号和本地

码信号。因此，为了产生精确的本地信号，需要采用某种类型的反馈回路。其中，用于产生本地码信号的反馈回路称为码跟踪环，主要采用超前-滞后形式的延迟锁定环（Delay Lock Loop，DLL）；用于产生本地载波信号的反馈回路称为载波跟踪环，其实现方式通常有两类：一类是锁相环（Phase Lock Loop，PLL），另一类是锁频环（Frequency Lock Loop，FLL）。

2）锁相环

由于载波跟踪环和码跟踪环共同遵循锁相环的基本原理，因此，可以利用锁相环路结构模型对跟踪环的特性进行分析。

（1）锁相环结构

由于锁相环是一个基于相位误差负反馈的闭环控制系统，由鉴相器、环路滤波器和压控振荡器三部分组成，其结构框图如图 6.23 所示。锁相环通过鉴相器比较输出相位和输入相位，得到误差信号；环路滤波器具有低通特性，可以滤除误差信号中的高频分量和宽带噪声，得到的控制信号用于控制压控振荡器，使输出相位能够跟踪输入相位的变化。

鉴相器是一个相位比较装置，用来检测输入信号相位 $\theta_{\rm i}(t)$ 与反馈信号相位 $\theta_{\rm o}(t)$ 之间的相位差 $\theta_{\rm e}(t)$，其检测输出为 $U_{\rm c}(t)$。鉴相器是锁相环中最灵活的部分，不同鉴相器具有不同的鉴相特性。由于鉴相器的非线性特性，锁相环为一个非线性系统。当环路处于锁定跟踪状态时，由于相位误差较小，鉴相特性近似于线性，环路也近似为线性系统，因此可采用线性系统分析方法来分析环路的各种性能。

环路滤波器具有低通特性，可以滤除误差信号中的高频分量和宽带噪声，其输出信号用于控制压控振荡器。环路滤波器的形式和参数的选取是锁相环设计的关键，其阶数决定了锁相环的阶数，并在很大程度上决定环路的噪声特性和跟踪性能。

压控振荡器是一个电压-频率变换装置，在其有效工作范围内，输出频率随输入电压呈线性变化。通过对输出频率进行积分可得到压控振荡器的输出相位。这样，将其与输入相位在鉴相器中进行比较便可获得相位误差。

（2）锁相环数学模型

若将输入信号的相位 $\theta_{\rm i}$ 作为输入，压控振荡器输出信号的相位 $\theta_{\rm o}$ 作为输出，则可以将锁相环简化为如图 6.24 所示的锁相环连续域模型。

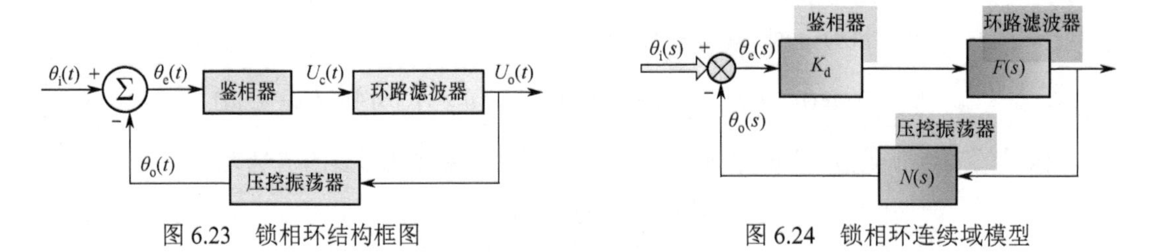

图 6.23　锁相环结构框图

图 6.24　锁相环连续域模型

由图 6.24 可以看出，连续域模型的闭环传递函数为

$$H(s)=\frac{\theta_{\rm o}(s)}{\theta_{\rm i}(s)}=\frac{K_{\rm d}F(s)N(s)}{1+K_{\rm d}F(s)N(s)} \tag{6.18}$$

式中，$F(s)$ 和 $N(s)$ 分别是环路滤波器与压控振荡器的传递函数，$K_{\rm d}$ 为鉴相器增益。

在连续域模型中，压控振荡器是一个载波频率积分器，其传递函数为

$$N(s)=\frac{K_{\mathrm{o}}}{s} \tag{6.19}$$

式中，K_{o} 为压控振荡器增益。

下面对常用的二阶锁相环模型进行分析。在二阶锁相环中，环路滤波器采用有源 RC 积分滤波器，其传递函数为

$$F(s)=\frac{1+\tau_2 s}{\tau_1 s} \tag{6.20}$$

式中，τ_1、τ_2 为环路滤波器的参数。

将式(6.19)与式(6.20)代入式(6.18)，可以得到二阶锁相环在连续域中的闭环传递函数为

$$H(s)=\frac{\dfrac{K_{\mathrm{o}}K_{\mathrm{d}}}{\tau_1}(\tau_2 s+1)}{s^2+s\left(\dfrac{K_{\mathrm{o}}K_{\mathrm{d}}\tau_2}{\tau_1}\right)+\dfrac{K_{\mathrm{o}}K_{\mathrm{d}}}{\tau_1}} \tag{6.21}$$

若将二阶锁相环路的固有频率和阻尼系数分别记为 ω_{n} 和 ξ，则环路的闭环传递函数可表示为

$$H(s)=\frac{2\xi\omega_{\mathrm{n}}s+\omega_{\mathrm{n}}^2}{s^2+2\xi\omega_{\mathrm{n}}s+\omega_{\mathrm{n}}^2} \tag{6.22}$$

式中，$\omega_{\mathrm{n}}=\sqrt{\dfrac{K_{\mathrm{o}}K_{\mathrm{d}}}{\tau_1}}$，$\xi=\dfrac{\tau_2}{2}\sqrt{\dfrac{K_{\mathrm{o}}K_{\mathrm{d}}}{\tau_1}}$。

环路带宽又称噪声带宽，是影响跟踪环路性能的重要指标，它控制着进入环路的噪声数量。环路带宽的定义为

$$B_{\mathrm{L}}=\int_0^{\infty}\left|H(\mathrm{j}2\pi f)\right|^2\mathrm{d}f \tag{6.23}$$

因此，根据式(6.22)和式(6.23)可以求得二阶锁相环的环路带宽为

$$\begin{aligned}B_{\mathrm{L}}&=\int_0^{\infty}|H(\mathrm{j}2\pi f)|^2\,\mathrm{d}f=\frac{\omega_{\mathrm{n}}}{2\pi}\int_0^{\infty}\frac{1+\left(2\xi\dfrac{\omega}{\omega_{\mathrm{n}}}\right)^2}{[1-\left(\dfrac{\omega}{\omega_{\mathrm{n}}}\right)^2]^2+\left(2\xi\dfrac{\omega}{\omega_{\mathrm{n}}}\right)^2}\mathrm{d}\omega\\&=\frac{\omega_{\mathrm{n}}}{2\pi}\int_0^{\infty}\frac{1+\left(2\xi\dfrac{\omega}{\omega_{\mathrm{n}}}\right)^2}{\left(\dfrac{\omega}{\omega_{\mathrm{n}}}\right)^4+2(2\xi^2-1)\left(\dfrac{\omega}{\omega_{\mathrm{n}}}\right)^2+1}\mathrm{d}\omega\\&=\frac{\omega_{\mathrm{n}}}{8\xi}(1+4\xi^2)\end{aligned} \tag{6.24}$$

采用双线性变换法将二阶锁相环的传递函数从连续域变换到数字域，根据双线性变换公式 $s=\dfrac{2}{T}\dfrac{1-z^{-1}}{1+z^{-1}}$，对式(6.22)进行双线性变换可得

$$H(z)=\frac{[4\xi\omega_{\mathrm{n}}T+(\omega_{\mathrm{n}}T)^2]+2(\omega_{\mathrm{n}}T)^2z^{-1}+[(\omega_{\mathrm{n}}T)^2-4\xi\omega_{\mathrm{n}}T]z^{-2}}{[4+4\xi\omega_{\mathrm{n}}T+(\omega_{\mathrm{n}}T)^2]+[2(\omega_{\mathrm{n}}T)^2-8]z^{-1}+[4+4\xi\omega_{\mathrm{n}}T+(\omega_{\mathrm{n}}T)^2]z^{-2}} \tag{6.25}$$

二阶环路滤波器的数字域模型如图 6.25 所示。

可得二阶环路滤波器的数字域传递函数为

$$F(z)=C_1+\frac{C_2}{1-z^{-1}} \tag{6.26}$$

式中，C_1、C_2 分别为二阶环路滤波器的数字域模型参数。

压控振荡器的数字域形式为数控振荡器（NCO），其传递函数 $N(z)$ 为

$$N(z)=\frac{K_{\mathrm{o}}z^{-1}}{1-z^{-1}} \tag{6.27}$$

因此，根据式(6.26)与式(6.27)，可得离散化的二阶锁相环闭环传递函数为

$$H'(z)=\frac{K_{\mathrm{d}}F(z)N(z)}{1+K_{\mathrm{d}}F(z)N(z)}=\frac{K_{\mathrm{o}}K_{\mathrm{d}}(C_1+C_2)z^{-1}-K_{\mathrm{o}}K_{\mathrm{d}}C_1z^{-2}}{1+[K_{\mathrm{o}}K_{\mathrm{d}}(C_1+C_2)-2]z^{-1}+(1-K_{\mathrm{o}}K_{\mathrm{d}}C_1)z^{-2}} \tag{6.28}$$

令式(6.25)和式(6.28)的分子和分母均相等，则可求得二阶环路滤波器数字域模型的参数 C_1 和 C_2 分别为

$$\begin{cases} C_1=\dfrac{1}{K_{\mathrm{o}}K_{\mathrm{d}}}\dfrac{8\xi\omega_{\mathrm{n}}T}{4+4\xi\omega_{\mathrm{n}}T+(\omega_{\mathrm{n}}T)^2} \\ C_2=\dfrac{1}{K_{\mathrm{o}}K_{\mathrm{d}}}\dfrac{4(\omega_{\mathrm{n}}T)^2}{4+4\xi\omega_{\mathrm{n}}T+(\omega_{\mathrm{n}}T)^2} \end{cases} \tag{6.29}$$

式(6.29)将二阶锁相环的连续域与数字域联系起来，由二阶锁相环连续域模型的参数可以计算出数字域模型的参数。

3）锁频环

与锁相环相比，锁频环通过复现输入中频卫星信号的准确频率以完成对载波的剥离，它在多普勒频移较大的情况下仍能较好地对载波频率进行跟踪，对动态信号具有较强的跟踪能力，从而可以弥补锁相环在跟踪动态信号方面的不足。

锁频环实际上是对载波相位的差分跟踪，它通过测量一定时间内本地载波与输入载波相位差的变化量，计算得到二者的频率差，进而对本地载波的频率进行调节以实现对载波频率的跟踪，锁频环结构原理如图 6.26 所示。

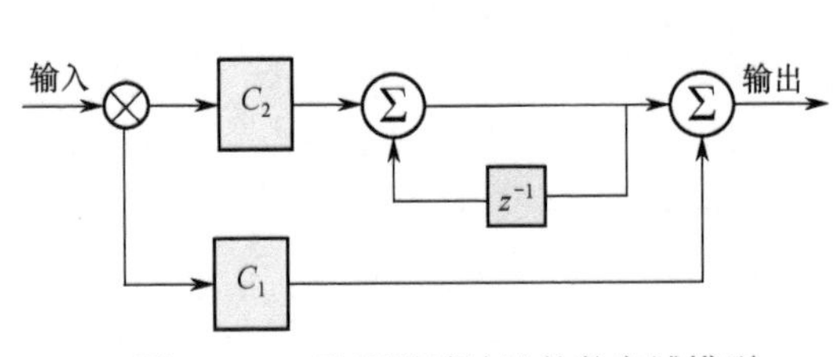

图 6.25 二阶环路滤波器的数字域模型

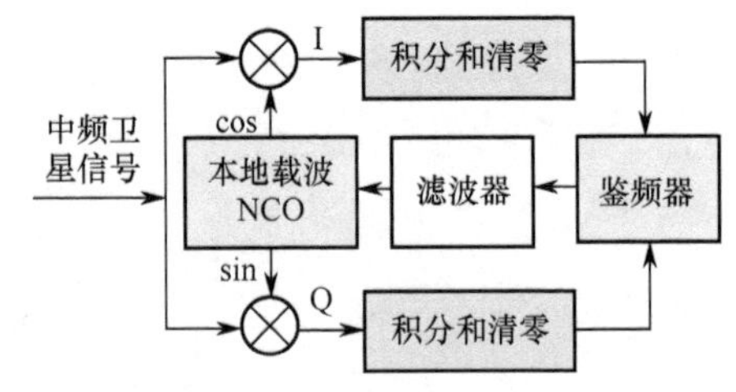

图 6.26 锁频环结构原理

输入信号与本地载波 NCO 产生的同相（In-Phase，I）支路和正交（Quara-Phase，Q）支路进行相关后，经过积分清零，得到 I 支路和 Q 支路的相关能量；鉴频器根据相应的鉴频算法对 I 支路和 Q 支路在相邻时刻的相关能量进行运算，得到输入载波与本地载波的频率差，然后送到环路滤波器后输出控制信号，控制本地载波发生器，使其产生与输入信号频率同步的本地复现信号。

锁频环相对锁相环的主要特点在于它采用了检测频率差的鉴频器。鉴频器是锁频环最灵

活的部分，不同类型的鉴频器使得锁频环具有不同的跟踪性能。鉴频器的频率牵引范围与预检测积分时间成反比，缩短预检测积分时间可以有效地改善鉴频器的频率牵引范围。在锁频环的初始工作阶段，由于载波多普勒频移较大，可选取较小的预检测积分时间以增大鉴频器的频率牵引范围，从而增强锁频环的动态跟踪能力。

4）载波跟踪环路

载波跟踪环路简称载波环，其主要目的是使其所复制的载波信号与接收到的卫星载波信号尽量保持一致，从而通过混频机制彻底地剥离卫星信号中的载波。如图 6.27 所示为一种典型载波跟踪环——Costas 锁相环的结构。

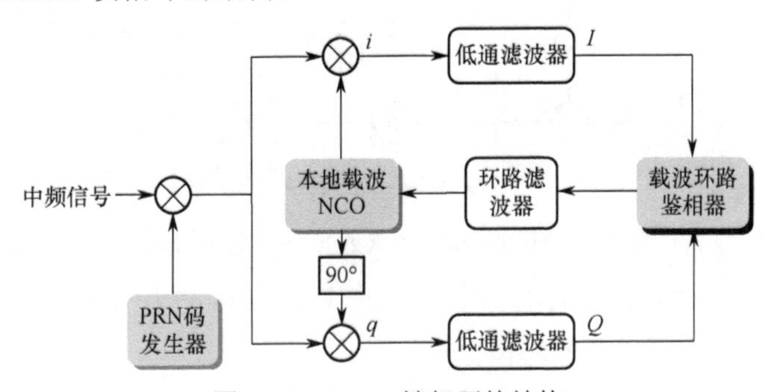

图 6.27　Costas 锁相环的结构

经过接收机射频前端下变频以及采样处理后，数字中频信号可表示为

$$r(n)=A\cdot c(n-\tau)\cdot d(n-\tau)\cdot\cos[2\pi(f_{\mathrm{IF}}+f_{\mathrm{d}})n]+\eta(n) \tag{6.30}$$

由图 6.27 可知，将中频信号 $r(n)$ 与 PRN 码发生器产生的本地码信号相关，以剥离中频信号中的伪码，则相关结果为

$$x(n)=r(n)\cdot\hat{c}(n-\hat{\tau})=AR(\delta\tau)d(n-\tau)\cos[2\pi(f_{\mathrm{IF}}+f_{\mathrm{d}})n]+\eta(n)\hat{c}(n-\hat{\tau}) \tag{6.31}$$

式中，$R(\delta\tau)$ 为伪码的自相关函数，$\delta\tau=\tau-\hat{\tau}$ 为本地码相位与实际码相位的偏差。

进而，将相关结果 $x(n)$ 分别与本地载波 NCO 产生的同相和正交载波信号混频，并利用低通滤波器滤除高频成分和噪声，得到同相相关分量 I 和正交相关分量 Q，即

$$I=x(n)\cdot\cos[2\pi(f_{\mathrm{IF}}+\hat{f}_{\mathrm{d}})n]=\frac{1}{2}AR(\delta\tau)d(n-\tau)\cos\phi \tag{6.32}$$

$$Q=x(n)\cdot\sin[2\pi(f_{\mathrm{IF}}+\hat{f}_{\mathrm{d}})n]=\frac{1}{2}AR(\delta\tau)d(n-\tau)\sin\phi \tag{6.33}$$

式中，$\phi=2\pi(f_{\mathrm{d}}-\hat{f}_{\mathrm{d}})n$ 为本地载波信号相对实际信号的相位误差。

进一步，载波环路鉴相器根据 I 和 Q 计算相位误差，即

$$\phi=\arctan\left(\frac{Q}{I}\right) \tag{6.34}$$

最后，将载波环路鉴相器所输出的相位误差 ϕ 经环路滤波器滤除其中的高频噪声后，再反馈给本地载波 NCO，以完成对信号载波的跟踪与调整。

5）码跟踪环路

码跟踪环路简称码环，其主要目的是使本地复制伪码信号与接收伪码信号之间的相位保持一致，从而得到接收信号的码相位及其伪距测量值。码环主要采用超前−滞后形式的延迟锁

定环，其结构如图 6.28 所示。

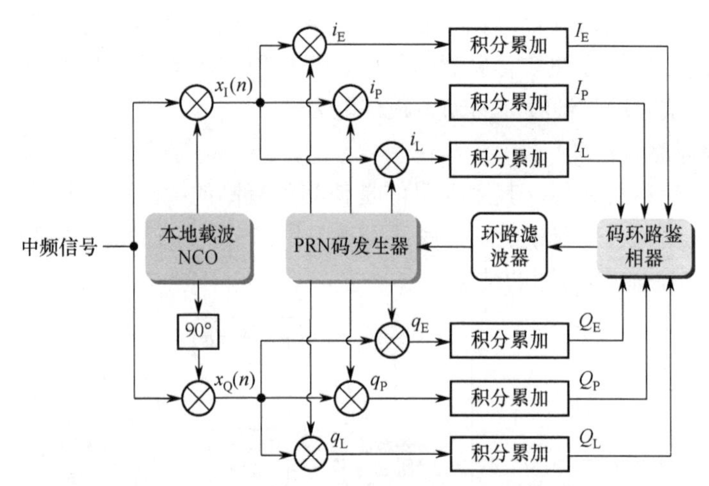

图 6.28　超前–滞后形式的延迟锁定环的结构

由图 6.28 可知，将中频信号 $r(n)$ 分别与本地载波 NCO 产生的同相和正交载波信号混频，并利用低通滤波器滤除高频成分和噪声，可得

$$x_{\mathrm{I}}(n)=r(n)\cdot\cos[2\pi(f_{\mathrm{IF}}+\hat{f}_{\mathrm{d}})n]=\frac{1}{2}Ac(n-\tau)d(n-\tau)\cos(2\pi\delta f_{\mathrm{d}}n) \tag{6.35}$$

$$x_{\mathrm{Q}}(n)=r(n)\cdot\sin[2\pi(f_{\mathrm{IF}}+\hat{f}_{\mathrm{d}})n]=\frac{1}{2}Ac(n-\tau)d(n-\tau)\sin(2\pi\delta f_{\mathrm{d}}n) \tag{6.36}$$

式中，$\delta f_{\mathrm{d}}=f_{\mathrm{d}}-\hat{f}_{\mathrm{d}}$ 为中频信号与本地载波信号的多普勒频移偏差。

进而，将混频后的同相支路信号 $x_{\mathrm{I}}(n)$ 和正交支路信号 $x_{\mathrm{Q}}(n)$ 分别与 PRN 码发生器产生的本地超前、即时、滞后码信号（三路本地码信号的间距为 1/2 个码片）相关，并进行积分累加，则相关积分累加值为

$$I_m(n)=\frac{1}{N}\sum_{n=0}^{N-1}x_{\mathrm{I}}(n)\hat{c}(n-\hat{\tau}_m)=\frac{1}{2}AR(\delta\tau_m)d(n-\tau)\mathrm{sinc}(\pi\delta f_{\mathrm{d}}N)\cos\phi_{\mathrm{e}} \tag{6.37}$$

$$Q_m(n)=\frac{1}{N}\sum_{n=0}^{N-1}x_{\mathrm{Q}}(n)\hat{c}(n-\hat{\tau}_m)=\frac{1}{2}AR(\delta\tau_m)d(n-\tau)\mathrm{sinc}(\pi\delta f_{\mathrm{d}}N)\sin\phi_{\mathrm{e}} \tag{6.38}$$

式中，下标 m 取 E 、P 、L，分别代表超前、即时、滞后；$\delta\tau_m=\tau_m-\hat{\tau}_m$ 为本地码相位与实际码相位的偏差；$\phi_{\mathrm{e}}=\pi\delta f_{\mathrm{d}}(N-1)$ 为载波环相位跟踪误差。

由式(6.37)和式(6.38)可知，相关积分累加值 $I_m(n)$ 和 $Q_m(n)$ 的大小与 ϕ_{e} 的余弦值和正弦值成正比。若载波环未达到稳态，则 ϕ_{e} 不等于零，因此相关累积能量会分散在 I 支路和 Q 支路上，从而影响码相位的鉴别结果。因此，为了消除 ϕ_{e} 的影响，可以将 I 支路和 Q 支路上的相关积分累加值进行平方后再相加，则有

$$Z_m=\sqrt{I_m^2+Q_m^2}=\frac{1}{2}AR(\delta\tau_m)d(n-\tau)\mathrm{sinc}(\pi\delta f_{\mathrm{d}}N) \tag{6.39}$$

进一步，码环鉴相器根据 Z_m 检测出本地即时码与接收码之间的相位差 δ_{cp}，如图 6.29 所示为码环鉴相原理。

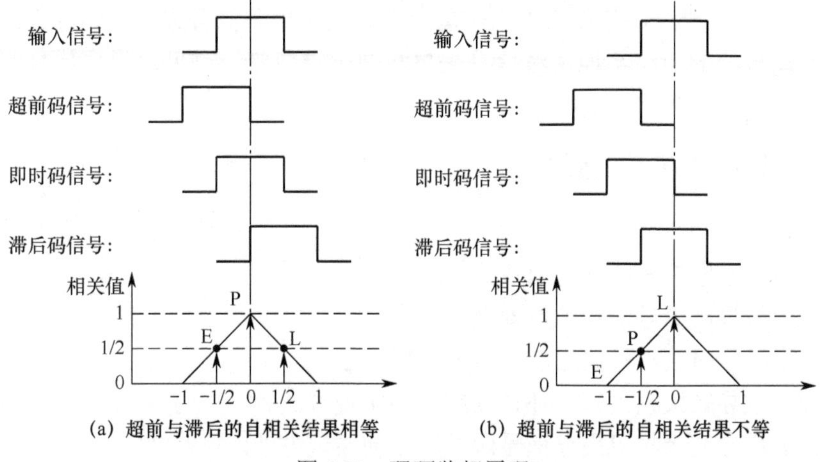

图 6.29　码环鉴相原理

由图 6.29 可知，鉴相器通过将不同码相位延迟支路的自相关结果与主峰呈三角形的伪码自相关曲线对照，检测出码相位误差 δ_{cp}。若超前与滞后码的自相关结果相等，则即时码相位必然与接收码相位一致；若超前与滞后码的自相关结果不等，则可根据超前与滞后码自相关结果的差异鉴别出即时码与接收码之间的相位差 δ_{cp}。

因此，可以得到即时码与接收码之间的相位差 δ_{cp} 为

$$\delta_{cp}=\frac{1}{2}\frac{Z_E-Z_L}{Z_E+Z_L}=\frac{1}{2}\frac{R(\delta\tau_E)-R(\delta\tau_L)}{R(\delta\tau_E)+R(\delta\tau_L)} \tag{6.40}$$

之后，将码环路鉴相器所输出的码相位误差 δ_{cp} 经环路滤波器滤除其中的高频噪声后，再反馈给 PRN 码发生器，以完成对信号伪码的跟踪与调整。

6）卫星信号跟踪环路

在卫星导航接收机中，载波跟踪环路与码跟踪环路相互耦合在一起，共同构成一个完整的卫星信号跟踪环路，以完成对卫星信号的跟踪与测量。卫星信号跟踪环路的结构如图 6.30 所示。

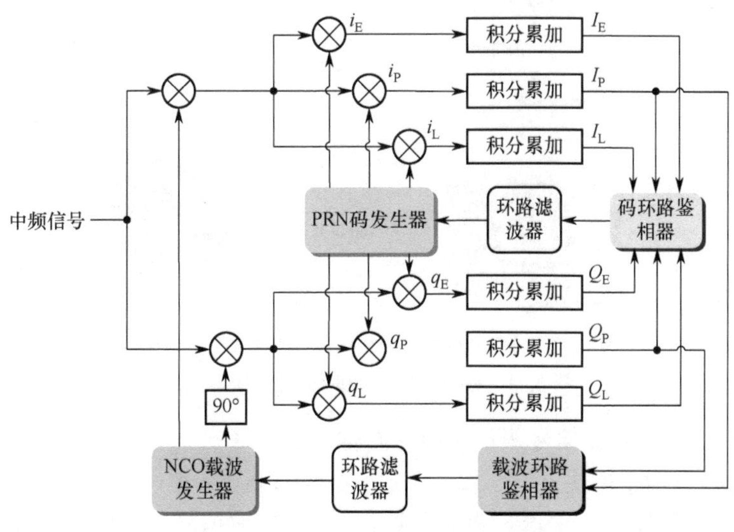

图 6.30　卫星信号跟踪环路的结构

由图 6.30 可知，载波跟踪环路中用来剥离伪码的本地码信号来自码跟踪环路，而码跟踪环路中用来剥离载波的两路本地载波信号来自载波跟踪环路。可见，卫星信号跟踪环路是载波跟踪环路和码跟踪环路的有机组合。

6.2.2　实验目的与实验设备

1）实验目的

（1）了解卫星导航信号的结构组成。

（2）学习卫星导航信号的跟踪原理及方法。

（3）掌握卫星导航接收机码跟踪环路的实现方法。

（4）掌握卫星导航接收机锁相环、锁频环的实现方法。

（5）掌握卫星导航接收机完整信号跟踪环路的实现方法。

2）实验方案

在空旷无遮挡的环境下搭建 GNSS 信号跟踪实验系统，并利用 GNSS 接收机在单 BD2 模式下进行一段时间的静态测量，以获得 RINEX 格式的输出数据文件。通过读取输出数据文件中的观测数据文件，获得伪距和伪距率观测值，并根据伪距和伪距率观测值计算中频信号的码相位及多普勒频移，从而模拟产生中频信号。对模拟中频信号进行捕获，粗略估算出中频信号的码相位和多普勒频移。在初始码相位和多普勒频移的基础上进行信号跟踪，从而获得中频信号精确的码相位和多普勒频移输出。

如图 6.31 所示为 GNSS 信号跟踪实验系统示意图。该实验系统主要包括 GNSS 接收机、GNSS 接收天线、电源和工控机等。工控机能够向 GNSS 接收机发送控制指令，使其在单 BD2 模式下进行静态测量，以获得 RINEX 格式的输出数据文件。工控机通过读取输出数据文件中的观测数据文件，获得伪距和伪距率观测值，进而完成对中频信号的模拟、捕获与跟踪。另外，工控机还用于实现 GNSS 接收机的调试。

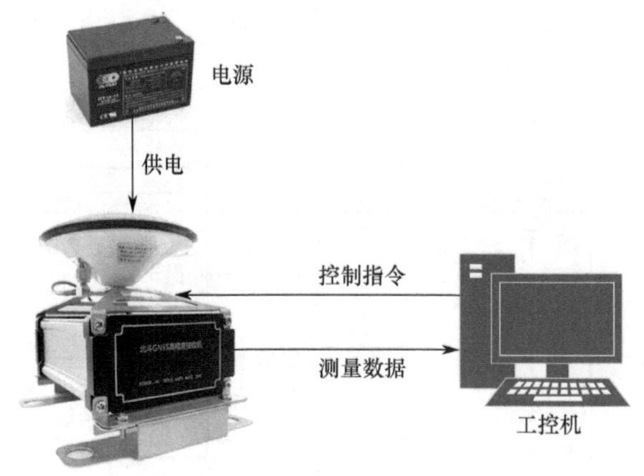

图 6.31　GNSS 信号跟踪实验系统示意图

如图 6.32 所示为 GNSS 信号跟踪实验方案框图。

该方案包含以下四个模块。

① 中频信号模拟模块。GNSS 接收天线接收卫星导航信号，经由 GNSS 接收机捕获、跟

踪处理后，获得 RINEX 格式的输出数据文件。通过读取输出数据文件中的观测数据文件，获得伪距和伪距率观测值。根据伪距和伪距率观测值与码相位和多普勒频移之间的转换关系，计算得到中频信号的码相位及多普勒频移，并分别模拟出伪码信号和载波信号，进而添加噪声模拟产生中频信号。

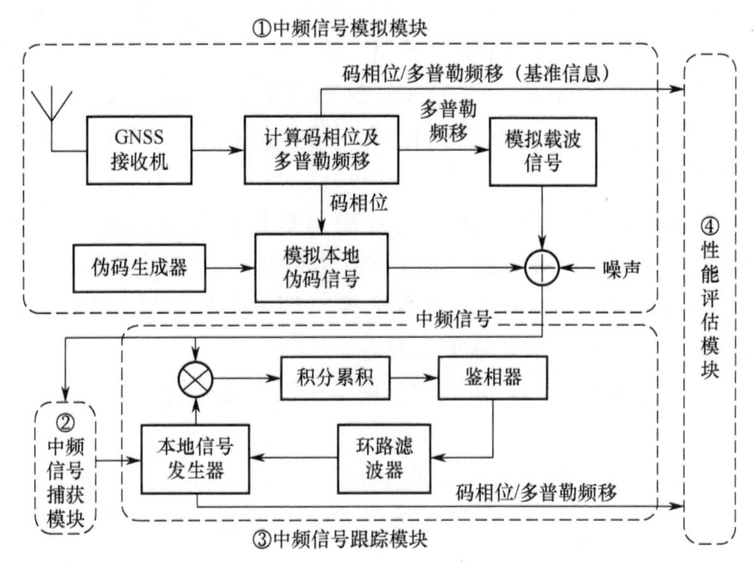

图 6.32　GNSS 信号跟踪实验方案框图

② 中频信号捕获模块。采用频域并行码相位搜索捕获方法对中频信号进行捕获，粗略地估算出中频信号的码相位和多普勒频移，从而作为信号跟踪的初始参数。

③ 中频信号跟踪模块。在已知初始码相位和多普勒频移的基础上，采用完整的信号跟踪环路对中频信号进行跟踪，获得中频信号精确的码相位及多普勒频移输出。

④ 性能评估模块。将根据伪距和伪距率观测值计算得到的码相位和多普勒频移作为基准信息，对中频信号的跟踪结果进行性能评估。

（3）实验设备

司南 M300C 接收机、GNSS 接收天线、工控机、25 V 蓄电池、降压模块、通信接口等。

6.2.3　实验步骤及操作说明

1）仪器安装

将司南 M300C 接收机和 GNSS 接收天线放置在空旷无遮挡的地面上，GNSS 接收天线和电源分别通过射频电缆和电线与接收机相连接。

2）电气连接

（1）利用万用表测量电源的输出电压是否正常（电源输出电压由司南 M300C 接收机的供电电压决定）。

（2）司南 M300C 接收机通过通信接口（RS232 转 USB）与工控机连接，25 V 蓄电池通过降压模块以 12 V 的电压对接收机供电。

（3）检查数据采集系统是否正常，准备采集数据。

3）系统初始化配置

司南 M300C 接收机上电后，利用系统自带的测试软件 CRU 对司南 M300C 接收机进行初始化配置。初始化配置的具体步骤如下。

（1）在“连接设置”界面中选择相应的串口号（COM）以及波特率（默认选“115200”）。

（2）单击“连接”，待软件界面显示板卡的 SN 号等信息后，表明连接正常。

（3）单击“命令”，进入“命令终端”界面。在“命令终端”界面的命令窗口中依次输入指令“LOCKOUTSYSTEM GPS”、“LOCKOUTSYSTEM BD3”、“LOCKOUTSYSTEM GLONASS”和“LOCKOUTSYSTEM GALILEO”后，单击“发送”按钮，将司南 M300C 接收机设置为单 BD2 定位模式。

（4）在“接收机配置”界面中快速设置输出数据的采样间隔（默认选“5 Hz”）、GPS/BDS/GLONASS/GALILEO 高度截止角（默认选“10”）、数据自动存储（默认选“自动”）、数据存储时段（默认选“手动”），将端口设置选择为“原始数据输出”（默认选“正常模式”），启动模式、差分端口、差分格式等不需要设置。

（5）所有数据记录设置完成后，需要重启板卡，以完成初始化配置。

4）数据采集与存储

（1）重启板卡后，保持司南 M300C 接收机静置约 10 min，进行静态测量。

（2）测量完成后，单击“文件下载”按钮，数据信息显示区里显示的即为接收机自动记录的原始输出数据文件。

（3）单击“Rinex 转换”功能键，并右击数据信息显示区中的原始输出数据文件，选择“Rinex 转换设置”后进入设置界面。将输出格式选为“2.10”后，单击“确定”按钮。再次右击原始输出数据文件，选择“转换到 Rinex“选项，将其转换为 RINEX 格式的输出数据文件，并将 RINEX 格式的输出数据文件下载到工控机中。

（4）实验结束，将司南 M300C 接收机断电，整理实验装置。

5）数据处理

（1）在工控机中读取 RINEX 格式输出数据文件中的观测数据文件，获得伪距和伪距率观测值，并根据伪距和伪距率观测值与码相位和多普勒频移之间的转换关系，计算得到中频信号的码相位及多普勒频移。

（2）根据中频信号的码相位和多普勒频移，分别模拟伪码信号和载波信号，进而添加噪声模拟产生中频信号。

（3）采用频域并行码相位搜索捕获方法对中频信号进行捕获，粗略地估算出中频信号的码相位和多普勒频移，作为信号跟踪的初始参数。

（4）在已知初始码相位和多普勒频移的基础上，采用完整的信号跟踪环路对中频信号进行跟踪，获得中频信号精确的码相位及多普勒频移输出。如图 6.33 所示为卫星信号跟踪流程图。

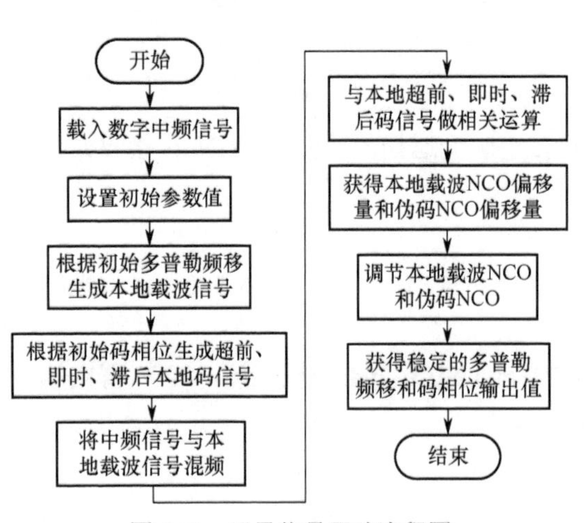

图 6.33 卫星信号跟踪流程图

（5）将根据伪距和伪距率观测值计算得到的码相位与多普勒频移作为基准信息，对中频信号的跟踪结果进行性能评估。

6）分析实验结果，撰写实验报告

6.3　GNSS 信号导航电文解调实验

当卫星导航接收机在捕获、跟踪到卫星信号后，需要进一步对信号进行位同步和帧同步处理，从而从接收信号中获得导航电文，并通过对导航电文的解调来获得信号发射时间、卫星时钟钟差校正参数、卫星星历等导航电文参数，最终利用这些导航电文参数实现 GNSS 定位。可见，导航电文解调是实现 GNSS 定位的关键一步。因此，本节主要开展 GNSS 信号导航电文解调实验，使学生了解 GNSS 信号导航电文的结构及其所包含的数据信息，并掌握导航电文解调的基本原理及其实现方法。

6.3.1　GNSS 信号导航电文解调基本原理

1）GNSS 信号导航电文

GNSS 信号导航电文，即数据码，是卫星以二进制码的形式发送给用户的导航定位数据。它主要包括卫星星历、卫星星钟改正、电离层延迟改正、工作状态信息、全部卫星的概略星历、差分及完好性信息和格网点电离层信息等。

下面对常用的北斗导航电文和 GPS 导航电文进行介绍。

（1）北斗导航电文

北斗二号导航电文和北斗三号导航电文在数据组成结构和编排方式上有较大区别，下面以北斗二号导航电文为例进行介绍。根据速度和结构的不同，北斗二号导航电文可分为 D1 导航电文和 D2 导航电文。

① D1 导航电文

D1 导航电文由 MEO/IGSO 卫星的 B1I 信号和 B2I 信号播发，速率为 50 bit/s，并调制有速率为 1 bit/s 的二次编码。如图 6.34 所示为 D1 导航电文帧结构。D1 导航电文由超帧、主帧和子帧组成。每个超帧为 36000 bit，历时 12 min，由 24 个主帧组成；每个主帧为 1500 bit，历时 30 s，由 5 个子帧组成；每个子帧为 300 bit，历时 6 s，由 10 个字组成；每个字为 30 bit，历时 0.6 s，由导航电文数据及校验码两部分组成。每个子帧的第 1 个字有 26 bit 的信息位和 4 bit 的校验码，其他 9 个字均有 22 bit 的信息位和 8 bit 的校验码。

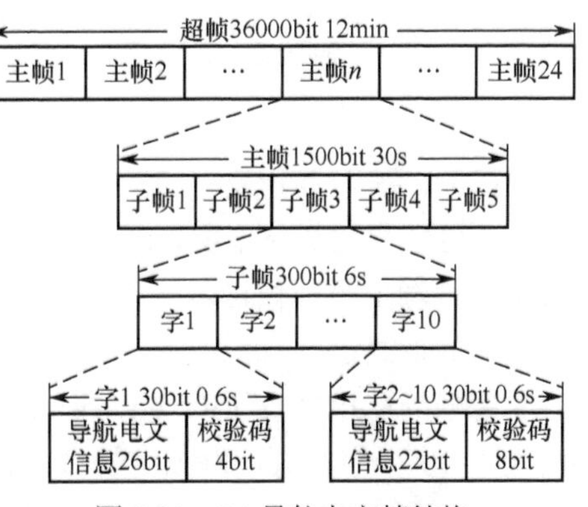

图 6.34　D1 导航电文帧结构

D1 导航电文包含基本导航信息，包括本卫星基本导航信息（包括周内秒计数、整周计数、用户距离精度、卫星自主健康标识、电离层延迟模型改正参数、卫星星历参数及数据龄期、卫星钟差参数及数据龄期、星上设备延迟差）、全部卫星历书以及与其他系统时间同步信息（UTC 或其他卫星导航系统的导航时间）。

D1 导航电文的主帧结构及信息内容如图 6.35 所示。子帧 1～子帧 3 播发本卫星的基本导航信息；子帧 4 和子帧 5 的信息内容由 24 个页面分时发送，其中子帧 4 的页面 1～24 和子帧 5 的页面 1～10 播发全部卫星的历书信息以及与其他系统的时间同步信息；子帧 5 的页面 11～24 为预留页面。

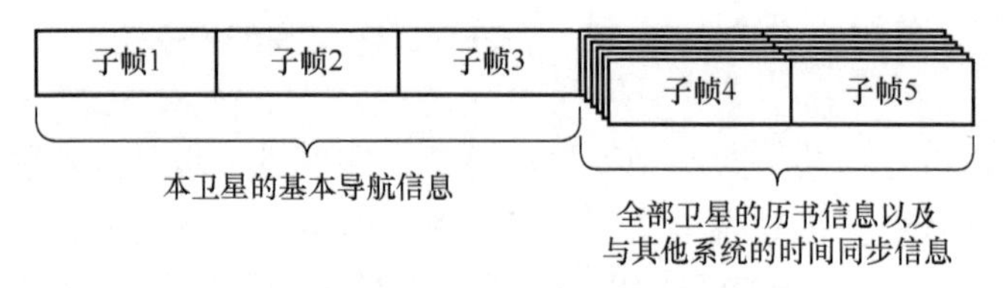

图 6.35 D1 导航电文的主帧结构及信息内容

② D2 导航电文

D2 导航电文由 GEO 卫星的 B1I 信号和 B2I 信号播发，速率为 500 bit/s。如图 6.36 所示为 D2 导航电文帧结构。D2 导航电文由超帧、主帧和子帧组成。每个超帧为 180000 bit，历时 6 min，由 120 个主帧组成；每个主帧为 1500 bit，历时 3 s，由 5 个子帧组成；每个子帧为 300 bit，历时 0.6 s，由 10 个字组成；每个字为 30 bit，历时 0.06 s，由导航电文数据以及校验码两部分组成。每个子帧的第 1 个字有 26 bit 的信息位和 4 bit 的校验码，其他 9 个字均有 22 bit 的信息位和 8 bit 的校验码。

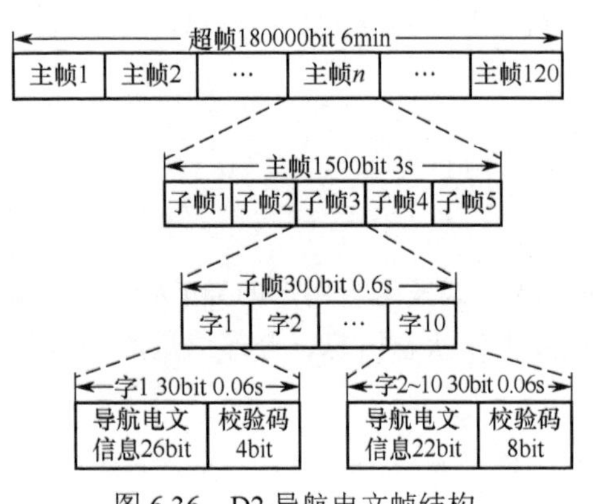

图 6.36 D2 导航电文帧结构

D2 导航电文包含本卫星的基本导航信息、全部卫星历书、与其他系统时间同步信息、北斗完好性及差分信息、格网点电离层信息。

D2 导航电文的主帧结构及信息内容如图 6.37 所示。子帧 1 播发本卫星的基本导航信息，由 10 个页面分时发送；子帧 2～4 播发北斗系统完好性及差分信息，由 6 个页面分时发送；子帧 5 播发全部卫星的历书、格网点电离层信息以及其他系统的时间同步信息，由 120 个页面分时发送。

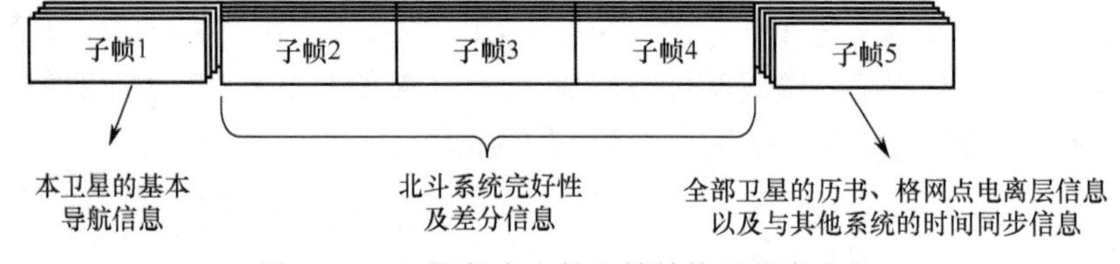

图 6.37 D2 导航电文的主帧结构及信息内容

（2）GPS 导航电文

GPS 卫星将导航电文以帧与子帧的结构形式编排成数据流，GPS 导航电文的结构如图 6.38 所示，每颗卫星一帧接着一帧地发送导航电文，而在发送每帧导航电文时，又以一子帧接着一子帧的形式进行。

每帧导航电文长 1500 bit，记 30 s，依次由 5 个子帧组成。每个子帧长 300 bit，记 6 s，依次由 10 个字组成。每个字长 30 bit，其最高位比特先被发送，而每一子帧中的每一个字又均以 6 bit 的奇偶检验码结束。每一比特长 20 ms，其间 C/A 码重复 20 个周期。

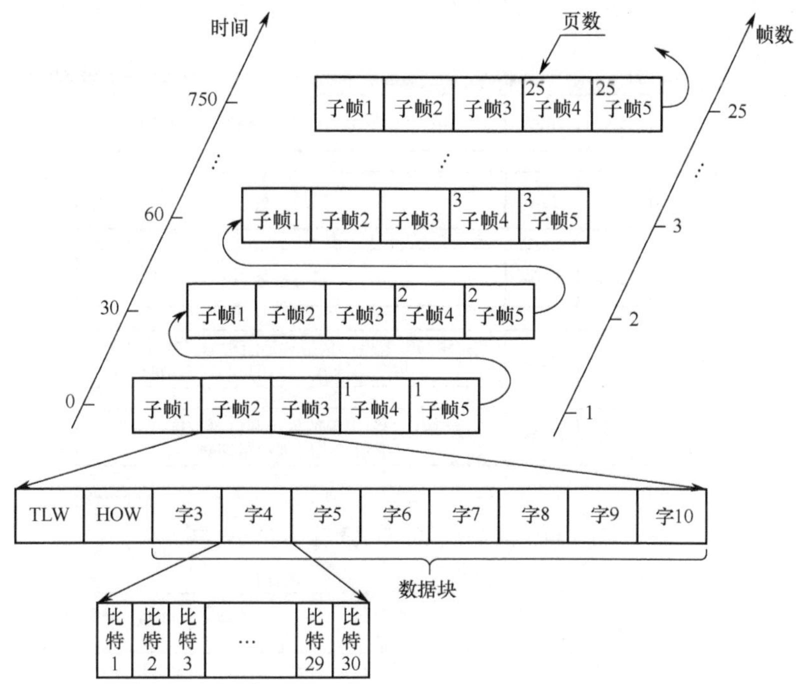

图 6.38 GPS 导航电文的结构

每一子帧的前两个字分别为遥测字（TLW）与交接字（HOW），后 8 个字（字 3～字 10）则组成数据块。不同子帧内的数据块侧重不同方面的导航信息，其中第 1 子帧中的数据块通常称为第一数据块，第 2 子帧和第 3 子帧中的数据块合称为第二数据块，而剩下的第 4 子帧和第 5 子帧中的数据块则合称为第三数据块。当某颗卫星出现内存错误等故障时，它会在各大数据块的 8 个字里交替地发射 1 与 0。

GPS 对第三数据块采用了分页的结构，即一帧中的第 4 子帧和第 5 子帧为一页，然后在下一帧中的第 4 子帧和第 5 子帧继续发送下一页，而第三数据块的内容共占 25 页。因为一帧电文长 30 s，所以发送一套完整的导航电文总共需要花 750 s（即 12.5 min）的时间，也就是说整个导航电文的内容每 12.5 min 重复一次。

在新的一个 GPS 星期刚开始的那一刻，无论卫星在上一星期末尾正在播发哪一段导航电文，它将总是重新从第 1 子帧开始播发，而在第一次的第 4 子帧和第 5 子帧中将总是重新从第三数据块的第 1 页开始播发。当第 1 子帧、第 2 子帧和第 3 子帧的内容需要更新时，新的导航电文总是从帧的边沿处（即对应的 GPS 时间是 30 s 的整数倍）开始播发。当第 4 子帧和第 5 子帧的内容需要更新时，新的导航电文可以在第 4 子帧和第 5 子帧中的任一页处开始播发。GPS 子帧的播发页面及主要内容如图 6.39 所示。

① 遥测字（TLW）

每一子帧的第一个字均为 TLW，因而它在导航电文中每 6 s 出现一次。图 6.40（a）显示了 TLW 内部码位的分布情况，其中第 1 比特至第 8 比特是一个二进制值固定为 10001011 的同步码，第 9 比特至第 22 比特提供特许用户所需要的信息，第 23 比特和第 24 比特保留，而最后 6 比特为奇偶检验码。

由于值既固定又已知的同步码是每一子帧的最先 8 比特，因此 GPS 接收机可以用它来匹配接收到的数据码，进而搜索、锁定子帧的起始沿，为后续按照相应格式正确解译二进制数据码提供了必要条件。

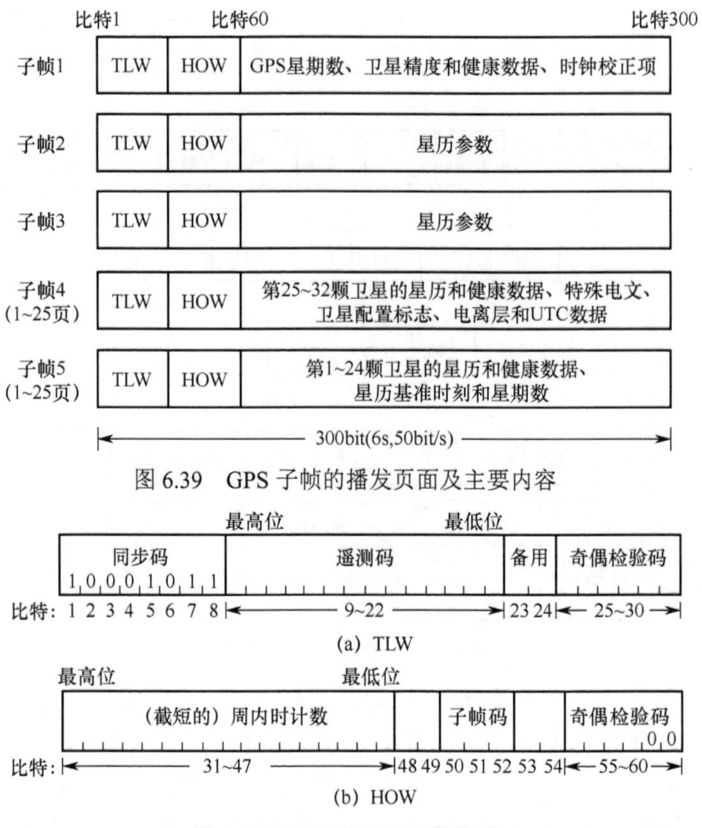

图 6.39 GPS 子帧的播发页面及主要内容

图 6.40 TLW 和 HOW 的格式

每一个字中的奇偶检验码（汉明编码）可以帮助用户接收机检查经解调得到的字中是否包含错误比特，并且它还有一定的比特纠错功能。一个字中的奇偶检验码是通过对该字的前 24 比特和上一个字的最后 2 比特按照以下公式计算产生的：

$$D_i = D_{30}^- \oplus d_i,\ i = 1,2,\cdots,24 \tag{6.41}$$

$$D_{25} = D_{29}^- \oplus d_1 \oplus d_2 \oplus d_3 \oplus d_5 \oplus d_6 \oplus d_{10} \oplus d_{11} \oplus d_{12} \oplus d_{13} \oplus d_{14} \oplus d_{17} \oplus d_{18} \oplus d_{20} \oplus d_{23} \tag{6.42}$$

$$D_{26} = D_{30}^- \oplus d_2 \oplus d_3 \oplus d_4 \oplus d_6 \oplus d_7 \oplus d_{11} \oplus d_{12} \oplus d_{13} \oplus d_{14} \oplus d_{15} \oplus d_{18} \oplus d_{19} \oplus d_{21} \oplus d_{24} \tag{6.43}$$

$$D_{27} = D_{29}^- \oplus d_1 \oplus d_3 \oplus d_4 \oplus d_5 \oplus d_7 \oplus d_8 \oplus d_{12} \oplus d_{13} \oplus d_{14} \oplus d_{15} \oplus d_{16} \oplus d_{19} \oplus d_{20} \oplus d_{22} \tag{6.44}$$

$$D_{28} = D_{30}^- \oplus d_2 \oplus d_4 \oplus d_5 \oplus d_6 \oplus d_8 \oplus d_9 \oplus d_{13} \oplus d_{14} \oplus d_{15} \oplus d_{16} \oplus d_{17} \oplus d_{20} \oplus d_{21} \oplus d_{23} \tag{6.45}$$

$$D_{29} = D_{30}^- \oplus d_1 \oplus d_3 \oplus d_5 \oplus d_6 \oplus d_7 \oplus d_9 \oplus d_{10} \oplus d_{14} \oplus d_{15} \oplus d_{16} \oplus d_{17} \oplus d_{18} \oplus d_{21} \oplus d_{22} \oplus d_{24} \tag{6.46}$$

$$D_{30} = D_{29}^- \oplus d_3 \oplus d_5 \oplus d_6 \oplus d_8 \oplus d_9 \oplus d_{10} \oplus d_{11} \oplus d_{13} \oplus d_{15} \oplus d_{19} \oplus d_{22} \oplus d_{23} \oplus d_{24} \tag{6.47}$$

式中，$d_1, d_2, \cdots, d_{24}$ 是 24 个原始数据比特；$D_1, D_2, \cdots, D_{24}$ 是卫星实际播发的 24 个数据比特；$D_{25}, D_{26}, \cdots, D_{30}$ 是卫星实际播发的 6 个奇偶检验码，D_{29}^- 和 D_{30}^- 是卫星实际播发的上一个字中的最后两位奇偶检验码。

② 交接字（HOW）

HOW 紧接 TLW 之后，是每一子帧的第二个字，在导航电文中也是每 6 s 出现一次，如图 6.40（b）显示了它的码位分布情况。

HOW 的第 1 比特至第 17 比特（即子帧的第 31 比特至第 47 比特）为截短的周内时计数值。周内时计数表示从上一个 GPS 周转换时刻（每星期六的午夜时刻）起以 1.5 s 为周期的计数值。由于一星期共有 604800 s，因此一星期共有 403200 个周内时计数周期。如图 6.41 所示，周内时计数在星期六的午夜零时等于 0，然后其值每 1.5 s 加 1 而逐渐增大。到下一个星期六的午夜零时，周内时计数从最大值 403199 又重返为 0，如此循环。最大周内时计数值 403199 的二进制数表示长 19 位，而交接字只截取了周内时计数的最高 17 位，去掉了其最低 2 位，这相当于每 6 s 截短的周内时计数增加 1，其最大值为 100799。交接字中截短的周内时计数等价于从上星期六的午夜零时至当前时刻的卫星播发子帧数，因而它乘以 4 可得在这一子帧结束、下一子帧开始时所对应的实际周内时计数，或者它乘以 6 可得在这一子帧结束、下一子帧开始时所对应的 GPS 时间。

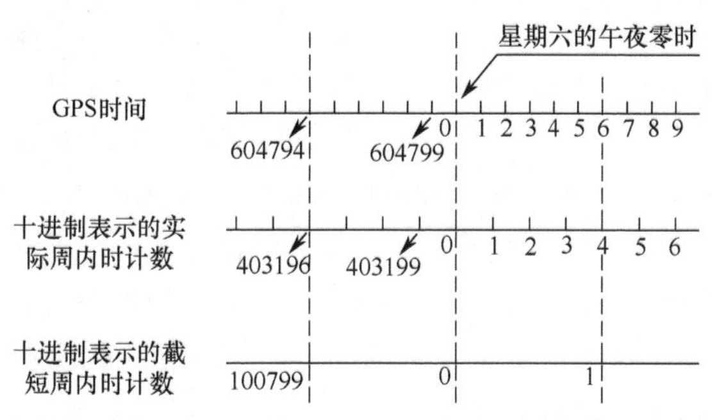

图 6.41 GPS 时间、周内时计数和截短的周内时计数

交接字的第 18 比特是警告标志。当警告标志为 1 时，它提醒非特许用户自己承担使用该卫星信号的风险，因为此时该卫星所提供的 URA 值（用户测距精度）可能比真实值大。第 19 比特是 A-S 标志，其值为 1 时表示对该卫星实施了反电子欺骗措施。第 20 比特至第 22 比特是子帧识别标志，它一共有以下 5 个有效二进制值：001 表示该子帧是第 1 子帧，010 表示第 2 子帧，以此类推，直至 101 表示第 5 子帧。第 23 比特至第 24 比特是通过求解得到的，其目的是使交接字的 6 位奇偶检验码以 00 结尾。

2）导航电文的解调

当接收机在捕获、跟踪到接收信号后，需要进一步对信号进行位同步和帧同步，从而从接收信号中获得导航电文，并通过对导航电文解调来获得信号发射时间、卫星时钟钟差校正参数、卫星星历等导航电文参数，最终利用这些导航电文参数实现 GNSS 定位。

（1）位同步

位同步又称比特同步，其主要作用是确定接收信号中数据比特的起始边缘位置。正确的位同步是实现 GNSS 信号导航电文解调的基础与前提。

下面以 GPS 导航电文的位同步为例进行分析。假定 GPS 信号跟踪环路的相关累积时间为 1 ms，那么它在跟踪接收信号的同时，还会解调出宽为 1 ms 的数据比特电平。随着信号跟踪环路的运行，它将输出一串码率为 1000 Hz 的二进制数。考虑到 GPS 导航电文的每一个数据比特持续 20 ms，因此接收机需要将 1000 Hz 的数据流转换为 50 Hz（即 50 bit/s），即将每 20 个 1 ms 宽的数据合并起来组成一个 20 ms 宽的数据比特。

然而在位同步之前，接收机无法确定每个数据比特的起始边缘时刻，也就无法判断哪 20 个相继的数据属于同一数据比特。位同步的首要任务是确定每个数据比特的起始边缘位置。

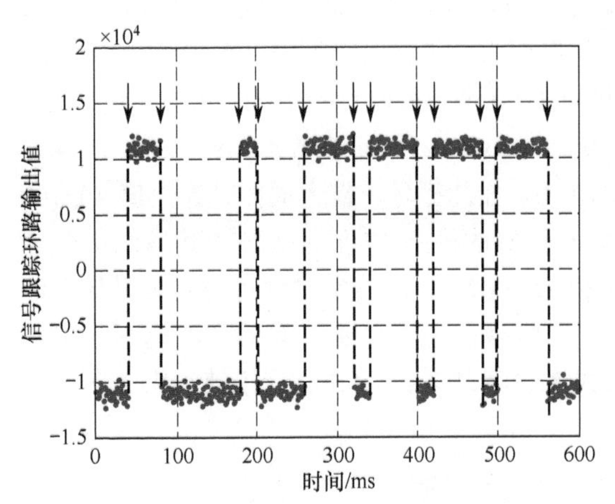

图 6.42 确定数据比特起始边缘时刻的过程

由于信号跟踪环路输出的相邻两个 1 ms 宽的数据电平只可能在数据比特边沿处发生跳变，因此可通过检测数据电平过零点，即数据电平由 1 变为−1 或从−1 变为 1 的位置，来确定每个数据比特起始边缘时刻。另外，所有数据比特的起始边缘时刻应相互间隔 20 ms。如图 6.42 所示为确定数据比特起始边缘时刻的过程。

（2）帧同步

在实现了比特同步之后，还需要进一步对接收信号进行帧同步。帧同步的主要作用是确定接收信号中子帧的起始边缘位置，从而将数据比特流正确地划分为一个接一个的字，最终实现对导航电文的解调。

由 GPS 信号导航电文的格式可知，导航电文中每一子帧的第一个字均为 TLW，而 TLW 的首 8 个比特是固定在 10001011 的同步码。由于无法确定 GPS 信号的载波初相位，信号跟踪环路输出的数据比特流可能存在 180°的相位翻转，即子帧同步头会以 01110100 的形式出现。因此，通过逐个搜索数据比特流，从中找到与同步码完全相匹配或者全部反相的 8 个连续比特，即可确定子帧的起始边缘位置。

同步码的搜索是利用相关操作实现的。将 8 bit 的同步码（用 1 和−1 表示）与接收到的数据比特流（用 1 和−1 表示）进行相关，则同步码出现时的相关输出为 8，同步码反码出现时的相关输出为−8。因此，通过寻找+8 或者−8 的相关输出即可确定同步码或同步码反码的位置，进而确定子帧的起始边缘位置。另外，所有子帧的起始边缘位置应相互间隔 6 s。如图 6.43 所示为接收数据比特流与同步码的相关结果。

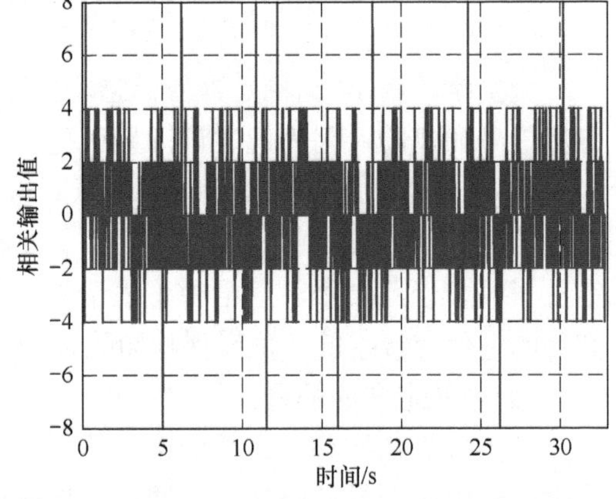

图 6.43 接收数据比特流与同步码的相关结果

（3）奇偶检验及电文译码

在实现位同步和帧同步之后，接收机便可以对解调出的数据比特进行导航电文译码，以获得卫星时钟校正参数、卫星星历等导航电文参数。但在电文译码之前，接收机还需对所解调出的以字为单位的数据比特进行奇偶检验，以保证用于译码的数据比特是正确的。同时，奇偶检验过程本身也可以实现对数据比特的解码。

由 GPS 信号导航电文的格式可知，导航电文每一子帧中的每一个字均由 24 bit 的数据码和 6 bit 的奇偶检验码组成。卫星在播发导航电文时，对所要播发的数据比特采用汉明编码的方式进行编码，并且编码的同时也会产生 6 bit 的奇偶检验码。如式(6.41)～式(6.47)所示为汉明编码的计算公式，其中 d_i（$i=1,2,\cdots,24$）为原始数据比特，而 D_i（$i=1,2,\cdots,30$）是经编码后由卫星实际播发的数据比特。因此，当接收机从接收到的卫星信号中解调出以字为结构单位的数据比特 D_i 后，一方面需要检验每个字中的数据比特 D_i 是否满足奇偶检验，另一方面要对 D_i 进行解码，从而得到原始数据比特 d_i。

如图 6.44 所示为奇偶检验的过程。在该过程中，将从接收信号中解调出的连续 32 个数据比特 $D_{29}^{-},D_{30}^{-},D_1,D_2,\cdots,D_{30}$ 作为输入，其中 D_1 至 D_{30} 组成一个字，D_{29}^{-} 和 D_{30}^{-} 是上一个字的最后两个比特。首先，根据以下异或公式解调出 24 个原始数据比特 d_i，即

$$d_i = D_{30}^{-} \oplus D_i, i=1,2,\cdots,24 \tag{6.48}$$

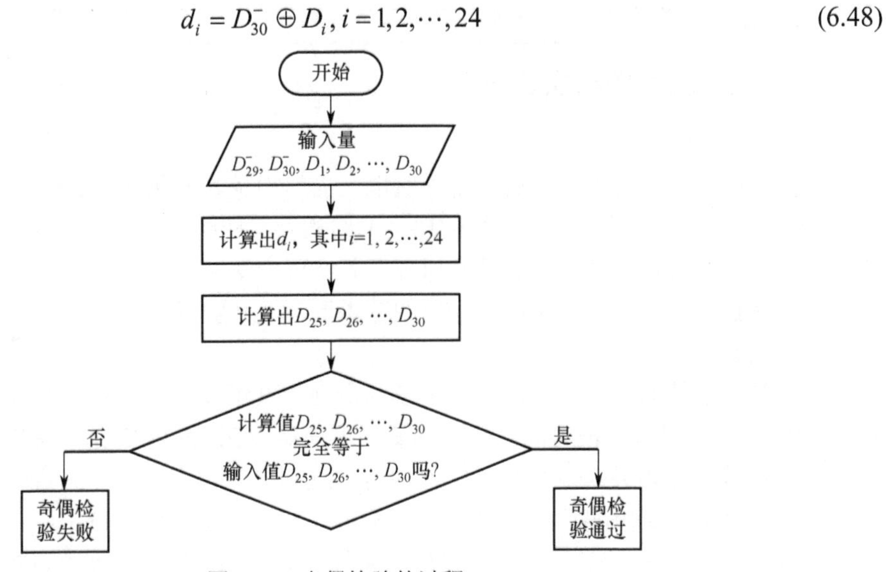

图 6.44　奇偶检验的过程

之后，根据式(6.41)～式(6.47)计算出 6 bit 的奇偶检验码，最后将计算所得的奇偶检验码与接收机实际解调的奇偶检验码（即 $D_{25},D_{26},\cdots,D_{30}$）进行对比。如果两者完全一致，则奇偶检验通过；否则，奇偶检验失败。

当一个字通过奇偶检验后，该字的前 24 个解码结果 $d_1,d_2,\cdots,d_{24}$ 应当被储存起来。当一个子帧的 10 个字被全部储存完毕后，接收机便可按照《GPS 卫星导航系统空间信号接口控制文件》给出的数据比特格式翻译出截短周内时计数、卫星时钟钟差、卫星星历等导航电文参数。如表 6.1 所示为 GPS 信号导航电文中卫星星历参数的解译方案。

表 6.1　GPS 信号导航电文中卫星星历参数的解译方案

参数	定义	比特位数	比例因子（LSB）	单位
IODE	数据龄期	8	—	—
C_{rs}	地心距正弦调和校正振幅	16*	2^{-5}	m
Δn	平均运动角速度校正值	16*	2^{-43}	半周/s
μ_0	t_{oe} 时刻平近点角	32*	2^{-31}	半周
C_{uc}	纬度幅角余弦调和校正振幅	16*	2^{-29}	rad
e	轨道偏心率	32	2^{-33}	无量纲
C_{us}	纬度幅角正弦调和校正振幅	16*	2^{-29}	rad
$\sqrt{a}$	卫星轨道长半轴 a 的平方根	32	2^{-19}	$\sqrt{\text{m}}$
t_{oe}	星历参考时间	16	2^{4}	s
C_{ic}	轨道倾角余弦调和校正振幅	16*	2^{-29}	rad
Ω_0	根据 t_{oe} 计算的轨道升交点经度	32*	2^{-31}	半周
C_{is}	轨道倾角正弦调和校正振幅	16*	2^{-29}	rad
i_0	t_{oe} 时刻轨道倾角	32*	2^{-31}	半周
C_{rc}	地心距余弦调和校正振幅	16*	2^{-5}	rad
ω	轨道近地点角距	32*	2^{-31}	半周

（续表）

参数	定义	比特位数	比例因子（LSB）	单位
$\dot{\Omega}$	轨道升交点赤经的时间变化率	24*	2^{-43}	半周/s
$\dot{i}$	轨道倾角变化率	14*	2^{-43}	半周/s
注意：标有*的参数采用二进制补码，其最高有效位是符号（+或−）				

6.3.2　实验目的与实验设备

1）实验目的

（1）了解北斗二号卫星导航系统导航电文的结构及其所包含的数据信息。

（2）了解 GPS 卫星导航系统导航电文的结构及其所包含的数据信息。

（3）掌握位同步和帧同步的基本原理及其实现方法。

（4）掌握奇偶检验及导航电文译码的基本原理及其实现方法。

2）实验方案

在空旷无遮挡的环境下搭建 GNSS 信号导航电文解调实验系统，并利用 GNSS 接收机在 BD2/GPS 模式下进行一段时间的静态测量，以获得 BD2 和 GPS 的二进制原始导航电文数据文件。通过读取原始导航电文数据文件获得二进制导航电文，并对其进行位同步、帧同步、奇偶检验，从而得到解码后的数据比特。根据《北斗卫星导航系统空间信号接口控制文件》和《GPS 卫星导航系统空间信号接口控制文件》对解码后的数据比特进行译码，得到卫星时钟钟差校正参数和卫星星历数据。

如图 6.45 所示为 GNSS 信号导航电文解调实验系统示意图。该实验系统主要包括 GNSS 接收机、GNSS 接收天线、电源和工控机等。工控机能够向 GNSS 接收机发送控制指令，使其在 BD2/GPS 模式下进行静态测量，以获得二进制原始导航电文数据文件。工控机通过读取原始导航电文数据文件获得二进制导航电文，进而完成对原始导航电文的解调。另外，工控机还用于实现 GNSS 接收机的调试。

如图 6.46 所示为 GNSS 信号导航电文解调实验方案流程图。

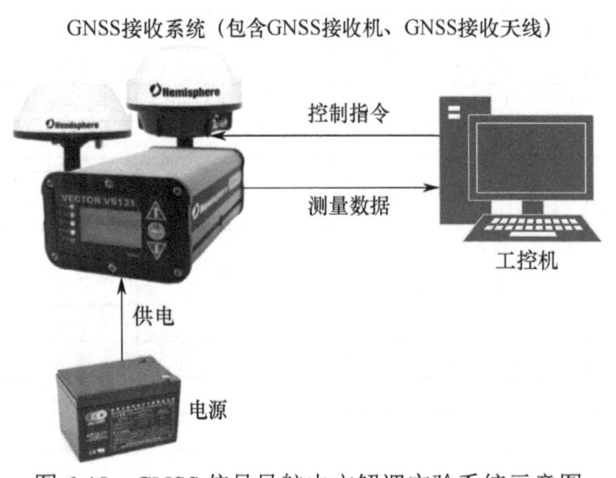

图 6.45　GNSS 信号导航电文解调实验系统示意图

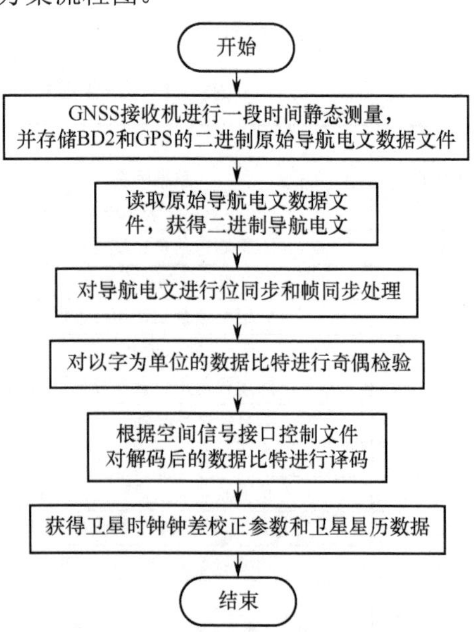

图 6.46　GNSS 信号导航电文解调实验方案流程图

GNSS 接收机在 BD2/GPS 模式下进行一段时间的静态测量，并存储 BD2 和 GPS 的二进制原始导航电文数据文件。通过读取原始导航电文数据文件，获得二进制导航电文，并对其进行位同步和帧同步处理，以确定每个数据比特及每个子帧的起始边缘位置。对以字为单位的导航电文数据进行奇偶检验，以确保用于译码的数据比特的正确性，并实现对数据比特的解码。根据《北斗卫星导航系统空间信号接口控制文件》和《GPS 卫星导航系统空间信号接口控制文件》对解码后的数据比特译码，获得卫星时钟钟差校正参数和卫星星历数据。

3）实验设备

司南 M300C 接收机、GNSS 接收天线、工控机、25 V 蓄电池、降压模块、通信接口等。

6.3.3　实验步骤及操作说明

1）仪器安装

将司南 M300C 接收机和 GNSS 接收天线放置在空旷无遮挡的地面上，GNSS 接收天线和电源分别通过射频电缆和电线与接收机相连接。

2）电气连接

（1）利用万用表测量电源的输出电压是否正常（电源输出电压由司南 M300C 接收机的供电电压决定）。

（2）司南 M300C 接收机通过通信接口（RS232 转 USB）与工控机连接，25 V 蓄电池通过降压模块以 12 V 的电压对接收机供电。

（3）检查数据采集系统是否正常，准备采集数据。

3）系统初始化配置

司南 M300C 接收机上电后，利用系统自带的测试软件 CRU 对司南 M300C 接收机进行初始化配置。初始化配置的具体步骤如下。

（1）在“连接设置”界面中选择相应的串口号（COM）以及波特率（默认选“115200”）。

（2）单击“连接”，待软件界面显示板卡的 SN 号等信息后，表明连接正常。

（3）单击“命令”，进入“命令终端”界面。如图 6.47 所示，在“命令终端”界面的命令窗口中依次输入指令“LOCKOUTSYSTEM BD3”、“LOCKOUTSYSTEM GLONASS”和“LOCKOUTSYSTEM GALILEO”后，单击“发送”按钮，将司南 M300C 接收机设置为 BD2/GPS 定位模式。

（4）再次单击“命令”，进入“命令终端”界面。如图 6.48 所示，在“命令终端”界面的命令窗口中输入指令“log <port> rangecmpb ontime 50”后，单击“发送”按钮，将串口的输出设置为二进制原始导航电文数据输出。

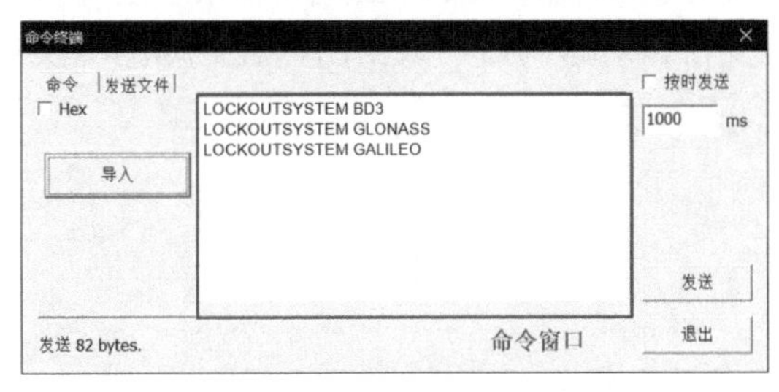

图 6.47　“命令终端”界面 1

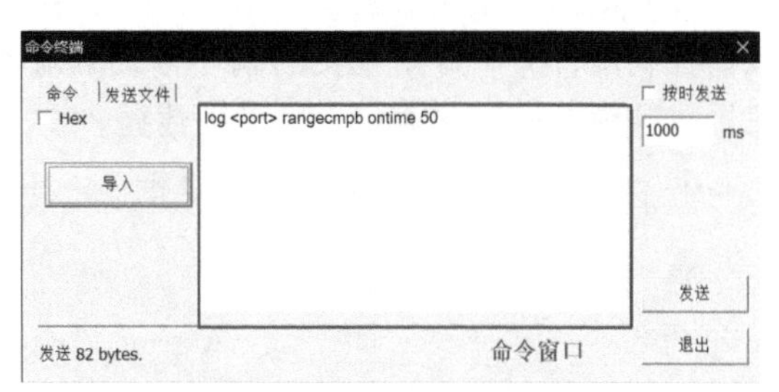

图 6.48　“命令终端”界面 2

（5）如图 6.49 所示，在“接收机配置”界面中设置输出数据的采样间隔（默认选“5 Hz”）、GPS/BDS/GLONASS/GALILEO 高度截止角（默认选“10”）、数据自动存储（默认选“自动”）、数据存储时段（默认选“手动”），将端口设置选择为“原始数据输出”，启动模式、差分端口、差分格式等不需要设置。

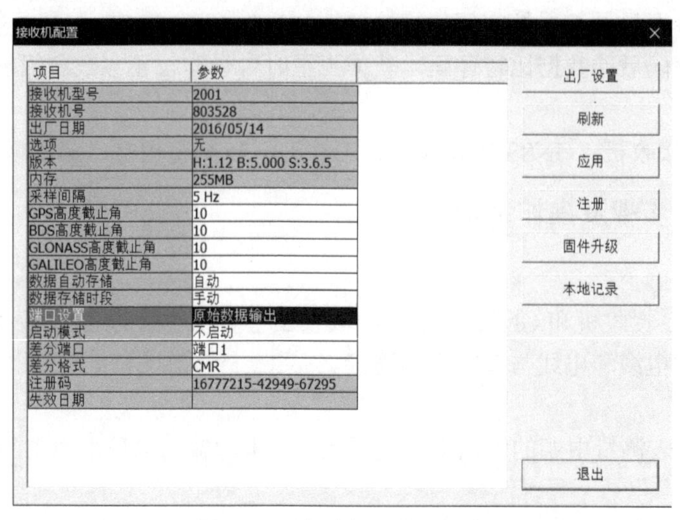

图 6.49 “接收机配置”界面

（6）所有数据记录设置完成后，需要重启板卡，以完成初始化配置。

4）数据采集与存储

（1）重启板卡后，保持司南 M300C 接收机静置约 10 min，进行静态测量。

（2）测量完成后，单击“调试终端”按钮，终端窗口中显示的即为二进制的原始导航电文数据。

（3）单击“保存”按钮，将终端窗口中显示的原始导航电文数据文件保存到工控机中。

（4）实验结束，将司南 M300C 接收机断电，整理实验装置。

5）数据处理

（1）在工控机中读取二进制原始导航电文数据文件，获得二进制导航电文。

（2）对二进制导航电文进行位同步，以确定每个数据比特的起始边缘位置。

（3）对二进制导航电文进行帧同步，以确定每个子帧的起始边缘位置。

（4）对以字为单位的导航电文数据进行奇偶检验，以确保用于译码的数据比特的正确性，并实现对数据比特的解码。

（5）根据《北斗卫星导航系统空间信号接口控制文件》和《GPS 卫星导航系统空间信号接口控制文件》中导航电文的编译方式编写译码算法，对解码后的数据比特进行译码，获得卫星时钟钟差校正参数和卫星星历数据。

6）分析实验结果，撰写实验报告

第 7 章　卫星导航系统定位、测速、定姿系列实验

GNSS 卫星导航系统是在已知卫星位置和速度的基础上，以卫星为空间基准点，通过用户接收设备，测定用户与卫星之间的距离、多普勒频移或者载波相位等观测量来确定用户的位置、速度和姿态信息。GNSS 按定位方式可分为单点定位和相对定位（差分定位）。单点定位就是根据一台接收机的观测数据来确定接收机位置的方式；相对定位（差分定位）是根据两台或两台以上接收机的观测数据来确定观测点之间相对位置的方式，它既可以采用伪距观测量，也可以采用载波相位观测量。

由于在 GNSS 观测量中不仅包含了卫星和接收机的钟差、大气传播延迟、多路径效应等误差，而且在定位解算时还要受到卫星广播星历误差的影响，而通过相对定位（差分定位）可以抵消或削弱大部分公共误差，使得定位精度得到大幅提高。

因此，本章分别开展 GNSS 卫星导航绝对单点定位实验、实时差分相对定位实验、卫星导航测速实验以及卫星导航姿态确定实验，旨在通过实验让学生掌握 GNSS 接收机定位、测速和定姿的方法，为 GNSS 卫星导航的进一步深入研究和工程应用提供实践经验。

7.1　卫星导航绝对单点定位实验

根据从 GNSS 信号导航电文中解析出的卫星星历参数计算卫星的位置，进而利用伪距或载波相位观测值采用三球交汇原理实现接收机的定位解算，最终得到用户的位置。本节主要开展卫星导航绝对单点定位实验，使学生能够利用接收机输出的伪距观测量、导航电文数据解算得到接收机的三维空间信息，并掌握卫星导航绝对单点定位精度的评估方法。

7.1.1　卫星导航绝对单点定位基本原理

1）卫星导航绝对单点定位原理

GNSS 测距码绝对定位是以卫星的空间位置坐标为基准，通过 GNSS 码信号测量载体到卫星的距离，然后用解方程的方法获取载体的三维坐标。如图 7.1 所示为 GNSS 测距码绝对定位原理示意图。在定位解算过程中，除三个位置坐标外，将造成测距误差的接收机钟差也作为一个待解参数。所以至少需要同时观测 4 颗卫星，便可以解算出载体的位置坐标。

假设载体 k 时刻在选定的导航坐标系中的三维位置坐标为 $[X_k, Y_k, Z_k]^{\mathrm{T}}$，$k$ 时刻所观测的第 j 颗卫星的三维坐标为 $[X_k^j, Y_k^j, Z_k^j]^{\mathrm{T}}(j \geqslant 4)$，测得的载体到卫星的距离（含误差的伪距）为 $\rho_k^j(j \geqslant 4)$，接收机钟差造成的测距误差为 $b_k = c\delta t_k$，c 为光速，δt_k 为 k 时刻接收机的钟差，卫星的钟差为 $\delta t^j(j \geqslant 4)$。则可得到以下 j 个方程，即

$$\rho_k^j = [(X_k^j - X_k)^2 + (Y_k^j - Y_k)^2 + (Z_k^j - Z_k)^2]^{1/2} + b_k - c\delta t^j(j \geqslant 4) \tag{7.1}$$

将上述 j 个方程组成一个方程组，便可以求解出四个未知数 X_k、Y_k、Z_k、b_k，解算方程组的具体步骤如下。

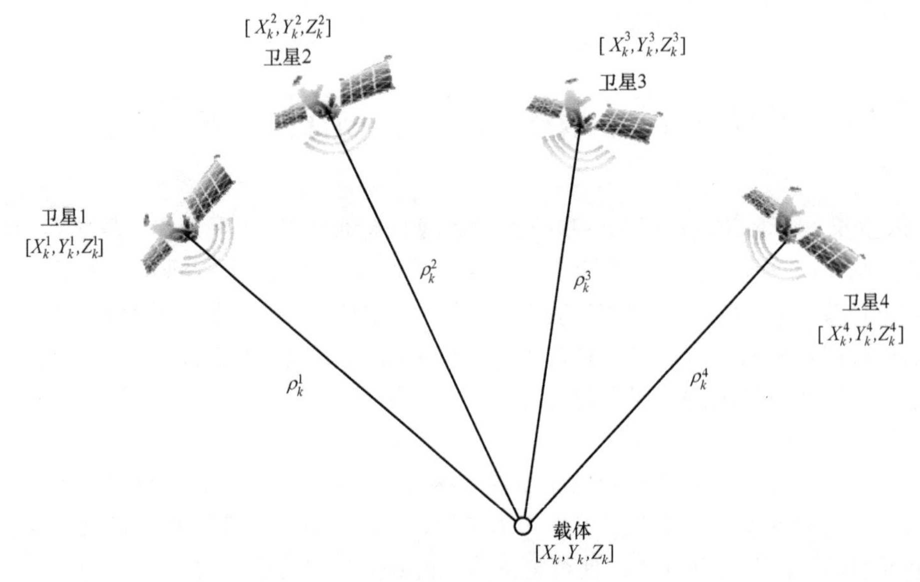

图 7.1 GNSS 测距码绝对定位原理示意图

（1）组成观测误差方程

根据伪距基本方程式(7.1)，进一步考虑电离层延迟 $\delta\rho_{kn}^j$、对流层延迟 $\delta\rho_{kp}^j$ 和观测随机误差 v_k^j，组成以下观测误差方程：

$$\rho_k^j = [(X_k^j - X_k)^2 + (Y_k^j - Y_k)^2 + (Z_k^j - Z_k)^2]^{1/2} + b_k - c\delta t^j + \delta\rho_{kn}^j + \delta\rho_{kp}^j + v_k^j \tag{7.2}$$

在实际定位中，根据待求点的概略坐标 $[X_k^0, Y_k^0, Z_k^0]$，将 $X_k = X_k^0 + \delta X_k$, $Y_k = Y_k^0 + \delta Y_k$, $Z_k = Z_k^0 + \delta Z_k$ 代入式(7.2)中，用泰勒级数将其展开，将观测方程线性化，得到：

$$v_k^j = l_k^j \delta X_k + m_k^j \delta Y_k + n_k^j \delta Z_k - b_k + \rho_k^j - \tilde{R}_k^j + c\delta t^j - \delta\rho_{kn}^j - \delta\rho_{kp}^j \tag{7.3}$$

式中：

(l_k^j, m_k^j, n_k^j) 表示待求点至卫星 S_j 的观测伪距 ρ_k^j 的方向余弦，即

$$l_k^j = \frac{X^j - X_k^0}{\tilde{R}_k^j};\quad m_k^j = \frac{Y^j - Y_k^0}{\tilde{R}_k^j};\quad n_k^j = \frac{Z^j - Z_k^0}{\tilde{R}_k^j}$$

$\tilde{R}_k^j$ 表示待求点至 S_j 距离的近似值，即

$$\tilde{R}_k^j = [(X^j - X_k^0)^2 + (Y^j - Y_k^0)^2 + (Z^j - Z_k^0)^2]^{1/2}$$

（2）计算卫星 S_j 在 t^{S_j} 时刻的坐标和钟差，即

首先，根据观测时刻 t_k 和观测伪距 ρ_k^j，计算卫星 S_j 发射信号的时刻：

$$t^{S_j} = t_k - \frac{\rho_k^j}{c} \tag{7.4}$$

然后，根据导航电文计算 S_j 在 t^{S_j} 时刻的坐标和钟差。

（3）电离层与对流层延迟改正的计算

电离层延迟改正采用 Klobuchar 模型：

$$\delta\rho_{kp}^{j}=\begin{cases}5\times10^{-9}+A\cos\left(2\pi\dfrac{t-50400}{T}\right), & |t-50400|<\dfrac{T}{4}\\ 5\times10^{-9}, & |t-50400|\geqslant\dfrac{T}{4}\end{cases} \tag{7.5}$$

式中，$\delta\rho_{kp}^{j}$ 的单位是 s；A、T 分别为余弦函数的幅值和周期，接收机可根据导航电文提供的电离层改正参数 α_1、α_2、α_3 和 α_4 来确定 A，再根据参数 β_1、β_2、β_3 和 β_4 来确定 T。

对流层延迟改正模型为

$$\delta\rho_{kn}^{j}=\frac{2.47}{\sin\theta+0.0121} \tag{7.6}$$

式中，θ 为卫星高度角；对流层延迟的单位为 m。

（4）定位解算

首先，根据卫星坐标和待求点概略坐标，计算 (l_k^j,m_k^j,n_k^j) 和 $\tilde{R}_k^j$，并将观测方程式(7.3)中的已知项用 L_k^j 表示，即得

$$v_k^j=l_k^j\delta X_k+m_k^j\delta Y_k+n_k^j\delta Z_k-b_k-L_k^j \tag{7.7}$$

式中：

L_k^j 表示观测误差方程的已知项，或称自由项，即

$$L_k^j=\tilde{R}_k^j-\rho_k^j-c\delta t^j+\delta\rho_{kn}^j+\delta\rho_{kp}^j \tag{7.8}$$

将式(7.7)写成矩阵形式，为

$$\boldsymbol{V}=\boldsymbol{AX}-\boldsymbol{L} \tag{7.9}$$

式中

$\boldsymbol{X}$ 表示待定参数矢量，即

$$\boldsymbol{X}=[\delta X_k,\delta Y_k,\delta Z_k,b_k]^{\mathrm{T}} \tag{7.10}$$

$\boldsymbol{A}$ 表示系数矩阵，即

$$\boldsymbol{A}=\begin{bmatrix}l_k^1 & m_k^1 & k_k^1 & -1\\ l_k^2 & m_k^2 & k_k^2 & -1\\ \cdots & \cdots & \cdots & \cdots\\ l_k^n & m_k^n & k_k^n & -1\end{bmatrix} \tag{7.11}$$

$\boldsymbol{L}$ 表示已知项矢量，即

$$L=[L_k^1,L_k^2,\cdots,L_k^n]^{\mathrm{T}} \tag{7.12}$$

$\boldsymbol{V}$ 表示观测随机误差矢量，即

$$\boldsymbol{V}=[v_k^1,v_k^2,\cdots,v_k^n]^{\mathrm{T}} \tag{7.13}$$

根据观测卫星个数，定位解算有两种情况。

① 观测 4 颗卫星（$n=4$）

此时只能忽略观测随机误差，求得代数解，即式(7.9)写成

$$\boldsymbol{AX}-\boldsymbol{L}=0 \tag{7.14}$$

其代数解为

$$\boldsymbol{X}=\boldsymbol{A}^{-1}\boldsymbol{L} \tag{7.15}$$

② 观测 4 颗以上卫星（$n>4$）

此时需根据观测方程，用最小二乘法求解，即组成法方程

$$\boldsymbol{A}^{\mathrm{T}}\boldsymbol{A}\boldsymbol{X}=\boldsymbol{A}^{\mathrm{T}}\boldsymbol{L} \tag{7.16}$$

进而解法方程，求得未知参数矢量 $\boldsymbol{X}$：

$$\boldsymbol{X}=(\boldsymbol{A}^{\mathrm{T}}\boldsymbol{A})^{-1}\boldsymbol{A}^{\mathrm{T}}\boldsymbol{L} \tag{7.17}$$

求解出 $\boldsymbol{X}=[\delta X_k,\delta Y_k,\delta Z_k,b_k]^{\mathrm{T}}$ 后，即可按

$$\begin{bmatrix} X_k \\ Y_k \\ Z_k \end{bmatrix}=\begin{bmatrix} X_k^0+\delta X_k \\ Y_k^0+\delta Y_k \\ Z_k^0+\delta Z_k \end{bmatrix} \tag{7.18}$$

求得待求点坐标。

GNSS 绝对单点定位又可以分为静态定位和动态定位。在动态定位中，接收机天线始终处于运动状态；在静态定位中，接收机的天线是处于待求点上固定不动的。动态定位与静态定位都是在连续锁定信号的情况下进行 GNSS 测量的，其定位和解算原理相同，所以同类观测值的精度应该是相同的。但实际上，动态定位精度不能完全达到静态定位精度。这是因为静态定位在一次定位中可以进行多次测量，因此经事后数据处理，可将绝大部分随机误差吸收到平差后的残差中，以保证定位的精度。而动态定位每次定位只能利用一个历元的观测值，因此，大部分随机误差被吸收到定位参数中。为了保证动态定位精度，最好选用多通道接收机，以便在每个观测历元观测尽可能多的 GNSS 卫星，增加多余观测，提高定位精度。

2）卫星导航绝对单点定位精度评估

绝对单点定位精度是评估 GNSS 接收机性能最重要的指标。影响绝对单点定位精度的因素有测量随机误差和精度因子。精度因子描述的是从测量随机误差到绝对单点定位误差的放大量。测量随机误差在实际工程中无法避免，因此应尽可能减小精度因子，从而提高接收机的绝对单点定位精度。下面对精度因子进行简要分析。

根据 GNSS 绝对单点定位过程可知，GNSS 绝对单点定位方程可以表示为

$$\boldsymbol{A}\begin{bmatrix} \delta X_k+\varepsilon_x \\ \delta Y_k+\varepsilon_y \\ \delta Z_k+\varepsilon_z \\ b_k+\varepsilon_b \end{bmatrix}=\boldsymbol{L}+\boldsymbol{V} \tag{7.19}$$

式中，ε_x、ε_y、ε_z、ε_b 为由观测随机误差矢量 $\boldsymbol{V}$ 引起的定位、定时误差。因此，式(7.19)的最小二乘解为

$$\begin{bmatrix} \delta X_k+\varepsilon_x \\ \delta Y_k+\varepsilon_y \\ \delta Z_k+\varepsilon_z \\ b_k+\varepsilon_b \end{bmatrix}=(\boldsymbol{A}^{\mathrm{T}}\boldsymbol{A})^{-1}\boldsymbol{A}^{\mathrm{T}}\boldsymbol{L}+(\boldsymbol{A}^{\mathrm{T}}\boldsymbol{A})^{-1}\boldsymbol{A}^{\mathrm{T}}\boldsymbol{V} \tag{7.20}$$

将式(7.17)与式(7.20)联立，可得

$$\begin{bmatrix} \varepsilon_x \\ \varepsilon_y \\ \varepsilon_z \\ \varepsilon_b \end{bmatrix} = (\boldsymbol{A}^{\mathrm{T}}\boldsymbol{A})^{-1}\boldsymbol{A}^{\mathrm{T}}\boldsymbol{V} \tag{7.21}$$

为了简化对绝对单点定位精度的理论分析，假设各个卫星的测量随机误差 v_k^j 均呈均值为 0、方差为 σ^2 的正态分布，并且不同卫星之间的测量随机误差互不相关。因此，观测随机误差矢量 $\boldsymbol{V}$ 的协方差矩阵 $\boldsymbol{\sigma}^2$ 为对角阵，即

$$\begin{aligned} \boldsymbol{\sigma}^2 &= E\left(\left[\boldsymbol{V} - E(\boldsymbol{V})\right]\left[\boldsymbol{V} - E(\boldsymbol{V})\right]^{\mathrm{T}}\right) \\ &= E(\boldsymbol{V}\boldsymbol{V}^{\mathrm{T}}) = \begin{bmatrix} \sigma^2 & 0 & \cdots & 0 \\ 0 & \sigma^2 & \cdots & 0 \\ \vdots & \vdots & \vdots & \vdots \\ 0 & 0 & \cdots & \sigma^2 \end{bmatrix} \end{aligned} \tag{7.22}$$

则根据式(7.21)和式(7.22)可以求出定位、定时误差的协方差矩阵，即

$$\begin{aligned} \operatorname{cov}\left(\begin{bmatrix} \varepsilon_x \\ \varepsilon_y \\ \varepsilon_z \\ \varepsilon_b \end{bmatrix}\right) &= E\left(\begin{bmatrix} \varepsilon_x \\ \varepsilon_y \\ \varepsilon_z \\ \varepsilon_b \end{bmatrix}\begin{bmatrix} \varepsilon_x & \varepsilon_y & \varepsilon_z & \varepsilon_b \end{bmatrix}\right) \\ &= E\left((\boldsymbol{A}^{\mathrm{T}}\boldsymbol{A})^{-1}\boldsymbol{A}^{\mathrm{T}}\boldsymbol{V} \cdot \left[(\boldsymbol{A}^{\mathrm{T}}\boldsymbol{A})^{-1}\boldsymbol{A}^{\mathrm{T}}\boldsymbol{V}\right]^{\mathrm{T}}\right) \\ &= (\boldsymbol{A}^{\mathrm{T}}\boldsymbol{A})^{-1}\boldsymbol{A}^{\mathrm{T}}E(\boldsymbol{V}\boldsymbol{V}^{\mathrm{T}})\boldsymbol{A}(\boldsymbol{A}^{\mathrm{T}}\boldsymbol{A})^{-1} \\ &= (\boldsymbol{A}^{\mathrm{T}}\boldsymbol{A})^{-1}\boldsymbol{\sigma}^2 \\ &= \boldsymbol{H}\boldsymbol{\sigma}^2 \end{aligned} \tag{7.23}$$

式中，系数矩阵 $\boldsymbol{H}$ 为

$$\boldsymbol{H} = (\boldsymbol{A}^{\mathrm{T}}\boldsymbol{A})^{-1} \tag{7.24}$$

式(7.23)的等号左边是定位、定时误差协方差矩阵，其对角线元素分别是各定位、定时误差分量的方差，即 σ_x^2、σ_y^2、σ_z^2、σ_b^2。将系数矩阵 $\boldsymbol{H}$ 对角元素记为 h_{ii}，其中 $i = 1,2,3,4$，则可以将式(7.23)改写为

$$\begin{bmatrix} \sigma_x^2 & & & \\ & \sigma_y^2 & & \\ & & \sigma_z^2 & \\ & & & \sigma_b^2 \end{bmatrix} = \begin{bmatrix} h_{11} & & & \\ & h_{22} & & \\ & & h_{33} & \\ & & & h_{44} \end{bmatrix}\begin{bmatrix} \sigma^2 & & & \\ & \sigma^2 & & \\ & & \sigma^2 & \\ & & & \sigma^2 \end{bmatrix} \tag{7.25}$$

式(7.25)表明，测量随机误差的方差 σ^2 被系数矩阵 $\boldsymbol{H}$ 中相应的对角元素放大后转变成定位、定时误差的方差。因此，可以定义

$$\mathrm{PDOP} = \sqrt{h_{11} + h_{22} + h_{33}} \tag{7.26}$$

$$\mathrm{TDOP} = \sqrt{h_{44}} \tag{7.27}$$

$$\mathrm{GDOP} = \sqrt{h_{11} + h_{22} + h_{33} + h_{44}} \tag{7.28}$$

式中，PDOP 称为空间位置精度因子；TDOP 称为钟差精度因子；GDOP 称为几何精度因子。

可见，精度因子描述的是从伪距测量随机误差到定位、定时误差的放大量，在一定程度上可以反映接收机的定位、定时精度。

从精度因子的推导过程可以看出，精度因子的大小与 $\boldsymbol{A}$ 有关。而 $\boldsymbol{A}$ 是由接收机到卫星的方向单位矢量组成的矩阵，这表明精度因子的大小取决于卫星相对于接收机的空间几何分布。卫星的空间几何分布越好，精度因子的取值就越小，则测量随机误差被放大成定位、定时误差的程度就越低，即接收机的定位、定时精度越高。因此，在实际应用中，可以通过改善卫星的空间几何分布来降低精度因子，从而减小接收机的定位、定时误差。

7.1.2 实验目的与实验设备

1）实验目的

（1）掌握 GNSS 绝对单点定位的基本工作原理。

（2）掌握 GNSS 绝对单点定位的实现方法。

（3）分析精度因子对 GNSS 绝对单点定位精度的影响。

2）实验内容

将 GNSS 接收机和 GNSS 接收天线安装于车辆上，搭建 GNSS 绝对单点定位实验系统，并驱动车辆行驶一段轨迹。在车辆行驶的过程中，GNSS 接收机接收并处理卫星导航信号，以获得 RINEX 格式的输出数据文件。通过分别读取输出数据文件中的观测数据文件和导航电文文件，获得伪距观测值、卫星时钟钟差、电离层延迟改正参数、对流层延迟改正系数以及卫星星历参数。根据电离层和对流层延迟改正系数计算电离层和对流层延迟，并根据卫星星历参数计算 GNSS 卫星位置，进而结合伪距观测值和卫星时钟钟差计算得到接收机的位置，以实现 GNSS 的绝对单点定位。此外，根据卫星位置和接收机位置可以计算精度因子，从而分析精度因子对 GNSS 绝对单点定位精度的影响。

如图 7.2 所示为 GNSS 绝对单点定位实验系统示意图。该实验系统主要包括车辆、GNSS 接收机、GNSS 接收天线、电源和工控机等。GNSS 接收天线接收卫星导航信号，经由接收机捕获、跟踪处理后，获得 RINEX 格式的输出数据文件。工控机读取观测数据文件和导航电文文件，获得伪距观测值、卫星时钟钟差、电离层延迟改正参数、对流层延迟改正系数以及卫星星历参数，进而完成对接收机位置的解算。另外，工控机还用于实现 GNSS 接收机的调试以及输出数据文件的存储。

图 7.2 GNSS 绝对单点定位实验系统示意图

如图 7.3 所示为 GNSS 绝对单点定位实验方案流程图。

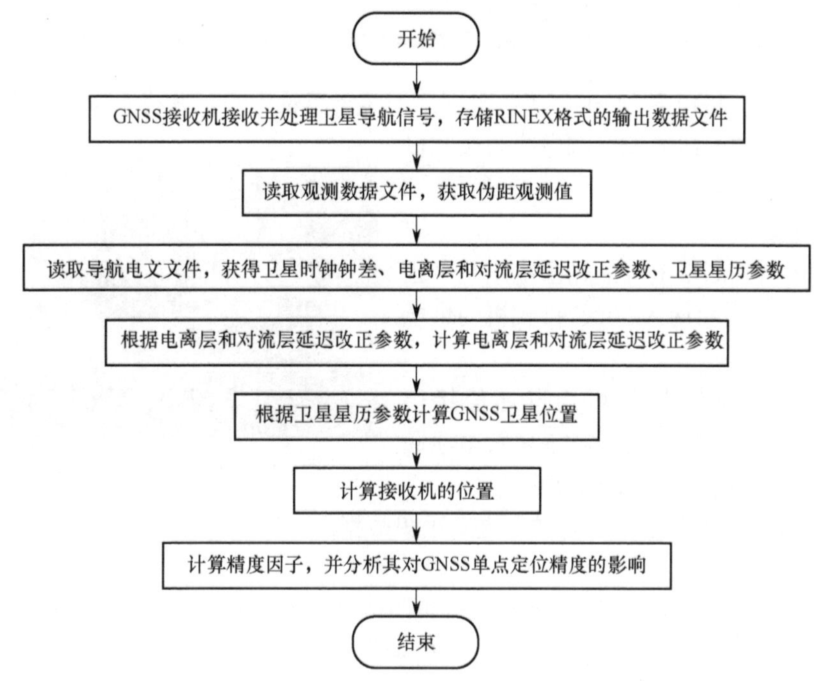

图 7.3 GNSS 绝对单点定位实验方案流程图

GNSS 接收机接收并处理卫星导航信号，存储 RINEX 格式的输出数据文件。通过读取观测数据文件和导航电文文件，获得伪距观测值、卫星时钟钟差、电离层延迟改正参数、对流层延迟改正系数以及卫星星历参数。首先根据电离层和对流层延迟改正参数，计算电离层和对流层延迟改正数；再根据卫星星历参数计算 GNSS 卫星位置；进而根据电离层和对流层延迟改正参数、卫星位置、卫星时钟钟差以及伪距观测值，完成接收机位置的解算。此外，根据卫星位置和接收机位置可以计算精度因子，从而分析其对 GNSS 绝对单点定位精度的影响。

3）实验设备

司南 M300C 接收机（如图 7.4 所示）、GNSS 接收天线（如图 7.5 所示）、工控机、遥控车辆、25 V 蓄电池、降压模块、通信接口等。

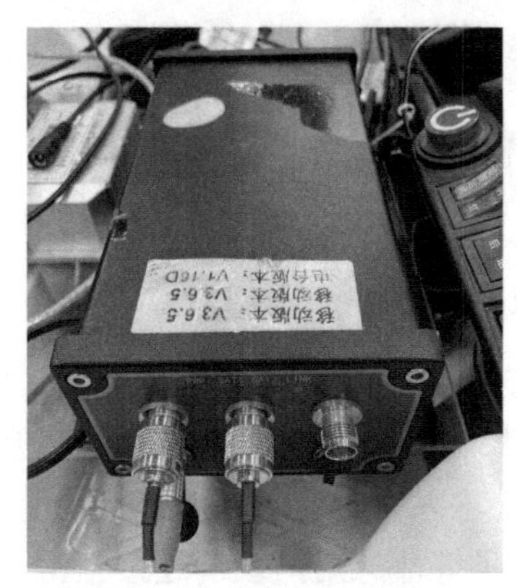

图 7.4 司南 M300C 接收机

图 7.5 GNSS 接收天线

7.1.3 实验步骤及操作说明

1）仪器安装

如图 7.6 所示，将司南 M300C 接收机固定安装于车辆中心，并将 GNSS 接收天线固定安装于车辆后端，接收天线通过射频电缆与接收机相连接。

图 7.6 GNSS 绝对单点定位实验场景图

2）电气连接

（1）利用万用表测量电源的输出电压是否正常（电源输出电压由司南 M300C 接收机的供电电压决定）。

（2）司南 M300C 接收机通过通信接口（RS232 转 USB）与工控机连接，25 V 蓄电池通过降压模块以 12 V 的电压对接收机供电。

（3）检查数据采集系统是否正常，准备采集数据。

3）系统初始化配置

司南 M300C 接收机上电后，利用系统自带的测试软件 CRU 对司南 M300C 接收机进行初始化配置，测试软件 CRU 总体界面如图 7.7 所示。

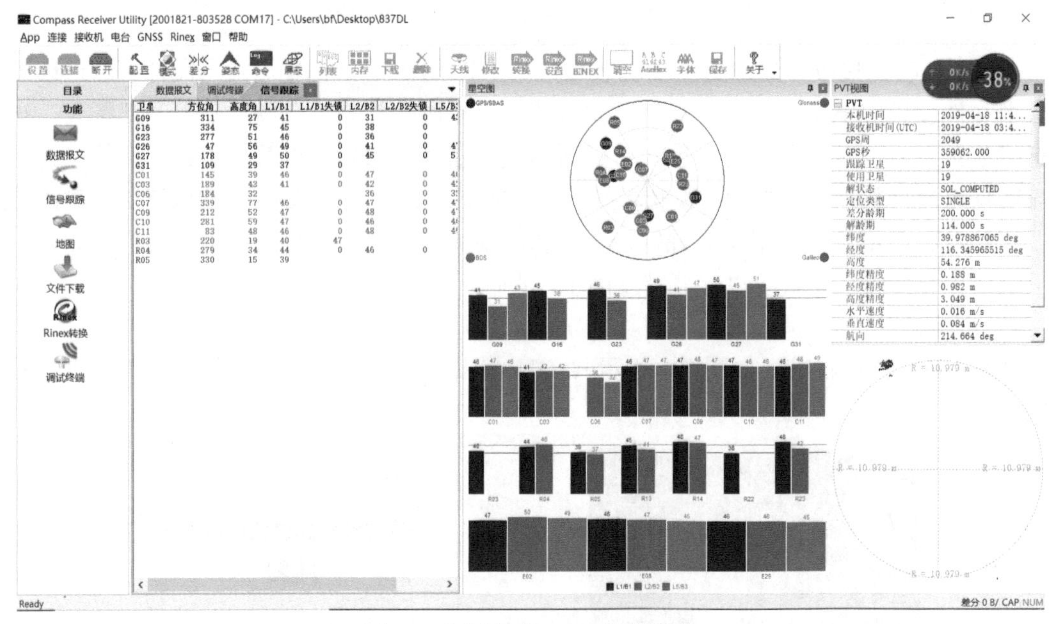

图 7.7 测试软件 CRU 总体界面

对司南 M300C 接收机进行初始化配置的具体步骤如下。

（1）如图 7.8 所示，在“连接设置”界面中选择相应的串口号（COM）以及波特率（默认选“115200”）。

（2）单击“连接”，待软件界面显示板卡的 SN 号等信息后，表明连接正常。

（3）如图 7.9 所示，在“接收机配置”界面中设置输出数据的采样间隔（默认选“5 Hz”）、GPS/BDS/GLONASS/GALILEO 高度截止角（默认选“10”）、数据自动存储（默认选“自动”）、数据存储时段（默认选“手动”），将端口设置选择为“原始数据输出”，启动模式、差分端口、差分格式等不需要设置。

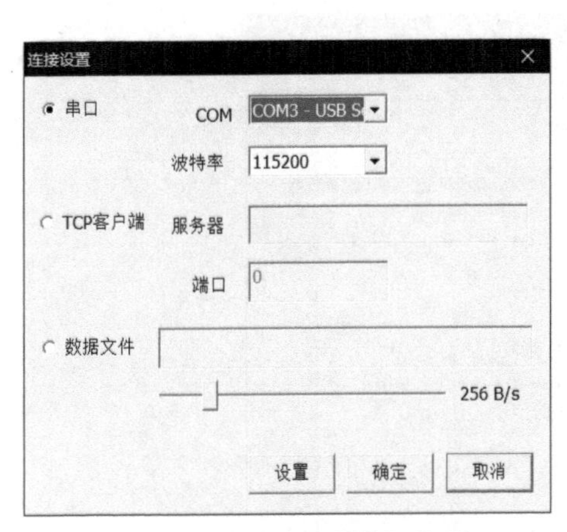

图 7.8　“连接设置”界面

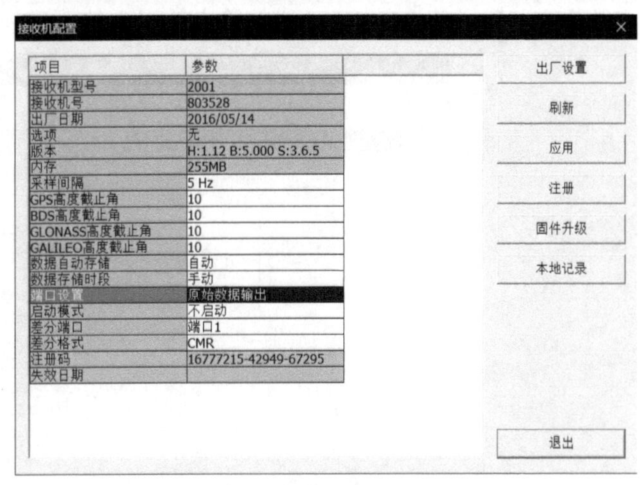

图 7.9　“接收机配置”界面

（4）所有数据记录设置完成后，需要重启板卡，以完成初始化配置。

4）数据采集与存储

（1）重启板卡后，驱动搭载司南 M300C 接收机的遥控车辆行驶一段轨迹，M300C 接收机在此期间进行动态定位解算。

（2）解算完成后，单击“文件下载”按钮，数据信息显示区里显示的即为接收机自动记录的原始输出数据文件，如图 7.10 所示。

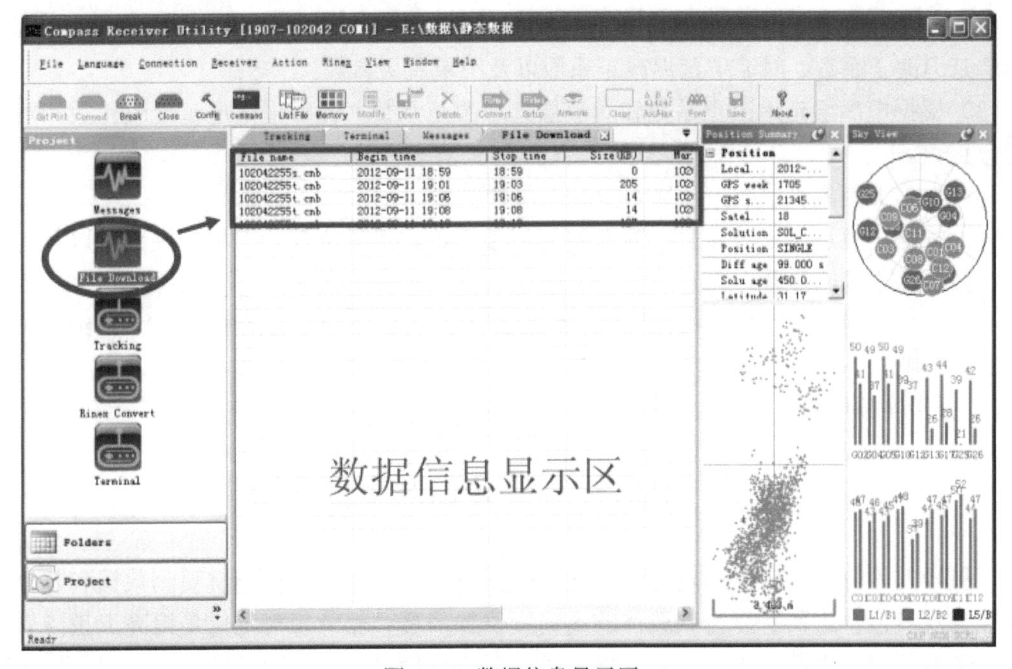

图 7.10　数据信息显示区

（3）单击“Rinex 转换”按钮，并右击数据信息显示区中的原始输出数据文件，选择“Rinex

转换设置”后进入设置界面，如图 7.11 所示。将输出格式选为“2.10”后，单击“确定”按钮。再次右击原始输出数据文件，选择“转换到 Rinex”选项，将其转换为 RINEX 格式的输出数据文件，并将 RINEX 格式的输出数据文件下载到工控机中。

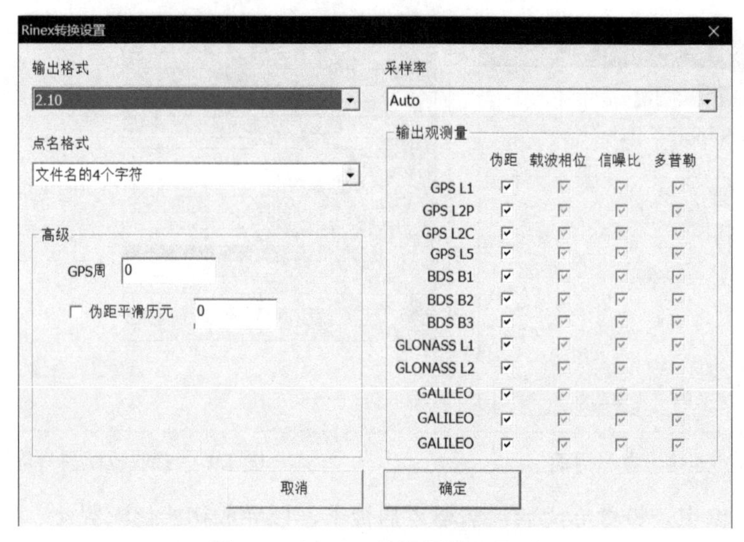

图 7.11 “Rinex 转换设置”界面

（4）实验结束，将司南 M300C 接收机断电，整理实验装置。

5）数据处理

（1）在工控机中读取 RINEX 格式输出数据文件中的观测数据文件，获得卫星与接收机之间的伪距观测值。

（2）在工控机中读取 RINEX 格式输出数据文件中的导航电文文件，获得卫星时钟钟差、电离层延迟改正系数、对流层延迟改正系数以及卫星星历参数。

（3）根据电离层延迟改正系数和对流层延迟改正系数，计算电离层延迟改正数和对流层延迟改正数。

（4）根据卫星星历参数，计算 GNSS 卫星的位置。

（5）根据电离层延迟改正数、对流层延迟改正数、卫星位置、卫星时钟钟差以及伪距观测值，计算接收机的位置。

（6）根据卫星位置和接收机位置计算精度因子，从而分析精度因子对 GNSS 绝对单点定位精度的影响。

6）分析实验结果，撰写实验报告

7.2 卫星导航差分相对定位实验

卫星导航差分相对定位通过建立无线电数据传输链路，并根据导航观测数据和差分数据组成差分观测值，进而解算得到载体的高精度位置信息。差分相对定位是提高卫星导航定位性能的重要手段。因此，本节主要开展卫星导航差分相对定位实验，使学生掌握利用伪距差分观测值和载波相位差分观测值获得载体高精度位置信息的原理及方法。

7.2.1　卫星导航差分相对定位基本原理

GNSS 绝对单点定位的基本原理是：以 GNSS 卫星和用户接收机天线之间的距离（距离差）观测量为基础，并根据已知的卫星瞬时坐标来确定用户接收机天线所对应的点位，即观测站的位置。原则上有 3 个独立的距离观测量即可，但是由于接收机钟差一般难以预先准确地确定，通常将接收机钟差也作为一个未知参数加以计算并进行修正，因此必须对至少 4 颗以上的卫星进行观测。最重要的观测量——接收机到卫星的距离，是通过测定卫星信号传播到观测站所需要的时间，或是测定卫星信号在该路径上相位的变化量而得到的。

由于误差的存在，使 GNSS 标准单点定位精度达到 100 m（2 drms，95%）左右，而精密单点定位精度标称值为 15 m（95%）。对于许多需要实时定位的应用场合，如海上和空中导航测量，这种定位精度是远远不够的。为了提高 GNSS 实时定位精度并改善其性能，在 GNSS 系统试验阶段人们就开始进行相对定位的研究，即差分 GNSS（Differential GNSS，DGNSS）技术。尽管现在很多国家在研究高精度的单点定位技术，但是其单点定位的精度仍不能满足高精度实时定位的要求，目前高精度定位广泛采用的仍是差分 GNSS 技术。

在高动态差分定位中，动态接收机不仅接收 GNSS 卫星信号，同时还接收基准站发送来的差分改正信息。动态接收机利用差分改正信息对自身的观测值进行改正，或者利用基准站的原始观测值构成差分观测值，然后用相应的计算软件实时解算出动态接收机的坐标。由于某些误差存在空间和时间上的相关性，观测值之间作差可以消除或削弱这些误差，从而提高了动态用户的定位精度。差分技术可以完全消除 GNSS 误差中的公共误差，消除大部分的传播误差，其消除程度主要取决于基准站和用户接收机之间的距离，而接收机的固有误差则无法消除。

根据差分修正信息的不同，差分 GNSS 可分为位置差分、伪距差分和载波相位差分。位置差分精度较低，载波相位差分在高动态条件下容易失锁。而伪距差分适宜动态条件下的高精度导航定位，因此，下面主要介绍伪距差分定位方式。

1）伪距差分 GNSS 定位原理

地面基站接收机对所有可见卫星测量伪距，并根据星历数据和已知位置计算其到卫星的距离，两者相减得到伪距误差。把伪距误差作为修正信息发送给用户接收机，用户接收机用来修正自己测量的伪距，然后进行定位计算。图 7.12 为 GNSS 差分相对定位原理示意图。

在基准站 r 上，基准接收机测得基准站至第 j 颗 GNSS 卫星的伪距为

$$\rho_{\mathrm{r}}^{j}=\rho_{\mathrm{rt}}^{j}+c(\mathrm{d}t^{j}-\mathrm{d}T_{\mathrm{rr}})+\mathrm{d}\rho_{\mathrm{r}}^{j}+d_{\mathrm{r,Ion}}^{j}+d_{\mathrm{r,Tro}}^{j} \tag{7.29}$$

式中：ρ_{r}^{j} 为基准接收机在历元 t 测得的基准站至第 j 颗 GNSS 卫星的伪距；

ρ_{rt}^{j} 为基准站在历元 t 到第 j 颗 GNSS 卫星的真实距离；

$\mathrm{d}t^{j}$ 为第 j 颗 GNSS 卫星时钟相对于 GNSS 标准时的偏差；

$\mathrm{d}T_{\mathrm{rr}}$ 为基准接收机时钟相对于 GNSS 标准时的偏差；

$\mathrm{d}\rho_{\mathrm{r}}^{j}$ 为 GNSS 卫星星历误差在基准站引起的距离偏差；

$d_{\mathrm{r,Ion}}^{j}$ 为电离层延迟在基准站引起的距离偏差；

$d_{\mathrm{r,Tro}}^{j}$ 为对流层延迟在基准站引起的距离偏差；

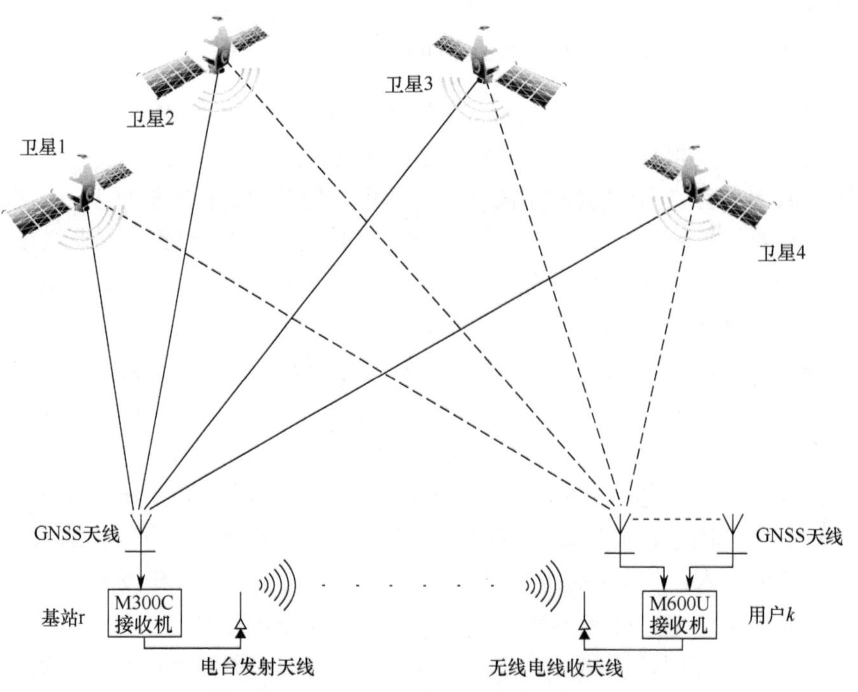

图 7.12　GNSS 差分相对定位原理示意图

c 为电磁波的传播速度。

依据已知的基准站三维坐标和 GNSS 卫星星历，可以精确地计算出真实距离 ρ_{rt}^{j}，则依式(7.29)可得伪距校正值为

$$\Delta\rho_{\mathrm{r}}^{j}=\rho_{\mathrm{rt}}^{j}-\rho_{\mathrm{r}}^{j}=-c(\mathrm{d}t^{j}-\mathrm{d}T_{\mathrm{rr}})-\mathrm{d}\rho_{\mathrm{r}}^{j}-d_{\mathrm{r,Ion}}^{j}-d_{\mathrm{r,Tro}}^{j} \tag{7.30}$$

对于动态用户而言，动态接收机也对第 j 颗 GNSS 卫星进行伪距测量，其观测值为

$$\rho_{k}^{j}=\rho_{k\mathrm{t}}^{j}+c(\mathrm{d}t^{j}-\mathrm{d}T_{k\mathrm{r}})+\mathrm{d}\rho_{k}^{j}+d_{k,\mathrm{Ion}}^{j}+d_{k,\mathrm{Tro}}^{j} \tag{7.31}$$

式(7.31)中各个符号的含义与式(7.30)类似，只是式(7.31)中的下标 k 表示动态用户。

动态接收机在测量伪距的同时，接收来自基准接收机的伪距校正值，用来改正它自身测得的伪距：

$$\begin{aligned}\rho_{k}^{j}+\Delta\rho_{\mathrm{r}}^{j}=&\rho_{k\mathrm{t}}^{j}+c(\mathrm{d}T_{\mathrm{rr}}-\mathrm{d}T_{k\mathrm{r}})+(\mathrm{d}\rho_{k}^{j}-\mathrm{d}\rho_{\mathrm{r}}^{j})+\\&(d_{k,\mathrm{Ion}}^{j}-d_{\mathrm{r,Ion}}^{j})+(d_{k,\mathrm{Tro}}^{j}-d_{\mathrm{r,Tro}}^{j})\end{aligned} \tag{7.32}$$

比较式(7.31)和式(7.32)可知，差分 GNSS 测量消除了 GNSS 卫星时钟偏差引起的距离误差。当差分 GNSS 站间距离在 100 km 以内时，可以认为

$$\mathrm{d}\rho_{k}^{j}=\mathrm{d}\rho_{\mathrm{r}}^{j},\qquad d_{k,\mathrm{Ion}}^{j}=d_{\mathrm{r,Ion}}^{j},\qquad d_{k,\mathrm{Tro}}^{j}=d_{\mathrm{r,Tro}}^{j}$$

则有

$$\begin{aligned}\rho_{k}^{j}+\Delta\rho_{\mathrm{r}}^{j}&=\rho_{k\mathrm{t}}^{j}+c(\mathrm{d}T_{\mathrm{rr}}-\mathrm{d}T_{k\mathrm{r}})\\&=\sqrt{(X^{j}-X_{k})^{2}+(Y^{j}-Y_{k})^{2}+(Z^{j}-Z_{k})^{2}}+d\end{aligned} \tag{7.33}$$

式中，$d=c(\mathrm{d}T_{\mathrm{rr}}-\mathrm{d}T_{k\mathrm{r}})$；$[X^{j},Y^{j},Z^{j}]$ 为第 j 颗 GNSS 卫星在历元 t 的在轨位置；$[X_{k},Y_{k},Z_{k}]$ 为动态用户的 GNSS 信号接收天线在历元 t 的三维位置。

当观测了 4 颗 GNSS 卫星后，可列出 4 个类似式(7.33)的方程。对其线性化，则动态用户

在历元 t 的三维位置解为

$$[\Delta X_k(t) \quad \Delta Y_k(t) \quad \Delta Z_k(t) \quad d(t)]^{\mathrm{T}} = \boldsymbol{A}^{-1}(t)\cdot \boldsymbol{B}(t) \tag{7.34}$$

式中：$[\Delta X_k(t), \Delta Y_k(t), \Delta Z_k(t)]$ 为动态用户在历元 t 三维位置的改正数，而动态用户在历元 t 的三维位置为

$$\begin{cases} X_k(t) = X_{k0} + \Delta X_k(t) \\ Y_k(t) = Y_{k0} + \Delta Y_k(t) \\ Z_k(t) = Z_{k0} + \Delta Z_k(t) \end{cases} \tag{7.35}$$

式中，$[X_{k0}, Y_{k0}, Z_{k0}]$ 为动态用户的初始三维位置。

$$\boldsymbol{B}(t) = \begin{bmatrix} D_{10} - \rho_k^1 - \Delta\rho_{\mathrm{r}}^1 \\ D_{20} - \rho_k^2 - \Delta\rho_{\mathrm{r}}^2 \\ D_{30} - \rho_k^3 - \Delta\rho_{\mathrm{r}}^3 \\ D_{40} - \rho_k^4 - \Delta\rho_{\mathrm{r}}^4 \end{bmatrix} \tag{7.36}$$

$$\boldsymbol{A}(t) = \begin{bmatrix} \dfrac{X^1(t) - X_{k0}}{D_{10}(t)} & \dfrac{Y^1(t) - Y_{k0}}{D_{10}(t)} & \dfrac{Z^1(t) - Z_{k0}}{D_{10}(t)} & -1 \\ \dfrac{X^2(t) - X_{k0}}{D_{20}(t)} & \dfrac{Y^2(t) - Y_{k0}}{D_{20}(t)} & \dfrac{Z^2(t) - Z_{k0}}{D_{20}(t)} & -1 \\ \dfrac{X^3(t) - X_{k0}}{D_{30}(t)} & \dfrac{Y^3(t) - Y_{k0}}{D_{30}(t)} & \dfrac{Z^3(t) - Z_{k0}}{D_{30}(t)} & -1 \\ \dfrac{X^4(t) - X_{k0}}{D_{40}(t)} & \dfrac{Y^4(t) - Y_{k0}}{D_{40}(t)} & \dfrac{Z^4(t) - Z_{k0}}{D_{40}(t)} & -1 \end{bmatrix} \tag{7.37}$$

$$D_{j0} = \sqrt{[X^j(t) - X_{k0}]^2 + [Y^j(t) - Y_{k0}]^2 + [Z^j(t) - Z_{k0}]^2} \tag{7.38}$$

如表 7.1 所示为当差分 GNSS 站间距离为 100 km 左右时，伪距的单点定位和差分 GNSS 测量的精度估计值。由表 7.1 可知差分 GNSS 测量在二维位置几何精度因子（HDOP）等于 1.5 时，动态用户的二维位置精度比单点定位的二维位置精度提高了一个数量级，这是由于：

表 7.1　伪距的单点定位和差分 GNSS 测量的精度估计值

类型	误差名称	GNSS	差分 GNSS
空间段	卫星时钟误差/m	3.0	0.0
	卫星摄动误差/m	1.0	0.0
	其他误差/m	0.5	0.0
控制段	星历预报误差/m	4.2	0.0
	其他误差/m	0.9	0.0
	电离层延迟误差/m	5.0	0.0
	对流层延迟误差/m	1.5	0.0
用户段	接收机噪声误差/m	1.5	2.1
	多路径误差/m	2.5	2.5
	其他误差/m	0.5	0.5
用户测距误差	总误差（RMS）/m	8.1	3.3
用户二维位置误差（2DRMS，HDOP=1.5）/m		24.3	9.9

① 差分 GNSS 测量的用户位置消除了 GNSS 卫星时钟偏差造成的精度损失；

② 差分 GNSS 测量的用户位置能够显著地减小甚至消除电离层/对流层效应和星历误差造成的精度损失。

伪距差分 GNSS 测量的主要优越性在于，基准接收机所发出的差分 GNSS 数据是所有可见 GNSS 卫星的伪距校正值。动态接收机只需选用其中 4 颗以上 GNSS 卫星的伪距校正值，即可实现差分 GNSS 测量定位。它不要求用户接收机和地面基站接收机使用相同的星座，使用方便，但要求地面基站接收机具有较多的通道数。

2）伪距差分 GNSS 解算方法

伪距差分相对定位解算广泛采用了由直接观测值线性组合构成虚拟观测值的方法，即求差法，包括站间观测值求一次差，构成单差虚拟观测值；两站和卫星间求二次差，构成双差虚拟观测值；两站、卫星和历元之间求三次差，构成三差虚拟观测值。

（1）单差观测值相对定位

根据单差观测的基本观测方程式(7.32)可以看出，单差观测方程中已经消除了卫星钟差 $\mathrm{d}t^j$，电离层、对流层延迟是两个点的延迟之差。当两点距离不远时，电离层、对流层延迟的影响基本可以消除，而接收机钟差参数变为两站接收机钟差之差。

在待定点 k 概略坐标 $[X_k^0,Y_k^0,Z_k^0]$ 已知的情况下，可将式(7.33)线性化并整理为

$$v_{\mathrm{r}k}^j(t_i)=l_k^j(t_i)\delta X_k+m_k^j(t_i)\delta Y_k+n_k^j(t_i)\delta Z_k-b_{\mathrm{r}k}(t_i)-L_{\mathrm{r}k}^j(t_i) \tag{7.39}$$

式中，$L_{\mathrm{r}k}^j(t_i)=R_k^j(t_i)-R_{\mathrm{r}}^j(t_i)-\Delta\rho_{\mathrm{r}k}^j(t_i)$。

将式(7.39)写成矩阵形式为

$$\boldsymbol{V}=\boldsymbol{A}\boldsymbol{X}-\boldsymbol{L}$$

若历元时刻 t_i 两站同步观测 4 颗以上的卫星，则用最小二乘法解得

$$\boldsymbol{X}=(\boldsymbol{A}^{\mathrm{T}}\boldsymbol{A})^{-1}\boldsymbol{A}^{\mathrm{T}}\boldsymbol{L} \tag{7.40}$$

（2）双差观测值相对定位

根据式(7.39)可以得到参考星 1 和其他卫星 j 的单差观测方程分别为

$$v_{\mathrm{r}k}^1(t_i)=l_k^1(t_i)\delta X_k+m_k^1(t_i)\delta Y_k+n_k^1(t_i)\delta Z_k-b_{\mathrm{r}k}(t_i)-L_{\mathrm{r}k}^1(t_i)$$

$$v_{\mathrm{r}k}^j(t_i)=l_k^j(t_i)\delta X_k+m_k^j(t_i)\delta Y_k+n_k^j(t_i)\delta Z_k-b_{\mathrm{r}k}(t_i)-L_{\mathrm{r}k}^j(t_i)$$

将两单差观测方程作差并整理，得到双差观测误差方程为

$$v_{\mathrm{r}k}^{1j}(t_i)=l_{\mathrm{r}k}^{1j}(t_i)\delta X_k+m_{\mathrm{r}k}^{1j}(t_i)\delta Y_k+n_{\mathrm{r}k}^{1j}(t_i)\delta Z_k-L_{\mathrm{r}k}^{1j}(t_i) \tag{7.41}$$

写成矩阵形式为

$$\boldsymbol{V}=\boldsymbol{A}\boldsymbol{X}-\boldsymbol{L}$$

由于双差观测值是相关的，其权逆阵为 $\boldsymbol{Q}$，按最小二乘法进行数据处理时，其法方程为

$$\boldsymbol{A}^{\mathrm{T}}\boldsymbol{Q}^{-1}\boldsymbol{A}\boldsymbol{X}=\boldsymbol{A}^{\mathrm{T}}\boldsymbol{Q}^{-1}\boldsymbol{L} \tag{7.42}$$

或

$$\boldsymbol{A}^{\mathrm{T}}\boldsymbol{P}\boldsymbol{A}\boldsymbol{X}=\boldsymbol{A}^{\mathrm{T}}\boldsymbol{P}\boldsymbol{L}\quad(\boldsymbol{P}=\boldsymbol{Q}^{-1}) \tag{7.43}$$

通过求解法方程可以得到位置参数 $\boldsymbol{X}$ 为

$$\boldsymbol{X}=(\boldsymbol{A}^{\mathrm{T}}\boldsymbol{P}\boldsymbol{A})^{-1}\boldsymbol{A}^{\mathrm{T}}\boldsymbol{P}\boldsymbol{L} \tag{7.44}$$

7.2.2　实验目的与实验设备

1）实验目的

（1）掌握 GNSS 伪距差分相对定位的基本工作原理。

（2）掌握 GNSS 伪距差分相对定位的解算方法。

（3）理解 GNSS 差分相对定位相对于单点绝对定位的优势。

2）实验内容

利用 GNSS 接收机 A（含接收天线）和无线电台（含无线电收发天线）在空旷无遮挡的地面上建立基站，同时将 GNSS 接收机 B（含接收天线）安装于车辆上，搭建 GNSS 差分相对定位实验系统，并驱动车辆行驶一段轨迹。在车辆行驶的过程中，接收机 A 和接收机 B 同时接收并处理卫星导航信号，以获得 RINEX 格式的输出数据文件。通过分别读取接收机 A 和接收机 B 的观测数据文件，获得它们各自的伪距观测值，进而根据 GNSS 伪距差分相对定位的原理，计算得到接收机 B 的位置。此外，还可以根据接收机 B 的伪距观测值进行绝对单点定位，通过比较差分相对定位和绝对单点定位的结果，验证差分相对定位的精度优势。

如图 7.13 所示为 GNSS 差分相对定位实验系统示意图。该实验系统主要包括 GNSS 接收机 A（含接收天线）、无线电台（含无线电收发天线）、GNSS 接收机 B（含接收天线）和工控机等。作为基准站的接收机 A 在接收并处理卫星导航信号后，通过无线电台获得 RINEX 格式的输出数据文件；作为移动站的接收机 B 同时接收并处理卫星导航信号，获得 RINEX 格式的输出数据文件。工控机分别读取接收机 A 和接收机 B 的观测数据文件，获得它们各自的伪距观测值，进而完成 GNSS 伪距差分相对定位。另外，工控机还用于实现 GNSS 接收机的调试以及输出数据文件的存储。

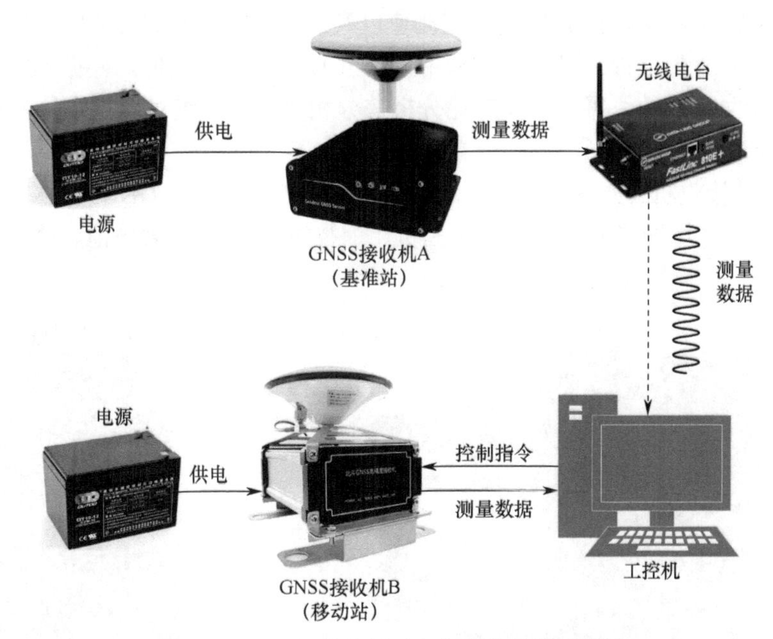

图 7.13　GNSS 差分相对定位实验系统示意图

如图 7.14 所示为 GNSS 差分相对定位实验方案流程图。

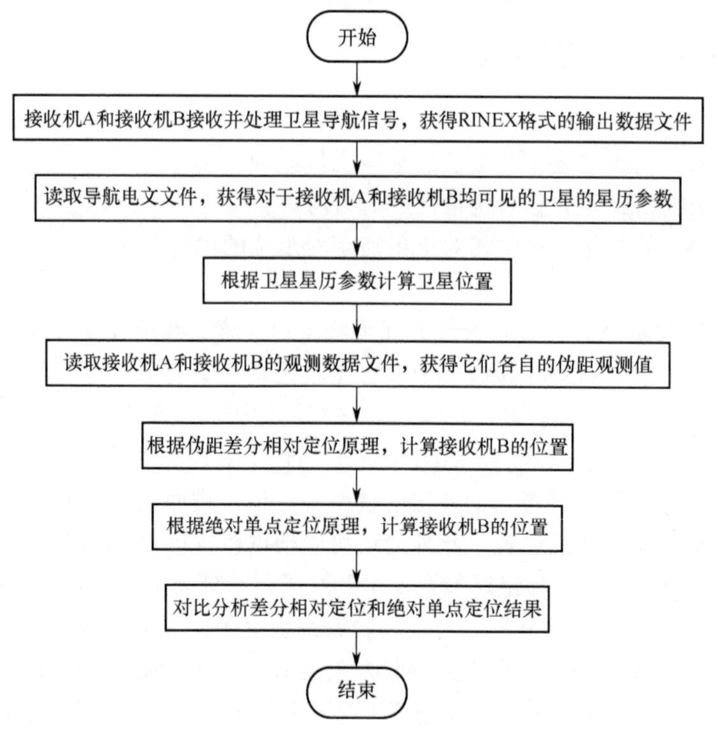

图 7.14 GNSS 差分相对定位实验方案流程图

接收机 A 和接收机 B 接收并处理卫星导航信号，获得 RINEX 格式的输出数据文件。通过读取导航电文文件，获得对于接收机 A 和接收机 B 均为可见的卫星的星历参数，并根据卫星星历参数计算卫星位置。通过读取观测数据文件，获得接收机 A 和接收机 B 各自的伪距观测值。利用接收机 A 和接收机 B 的伪距观测值以及卫星位置，根据 GNSS 伪距差分相对定位原理，计算接收机 B 的位置。另外，仅利用接收机 B 的伪距观测值，根据 GNSS 绝对单点定位原理，计算接收机 B 的位置，从而对比分析差分相对定位和绝对单点定位的结果。

3）实验设备

司南 M600U 接收机（如图 7.15 所示）、司南 M300C 接收机、GNSS 接收天线、无线电台及无线电收发天线（如图 7.16 所示）、工控机、遥控车辆、25 V 蓄电池、降压模块、通信接口等。

图 7.15 司南 M600U 接收机

图 7.16 无线电台

7.2.3　实验步骤及操作说明

1）仪器安装

（1）将司南 M300C 接收机、GNSS 接收天线、无线电电台放置在空旷无遮挡的地面上，接收天线和无线电台分别通过射频电缆和电线与接收机相连接。如图 7.17 所示为基站配置。

（2）如图 7.18 所示，将司南 M600U 接收机固定安装于车辆中心，并将 GNSS 接收天线固定安装于车辆后端，接收天线通过射频电缆与接收机相连接。

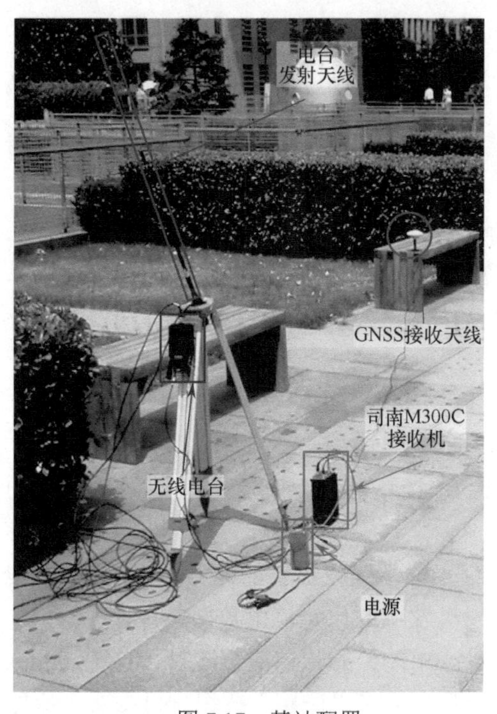

图 7.17　基站配置

图 7.18　GNSS 差分相对定位实验场景图

2）电气连接

（1）利用万用表测量电源的输出电压是否正常（电源输出电压由司南 M300C 接收机和司南 M600U 接收机的供电电压决定）。

（2）司南 M300C 接收机通过通信接口（RS232 转 USB）与工控机连接，25 V 蓄电池通过降压模块以 12 V 的电压对接收机供电。

（3）司南 M600U 接收机通过通信接口（RS232 转 USB）与工控机连接，25 V 蓄电池通过降压模块以 12 V 的电压对接收机供电。

（4）检查数据采集系统是否正常，准备采集数据。

3）系统初始化配置

司南 M300C 接收机和司南 M600U 接收机上电后，利用系统自带的测试软件 CRU 对它们进行初始化配置，初始化配置的具体步骤如下。

（1）在“连接设置”界面中选择相应的串口号（COM）以及波特率（默认选“115200”）。

（2）单击“连接”，待软件界面显示板卡的 SN 号等信息后，表明连接正常。

（3）单击“命令”，进入“命令终端”界面。如图 7.19 所示，在“命令终端”界面的命令窗口中输入指令“log <port> rtcmcompassb ontime 50”后，单击“发送”按钮，从而将司南 M300C 接收机的原始输出数据文件发送至司南 M600U 接收机。

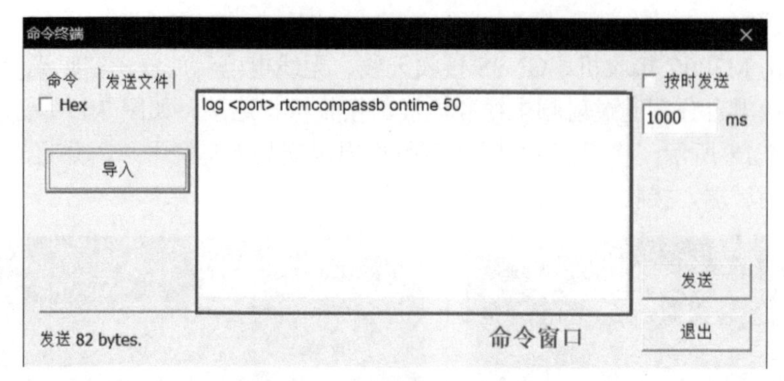

图 7.19 “命令终端”界面

（4）在“接收机配置”界面中设置输出数据的采样间隔（默认选“5 Hz”）、GPS/BDS/GLONASS/GALILEO 高度截止角（默认选“10”）、数据自动存储（默认选“自动”）、数据存储时段（默认选“手动”），将端口设置选择为“原始数据输出”，启动模式、差分端口、差分格式等不需要设置。

（5）所有数据记录设置完成后，需要重启板卡，以完成初始化配置。

4）数据采集与存储

（1）重启板卡后，驱动搭载司南 M600U 接收机的遥控车辆行驶一段轨迹，司南 M600U 接收机在此期间接收并处理卫星导航信号。

（2）测量完成后，单击“文件下载”按钮，数据信息显示区里显示的即为司南 M600U 接收机自动记录的原始输出数据文件和司南 M300C 接收机发送的原始输出数据文件。

（3）单击“Rinex 转换”按钮，并右击数据信息显示区中的原始输出数据文件，选择“Rinex 转换设置”后进入设置界面。将输出格式选为“2.10”后，单击“确定”按钮。再次右击原始输出数据文件，选择“转换到 Rinex”选项，将其转换为 RINEX 格式的输出数据文件，并将 RINEX 格式的输出数据文件下载到工控机中。

（4）实验结束，将司南 M300C 接收机和司南 M600U 接收机断电，整理实验装置。

5）数据处理

（1）在工控机中读取司南 M300C 接收机和司南 M600U 接收机的导航电文文件，获得对于两个接收机均为可见的卫星的星历参数，并根据卫星星历参数计算卫星位置。

（2）在工控机中读取司南 M300C 接收机和司南 M600U 接收机的观测数据文件，获得它们各自的伪距观测值。

（3）利用卫星位置和司南 M300C 接收机和司南 M600U 接收机各自的伪距观测值，根据 GNSS 伪距差分相对定位原理，计算司南 M600U 接收机的位置。

（4）利用卫星位置和司南 M600U 接收机的伪距观测值，根据 GNSS 绝对单点定位原理，计算得到司南 M600U 接收机的位置，从而对比分析差分相对定位和绝对单点定位的结果。

6）分析实验结果，撰写实验报告

7.3　卫星导航测速实验

卫星导航系统除了可以向用户提供位置和时间信息，还可以向用户提供速度信息。在已知卫星即时速度的情况下，利用接收机提供的伪距变化率进行实时解算，可以得到用户的速度信息。因此，本节主要开展卫星导航测速实验，使学生掌握利用伪距变化率得到用户实时速度信息的方法。

7.3.1　多普勒测速原理

GNSS 测速原理与 GNSS 信号的多普勒效应有关，GNSS 测速原理示意图如图 7.20 所示。多普勒效应是指当 GNSS 卫星与接收机之间沿两者连线方向存在着相对运动时，GNSS 信号的接收频率与发射频率并不相同，这一频率差即为多普勒频移。因此，GNSS 可以根据由卫星和接收机相对运动引起的多普勒频移实现速度的测量。

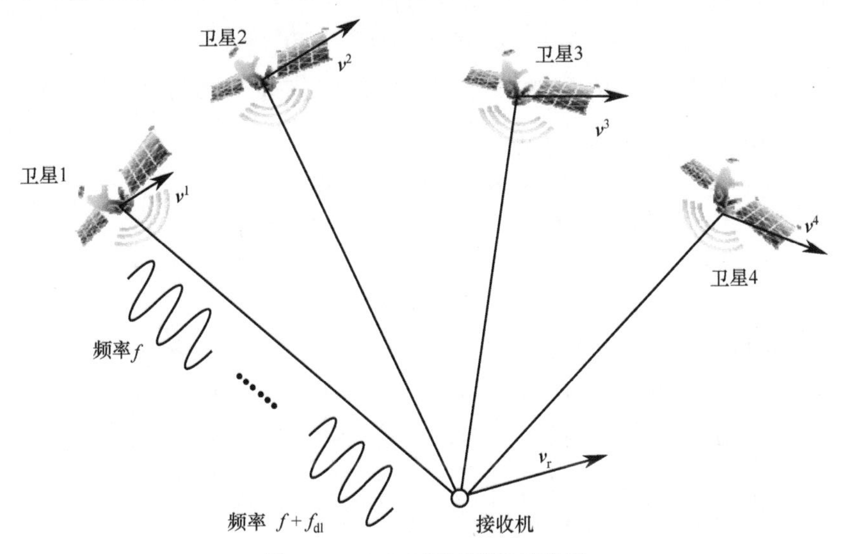

图 7.20　GNSS 测速原理示意图

设接收机在地心地固坐标系中的三维空间位置为$[X,Y,Z]^{\mathrm{T}}$，观测到的第 j 颗 GNSS 卫星的三维空间位置为$[X^j,Y^j,Z^j]^{\mathrm{T}}$，则伪距观测量为

$$\rho_{\mathrm{r}}^j = \rho_{\mathrm{rt}}^j + c(\mathrm{d}t^j - \mathrm{d}T_{\mathrm{rr}}) + d_{\mathrm{r,Ion}}^j + d_{\mathrm{r,Tro}}^j + v_{\mathrm{r}}^j \tag{7.45}$$

式中，ρ_{r}^j 为接收机至第 j 颗卫星的伪距；$\rho_{\mathrm{rt}}^j = \sqrt{(X-X^j)^2+(Y-Y^j)^2+(Z-Z^j)^2}$ 为接收机到第 j 颗卫星的真实距离；$\mathrm{d}t^j$ 为卫星时钟钟差；$\mathrm{d}T_{\mathrm{rr}}$ 为接收机时钟钟差；$d_{\mathrm{r,Ion}}^j$ 为电离层延迟引起的距离偏差；$d_{\mathrm{r,Tro}}^j$ 为对流层延迟引起的距离偏差；v_{r}^j 为观测随机误差。

将式(7.45)对时间求导，可得

$$\dot{\rho}_{\mathrm{r}}^j = \dot{\rho}_{\mathrm{rt}}^j + c(\mathrm{d}f^j - \mathrm{d}f_{\mathrm{rr}}) + \dot{v}_{\mathrm{r}}^j \tag{7.46}$$

式中，$\mathrm{d}f^j$ 为卫星 j 时钟频漂；$\mathrm{d}f_{\mathrm{rr}}$ 为接收机时钟频漂。考虑到电离层延迟变化率 $\dot{d}_{\mathrm{r,Ion}}^j$ 和对流层延迟变化率 $\dot{d}_{\mathrm{r,Tro}}^j$ 的值一般很小，它们在上式中被忽略不计。对于接收机与卫星之间的几何

距离变化率 $\dot{\rho}_{\mathrm{rt}}^{j}$，其与接收机速度之间的关系为

$$\dot{\rho}_{\mathrm{rt}}^{j} = (\boldsymbol{v}^{j} - \boldsymbol{v}_{\mathrm{r}}) \cdot \boldsymbol{l}_{\mathrm{r}}^{j} \tag{7.47}$$

式中，$\boldsymbol{v}^{j} = [V_x^j, V_y^j, V_z^j]^{\mathrm{T}}$ 为卫星的运行速度；$\boldsymbol{v}_{\mathrm{r}} = [V_x, V_y, V_z]^{\mathrm{T}}$ 为待求解的接收机速度；$\boldsymbol{l}_{\mathrm{r}}^{j}$ 为卫星在接收机处的单位观测矢量，即

$$\boldsymbol{l}_{\mathrm{r}}^{j} = \frac{1}{\rho_{\mathrm{rt}}^{j}} \begin{bmatrix} (X^j - X) & (Y^j - Y) & (Z^j - Z) \end{bmatrix}^{\mathrm{T}} \tag{7.48}$$

式(7.47)表明伪距变化率 $\dot{\rho}_{\mathrm{rt}}^{j}$ 可以反映卫星与接收机之间的相对运动速度。因此，在获得多个卫星伪距变化率测量值的条件下，接收机可从中解算出接收机速度 $\boldsymbol{v}_{\mathrm{r}}$。由于伪距测量值比较粗糙，因而伪距变化率通常并不是通过对相邻时刻的伪距进行差分得到的。而 GNSS 接收机的多普勒频移测量值 f_{d}^{j} 能更精确地反映伪距变化率 $\dot{\rho}_{\mathrm{rt}}^{j}$ 的大小，两者的关系为

$$\dot{\rho}_{\mathrm{rt}}^{j} = -\lambda f_{\mathrm{d}}^{j} \tag{7.49}$$

式中，λ 为 GNSS 信号的波长。

将式(7.47)代入式(7.46)中，再经过整理后可得

$$\dot{\rho}_{\mathrm{r}}^{j} - \boldsymbol{v}^{j} \boldsymbol{l}_{\mathrm{r}}^{j} - c \cdot \mathrm{d}f^{j} = -\boldsymbol{v}_{\mathrm{r}} \boldsymbol{l}_{\mathrm{r}}^{j} - c \cdot \mathrm{d}f_{\mathrm{rr}} + \dot{v}_{\mathrm{r}}^{j} \tag{7.50}$$

式中，等号右边为未知量 $\boldsymbol{v}_{\mathrm{r}}$、$\mathrm{d}f_{\mathrm{rr}}$ 和随机误差 $\dot{v}_{\mathrm{r}}^{j}$，等号左边均可视为已知量。因此，如果接收机有 N 个卫星测量值，便可得到以下方程组：

$$\begin{cases} \dot{\rho}_{\mathrm{r}}^{1} - \boldsymbol{v}^{1} \boldsymbol{l}_{\mathrm{r}}^{1} - c \cdot \mathrm{d}f^{1} = -\boldsymbol{l}_{\mathrm{r}}^{1} \boldsymbol{v}_{\mathrm{r}} - c \cdot \mathrm{d}f_{\mathrm{rr}} + \dot{v}_{\mathrm{r}}^{1} \\ \dot{\rho}_{\mathrm{r}}^{2} - \boldsymbol{v}^{2} \boldsymbol{l}_{\mathrm{r}}^{2} - c \cdot \mathrm{d}f^{2} = -\boldsymbol{l}_{\mathrm{r}}^{2} \boldsymbol{v}_{\mathrm{r}} - c \cdot \mathrm{d}f_{\mathrm{rr}} + \dot{v}_{\mathrm{r}}^{2} \\ \qquad \vdots \\ \dot{\rho}_{\mathrm{r}}^{N} - \boldsymbol{v}^{N} \boldsymbol{l}_{\mathrm{r}}^{N} - c \cdot \mathrm{d}f^{N} = -\boldsymbol{l}_{\mathrm{r}}^{N} \boldsymbol{v}_{\mathrm{r}} - c \cdot \mathrm{d}f_{\mathrm{rr}} + \dot{v}_{\mathrm{r}}^{N} \end{cases} \tag{7.51}$$

将上述方程组进行联立，可得

$$\begin{bmatrix} \dot{\rho}_{\mathrm{r}}^{1} - \boldsymbol{v}^{1} \boldsymbol{l}_{\mathrm{r}}^{1} - c \cdot \mathrm{d}f^{1} \\ \dot{\rho}_{\mathrm{r}}^{2} - \boldsymbol{v}^{2} \boldsymbol{l}_{\mathrm{r}}^{2} - c \cdot \mathrm{d}f^{2} \\ \vdots \\ \dot{\rho}_{\mathrm{r}}^{N} - \boldsymbol{v}^{N} \boldsymbol{l}_{\mathrm{r}}^{N} - c \cdot \mathrm{d}f^{N} \end{bmatrix} = \begin{bmatrix} -l_{\mathrm{r}x}^{1} & -l_{\mathrm{r}y}^{1} & -l_{\mathrm{r}z}^{1} & -c \\ -l_{\mathrm{r}x}^{2} & -l_{\mathrm{r}y}^{2} & -l_{\mathrm{r}z}^{2} & -c \\ \vdots & \vdots & \vdots & \vdots \\ -l_{\mathrm{r}x}^{N} & -l_{\mathrm{r}y}^{N} & -l_{\mathrm{r}z}^{N} & -c \end{bmatrix} \begin{bmatrix} V_x \\ V_y \\ V_z \\ \mathrm{d}f_{\mathrm{rr}} \end{bmatrix} + \begin{bmatrix} \dot{v}_{\mathrm{r}}^{1} \\ \dot{v}_{\mathrm{r}}^{2} \\ \vdots \\ \dot{v}_{\mathrm{r}}^{N} \end{bmatrix} \tag{7.52}$$

令

$$\boldsymbol{X} = \begin{bmatrix} V_x & V_y & V_z & \mathrm{d}f_{\mathrm{rr}} \end{bmatrix}^{\mathrm{T}}$$

$$\boldsymbol{Y} = \begin{bmatrix} \dot{\rho}_{\mathrm{r}}^{1} - \boldsymbol{v}^{1} \boldsymbol{l}_{\mathrm{r}}^{1} - c \cdot \mathrm{d}f^{1} & \dot{\rho}_{\mathrm{r}}^{2} - \boldsymbol{v}^{2} \boldsymbol{l}_{\mathrm{r}}^{2} - c \cdot \mathrm{d}f^{2} & \cdots & \dot{\rho}_{\mathrm{r}}^{N} - \boldsymbol{v}^{N} \boldsymbol{l}_{\mathrm{r}}^{N} - c \cdot \mathrm{d}f^{N} \end{bmatrix}^{\mathrm{T}}$$

$$\boldsymbol{\varepsilon} = \begin{bmatrix} \dot{v}_{\mathrm{r}}^{1} & \dot{v}_{\mathrm{r}}^{2} & \cdots & \dot{v}_{\mathrm{r}}^{N} \end{bmatrix}^{\mathrm{T}}$$

$$\boldsymbol{H} = \begin{bmatrix} -l_{\mathrm{r}x}^{1} & -l_{\mathrm{r}y}^{1} & -l_{\mathrm{r}z}^{1} & -c \\ -l_{\mathrm{r}x}^{2} & -l_{\mathrm{r}y}^{2} & -l_{\mathrm{r}z}^{2} & -c \\ \vdots & \vdots & \vdots & \vdots \\ -l_{\mathrm{r}x}^{N} & -l_{\mathrm{r}y}^{N} & -l_{\mathrm{r}z}^{N} & -c \end{bmatrix}$$

则式(7.52)可化简为

$$\boldsymbol{Y} = \boldsymbol{H}\boldsymbol{X} + \boldsymbol{\varepsilon} \tag{7.53}$$

因此，式(7.53)的最小二乘法估计结果为

$$\hat{X} = (H^{\mathrm{T}} H)^{-1} H^{\mathrm{T}} Y \tag{7.54}$$

综上所述，接收机在完成对 GNSS 信号的实时跟踪后，便可利用跟踪环路输出的信号多普勒频移计算出反映卫星与接收机之间相对运动速度的伪距变化率。进而，根据伪距率变化的测量值采用最小二乘法估计可获得接收机的三维速度信息。在解算接收机速度的过程中，除了三维速度信息，将造成伪距率测量误差的接收机时钟频漂也作为一个待解参数。所以至少需要同时观测 4 颗卫星，便可解算出接收机速度。

7.3.2　实验目的与实验设备

1）实验目的

（1）掌握 GNSS 测速的基本工作原理。

（2）掌握 GNSS 测速的实现方法。

（3）分析精度因子对 GNSS 测速精度的影响。

2）实验内容

将 GNSS 接收机和 GNSS 接收天线安装于车辆上，搭建 GNSS 测速实验系统，并驱动车辆行驶一段轨迹。在车辆行驶的过程中，GNSS 接收机接收并处理卫星导航信号，以获得 RINEX 格式的输出数据文件。通过分别读取输出数据文件中的观测数据文件和导航电文文件，获得伪距观测值、伪距率观测值及卫星星历参数等。根据卫星星历参数计算 GNSS 卫星的位置和速度，并根据卫星位置和伪距观测值计算接收机位置，进而结合伪距率观测值计算得到接收机的速度，以实现 GNSS 测速。此外，还可以根据卫星位置和接收机位置计算精度因子，从而分析精度因子对 GNSS 测速精度的影响。

如图 7.21 所示为 GNSS 测速实验系统示意图。该实验系统主要包括车辆、GNSS 接收机、GNSS 接收天线、电源和工控机等。GNSS 接收天线接收卫星导航信号，经由接收机捕获、跟踪处理后，获得 RINEX 格式的输出数据文件。工控机读取观测数据文件和导航电文文件，获得伪距观测值、伪距率观测值、卫星星历参数等信息，进而完成对接收机速度的解算。另外，工控机还用于实现 GNSS 接收机的调试以及输出数据文件的存储。

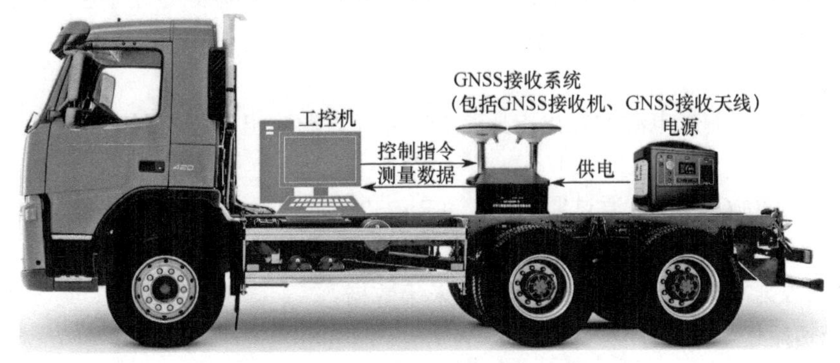

图 7.21　GNSS 测速实验系统示意图

如图 7.22 所示为 GNSS 测速实验方案流程图。

GNSS 接收机接收并处理卫星导航信号，存储 RINEX 格式的输出数据文件。通过读取观测数据文件和导航电文文件，获得伪距观测值、伪距率观测值和卫星星历参数等。首先根据星历参数计算 GNSS 卫星的位置和速度；再根据卫星位置和伪距观测值计算得到接收机位置；

进而根据卫星的位置和速度、接收机的位置以及伪距率观测值，完成接收机速度的解算。另外，根据卫星位置和接收机位置可以计算精度因子，从而分析其对 GNSS 测速精度的影响。

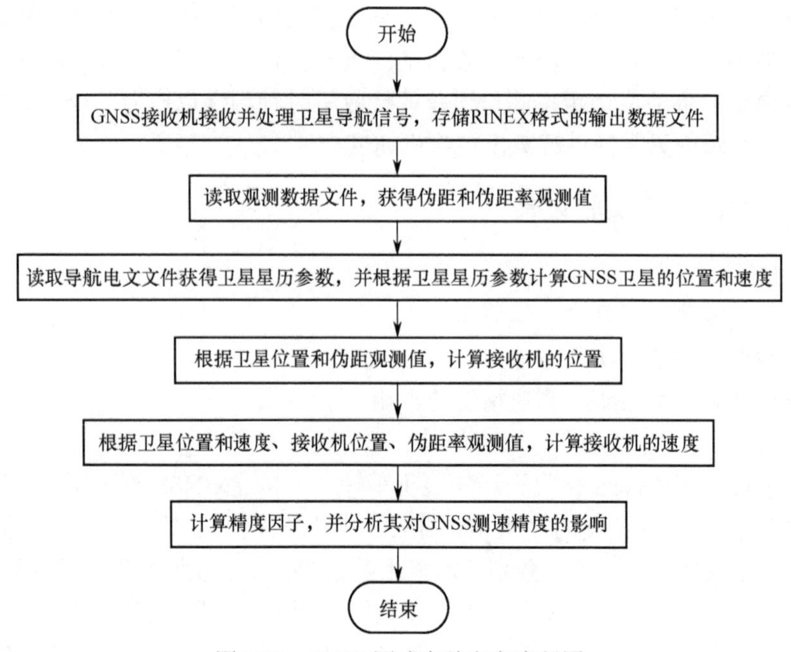

图 7.22　GNSS 测速实验方案流程图

3）实验设备

司南 M300C 接收机、GNSS 接收天线、工控机、遥控车辆、25 V 蓄电池、降压模块、通信接口等。

7.3.3　实验步骤及操作说明

1）仪器安装

将司南 M300C 接收机固定安装于车辆中心，并将 GNSS 接收天线固定安装于车辆后端，接收天线通过射频电缆与接收机相连接。

2）电气连接

（1）利用万用表测量电源的输出电压是否正常（电源输出电压由司南 M300C 接收机的供电电压决定）。

（2）司南 M300C 接收机通过通信接口（RS232 转 USB）与工控机连接，25 V 蓄电池通过降压模块以 12 V 的电压对接收机供电。

（3）检查数据采集系统是否正常，准备采集数据。

3）系统初始化配置

司南 M300C 接收机上电后，利用系统自带的测试软件 CRU 对司南 M300C 接收机进行初始化配置，初始化配置的具体步骤如下。

（1）在“连接设置”界面中选择相应的串口号（COM）以及波特率（默认选“115200”）。

（2）单击“连接”，待软件界面显示板卡的 SN 号等信息后，表明连接正常。

（3）在“接收机配置”界面中设置输出数据的采样间隔（默认选“5 Hz”）、GPS/BDS/

GLONASS/GALILEO 高度截止角（默认选“10”）、数据自动存储（默认选“自动”）、数据存储时段（默认选“手动”），将端口设置选择为“原始数据输出”，启动模式、差分端口、差分格式等不需要设置。

（4）所有数据记录设置完成后，需要重启板卡，以完成初始化配置。

4）数据采集与存储

（1）重启板卡后，驱动搭载司南 M300C 接收机的遥控车辆行驶一段轨迹，司南 M300C 接收机在此期间进行动态定速解算。

（2）解算完成后，单击“文件下载”按钮，数据信息显示区里显示的即为接收机自动记录的原始输出数据文件。

（3）单击“Rinex 转换”按钮，并右击数据信息显示区中的原始输出数据文件，选择“Rinex 转换设置”后进入设置界面。将输出格式选为“2.10”后，单击“确定”按钮。再次右击原始输出数据文件，选择“转换到 Rinex”选项，将其转换为 RINEX 格式的输出数据文件，并将 RINEX 格式的输出数据文件下载到工控机中。

（4）实验结束，将司南 M300C 接收机断电，整理实验装置。

5）数据处理

（1）在工控机中读取 RINEX 格式输出数据文件中的观测数据文件，获得伪距观测值和伪距率观测值。

（2）在工控机中读取 RINEX 格式输出数据文件中的导航电文文件，获得卫星星历参数，并根据卫星星历参数计算 GNSS 卫星的位置和速度。

（3）根据卫星位置和伪距观测值计算接收机的位置。

（4）根据卫星的位置和速度、接收机的位置以及伪距率观测值，计算接收机的速度。

（5）根据卫星位置和接收机位置计算精度因子，从而分析精度因子对 GNSS 测速精度的影响。

6）分析实验结果，撰写实验报告

7.4　卫星导航定姿实验

GNSS 定姿技术利用接收机所接收到的载波相位信息来实现载体姿态的测量与确定。它是基于载波相位干涉测量原理，利用载波相位差分量测量信息解算基线矢量，并结合各天线之间的安装关系，进而确定载体的姿态信息。GNSS 定姿具有精度高、成本低、体积小、功耗低、无误差积累等显著优点，是 GNSS 应用的一个新领域。随着 GNSS 的快速发展，利用 GNSS 进行定姿已经成为各国竞相发展的关键技术之一。因此，本节主要开展卫星导航定姿实验，使学生掌握利用 GNSS 载波相位进行载体姿态的确定方法。

7.4.1　GNSS 定姿基本原理

载体的姿态可以用载体坐标系（b 系）相对导航坐标系（n 系）的三个姿态角确定，即用偏航角 ψ、俯仰角 θ 和滚转角 γ 确定。此外，载体的姿态还可以用 b 系到 n 系的坐标转换矩阵 $\boldsymbol{C}_b^n$ 来确定。矩阵 $\boldsymbol{C}_b^n$ 又称姿态矩阵，它与三个姿态角 ψ、θ 和 γ 之间满足如下关系

$$
\begin{aligned}
\boldsymbol{C}_b^n &= (\boldsymbol{C}_n^b)^{\mathrm{T}} = [\boldsymbol{R}_y(\gamma)\boldsymbol{R}_x(\theta)\boldsymbol{R}_z(\psi)]^{\mathrm{T}} \\
&= \left\{ \begin{bmatrix} \cos\gamma & 0 & -\sin\gamma \\ 0 & 1 & 0 \\ \sin\gamma & 0 & \cos\gamma \end{bmatrix} \begin{bmatrix} 1 & 0 & 0 \\ 0 & \cos\theta & \sin\theta \\ 0 & -\sin\theta & \cos\theta \end{bmatrix} \begin{bmatrix} \cos\psi & \sin\psi & 0 \\ -\sin\psi & \cos\psi & 0 \\ 0 & 0 & 1 \end{bmatrix} \right\}^{\mathrm{T}} \\
&= \begin{bmatrix} \cos\gamma\cos\psi - \sin\gamma\sin\theta\sin\psi & \cos\gamma\sin\psi + \sin\gamma\sin\theta\cos\psi & -\sin\gamma\cos\theta \\ -\cos\theta\sin\psi & \cos\theta\cos\psi & \sin\theta \\ \sin\gamma\cos\psi + \cos\gamma\sin\theta\sin\psi & \sin\gamma\sin\psi - \cos\gamma\sin\theta\cos\psi & \cos\gamma\cos\theta \end{bmatrix}^{\mathrm{T}} \\
&= \begin{bmatrix} \cos\gamma\cos\psi - \sin\gamma\sin\theta\sin\psi & -\cos\theta\sin\psi & \sin\gamma\cos\psi + \cos\gamma\sin\theta\sin\psi \\ \cos\gamma\sin\psi + \sin\gamma\sin\theta\cos\psi & \cos\theta\cos\psi & \sin\gamma\sin\psi - \cos\gamma\sin\theta\cos\psi \\ -\sin\gamma\cos\theta & \sin\theta & \cos\gamma\cos\theta \end{bmatrix}
\end{aligned} \tag{7.55}
$$

式中，$\boldsymbol{R}_i, i = x, y, z$ 表示基元旋转矩阵。

1）姿态解算方法

在利用 GNSS 接收机确定载体的姿态信息时，GNSS 接收机天线安装位置示意图如图 7.23 所示，其中，天线 A 位于载体质心 O，天线 B 位于 Y_b 轴正向，天线 C 位于 X_b 轴正向。

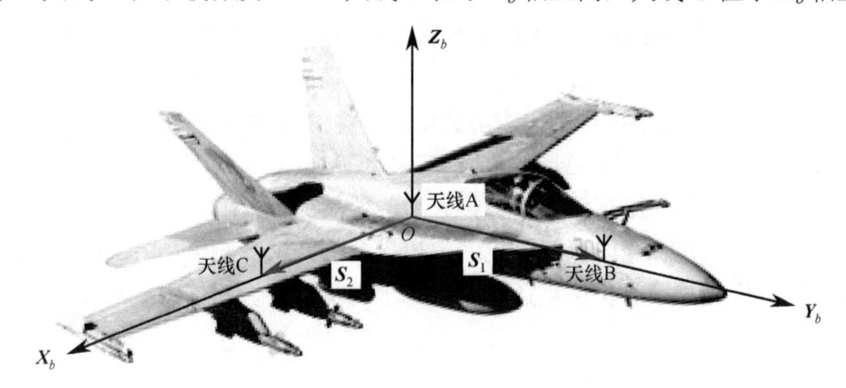

图 7.23 GNSS 接收机天线安装位置示意图

首先，利用 A（天线 A 在坐标系中的位置）和 B（天线 B 在坐标系中的位置）组成的基线矢量 $\boldsymbol{S}_1$ 确定载体的俯仰角 θ 和偏航角 ψ。如图 7.24 所示，将天线 B 在水平面 OX_nY_n 内的投影点记为点 D，点 D 在 OY_n 轴上的投影点记为点 E，则在直角三角形 ABD 和 AED 中，θ 和 ψ 分别为

$$
\begin{cases}
\theta = \arctan\left(\dfrac{|BD|}{|AD|}\right) \\
\quad = \arctan\left(\dfrac{z_{1n}}{\sqrt{x_{1n}^2 + y_{1n}^2}}\right) \\
\psi = \arctan\left(\dfrac{|DE|}{|AE|}\right) \\
\quad = \arctan\left(\dfrac{-x_{1n}}{y_{1n}}\right)
\end{cases} \tag{7.56}
$$

式中，$\boldsymbol{S}_1^n=[x_{1n},y_{1n},z_{1n}]^{\mathrm{T}}$ 为 $\boldsymbol{S}_1$ 在 n 系中的坐标。

接着，利用天线 A 和天线 C 组成的基线矢量 $\boldsymbol{S}_2$ 确定载体的滚转角 γ。如图 7.24 所示，将天线 C（天线 C 在坐标系中的位置为 C）在 OX'' 轴上的投影点记为点 F，则在直角三角形 ACF 中，γ 为

$$\begin{aligned}\gamma&=\arctan\left(\frac{|CF|}{|AF|}\right)\\&=\arctan\left(\frac{-z_2''}{x_2''}\right)\end{aligned}\tag{7.57}$$

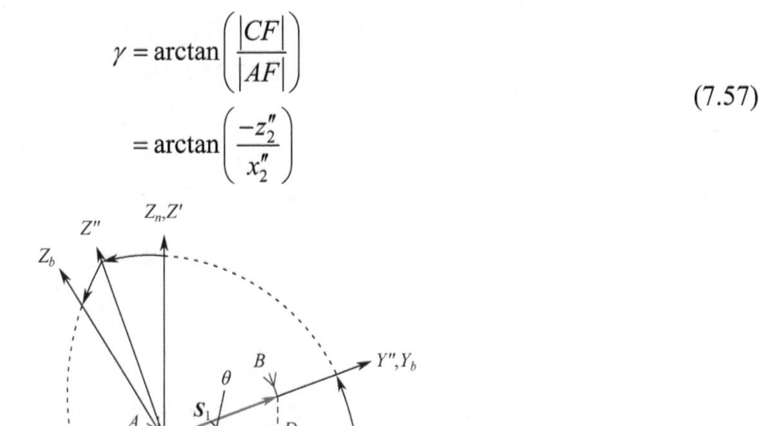

图 7.24　姿态角示意图

式中，$\boldsymbol{S}_2''=[x_2'',y_2'',z_2'']^{\mathrm{T}}$ 为 $\boldsymbol{S}_2$ 在 $OX''Y''Z''$ 系中的坐标，可以利用 $\boldsymbol{S}_2$ 在 n 系中的坐标 $\boldsymbol{S}_2^n$ 经过坐标转换得到，即

$$\begin{aligned}\boldsymbol{S}_2''&=\boldsymbol{R}_x(\theta)\boldsymbol{R}_z(\psi)\boldsymbol{S}_2^n\\&=\begin{bmatrix}1&0&0\\0&\cos\theta&\sin\theta\\0&-\sin\theta&\cos\theta\end{bmatrix}\begin{bmatrix}\cos\psi&\sin\psi&0\\-\sin\psi&\cos\psi&0\\0&0&1\end{bmatrix}\begin{bmatrix}x_{2n}\\y_{2n}\\z_{2n}\end{bmatrix}\\&=\begin{bmatrix}\cos\psi&\sin\psi&0\\-\cos\theta\sin\psi&\cos\theta\cos\psi&\sin\theta\\\sin\theta\sin\psi&-\sin\theta\cos\psi&\cos\theta\end{bmatrix}\begin{bmatrix}x_{2n}\\y_{2n}\\z_{2n}\end{bmatrix}\end{aligned}\tag{7.58}$$

展开后可得

$$\begin{cases}x_2''=x_{2n}\cos\psi+y_{2n}\sin\psi\\y_2''=(y_{2n}\cos\psi-x_{2n}\sin\psi)\cos\theta+z_{2n}\sin\theta\\z_2''=(x_{2n}\sin\psi-y_{2n}\cos\psi)\sin\theta+z_{2n}\cos\theta\end{cases}\tag{7.59}$$

式中，x_{2n}、y_{2n}、z_{2n} 为 $\boldsymbol{S}_2$ 在 n 系中的坐标。

将式(7.59)代入式(7.57)中，可得

$$\gamma=\arctan\left(\frac{y_{2n}\cos\psi\sin\theta-x_{2n}\sin\psi\sin\theta-z_{2n}\cos\theta}{x_{2n}\cos\psi+y_{2n}\sin\psi}\right)\tag{7.60}$$

式(7.56)和式(7.60)即为利用基线矢量 $\boldsymbol{S}_1$、$\boldsymbol{S}_2$ 在 n 系中的坐标解算载体俯仰角、偏航角和滚

转角的方法。

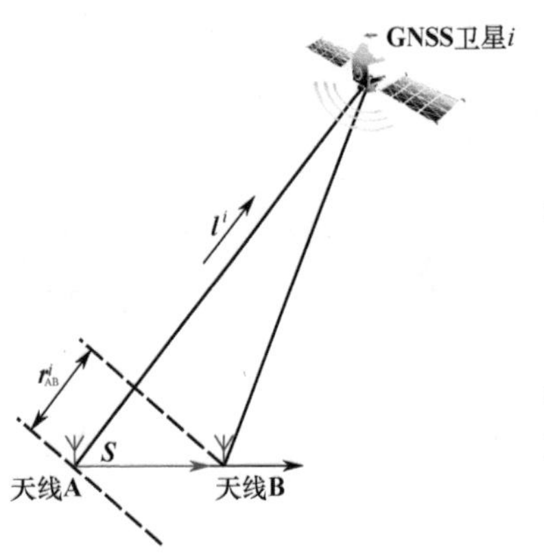

图 7.25 载波相位干涉测量原理图

2）基线矢量确定方法

由式(7.56)和式(7.60)可知，确定 n 系下的基线矢量 $\boldsymbol{S}_1^n$、$\boldsymbol{S}_2^n$ 是实现 GNSS 定姿的关键。而基于 GNSS 的定姿方法便是根据载波相位干涉测量原理来确定 n 系下的基线矢量的，如图 7.25 所示。

在图 7.25 中，天线 A 和天线 B 同时接收 GNSS 卫星 i 发射的 GNSS 信号，则天线 A 和天线 B 对卫星 i 的载波相位测量值 φ_A^i 与 φ_B^i 可分别表示为

$$\varphi_A^i = \lambda^{-1}(r_A^i - d_{A,\mathrm{Ion}}^i + d_{A,\mathrm{Tro}}^i) + f(\mathrm{d}T_{A,\mathrm{rr}} - \mathrm{d}t^i) + N_A^i + v_A^i \tag{7.61}$$

$$\varphi_B^i = \lambda^{-1}(r_B^i - d_{B,\mathrm{Ion}}^i + d_{B,\mathrm{Tro}}^i) + f(\mathrm{d}T_{B,\mathrm{rr}} - \mathrm{d}t^i) + N_B^i + v_B^i \tag{7.62}$$

式中，λ 为 GNSS 信号的载波波长；r_A^i 和 r_B^i 分别为天线 A 和天线 B 到卫星 i 的真实距离；$d_{A,\mathrm{Ion}}^i$ 和 $d_{B,\mathrm{Ion}}^i$ 为电离层延迟引起的距离偏差；$d_{A,\mathrm{Tro}}^i$ 和 $d_{B,\mathrm{Tro}}^i$ 为对流层延迟引起的距离偏差；f 为 GNSS 信号的载波频率；$\mathrm{d}T_{A,\mathrm{rr}}$ 和 $\mathrm{d}T_{B,\mathrm{rr}}$ 分别为天线 A 和天线 B 的时钟钟差；$\mathrm{d}t^i$ 为卫星 i 的时钟钟差；N_A^i 和 N_B^i 为整周模糊度；v_A^i 和 v_B^i 为测量随机误差。

将天线 A 和天线 B 对卫星 i 的载波相位测量值 φ_A^i 和 φ_B^i 作差，则可得到单差载波相位测量值 φ_{AB}^i，即

$$\varphi_{AB}^i = \varphi_A^i - \varphi_B^i \tag{7.63}$$

将式(7.61)和式(7.62)代入式(7.63)中，可得

$$\varphi_{AB}^i = \lambda^{-1} r_{AB}^i + f\mathrm{d}T_{AB,\mathrm{rr}} + N_{AB}^i + v_{AB}^i \tag{7.64}$$

式中，$r_{AB}^i = r_A^i - r_B^i$ 为天线 A和天线B 到卫星 i 真实距离的单差值；$\mathrm{d}T_{AB,\mathrm{rr}} = \mathrm{d}T_{A,\mathrm{rr}} - \mathrm{d}T_{B,\mathrm{rr}}$ 为接收机钟差的单差值；$N_{AB}^i = N_A^i - N_B^i$ 为整周模糊度的单差值；$v_{AB}^i = v_A^i - v_B^i$ 为测量随机误差的单差值。考虑到天线 A和天线B 相距不远，由电离层延迟和对流层延迟引起的距离偏差单差值 $d_{AB,\mathrm{Ion}}^i$ 和 $d_{AB,\mathrm{Tro}}^i$ 一般很小，故它们在式(7.64)中已被略去。

此外，由于天线 A 和天线 B 到卫星 i 的距离远大于天线 A 和天线 B 间的距离，故天线 A 到卫星 i 的单位方向矢量和天线 B 到卫星 i 的单位方向矢量可视为同一矢量 $\boldsymbol{l}^i$。因此，天线 A 和天线 B 到卫星 i 真实距离的单差值 r_{AB}^i 可以表示为

$$r_{AB}^i = \boldsymbol{S} \cdot \boldsymbol{l}^i \tag{7.65}$$

这样，将式(7.65)代入式(7.64)中，并将其投影在 n 系中，可得

$$\varphi_{AB}^i = \lambda^{-1}[\boldsymbol{S}^n \cdot (\boldsymbol{l}^i)_n] + f\mathrm{d}T_{AB,\mathrm{rr}} + N_{AB}^i + v_{AB}^i \tag{7.66}$$

式中，$\boldsymbol{S}^n$ 为由天线 A 和天线 B 组成的基线矢量 $\boldsymbol{S}$ 在 n 系中的坐标；$(\boldsymbol{l}^i)_n$ 为天线 A 和天线 B 到卫星 i 的单位方向矢量在 n 系中的坐标。

将式(7.61)、式(7.62)与式(7.66)进行对比可知，站间单差可基本消除空间相关性较强的卫星钟差、星历误差和大气延迟等公共误差。但从式(7.66)可以看出，单差测量值 φ_{AB}^i 中仍然含

有接收机钟差单差值 $dT_{AB,rr}$。为了进一步消除 $dT_{AB,rr}$，对卫星 i, j 的单差载波相位测量值再次差分，则可得到双差载波相位测量值 φ_{AB}^{ij}，即

$$\varphi_{AB}^{ij} = \lambda^{-1}[(\boldsymbol{l}^i)_n - (\boldsymbol{l}^j)_n] \cdot \boldsymbol{S}^n + N_{AB}^{ij} + v_{AB}^{ij} \tag{7.67}$$

式中，$(\boldsymbol{l}^j)_n$ 为天线 A 和天线 B 到卫星 j 的单位方向矢量在 n 系中的坐标；N_{AB}^{ij} 为整周模糊度的双差值；v_{AB}^{ij} 为测量随机误差双差值。

在式(7.67)中，只有 $\boldsymbol{S}^n = [x_n, y_n, z_n]^{\mathrm{T}}$ 为未知量。因此，将同一历元的三个或以上的双差载波相位量测方程(7.67)进行联立，可以求解出 n 系下的基线矢量 $\boldsymbol{S}^n$。之后，便可以利用求解得到的 $\boldsymbol{S}^n$ 计算载体的姿态信息，实现 GNSS 定姿。

7.4.2　实验目的与实验设备

1）实验目的

（1）掌握 GNSS 载波相位单差与双差的原理及实现方法。

（2）掌握利用载波相位干涉测量原理确定基线矢量的方法。

（3）掌握利用基线矢量解算姿态的方法。

2）实验内容

将 GNSS 接收机安装于车辆上，同时沿车体纵轴方向安装 GNSS 接收天线 A 和 GNSS 接收天线 B，将 GNSS 接收天线 A 和 B 构成单基线，从而搭建完成 GNSS 定姿实验系统。在车辆行驶过程中，两个接收天线同时接收卫星导航信号，经接收机处理后获得 RINEX 格式的输出数据文件。通过分别读取观测数据文件和导航电文文件，获得两个天线各自的伪距观测值、载波相位观测值以及卫星星历参数。根据卫星星历参数计算 GNSS 卫星位置，并根据卫星位置和天线 A 的伪距观测值计算天线 A 的位置，进而结合两个天线各自的载波相位观测值，计算得到车辆的俯仰角和偏航角，以实现 GNSS 双天线定姿。

如图 7.26 所示为 GNSS 定姿实验系统示意图。该实验系统主要包括 GNSS 接收机、GNSS 接收天线 A、GNSS 接收天线 B、电源和工控机等。GNSS 接收天线 A 和 B 同时接收卫星导航信号，经接收机捕获、跟踪和导航电文解析等处理后，获得 RINEX 格式的输出数据文件。工控机读取观测数据文件和导航电文文件，获得两个接收天线各自的伪距观测值、载波相位观测值以及卫星星历参数，进而完成车辆俯仰角与偏航角的解算。另外，工控机还用于实现 GNSS 接收机的调试以及输出数据文件的存储。

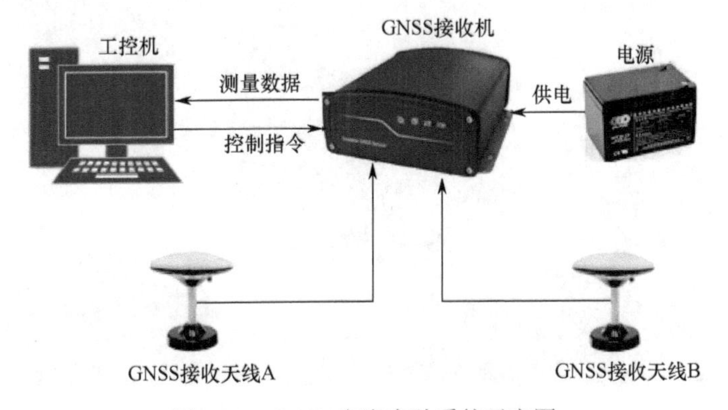

图 7.26　GNSS 定姿实验系统示意图

如图 7.27 所示为 GNSS 定姿实验方案流程图。

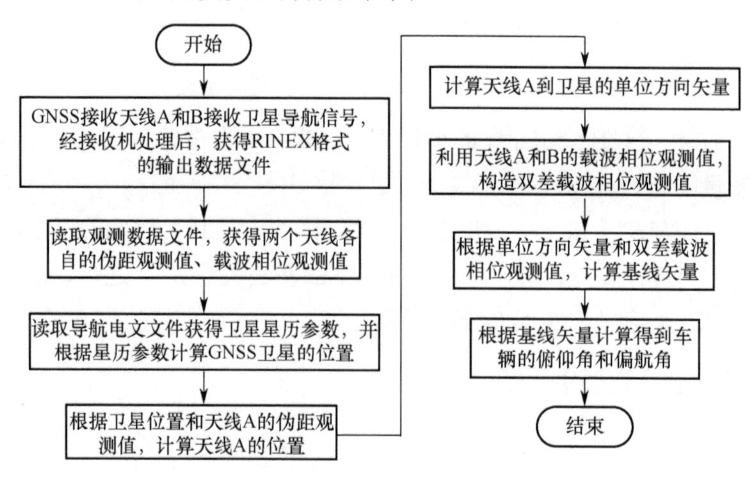

图 7.27 GNSS 定姿实验方案流程图

GNSS 接收天线 A 和 B 接收卫星导航信号，经接收机处理后获得 RINEX 格式的输出数据文件。通过分别读取观测数据文件和导航电文文件，获得两个天线各自的伪距观测值、载波相位观测值及卫星星历参数。首先根据卫星星历参数计算 GNSS 卫星的位置；再根据卫星位置和天线 A 的伪距观测值计算天线 A 的位置，并计算天线 A 到卫星的单位方向矢量；进而利用天线 A 和天线 B 的载波相位观测值构造双差载波相位观测值，并结合天线 A 到卫星的单位方向矢量确定基线矢量，从而解算出车辆的俯仰角和偏航角，以实现 GNSS 双天线定姿。

3）实验设备

司南 M300C 接收机、GNSS 接收天线（2 个）、工控机、遥控车辆、25 V 蓄电池、降压模块、通信接口等。

7.4.3 实验步骤及操作说明

1）仪器安装

将司南 M300C 接收机固定安装于车辆中心，同时将 GNSS 接收天线 A 和 GNSS 接收天线 B 沿车体纵轴方向安装于车辆前后端，接收天线通过射频电缆与接收机相连接。如图 7.28 所示为 GNSS 定姿实验场景图。

图 7.28 GNSS 定姿实验场景图

2）电气连接

（1）利用万用表测量电源的输出电压是否正常（电源输出电压由司南 M300C 接收机的供电电压决定）。

（2）司南 M300C 接收机通过通信接口（RS232 转 USB）与工控机连接，25 V 蓄电池通过降压模块以 12 V 的电压对接收机供电。

（3）检查数据采集系统是否正常，准备采集数据。

3）系统初始化配置

司南 M300C 接收机上电后，利用系统自带的测试软件 CRU 对司南 M300C 接收机进行初始化配置，初始化配置的具体步骤如下。

（1）在“连接设置”界面中选择相应的串口号（COM）以及波特率（默认选“115200”）。

（2）单击“连接”，待软件界面显示板卡的 SN 号等信息后，表明连接正常。

（3）在“接收机配置”界面中设置输出数据的采样间隔（默认选“5 Hz”）、GPS/BDS/GLONASS/GALILEO 高度截止角（默认选“10”）、数据自动存储（默认选“自动”）、数据存储时段（默认选“手动”），将端口设置选择为“原始数据输出”，启动模式、差分端口、差分格式等不需要设置。

（4）所有数据记录设置完成后，需要重启板卡，以完成初始化配置。

4）数据采集与存储

（1）重启板卡后，驱动搭载司南 M300C 接收机的遥控车辆行驶一段轨迹，司南 M300C 接收机在此期间进行动态测量。

（2）测量完成后，单击“文件下载”按钮，数据信息显示区里显示的即为接收机自动记录的原始输出数据文件。

（3）单击“Rinex 转换”按钮，并右击数据信息显示区中的原始输出数据文件，选择“Rinex 转换设置”后进入设置界面。将输出格式选为“2.10”后，单击“确定”按钮。再次右击原始输出数据文件，选择“转换到 Rinex”选项，将其转换为 RINEX 格式的输出数据文件，并将 RINEX 格式的输出数据文件下载到工控机中。

（4）实验结束，将司南 M300C 接收机断电，整理实验装置。

5）数据处理

（1）在工控机中读取 RINEX 格式输出数据文件中的观测数据文件，获得 GNSS 接收天线 A 和 B 各自的伪距观测值和载波相位观测值。

（2）在工控机中读取 RINEX 格式输出数据文件中的导航电文文件，获得卫星星历参数，并根据卫星星历参数计算 GNSS 卫星的位置。

（3）根据卫星位置和天线 A 的伪距观测值计算天线 A 的位置。

（4）根据天线 A 的位置和卫星位置计算天线 A 到卫星的单位方向矢量。

（5）利用天线 A 和 B 的载波相位观测值，构造双差载波相位观测值，并结合天线 A 到卫星的单位方向矢量，确定基线矢量。

（6）根据基线矢量计算得到车辆的俯仰角和偏航角。

6）分析实验结果，撰写实验报告

第 8 章　SINS/GNSS 松、紧组合导航系列实验

SINS 和 GNSS 具有优势互补的特点，以适当的方法将两者组合可以克服各自的缺点，取长补短，组合后的导航精度高于两个系统单独工作时的精度。松组合和紧组合是目前最常用的两种 SINS/GNSS 组合导航模式。其中，松组合是直接利用 GNSS 接收机输出的位置和速度与 SINS 进行组合，实现对 SINS 的导航累积误差进行估计与修正；而紧组合则是从接收机中提取原始的伪距和伪距率信息，通过观测卫星的星历数据，将 SINS 的积累位置误差与速度误差映射成用户至卫星的视距误差和视距率误差，建立基于伪距和伪距率残差的 SINS/GNSS 组合导航系统观测方程，进而实现对 SINS 的误差进行估计与修正。由于 SINS/GNSS 松组合和紧组合原理比较简单，容易实现，因此目前大多数的 SINS/GNSS 组合导航系统都通过松组合或紧组合方式将 GNSS 接收机和 SINS 的测量信息组合在一起，以达到提高组合导航系统整体性能的目的。

因此，本章分别开展 SINS/GNSS 松组合导航实验、SINS/GNSS 紧组合导航实验和 SINS/GNSS 松、紧组合导航的性能对比实验，旨在通过实验让学生掌握 SINS/GNSS 松、紧组合导航的原理、实现方法并理解两种组合模式导航性能差异的原因。

8.1　SINS/GNSS 松组合导航实验

松组合是一种最简单的 SINS/GNSS 组合模式，该模式直接利用 GNSS 接收机输出的位置和速度与 SINS 组合，对 SINS 的长时间导航累积误差进行估计与修正，从而使 SINS 能够保持较高的导航精度。本节主要开展 SINS/GNSS 松组合导航实验，使学生掌握 SINS/GNSS 松组合导航的基本原理及其实现方法。

8.1.1　SINS/GNSS 松组合导航的基本原理

1）SINS/GNSS 松组合原理

在 SINS/GNSS 松组合导航系统中，SINS 和 GNSS 各自独立工作，组合算法融合两者的数据并给出最优的估计结果，最后反馈给 SINS 进行修正。该组合方式可以提供比单独 GNSS 或 SINS 更好的导航结果，但 SINS/GNSS 松组合导航系统中的 SINS 只有采用较高精度的惯性器件才能发挥较佳的性能。若使用精度较低的惯性器件，则当卫星接收机失锁不能定位时，系统的组合就被完全破坏，系统的整体性能将会因无法对 SINS 误差进行校正而迅速恶化。如图 8.1 所示为 SINS/GNSS 松组合导航系统结构框图。

SINS/GNSS 松组合导航系统中采用的测量信息是位置和速度，直接利用 GNSS 接收机得到的位置、速度与 SINS 解算出的位置、速度之差作为组合导航滤波器的输入，组合导航滤波器的输出采用反馈校正，陀螺仪和加速度计漂移误差的校正在 SINS 中进行，而估计得到的位置误差和速度误差直接对 SINS 的解算结果进行校正。这种组合方式的优点是工作比较简单，便于工程实现，而且两个系统仍独立工作，使导航信息具有冗余度。其缺点是 GNSS 提供的

测量信息是位置和速度等导航参数，由于 GNSS 的位置和速度是与时间相关的，因此组合导航滤波器的估计精度将受到影响，并且当导航卫星少于 4 颗而无法定位解算时，系统的组合将被完全破坏，整个导航系统的性能就会迅速恶化。

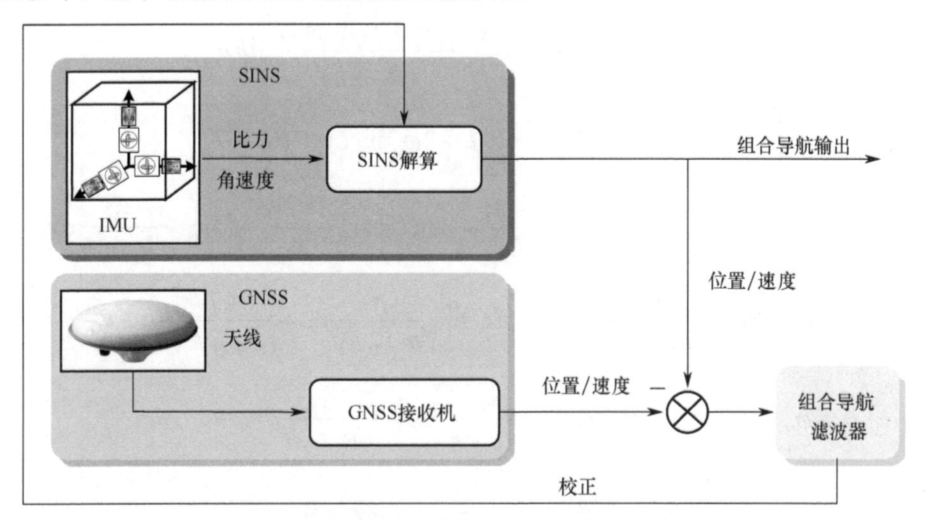

图 8.1　SINS/GNSS 松组合导航系统结构框图

2）SINS/GNSS 松组合导航系统模型

（1）SINS/GNSS 松组合导航系统的状态方程

SINS/GNSS 松组合导航系统的状态方程是由 SINS 的姿态误差方程、速度误差方程、位置误差方程、惯性传感器误差方程以及 GNSS 接收机误差组成的。下面对这些误差方程分别进行简要说明。

① 姿态误差方程

选择东-北-天地理坐标系作为导航坐标系，则 SINS 的姿态误差方程可以写成

$$
\begin{cases}
\dot{\varphi}_{\mathrm{E}} = -\dfrac{\delta v_{\mathrm{N}}}{R_{\mathrm{M}}+h} + \left(\omega_{ie}\sin L + \dfrac{v_{\mathrm{E}}}{R_{\mathrm{N}}+h}\tan L\right)\varphi_{\mathrm{N}} - \left(\omega_{ie}\cos L + \dfrac{v_{\mathrm{E}}}{R_{\mathrm{N}}+h}\right)\varphi_{\mathrm{U}} \\
\qquad + \dfrac{v_{\mathrm{N}}}{\left(R_{\mathrm{M}}+h\right)^2}\delta h - \varepsilon_{\mathrm{E}} \\
\dot{\varphi}_{\mathrm{N}} = \dfrac{\delta v_{\mathrm{E}}}{R_{\mathrm{N}}+h} - \left(\omega_{ie}\sin L + \dfrac{v_{\mathrm{E}}}{R_{\mathrm{N}}+h}\tan L\right)\varphi_{\mathrm{E}} - \dfrac{v_{\mathrm{N}}}{R_{\mathrm{M}}+h}\varphi_{\mathrm{U}} - \omega_{ie}\sin L\delta L \\
\qquad - \dfrac{v_{\mathrm{E}}}{\left(R_{\mathrm{N}}+h\right)^2}\delta h - \varepsilon_{\mathrm{N}} \\
\dot{\varphi}_{\mathrm{U}} = \dfrac{\delta v_{\mathrm{E}}}{R_{\mathrm{N}}+h}\tan L + \left(\omega_{ie}\cos L + \dfrac{v_{\mathrm{E}}}{R_{\mathrm{N}}+h}\right)\varphi_{\mathrm{E}} + \dfrac{v_{\mathrm{N}}}{R_{\mathrm{M}}+h}\varphi_{\mathrm{N}} - \dfrac{v_{\mathrm{E}}\tan L}{\left(R_{\mathrm{N}}+h\right)^2}\delta h + \\
\qquad \left(\omega_{ie}\cos L + \dfrac{v_{\mathrm{E}}}{R_{\mathrm{N}}+h}\sec^2 L\right)\delta L - \varepsilon_{\mathrm{U}}
\end{cases}
\tag{8.1}
$$

② 速度误差方程

$$\begin{cases}\delta\dot{v}_{\mathrm{E}}=f_{\mathrm{N}}\varphi_{\mathrm{U}}-f_{\mathrm{U}}\varphi_{\mathrm{N}}+\left(\dfrac{v_{\mathrm{N}}\tan L}{R_{\mathrm{N}}+h}-\dfrac{v_{\mathrm{U}}}{R_{\mathrm{N}}+h}\right)\delta v_{\mathrm{E}}+\left(2\omega_{ie}\sin L+\dfrac{v_{\mathrm{E}}\tan L}{R_{\mathrm{N}}+h}\right)\delta v_{\mathrm{N}}-\\ \qquad\left(2\omega_{ie}\cos L+\dfrac{v_{\mathrm{E}}}{R_{\mathrm{N}}+h}\right)\delta v_{\mathrm{U}}+\dfrac{v_{\mathrm{E}}v_{\mathrm{U}}-v_{\mathrm{E}}v_{\mathrm{N}}\tan L}{\left(R_{\mathrm{N}}+h\right)^{2}}\delta h+\\ \qquad\left(2\omega_{ie}\cos Lv_{\mathrm{N}}+\dfrac{v_{\mathrm{E}}v_{\mathrm{N}}}{R_{\mathrm{N}}+h}\sec^{2}L+2\omega_{ie}\sin Lv_{\mathrm{U}}\right)\delta L+\nabla_{\mathrm{E}}\\ \delta\dot{v}_{\mathrm{N}}=f_{\mathrm{U}}\varphi_{\mathrm{E}}-f_{\mathrm{E}}\varphi_{\mathrm{U}}-2\left(\omega_{ie}\sin L+\dfrac{v_{\mathrm{E}}}{R_{\mathrm{N}}+h}\tan L\right)\delta v_{\mathrm{E}}-\dfrac{v_{\mathrm{U}}}{R_{\mathrm{M}}+h}\delta v_{\mathrm{N}}-\dfrac{v_{\mathrm{N}}}{R_{\mathrm{M}}+h}\delta v_{\mathrm{U}}-\\ \qquad\left(2\omega_{ie}\cos L+\dfrac{v_{\mathrm{E}}}{R_{\mathrm{N}}+h}\sec^{2}L\right)v_{\mathrm{E}}\delta L+\left(\dfrac{v_{\mathrm{N}}v_{\mathrm{U}}}{\left(R_{\mathrm{M}}+h\right)^{2}}+\dfrac{v_{\mathrm{E}}^{2}\tan L}{\left(R_{\mathrm{N}}+h\right)^{2}}\right)\delta h+\nabla_{\mathrm{N}}\\ \delta\dot{v}_{\mathrm{U}}=f_{\mathrm{E}}\varphi_{\mathrm{N}}-f_{\mathrm{N}}\varphi_{\mathrm{E}}+2\left(\omega_{ie}\cos L+\dfrac{v_{\mathrm{E}}}{R_{\mathrm{N}}+h}\right)\delta v_{\mathrm{E}}+\dfrac{2v_{\mathrm{N}}}{R_{\mathrm{M}}+h}\delta v_{\mathrm{N}}-\\ \qquad 2\omega_{ie}\sin Lv_{\mathrm{E}}\delta L-\left(\dfrac{v_{\mathrm{N}}^{2}}{\left(R_{\mathrm{M}}+h\right)^{2}}+\dfrac{v_{\mathrm{E}}^{2}}{\left(R_{\mathrm{N}}+h\right)^{2}}\right)\delta h+\nabla_{\mathrm{U}}\end{cases}\tag{8.2}$$

③ 位置误差方程

$$\begin{cases}\delta\dot{L}=\dfrac{\delta v_{\mathrm{N}}}{R_{\mathrm{M}}+h}-\dfrac{v_{\mathrm{N}}^{n}}{\left(R_{\mathrm{M}}+h\right)^{2}}\delta h\\ \delta\dot{\lambda}=\dfrac{\delta v_{\mathrm{E}}}{R_{\mathrm{N}}+h}\sec L+\dfrac{v_{\mathrm{E}}}{R_{\mathrm{N}}+h}\sec L\tan L\delta L-\dfrac{v_{\mathrm{E}}}{\left(R_{\mathrm{N}}+h\right)^{2}}\sec L\delta h\\ \delta\dot{h}=\delta v_{\mathrm{U}}\end{cases}\tag{8.3}$$

式中，下标 E、N、U 分别代表东向、北向和天向。

④ 惯性传感器误差方程

a. 陀螺仪误差模型

式(8.1)中的陀螺仪漂移，是沿东-北-天地理坐标系的陀螺仪漂移。对于平台式惯导系统，式中的陀螺仪漂移即为实际陀螺仪的漂移；而对于 SINS，式中的陀螺仪漂移为载体坐标系变换到地理坐标系的等效陀螺仪漂移。

通常取陀螺仪漂移为

$$\boldsymbol{\varepsilon}=\boldsymbol{\varepsilon}_{b}+\boldsymbol{\varepsilon}_{r}+\boldsymbol{\omega}_{g}\tag{8.4}$$

式中，$\boldsymbol{\varepsilon}_b$ 为随机常数；$\boldsymbol{\varepsilon}_r$ 为一阶马尔可夫过程；$\boldsymbol{\omega}_g$ 为白噪声。

假定三个轴向的陀螺仪漂移误差模型相同，均为

$$\begin{cases}\dot{\boldsymbol{\varepsilon}}_{b}=\mathbf{0}\\ \dot{\boldsymbol{\varepsilon}}_{r}=-\dfrac{1}{T_{g}}\boldsymbol{\varepsilon}_{r}+\boldsymbol{\omega}_{b}\end{cases}\tag{8.5}$$

式中，T_g 为相关时间，$\boldsymbol{\omega}_b$ 为白噪声。

b. 加速度计误差模型

考虑为一阶马尔可夫过程，且假定三个轴的加速度计误差模型相同，均为

$$\dot{\nabla}_a = -\frac{1}{T_a}\nabla_a + \boldsymbol{\omega}_a \tag{8.6}$$

式中，T_a 为相关时间，$\boldsymbol{\omega}_a$ 为白噪声。

⑤ GNSS 接收机误差

GNSS 接收机误差是组合导航系统误差变量的一个组成部分。就 GNSS 接收机而言，它的误差主要包括时钟相位误差、频率误差、频率闪变误差、频率随机速度误差、频率老化衰减误差以及频率加速度的敏感误差等。然而，在采用 SINS/GNSS 松组合导航系统结构时，由于组合导航系统采用位置和速度作为测量信息，而 GNSS 接收机给出的位置和速度是与时间相关的，对 GNSS 误差状态建模比较困难。为方便起见，仅考虑惯性导航参数和惯性器件误差作为系统的状态。

因此，将式(8.1)～式(8.6)综合在一起，可得系统的状态方程为

$$\dot{\boldsymbol{X}}_{\mathrm{I}} = \boldsymbol{F}_{\mathrm{I}}\boldsymbol{X}_{\mathrm{I}} + \boldsymbol{G}_{\mathrm{I}}\boldsymbol{W}_{\mathrm{I}} \tag{8.7}$$

$$\begin{aligned}\boldsymbol{X}_{\mathrm{I}} = \big[&\delta L\ \delta\lambda\ \delta h\ \delta v_{\mathrm{E}}\ \delta v_{\mathrm{N}}\ \delta v_{\mathrm{U}}\ \varphi_{\mathrm{E}}\ \varphi_{\mathrm{N}}\ \varphi_{\mathrm{U}}\ \varepsilon_{bx}\ \varepsilon_{by}\ \varepsilon_{bz} \\ &\varepsilon_{rx}\ \varepsilon_{ry}\ \varepsilon_{rz}\ \nabla_x\ \nabla_y\ \nabla_z\big]^{\mathrm{T}}\end{aligned} \tag{8.8}$$

$$\boldsymbol{W}_{\mathrm{I}} = \begin{bmatrix} w_{gx} & w_{gy} & w_{gz} & w_{bx} & w_{by} & w_{bz} & w_{ax} & w_{ay} & w_{az}\end{bmatrix}^{\mathrm{T}} \tag{8.9}$$

$$\boldsymbol{G}_{\mathrm{I}} = \begin{bmatrix} \boldsymbol{0}_{6\times3} & \boldsymbol{0}_{6\times3} & \boldsymbol{0}_{6\times3} \\ -\boldsymbol{C}_b^t & \boldsymbol{0}_{3\times3} & \boldsymbol{0}_{3\times3} \\ \boldsymbol{0}_{3\times3} & \boldsymbol{0}_{3\times3} & \boldsymbol{0}_{3\times3} \\ \boldsymbol{0}_{3\times3} & \boldsymbol{I}_{3\times3} & \boldsymbol{0}_{3\times3} \\ \boldsymbol{0}_{3\times3} & \boldsymbol{0}_{3\times3} & \boldsymbol{I}_{3\times3} \end{bmatrix}_{18\times9} \tag{8.10}$$

$$\boldsymbol{F}_{\mathrm{I}} = \begin{bmatrix} \boldsymbol{F}_{\mathrm{N}} & \boldsymbol{F}_{\mathrm{s}} \\ \boldsymbol{0} & \boldsymbol{F}_{\mathrm{M}} \end{bmatrix}_{18\times18} \tag{8.11}$$

$\boldsymbol{F}_{\mathrm{N}}$ 为对应 9 个基本导航参数的系统矩阵，其非零元素为

$$\boldsymbol{F}_{\mathrm{N}}(1,3) = -\frac{v_{\mathrm{N}}}{(R+h)^2} \qquad \boldsymbol{F}_{\mathrm{N}}(1,5) = \frac{1}{R+h}$$

$$\boldsymbol{F}_{\mathrm{N}}(2,1) = \frac{v_{\mathrm{E}}}{R+h}\sec L\tan L \qquad \boldsymbol{F}_{\mathrm{N}}(2,3) = -\frac{v_{\mathrm{E}}}{(R+h)^2}\sec L$$

$$\boldsymbol{F}_{\mathrm{N}}(2,4) = \frac{\sec L}{R+h} \qquad \boldsymbol{F}_{\mathrm{N}}(3,6) = 1$$

$$\boldsymbol{F}_{\mathrm{N}}(4,1) = 2\omega_{ie}v_{\mathrm{N}}\cos L + \frac{v_{\mathrm{E}}v_{\mathrm{N}}}{R+h}\sec^2 L + 2\omega_{ie}v_{\mathrm{U}}\sin L \qquad \boldsymbol{F}_{\mathrm{N}}(4,3) = \frac{v_{\mathrm{E}}v_{\mathrm{U}} - v_{\mathrm{E}}v_{\mathrm{N}}\tan L}{(R+h)^2}$$

$$\boldsymbol{F}_{\mathrm{N}}(4,4) = \frac{v_{\mathrm{N}}}{R+h}\tan L - \frac{v_{\mathrm{U}}}{R+h} \qquad \boldsymbol{F}_{\mathrm{N}}(4,5) = 2\omega_{ie}\sin L + \frac{v_{\mathrm{E}}}{R+h}\tan L$$

$$\boldsymbol{F}_{\mathrm{N}}(4,6) = -2\omega_{ie}\cos L - \frac{v_{\mathrm{E}}}{R+h} \qquad \boldsymbol{F}_{\mathrm{N}}(4,8) = -f_{\mathrm{U}}$$

$$\boldsymbol{F}_{\mathrm{N}}(4,9) = f_{\mathrm{N}} \qquad \boldsymbol{F}_{\mathrm{N}}(5,1) = -2\omega_{ie}v_{\mathrm{E}}\cos L - \frac{v_{\mathrm{E}}^2}{R+h}\sec^2 L$$

$$\boldsymbol{F}_{\mathrm{N}}(5,3) = \frac{v_{\mathrm{N}}v_{\mathrm{U}} + v_{\mathrm{E}}^2\tan L}{(R+h)^2} \qquad \boldsymbol{F}_{\mathrm{N}}(5,4) = -2\omega_{ie}\sin L - \frac{2v_{\mathrm{E}}}{R+h}\tan L$$

$$
\begin{aligned}
&\boldsymbol{F}_{\mathrm{N}}(5,5)=-\frac{v_{\mathrm{U}}}{R+h} && \boldsymbol{F}_{\mathrm{N}}(5,6)=-\frac{v_{\mathrm{N}}}{R+h}\\
&\boldsymbol{F}_{\mathrm{N}}(5,7)=f_{\mathrm{U}} && \boldsymbol{F}_{\mathrm{N}}(5,9)=-f_{\mathrm{E}}\\
&\boldsymbol{F}_{\mathrm{N}}(6,1)=-2\omega_{ie}v_{\mathrm{E}}\sin L && \boldsymbol{F}_{\mathrm{N}}(6,3)=-\frac{v_{\mathrm{N}}^2+v_{\mathrm{E}}^2}{(R+h)^2}\\
&\boldsymbol{F}_{\mathrm{N}}(6,4)=2\omega_{ie}\cos L+2\frac{v_{\mathrm{E}}}{R+h} && \boldsymbol{F}_{\mathrm{N}}(6,5)=\frac{2v_{\mathrm{N}}}{R+h}\\
&\boldsymbol{F}_{\mathrm{N}}(6,7)=-f_{\mathrm{N}} && \boldsymbol{F}_{\mathrm{N}}(6,8)=f_{\mathrm{E}}\\
&\boldsymbol{F}_{\mathrm{N}}(7,3)=\frac{v_{\mathrm{N}}}{(R+h)^2} && \boldsymbol{F}_{\mathrm{N}}(7,5)=-\frac{1}{R+h}\\
&\boldsymbol{F}_{\mathrm{N}}(7,8)=\omega_{ie}\sin L+\frac{v_{\mathrm{E}}}{R+h}\tan L && \boldsymbol{F}_{\mathrm{N}}(7,9)=-\omega_{\mathrm{ie}}\cos L-\frac{v_{\mathrm{E}}}{R+h}\\
&\boldsymbol{F}_{\mathrm{N}}(8,1)=-\omega_{ie}\sin L && \boldsymbol{F}_{\mathrm{N}}(8,3)=-\frac{v_{\mathrm{E}}}{(R+h)^2}\\
&\boldsymbol{F}_{\mathrm{N}}(8,4)=\frac{1}{R+h} && \boldsymbol{F}_{\mathrm{N}}(8,7)=-\omega_{\mathrm{ie}}\sin L-\frac{v_{\mathrm{E}}}{R+h}\tan L\\
&\boldsymbol{F}_{\mathrm{N}}(8,9)=-\frac{v_{\mathrm{N}}}{R+h} && \boldsymbol{F}_{\mathrm{N}}(9,1)=\omega_{\mathrm{ie}}\cos L+\frac{v_{\mathrm{E}}}{R+h}\sec^2 L\\
&\boldsymbol{F}_{\mathrm{N}}(9,3)=-\frac{v_{\mathrm{E}}\tan L}{(R+h)^2} && \boldsymbol{F}_{\mathrm{N}}(9,4)=\frac{\tan L}{R+h}\\
&\boldsymbol{F}_{\mathrm{N}}(9,7)=\omega_{ie}\cos L+\frac{v_{\mathrm{E}}}{R+h} && \boldsymbol{F}_{\mathrm{N}}(9,8)=\frac{v_{\mathrm{N}}}{R+h}
\end{aligned}
\tag{8.12}
$$

式中，忽略了卯酉圈半径 R_{N} 和子午圈半径 R_{M} 的差别，统一用 R 表示。$\boldsymbol{F}_{\mathrm{s}}$ 和 $\boldsymbol{F}_{\mathrm{M}}$ 分别为

$$
\boldsymbol{F}_{\mathrm{s}}=\begin{bmatrix}\boldsymbol{0}_{3\times3} & \boldsymbol{0}_{3\times3} & \boldsymbol{0}_{3\times3}\\ \boldsymbol{0}_{3\times3} & \boldsymbol{0}_{3\times3} & \boldsymbol{C}_b^n\\ -\boldsymbol{C}_b^n & -\boldsymbol{C}_b^n & \boldsymbol{0}_{3\times3}\end{bmatrix}_{9\times9} \tag{8.13}
$$

$$
\boldsymbol{F}_{\mathrm{M}}=\mathrm{diag}\left(0\ 0\ 0\ -\frac{1}{T_{rx}}\ -\frac{1}{T_{ry}}\ -\frac{1}{T_{rz}}\ -\frac{1}{T_{ax}}\ -\frac{1}{T_{ay}}\ -\frac{1}{T_{az}}\right) \tag{8.14}
$$

（2）SINS/GNSS 松组合导航系统的量测方程

在 SINS/GNSS 松组合导航系统中，量测值有两组：一组为位置量测值，即 SINS 给出的经纬度和高度信息与 GNSS 给出的相应信息的差值，另一组量测值为两个系统给出的速度信息的差值。

SINS 的位置信息可表示为

$$
\begin{cases}L_{\mathrm{I}}=L_{\mathrm{t}}+\delta L\\ \lambda_{\mathrm{I}}=\lambda_{\mathrm{t}}+\delta\lambda\\ h_{\mathrm{I}}=h_{\mathrm{t}}+\delta h\end{cases} \tag{8.15}
$$

GNSS 的位置信息可表示为

$$\begin{cases} L_{\mathrm{G}} = L_{\mathrm{t}} - \Delta\mathrm{N}/R \\ \lambda_{\mathrm{G}} = \lambda_{\mathrm{t}} - \Delta\mathrm{E}/(R\cos L) \\ h_{\mathrm{G}} = h_{\mathrm{t}} - \Delta\mathrm{U} \end{cases} \tag{8.16}$$

式中，L_{t}、λ_{t}、h_{t} 为真实的位置；$\Delta\mathrm{E}$、$\Delta\mathrm{N}$、$\Delta\mathrm{U}$ 分别为 GNSS 接收机沿东、北、天方向的位置误差。

位置量测矢量定义如下：

$$\boldsymbol{Z}_{\mathrm{P}} = \begin{bmatrix} (L_{\mathrm{I}} - L_{\mathrm{G}})R \\ (\lambda_{\mathrm{I}} - \lambda_{\mathrm{G}})R\cos L \\ h_{\mathrm{I}} - h_{\mathrm{G}} \end{bmatrix} = \begin{bmatrix} R\delta L + \Delta\mathrm{N} \\ R\cos L\delta\lambda + \Delta\mathrm{E} \\ \delta h + \Delta\mathrm{U} \end{bmatrix} = \boldsymbol{H}_{\mathrm{P}}\boldsymbol{X} + \boldsymbol{V}_{\mathrm{P}} \tag{8.17}$$

式中

$$\boldsymbol{H}_{\mathrm{P}} = \left[\mathrm{diag}\left(R \ \ R\cos L \ \ 1\right) \vdots \ \boldsymbol{0}_{3\times 15}\right] \tag{8.18}$$

$$\boldsymbol{V}_{\mathrm{P}} = \left[\Delta\mathrm{N} \ \ \Delta\mathrm{E} \ \ \Delta\mathrm{U}\right]^{\mathrm{T}} \tag{8.19}$$

SINS 输出的速度信息可表示为地理坐标系下的真值与相应的速度误差之和：

$$\begin{bmatrix} v_{\mathrm{IN}} \\ v_{\mathrm{IE}} \\ v_{\mathrm{IU}} \end{bmatrix} = \begin{bmatrix} v_{\mathrm{N}} + \delta v_{\mathrm{N}} \\ v_{\mathrm{E}} + \delta v_{\mathrm{E}} \\ v_{\mathrm{U}} + \delta v_{\mathrm{U}} \end{bmatrix} \tag{8.20}$$

式中，v_{N}、v_{E}、v_{U} 是载体的真实速度在地理坐标系各轴的分量。

GNSS 输出的速度信息可表示为

$$\begin{bmatrix} v_{\mathrm{GN}} \\ v_{\mathrm{GE}} \\ v_{\mathrm{GU}} \end{bmatrix} = \begin{bmatrix} v_{\mathrm{N}} - \Delta v_{\mathrm{N}} \\ v_{\mathrm{E}} - \Delta v_{\mathrm{E}} \\ v_{\mathrm{U}} - \Delta v_{\mathrm{U}} \end{bmatrix} \tag{8.21}$$

式中，Δv_{N}、Δv_{E}、Δv_{U} 为 GNSS 接收机测速误差。

定义速度量测矢量为

$$\boldsymbol{Z}_{\mathrm{V}} = \begin{bmatrix} v_{\mathrm{IN}} - v_{\mathrm{GN}} \\ v_{\mathrm{IE}} - v_{\mathrm{GE}} \\ v_{\mathrm{IU}} - v_{\mathrm{GU}} \end{bmatrix} = \begin{bmatrix} \delta v_{\mathrm{N}} + \Delta v_{\mathrm{N}} \\ \delta v_{\mathrm{E}} + \Delta v_{\mathrm{E}} \\ \delta v_{\mathrm{U}} + \Delta v_{\mathrm{U}} \end{bmatrix} = \boldsymbol{H}_{\mathrm{V}}\boldsymbol{X} + \boldsymbol{V}_{\mathrm{V}} \tag{8.22}$$

式中

$$\boldsymbol{H}_{\mathrm{V}} = \left[\boldsymbol{0}_{3\times 3} \ \vdots \ \mathrm{diag}\left(1 \ 1 \ 1\right) \vdots \ \boldsymbol{0}_{3\times 12}\right] \tag{8.23}$$

$$\boldsymbol{V}_{\mathrm{V}} = \left[\Delta v_{\mathrm{N}} \ \ \Delta v_{\mathrm{E}} \ \ \Delta v_{\mathrm{U}}\right]^{\mathrm{T}} \tag{8.24}$$

将位置量测矢量式(8.17)和速度量测矢量式(8.22)合并到一起，得到 SINS/GNSS 松组合导航系统量测方程为

$$\boldsymbol{Z} = \begin{bmatrix} \boldsymbol{H}_{\mathrm{P}} \\ \boldsymbol{H}_{\mathrm{V}} \end{bmatrix}\boldsymbol{X} + \begin{bmatrix} \boldsymbol{V}_{\mathrm{P}} \\ \boldsymbol{V}_{\mathrm{V}} \end{bmatrix} = \boldsymbol{H}\boldsymbol{X} + \boldsymbol{V} \tag{8.25}$$

以上给出了 SINS/GNSS 松组合导航系统的状态方程和量测方程，根据这两组方程再加上必要的初始条件即可进行卡尔曼滤波。

8.1.2　实验目的与实验设备

1）实验目的

（1）了解卡尔曼滤波基本原理及其在组合导航中的应用方法；

（2）掌握 SINS/GNSS 松组合导航的基本工作原理。

（3）掌握 SINS/GNSS 松组合导航的实现方法。

2）实验内容

将光纤捷联惯导系统和 GNSS 接收机（含接收天线）安装于车辆上，搭建 SINS/GNSS 松组合导航实验系统，并驱动车辆行驶一段轨迹。在车辆行驶过程中，GNSS 接收机接收并处理卫星导航信号，输出定位、定速数据；同时，光纤捷联惯导系统进行导航解算，并输出比力、角速度、定位、定速数据。根据 GNSS 接收机和光纤捷联惯导系统的输出，编写松组合导航解算程序，完成 SINS/GNSS 的松组合导航。

如图 8.2 所示为 SINS/GNSS 松组合导航实验系统示意图，该实验系统主要包括车辆、光纤捷联惯导系统、GNSS 接收机（含接收天线）和工控机等。GNSS 接收天线接收卫星导航信号，经接收机处理后获得定位、定速数据；光纤捷联惯导系统进行导航解算，获得比力、角速度、定位、定速数据；工控机读取接收机和光纤捷联惯导系统的输出数据，进而完成 SINS/GNSS 的松组合导航。另外，工控机还用于实现 GNSS 接收机和光纤捷联惯导系统的调试以及实测数据的存储。

图 8.2　SINS/GNSS 松组合导航实验系统示意图

如图 8.3 所示为 SINS/GNSS 松组合导航实验方案框图。

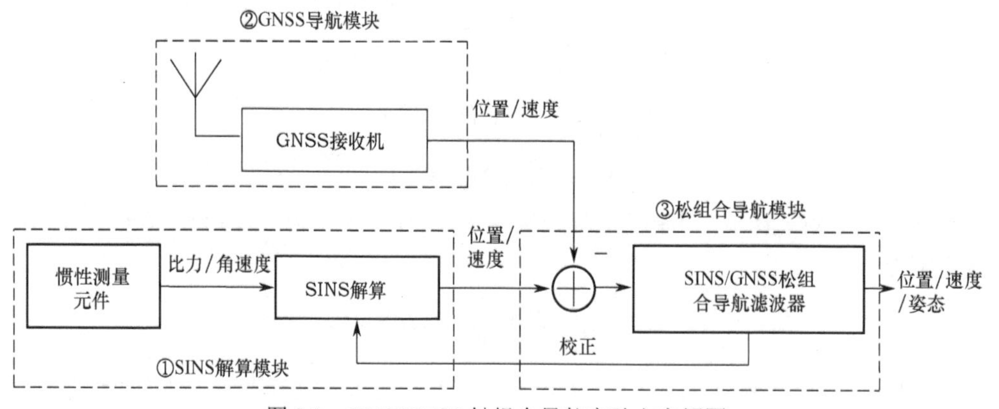

图 8.3　SINS/GNSS 松组合导航实验方案框图

该方案包含以下三个模块。

（1）SINS 解算模块：利用惯性测量元件（陀螺仪和加速度计）测量的角速度和比力进行位置解算、速度解算和姿态解算，获得位置、速度和姿态参数。

（2）GNSS 导航模块：GNSS 接收天线接收卫星导航信号，经由接收机捕获、跟踪、定位定速解算后，获得位置和速度参数。

（3）松组合导航模块：SINS/GNSS 松组合导航滤波器将 SINS 误差方程作为状态模型进行时间更新，将 GNSS 接收机输出的位置/速度与 SINS 解算出的位置/速度之差作为测量信息进行更新，得到 SINS 误差的最优估计结果并对 SINS 输出进行校正，从而获得高精度的位置、速度和姿态等导航参数。

3）实验设备

FN-120 光纤捷联惯导（如图 8.4 所示）、司南 M300C 接收机（如图 8.5 所示）、GNSS 接收天线、工控机、遥控车辆、25 V 蓄电池、降压模块、通信接口等。

图 8.4　FN-120 光纤捷联惯导

图 8.5　司南 M300C 接收机

8.1.3　实验步骤及操作说明

1）仪器安装

将 FN-120 光纤捷联惯导固定安装于遥控车辆上，将司南 M300C 接收机固定安装于车辆中心，并将 GNSS 接收天线固定于车辆后端，接收天线通过射频电缆与接收机相连接。如图 8.6 所示为 SINS/GNSS 松组合导航实验场景图。

图 8.6　SINS/GNSS 松组合导航实验场景图

2）电气连接

（1）利用万用表测量电源输出是否正常（电源电压由 FN-120 光纤捷联惯导、司南 M300C 接收机等子系统的供电电压决定）。

（2）FN-120 光纤捷联惯导通过通信接口（RS422 转 USB）与工控机连接，25 V 蓄电池通过降压模块以 12 V 的电压对该系统供电。

（3）司南 M300C 接收机通过通信接口（RS232 转 USB）与工控机连接，25 V 蓄电池通过降压模块以 12 V 的电压对该系统供电。

（4）检查数据采集系统是否正常，准备采集数据。

3）系统初始化配置

（1）FN-120 光纤捷联惯导的初始化配置

FN-120 光纤捷联惯导上电后，利用该系统自带的测试软件对其进行初始化配置，测试软件总体界面如图 8.7 所示。

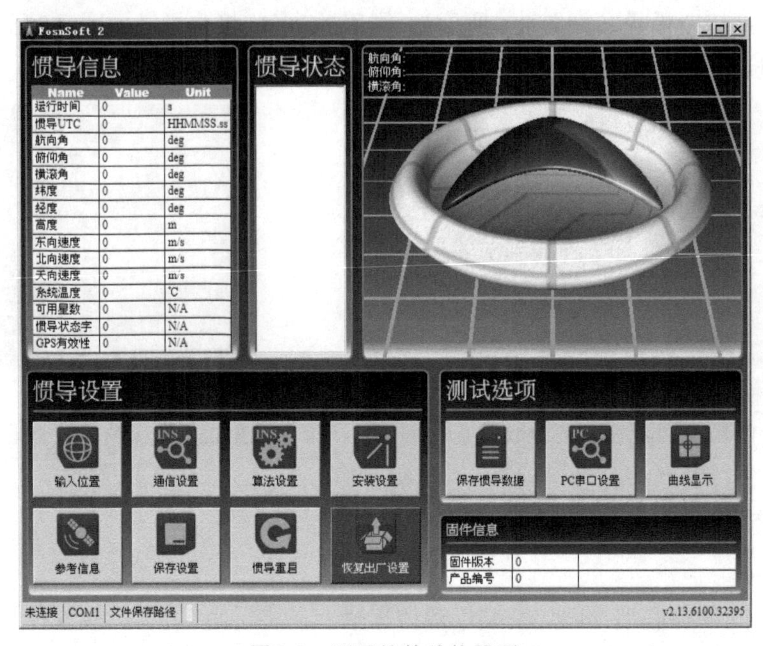

图 8.7 测试软件总体界面

① 如图 8.8 所示，在“PC 串口设置”界面选择相应的串口号。

② 如图 8.9 所示，在“设置惯导位置”界面输入初始位置。

图 8.8 “PC 串口设置”界面

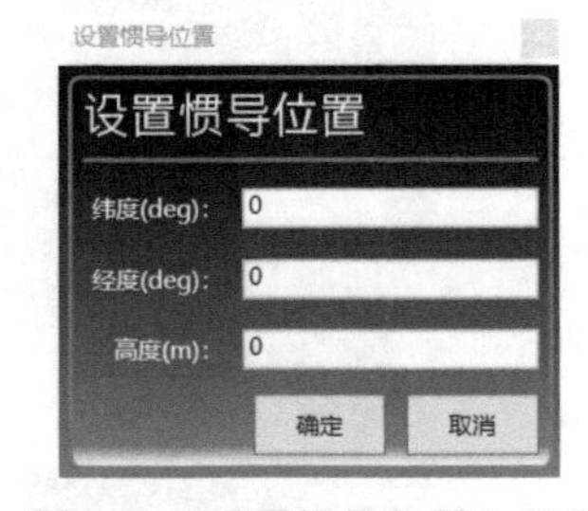

图 8.9 “设置惯导位置”界面

③ 如图 8.10 所示，在“惯导串口设置”界面通过 COM0 串口（即 RS422）设置 FN-120 光纤捷联惯导的输出方式，包括：波特率（默认选“115200”）、数据位（默认选“8”）、停止位（默认选“1”）、校验方式（默认选“偶校验”）、发送周期（默认选“10 ms”）和发送协议（默认选“FOSN STD 2Binary”）。

④ 如图 8.11 所示，在“算法设置”窗口设置 FN-120 光纤捷联惯导的工作流程，包括：开始对准方式（默认选“Immediate”）、粗对准时间（建议 2～3 min）、精对准方式（默认选“ZUPT”，建议 10～15 min）、导航方式（默认选“Pure Inertial”）。

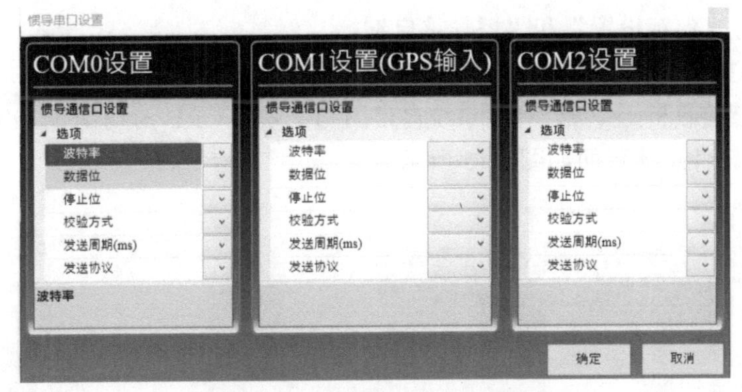

图 8.10 “惯导串口设置”界面

图 8.11 “算法设置”界面

⑤ 在“保存惯导数据”界面选择三轴加速度计输出的比力和三轴陀螺仪输出的角速度以及惯导解算的位置、速度等数据进行保存，如图 8.12 所示。

图 8.12 “保存惯导数据”界面

⑥ 依次执行“保存设置”和“惯导重启”。

（2）司南 M300C 接收机的初始化配置

司南 M300C 接收机上电后，利用系统自带的测试软件 CRU 对司南 M300C 接收机进行初始化配置，测试软件总体界面如图 8.13 所示。

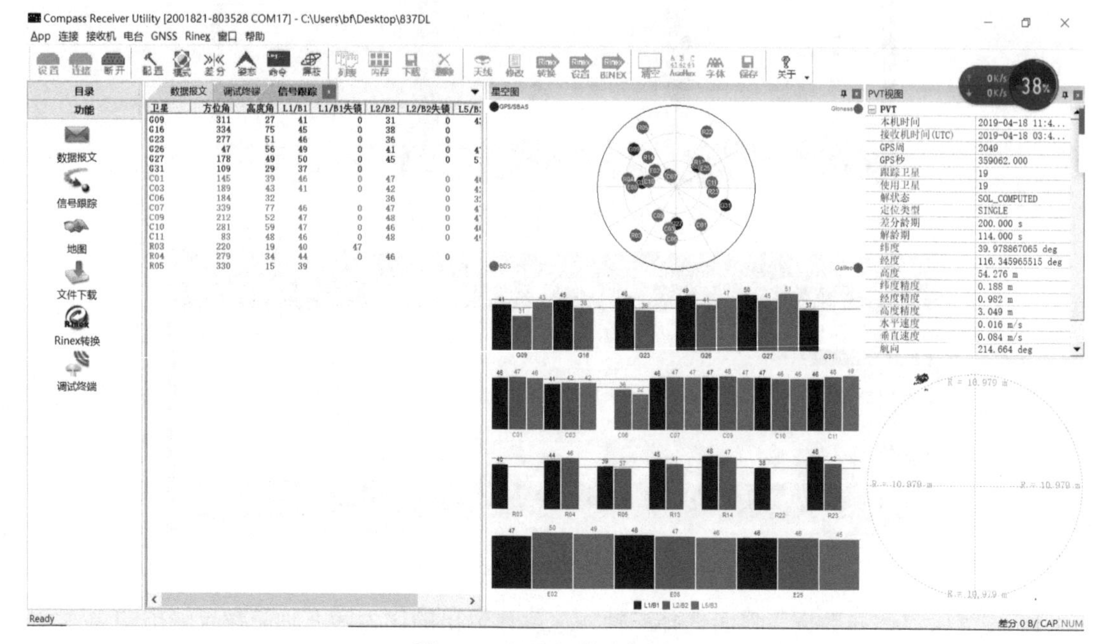

图 8.13 测试软件总体界面

对司南 M300C 接收机进行初始化配置的具体步骤如下。

① 如图 8.14 所示，在“连接设置”界面中选择相应的串口号（COM）以及波特率（默认选“115200”）。

② 单击“连接”，待软件界面显示板卡的 SN 号等信息后，表明连接正常。

③ 如图 8.15 所示，在“接收机配置”界面中设置输出数据的采样间隔（默认选“5 Hz”）、GPS/BDS/GLONASS/GALILEO 高度截止角（默认选“10”）、数据自动存储（默认选“自动”）、数据存储时段（默认选“手动”）、端口设置（默认选“正常模式”），启动模式、差分端口、差分格式等不需要设置。

④ 所有数据记录设置完成后，需要重启板卡，以完成初始化配置。

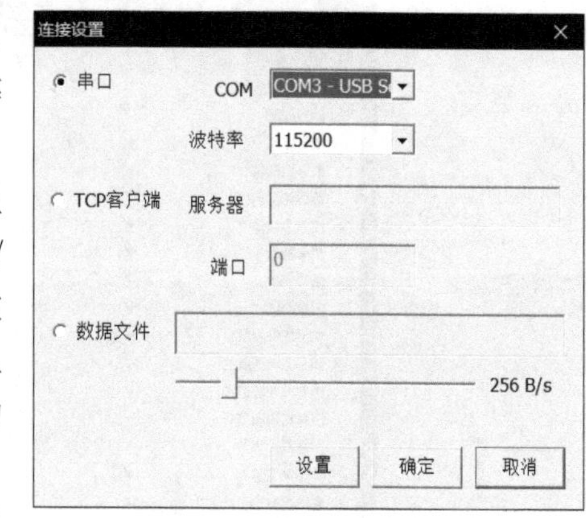

图 8.14 “连接设置”界面

4）数据采集与存储

（1）车辆静止 12～18 min 后，FN-120 光纤捷联惯导自主完成静基座初始对准并进入惯导解算模式，这样 SINS 解算模块便处于正常工作状态。

（2）重启司南 M300C 接收机板卡，驱动车辆行驶一段轨迹。

（3）利用工控机对 FN-120 光纤捷联惯导系统中陀螺仪和加速度计输出的角速度和比力以

及惯导解算的位置、速度等数据进行采集与存储。

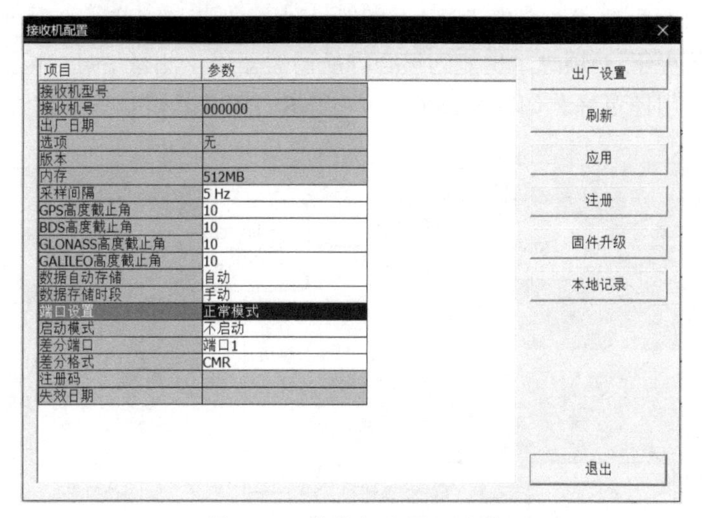

图 8.15 “接收机配置”界面

（4）利用工控机对司南 M300C 接收机输出的定位、定速数据进行采集与存储。

（5）实验结束，将 FN-120 光纤捷联惯导系统和司南 M300C 接收机断电，整理实验装置。

5）数据处理

（1）在工控机中读取 FN-120 光纤捷联惯导系统的测量数据（16 进制格式），并对其进行解析，以获得便于后续处理的 10 进制格式数据。

（2）在工控机中读取司南 M300C 接收机的定位、定速数据（10 进制格式）。

（3）对各组测量数据进行预处理，剔除野值。

（4）将 SINS 误差方程作为状态模型，将司南 M300C 接收机输出的定位/定速数据与光纤捷联惯导系统输出的定位/定速数据之差作为测量信息，编写组合导航滤波程序，并通过组合导航滤波器对 SINS 误差进行估计与校正，完成 SINS/GNSS 松组合导航。

6）分析实验结果，撰写实验报告

8.2　SINS/GNSS 紧组合导航实验

与松组合相比，紧组合是一种相对复杂的 SINS/GNSS 组合模式，它是从 GNSS 接收机中提取原始的伪距和伪距率信息，并通过观测卫星的星历数据，将 SINS 的累积误差映射成用户至导航卫星的视距误差，建立基于伪距和伪距率残差的 SINS/GNSS 组合导航系统量测方程，进而实现对 SINS 的误差状态进行估计与修正。本节主要开展 SINS/GNSS 紧组合导航实验，使学生掌握 SINS/GNSS 紧组合导航的基本原理及其实现方法。

8.2.1　SINS/GNSS 紧组合导航的基本原理

1）SINS/GNSS 紧组合原理

在 SINS/GNSS 紧组合导航系统中，GNSS 提供给组合导航滤波器融合算法的是 GNSS 接收机用于定位、测速的原始信息，即伪距和伪距率。由于 GNSS 接收机提供的伪距、伪距率为各跟踪通道独立输出的原始观测信息，因此各个伪距、伪距率信号的误差相互独立、互不相关，这有利于组合导航滤波器的设计与实现；另外，由于将伪距、伪距率作为测量信息，所以当可见卫星数少于 4 颗时，也能为组合导航滤波器提供测量信息，因此这种紧组合模式比松组合模式的可用性更好。如图 8.16 所示为 SINS/GNSS 紧组合导航系统结构框图。

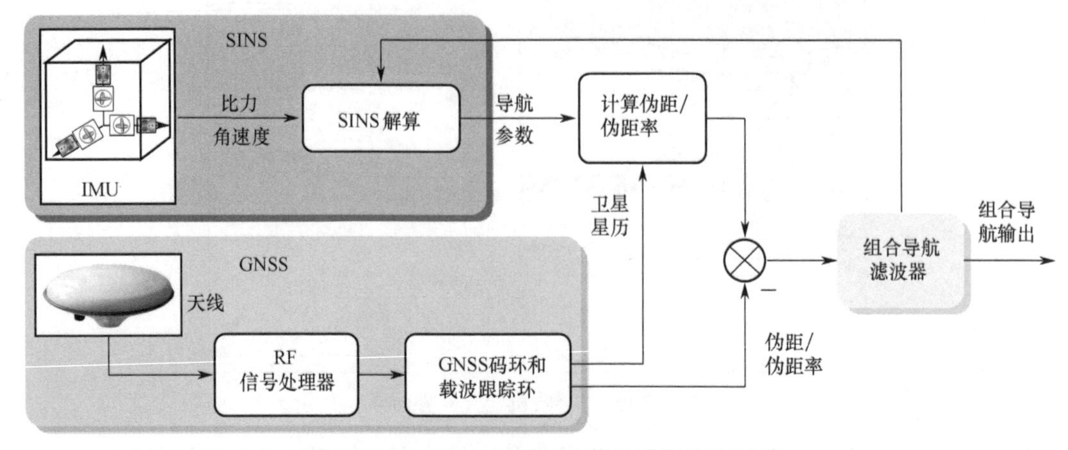

图 8.16　SINS/GNSS 紧组合导航系统结构框图

SINS/GNSS 紧组合导航系统主要由 SINS 子系统、GNSS 子系统和组合导航滤波器三个部分组成。其中，在 SINS 子系统中，SINS 解算模块接收 IMU 输出的比力和角速度信息，产生 SINS 的导航输出信息，即位置和速度，并结合 GNSS 接收机产生的卫星星历可以计算出 SINS 的伪距和伪距率；将 SINS 推算的伪距和伪距率与 GNSS 接收机测量的伪距和伪距率的差值作为组合导航滤波器的输入，得到 SINS 的状态误差估计值。再将状态误差估计值中的陀螺仪漂移和加速度计偏置反馈给 SINS 对其进行校正，而将状态误差估计值中的位置和速度误差对 SINS 解算后的位置和速度信息进行校正，输出即为 SINS/GNSS 紧组合导航系统的最终结果。

2）SINS/GNSS 紧组合导航系统模型

（1）SINS/GNSS 紧组合导航系统的状态方程

在 SINS/GNSS 紧组合导航系统中，组合导航滤波器的状态由两部分组成，一部分是 SINS 的误差状态，其状态方程为式(8.7)，即

$$\dot{\boldsymbol{X}}_{\mathrm{I}}=\boldsymbol{F}_{\mathrm{I}}\boldsymbol{X}_{\mathrm{I}}+\boldsymbol{G}_{\mathrm{I}}\boldsymbol{W}_{\mathrm{I}} \tag{8.26}$$

另一部分是 GNSS 的误差状态，通常取两个：一个是与时钟误差等效的距离误差 b_{clk}，即时钟误差与光速的乘积；另一个是与时钟频率误差等效的距离率误差 d_{clk}，即时钟频率误差与光速的乘积。因此，GNSS 的误差状态方程可以表示为

$$\begin{cases}\dot{b}_{\mathrm{clk}}=d_{\mathrm{clk}}+\omega_b\\ \dot{d}_{\mathrm{clk}}=-\dfrac{1}{T_{\mathrm{clk}}}d_{\mathrm{clk}}+\omega_d\end{cases} \tag{8.27}$$

式中，T_{clk} 为相关时间。

式(8.27)表示成矩阵形式为

$$\dot{\boldsymbol{X}}_{\mathrm{G}}=\boldsymbol{F}_{\mathrm{G}}\boldsymbol{X}_{\mathrm{G}}+\boldsymbol{G}_{\mathrm{G}}\boldsymbol{W}_{\mathrm{G}} \tag{8.28}$$

$$\boldsymbol{X}_{\mathrm{G}}=\begin{bmatrix}b_{\mathrm{clk}} & d_{\mathrm{clk}}\end{bmatrix}^{\mathrm{T}} \tag{8.29}$$

$$\boldsymbol{F}_{\mathrm{G}}=\begin{bmatrix}1 & 0\\ 0 & -\dfrac{1}{T_{\mathrm{clk}}}\end{bmatrix} \tag{8.30}$$

$$\boldsymbol{G}_{\mathrm{G}}=\boldsymbol{I}_2 \tag{8.31}$$

$$\boldsymbol{W}_{\mathrm{G}}=\begin{bmatrix}\omega_b & \omega_d\end{bmatrix}^{\mathrm{T}} \tag{8.32}$$

合并式(8.7)和式(8.28)，可得 SINS/GNSS 紧组合导航系统的状态方程为

$$\begin{bmatrix}\dot{\boldsymbol{X}}_{\mathrm{I}}\\ \dot{\boldsymbol{X}}_{\mathrm{G}}\end{bmatrix}=\begin{bmatrix}\boldsymbol{F}_{\mathrm{I}} & \boldsymbol{0}\\ \boldsymbol{0} & \boldsymbol{F}_{\mathrm{G}}\end{bmatrix}\begin{bmatrix}\boldsymbol{X}_{\mathrm{I}}\\ \boldsymbol{X}_{\mathrm{G}}\end{bmatrix}+\begin{bmatrix}\boldsymbol{G}_{\mathrm{I}} & \boldsymbol{0}\\ \boldsymbol{0} & \boldsymbol{G}_{\mathrm{G}}\end{bmatrix}\begin{bmatrix}\boldsymbol{W}_{\mathrm{I}}\\ \boldsymbol{W}_{\mathrm{G}}\end{bmatrix} \tag{8.33}$$

即

$$\dot{\boldsymbol{X}}=\boldsymbol{F}\boldsymbol{X}+\boldsymbol{G}\boldsymbol{W} \tag{8.34}$$

式中

$$\begin{aligned}\boldsymbol{X}=\big[&\delta L\ \delta\lambda\ \delta h\ \delta v_{\mathrm{E}}\ \delta v_{\mathrm{N}}\ \delta v_{\mathrm{U}}\ \varphi_{\mathrm{E}}\ \varphi_{\mathrm{N}}\ \varphi_{\mathrm{U}}\ \varepsilon_{bx}\ \varepsilon_{by}\ \varepsilon_{bz}\\ &\varepsilon_{rx}\ \varepsilon_{ry}\ \varepsilon_{rz}\ \nabla_x\ \nabla_y\ \nabla_z\ b_{\mathrm{clk}}\ d_{\mathrm{clk}}\big]^{\mathrm{T}}\end{aligned} \tag{8.35}$$

（2）SINS/GNSS 紧组合导航系统的量测方程

① 伪距量测方程

在地心地固坐标系中，设载体的真实位置为(x,y,z)，而经过 SINS 解算得到的载体位置为$(x_{\mathrm{I}},y_{\mathrm{I}},z_{\mathrm{I}})$，由卫星星历给出的卫星位置为$(x_{\mathrm{s}},y_{\mathrm{s}},z_{\mathrm{s}})$。因此，由 SINS 推算的载体至卫星 S_i 的伪距 $\rho_{\mathrm{I}i}$ 为

$$\rho_{\mathrm{I}i}=\sqrt{(x_{\mathrm{I}}-x_{\mathrm{s}}^i)^2+(y_{\mathrm{I}}-y_{\mathrm{s}}^i)^2+(z_{\mathrm{I}}-z_{\mathrm{s}}^i)^2} \tag{8.36}$$

真实载体到卫星 S_i 的距离 r_i 为

$$r_i=\sqrt{(x-x_{\mathrm{s}}^i)^2+(y-y_{\mathrm{s}}^i)^2+(z-z_{\mathrm{s}}^i)^2} \tag{8.37}$$

将式(8.36)在(x,y,z)处进行泰勒级数展开，取一次项误差，可得

$$\rho_{\mathrm{I}i}=r_i+\frac{x-x_{\mathrm{s}}^i}{r_i}\delta x+\frac{y-y_{\mathrm{s}}^i}{r_i}\delta y+\frac{z-z_{\mathrm{s}}^i}{r_i}\delta z \tag{8.38}$$

令$\dfrac{x-x_{\mathrm{s}}^i}{r_i}=l_i$，$\dfrac{y-y_{\mathrm{s}}^i}{r_i}=m_i$，$\dfrac{z-z_{\mathrm{s}}^i}{r_i}=n_i$，为载体至卫星 S_i 之间向量的方向余弦。将其代入式(8.38)可以得到

$$\rho_{\mathrm{I}i}=r_i+l_i\delta x+m_i\delta y+n_i\delta z \tag{8.39}$$

载体上 GNSS 接收机测量得到的伪距 $\dot{\rho}_{\mathrm{G}i}$ 可以表示为

$$\rho_{\mathrm{G}i}=r_i+b_{\mathrm{clk}}+\upsilon_{\rho i} \tag{8.40}$$

根据式(8.39)和式(8.40)，可得伪距差量测方程为

$$\delta\rho_i=\rho_{\mathrm{I}i}-\rho_{\mathrm{G}i}=l_i\delta x+m_i\delta y+n_i\delta z-b_{\mathrm{clk}}-\upsilon_{\rho i} \tag{8.41}$$

导航时，可以根据可用卫星的数量，选择卫星数量。在此，以选择 4 颗卫星为例加以说明，即$i=1,2,3,4$。则伪距量测方程具体为

$$\delta\boldsymbol{\rho}=\begin{bmatrix} l_1 & m_1 & n_1 & -1 \\ l_2 & m_2 & n_2 & -1 \\ l_3 & m_3 & n_3 & -1 \\ l_4 & m_4 & n_4 & -1 \end{bmatrix}\begin{bmatrix} \delta x \\ \delta y \\ \delta z \\ b_{\text{clk}} \end{bmatrix}-\begin{bmatrix} \upsilon_{\rho 1} \\ \upsilon_{\rho 2} \\ \upsilon_{\rho 3} \\ \upsilon_{\rho 4} \end{bmatrix} \tag{8.42}$$

式(8.42)中的各种测量值均是在地心地固坐标系中得到的，而 SINS/GNSS 紧组合导航系统状态变量中的位置误差是在大地坐标系 (λ, L, h) 中得到的，因此需要将式(8.42)中的位置误差转换到大地坐标系中。

两个坐标系之间的转换关系为

$$\begin{cases} x=(R+h)\cos\lambda\cos L \\ y=(R+h)\sin\lambda\cos L \\ z=[R(1-k^2)+h]\sin L \end{cases} \tag{8.43}$$

对式(8.43)中各等式两边取微分，可以得到

$$\begin{cases} \delta x=-(R+h)\cos\lambda\sin L\delta L-(R+h)\cos L\sin\lambda\delta\lambda+ \\ \quad \cos L\cos\lambda\delta h \\ \delta y=-(R+h)\sin\lambda\sin L\delta L+(R+h)\cos\lambda\cos L\delta\lambda+ \\ \quad \cos L\sin\lambda\delta h \\ \delta z=\left[R(1-k^2)+h\right]\cos L\delta L+\sin L\delta h \end{cases} \tag{8.44}$$

将式(8.44)代入式(8.42)，整理得到伪距量测方程为

$$\boldsymbol{Z}_\rho=\boldsymbol{H}_\rho\boldsymbol{X}+\boldsymbol{V}_\rho \tag{8.45}$$

$$\boldsymbol{H}_\rho=\left[\boldsymbol{H}_{\rho 1} \ \boldsymbol{0}_{4\times 12} \ \boldsymbol{H}_{\rho 2}\right] \tag{8.46}$$

式中

$$\boldsymbol{H}_{\rho 1}=\begin{bmatrix} l_1 & m_1 & n_1 \\ l_2 & m_2 & n_2 \\ l_3 & m_3 & n_3 \\ l_4 & m_4 & n_4 \end{bmatrix}\boldsymbol{C}_c^e \tag{8.47}$$

$$\boldsymbol{C}_c^e=\begin{bmatrix} -(R+h)\cos\lambda\sin L & -(R+h)\cos L\sin\lambda & \cos\lambda\cos L \\ -(R+h)\sin\lambda\sin L & (R+h)\cos\lambda\cos L & \cos L\sin\lambda \\ [R(1-k^2)+h]\cos L & 0 & \sin L \end{bmatrix} \tag{8.48}$$

$$\boldsymbol{H}_{\rho 2}=\begin{bmatrix} -1 & 0 \\ -1 & 0 \\ -1 & 0 \\ -1 & 0 \end{bmatrix} \tag{8.49}$$

② 伪距率量测方程

SINS 与 GNSS 卫星 S_i 之间的伪距率在地心地固坐标系中可以表示为

$$\dot{\rho}_{\text{I}i}=l_i(\dot{x}_{\text{I}}-\dot{x}_{\text{s}}^i)+m_i(\dot{y}_{\text{I}}-\dot{y}_{\text{s}}^i)+n_i(\dot{z}_{\text{I}}-\dot{z}_{\text{s}}^i) \tag{8.50}$$

其中，SINS 给出的速度等于真实值与误差之和，因此式(8.50)可表示为

$$\dot{\rho}_{\text{I}i}=l_i(\dot{x}-\dot{x}_{\text{s}}^i)+m_i(\dot{y}-\dot{y}_{\text{s}}^i)+n_i(\dot{z}-\dot{z}_{\text{s}}^i)+l_i\delta\dot{x}+m_i\delta\dot{y}+n_i\delta\dot{z} \tag{8.51}$$

GNSS 接收机测量计算得到的伪距率可以表示为

$$\dot{\rho}_{\text{G}i}=l_i(\dot{x}-\dot{x}_{\text{s}}^i)+m_i(\dot{y}-\dot{y}_{\text{s}}^i)+n_i(\dot{z}-\dot{z}_{\text{s}}^i)+d_{\text{clk}}+\upsilon_{\dot{\rho}i} \tag{8.52}$$

根据式(8.51)和式(8.52)，可以得到伪距率差量测方程

$$\delta\dot{\rho}_i = \dot{\rho}_{\mathrm{I}i} - \dot{\rho}_{\mathrm{G}i} = l_i\delta\dot{x} + m_i\delta\dot{y} + n_i\delta\dot{z} - d_{\mathrm{clk}} - \upsilon_{\dot{\rho}i} \tag{8.53}$$

取 $i=1,2,3,4$，则伪距率量测方程具体为

$$\delta\dot{\boldsymbol{\rho}} = \begin{bmatrix} l_1 & m_1 & n_1 & -1 \\ l_2 & m_2 & n_2 & -1 \\ l_3 & m_3 & n_3 & -1 \\ l_4 & m_4 & n_4 & -1 \end{bmatrix}\begin{bmatrix} \delta\dot{x} \\ \delta\dot{y} \\ \delta\dot{z} \\ d_{\mathrm{clk}} \end{bmatrix} - \begin{bmatrix} \upsilon_{\dot{\rho}1} \\ \upsilon_{\dot{\rho}2} \\ \upsilon_{\dot{\rho}3} \\ \upsilon_{\dot{\rho}4} \end{bmatrix} \tag{8.54}$$

与伪距的情况类似，需要把地心地固坐标系中的速度转换到地理坐标系中。因此，伪距率量测方程为

$$\boldsymbol{Z}_{\dot{\rho}} = \boldsymbol{H}_{\dot{\rho}}\boldsymbol{X} + \boldsymbol{V}_{\dot{\rho}} \tag{8.55}$$

式中

$$\boldsymbol{H}_{\dot{\rho}} = \begin{bmatrix} \boldsymbol{0}_{4\times3} & \boldsymbol{H}_{\dot{\rho}1} & \boldsymbol{0}_{4\times9} & \boldsymbol{H}_{\dot{\rho}2} \end{bmatrix} \tag{8.56}$$

$$\boldsymbol{H}_{\dot{\rho}1} = \begin{bmatrix} l_1 & m_1 & n_1 \\ l_2 & m_2 & n_2 \\ l_3 & m_3 & n_3 \\ l_4 & m_4 & n_4 \end{bmatrix}\boldsymbol{C}_t^e \tag{8.57}$$

$$\boldsymbol{C}_t^e = \begin{bmatrix} -\sin\lambda & -\sin L\cos\lambda & \cos L\cos\lambda \\ \cos\lambda & -\sin L\sin\lambda & \cos L\sin\lambda \\ 0 & \cos L & \sin L \end{bmatrix} \tag{8.58}$$

$$\boldsymbol{H}_{\dot{\rho}2} = \begin{bmatrix} 0 & -1 \\ 0 & -1 \\ 0 & -1 \\ 0 & -1 \end{bmatrix} \tag{8.59}$$

将伪距量测方程式(8.45)与伪距率量测方程式(8.55)合并，可以得到 SINS/GNSS 紧组合导航系统的量测方程如下

$$\boldsymbol{Z} = \begin{bmatrix} \boldsymbol{H}_{\rho} \\ \boldsymbol{H}_{\dot{\rho}} \end{bmatrix}\boldsymbol{X} + \begin{bmatrix} \boldsymbol{V}_{\rho} \\ \boldsymbol{V}_{\dot{\rho}} \end{bmatrix} = \boldsymbol{H}\boldsymbol{X} + \boldsymbol{V} \tag{8.60}$$

式(8.33)和式(8.60)即为建立的 SINS/GNSS 紧组合导航系统状态方程和量测方程，根据这两组方程再加上必要的初始条件即可进行卡尔曼滤波。

8.2.2　实验目的与实验设备

1）实验目的

（1）了解卡尔曼滤波基本原理及其在组合导航中的应用方法；

（2）掌握 SINS/GNSS 紧组合导航的基本工作原理；

（3）掌握 SINS/GNSS 紧组合导航的实现方法。

2）实验内容

将光纤捷联惯导系统和 GNSS 接收机（含接收天线）安装于车辆上，搭建 SINS/GNSS 紧组合导航实验系统，并驱动车辆行驶一段轨迹。在车辆行驶的过程中，GNSS 接收机接收并处理卫星导航信号，获得 RINEX 格式的输出数据文件。通过分别读取该文件中的观测数据文件

和导航电文文件，获得伪距观测值、伪距率观测值以及卫星星历；同时，光纤捷联惯导系统进行导航解算，并输出比力、角速度、定位、定速数据。根据 GNSS 接收机和光纤捷联惯导系统的输出，编写紧组合导航解算程序，完成 SINS/GNSS 的紧组合导航。

如图 8.17 所示为 SINS/GNSS 紧组合导航实验系统示意图，该实验系统主要包括车辆、光纤捷联惯导系统、GNSS 接收机（含接收天线）和工控机等。GNSS 接收天线接收卫星导航信号，经接收机处理后获得 RINEX 格式的输出数据文件；光纤捷联惯导系统进行导航解算，获得比力、角速度、定位、定速数据；工控机分别读取接收机输出数据文件中的观测数据文件和导航电文文件，获得伪距观测值、伪距率观测值以及卫星星历，进而结合光纤捷联惯导系统的输出完成 SINS/GNSS 的紧组合导航。另外，工控机还用于实现 GNSS 接收机和光纤捷联惯导系统的调试以及实测数据的存储。

图 8.17 SINS/GNSS 紧组合导航实验系统示意图

如图 8.18 所示为 SINS/GNSS 紧组合导航实验方案框图。

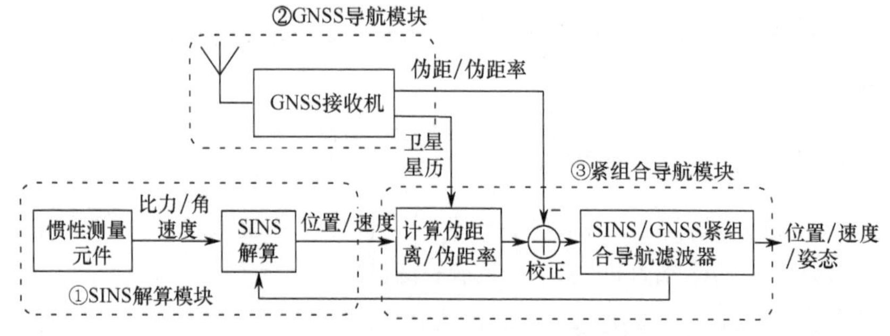

图 8.18 SINS/GNSS 紧组合导航实验方案框图

该方案包含以下三个模块。

（1）SINS 解算模块：利用惯性测量元件（陀螺仪和加速度计）测量的角速度和比力进行位置解算、速度解算和姿态解算，获得位置、速度和姿态参数。

（2）GNSS 导航模块：GNSS 接收天线接收卫星导航信号，经由接收机捕获、跟踪等处理后，获得伪距观测值、伪距率观测值以及卫星星历。

（3）紧组合导航模块：根据 SINS 解算的位置/速度和 GNSS 接收机提供的卫星星历，计算出 SINS 的伪距和伪距率。SINS/GNSS 紧组合导航滤波器将 SINS 误差方程作为状态模型进行时间更新，将由 SINS 推算的伪距和伪距率与接收机输出的伪距和伪距率的差值作为测量信息进行更新，得到 SINS 误差的最优估计结果并对 SINS 输出进行校正，从而获得高精度的位置、速度和姿态等导航参数。

3）实验设备

FN-120 光纤捷联惯导、司南 M300C 接收机、GNSS 接收天线、工控机、遥控车辆、25 V 蓄电池、降压模块、通信接口等。

8.2.3　实验步骤及操作说明

1）仪器安装

将 FN-120 光纤捷联惯导固定安装于遥控车辆上，将司南 M300C 接收机固定安装于车辆中心，并将 GNSS 接收天线固定于车辆后端，接收天线通过射频电缆与接收机相连接。

2）电气连接

（1）利用万用表测量电源输出是否正常（电源电压由 FN-120 光纤捷联惯导、司南 M300C 接收机等子系统的供电电压决定）。

（2）FN-120 光纤捷联惯导通过通信接口（RS422 转 USB）与工控机连接，25 V 蓄电池通过降压模块以 12 V 的电压对该系统供电。

（3）司南 M300C 接收机通过通信接口（RS232 转 USB）与工控机连接，25 V 蓄电池通过降压模块以 12 V 的电压对该系统供电。

（4）检查数据采集系统是否正常，准备采集数据。

3）系统初始化配置

（1）FN-120 光纤捷联惯导的初始化配置

FN-120 光纤捷联惯导上电后，利用该系统自带的测试软件对其进行初始化配置，初始化配置的具体步骤如下。

① 在“PC 串口设置”界面选择相应的串口号。

② 在“设置惯导位置”界面输入初始位置。

③ 在“惯导串口设置”界面通过 COM0 串口（即 RS422）设置 FN-120 光纤捷联惯导的输出方式，包括：波特率（默认选“115200”）、数据位（默认选“8”）、停止位（默认选“1”）、校验方式（默认选“偶校验”）、发送周期（默认选“10 ms”）和发送协议（默认选“FOSN STD 2Binary”）。

④ 在“算法设置”窗口设置 FN-120 光纤捷联惯导的工作流程，包括：开始对准方式（默认选“Immediate”）、粗对准时间（建议 2～3 min）、精对准方式（默认选“ZUPT”，建议 10～15 min）、导航方式（默认选“Pure Inertial”）。

⑤ 在“保存惯导数据”界面选择三轴加速度计输出的比力和三轴陀螺仪输出的角速度以及惯导解算的位置、速度等数据进行保存。

⑥ 依次执行“保存设置”和“惯导重启”。

（2）司南 M300C 接收机的初始化配置

司南 M300C 接收机上电后，利用系统自带的测试软件 CRU 对司南 M300C 接收机进行初始化配置，对司南 M300C 接收机进行初始化配置的具体步骤如下。

① 在“连接设置”界面中选择相应的串口号（COM）以及波特率（默认选“115200”）。

② 单击“连接”，待软件界面显示板卡的 SN 号等信息后，表明连接正常。

③ 如图 8.19 所示，在“接收机配置”界面中设置输出数据的采样间隔（默认选“5 Hz”）、GPS/BDS/GLONASS/GALILEO 高度截止角（默认选“10”）、数据自动存储（默认选“自动”）、数据存储时段（默认选“手动”），将端口设置选择为“原始数据输出”，启动模式、差分端口、差分格式等不需要设置。

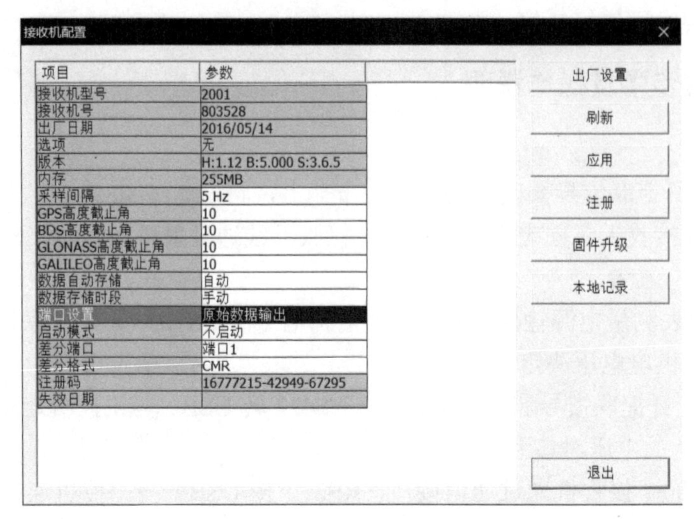

图 8.19 “接收机配置”界面

④ 所有数据记录设置完成后，需要重启板卡，以完成初始化配置。

4）数据采集与存储

（1）车辆静止 12～18 min 后，FN-120 光纤捷联惯导自主完成静基座初始对准并进入惯导解算模式，这样 SINS 解算模块便处于正常工作状态。

（2）重启司南 M300C 接收机板卡，驱动车辆行驶一段轨迹。

（3）利用工控机对 FN-120 光纤捷联惯导系统中陀螺仪和加速度计输出的角速度和比力以及惯导解算的位置、速度等数据进行采集与存储。

（4）利用工控机对司南 M300C 接收机的 RINEX 格式输出数据文件进行采集与存储。

（5）实验结束，将 FN-120 光纤捷联惯导系统和司南 M300C 接收机断电，整理实验装置。

5）数据处理

（1）在工控机中读取 FN-120 光纤捷联惯导系统的测量数据（16 进制格式），并对其进行解析，以获得便于后续处理的 10 进制格式数据。

（2）在工控机中读取 RINEX 格式输出数据文件中的观测数据文件和导航电文文件，获得伪距观测值、伪距率观测值以及卫星星历。

（3）对各组测量数据进行预处理，剔除野值。

（4）根据光纤捷联惯导系统解算的位置/速度和司南 M300C 接收机提供的卫星星历，计算出 SINS 的伪距和伪距率。

（5）将 SINS 误差方程作为状态模型，将由光纤捷联惯导系统输出推算的伪距和伪距率与接收机输出的伪距和伪距率的差值作为测量信息，编写组合导航滤波程序，并通过组合导航滤波器对 SINS 误差进行估计与校正，完成 SINS/GNSS 紧组合导航。

6）分析实验结果，撰写实验报告

8.3　SINS/GNSS 松、紧组合导航的性能对比实验

由于 SINS/GNSS 松组合和紧组合的原理比较简单，并且便于工程实现，因此目前大多数的 SINS/GNSS 组合导航系统都采用松组合或紧组合模式将 GNSS 接收机和 SINS 的测量信息组合在一起，以达到提高组合导航系统整体性能的目的。但由于这两种组合模式具有不同的组合结构、信息交换及组合程度，因此两者具有不同的导航性能。本节主要开展 SINS/GNSS 松、紧组合导航的性能对比实验，使学生掌握两种组合模式导航性能的差异。

8.3.1　SINS/GNSS 松、紧组合导航的性能对比

1. SINS/GNSS 松组合导航的优缺点

（1）松组合的优点

对于 SINS/GNSS 松组合导航系统，其优点如下：

① 工作比较简单，便于工程实现；

② SINS 与 GNSS 独立工作，可以输出 GNSS 的导航参数，使导航信息具有冗余度。

（2）松组合的缺点

对于 SINS/GNSS 松组合导航系统，其缺点主要有以下两点。

① 存在级联滤波问题，降低组合导航精度。

通常，GNSS 接收机内部的定位和定速解算均是基于卡尔曼滤波进行的，因此 GNSS 定位/定速滤波器与松组合导航滤波器构成级联滤波结构，如图 8.20 所示。

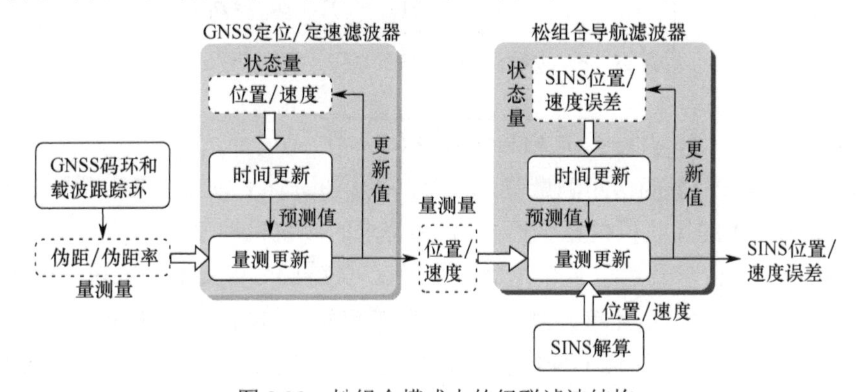

图 8.20　松组合模式中的级联滤波结构

在图 8.20 中，GNSS 定位/定速滤波器将用户位置和速度作为状态量，将 GNSS 码跟踪环和载波跟踪环输出的伪距/伪距率作为测量信息进行最优估计，则估计结果为

$$\hat{\boldsymbol{P}}_{\mathrm{G}} = \boldsymbol{P} + \delta\boldsymbol{P}_{\mathrm{G}} \tag{8.61}$$

$$\hat{\boldsymbol{V}}_{\mathrm{G}} = \boldsymbol{V} + \delta\boldsymbol{V}_{\mathrm{G}} \tag{8.62}$$

式中，$\hat{\boldsymbol{P}}_{\mathrm{G}}$和$\hat{\boldsymbol{V}}_{\mathrm{G}}$为用户位置和速度的估计值；$\boldsymbol{P}$和$\boldsymbol{V}$为用户位置和速度的真实值；$\delta\boldsymbol{P}_{\mathrm{G}}$和$\delta\boldsymbol{V}_{\mathrm{G}}$为位置和速度的估计误差。

由卡尔曼滤波理论可知，估计误差$\delta\boldsymbol{P}_{\mathrm{G}}$和$\delta\boldsymbol{V}_{\mathrm{G}}$的均方差阵为

$$P_k = (I - K_k H_k) P_{k,k-1} \tag{8.63}$$

式中，$P_{k,k-1}$ 为一步预测误差均方差阵，有

$$P_{k,k-1} = \Phi_{k,k-1} P_{k-1} \Phi_{k,k-1}^{\mathrm{T}} + Q_k \tag{8.64}$$

因此，将式(8.64)代入式(8.63)中，可得

$$P_k = (I - K_k H_k) \Phi_{k,k-1} P_{k-1} \Phi_{k,k-1}^{\mathrm{T}} + (I - K_k H_k) Q_k \tag{8.65}$$

由此可见，k 时刻估计误差均方差阵 P_k 与 $k-1$ 时刻估计误差均方差阵 P_{k-1} 相关，表明估计误差均方差阵 P_k 是与时间相关的，即估计误差 δP_{G} 和 δV_{G} 为与时间相关的噪声。

在 GNSS 定位/定速滤波器实现对用户位置以及速度的最优估计以后，松组合导航滤波器将 SINS 位置误差 δP_{I} 和速度误差 δV_{I} 作为状态量，并将用户位置和速度的最优估计结果 $\hat{P}_{\mathrm{G}}$ 和 $\hat{V}_{\mathrm{G}}$ 以及 SINS 输出的位置 P_{I} 和速度 V_{I} 的差值作为量测量，则量测方程为

$$Z_1 = P_{\mathrm{I}} - \hat{P}_{\mathrm{G}} = (P + \delta P_{\mathrm{I}}) - (P + \delta P_{\mathrm{G}}) = \delta P_{\mathrm{I}} - \delta P_{\mathrm{G}} \tag{8.66}$$

$$Z_2 = V_{\mathrm{I}} - \hat{V}_{\mathrm{G}} = (V + \delta V_{\mathrm{I}}) - (V + \delta V_{\mathrm{G}}) = \delta V_{\mathrm{I}} - \delta V_{\mathrm{G}} \tag{8.67}$$

由式(8.66)和式(8.67)可知，δP_{I} 和 δV_{I} 为松组合导航滤波器的状态量，δP_{G} 和 δV_{G} 为松组合导航滤波器的量测噪声。而由于 δP_{G} 和 δV_{G} 为与时间相关的噪声，则说明松组合导航滤波器的量测噪声与时间相关，不满足卡尔曼滤波要求量测噪声为白噪声的条件，从而导致松组合导航滤波器的估计结果并非最优估计结果，造成其估计精度显著下降。

② 当导航卫星数量少于 4 颗时退化为纯 SINS 解算模式，导航系统性能恶化。

GNSS 接收机分别利用伪距和伪距率测量值进行位置和速度的解算。以 GNSS 定位为例进行说明。GNSS 定位、定时算法的本质是求解以下一个四元非线性方程组：

$$\begin{cases} \sqrt{(x_1 - x)^2 + (y_1 - y)^2 + (z_1 - z)^2} + \delta t_u = \rho_1 \\ \sqrt{(x_2 - x)^2 + (y_2 - y)^2 + (z_2 - z)^2} + \delta t_u = \rho_2 \\ \qquad \vdots \\ \sqrt{(x_n - x)^2 + (y_n - y)^2 + (z_n - z)^2} + \delta t_u = \rho_n \end{cases} \tag{8.68}$$

式中，ρ_i 为第 i 颗导航卫星的伪距测量值，其中 $i = 1, 2, \cdots, n$；x_i, y_i, z_i 为第 i 颗导航卫星的位置坐标；x、y、z 为待求的接收机位置坐标；δt_u 为待求的接收机钟差。

由式(8.68)可知，待求变量一共有 4 个，即接收机位置 x、y、z 和接收机钟差 δt_u。因此，GNSS 至少需要 4 颗导航卫星才可以进行定位。同理可知，GNSS 定速也至少需要 4 颗导航卫星。当导航卫星数量少于 4 颗而 GNSS 无法进行定位、定速解算时，接收机无法为组合导航滤波器提供位置和速度信息，松组合模式退化为纯 SINS 解算模式，整个导航系统性能就会发生恶化。

2）SINS/GNSS 紧组合导航的优缺点

（1）紧组合的优点

① 避免了级联滤波问题，组合导航精度显著提高。

与松组合模式的结构不同，紧组合模式中不再存在级联滤波结构，如图 8.21 所示为紧组合模式中组合导航滤波器的结构。

在图 8.21 中，紧组合导航滤波仍然以 SINS 的位置误差和速度误差 δP_{I}、δV_{I} 作为状态量。但与松组合模式不同的是，紧组合导航滤波器直接将 GNSS 跟踪环和载波跟踪环输出的伪距/

伪距率作为测量信息，则量测方程为

$$\boldsymbol{Z}_1 = \rho_{\mathrm{I}} - \rho_{\mathrm{G}} = \boldsymbol{L}_n \cdot \delta \boldsymbol{P}_{\mathrm{I}} - \delta t_u + \delta \rho_n \tag{8.69}$$

$$\boldsymbol{Z}_2 = \dot{\rho}_{\mathrm{I}} - \dot{\rho}_{\mathrm{G}} = \boldsymbol{L}_n \cdot \delta \boldsymbol{V}_{\mathrm{I}} - \delta f_u + \delta \dot{\rho}_n \tag{8.70}$$

式中，ρ_{I}和$\dot{\rho}_{\mathrm{I}}$为接收机相对卫星的距离、距离率；ρ_{G}和$\dot{\rho}_{\mathrm{G}}$为伪距和伪距率；$\boldsymbol{L}_n$为接收机相对于卫星的视线方向矢量；δt_u和δf_u为接收机的钟差和钟漂；$\delta\rho_n$和$\delta\dot{\rho}_n$为伪距和伪距率的测量误差。

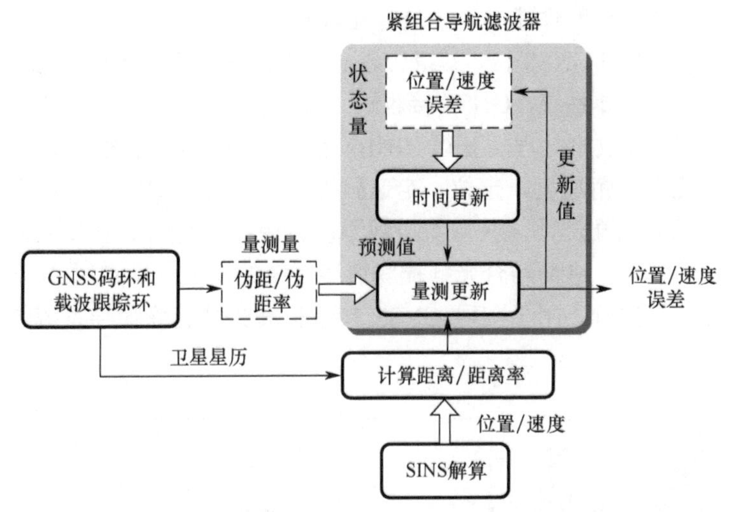

图 8.21　紧组合模式中组合导航滤波器的结构

由式(8.69)和式(8.70)可知，$\delta\boldsymbol{P}_{\mathrm{I}}$、$\delta\boldsymbol{V}_{\mathrm{I}}$、$\delta t_u$、$\delta f_u$为紧组合导航滤波器的状态量，$\delta\rho_n$和$\delta\dot{\rho}_n$为紧组合导航滤波器的量测噪声。由于 GNSS 接收机各跟踪通道之间相互独立，故$\delta\rho_n$和$\delta\dot{\rho}_n$可以视为白噪声。可见，SINS/GNSS 紧组合模式避免了由量测噪声与时间相关而导致的级联滤波问题，从而提高了组合导航的精度。

② 当导航卫星数量少于 4 颗而 GNSS 无法进行定位、定速解算时，紧组合模式仍可以将 GNSS 输出的伪距、伪距率测量值输入组合导航滤波器中，估计并校正 SINS 误差，使 SINS 能够保持较高的导航精度。

由此可见，紧组合模式比松组合模式具有更高的组合导航精度和更强的鲁棒性。

（2）紧组合的缺点

由于紧组合模式需要利用 GNSS 接收机输出的伪距和伪距率进行组合导航，但在实际中并非所有 GNSS 接收机都可以输出伪距和伪距率测量值，因此紧组合模式对 GNSS 接收机具有一定的要求，工程实现难度较松组合模式而言更大一些。

8.3.2　实验目的与实验设备

1）实验目的

（1）掌握 SINS/GNSS 松、紧组合导航的基本工作原理及实现方法。

（2）掌握 SINS/GNSS 松、紧组合导航的性能差异。

2）实验内容

将光纤捷联惯导系统和 GNSS 接收机（含接收天线）安装于车辆上，搭建 SINS/GNSS 松、紧组合导航的性能对比实验系统，并驱动车辆行驶一段轨迹。在车辆行驶的过程中，GNSS接收机接收并处理卫星导航信号，获得RINEX格式的输出数据文件。通过分别读取该文件中的观测数据文件和导航电文文件，获得伪距观测值、伪距率观测值及卫星星历，进而计算出接收机的位置和速度。同时，光纤捷联惯导系统进行导航解算，并输出比力、角速度、定位、定速数据。根据GNSS接收机和光纤捷联惯导系统的输出，分别编写松、紧组合导航解算程序，完成SINS与GNSS的松、紧组合导航，并通过对比不同GNSS可见卫星数量情况下松、紧组合的导航结果对两者导航性能的差异进行比较与分析。

如图8.22所示为SINS/GNSS松、紧组合导航的性能对比实验系统示意图，该实验系统主要包括车辆、光纤捷联惯导系统、GNSS接收机（含接收天线）和工控机等。GNSS接收天线接收卫星导航信号，经接收机处理后获得RINEX格式的输出数据文件；光纤捷联惯导系统进行导航解算，获得比力、角速度、定位、定速数据；工控机分别读取接收机输出数据文件中的观测数据文件和导航电文文件，获得伪距观测值、伪距率观测值以及卫星星历，并完成对接收机位置和速度的解算；进而结合光纤捷联惯导系统的输出分别实现SINS与GNSS的松、紧组合导航。另外，工控机还用于实现GNSS接收机和光纤捷联惯导系统的调试以及实测数据的存储。

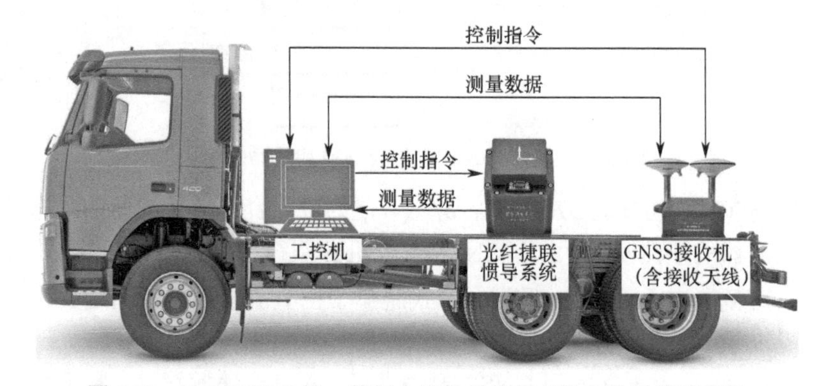

图8.22 SINS/GNSS松、紧组合导航的性能对比实验系统示意图

如图8.23所示为SINS/GNSS松、紧组合导航的性能对比实验方案框图。

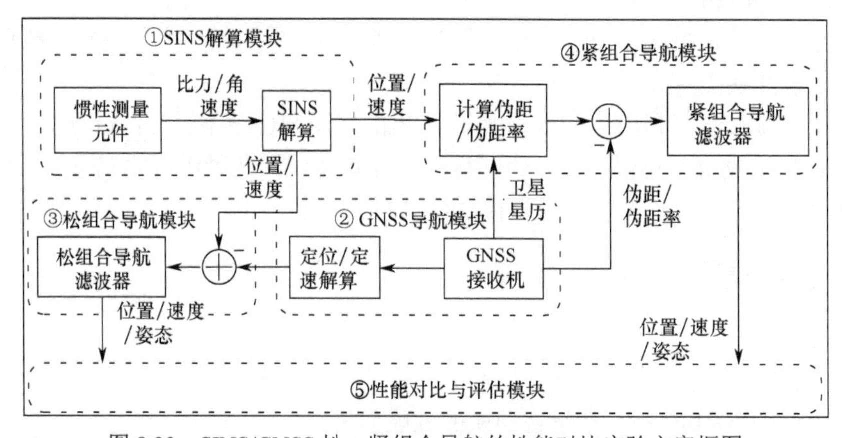

图8.23 SINS/GNSS松、紧组合导航的性能对比实验方案框图

该方案包含以下五个模块。

① SINS 解算模块：利用惯性测量元件（陀螺仪和加速度计）测量的角速度和比力进行位置解算、速度解算和姿态解算，获得位置、速度和姿态参数。

② GNSS 导航模块：GNSS 接收天线接收卫星导航信号，经由 GNSS 接收机捕获、跟踪等处理后，获得伪距观测值、伪距率观测值以及卫星星历，并完成定位/定速解算，得到接收机的位置和速度。

③ 松组合导航模块：松组合导航滤波器将 SINS 误差方程作为状态模型进行时间更新，将 GNSS 接收机输出的位置/速度与 SINS 解算出的位置/速度之差作为测量信息进行更新，得到 SINS 误差的最优估计结果并对 SINS 输出进行校正，从而获得高精度的位置、速度和姿态等导航参数。

④ 紧组合导航模块：根据 SINS 解算的位置/速度和 GNSS 接收机提供的卫星星历，计算 SINS 的伪距和伪距率。紧组合导航滤波器将 SINS 误差方程作为状态模型进行时间更新，将由 SINS 推算的伪距和伪距率与接收机输出的伪距和伪距率的差值作为测量信息进行更新，得到 SINS 误差的最优估计结果并对 SINS 输出进行校正，从而获得高精度的位置、速度和姿态等导航参数。

⑤ 性能对比与评估模块：通过对比分析不同 GNSS 可见卫星数量情况下的 SINS/GNSS 松、紧组合导航结果，对两者的导航性能差异进行评估。

（3）实验设备

FN-120 光纤捷联惯导、司南 M300C 接收机、GNSS 接收天线、工控机、遥控车辆、25 V 蓄电池、降压模块、通信接口等。

8.3.3　实验步骤及操作说明

1）仪器安装

将 FN-120 光纤捷联惯导固定安装于遥控车辆上，将司南 M300C 接收机固定安装于车辆中心，并将 GNSS 接收天线固定于车辆后端，接收天线通过射频电缆与接收机相连接。

2）电气连接

（1）利用万用表测量电源输出是否正常（电源电压由 FN-120 光纤捷联惯导、司南 M300C 接收机等子系统的供电电压决定）。

（2）FN-120 光纤捷联惯导通过通信接口（RS422 转 USB）与工控机连接，25 V 蓄电池通过降压模块以 12 V 的电压对该系统供电。

（3）司南 M300C 接收机通过通信接口（RS232 转 USB）与工控机连接，25 V 蓄电池通过降压模块以 12 V 的电压对该系统供电。

（4）检查数据采集系统是否正常，准备采集数据。

3）系统初始化配置

（1）FN-120 光纤捷联惯导的初始化配置

FN-120 光纤捷联惯导上电后，利用该系统自带的测试软件对其进行初始化配置，初始化配置的具体步骤如下。

① 在“PC 串口设置”界面选择相应的串口号。

② 在“设置惯导位置”界面输入初始位置。

③ 在“惯导串口设置”界面通过 COM0 串口（即 RS422）设置 FN-120 光纤捷联惯导的

输出方式，包括：波特率（默认选“115200”）、数据位（默认选“8”）、停止位（默认选“1”）、校验方式（默认选“偶校验”）、发送周期（默认选“10 ms”）和发送协议（默认选“FOSN STD 2Binary”）。

④ 在“算法设置”窗口设置 FN-120 光纤捷联惯导的工作流程，包括：开始对准方式（默认选“Immediate”）、粗对准时间（建议 2～3 min）、精对准方式（默认选“ZUPT”，建议 10～15 min）、导航方式（默认选“Pure Inertial”）。

⑤ 在“保存惯导数据”界面选择三轴加速度计输出的比力和三轴陀螺仪输出的角速度以及惯导解算的位置、速度等数据进行保存。

⑥ 依次执行“保存设置”和“惯导重启”。

（2）司南 M300C 接收机的初始化配置

司南 M300C 接收机上电后，利用系统自带的测试软件 CRU 对司南 M300C 接收机进行初始化配置，对司南 M300C 接收机进行初始化配置的具体步骤如下。

① 在“连接设置”界面中选择相应的串口号（COM）以及波特率（默认选“115200”）。

② 单击“连接”，待软件界面显示板卡的 SN 号等信息后，表明连接正常。

③ 在“接收机配置”界面中设置输出数据的采样间隔（默认选“5 Hz”）、GPS/BDS/GLONASS/GALILEO 高度截止角（默认选“10”）、数据自动存储（默认选“自动”）、数据存储时段（默认选“手动”），将端口设置选择为“原始数据输出”，启动模式、差分端口、差分格式等不需要设置。

④ 所有数据记录设置完成后，需要重启板卡，以完成初始化配置。

4）数据采集与存储

（1）车辆静止 12～18 min 后，FN-120 光纤捷联惯导自主完成静基座初始对准并进入惯导解算模式，这样 SINS 解算模块便处于正常工作状态。

（2）重启司南 M300C 接收机板卡，驱动车辆行驶一段轨迹。

（3）利用工控机对 FN-120 光纤捷联惯导系统中陀螺仪和加速度计输出的角速度和比力以及惯导解算的位置、速度等数据进行采集与存储。

（4）利用工控机对司南 M300C 接收机的 RINEX 格式输出数据文件进行采集与存储。

（5）实验结束，将 FN-120 光纤捷联惯导系统和司南 M300C 接收机断电，整理实验装置。

5）数据处理

（1）在工控机中读取 FN-120 光纤捷联惯导系统的测量数据（16 进制格式），并对其进行解析，以获得便于后续处理的 10 进制格式数据。

（2）在工控机中读取 RINEX 格式输出数据文件中的观测数据文件和导航电文文件，获得伪距观测值、伪距率观测值以及卫星星历。

（3）对各组测量数据进行预处理，剔除野值。

（4）根据司南 M300C 接收机输出的伪距观测值、伪距率观测值以及卫星星历参数，计算得到接收机的位置和速度。

（5）根据光纤捷联惯导系统解算的位置/速度和司南 M300C 接收机提供的卫星星历，计算出 SINS 的伪距和伪距率。

（6）将 SINS 误差方程作为状态模型，将司南 M300C 接收机输出的定位/定速数据与光纤捷联惯导系统输出的定位/定速数据之差作为测量信息，编写组合导航滤波程序，并通过组合导航滤波器对 SINS 误差进行估计与校正，完成 SINS/GNSS 松组合导航。

（7）将 SINS 误差方程作为状态模型，将由光纤捷联惯导系统输出推算的伪距和伪距率与接收机输出的伪距和伪距率的差值作为测量信息，编写组合导航滤波程序，并通过组合导航滤波器对 SINS 误差进行估计与校正，完成 SINS/GNSS 紧组合导航。

（8）通过对比分析不同 GNSS 可见卫星数量情况下的 SINS/GNSS 松、紧组合导航结果，对两者的导航性能差异进行评估。

6）分析实验结果，撰写实验报告

第 9 章　SINS/GNSS 超紧组合系列实验

传统的 SINS/GNSS 松组合或者紧组合都是将 GNSS 和 SINS 各自独立产生的导航信息进行简单的组合（松组合：位置、速度和姿态；紧组合：伪距、伪距率和载波相位），其实质都是通过 GNSS 对 SINS 进行辅助，而缺少 SINS 对 GNSS 接收机的辅助环节。而 SINS/GNSS 超紧组合是一种较高水平的组合模式，它与前两种组合模式的最大不同之处在于：在结构上，超紧组合深入捕获和跟踪环节中，利用 SINS 的测量信息辅助 GNSS 接收机的捕获和跟踪环节。借助 SINS 提供的接收机动态辅助信息，不仅可以提高接收机的动态性能，而且可以减小跟踪环路的带宽，达到抑制噪声和信号干扰的目的。可见，通过利用 SINS 对 GNSS 接收机的捕获和跟踪环节进行辅助，能够增强接收机在高动态、强干扰和信号中断等恶劣环境中的鲁棒性。

因此，本章分别开展 SINS/GNSS 超紧组合信号捕获实验、SINS/GNSS 超紧组合信号跟踪实验、SINS/GNSS 超紧组合误差建模与性能验证实验，旨在通过实验让学生了解 SINS/GNSS 超紧组合信号捕获与跟踪的基本原理，理解 SINS/GNSS 超紧组合系统的误差建模方法，掌握 SINS/GNSS 超紧组合系统的结构组成及实现方法。

9.1　SINS/GNSS 超紧组合导航系统的基本原理

9.1.1　SINS/GNSS 超紧组合模式

松组合和紧组合模式的实质均为 GNSS 对 SINS 的辅助，而缺少 SINS 对 GNSS 接收机的辅助，当组合系统中 GNSS 接收机的跟踪性能下降时，会影响 SINS/GNSS 组合导航系统的性能。而 SINS/GNSS 超紧组合模式则是对 SINS 和 GNSS 进行更深层次的信息融合，一方面为 SINS 提供误差校正信息以提高其导航精度，另一方面利用校正后的 SINS 测量信息为 GNSS 接收机的捕获和跟踪环节提供辅助信息，SINS/GNSS 超紧组合系统原理如图 9.1 所示。

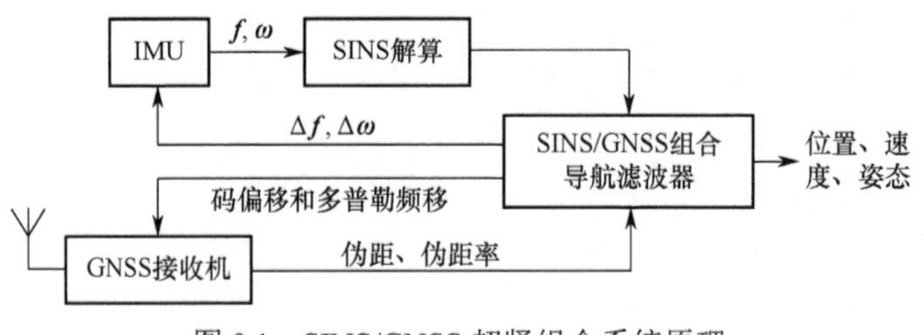

图 9.1　SINS/GNSS 超紧组合系统原理

SINS/GNSS 超紧组合系统具备以下优势。

（1）利用 SINS 辅助信息可以实现对码偏移和多普勒频移的精确补偿，消除绝大部分信号动态变化对捕获的影响，以便进行更长时间的相关累积来提高信号处理增益，从而提高信号捕获的快速性、灵敏度和可靠性，有效地解决高动态和弱信号对传统 GNSS 信号捕获要求相互矛盾的问题。

（2）SINS 的辅助反馈中包含的载体动态信息，不仅可以减小 GNSS 接收机码环和载波环所跟踪载体的动态，从而增大码环和载波环的等效带宽，提高整个系统在高动态环境下的抗干扰能力，而且可以降低环路滤波器的实际带宽，达到抑制热噪声的目的。这就有效地解决了传统跟踪环设计中存在的动态跟踪性能与抗干扰能力之间的矛盾。

（3）超紧组合模式不仅对多路径效应有较好的抑制作用和校正能力，而且在高动态和强干扰条件下性能优异。

（4）SINS/GNSS 超紧组合模式使得较低精度等级的惯性测量单元与 GNSS 的组合应用成为可能。

（5）在存在人为或无意干扰的情况下，SINS/GNSS 超紧组合系统仍可以输出可靠的导航结果。

9.1.2　SINS/GNSS 超紧组合导航系统的结构

在 SINS/GNSS 超紧组合导航系统中，组合导航滤波器根据 GNSS 的原始测量信息（伪距、伪距率）和 SINS 的导航信息对系统误差进行估计，并反馈回 SINS 对相应的器件误差和导航误差进行修正。此外，由组合导航滤波器或 SINS 输出的导航信息估计得到的码偏移和多普勒频移，也用于辅助 GNSS 接收机内部的信号捕获和跟踪环节，以增强接收机对信号的捕获及跟踪锁定能力。由于涉及 GNSS 接收机内部结构的编排，因此这里以 GNSS 软件接收机（Software-Defined Receiver，SDR）为基础实现 SINS 辅助 GNSS 超紧组合导航系统，基于 SDR 的 SINS/GNSS 超紧组合导航系统结构如图 9.2 所示。

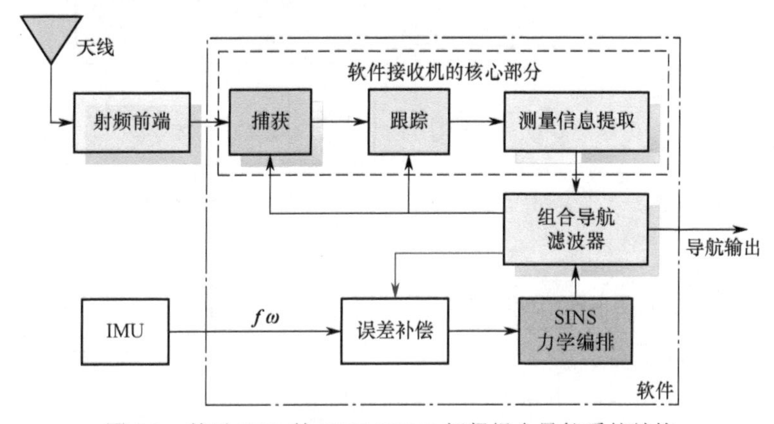

图 9.2　基于 SDR 的 SINS/GNSS 超紧组合导航系统结构

这种基于 SDR 的 SINS/GNSS 超紧组合导航系统结构直接将 GNSS 接收机射频前端得到的数字中频信号与 IMU 的测量信息进行数据融合，将 GNSS 信号的捕获、跟踪、测量信息提取采用软件的方式实现，并且与组合导航滤波器进行一体化设计。在整个组合导航系统中，只有射频前端和 IMU 是硬件，其他部分则全部由软件实现，因而在设计中可以通过软件方便地更改组合算法，进行组合导航系统性能的验证与检验，或者将外部仿真信号引入软件部分，进行仿真研究与验证。可见，将 SDR 的灵活性与 SINS 辅助 GNSS 的优势相结合，不仅便于系统的实现和测试，也为系统性能的仿真验证提供了便利。

9.2 SINS/GNSS 超紧组合信号捕获实验

SINS 辅助 GNSS 信号捕获是 SINS/GNSS 超紧组合导航系统的关键技术之一。利用 SINS 提供的速度和位置辅助信息可以实现对信号多普勒频移和码偏移的精确补偿，消除绝大部分信号动态对捕获的影响，从而提高信号捕获的快速性、灵敏度和可靠性。本节主要开展 SINS/GNSS 超紧组合信号捕获实验，使学生掌握 SINS/GNSS 超紧组合信号捕获的基本原理及实现方法。

9.2.1 SINS 辅助 GNSS 信号捕获的基本原理

1）SINS 辅助 GNSS 捕获方案

高动态和弱信号对 GNSS 信号捕获的要求相矛盾。在高动态条件下，为了减小大的多普勒频移对相关能量的衰减，要求相关时间尽量短；而为了捕获弱信号，则必须进行长时间相关累积以获得所需要的处理增益。单独的 GNSS 接收机在捕获信号时，很难兼顾这两方面要求。而利用 SINS 辅助捕获，由于 SINS 测量得到的加速度信息不存在误差累积效应，因而可以实现对多普勒频移的精确补偿，消除绝大部分信号动态对捕获的影响。这样捕获模块只需要应对微弱信号所带来的困难，从而提高信号捕获的快速性、灵敏度和可靠性。如图 9.3 所示为 SINS 辅助 GNSS 信号捕获方案结构图，该方案由粗捕获和精捕获模块构成。

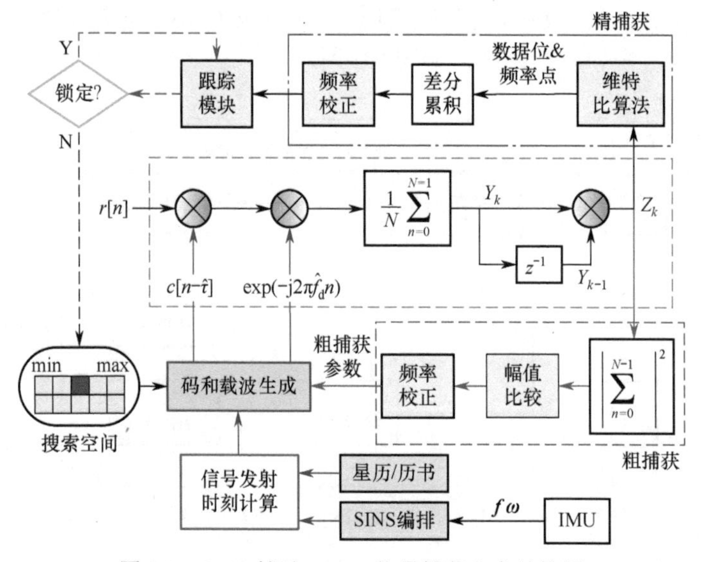

图 9.3 SINS 辅助 GNSS 信号捕获方案结构图

GNSS 信号失锁后，由跟踪环锁定检测器启动信号粗捕获模块。粗捕获模块根据 SINS 提供的速度和位置信息以及 GNSS 提供的星历信息可以解算出载体和卫星之间的载波多普勒频移；利用 SINS 位置信息结合星历信息，可以计算出伪距，从而得到码相位偏移。将估计的载波多普勒频移和码相位偏移作为搜索范围的中心，并根据 SINS 信息的不确定性设定搜索边界，控制本地载波和码 NCO 在此范围内进行搜索，从而可以大大减小载波频率和码相位两个维度的搜索范围，避免将大量时间浪费在无信号区域的搜索，提高信号捕获的速度。为了克服传统的非相干累积算法的平方损耗，增加处理增益，粗捕获模块采用差分相干对信号进行累积。获得所有频率和码相位搜索点对应的相关值后，取最大幅值所对应的载波频率和码相位作为初次捕获结果，进而利用差分相干累积值对初次捕获结果进行首次频率修正，完成粗捕获过程，并将结果送给精捕获模块。

为了提高精捕获参数落在捕获带内的置信水平，采用基于导航数据位和二次差分相干频率修正的精捕获策略。由于粗捕获模块输出的码相位估计值通常可以满足跟踪环初始化要求，所以在精捕获模块无须对码相位进行细化。在搜索多普勒频移时，则用比粗捕获更小的频率搜索间隔，在 SINS 预计的多普勒频点附近进行时长为一个导航数据位的相干积分。为了消除导航数据位不确定性对差分相干累积的影响，对相干积分值采用基于动态规划的维特比算法确定导航数据位和正确的多普勒频点，继而进行二次差分相干频率修正，得到分辨率较高的多普勒频移结果，并将该结果传送给后续的跟踪模块，至此完成整个快速捕获过程。

整个捕获过程采用单驻留时间检测器，并由跟踪环锁定检测器控制整个捕获过程。若锁定检测器指示环路失锁则返回捕获环节，直至跟踪环稳定。

2）SINS 辅助 GNSS 信号粗捕获

相干积分累积时间受导航电文、频率步进、多普勒变化率及接收机晶振不稳定的限制，而非相干积分又存在严重的平方损耗。差分相干累积则既没有相干积分累积所受到的限制，又在弱信号条件下可以获得较非相干累积更高的处理增益。因此，下面基于差分相干累积设计 SINS 辅助 GNSS 粗捕获算法。

在 SINS 辅助 GNSS 捕获中，可以确定视线内所需捕获的卫星号，因而无须对不确定的卫星号进行搜索。这样，SINS 辅助 GNSS 信号捕获与冷启动情况不同，此时捕获下降为对载波多普勒和码相位两个维度的搜索。

在捕获过程中，本地产生的载波信号为

$$S_1(t_n)=\exp\{-\mathrm{j}2\pi[f_{\mathrm{IF}}+\hat{f}_{\mathrm{d},k}(t_n)]t_n\} \tag{9.1}$$

式中，$t_n=t_0+nT_{\mathrm{s}}$，t_0 为积分累积的初始时刻，多普勒频移由 SINS 预测得到

$$\hat{f}_{\mathrm{d},0}=\frac{1}{\lambda_{\mathrm{L}}}(\boldsymbol{V}_{\mathrm{R}}-\boldsymbol{V}_{\mathrm{s}})\cdot\boldsymbol{e} \tag{9.2}$$

式中，λ_{L} 为 GNSS 载波波长；$\boldsymbol{V}_{\mathrm{R}}$ 为接收机天线速度，可由 SINS 维持速度输出计算得到；$\boldsymbol{V}_{\mathrm{s}}$ 为卫星速度，可以由卫星星历数据计算得到；$\boldsymbol{e}$ 为卫星到接收机的单位视线矢量，可由 SINS 位置和卫星位置计算得到。

设频率搜索空间为$[-f_{\max},+f_{\max}]$，频率步进为Δf_{d}，则总的搜索频率点数为

$$L=2\left[\frac{f_{\max}}{\Delta f_{\mathrm{d}}}\right] \tag{9.3}$$

式中，$[\cdot]$ 表示取整运算。本地信号需要搜索的频率点分别为

$$\hat{f}_{\mathrm{d},k}(t_n)=\hat{f}_{\mathrm{d},0}(t_n)+k\Delta f_{\mathrm{d}},\quad k=-\frac{L}{2},\cdots,\frac{L}{2} \tag{9.4}$$

本地码信号则由 SINS 预测的视线距离计算得到。设在本地时刻t_n，SINS 的位置为$P_{\mathrm{I}}(t_n)$，则t_n时刻对应的信号发射时刻为

$$t_{\mathrm{tr}}=t_n-t_{\mathrm{p}} \tag{9.5}$$

式中，t_{p} 为信号传播时间，可以利用本地时刻 t_n 的 SINS 位置 $P_{\mathrm{I}}(t_n)$ 和发射时刻 t_{tr} 的卫星位置 $P_{\mathrm{G}}(t_{\mathrm{tr}})$ 计算得到，具体计算过程如下。

以 GPS 信号的传播为例。在 GPS 导航定位系统中，参考坐标系为 WGS-84 坐标系。由于地球的自转，GPS 信号在传播过程中，参考坐标系已经发生了变化，即在发射时刻的地心地固坐标系（$\mathrm{ECEF}_{\mathrm{tr}}$ 系）和接收时刻的坐标系（ECEF_n 系）之间存在角度旋转，因此信号传播时间的计算是一个不断迭代的过程。

设发射时刻卫星在 $\mathrm{ECEF}_{\mathrm{tr}}$ 系中的位置为 $P_{\mathrm{G}}(t_{\mathrm{tr}})=[X_{\mathrm{tr}},Y_{\mathrm{tr}},Z_{\mathrm{tr}}]^{\mathrm{T}}$，发射时刻卫星位置转换到 ECEF_n 系中为 $P'_{\mathrm{G}}(t_{\mathrm{tr}})=[X_n,Y_n,Z_n]^{\mathrm{T}}$，本地时刻 t_n 的 SINS 位置为 $P_{\mathrm{I}}(t_n)=[x,y,z]^{\mathrm{T}}$，则有以下关系式成立：

$$t_{\mathrm{p}}=\frac{R(t_{\mathrm{tr}},t_n)}{c}=t_n-t_{\mathrm{tr}} \tag{9.6}$$

$$R(t_{\mathrm{tr}},t_n)=\sqrt{(X_n-x)^2+(Y_n-y)^2+(Z_n-z)^2} \tag{9.7}$$

$$\begin{bmatrix} X_n \\ Y_n \\ Z_n \end{bmatrix}=\begin{bmatrix} \cos(\omega_{ie}t_{\mathrm{p}}) & \sin(\omega_{ie}t_{\mathrm{p}}) & 0 \\ -\sin(\omega_{ie}t_{\mathrm{p}}) & \cos(\omega_{ie}t_{\mathrm{p}}) & 0 \\ 0 & 0 & 1 \end{bmatrix}\begin{bmatrix} X_{\mathrm{tr}} \\ Y_{\mathrm{tr}} \\ Z_{\mathrm{tr}} \end{bmatrix} \tag{9.8}$$

式中，ω_{ie} 为地球自转角速度，c 为光速，$\omega_{ie}t_{\mathrm{p}}$ 为信号传输过程中地球转过的角度，$R(t_{\mathrm{tr}},t_n)$ 为接收机和卫星之间的视线距离。

式(9.8)中发射时刻的卫星位置 $P_{\mathrm{G}}(t_{\mathrm{tr}})=[X_{\mathrm{tr}},Y_{\mathrm{tr}},Z_{\mathrm{tr}}]^{\mathrm{T}}$ 可以通过卫星星历计算得到。根据式(9.6)～式(9.8)进行迭代求取信号传播时间，直至相邻两次的信号传播时间差落入规定的门限范围内。

因此，根据计算所得的信号发射时刻，得到本地码信号为

$$G_{\mathrm{replica}}(t_n)=c(t_{\mathrm{tr}}-\Delta\tau_k) \tag{9.9}$$

式中，$\Delta\tau_k$ 为搜索范围 $[-\tau_{\max},+\tau_{\max}]$ 内的码相位搜索点。

对于弱信号捕获，为避免数据调制效应的影响，采用 1 ms 相干积分操作。设由本地信号和接收信号计算得到相干累积值为 Y_m，则由相继的 Y_m 得到差分相干累积值为

$$Z_{\mathrm{h}}=\sum_{m=1}^{M}Y_mY_{m-1}^{*} \tag{9.10}$$

进而对载波多普勒频移和码相位搜索空间的所有差分累加值 Z_{h} 进行幅值比较，最大者所对应的 $\hat{f}_{\mathrm{d},0}(t_n)+k\Delta f_{\mathrm{d}}$ 和 $\Delta\tau_k$ 即为初次捕获结果。为方便起见，分别将估计得到的 $k\Delta f_{\mathrm{d}}$ 和 $\Delta\tau_k$ 记为 $\bar{f}_{\mathrm{d,c1}}$ 和 $\Delta\bar{\tau}_{\mathrm{c1}}$。

由 SINS 得到的加速度信息不存在误差累积效应，在较短的相关累积时间段内，可认为 SINS 预测的多普勒信息 $\hat{f}_{\mathrm{d},0}(t_n)$ 不受多普勒频移估计误差的影响。假设由粗捕获的频率分辨率不足导致的对 $\bar{f}_{\mathrm{d,c1}}$ 的估计误差为 $\delta\bar{f}_{\mathrm{d,c1}}$，则 $\bar{f}_{\mathrm{d,c1}}$ 对应的差分相干累积值可重新表示为

$$Z_{\mathrm{c1}}=A\cdot R[\delta\tau]\cdot\mathrm{sinc}^2(\pi\cdot\delta\bar{f}_{\mathrm{d,c1}}T_{\mathrm{coh}})\cdot\exp(2\pi\cdot\delta\bar{f}_{\mathrm{d,c1}}T_{\mathrm{coh}}) \tag{9.11}$$

式中，T_{coh} 为相干积分时间。

当采用 1 ms 相干积分时间时，可能的导航数据位翻转对 Z_{c1} 的影响较小，不会明显改变式(9.11)的表达形式。可见，差分相干累积值的相角是频率估计残差的函数，根据式(9.11)对 $\bar{f}_{\mathrm{d,c1}}$

实施频率修正，最终得到粗捕获模块的多普勒频移估计值为

$$\bar{f}_{\mathrm{d,c2}} = \bar{f}_{\mathrm{d,c1}} - \frac{\arg(Z_{\mathrm{c1}})}{2\pi \cdot T_{\mathrm{coh}}} \tag{9.12}$$

最后，将所得到的多普勒频移估计值 $\bar{f}_{\mathrm{d,c2}}$ 和码相位估计值 $\Delta\bar{\tau}_{\mathrm{c1}}$ 传递给精捕获模块，完成信号的粗捕获。

可以看出，这种 SINS 辅助 GNSS 捕获方法实质上包含了位置辅助、速度辅助和加速度辅助信息。位置辅助用于减小码相位搜索的不确定范围；速度辅助用于减小载波多普勒搜索的不确定范围和码多普勒频移对相关能量的衰减；而加速度辅助则用于减小载波多普勒频移变化对相关能量的衰减。

3）SINS 辅助 GNSS 信号精捕获

粗捕获过程提供对多普勒频移的粗略估计，该估计的精度依赖于粗捕获过程所采用的相关累积时间。粗捕获的频率分辨率通常为几百到数千赫兹，在激活载波跟踪模块之前，有必要改善频率估计精度，以使捕获的载波频率落入载波跟踪环的捕获带内。捕获带表征了 PLL 能实现信号捕获、允许本地载波频率偏离接收信号频率的最大频差，其表达式为

$$\Delta\omega_{\mathrm{l}} \approx 2\zeta\omega_{\mathrm{n}} = \frac{16\zeta^2 B_{\mathrm{L}}}{4\zeta^2+1} \tag{9.13}$$

式中，B_{L} 为载波锁相环带宽；ω_{n} 为自然振荡频率；ζ 为阻尼系数，通常取 0.707。可见，后续跟踪环的带宽越窄，对捕获的精度要求越高，SINS/GNSS 超紧组合导航系统中载波环的典型带宽为 3 Hz，对应捕获带仅有 8 Hz。

考虑到在弱信号条件下跟踪环对捕获的精度要求较高，相应地必须有足够的信号累积增益来达到所需要的精度，因此应选择延长相干积分时间以提高差分相干累积的处理增益。短时信号中断后，由于 SINS 对视线距离的预测精度通常可以限制在一个伪码周期内，不存在大于伪码整周期的模糊度，因而可以利用粗捕获得到的码相位估计值 $\Delta\bar{\tau}_{\mathrm{c1}}$ 和信号中断前的数据位边沿信息来精确推导粗捕获后的数据位边沿位置，从而允许精捕获过程在一个数据位长度上进行相干累积。

精捕获的频率搜索范围和频率步进都小于粗捕获过程。设精捕获的频率搜索点 $\Delta f_{\mathrm{d,e}}$ 对应一个数据位时长的相干积分为

$$Y_{\mathrm{e},k} = \sum_{n=0}^{20N_{\mathrm{s}}} r(t_n)\cdot\exp[-\mathrm{j}2\pi(f_{\mathrm{IF}} + \hat{f}_{\mathrm{d,0}}(t_n) + \bar{f}_{\mathrm{d,c2}} + \Delta f_{\mathrm{d,e}})t_n]\cdot c(t_{\mathrm{tr}} - \Delta\bar{\tau}_{\mathrm{c1}}) \tag{9.14}$$

式中，N_{s} 为 1 个伪码周期的采样点数。

假设 $\Delta f_{\mathrm{d,e}}$ 对应的频率误差为 $\delta f_{\mathrm{d,e}}$，则

$$Y_{\mathrm{e},k} = A\cdot D_k\cdot R(\delta\tau)\cdot\mathrm{sinc}(\pi\cdot\delta f_{\mathrm{d,e}}T_{\mathrm{D}})\exp[\mathrm{j}(\theta_0 + 2\pi\cdot\delta f_{\mathrm{d,e}}kT_{\mathrm{D}})] \tag{9.15}$$

式中，T_{D} 为一个数据位长；D_k 为导航数据位；$\delta\tau$ 为码相位估计误差，由于粗捕获的码相位精度比较高，故 $\delta\tau$ 一般较小；θ_0 为积分开始时刻的载波相位。

进一步，可以得到差分乘积项为

$$Z_{\mathrm{e},k} = Y_{\mathrm{e},k}Y_{\mathrm{e},k-1}^{*} = A^2\cdot d_{\mathrm{v,e},k}\cdot D_k\cdot D_{k-1}\mathrm{sinc}^2(\pi\cdot\delta f_{\mathrm{d,e}}T_{\mathrm{D}})\exp[\mathrm{j}2\pi\cdot\delta f_{\mathrm{d,e}}T_{\mathrm{D}}] \tag{9.16}$$

式中，$d_{\mathrm{v,e},k}$ 表示相接的导航数据位翻转状态，$d_{\mathrm{v,e},k}=1$ 表示数据位无相位翻转的情况，而 $d_{\mathrm{v,e},k}=-1$ 表示存在相位翻转的情况。只有乘以正确的数据位翻转状态，差分乘积项才会得到

正确的结果，否则将引入 180°的相移。这一方面会使差分乘积项严重衰减，另一方面会引入错误的差分相干频率修正数，使精捕获失败。因而，在差分累积之前，需要对数据位进行判断，消除数据位翻转对差分相干累积造成的影响。

为此，定义如下目标函数：

$$f(\boldsymbol{d}_{\mathrm{v,e}},\boldsymbol{e})=\sum_{k=1}^{K_1}\left|d_{\mathrm{v,e},k}\cdot Z_{\mathrm{e},k}-\overline{A}^2\right|^2 \tag{9.17}$$

式中，$\boldsymbol{d}_{\mathrm{v,e}}=[d_{\mathrm{v,e,1}},d_{\mathrm{v,e,2}},\cdots,d_{\mathrm{v,e},K_1}]^{\mathrm{T}}$ 为 K_1 个差分乘积项中数据位的翻转状态；$\boldsymbol{e}=[1,2,\cdots,h]^{\mathrm{T}}$ 为精捕获的搜索频率点索引；$\overline{A}$ 为期望的信号幅度，可以从粗捕获模块近似得到。

数据位状态估计的目的是在频率搜索范围内确定具有最小频差 $\delta f_{\mathrm{d,e}}$ 的频率点 e，在该频点上，由正确的数据位状态所得到的差分乘积项 $d_{\mathrm{v,e}}\cdot Z_{\mathrm{e},k}$ 均具有最小相角 $2\pi\delta f_{\mathrm{d,e}}T_{\mathrm{D}}$，因而该频点的差分乘积项与实轴正半轴成一小角度。这样，式(9.17)所示的关系可映射为差分乘积项到 $\overline{A}^2$ 的距离，如图 9.4 所示。小的相角必然对应短的距离，而错误的数据位翻转状态在差分乘积项中会引入 180°的相移，使差分乘积项至 $\overline{A}^2$ 的距离增大。因而可以利用最小距离法求解使每个频率搜索点的差分乘积项到 $\overline{A}^2$ 距离之和最短的数据位状态组合，即

$$\hat{\boldsymbol{d}}_{\mathrm{v,e}}=\min_{v=\pm1}[f(\boldsymbol{d}_{\mathrm{v,e}},e)]=\min_{v=\pm1}\left(\sum_{k=1}^{K_1}\left|d_{\mathrm{v,e},k}\cdot Z_{\mathrm{e},k}-\overline{A}^2\right|^2\right) \tag{9.18}$$

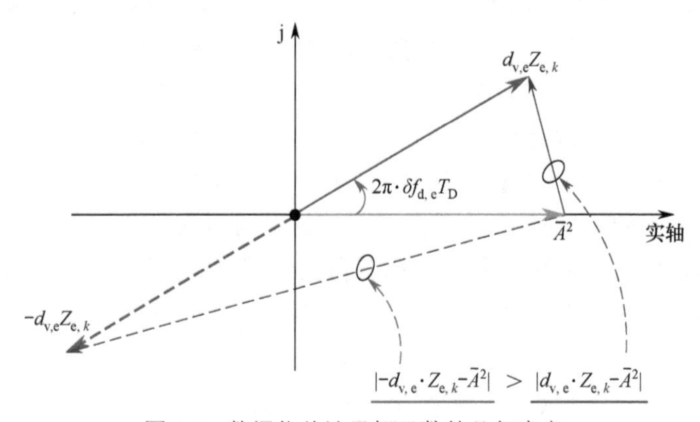

图 9.4　数据位估计目标函数的几何意义

式(9.18)实质上是对数据位状态的极大似然估计。通常采用穷举法对每个频率搜索点上的 2^{K_1} 个可能的数据位状态组合进行搜索，计算量非常庞大，会影响捕获算法的实时性。因此，这里采用维特比算法对最可能的数据位组合 $\hat{\boldsymbol{d}}_{\mathrm{v,e}}$ 进行估计。维特比算法采用迭代方法，其原理是：若一个问题可以递归分解为两个规模较小的相似子问题，那么原始问题的解就可以通过这两个子问题的解合成得到。1967 年，A.J.Viterbi 提出采用动态规划法递归地对每一个状态求局部最优路径，并最终得到全局最优路径，该算法在通信、语音识别等领域得到广泛应用。

利用维特比算法，按照使目标函数 $f(\boldsymbol{d}_{\mathrm{v,e}},e)$ 最小的准则来确定每个频率搜索点 e 对应的导航数据位翻转状态。将目标函数 $f(\boldsymbol{d}_{\mathrm{v,e}},e)$ 用递归公式表示为

$$f_m(\boldsymbol{d}_{\mathrm{v,e}},e)=f_{m-1}(\boldsymbol{d}_{\mathrm{v,e}},e)+P_m \tag{9.19}$$

式中

$$P_m=\left|d_{\mathrm{v,e},m}\cdot Z_{\mathrm{e},m}-\overline{A}^2\right|^2,\quad m=2,3,\cdots,K_1 \tag{9.20}$$

$$f_{m-1}(\boldsymbol{d}_{\text{v,e}},e)=\left|d_{\text{v,e},1}\cdot Z_{\text{e},1}-\overline{A}^{2}\right|^{2} \tag{9.21}$$

则最终 $f(\boldsymbol{d}_{\text{v,e}},e)=f_{K_1}(\boldsymbol{d}_{\text{v,e}},e)$。

如图 9.5 所示为维特比算法求解数据位状态的流程图。在每次观测处理后，始终保持对具有最小 $f_m(\boldsymbol{d}_{\text{v,e}},e)$ 的子序列的跟踪。在第 i 步对于 $d_{\text{v}}=\pm1$ 两种状态，都各有一条 $f_m(\boldsymbol{d}_{\text{v,e}},e)$ 具有最小值，将该数据位组合作为幸存路径。所以，在每次观测之后，将有两条幸存路径。所有的观测值处理完成后，具有最小 $f_{K_1}(\boldsymbol{d}_{\text{v,e}},e)$ 的路径即表示了 K_1 个观测下最可能的数据位组合。

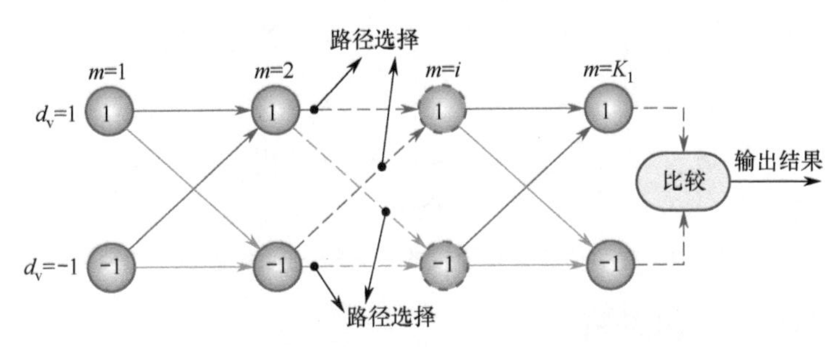

图 9.5　维特比算法求解数据位状态的流程图

由于最短距离法的平方操作去除了差分乘积项的相位信息，因而在数据位估计中存在模糊度问题。如图 9.6 所示，若实际差分乘积项与实轴负半轴成某一小角度，则通过 180°相移即可将其旋转到与实轴正半轴成一小角度的位置，这样会使该频点估计得到的数据位状态与实际情况刚好相反。

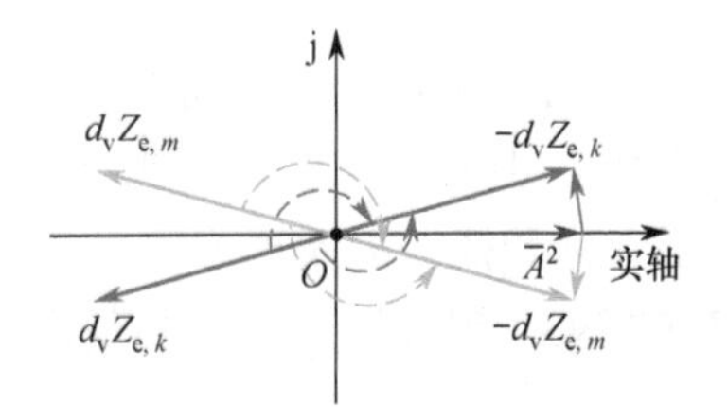

图 9.6　数据位状态估计中存在的模糊度

可以通过幅值比较法消除数据位估计中存在的模糊度。幅值比较法是基于频差所导致的差分乘积项幅度衰减效应。由于频率估计误差 $\delta f_{\text{d,e}}$ 的存在，因此在差分乘积项 $Z_{\text{e},k}$ 中引入了幅度衰减因子 $\text{sinc}^2(\pi\delta f_{\text{d,e}}T_{\text{D}})$。如图 9.7 所示给出了 [−50 Hz, 50 Hz] 范围内的频率估计误差所导致的幅度衰减效应。从图中可以看出，差分乘积项的幅度随频率估计误差的增大而快速衰减，因而幅度比较法可以有效地消除导航数据位估计中存在的模糊度。

利用幅度比较法确定数据位状态和频差最小的搜索点为

$$(\hat{\boldsymbol{d}}_{\text{v,e}},\hat{e})=\max_{e=1,2,\cdots,h}(W_e)=\max_{e=1,2,\cdots,h}\left(\sum_{k=1}^{K_1}\boldsymbol{Z}_k^{\text{T}}\cdot\hat{\boldsymbol{d}}_{\text{v,e}}\right) \tag{9.22}$$

进而，实施二次差分相干频差修正，得到 SINS 多普勒频移误差的精细估计值：

$$\delta f_{\text{d},\overline{e}}=\delta f_{\text{d},\hat{e}}-\frac{\arg(W_{\hat{e}})}{2\pi T_{\text{D}}} \tag{9.23}$$

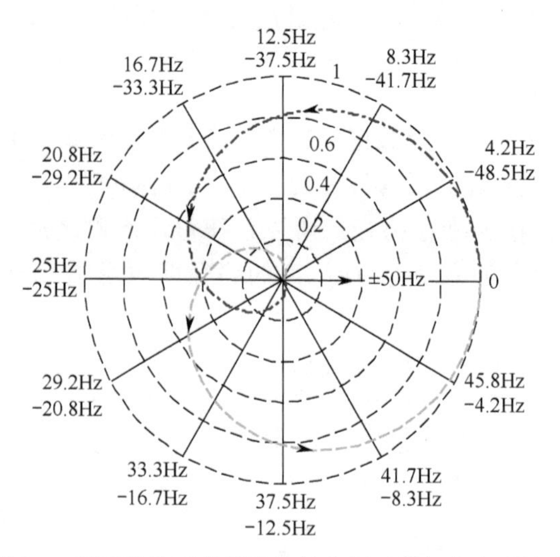

图 9.7　频率估计误差导致的差分相干项幅度衰减效应

则精捕获得到的最终载波多普勒频移为

$$\overline{f}_{\text{dopp}} = \hat{f}_{\text{d},0}(t_n) + \overline{f}_{\text{d,c2}} + \delta f_{\text{d},\overline{e}} \tag{9.24}$$

式中，$\overline{f}_{\text{d,c2}}$ 为粗捕获模块的多普勒频移估计值。

9.2.2　实验目的与实验设备

1）实验目的

（1）了解 SINS 辅助 GNSS 信号捕获相较于无辅助信号捕获的性能优势。

（2）理解 SINS/GNSS 超紧组合信号捕获的基本原理。

（3）掌握 SINS/GNSS 超紧组合信号捕获的实现方法。

（4）掌握基于 FPGA 的 SINS/GNSS 超紧组合信号捕获系统的设计与开发。

2）实验内容

根据 SINS/GNSS 超紧组合信号捕获的基本原理，设计并开发基于 FPGA 的 SINS/GNSS 超紧组合信号捕获系统，然后利用所设计系统对 GNSS 信号模拟器产生的高动态、低载噪比信号进行处理，从而完成 SINS/GNSS 超紧组合信号捕获实验。

如图 9.8 所示为 SINS/GNSS 超紧组合信号捕获实验验证系统示意图，该实验验证系统主要包括 GNSS 信号模拟器、GNSS 接收天线、基于 FPGA 的 SINS/GNSS 超紧组合信号捕获系统和工控机等。工控机能够向 GNSS 信号模拟器发送控制指令，使其产生高动态、低载噪比的 GNSS 模拟信号。模拟信号经 GNSS 接收天线进入基于 FPGA 的 SINS/GNSS 超紧组合信号捕获系统，然后经射频前端、粗捕获模块、精捕获模块等处理后完成捕获。另外，工控机还用于基于 FPGA 的 SINS/GNSS 超紧组合信号捕获系统的调试及捕获结果的存储。

如图 9.9 所示为基于 FPGA 的 SINS/GNSS 超紧组合信号捕获系统结构图。

GNSS 接收天线接收模拟信号后，经由射频前端进行下变频、滤波、模数转换处理，得到中频数字信号，并将其输入 GNSS 基带信号处理器；GNSS 基带信号处理器主要包括粗捕获、精捕获、时钟管理和指令控制等模块。粗捕获模块根据 SINS 提供的速度、位置信息以及卫星星历计算载体与卫星之间的多普勒频移和码相位偏移，以减小载波频率和码相位这两个维度的搜索范围，进而获得可见卫星的数量和 PRN 号，并粗略确定相应的码相位和多普勒频移参数；精捕获模块采用基于动态规划的维特比算法确定导航数据位翻转状态和正确的多普勒频点，然后进行二次差分相干频率修正，以得到分辨率更高的多普勒频移，最终通过输出串口输出捕获结果。

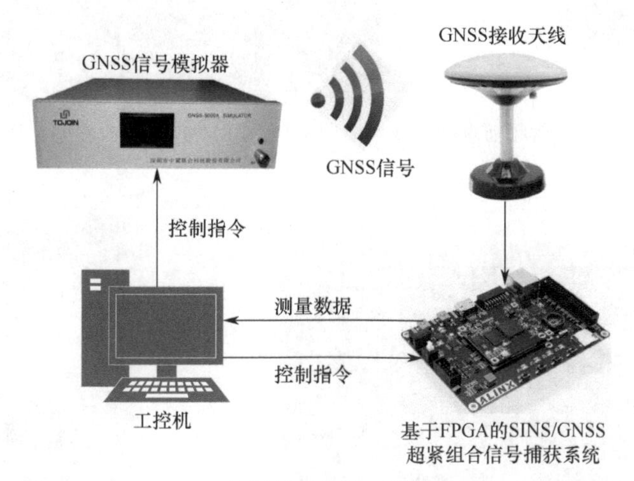

图 9.8　SINS/GNSS 超紧组合信号捕获实验验证系统示意图

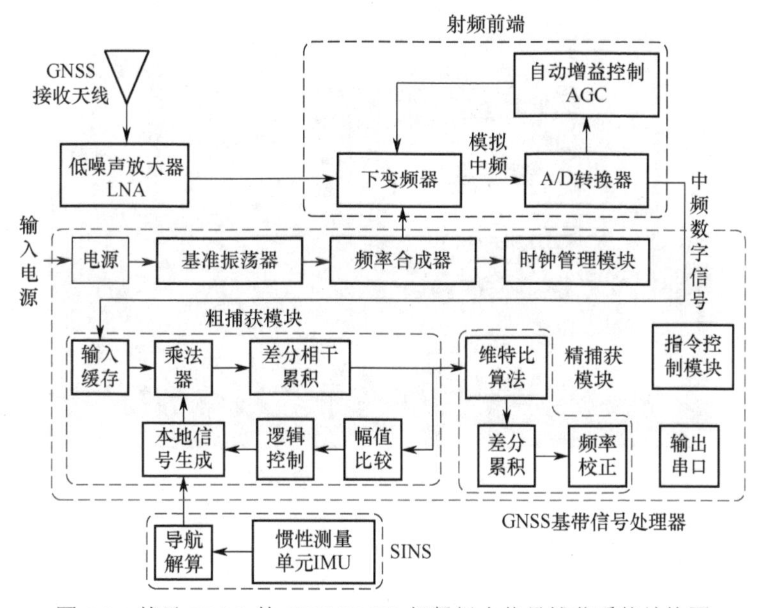

图 9.9　基于 FPGA 的 SINS/GNSS 超紧组合信号捕获系统结构图

3）实验设备

SYN500R SSOP16 射频前端芯片（如图 9.10 所示）、EP1C3T14C8N FPGA 开发板（如图 9.11 所示）、TMS320C6713 DSP 芯片（如图 9.12 所示）、GNSS 接收天线（如图 9.13 所示）、GNSS 信号模拟器（如图 9.14 所示）、电源、调试器、通信接口、IMU 连接串口等。

图 9.10　SYN500R SSOP16 射频前端芯片

图 9.11　EP1C3T14C8N FPGA 开发板

图 9.12　TMS320C6713 DSP 芯片

图 9.13　GNSS 接收天线

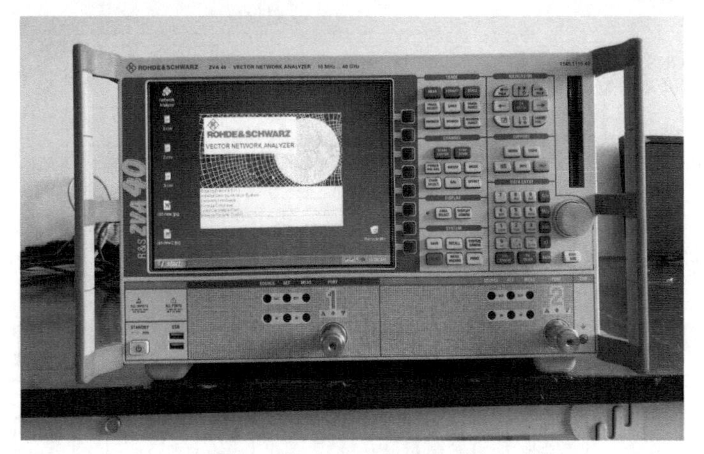

图 9.14　GNSS 信号模拟器

9.2.3　实验步骤及操作说明

1）设计并开发 FPGA 板

（1）电路设计。根据 SINS/GNSS 超紧组合信号捕获系统的功能需求，制定系统电路设计方案，并选择合理的电路结构及合适的器件类型。

（2）代码编写。根据系统电路设计方案，利用 HDL 语言编写代码。

（3）功能仿真。利用电子设计自动化（EDA）工具对 HDL 语言描述的电路进行功能仿真验证，检验电路的逻辑功能是否符合设计需要。

（4）硬件实现。将 HDL 语言描述的电路编译为由基本逻辑单元连接而成的逻辑网表，并将逻辑网表中的基本逻辑单元映射到 FPGA 板内部固有的硬件逻辑模块上，进而利用 FPGA 板内部的连线资源，连接映射后的逻辑模块。若整个硬件实现的过程中没有发生异常，则 EDA 工具将生成一个比特流文件。

（5）上板调试。将硬件实现阶段生成的比特流文件下载到 FPGA 板中，运行电路并观察其工作是否正常，若发生异常则需定位出错位置并进行反复调试，直至其能够正常工作。

2）仪器安装

将 GNSS 信号模拟器、GNSS 接收天线以及所设计的 SINS/GNSS 超紧组合信号捕获系统放置在实验室内，其中 GNSS 接收天线通过射频电缆与 SINS/GNSS 超紧组合信号捕获系统相连接。

3）电气连接

（1）利用万用表测量电源输出是否正常（电源电压由 GNSS 信号模拟器、SINS/GNSS 超紧组合信号捕获系统等的供电电压决定）。

（2）GNSS 信号模拟器通过通信接口（RS422 转 USB）与工控机连接，25 V 蓄电池通过降压模块以 12 V 的电压对其供电。

（3）SINS/GNSS 超紧组合信号捕获系统通过通信接口（RS422 转 USB）与工控机连接，25 V 蓄电池通过降压模块以 12 V 的电压对其供电。

（4）检查数据采集系统是否正常，准备采集数据。

4）系统初始化配置

（1）GNSS 信号模拟器的初始化配置

GNSS 信号模拟器上电后，利用系统自带的测试软件对其进行初始化配置，使 GNSS 信号模拟器能够模拟产生 GNSS 信号，并向实验室内空间发射。

（2）SINS/GNSS 超紧组合信号捕获系统的初始化配置

SINS/GNSS 超紧组合信号捕获系统上电后，利用串口软件向其发送初始化指令，以完成初始化配置，使其能够捕获 GNSS 信号并存储捕获结果。

5）数据采集与存储

（1）待实验系统正常工作后，在工控机中利用串口软件向 GNSS 信号模拟器发送控制指令，使其模拟生成并向外发射高动态、低载噪比的 GNSS 信号。

（2）在工控机中利用 IMU 仿真器模拟与 GNSS 信号动态相对应的角速度、比力数据，并将其输入 SINS 导航解算仿真器中，得到 SINS 解算的位置和速度数据，进而通过串口输入至 SINS/GNSS 超紧组合信号捕获系统中。

（3）保持 SINS/GNSS 超紧组合信号捕获系统静置约 5 min，使其捕获室内空间中的 GNSS 模拟信号并将捕获结果存储在工控机中。

（4）实验结束，将 GNSS 信号模拟器和 SINS/GNSS 超紧组合信号捕获系统断电，整理实验装置。

6）数据处理与分析

对捕获结果进行处理与分析，验证 SINS 辅助 GNSS 信号捕获的快速性、高灵敏度和高可靠性。

7）撰写实验报告

9.3 SINS/GNSS超紧组合信号跟踪实验

SINS辅助GNSS信号跟踪是SINS/GNSS超紧组合导航系统的核心环节。利用SINS提供的速度信息辅助载波环和码环，不仅可以提高GNSS接收机对信号的动态跟踪性能，而且可以减小信号跟踪环路的带宽，以达到抑制噪声和信号干扰的目的，从而增强接收机在高动态、强干扰和信号中断等恶劣环境中的鲁棒性。本节主要开展SINS/GNSS超紧组合信号跟踪实验，使学生掌握SINS/GNSS超紧组合信号跟踪的基本原理及实现方法。

9.3.1 SINS辅助GNSS信号跟踪的基本原理

1）SINS辅助载波环跟踪方法

在高动态环境中，载体动态会使GNSS信号产生较大的多普勒频移，当多普勒频移足够大时，接收机的载波跟踪环路便无法保持锁定，致使载波跟踪环路失锁。由于载波跟踪的目的是提供精确的伪距率测量信息，因此载波跟踪环路失锁就无法得到与伪距率相对应的速度信息。另外，载波跟踪环路失锁后，本地载波便无法准确跟踪输入GNSS信号的载波频率，从而无法为码环的输入信号剥离载波，致使导航电文数据无法恢复，最终导致GNSS接收机难以独立获得导航参数。因此，为了保证SINS/GNSS组合导航系统的可靠性和完善性，SINS/GNSS超紧组合通过引入SINS辅助信息来提高GNSS载波跟踪环路的动态适应能力和抗干扰能力。

（1）SINS辅助PLL实现方法

载波环（PLL）是GNSS接收机的薄弱环节，它受载体动态引起的多普勒频移影响较大。当多普勒频移超出捕获带时，就会导致载波跟踪环路失锁。而SINS速度信息的辅助能够有效地增大环路等效带宽，消除载体动态对载波环的影响，从而增强环路的动态跟踪能力，降低载波跟踪环路的失锁概率。除动态性能外，测量误差也是影响PLL跟踪性能的重要因素。PLL的主要误差源是热噪声和动态应力误差。设置环路带宽时，在抑制热噪声和动态应力误差之间存在矛盾，减小环路带宽会降低热噪声，但同时也会导致动态应力误差增大。而加入SINS辅助信息则可有效地解决上述矛盾，一方面SINS辅助信息的引入能够增加环路等效带宽，从而降低动态应力误差；另一方面，在保证PLL动态跟踪范围的同时，能够降低PLL中环路滤波器的带宽，从而达到抑制热噪声的目的。

SINS/GNSS超紧组合导航系统中的SINS辅助载波环结构框图如图9.15所示，其中包括信息融合及辅助回路和载波跟踪环路。在信息融合及辅助回路中，组合系统利用卡尔曼滤波器对SINS、GNSS的导航信息进行融合，并根据校正后的SINS参数计算载波多普勒频移，将其与组合滤波器估计得到的振荡器频率偏差求和，作为载波环的辅助信息，以增大环路等效带宽，去除载体动态对载波环的影响；而在载波跟踪环路中，NCO根据环路滤波器的输出和SINS辅助频率，调节本地载波频率，使PLL只跟踪剩余的频率辅助误差；此外，PLL通过降低环路滤波器带宽以抑制环路噪声，从而提高跟踪精度。

在SINS/GNSS超紧组合导航系统开始工作后，由于SINS具有一定的误差，需要先利用GNSS的输出信息来校正SINS误差，当SINS的导航参数达到一定精度时，才能为GNSS载波环提供频率辅助。在载波跟踪环路中，常规载波环与超紧组合PLL之间的切换可以通过转换开关来实现。当组合系统能够得到精确可靠的多普勒频移和接收机的钟频误差估计信息时，跟踪环路就可以从常规的滤波器支路切换到超紧组合支路，该支路中包含外部辅助信息以及新的环路滤波器。外部辅助信息包括多普勒频移和接收机的钟频误差估计信息，而新的环路滤波器则根据 PLL 的跟踪需求相应地设置环路带宽。

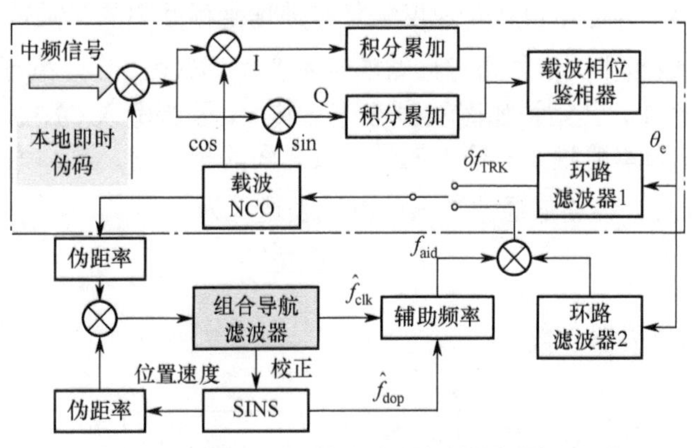

图 9.15　SINS 辅助载波环结构框图

（2）PLL 误差分析与处理

如图 9.16 所示，SINS 速度辅助信息的引入会导致载波环的相位误差、频率误差与 SINS 误差相关，如果忽略了测量信息与状态变量之间的关系，将可能导致系统不稳定。为消除这种相关性，需要对 PLL 跟踪误差进行建模，将 PLL 频率和相位误差扩充为状态变量，利用卡尔曼滤波器对其进行估计。

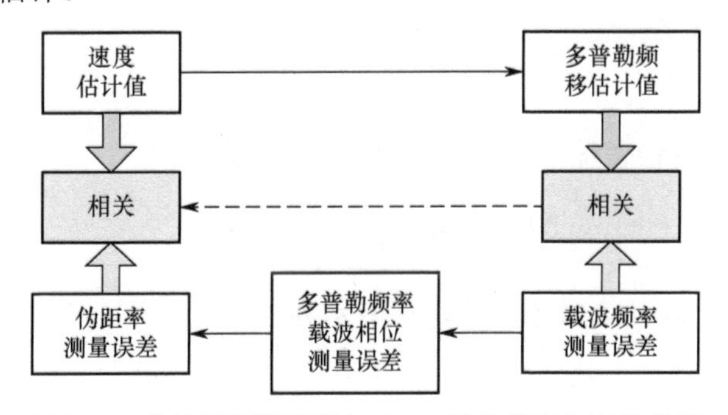

图 9.16　载波环量测信息与 SINS 辅助信息之间的关系

设第 i 颗卫星在地心地固坐标系中的位置、速度分别为 $\boldsymbol{X}_s^e$、$\boldsymbol{V}_s^e$，接收机的位置、速度分别为 $\boldsymbol{X}_r^e$、$\boldsymbol{V}_r^e$，$\boldsymbol{L}_i$ 为卫星和接收机视线方向上的单位矢量，则 SINS 辅助速度为

$$\boldsymbol{V}_{\text{aid}}=\frac{(\boldsymbol{X}_s^e-\boldsymbol{X}_r^e)(\boldsymbol{V}_s^e-\boldsymbol{V}_r^e)}{\left\|\boldsymbol{X}_s^e-\boldsymbol{X}_r^e\right\|}=(\boldsymbol{V}_s^e-\boldsymbol{V}_r^e)\cdot\boldsymbol{L}_i \tag{9.25}$$

由此，可以得到 SINS 对载波环的多普勒辅助频率为

$$f_{\text{aid}}=-\frac{f_{\text{L1}}}{c}\cdot\boldsymbol{V}_{\text{aid}}=-\frac{f_{\text{L1}}}{c}(\boldsymbol{V}_s^e-\boldsymbol{V}_r^e)\cdot\boldsymbol{L}_i \tag{9.26}$$

以发射点惯性坐标系为导航坐标系，则速度辅助误差在导航坐标系中可以表示为

$$\delta\boldsymbol{V}_{\text{aid}}=\delta\boldsymbol{V}^e\cdot\boldsymbol{L}_i=\boldsymbol{L}_i^{\text{T}}(\boldsymbol{C}_{li}^e\delta\boldsymbol{V}^{li}-\boldsymbol{C}_i^e\boldsymbol{W}_e\boldsymbol{C}_{li}^i\delta\boldsymbol{X}^{li}) \tag{9.27}$$

将速度误差转化为多普勒辅助频率误差：

$$\delta f_{\mathrm{aid}} = -\frac{f_{\mathrm{L1}}}{c} \cdot \boldsymbol{L}_i^{\mathrm{T}} (\boldsymbol{C}_{li}^e \delta \boldsymbol{V}^{li} - \boldsymbol{C}_i^e \boldsymbol{W}_e \boldsymbol{C}_{li}^i \delta \boldsymbol{X}^{li}) \tag{9.28}$$

式中，$\delta\boldsymbol{X}^{li}$、$\delta\boldsymbol{V}^{li}$分别为发射点惯性坐标系中的位置、速度误差，$\boldsymbol{C}_{li}^e$、$\boldsymbol{C}_i^e$、$\boldsymbol{C}_{li}^i$分别为发射点惯性坐标系到地球坐标系、地心惯性坐标系到地球坐标系、发射点惯性坐标系到地心惯性坐标系的转换矩阵，$\boldsymbol{W}_e$为地球自转角速度矢量在地球坐标系中的叉乘矩阵。

在 GNSS 软件接收机中，信号跟踪环路的基本实现形式是 PLL。对于基本的载波环来讲，通常选取二阶 CostasPLL，其结构如图 9.17 所示。其中，θ 为输入 GNSS 信号的载波相位，$\hat{\theta}$ 为本地载波相位，$\delta\theta$ 为本地载波与输入信号载波之间的相位差，K_{PLL} 为环路增益（包括鉴相器增益和 NCO 的增益），环路低通滤波器的频域表达式为

$$F(s) = \frac{T_2 s + 1}{T_1 s} \tag{9.29}$$

式中，T_1、T_2 为环路滤波器参数。

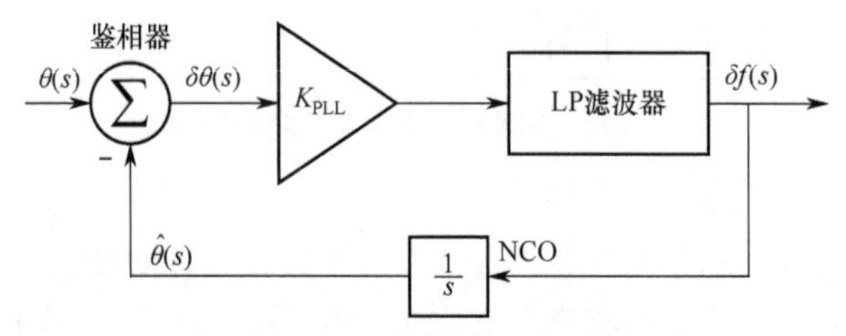

图 9.17　基本载波环的 s 域结构图

假设载波环处于锁定状态，那么载波相位误差就落入鉴相器的线性工作区间内，则鉴相器输出的相位差 $\delta\theta$ 可表示为

$$\delta\theta(s) = \theta(s) - \hat{\theta}(s) \tag{9.30}$$

将鉴相器输出的相位误差输入低通滤波器，其频域输出为

$$\delta f(s) = K_{\mathrm{PLL}} \frac{2\pi T_2 s + 1}{T_1 s} \delta\theta(s) \tag{9.31}$$

将频域输出式(9.31)转化为时域形式，可表示为

$$\delta\dot{f} = K_{\mathrm{PLL}} \frac{2\pi T_2 \delta\dot{\theta} + \delta\theta}{T_1} \tag{9.32}$$

在载波环的实现过程中，NCO 相当于一个积分环节。环路低通滤波器输出的频率跟踪误差输入载波 NCO 中，载波 NCO 对载波基准频率 f_0 进行相应的调整，然后对其进行积分，即可得到本地载波相位 $\hat{\theta}$。其实现过程可简化为

$$\hat{\theta} = \int 2\pi (f_0 + \delta f) \mathrm{d}t = \int 2\pi \hat{f} \mathrm{d}t \tag{9.33}$$

在载波环中引入 SINS 频率辅助信息后，其误差模型如图 9.18 所示。在基本的载波环中，频率跟踪误差就是环路滤波器的输出值；而在引入辅助信息的载波环中，PLL 频率误差 δf_{PLL} 则为环路滤波器的输出量 δf_{TRK} 与 SINS 辅助频率误差 δf_{aid} 之和：

$$\delta f_{\mathrm{PLL}} = \delta f_{\mathrm{TRK}} + \delta f_{\mathrm{aid}} \tag{9.34}$$

根据 PLL 跟踪误差与组合导航滤波器中建模的 SINS 误差之间的关系，并将基本载波环误差模型中的 δf 用 δf_{PLL} 代替，就可以得到载波环的跟踪误差方程：

$$\left.\begin{aligned}&\delta\dot{\theta}=2\pi(\delta f_{\mathrm{TRK}}+\delta f_{\mathrm{aid}})\\&\delta\dot{f}_{\mathrm{TRK}}=\left[2\pi\frac{T_2}{T_1}(\delta f_{\mathrm{TRK}}+\delta f_{\mathrm{aid}})+\frac{\delta\theta}{T_1}\right]K_{\mathrm{PLL}}\end{aligned}\right\}\tag{9.35}$$

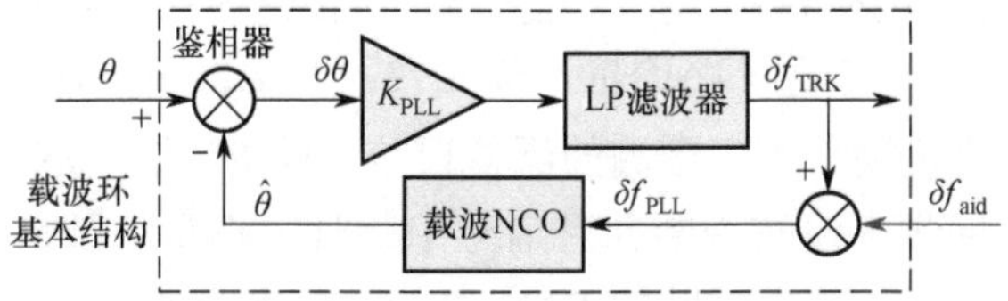

图 9.18　SINS 辅助载波环误差模型图

这样，将 PLL 跟踪误差 $\delta\theta$ 、 δf_{TRK} 扩充为组合导航滤波器的状态变量，并从伪距率误差中去除 PLL 跟踪误差的影响，以提高测量信息的准确度，从而使组合导航滤波器能够得到更为准确的误差估计信息。

PLL 跟踪误差的引入能够提高组合导航滤波器的估计精度；另外，由于将组合导航滤波器输出的 PLL 跟踪误差估计值反馈到载波 NCO 中，并对载波频率进行调整，还可以提高 PLL 的跟踪精度。

2）SINS 辅助码环的实现方法

在 GNSS 接收机中，伪码延迟锁定环（DLL）的作用是跟踪 GNSS 信号中的伪码。对于 DLL 来讲，除了生成即时伪码对输入信号进行码混频，还可以根据本地伪码的相位参数确定接收机与卫星之间的伪距，用来解算接收机的位置。为了保证组合系统的可靠性和稳定性，防止在恶劣环境下载波环工作性能下降对码环造成污染，在 SINS/GNSS 超紧组合导航系统中，设计了两条辅助路径为码环提供辅助，两条路径之间利用转换开关进行切换，判断标准为载波环是否失锁。如果载波环正常工作，那么载波环对码环进行辅助，如果载波环由于干扰或其他原因发生异常甚至失锁，则将载波环对码环的辅助通道断开，利用 SINS 提供的辅助信息去除码环的动态应力。

（1）基于速率辅助的 DLL

在 SINS/GNSS 超紧组合导航系统中，为了充分利用 SINS 或载波跟踪环路提供的辅助信息，伪码跟踪环路采用了一种 DLL 的扩展结构——基于速率辅助的 DLL。基于速率辅助的 DLL 的基本原理是利用噪声量级较低的 PLL 频率估计信息来辅助码相位跟踪环，其结构如图 9.19 所示。

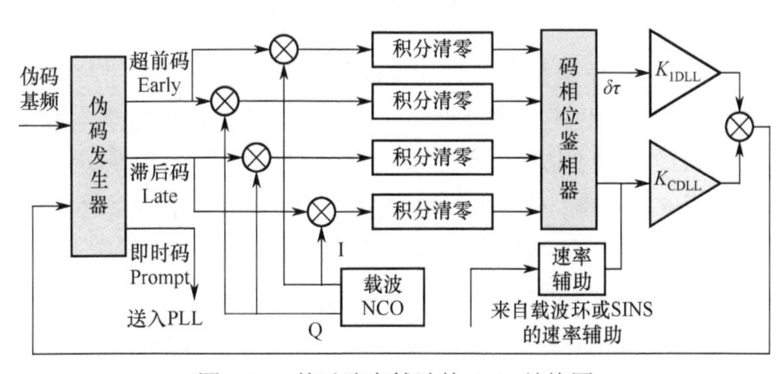

图 9.19　基于速率辅助的 DLL 结构图

在伪码跟踪回路中，误差信号是经同相、正交载波信号混频后得到的超前、滞后伪码的归一化功率差，也就是码相位鉴相器输出的相位误差。DLL 中本地码发生器产生的即时码作为 PLL 的输入，用于剥离输入信号中的伪码。PLL 环路滤波器输出的 f_{PLL} 通过比例因子 K_{CDLL} 的转换后，得到辅助 DLL 的码速率，用于维持 DLL 锁定所需的带宽。与此同时，可以降低环路增益 K_{1DLL}，从而提高码跟踪环路的抗干扰能力。但是，闭环结构的 DLL 仍需跟踪由载波辅助误差所导致的变化缓慢且不可预测的漂移误差。此外，在 GNSS 信号短暂中断的情况下，只要外部的载波辅助频率没有中断并且信号中断时间不是很长、载波跟踪与伪码跟踪没有出现明显的分离，那么基于速率辅助的 DLL 仍能提供有效的即时码。这种优势在 SINS 能够为 GNSS 提供无间断辅助的情况下尤为明显。

（2）SINS 辅助 DLL 码环的实现方法

在载体机动及噪声干扰环境中，码跟踪误差是衡量系统抗干扰性能的重要指标。使用标准的超前滞后归一化包络鉴相器作为 GNSS 码跟踪环的鉴相器时，码跟踪误差的容限是正负一个码片。码跟踪误差超过容限时，鉴相器无法为环路提供有效的误差信息。因此，减小码跟踪误差将降低环路失锁概率，增强对 SINS 误差的校正能力，提高整个组合系统的导航性能。在高动态、强干扰环境中，SINS/GNSS 超紧组合导航系统利用 GNSS 校正 SINS 的积累误差，同时利用 SINS 辅助 GNSS 接收机码环，以提高码环的动态跟踪性能与抗干扰能力。

SINS 辅助码环结构框图如图 9.20 所示，组合导航滤波器校正的 SINS 速度信息（转换成伪距率信息）与码环的环路滤波器输出量相加，形成环路的驱动信号，用来控制预测的信号延迟，使码环只跟踪剩余的 SINS 辅助误差。

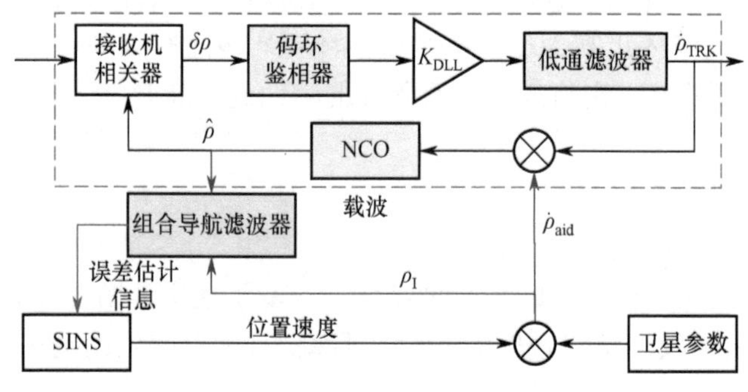

图 9.20 SINS 辅助码环结构框图

SINS 辅助码环的结构实质上是一个处理接收机信息的低通滤波器与对 SINS 信息进行处理的高通滤波器的结合。当接收机带宽降低时，受辅助环路的伪距信息主要来自 SINS 辅助速度的积分，同时环路会产生一个伪距估计值 $\hat{\rho}$。在环路增益 K_{DLL} 为零的极限情况下，环路的伪距估计值完全取决于 SINS 辅助信息。在包含组合导航滤波器的辅助环路中，伪距估计值用于闭合码环，同时输入组合导航滤波器中作为码环的测量信息。组合导航滤波器对 SINS、GNSS 的伪距信息融合后，得到 SINS 的导航参数误差估计值并反馈回 SINS。利用校正后的 SINS 速度参数与卫星的位置、速度信息，得到卫星和接收机之间的径向速度，从而为码环提供辅助信息。在 SINS 辅助码环结构中存在两个环路：第一个环路即码环，通过环路增益及噪声带宽闭合；第二个环路通过组合导航滤波器闭合。

组合导航滤波器适用于处理不相关的测量信息，而在 SINS 辅助码环跟踪结构中，由于 SINS 辅助速度误差会产生码环跟踪误差，从而导致伪距测量误差和速度误差相关，因此组合导航滤波器所处理的是与时间相关的测量信息，如果忽略这种相关性则可能导致系统不稳定。为减小由速度辅助误差引起的伪距测量误差，在 SINS/GNSS 超紧组合导航系统中需要考虑伪距测量误差和 SINS 速度误差之间的相关性，将伪距测量误差（码环跟踪误差）扩充为状态变量，引入到组合导航滤波器中。这样，消除伪距测量误差与 SINS 速度误差之间的相关性，有助于提高 SINS 速度辅助信号跟踪的精度，减小码环跟踪误差，从而避免码环失锁，使组合系统能稳定地工作，并提高组合系统的导航精度。SINS 辅助的一阶码环误差模型如图 9.21 所示。

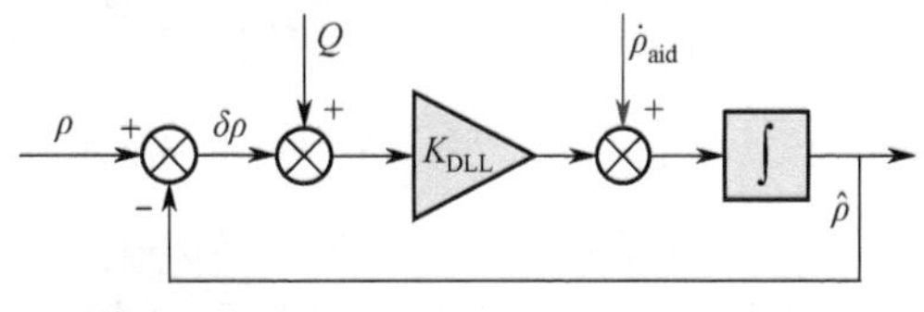

图 9.21　SINS 辅助的一阶码环误差模型

码环的跟踪误差方程可以表示为

$$\delta\dot{\rho}_{\mathrm{DLL}} = -K_{\mathrm{DLL}}\delta\rho_{\mathrm{DLL}} + \delta V_{\mathrm{aid}} + K_{\mathrm{DLL}}Q \tag{9.36}$$

式中，$\delta\rho_{\mathrm{DLL}}$ 为伪距测量误差；K_{DLL} 为码环增益；Q 为由热噪声及干扰等引起的驱动噪声。

9.3.2　实验目的与实验设备

1）实验目的

（1）了解 SINS 辅助 GNSS 信号跟踪相较于无辅助信号跟踪的性能优势。

（2）理解 SINS/GNSS 超紧组合信号跟踪的基本原理。

（3）掌握 SINS/GNSS 超紧组合信号跟踪的实现方法。

（4）掌握基于 FPGA 的 SINS/GNSS 超紧组合信号跟踪系统的设计与开发。

2）实验内容

根据 SINS/GNSS 超紧组合信号跟踪的基本原理，设计并开发基于 FPGA 的 SINS/GNSS 超紧组合信号跟踪系统，然后利用所设计系统对 GNSS 信号模拟器产生的高动态、低载噪比信号进行处理，从而完成 SINS/GNSS 超紧组合信号跟踪实验。

如图 9.22 所示为 SINS/GNSS 超紧组合信号跟踪实验验证系统示意图，该实验验证系统主要包括 GNSS 信号模拟器、GNSS 接收天线、基于 FPGA 的 SINS/GNSS 超紧组合信号跟踪系统和工控机等。工控机能够向 GNSS 信号模拟器发送控制指令，使其产生高动态、低载噪比的 GNSS 模拟信号。模拟信号经 GNSS 接收天线进入基于 FPGA 的 SINS/GNSS 超紧组合信号跟踪系统，然后经射频前端、捕获模块、跟踪模块等处理后完成跟踪。另外，工控机还用于基于 FPGA 的 SINS/GNSS 超紧组合信号跟踪系统的调试及跟踪结果的存储。

如图 9.23 所示为基于 FPGA 的 SINS/GNSS 超紧组合信号跟踪系统结构图。

GNSS 接收天线接收模拟信号后，经由射频前端进行下变频、滤波、模数转换处理，得到中频数字信号，并将其输入 GNSS 基带信号处理器；GNSS 基带信号处理器主要包括信号捕获、信号跟踪、时钟管理和指令控制等模块。利用组合导航滤波器对 SINS 和 GNSS 的导航信息进行融合，并根据校正后的 SINS 参数计算载体与卫星之间的径向多普勒频移和码频率，作为载波环和码环的辅助信息，以增大跟踪环路的等效带宽，去除载体动态变化对载波环和码环的影响；在 GNSS 基带信号处理器中，GNSS 信号跟踪模块根据环路滤波器的输出和 SINS 辅助参数，调节载波频率和码频率，使载波环和码环只需跟踪剩余的频率辅助误差，从而降低环路滤波器的实际带宽以抑制环路噪声，有效地提高环路的跟踪精度，最终通过输出串口输出跟踪结果。

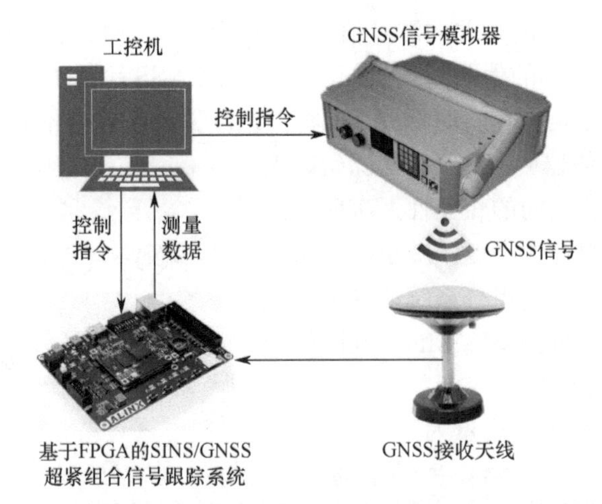

图 9.22　SINS/GNSS 超紧组合信号跟踪实验验证系统示意图

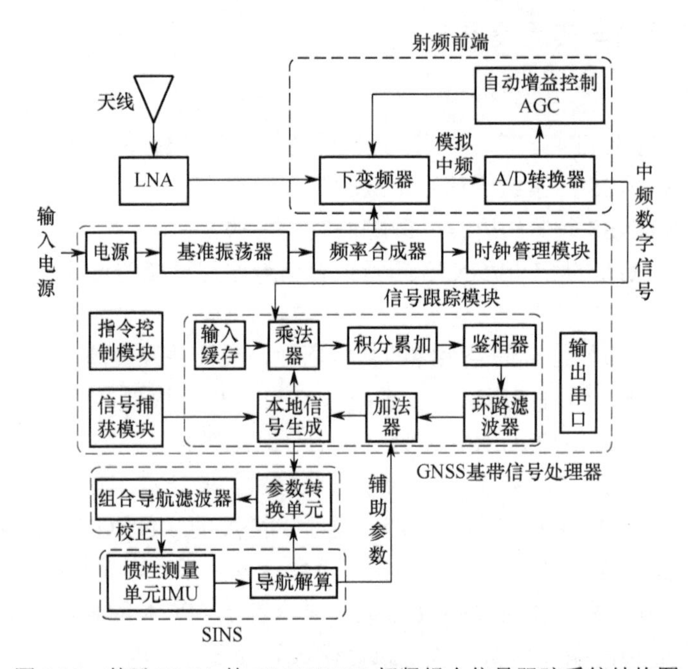

图 9.23　基于 FPGA 的 SINS/GNSS 超紧组合信号跟踪系统结构图

3）实验设备

SYN500R SSOP16 射频前端芯片、EP1C3T14C8N FPGA 开发板、TMS320C6713 DSP 芯片、GNSS 接收天线、GNSS 信号模拟器、电源、调试器、通信接口、IMU 连接串口等。

9.3.3　实验步骤及操作说明

1）设计并开发 FPGA 板

（1）电路设计。根据 SINS/GNSS 超紧组合信号跟踪系统的功能需求，制定系统电路设计方案，并选择合理的电路结构及合适的器件类型。

（2）代码编写。根据系统电路设计方案，利用 HDL 语言编写代码。

（3）功能仿真。利用电子设计自动化（EDA）工具对 HDL 语言描述的电路进行功能仿真验证，检验电路的逻辑功能是否符合设计需要。

（4）硬件实现。将 HDL 语言描述的电路编译为由基本逻辑单元连接而成的逻辑网表，并将逻辑网表中的基本逻辑单元映射到 FPGA 板内部固有的硬件逻辑模块上，进而利用 FPGA 板内部的连线资源，连接映射后的逻辑模块。若整个硬件实现的过程中没有发生异常，则 EDA 工具将生成一个比特流文件。

（5）上板调试。将硬件实现阶段生成的比特流文件下载到 FPGA 板中，运行电路并观察其工作是否正常，若发生异常则需定位出错位置并进行反复调试，直至其能够正常工作。

2）仪器安装

将 GNSS 信号模拟器、GNSS 接收天线以及所设计的 SINS/GNSS 超紧组合信号跟踪系统放置在实验室内，其中 GNSS 接收天线通过射频电缆与 SINS/GNSS 超紧组合信号跟踪系统相连接。

3）电气连接

（1）利用万用表测量电源输出是否正常（电源电压由 GNSS 信号模拟器、SINS/GNSS 超紧组合信号跟踪系统等的供电电压决定）。

（2）GNSS 信号模拟器通过通信接口（RS422 转 USB）与工控机连接，25 V 蓄电池通过降压模块以 12 V 的电压对其供电。

（3）SINS/GNSS 超紧组合信号跟踪系统通过通信接口（RS422 转 USB）与工控机连接，25 V 蓄电池通过降压模块以 12 V 的电压对其供电。

（4）检查数据采集系统是否正常，准备采集数据。

4）系统初始化配置

（1）GNSS 信号模拟器的初始化配置

GNSS 信号模拟器上电后，利用系统自带的测试软件对其进行初始化配置，使 GNSS 信号模拟器能够模拟产生 GNSS 信号，并向实验室内空间发射。

（2）SINS/GNSS 超紧组合信号跟踪系统的初始化配置

SINS/GNSS 超紧组合信号跟踪系统上电后，利用串口软件向其发送初始化指令，以完成初始化配置，使其能够跟踪 GNSS 信号并存储跟踪结果。

5）数据采集与存储

（1）待实验系统正常工作后，在工控机中利用串口软件向 GNSS 信号模拟器发送控制指令，使其模拟生成并向外发射高动态、低载噪比的 GNSS 信号。

（2）在工控机中利用 IMU 仿真器模拟与 GNSS 信号动态相对应的角速度、比力数据，并将其输入 SINS 导航解算仿真器中，得到 SINS 解算的位置和速度数据，进而结合卫星星历参数计算得到 SINS 的伪距和伪距率；同时，读取 SINS/GNSS 超紧组合跟踪系统中的伪距和伪距率数据，并将其与 SINS 输出的伪距和伪距率一起送入组合导航仿真器中，估计并校正 SINS 的误差，从而得到高精度的位置/速度数据；最后将其通过串口输入 SINS/GNSS 超紧组合信号跟踪系统中，以实现信号跟踪环路的闭合。

（3）保持 SINS/GNSS 超紧组合信号跟踪系统静置约 5 min，使其跟踪室内空间中的 GNSS 模拟信号并将跟踪结果存储在工控机中。

（4）实验结束，将 GNSS 信号模拟器和 SINS/GNSS 超紧组合信号跟踪系统断电，整理实验装置。

6）数据处理与分析

对跟踪结果进行处理与分析，验证 SINS 辅助 GNSS 信号跟踪的高精度、高动态性和高可靠性。

7）撰写实验报告

9.4 SINS/GNSS 超紧组合误差建模与性能验证实验

SINS/GNSS 超紧组合导航系统中的跟踪环同时利用环路滤波器输出和多普勒辅助信息为 NCO 提供控制指令。环路带宽的减小，限制了环路滤波器对跟踪误差的响应，使跟踪环更加依赖于多普勒辅助信息对 NCO 进行调控，因此环路对多普勒辅助误差较为敏感。当 SINS 精度较低，同时系统处于信号干扰、载体高动态等恶劣环境时，多普勒辅助误差迅速增大，从而使得跟踪环没有足够的带宽裕度对其跟踪，这不仅会造成 GNSS 测量误差在时间上相关，而且也与 SINS 速度误差相关。这种相关性将导致组合导航滤波器估计精度降低，跟踪环失锁，甚至系统不稳定，严重影响 SINS/GNSS 超紧组合系统的性能。

因此，本节给出了一种基于误差解相关方法的 SINS/GNSS 超紧组合系统方案，并主要开展 SINS/GNSS 超紧组合误差建模与性能验证实验，使学生掌握 SINS/GNSS 超紧组合误差建模方法、伪距和伪距率误差解相关方法以及基于误差解相关方法的 SINS/GNSS 超紧组合系统的基本原理及实现方法。

9.4.1 SINS/GNSS 超紧组合误差建模与方案设计

1）误差相关性分析

如图 9.24 所示为常规 SINS/GNSS 超紧组合模式示意图，其中，导航信息处理环节以组合导航滤波器为核心，它一方面根据 SINS 信息和 GNSS 卫星星历计算载体相对于 GNSS 卫星的伪距 ρ_{INS} 和伪距率 $\dot{\rho}_{\text{INS}}$，并与跟踪环输出的伪距 ρ_{GNSS} 和伪距率 $\dot{\rho}_{\text{GNSS}}$ 一同作为组合导航滤波器的量测输入，对 SINS 误差状态进行估计；另一方面将修正后的 SINS 速度信息 $\hat{\boldsymbol{V}}$ 投影到卫星视线方向，为跟踪环提供多普勒辅助信息 $\hat{f}_{\text{dopp}}$。在 SINS 辅助下，跟踪环类似一个半自主的伺服回路，通过将 $\hat{f}_{\text{dopp}}$ 与环路滤波器输出 f_{LFP} 相加，形成 NCO 的驱动信号 f_{PLL}，用来预测和控制本地信号的频率、相位变化，从而使环路滤波器只跟踪残余的多普勒辅助误差及卫星和接收机振荡器的动态。

SINS/GNSS 超紧组合导航系统通过 SINS 和 GNSS 之间的相互辅助，实现了两个子系统深层次的信息交换与融合，同时形成了一个误差传播的正反馈信息环，不同测量误差的传播链路如图 9.25 所示。

在该误差传播链路中，多普勒辅助误差 δf_{dopp}、跟踪误差（$\delta\phi$ 和 δf_{PLL}）、GNSS 测量误差（$\delta\rho_{\text{GNSS}}$ 和 $\delta\dot{\rho}_{\text{GNSS}}$）以及组合导航滤波器对 SINS 的速度估计误差 $\delta\boldsymbol{V}$ 之间深度耦合。由于该误差传播链路的正反馈特性，系统对环路中可能出现的相关性误差十分敏感。在较好的 PLL 跟踪状态下，跟踪误差受适度的热噪声颤动影响，误差传播链中不存在相关性误差。然而在

SINS 精度较差，同时载体处于信号干扰、高动态等恶劣环境时，δf_{dopp} 会迅速增大。这时，如果跟踪环没有足够的带宽裕度对 δf_{dopp} 进行跟踪，环路跟踪误差（$\delta\phi$ 和 δf_{PLL}）中就会出现较大的相关性误差，这将导致同一跟踪通道 GNSS 测量误差（$\delta\rho_{\mathrm{GNSS}}$ 和 $\delta\dot{\rho}_{\mathrm{GNSS}}$）的自相关和不同通道 GNSS 测量误差的互相关。由于组合导航滤波器仅适用于处理不相关的误差信息，因此 GNSS 测量误差的自相关/互相关性势必会降低组合导航滤波器的估计精度，进而进一步增大 δf_{dopp}（反过来又使跟踪误差增大）。这种相关误差的持续增长最终会使跟踪误差超过鉴相器线性牵引范围而至 PLL 失锁，甚至导致系统不稳定。

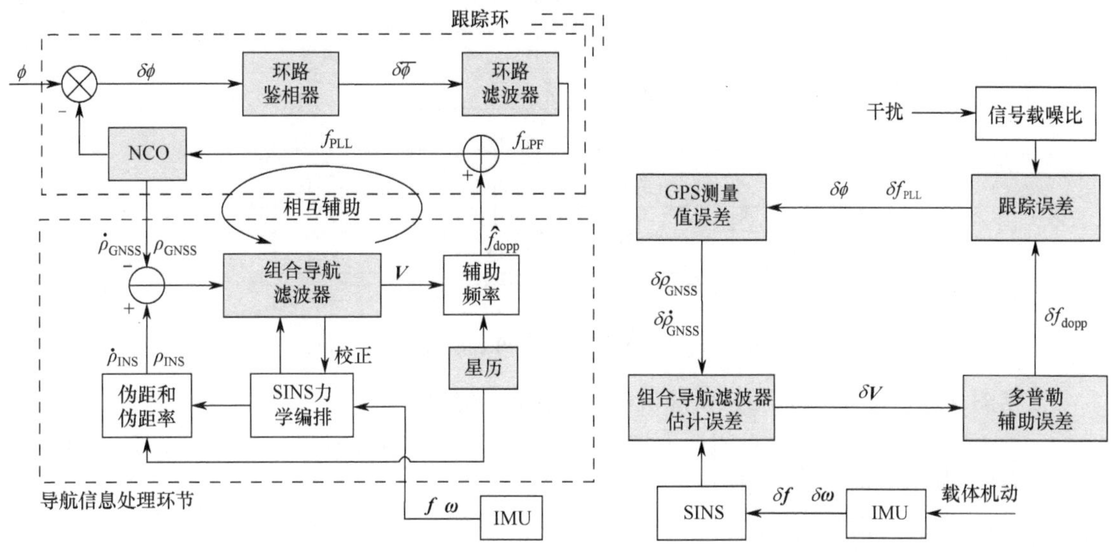

图 9.24　常规 SINS/GNSS 超紧组合模式示意图　　　图 9.25　不同测量误差的传播链路

为了避免 δf_{dopp} 增大所导致的误差相关问题，传统的 SINS/GNSS 超紧组合导航系统必须设置较宽的环路带宽，以使 NCO 获得足够的调节量，从而有效地跟踪 δf_{dopp}。然而，增大环路带宽又会削弱环路滤波器对噪声和干扰的抑制效果。由此可见，误差相关性问题会严重影响 SINS/GNSS 超紧组合导航系统的性能。

2）SINS 辅助跟踪环路误差建模

GNSS 信号由卫星发出，经大气空间传播进入接收机天线，并通过射频前端下变频和数字采样，得到用于基带处理的中频信号。GNSS 信号从产生到数字化的过程经历多种误差源的作用，使最终得到的数字中频信号的实际载波频率与其标称值相异，该频率差异所对应的载波相位误差 ϕ_i 可以表示为

$$\phi_i = \phi_{\mathrm{d}} + \phi_{\mathrm{clk}} + \phi_{\mathrm{sv}} + \phi_{\mathrm{vib}} + \phi_{\mathrm{p}} + \phi_{\omega} \tag{9.37}$$

式中，ϕ_{d} 为多普勒频移产生的相位；ϕ_{clk}、ϕ_{sv} 分别为用户接收机振荡器和星载振荡器不稳定所产生的相位；ϕ_{vib} 为载体振动所产生的相位；ϕ_{p} 为电离层相位闪烁所产生的相位；ϕ_{ω} 为热噪声和电离层幅度闪烁所产生的相位。这些误差项中，ϕ_{ω} 为宽带噪声；ϕ_{clk}、ϕ_{sv}、ϕ_{vib}、ϕ_{p} 为有色噪声（即相关噪声，这里用 $\phi_{\mathrm{c}} = \phi_{\mathrm{clk}} + \phi_{\mathrm{sv}} + \phi_{\mathrm{vib}} + \phi_{\mathrm{p}} + \phi_{\omega}$ 来表示相关噪声项之和）；ϕ_{d} 为确定性误差。

GNSS 信号跟踪是一个二维（码和载波）信号的复制过程，而 PLL 则负责本地载波信号

的复制。如图 9.26 所示给出了 SINS 辅助二阶 PLL 的线性模型，其中虚线框内为常规 PLL 模型。从图中可以看出，PLL 实质上是一个用于调节载波相位跟踪误差的自动控制系统，主要由鉴相器（误差传感器）、环路滤波器（控制器）、NCO（受控对象）组成。其中，鉴相器负责将测量到的载波相位跟踪误差 $\delta\overline{\phi}$ 反馈给环路滤波器。环路滤波器则对 $\delta\overline{\phi}$ 进行低通滤波以去除由 ϕ_ω 引入的高频噪声，并给 NCO 发送频率控制指令 f_{LPF}。而 NCO 则在环路滤波器的控制下，产生本地载波信号以实现对 ϕ_{d} 和 ϕ_{c} 的跟踪。若 NCO 产生的本地载波相位为 ϕ_{o}，则 PLL 的相位跟踪误差可以定义为

$$\delta\phi = \phi_{\mathrm{d}} + \phi_{\mathrm{c}} - \phi_{\mathrm{o}} \tag{9.38}$$

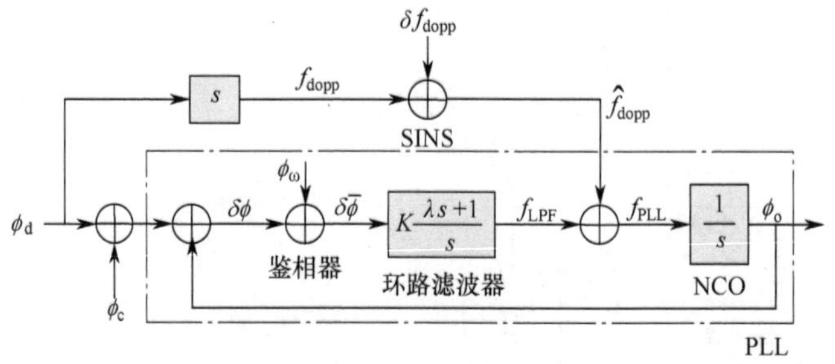

图 9.26 SINS 辅助二阶 PLL 的线性模型

根据图 9.26，常规 PLL 相位跟踪误差的复频域表达式为

$$\delta\phi(s) = [1 - H(s)][\phi_{\mathrm{c}}(s) + \phi_{\mathrm{d}}(s)] - H(s)\phi_\omega(s) \tag{9.39}$$

式中，$H(s)$ 为 PLL 的传递函数。

对于图 9.26 所示的二阶 PLL：

$$H(s) = \frac{k(\lambda s + 1)}{s^2 + k\lambda s + k} \tag{9.40}$$

式中，k 为环路增益；$1/\lambda$ 为滤波器零点。当阻尼系数取标准值为 0.707 时，满足

$$\lambda = \sqrt{\frac{2}{k}} \tag{9.41}$$

利用式(9.41)，可以推得环路带宽 B_{n} 为

$$B_{\mathrm{n}} = 0.53\sqrt{k} \tag{9.42}$$

在常规 PLL 中，较小的 B_{n} 有助于增强环路滤波器对 ϕ_ω 的抑制效果，但同时会限制 PLL 对 ϕ_{c}、特别是对 ϕ_{d} 中高频分量的跟踪能力。可见在常规 PLL 中，有效抑制 ϕ_ω 与精确跟踪 $\phi_{\mathrm{c}} + \phi_{\mathrm{d}}$ 对 B_{n} 的要求是相互矛盾的，这正是需要利用 SINS 对 PLL 进行辅助的主要原因。

在图 9.26 中，SINS 对 PLL 的辅助构成了控制系统的前馈支路，它所提供的多普勒辅助信息 f_{dopp} 中包含了对 ϕ_{d} 的补偿信息，用以缓解 PLL 对环路带宽的矛盾。f_{dopp} 对 ϕ_{d} 的补偿效果取决于 f_{dopp} 的精度，根据图 9.26 可以推得 SINS 辅助下的 PLL 跟踪误差的复频域表达式为

$$\delta\phi(s) = [1 - H(s)]\left[\phi_{\mathrm{c}}(s) + \frac{2\pi\delta f_{\mathrm{dopp}}(s)}{s}\right] - H(s)\phi_\omega(s) \tag{9.43}$$

将式(9.43)与式(9.39)进行对比，可以看出：只要 δf_{dopp} 引入的相位误差小于 ϕ_{d}，SINS 辅助就可改善 PLL 的跟踪性能；然而，在 SINS 辅助 PLL 中依然存在对 B_{n} 选择时的矛盾问题，即如何有效抑制 ϕ_ω 与精确跟踪 ϕ_{c} 和 δf_{dopp} 的矛盾。

将δf_{dopp}分解为偏差分量$\delta f_{\mathrm{doppb}}$和噪声分量$\delta f_{\mathrm{dopps}}$，并将二者引入的相位误差分别记为$\phi_{\mathrm{doppb}}$和$\phi_{\mathrm{dopps}}$，则式(9.43)可重写为

$$\delta\phi(s)=\left[1-H(s)\right]\left[\phi_{\mathrm{c}}(s)+\phi_{\mathrm{dopps}}(s)+\phi_{\mathrm{doppb}}(s)\right]-H(s)\phi_{\omega}(s) \tag{9.44}$$

根据随机信号理论，式(9.44)中随机噪声ϕ_{c}、ϕ_{ω}、ϕ_{dopps}导致的1σ PLL 相位颤动可按下式计算，即

$$\sigma_{\mathrm{s}}^2=\int_0^{\infty}\left|H(\mathrm{j}2\pi f)\right|^2 S_{\omega}(f)\mathrm{d}f+\int_0^{\infty}\left|1-H(\mathrm{j}2\pi f)\right|^2[S_{\mathrm{c}}(f)+S_{\mathrm{dopps}}(f)]\mathrm{d}f \tag{9.45}$$

式中，$S_{\mathrm{c}}(f)$、$S_{\omega}(f)$和$S_{\mathrm{dopps}}(f)$分别为ϕ_{c}、ϕ_{ω}和ϕ_{dopps}的单边功率谱密度。

假设ϕ_{ω}、ϕ_{dopps}与ϕ_{c}中的各项（ϕ_{clk}、ϕ_{sv}、ϕ_{vib}、ϕ_{p}）相互独立，则式(9.45)可以进一步表示为

$$\sigma_{\mathrm{s}}=\sqrt{\sigma_{\omega}^2+\sigma_{\mathrm{sv}}^2+\sigma_{\mathrm{clk}}^2+\sigma_{\mathrm{vib}}^2+\sigma_{\mathrm{p}}^2+\sigma_{\mathrm{dopps}}^2} \tag{9.46}$$

式中，σ_{ω}^2、σ_{sv}^2、σ_{clk}^2、σ_{vib}^2、σ_{p}^2、$\sigma_{\mathrm{dopps}}^2$分别为宽带噪声、卫星振荡器不稳定、接收机振荡器不稳定、载体振动、电离层相位闪烁、多普勒辅助噪声导致的 PLL 相位颤动。

而多普勒辅助偏差$\delta f_{\mathrm{doppb}}$造成的 PLL 动态应力误差$\theta_{\mathrm{e}}$则是一种$3\sigma$效应，将其叠加到随机噪声导致的相位颤动$\sigma_{\mathrm{s}}$上，得到多普勒辅助下总的$1\sigma$ PLL 相位颤动为

$$\sigma_{\mathrm{PLL}}=\sigma_{\mathrm{s}}+\frac{\theta_{\mathrm{e}}}{3}=\sqrt{\sigma_{\omega}^2+\sigma_{\mathrm{sv}}^2+\sigma_{\mathrm{clk}}^2+\sigma_{\mathrm{vib}}^2+\sigma_{\mathrm{p}}^2+\sigma_{\mathrm{dopps}}^2}+\frac{\theta_{\mathrm{e}}}{3} \tag{9.47}$$

下面对式(9.47)中的各误差源所导致的 PLL 相位误差进行建模与分析。

（1）宽带噪声

热噪声和电离层幅度闪烁是影响 PLL 跟踪性能的唯一宽带噪声源，由其导致的 PLL 相位颤动与环路阶数无关，可以表示为

$$\sigma_{\omega}=\sqrt{\frac{B_{\mathrm{n}}}{c/n_0(1-S_4^2)}\left[1+\frac{1}{2T_{\mathrm{coh}}c/n_0(1-2S_4^2)}\right]}\quad(\mathrm{rad}) \tag{9.48}$$

式中，B_{n}表示 PLL 环路带宽（Hz）；c/n_0为载噪比（Hz）；T_{coh}为预检测积分时间（s）；S_4用于表征电离层幅度闪烁的影响程度，对 L1 载波，满足$0\leqslant S_4<1/\sqrt{2}$；当$S_4=0$时，表示不存在电离层幅度闪烁，式(9.48)变为标准的 PLL 热噪声误差公式。

电离层闪烁在赤道两侧±20°范围内比较频繁且强烈，在这一地区工作的接收机通常需考虑电离层闪烁的影响；但在赤道两侧±20°范围之外，电离层闪烁较弱且具偶然性，多数情况下可不予考虑。在 PLL 分析和设计中，是否考虑电离层闪烁的影响取决于实际应用环境和对接收机性能的具体要求。

（2）接收机和卫星振荡器不稳定

对于二阶 PLL，由接收机和卫星振荡器频率偏差的 Allan 方差导致的 PLL 相位颤动为

$$\sigma_{\mathrm{clk}}^2=\left(\frac{f_{\mathrm{L}}}{f_{\mathrm{o}}}\right)^2\left(X^3k_3\frac{\pi}{2\sqrt{2}}+X^2k_2\frac{\pi}{4}+Xk_1\frac{\pi}{2\sqrt{2}}\right) \tag{9.49}$$

式中，$X=2\pi/(1.8856B_{\mathrm{n}})$；$k_3$、$k_2$、$k_1$是分别用来表征振荡器频率随机游走、频率颤动和频率白噪声等不稳定程度的品质系数；f_{L}为载波频率；f_{o}为振荡器中心频率。

在未辅助的 PLL 中，振荡器频率偏差引起的相位误差必须由 PLL 进行跟踪。而在 SINS

辅助下，可以获得较为精确的振荡器频率偏差估计值。所以实际上，在 SINS/GNSS 超紧组合导航系统中，PLL 本身只需跟踪振荡器频率中的噪声成分，噪声的高频分量在积分清零过程中得到抑制，而有色噪声分量则必须由 PLL 加以跟踪。在振动等外部误差较小时，有色噪声的最高频往往决定了跟踪环路带宽的下限。

（3）载体振动

如果接收机安装在振动载体上，则必须考虑振动对接收机晶振的影响。由振动导致的 PLL 相位颤动可由下式得出，即

$$\sigma_{\text{vib}}^2 = \int_0^\infty \left[\frac{k_g \cdot f_{\text{L}} \cdot \left|1 - H(\text{j}2\pi f)\right|}{f}\right]^2 S_{\text{vib}}(f)\,\text{d}f \quad (\text{rad}^2) \tag{9.50}$$

式中，k_g 为振荡器的加速度动态敏感性（单位为$1/g$，表示每个 g 对应$\Delta f/f_{\text{L}}$）；$S_{\text{vib}}(f)$ 为载体振动的单边功率谱密度(g^2/Hz)。

（4）电离层相位闪烁

电离层相位闪烁引起的 PLL 相位颤动通常可用零均值高斯分布来模拟，由其造成的 PLL 相位颤动可以表示为

$$\sigma_{\text{p}}^2 = \frac{\pi T_{\text{sct}}}{2\omega_{\text{n}}^{p-1}\sin\left[\frac{(5-p)\pi}{4}\right]} \quad (1 < p < 4) \tag{9.51}$$

式中，T_{sct} 为电离层相位闪烁的功率谱密度在 1 Hz 频率点处的幅值，典型值为−20 dBrad；ω_{n} 为跟踪环的自然振荡频率（Hz）；p 为电离层相位闪烁功率谱密度幅值的斜率（通常在 1 到 4 之间，典型值为 2.5）。

（5）多普勒辅助噪声

多普勒辅助误差是 SINS 辅助 PLL 区别于常规 PLL 的特有误差，它可以分为多普勒辅助噪声和偏差。多普勒辅助噪声 δf_{dopps} 导致的 PLL 相位颤动为

$$\sigma_{\text{dopps}}^2 = \int_0^\infty \left|1 - H(\text{j}2\pi f)\right|^2 S_{\text{dopps}}(f)\,\text{d}f \tag{9.52}$$

式中，S_{dopps} 为多普勒辅助噪声 δf_{dopps} 引入的 PLL 相位颤动谱密度。

将校正后的 SINS 速度误差的自相关函数建模为一阶高斯−马尔可夫过程，可以得到 δf_{dopps} 引起的相位颤动谱密度 S_{dopps} 为

$$S_{\text{dopps}}(f) = \left(\frac{f_{\text{L}}}{f \cdot c}\right)^2 \left\{\frac{-6\left[\frac{\ln(1-k)}{\Delta t}\right]\frac{k}{2-k}}{(2\pi f)^2 + \left[\frac{\ln(1-k)}{\Delta t}\right]^2}\right\} \Delta t_{\text{GNSS}}\,\text{var}(\dot{\rho}) \tag{9.53}$$

式中，c 为光速；f_{L} 为载波频率；Δt 为组合导航滤波器更新时间；Δt_{GNSS} 为 GNSS 伪距率测量值更新时间；$\text{var}(\dot{\rho})$ 为 GNSS 伪距率误差方差；k 表示组合导航滤波器增益，反映了 GNSS 测量值精度和 SINS 噪声特性对组合导航滤波器输出的影响权重，对于高精度 SINS，可取 $k = 0.01$，对低精度 SINS，可取 $k = 0.25$。

在 PLL 锁定状态下，伪距率误差主要受热噪声颤动影响，其方差可由下式计算

$$\mathrm{var}(\dot{\rho})=\left(\frac{c}{\sqrt{2}\pi f_{\mathrm{L}}T_{\mathrm{D}}}\right)^{2}\frac{B_{n}}{c/n_{0}}\left[1+\frac{1}{2T_{\mathrm{coh}}c/n_{0}}\right] \tag{9.54}$$

式中，T_{D}为多普勒积分时间，满足$T_{\mathrm{D}}=\Delta t_{\mathrm{GNSS}}$。由式(9.54)可见，在 PLL 设计参数确定后，$\mathrm{var}(\dot{\rho})$主要由信号载噪比c/n_0决定。

当干扰存在时，信号载噪比可等效为

$$(c/n_0)_{\mathrm{eq}}=\left(\frac{1}{c/n_0}+\frac{j/s}{QR_{\mathrm{c}}}\right)^{-1} \tag{9.55}$$

式中，c/n_0为无干扰时的信号载噪比（Hz）；j/s为干扰功率与信号功率之比；R_{c}为码速率；Q为抗干扰品质因数（窄带干扰为 1，宽带干扰为 2）。

（6）多普勒辅助偏差

二阶 PLL 对多普勒辅助偏差$\delta f_{\mathrm{doppb}}$敏感，通过将组合导航滤波器对 SINS 的加速度估计误差投影到接收机视线方向，可以得到：

$$\delta\dot{f}_{\mathrm{doppb}}=\frac{f_{\mathrm{L}}}{c}\cdot\boldsymbol{L}^{\mathrm{T}}\cdot\delta\boldsymbol{a} \tag{9.56}$$

式中，$\delta\boldsymbol{a}=[\delta a_x,\delta a_y,\delta a_z]^{\mathrm{T}}$表示 ECEF 坐标系中的 SINS 加速度估计误差；$\boldsymbol{L}=[e_1,e_2,e_3]^{\mathrm{T}}$为接收机到卫星视线方向的单位矢量。

当载体高速机动时，组合导航滤波器对加速度计标度因数的校正误差和数学平台误差角是造成$\delta\boldsymbol{a}$增大的主要因素。若选择地理坐标系作为导航坐标系，则由加速度计标度因数的校正误差导致的加速度估计误差为

$$\delta\boldsymbol{a}_{\mathrm{sf}}=\boldsymbol{R}_n^e\cdot\boldsymbol{R}_b^n\cdot\mathrm{diag}(\delta k_{ax},\delta k_{ay},\delta k_{az})\cdot\boldsymbol{a} \tag{9.57}$$

式中，$\boldsymbol{a}=[a_x^b,a_y^b,a_z^b]^{\mathrm{T}}$表示机体坐标系中的比力；$\delta\boldsymbol{k}_a=[\delta k_{ax},\delta k_{ay},\delta k_{az}]^{\mathrm{T}}$为组合导航滤波器对加速度计标度因数的校正误差；$\boldsymbol{R}_b^n$为机体坐标系到导航坐标系的转换矩阵；$\boldsymbol{R}_n^e$为导航坐标系到 ECEF 坐标系的转换矩阵。

而由数学平台误差角$[\delta\theta_{\mathrm{E}},\delta\theta_{\mathrm{N}},\delta\theta_{\mathrm{U}}]^{\mathrm{T}}$导致的加速度估计误差可表示为

$$\delta\boldsymbol{a}_{\mathrm{mis}}=\boldsymbol{R}_n^e\cdot\begin{bmatrix}0 & -\delta\theta_{\mathrm{U}} & \delta\theta_{\mathrm{N}}\\ \delta\theta_{\mathrm{U}} & 0 & -\delta\theta_{\mathrm{E}}\\ -\delta\theta_{\mathrm{N}} & \delta\theta_{\mathrm{E}} & 0\end{bmatrix}\boldsymbol{R}_b^n\cdot\boldsymbol{a} \tag{9.58}$$

则总的加速度估计误差为

$$\delta\boldsymbol{a}=\delta\boldsymbol{a}_{\mathrm{sf}}+\delta\boldsymbol{a}_{\mathrm{mis}} \tag{9.59}$$

由式(9.56)可以看出：当加速度估计误差的方向与接收机视线方向平行时，$\delta\dot{f}_{\mathrm{doppb}}$取最大值，其值为

$$\left|\delta\dot{f}_{\mathrm{doppb}}\right|_{\max}=\frac{f_{\mathrm{L}}}{c}\left|\delta\boldsymbol{a}\right| \tag{9.60}$$

在复频域应用终值定理，得到由$\delta\dot{f}_{\mathrm{doppb}}$导致的二阶 PLL 的最大动态应力误差为

$$\theta_{\mathrm{e}}=360\frac{\left|\delta\dot{f}_{\mathrm{doppb}}\right|_{\max}}{(1.885B_{\mathrm{n}})^2} \tag{9.61}$$

式中，θ_{e}的单位为度。

3）基于误差解相关方法的 SINS/GNSS 超紧组合方案

在高动态、强干扰环境中，多普勒辅助误差的增大使得跟踪环难以为 NCO 提供足够精确的调节量，从而导致 GNSS 测量误差的相关性以及 SINS/GNSS 超紧组合导航系统的性能下降。因而，解决 SINS/GNSS 超紧组合导航系统中的误差相关性问题是提高 SINS/GNSS 组合导航系统性能的关键。

（1）伪距率误差解相关法

伪距率误差解相关方法原理图如图 9.27 所示，与传统的状态扩充法不同，这里采用跟踪误差估计器（而非组合导航滤波器）进行伪距率误差解相关，下面建立这种跟踪误差估计器的模型。

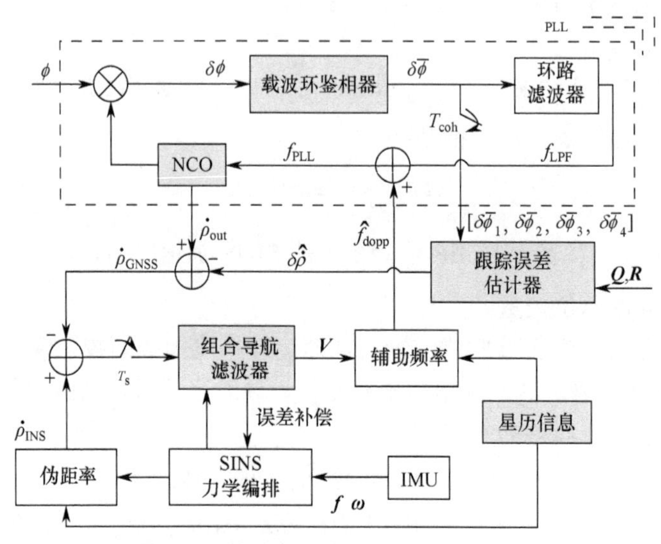

图 9.27 伪距率误差解相关方法原理图

① PLL 跟踪误差

PLL 频率跟踪误差 δf_{PLL} 为环路滤波器的输出误差 δf_{LPF} 与多普勒辅助误差 δf_{dopp} 之和：

$$\delta f_{\mathrm{PLL}} = \delta f_{\mathrm{LPF}} + \delta f_{\mathrm{dopp}} \tag{9.62}$$

忽略卫星速度计算误差的影响，多普勒辅助误差与 SINS 速度估计误差之间的关系为

$$\delta f_{\mathrm{dopp}} = \frac{f_{\mathrm{L}}}{c} \delta \boldsymbol{V}^{\mathrm{T}} \boldsymbol{L} \tag{9.63}$$

式中，$\delta \boldsymbol{V} = \left[\delta V_x, \delta V_y, \delta V_z \right]^{\mathrm{T}}$ 为 SINS 速度估计误差。

而 SINS 速度估计误差可由加速度估计误差积分得到。加速度估计误差 $\delta\dot{\boldsymbol{V}}$ 由两部分组成：一部分是由加速度计标度因数的校正误差导致的速度变化率估计误差；另一部分是由数学平台误差角导致的速度变化率估计误差，则有

$$\delta \dot{\boldsymbol{V}} = \delta \boldsymbol{a}_{\mathrm{sf}} + \delta \boldsymbol{a}_{\mathrm{mis}} = \boldsymbol{R}_n^e \cdot \boldsymbol{R}_b^n \cdot \mathrm{diag}(\boldsymbol{f}^b) \begin{bmatrix} \delta k_{ax} \\ \delta k_{ay} \\ \delta k_{az} \end{bmatrix} - \boldsymbol{R}_n^e \cdot \boldsymbol{M} \cdot \begin{bmatrix} \delta \theta_{\mathrm{E}} \\ \delta \theta_{\mathrm{N}} \\ \delta \theta_{\mathrm{U}} \end{bmatrix} \tag{9.64}$$

式中，$\boldsymbol{f}^b = [f_x^b, f_y^b, f_z^b]^{\mathrm{T}}$ 为加速度计测量得到的比力，$\boldsymbol{M}$ 为 $\boldsymbol{R}_b^n \cdot \boldsymbol{f}^b$ 的反对称矩阵，$[\delta k_{ax}, \delta k_{ay}, \delta k_{az}]^{\mathrm{T}}$ 为组合导航滤波器对加速度计标度因数的校正误差。

这样，综合式(9.62)和式(9.63)便可得到 δf_{PLL} 导致的载波相位跟踪误差的变化率为

$$\delta\dot{\phi} = 2\pi\left(f_{\mathrm{LPF}} + \frac{f_{\mathrm{L}}}{c}\delta\boldsymbol{V}^{\mathrm{T}} \cdot \boldsymbol{L}\right) \tag{9.65}$$

② 跟踪误差估计器模型

假设组合导航滤波器使用 4 个 GNSS 跟踪通道提供的量测信息进行解算，将 $\boldsymbol{X} = [\delta\phi_1, \delta\phi_2, \delta\phi_3, \delta\phi_4, \delta V_x, \delta V_y, \delta V_z, \delta k_{ax}, \delta k_{ay}, \delta k_{az}, \delta\theta_x, \delta\theta_y, \delta\theta_z, \delta f_{\mathrm{LPF1}}, \delta f_{\mathrm{LPF2}}, \delta f_{\mathrm{LPF3}}, \delta f_{\mathrm{LPF4}}]^{\mathrm{T}}$ 作为跟踪误差估计器的状态变量，得到状态方程为

$$\dot{\boldsymbol{X}} = \boldsymbol{F} \cdot \boldsymbol{X} + \boldsymbol{G} \cdot \boldsymbol{W} \tag{9.66}$$

系统噪声矢量为

$$\boldsymbol{W} = [w_{ax}, w_{ay}, w_{az}, w_{\theta x}, w_{\theta y}, w_{\theta z}, w_{\mathrm{LPF1}}, w_{\mathrm{LPF2}}, w_{\mathrm{LPF3}}, w_{\mathrm{LPF4}}]^{\mathrm{T}} \tag{9.67}$$

式中，(w_{ax}, w_{ay}, w_{az}) 表示组合导航滤波器对加速度计标度因数估计误差的驱动噪声；$(w_{\theta x}, w_{\theta y}, w_{\theta z})$ 为组合导航滤波器对平台误差角估计误差的驱动噪声；$(w_{\mathrm{LPF1}}, w_{\mathrm{LPF2}}, w_{\mathrm{LPF3}}, w_{\mathrm{LPF4}})$ 为环路载波频率的跟踪误差驱动噪声，它反映了输入的干扰噪声强度、时钟动态对 PLL 跟踪误差的影响。

式(9.66)中的状态矩阵 $\boldsymbol{F}$ 为

$$\boldsymbol{F} = \begin{bmatrix} \boldsymbol{0}_{4\times4} & \boldsymbol{E} & \boldsymbol{0}_{4\times3} & \boldsymbol{0}_{4\times3} & 2\pi\cdot\boldsymbol{I}_{4\times4} \\ \boldsymbol{0}_{3\times4} & \boldsymbol{0}_{3\times3} & \boldsymbol{A} & \boldsymbol{M} & \boldsymbol{0}_{3\times4} \\ \boldsymbol{0}_{10\times4} & \boldsymbol{0}_{10\times3} & \boldsymbol{0}_{10\times3} & \boldsymbol{0}_{10\times3} & \boldsymbol{0}_{10\times4} \end{bmatrix}_{17\times17} \tag{9.68}$$

式中：$\boldsymbol{E} = 2\pi\dfrac{f_{\mathrm{L}}}{c}[\boldsymbol{L}_1,\ \boldsymbol{L}_2,\ \boldsymbol{L}_3,\ \boldsymbol{L}_4]^{\mathrm{T}}$；$\boldsymbol{A} = \mathrm{diag}(f_x, f_y, f_z)$；$\boldsymbol{M} = \begin{bmatrix} 0 & f_z & -f_y \\ -f_f & 0 & f_x \\ f_y & -f_x & 0 \end{bmatrix}$。

式(9.66)中的系统噪声驱动矩阵 $\boldsymbol{G}$ 可以表示为

$$\boldsymbol{G} = \begin{bmatrix} \boldsymbol{0}_{7\times3} & \boldsymbol{0}_{7\times3} & \boldsymbol{0}_{7\times4} \\ \boldsymbol{I}_{3\times3} & \boldsymbol{0}_{3\times3} & \boldsymbol{0}_{3\times4} \\ \boldsymbol{0}_{3\times3} & \boldsymbol{I}_{3\times3} & \boldsymbol{0}_{3\times4} \\ \boldsymbol{0}_{4\times3} & \boldsymbol{0}_{4\times3} & \boldsymbol{I}_{4\times4} \end{bmatrix}_{17\times10} \tag{9.69}$$

取鉴相器输出 $\delta\bar{\phi}$ 作为量测量，得到跟踪误差估计器的量测方程为

$$\left[\delta\bar{\phi}_1, \delta\bar{\phi}_2, \delta\bar{\phi}_3, \delta\bar{\phi}_4\right]^{\mathrm{T}} = \left[\boldsymbol{I}_{4\times4}\ \boldsymbol{0}_{4\times13}\right]\boldsymbol{X} + \boldsymbol{v} \tag{9.70}$$

式中，$\boldsymbol{v} = [v_1, v_2, v_3, v_4]^{\mathrm{T}}$ 为四个跟踪通道的鉴相器误差所构成的量测噪声矢量。

由此，建立了跟踪误差估计器的状态方程和量测方程。以 PLL 预检测积分时间 T_{coh} 为采样间隔对式(9.66)、式(9.70)进行离散化，即可在每个 PLL 更新时刻对系统状态 $\boldsymbol{X}$ 进行估计。获得组合导航滤波器递推时刻 kT_{s} 对应的状态估计结果 $\hat{X}(kT_{\mathrm{s}})$ 后，将对应通道的 PLL 频率跟踪误差估计值 $\delta\hat{f}_{\mathrm{PLL}}(kT_{\mathrm{s}})$ 变换为伪距率误差：

$$\delta\hat{\dot{\rho}}(kT_{\mathrm{s}}) = \frac{\delta\hat{f}_{\mathrm{PLL}}(kT_{\mathrm{s}})\cdot c}{f_{\mathrm{L}}} = \delta\boldsymbol{V}^{\mathrm{T}}(kT_{\mathrm{s}})\cdot\boldsymbol{L} + \frac{\delta\hat{f}_{\mathrm{LPF}}(kT_{\mathrm{s}})}{f_{\mathrm{L}}}c \tag{9.71}$$

则修正后的 GNSS 伪距率为

$$\dot{\rho}_{\mathrm{GNSS}}(kT_{\mathrm{s}}) = \dot{\rho}_{\mathrm{out}}(kT_{\mathrm{s}}) - \delta\hat{\dot{\rho}}(kT_{\mathrm{s}}) \tag{9.72}$$

式中，$\dot{\rho}_{\text{out}}(kT_{\text{s}})$为跟踪环输出的伪距率信息。

在上述跟踪误差估计器模型中，用于跟踪误差估计器的卡尔曼滤波器独立于组合导航滤波器，这种分散的结构有助于减小系统的计算量。与传统的跟踪误差估计器相比，由于对 SINS 误差进行了建模，并有效利用了反映 GNSS 信号品质的系统噪声方差阵 $\boldsymbol{Q}$ 及观测噪声方差阵 $\boldsymbol{R}$ 的有关信息。因而，在恶劣的应用环境中，跟踪误差估计器可以得到更加精确的伪距率误差估计值，进而对伪距率量测量进行补偿。

（2）伪距误差解相关方法

由于 DLL 和 PLL 具有相同形式的传递函数，仅参数不同，所以伪距率误差解相关方法同样适用于 SINS 辅助 DLL 的伪距误差解相关。利用码跟踪误差估计器，得到 kT_{s} 时刻对应的码相位跟踪误差估计值 $\delta\hat{\tau}(kT_{\text{s}})$（单位为 chip）后，对码环输出的伪距 ρ_{out} 进行修正，这样得到修正后的伪距为

$$\rho_{\text{GNSS}}(kT_{\text{s}}) = \rho_{\text{out}}(kT_{\text{s}}) - 293\cdot\delta\hat{\tau}(kT_{\text{s}}) \tag{9.73}$$

误差解相关后，GNSS 量测残差即为组合导航滤波器的量测噪声。由于该量测噪声可视为相互独立的白噪声，所以理论上组合导航滤波器可以得到 SINS 误差状态的最优无偏估计。这样，组合导航滤波器估计精度的提高有利于减小多普勒辅助误差对跟踪环性能的影响，从而提高系统在高动态或强干扰环境下的性能。

（3）组合导航滤波器模型

组合系统的状态方程是在子导航系统误差状态模型的基础上建立的，而量测方程则根据量测量与系统误差状态之间的内在物理关系建立。

① SINS 误差状态方程

将 SINS 地理坐标位置（纬度、经度、高度）误差$[\delta L,\delta\lambda,\delta h]^{\text{T}}$，速度误差$[\delta v_{\text{E}},\delta v_{\text{N}},\delta v_{\text{U}}]^{\text{T}}$，平台误差角$\boldsymbol{\theta}=[\theta_{\text{E}},\theta_{\text{N}},\theta_{\text{U}}]^{\text{T}}$，加速度计常值零偏$[\nabla_{ax},\nabla_{ay},\nabla_{az}]^{\text{T}}$及其标度因数误差$[\delta K_{ax},\delta K_{ay},\delta K_{az}]^{\text{T}}$、陀螺仪常值漂移$[\varepsilon_{bx},\varepsilon_{by},\varepsilon_{bz}]^{\text{T}}$及其标度因数误差$[\delta K_{gx},\delta K_{gy},\delta K_{gz}]^{\text{T}}$等作为 SINS 的误差状态。以当地水平坐标系作为导航坐标系，得到 SINS 误差状态方程为

$$\dot{\boldsymbol{X}}_{\text{I}} = \boldsymbol{F}_{\text{I}}\cdot\boldsymbol{X}_{\text{I}} + \boldsymbol{G}_{\text{I}}\cdot\boldsymbol{W}_{\text{I}} \tag{9.74}$$

式中：状态向量为

$$\boldsymbol{X}_{\text{I}} = [\delta L,\delta\lambda,\delta h,\delta v_{\text{E}},\delta v_{\text{N}},\delta v_{\text{U}},\theta_{\text{E}},\theta_{\text{N}},\theta_{\text{U}},\nabla_{ax},\nabla_{ay},\nabla_{az},\delta K_{ax},\delta K_{ay},\delta K_{az},\varepsilon_{bx},\varepsilon_{by},\varepsilon_{bz},\delta K_{gx},\delta K_{gy},\delta K_{gz}]^{\text{T}}$$

系统噪声向量为

$$\boldsymbol{W}_{\text{I}} = [w_{ax},w_{ay},w_{az},w_{gx},w_{gy},w_{gz}]^{\text{T}} \tag{9.75}$$

其中，$[w_{ax},w_{ay},w_{az}]^{\text{T}}$为加速度计测量白噪声；$[w_{gx},w_{gy},w_{gz}]^{\text{T}}$为陀螺仪测量白噪声。

系统矩阵 $\boldsymbol{F}_{\text{I}}$ 为

$$\boldsymbol{F}_{\text{I}} = \begin{bmatrix} \boldsymbol{D}\boldsymbol{D}_{\text{r}} & \boldsymbol{D} & \boldsymbol{0}_{3\times3} & \boldsymbol{0}_{3\times3} & \boldsymbol{0}_{3\times3} & \boldsymbol{0}_{3\times3} & \boldsymbol{0}_{3\times3} \\ \boldsymbol{V}_{\text{ssm}}\boldsymbol{N}_1 & \boldsymbol{P} & -\boldsymbol{F}^n & \boldsymbol{R}_b^n & \boldsymbol{R}_b^n\boldsymbol{B}_1 & \boldsymbol{0}_{3\times3} & \boldsymbol{0}_{3\times3} \\ \boldsymbol{N}_1 & \boldsymbol{N}_2 & \boldsymbol{\Omega}_{ie}^n + \boldsymbol{\Omega}_{en}^n & \boldsymbol{0}_{3\times3} & \boldsymbol{0}_{3\times3} & -\boldsymbol{R}_b^n & -\boldsymbol{R}_b^n\boldsymbol{B}_2 \\ \boldsymbol{0}_{12\times3} & \boldsymbol{0}_{12\times3} & \boldsymbol{0}_{12\times3} & \boldsymbol{0}_{12\times3} & \boldsymbol{0}_{12\times3} & \boldsymbol{0}_{12\times3} & \boldsymbol{0}_{12\times3} \end{bmatrix}_{21\times21} \tag{9.76}$$

式中，$\boldsymbol{P} = -(2\boldsymbol{\Omega}_{ie}^n + \boldsymbol{\Omega}_{en}^n) + \boldsymbol{V}_{\text{ssm}}\boldsymbol{N}_2$；$\boldsymbol{B}_1 = \text{diag}(f_x^b, f_y^b, f_z^b)$；$\boldsymbol{B}_2 = \text{diag}(\varepsilon_x^b,\varepsilon_y^b,\varepsilon_z^b)$；$\boldsymbol{\Omega}_{ie}^n$ 为 $\boldsymbol{\omega}_{ie}^n = [0,\omega_{ie}\cos L,\omega_{ie}\sin L]^{\text{T}}$ 的反对称矩阵；$\boldsymbol{\Omega}_{en}^n$ 为 $\boldsymbol{\omega}_{en}^n = [-\dot{L},\dot{\lambda}\cos L,\dot{\lambda}\sin L]^{\text{T}}$ 的反对称矩阵；$\boldsymbol{V}_{\text{ssm}}$

为$[v_E, v_N, v_U]^T$的反对称矩阵；$\boldsymbol{f}^b=[f_x^b, f_y^b, f_z^b]^T$为加速度计测量值；$\boldsymbol{\varepsilon}^b=[\varepsilon_x^b, \varepsilon_y^b, \varepsilon_z^b]^T$为陀螺仪测量值；$\boldsymbol{F}^n$为$\boldsymbol{R}_b^n \boldsymbol{f}^b$的反对称矩阵；此外，$\boldsymbol{D}$、$\boldsymbol{D}_r$、$\boldsymbol{N}_1$、$\boldsymbol{N}_2$的表达式为

$$\boldsymbol{D}=\begin{bmatrix} 0 & 1/[(R_N+h)\cos L] & 0 \\ 1/(R_M+h) & 0 & 0 \\ 0 & 0 & 1 \end{bmatrix},\quad \boldsymbol{D}_r=\begin{bmatrix} -\dot{\lambda}(R_N+h)\cos L & 0 & \dot{\lambda}\cos L \\ 0 & 0 & \dot{L} \\ 0 & 0 & 0 \end{bmatrix},$$

$$\boldsymbol{N}_1=\begin{bmatrix} 0 & 0 & 0 \\ -\omega_{ie}\sin L & 0 & 0 \\ \omega_{ie}\cos L & 0 & 0 \end{bmatrix},\quad \boldsymbol{N}_2=\begin{bmatrix} 0 & -\dfrac{1}{R_M+h} & 0 \\ \dfrac{1}{R_N+h} & 0 & 0 \\ \dfrac{\tan L}{R_N+h} & 0 & 0 \end{bmatrix}$$

式中，R_M为子午圈曲率半径；R_N为卯酉圈曲率半径；ω_{ie}为地球自转速率。

系统噪声驱动矩阵为

$$\boldsymbol{G}_I=\begin{bmatrix} \boldsymbol{0}_{3\times3} & \boldsymbol{0}_{3\times3} \\ \boldsymbol{R}_b^n & \boldsymbol{0}_{3\times3} \\ \boldsymbol{0}_{3\times3} & -\boldsymbol{R}_b^n \\ \boldsymbol{0}_{12\times3} & \boldsymbol{0}_{12\times3} \end{bmatrix} \tag{9.77}$$

② GNSS 误差状态方程

GNSS 的误差状态通常选取两个与时间有关的误差：一个是与时钟误差等效的距离误差δt_u，另一个是与钟漂等效的距离率误差δt_{ru}。假设钟漂为一阶马尔可夫过程，得到 GNSS 的状态方程为

$$\dot{\boldsymbol{X}}_G=\boldsymbol{F}_G\cdot\boldsymbol{X}_G+\boldsymbol{G}_G\cdot\boldsymbol{W}_G \tag{9.78}$$

式中，$\boldsymbol{X}_G=[\delta t_u, \delta t_{ru}]^T$；$\boldsymbol{F}_G=\begin{bmatrix} 0 & 1 \\ 0 & -1/t_{ru} \end{bmatrix}$；$\boldsymbol{G}_G=\boldsymbol{I}_{2\times2}$；$\boldsymbol{W}_G=[\omega_u, \omega_{ru}]^T$；$t_{ru}$表示等效距离率误差的相关时间；$\omega_u$和$\omega_{ru}$分别为等效距离误差和等效距离率误差的驱动噪声。

结合式(9.74)和式(9.78)，得到完整的组合导航滤波器系统状态方程为

$$\dot{\boldsymbol{X}}=\begin{bmatrix} \dot{\boldsymbol{X}}_I \\ \dot{\boldsymbol{X}}_G \end{bmatrix}=\begin{bmatrix} \boldsymbol{F}_I & \boldsymbol{0}_{21\times2} \\ \boldsymbol{0}_{2\times21} & \boldsymbol{F}_G \end{bmatrix}\begin{bmatrix} \boldsymbol{X}_I \\ \boldsymbol{X}_G \end{bmatrix}+\begin{bmatrix} \boldsymbol{G}_I & \boldsymbol{0}_{21\times2} \\ \boldsymbol{0}_{2\times6} & \boldsymbol{G}_G \end{bmatrix}\begin{bmatrix} \boldsymbol{W}_I \\ \boldsymbol{W}_G \end{bmatrix} \tag{9.79}$$

③ 组合导航滤波器量测方程

选择 SINS 和 GNSS 两者的伪距之差和伪距率之差作为组合导航系统的量测量。通过将 SINS 的伪距率和伪距展开为泰勒级数，取一阶近似并忽略高阶项，可以得到组合导航系统的量测方程为

$$\boldsymbol{Z}=\boldsymbol{H}\cdot\boldsymbol{X}+\boldsymbol{V}_{GNSS} \tag{9.80}$$

式中，量测向量及量测噪声向量可以表示为

$$\boldsymbol{Z}=[\delta\rho_1, \delta\rho_2, \delta\rho_3, \delta\rho_4, \delta\dot{\rho}_1, \delta\dot{\rho}_2, \delta\dot{\rho}_3, \delta\dot{\rho}_4]^T \tag{9.81}$$

$$\boldsymbol{V}_{GNSS}=[v_{\rho_1}, v_{\rho_2}, v_{\rho_3}, v_{\rho_4}, v_{\dot{\rho}_1}, v_{\dot{\rho}_2}, v_{\dot{\rho}_3}, v_{\dot{\rho}_4}]^T \tag{9.82}$$

式中，$\delta\rho_i=\rho_{INSi}-\rho_{GNSSi}$，$\delta\dot{\rho}_i=\dot{\rho}_{INSi}-\dot{\rho}_{GNSSi}(i=1,2,3,4)$分别表示第$i$个跟踪通道所对应的 SINS 和 GNSS 伪距和伪距率差值；$v_{\rho i}$和$v_{\dot{\rho} i}$表示第i个跟踪通道的 GNSS 伪距和伪距率量测噪声。

量测矩阵可表示为

$$\boldsymbol{H}=\begin{bmatrix}\boldsymbol{E}_2\boldsymbol{E}_3 & \boldsymbol{0}_{4\times3} & -\boldsymbol{I}_{4\times1} & \boldsymbol{0}_{4\times1}\\ \boldsymbol{0}_{4\times3} & \boldsymbol{E}_2\boldsymbol{R}_n^e & \boldsymbol{0}_{4\times1} & -\boldsymbol{I}_{4\times1}\end{bmatrix} \tag{9.83}$$

式中，$\boldsymbol{E}_2=\left[\boldsymbol{L}_1,\boldsymbol{L}_2,\boldsymbol{L}_3,\boldsymbol{L}_4\right]^{\mathrm{T}}$；$\boldsymbol{R}_n^e$ 为导航坐标系到 ECEF 坐标系的转换矩阵，可以表示为

$$\boldsymbol{R}_n^e=\begin{bmatrix}-\sin\lambda & -\sin L\cos\lambda & \cos L\cos\lambda\\ \cos\lambda & -\sin L\sin\lambda & \cos L\sin\lambda\\ 0 & \cos L & \sin L\end{bmatrix} \tag{9.84}$$

$\boldsymbol{E}_3$ 可以表达为

$$\boldsymbol{E}_3=\begin{bmatrix}-(R_{\mathrm{N}}+h)\sin L\cos\lambda & (R_{\mathrm{N}}+h)\cos L\sin\lambda & \cos L\cos\lambda\\ -(R_{\mathrm{N}}+h)\sin L\sin\lambda & (R_{\mathrm{N}}+h)\cos L\cos\lambda & \cos L\sin\lambda\\ 0 & [R_{\mathrm{N}}(1-e^2)+h]\cos L & \sin L\end{bmatrix} \tag{9.85}$$

（4）SINS/GNSS 超紧组合方案设计

基于伪距和伪距率误差解相关方法，设计了一种 SINS/GNSS 超紧组合导航系统方案，其结构如图 9.28 所示。在正常信号条件下，通过 SINS 为载波环提供多普勒辅助，同时将本地载波频率通过比例因子转换为精确的码速率以辅助码环跟踪；为了防止强干扰环境中载波环工作性能下降对码环造成污染，在载波环发生周跳之前，应及时将 PLL 辅助 DLL 模式切换到 SINS 辅助 DLL 模式。

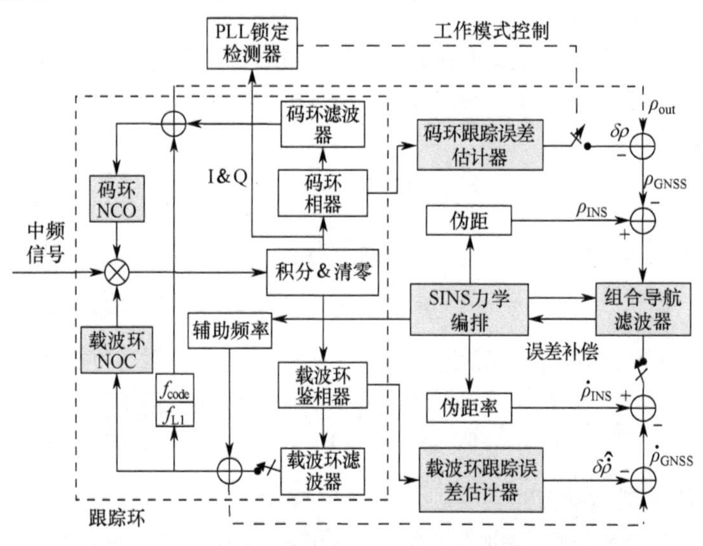

图 9.28　SINS/GNSS 超紧组合导航系统设计方案

载波环对多普勒辅助误差较为敏感，是超紧组合导航系统的薄弱环节。在多普勒辅助 PLL 结构中引入载波跟踪误差估计器，可去除伪距率误差中的相关分量，提高组合导航滤波器对 SINS 速度误差的估计效果，从而减小多普勒辅助误差，使 NCO 获得更精确的控制指令。因此，伪距率误差解相关有利于提高干扰和动态环境下 PLL 的跟踪精度并降低失锁概率。

在锁定状态下，PLL 具有较高的频率跟踪精度，因而 PLL 对 DLL 的辅助误差较小，对 DLL 的影响可以忽略，此时无须进行伪距误差解相关。而 PLL 失锁后，系统没有可用的伪距率信息，会降低对 SINS 误差的校正效果，进而增大多普勒辅助误差，极易使伪距误差中出现相关分量。因而在 SINS 辅助 DLL 模式中，需启动码跟踪误差估计器，进行伪距误差解相关。

在组合导航系统工作过程中，将 PLL 锁定检测器的输出作为接收机的工作模式控制参数。不同辅助模式之间的切换可以在提高组合导航系统可用性的同时，增强系统在恶劣工作环境中的鲁棒性。

9.4.2　实验目的与实验设备

1）实验目的

① 掌握 SINS/GNSS 超紧组合导航系统的误差建模方法。

② 掌握伪距误差解相关方法和伪距率误差解相关方法。

③ 掌握基于误差解相关方法的 SINS/GNSS 超紧组合导航系统的基本原理及实现方法。

④ 掌握基于 FPGA 的 SINS/GNSS 超紧组合导航系统的设计与开发。

2）实验内容

根据基于误差解相关方法的 SINS/GNSS 超紧组合导航系统的基本原理，设计并开发基于 FPGA 的 SINS/GNSS 超紧组合导航系统，然后利用所设计系统对 GNSS 信号模拟器产生的高动态、低载噪比信号进行处理，从而完成 SINS/GNSS 超紧组合误差建模与性能验证实验。

如图 9.29 所示为 SINS/GNSS 超紧组合误差建模与性能验证实验系统示意图，该实验系统主要包括 GNSS 信号模拟器、GNSS 接收天线、基于 FPGA 的 SINS/GNSS 超紧组合导航系统和工控机等。工控机能够向 GNSS 信号模拟器发送控制指令，使其产生高动态、低载噪比的 GNSS 模拟信号。模拟信号经 GNSS 接收天线进入基于 FPGA 的 SINS/GNSS 超紧组合导航系统，然后经射频前端、捕获模块、跟踪模块等处理后完成信号的捕获与跟踪。另外，工控机还用于基于 FPGA 的 SINS/GNSS 超紧组合导航系统的调试以及捕获、跟踪结果的存储。

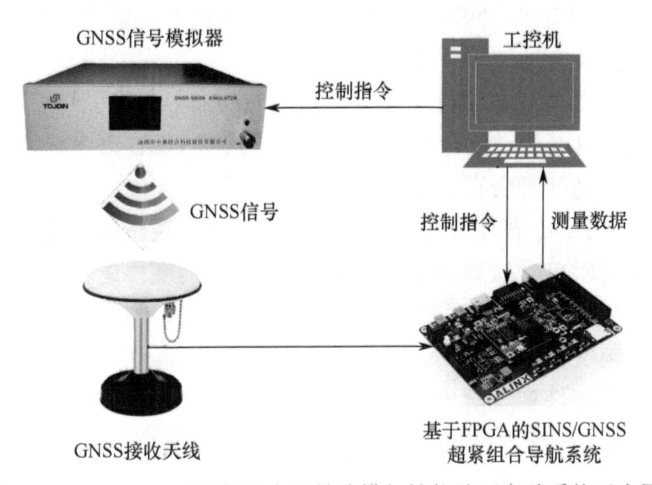

图 9.29　SINS/GNSS 超紧组合误差建模与性能验证实验系统示意图

如图 9.30 所示为基于 FPGA 的 SINS/GNSS 超紧组合导航系统结构图。

GNSS 接收天线接收模拟信号后，经由射频前端进行下变频、滤波、模数转换处理，得到中频数字信号，并将其输入 GNSS 基带信号处理器；GNSS 基带信号处理器主要包括信号捕获、信号跟踪、时钟管理和指令控制等模块。信号捕获模块对模拟信号进行处理，经过粗捕获和精捕获后获得信号的码相位和多普勒频移，并作为初始跟踪参数输入信号跟踪模块；信号跟踪模块在 SINS 辅助跟踪环结构的基础上引入跟踪误差估计器，以去除伪距误差和伪距率误差的相关分量，提高组合导航滤波器对 SINS 误差的估计效果，从而减小多普勒辅助误差，提高跟踪环路的跟踪精度；最终通过输出串口输出捕获、跟踪的结果。

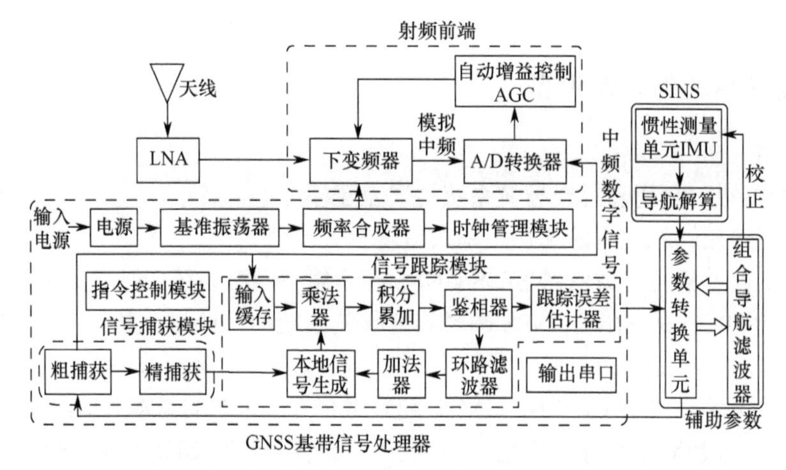

图 9.30　基于 FPGA 的 SINS/GNSS 超紧组合导航系统结构图

3）实验设备

SYN500R SSOP16 射频前端芯片、EP1C3T14C8N FPGA 开发板、TMS320C6713 DSP 芯片、GNSS 接收天线、GNSS 信号模拟器、电源、调试器、通信接口、IMU 连接串口等。

9.4.3　实验步骤及操作说明

1）设计并开发 FPGA 板

（1）电路设计。根据 SINS/GNSS 超紧组合导航系统的功能需求，制定系统电路设计方案，并选择合理的电路结构及合适的器件类型。

（2）代码编写。根据系统电路设计方案，利用 HDL 语言编写代码。

（3）功能仿真。利用电子设计自动化（EDA）工具对 HDL 语言描述的电路进行功能仿真验证，检验电路的逻辑功能是否符合设计需要。

（4）硬件实现。将 HDL 语言描述的电路编译为由基本逻辑单元连接而成的逻辑网表，并将逻辑网表中的基本逻辑单元映射到 FPGA 板内部固有的硬件逻辑模块上，进而利用 FPGA 板内部的连线资源，连接映射后的逻辑模块。若整个硬件实现的过程中没有发生异常，则 EDA 工具将生成一个比特流文件。

（5）上板调试。将硬件实现阶段生成的比特流文件下载到 FPGA 板中，运行电路并观察其工作是否正常，若发生异常则需定位出错位置并进行反复调试，直至其能够正常工作。

2）仪器安装

将 GNSS 信号模拟器、GNSS 接收天线以及所设计的 SINS/GNSS 超紧组合导航系统放置在实验室内，其中 GNSS 接收天线通过射频电缆与 SINS/GNSS 超紧组合导航系统相连接。

3）电气连接

（1）利用万用表测量电源输出是否正常（电源电压由 GNSS 信号模拟器、SINS/GNSS 超紧组合系统等的供电电压决定）。

（2）GNSS 信号模拟器通过通信接口（RS422 转 USB）与工控机连接，25 V 蓄电池通过降压模块以 12 V 的电压对其供电。

（3）SINS/GNSS 超紧组合导航系统通过通信接口（RS422 转 USB）与工控机连接，25 V 蓄电池通过降压模块以 12 V 的电压对其供电。

（4）检查数据采集系统是否正常，准备采集数据。

4）系统初始化配置

（1）GNSS 信号模拟器的初始化配置

GNSS 信号模拟器上电后，利用系统自带的测试软件对其进行初始化配置，使 GNSS 信号模拟器能够模拟产生 GNSS 信号，并向实验室内空间发射。

（2）SINS/GNSS 超紧组合导航系统的初始化配置

SINS/GNSS 超紧组合导航系统上电后，利用串口软件向其发送初始化指令，以完成初始化配置，使其能够捕获和跟踪 GNSS 信号并存储捕获、跟踪结果。

5）数据采集与存储

（1）待实验系统正常工作后，在工控机中利用串口软件向 GNSS 信号模拟器发送控制指令，使其模拟生成并向外发射高动态、低载噪比的 GNSS 信号。

（2）在工控机中利用 IMU 仿真器模拟与 GNSS 信号动态相对应的角速度、比力数据，并将其输入 SINS 导航解算仿真器中，得到 SINS 解算的位置和速度数据，进而通过串口输入至 SINS/GNSS 超紧组合导航系统中的信号捕获模块，以实现 SINS 对信号捕获的辅助。

（3）根据 SINS 解算的位置和速度并结合卫星星历参数，计算得到 SINS 的伪距和伪距率；进而读取 SINS/GNSS 超紧组合导航系统中的伪距/伪距率数据，将其与 SINS 输出的伪距/伪距率一起送入组合导航仿真器中，估计并校正 SINS 的误差，从而得到高精度的位置/速度数据；最后将其通过串口输入 SINS/GNSS 超紧组合导航系统中的信号跟踪模块，以实现信号跟踪环路的闭合。

（4）保持 SINS/GNSS 超紧组合导航系统静置约 5 min，使其捕获并跟踪室内空间中的 GNSS 模拟信号并将捕获、跟踪结果存储在工控机中。

（5）实验结束，将 GNSS 信号模拟器和 SINS/GNSS 超紧组合导航系统断电，整理实验装置。

6）数据处理与分析

对捕获、跟踪结果进行处理与分析，验证 SINS/GNSS 超紧组合导航系统的性能。

7）撰写实验报告

第 10 章　SINS/GNSS 深组合系列实验

在 SINS/GNSS 深组合导航系统中，GNSS 接收机内去除了传统的环路滤波器，而是采用矢量跟踪方法对多个通道内的卫星信号进行并行跟踪；导航处理器不仅输出导航信息，而且同时计算各通道相应的伪码和载波跟踪参数，用来驱动本地伪码和载波数控振荡器，以维持本地信号对输入信号的同步。可见，在 SINS/GNSS 深组合导航系统中主要有两项关键技术：一项关键技术是矢量跟踪，即将多颗卫星跟踪通道联合在一起，加强数据融合，并采用卡尔曼滤波器代替传统的环路滤波器，提高跟踪精度；另一项关键技术是 I/Q 路信号直接参与信息融合，导航滤波器可根据信号、干扰、噪声、动态以及 SINS 误差，调整环路等效带宽。

SINS/GNSS 深组合方法的显著特点在于：在信号衰减、无意或有意的射频干扰等导致的低信噪比环境中，这种组合方法能够显著地提高 GNSS 信号的跟踪性能，并且能够充分利用强度较高的信号来加强对弱信号的跟踪。

因此，本章分别开展 GNSS 矢量跟踪实验、SINS/GNSS 深组合导航系统性能验证实验、SINS/GNSS 深组合导航系统的完好性监测实验，旨在通过实验让学生了解 GNSS 信号矢量跟踪的基本原理，理解 SINS/GNSS 深组合导航系统完好性监测的实现方法，掌握 SINS/GNSS 深组合导航系统的结构组成及其实现方法。

10.1　GNSS 信号矢量跟踪实验

传统 GNSS 接收机通常采用标量跟踪，各跟踪通道之间相互独立。与标量跟踪不同，矢量跟踪环路将信号跟踪与导航定位相结合，利用公共的导航滤波器对各通道的鉴别结果进行融合，在估计得到载体导航参数的同时，又根据导航参数调整各通道的信号参数从而完成对接收信号的闭环跟踪。由于矢量跟踪环路中导航解算模块被嵌入信号跟踪模块中作为信息处理的中枢，各通道通过导航滤波器进行数据融合和信息共享，因此是一种更具发展前景的信号跟踪方式。本节主要开展 GNSS 信号矢量跟踪实验，使学生掌握矢量跟踪的基本原理及其实现方法。

10.1.1　GNSS 信号矢量跟踪原理

1）矢量跟踪结构

如图 10.1 所示为 GNSS 信号标量跟踪结构框图。由图可知，接收机射频前端将天线接收到的信号下变频至中频，并将其送入跟踪环路。跟踪环路将该中频信号与本地载波和本地 PRN 码序列相乘并累加，通过鉴相器计算出载波相位误差和码相位误差，经环路滤波后输出给 NCO，调节振荡器频率，以使输入信号和本地信号的频率和相位相一致。跟踪通道将伪距/伪距率信息提供给后续导航处理部分，进行位置、速度和姿态解算。SINS/GNSS 松组合、紧组合和超紧组合导航系统中的信号跟踪环路采用的即是标量跟踪方式。

GNSS 信号矢量跟踪结构框图如图 10.2 所示，在该跟踪方式中，不同卫星的伪码跟踪和载波跟踪是在导航处理器中共同完成的。矢量跟踪是利用卡尔曼滤波器估计得到载体位置、速度以及接收机的钟差、钟漂等信息，同时根据这些信息并结合卫星星历数据，来估计伪码相位、载波频率等参数，用于更新本地信号发生器的伪码和载波。

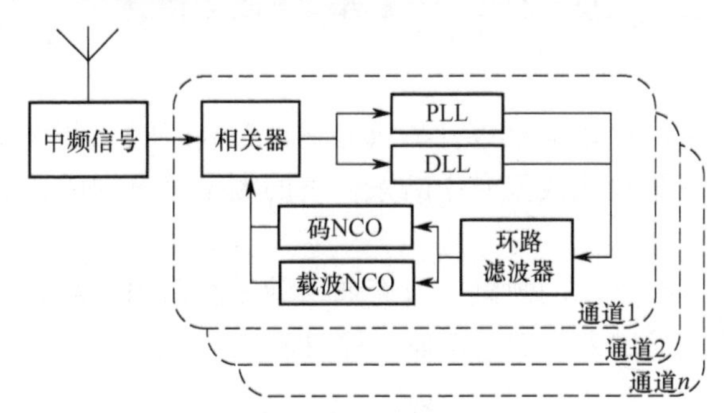

图 10.1　GNSS 信号标量跟踪结构框图

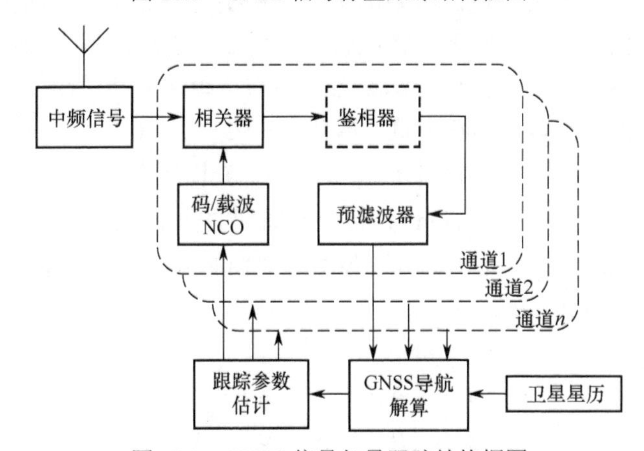

图 10.2　GNSS 信号矢量跟踪结构框图

根据卡尔曼滤波器状态变量选取的不同，矢量跟踪可以分为两类方法。

一类方法是以本地信号与输入信号之间的伪码相位差、载波频率差或者载波相位差等跟踪误差作为滤波器的状态变量。在根据相关器的累加输出进行量测更新后，直接送回本地信号发生器，调节载波和伪码数控振荡器，以生成新的本地载波、伪码。

另一类方法则是以载体的位置、速度误差以及接收机的钟差、钟漂等为状态变量，用同一个滤波器完成跟踪和导航解算工作。在积分清零周期的末端，利用鉴相器函数对相关器的同相、正交累积输出进行相应计算，得到伪码相位差、载波频率差或者载波相位差，并将其作为测量信息输入卡尔曼滤波器中对状态变量进行量测更新。同时，利用滤波器估计得到的状态变量对载体的导航参数进行修正，并计算相应的伪码相位、载波频率（相位）信息，反馈回本地信号发生器，从而对本地信号进行调节。

与传统的标量跟踪相比，矢量跟踪的主要优点表现在以下几个方面。

（1）基于矢量跟踪的深组合导航系统可以充分利用 GNSS 信号跟踪与导航状态解算之间的内在耦合关系，实现强信号通道对弱信号通道的辅助。同时，在所跟踪的通道中，矢量跟踪能够减小环路噪声带宽进而有效降低噪声的影响，能够降低信号噪声，使鉴相器（或鉴频器）不容易进入非线性区，从而提高 GNSS 接收机在低载噪比环境（信号衰减、受到偶然或故意干扰等）中的跟踪性能。

（2）基于矢量跟踪的深组合导航系统实现了 GNSS 信号跟踪与导航参数估计的一体化设计，因而较标量跟踪环路更易优化。

（3）在一颗或数颗卫星发生短暂信号中断的情况下，仍能维持跟踪正常运行，并且在信号中断后，能够根据导航滤波器的估计信息预测出伪码相位和载波频率信息，从而迅速实现信号重捕。

（4）能够对不同精度的测量信息进行加权处理。在高载噪比条件下得到的测量信息可以取较大的权值，而对于低载噪比或信号中断条件下的测量信息则取较小的权值，甚至可以忽略其影响。

矢量跟踪也存在着一个根本的缺陷：所有通道的跟踪都由导航滤波器联系在一起，任何一个通道的误差都有可能反过来影响到其他跟踪通道。

2）矢量跟踪算法

矢量跟踪中基带信号预处理滤波模型的选择直接决定了导航系统的整体性能。在矢量跟踪环中，导航滤波器的量测量通常取为伪距误差和伪距误差变化率，二者均由各通道的基带信号预处理滤波器提供。因此，预处理滤波器选择与伪距误差和伪距误差变化率相关的码相位、载波跟踪误差等作为待估计的状态量，取状态量为

$$\boldsymbol{X}=\left[A\ \delta\phi_0\ \delta f_0\ \delta a_0\ \delta\tau\right]^{\mathrm{T}} \tag{10.1}$$

式中，A 为归一化的信号幅值；$\delta\phi_0$(rad)为各滤波周期的初始载波相位误差；δf_0(rad/s)为各滤波周期的初始载波频率误差；δa_0(rad/s^2)各滤波周期的初始载波频率变化率误差；$\delta\tau$(chip)为各滤波周期的码相位误差。

状态方程表示为

$$\begin{bmatrix}\dot{A}\\ \delta\dot{\phi}_0\\ \delta\dot{f}_0\\ \delta\dot{a}_0\\ \delta\dot{\tau}\end{bmatrix}=\begin{bmatrix}0&0&0&0&0\\0&0&1&0&0\\0&0&0&1&0\\0&0&0&0&0\\0&0&\lambda_{\mathrm{c}}/\lambda_{\mathrm{prn}}&0&0\end{bmatrix}\begin{bmatrix}A\\ \delta\phi_0\\ \delta f_0\\ \delta a_0\\ \delta\tau\end{bmatrix} \tag{10.2}$$

式中，λ_{c} 为载波的波长；λ_{prn} 为伪码的码长。

量测量取伪码鉴别器和载波相位鉴别器的输出结果，量测方程为

$$\begin{aligned}\boldsymbol{Z}&=\begin{bmatrix}\delta\tau\\ \delta\phi_0\end{bmatrix}=\begin{bmatrix}0&0&0&0&1\\0&1&0&0&0\end{bmatrix}\cdot\begin{bmatrix}A\\ \delta\phi_0\\ \delta f_0\\ \delta a_0\\ \delta\tau\end{bmatrix}\\&=\begin{bmatrix}\dfrac{\sqrt{I_{\mathrm{E}}^2+I_{\mathrm{L}}^2}-\sqrt{Q_{\mathrm{E}}^2+Q_{\mathrm{L}}^2}}{\sqrt{I_{\mathrm{E}}^2+I_{\mathrm{L}}^2}+\sqrt{Q_{\mathrm{E}}^2+Q_{\mathrm{L}}^2}}\\ \arctan\dfrac{Q_{\mathrm{P}}}{I_{\mathrm{P}}}\end{bmatrix}+\begin{bmatrix}v_1\\ v_2\end{bmatrix}\end{aligned} \tag{10.3}$$

式中，v_1 和 v_2 分别为码相位和载波相位的量测噪声。

计算载体位置需要已知 4 颗或 4 颗以上 GNSS 卫星位置以及载体到各个卫星的伪距。假设卫星编号为 $j(j=1,2,3,4,\cdots)$，i 时刻卫星 j 的位置坐标为 $\boldsymbol{R}_i^j$，载体到第 j 颗卫星的伪距为

ρ_i^j，载体坐标为 $\boldsymbol{R}_i$，则可以写出 i 时刻伪距量测方程：

$$\rho_i^j = \left|\boldsymbol{R}_i^j - \boldsymbol{R}_i\right| + c\delta t_i \tag{10.4}$$

式中，δt_i 为接收机钟差。

式(10.4)是非线性的，使用泰勒展开并迭代求解。在事先给定的位置 $\boldsymbol{R}_{i0} = [x_{i0}\ \ y_{i0}\ \ z_{i0}]^{\mathrm{T}}$ 处将上式展开得

$$\rho_i^j = R_{i0}^j - \begin{bmatrix} l_i^j & m_i^j & n_i^j & -1 \end{bmatrix} \begin{bmatrix} \delta x_i \\ \delta y_i \\ \delta z_i \\ c\delta t_i \end{bmatrix} \tag{10.5}$$

写成向量形式：

$$\boldsymbol{a}_i \delta \boldsymbol{T}_i + \boldsymbol{l}_i = \boldsymbol{0} \tag{10.6}$$

式中

$$\boldsymbol{a}_i = \begin{bmatrix} l_i^1 & m_i^1 & n_i^1 & -1 \\ \vdots & \vdots & \vdots & \vdots \\ l_i^j & m_i^j & n_i^j & -1 \end{bmatrix} \tag{10.7}$$

$$\begin{cases} l_i^j = -\dfrac{\partial \rho_i^j}{\partial x_i} = \dfrac{x^j + x_{i0}}{R_{i0}^j} \\ m_i^j = -\dfrac{\partial \rho_i^j}{\partial y_i} = \dfrac{y^j + y_{i0}}{R_{i0}^j} \\ n_i^j = -\dfrac{\partial \rho_i^j}{\partial z_i} = \dfrac{z^j + z_{i0}}{R_{i0}^j} \end{cases} \tag{10.8}$$

$$\delta \boldsymbol{T}_i = \begin{bmatrix} \delta x_i & \delta y_i & \delta z_i & c\delta t_i \end{bmatrix}^{\mathrm{T}} \tag{10.9}$$

$$\boldsymbol{l}_i = \begin{bmatrix} L_i^1 & \cdots & L_i^j \end{bmatrix} \tag{10.10}$$

$$L_i^j = \rho_i^j - R_{i0}^j \tag{10.11}$$

$$R_{i0}^j = \sqrt{(x^j - x_{i0})^2 + (y^j - y_{i0})^2 + (z^j - z_{i0})^2} \tag{10.12}$$

根据式(10.6)～式(10.12)可以解出

$$\delta \boldsymbol{T}_i = (\boldsymbol{a}_i^{\mathrm{T}} \boldsymbol{a}_i)^{-1} (\boldsymbol{a}_i^{\mathrm{T}} \boldsymbol{l}_i) \tag{10.13}$$

使用 $\delta \boldsymbol{T}_i$ 对 $\boldsymbol{T}_i = [x_{i0}\ \ y_{i0}\ \ z_{i0}\ \ c\delta t_i]^{\mathrm{T}}$ 修正，通过迭代即可计算出载体位置。

10.1.2　实验目的与实验设备

1）实验目的

（1）理解标量跟踪和矢量跟踪在结构及性能上的不同；

（2）掌握矢量跟踪的基本工作原理；

（3）掌握矢量跟踪系统的设计与开发方法。

2）实验内容

根据矢量跟踪的基本原理，设计并开发基于 FPGA 的矢量跟踪系统，然后利用所设计系统对 GNSS 信号模拟器产生的高动态、低载噪比信号进行处理，从而完成 GNSS 信号矢量跟踪实验。

如图 10.3 所示为 GNSS 信号矢量跟踪实验系统示意图。该实验系统主要包括 GNSS 信号模拟器、GNSS 接收天线、基于 FPGA 的矢量跟踪系统和工控机等。工控机能够向 GNSS 信号模拟器发送控制指令，使其生成并向外发送 GNSS 信号。模拟信号经 GNSS 接收天线进入基于 FPGA 的矢量跟踪系统，然后经捕获、矢量跟踪等模块处理后完成基带信号处理。另外，工控机还可对基于 FPGA 的矢量跟踪系统进行配置，并对跟踪及导航结果进行存储。

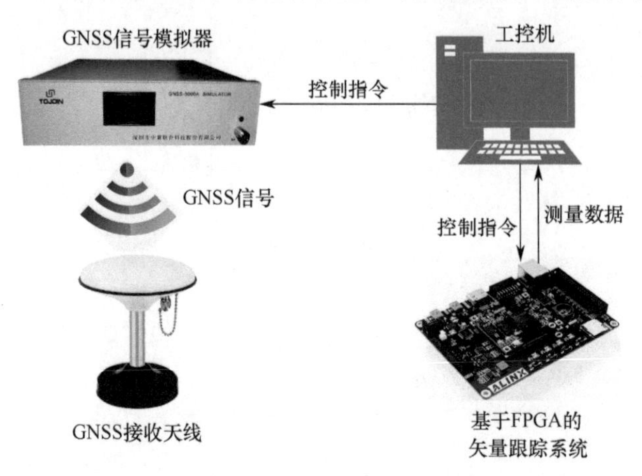

图 10.3 GNSS 信号矢量跟踪实验系统示意图

如图 10.4 所示为基于 FPGA 的矢量跟踪系统结构框图。

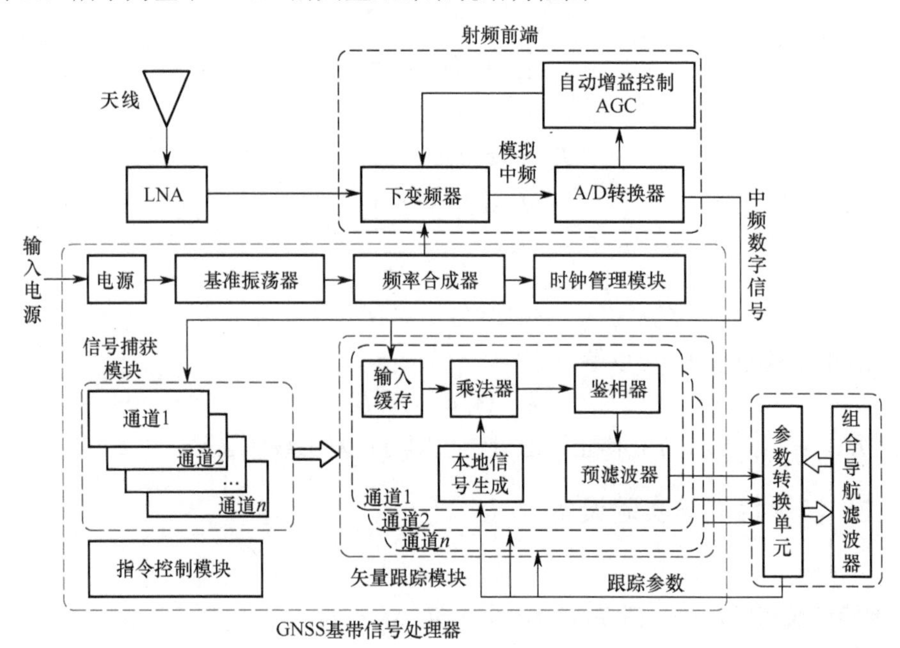

图 10.4 基于 FPGA 的矢量跟踪系统结构框图

GNSS 接收天线接收模拟信号后，经由射频前端进行下变频、滤波、模数转换等处理，得到中频数字信号，并输入 GNSS 基带信号处理器。

GNSS 基带信号处理器主要包括信号捕获、矢量跟踪、时钟管理和指令控制等模块。首先，信号捕获模块确定可见卫星的 PRN 号，并获得相应的码相位和载波频率参数初始值；然后，矢量跟踪模块利用码相位和载波频率参数产生本地信号，进而将本地信号与输入信号的相关结果送入鉴相器和预滤波器中进行处理。

预滤波器输出的载波频率误差和码相位误差经参数转换后得到伪距误差和伪距率误差，作为测量信息送入组合导航滤波器。组合导航滤波器通过对各通道的测量信息进行融合，并对载体的位置误差和速度误差等状态量进行估计，从而实现对载体位置和速度的更新。根据更新后的位置和速度信息，再结合卫星星历，便可计算出各通道码相位和载波频率修正值，将其反馈至本地信号发生器，最终实现对信号的闭环跟踪。

3）实验设备

SYN500R SSOP16 射频前端芯片（如图 10.5 所示）、EP1C3T14C8N FPGA 开发板（如图 10.6 所示）、TMS320C6713 DSP 芯片（如图 10.7 所示）、GNSS 接收天线（如图 10.8 所示）、GNSS 信号模拟器（如图 10.9 所示）、电源、调试器、通信接口、IMU 连接串口等。

图 10.5　SYN500R SSOP16 射频前端芯片

图 10.6　EP1C3T14C8N FPGA 开发板

图 10.7　TMS320C6713 DSP 芯片

图 10.8　GNSS 接收天线

图 10.9　GNSS 信号模拟器

10.1.3　实验步骤及操作说明

1）设计并开发 FPGA 板

（1）电路设计。根据 GNSS 信号矢量跟踪系统的功能和基本原理，制定系统电路设计方案，并选择合理的电路结构及合适的器件类型。

（2）代码编写。根据系统电路设计方案，利用 HDL 语言编写代码。

（3）功能仿真。利用电子设计自动化（EDA）工具对 HDL 语言描述的电路进行功能仿真验证，检验电路的逻辑功能是否符合设计要求。

（4）硬件实现。将 HDL 语言描述的电路编译为由基本逻辑单元连接而成的逻辑网表，并将逻辑网表中的基本逻辑单元映射到 FPGA 板内部固有的硬件逻辑模块上，进而利用 FPGA 板内部的连线资源，连接映射后的逻辑模块。若整个硬件实现的过程中没有发生异常，则 EDA 工具将生成一个比特流文件。

（5）上板调试。将硬件实现阶段生成的比特流文件下载到 FPGA 板中，运行电路并观察其工作是否正常，若发生异常则需定位出错位置并进行反复调试，直至正常工作。

2）仪器安装

将 GNSS 信号模拟器、GNSS 接收天线以及所设计的矢量跟踪系统放置在实验室内，其中 GNSS 接收天线通过射频电缆与矢量跟踪系统相连接。

3）电气连接

（1）利用万用表测量电源输出是否正常（电源电压由 GNSS 信号模拟器和矢量跟踪系统的供电电压决定）。

（2）GNSS 信号模拟器通过通信接口（RS422 转 USB）与工控机连接，25 V 蓄电池通过降压模块以 12 V 的电压对其供电。

（3）矢量跟踪系统通过通信接口（RS422 转 USB）与工控机连接，25 V 蓄电池通过降压模块以 12 V 的电压对其供电。

（4）检查数据采集系统是否正常，准备采集数据。

4）系统初始化配置

（1）GNSS 信号模拟器的初始化配置

GNSS 信号模拟器上电后，利用系统自带的测试软件对其进行初始化配置，使 GNSS 信号模拟器能够正常地模拟产生 GNSS 信号，并向实验室内空间发射。

（2）矢量跟踪系统的初始化配置

矢量跟踪系统上电后，利用串口软件向其发送初始化指令，以完成初始化配置。

5）数据采集与存储

（1）待实验系统正常工作后，在工控机中利用串口软件向 GNSS 信号模拟器发送控制指令，使其模拟生成并向外发射高动态、低载噪比的 GNSS 信号。

（2）在工控机中，读取 GNSS 基带信号处理器中的载波频率误差和码相位误差数据，并将其转换为伪距误差和伪距率误差等测量信息；然后，利用卡尔曼滤波器对各通道的测量信息进行融合，并对载体的位置误差和速度误差等状态量进行估计，从而实现对载体位置和速度的更新；最后，根据更新后的位置和速度以及卫星星历信息，计算出各通道码相位和载波频率修正值，并将其反馈至本地信号发生器，从而实现对信号的闭环跟踪。

（3）在指定的测试时间内维持实验系统正常运行，同时利用工控机对测试数据、跟踪及导航结果等进行存储。

（4）实验结束，将 GNSS 信号矢量跟踪实验系统断电，整理实验装置。

6）数据处理与分析

对跟踪及导航结果进行处理与分析，从而对矢量跟踪系统的抗干扰能力、抗动态性、对中断信号桥接等性能进行充分验证。

7）撰写实验报告

10.2　基于矢量跟踪的 SINS/GNSS 深组合系统

SINS/GNSS 深组合结构与其他组合方式的显著区别主要包括以下两点。

（1）卫星导航接收机的结构不同于松组合、紧组合和超紧组合系统中的传统接收机。传统接收机中包括一组独立的码跟踪环和载波跟踪环，而这些结构在深组合系统中被类似于矢量延迟锁定环（Vector Delay Lock Loop，VDLL）的跟踪环路所取代。

（2）来自 SINS 的信息作为 GNSS 接收机的一部分，GNSS 接收机不再是一个独立的导航系统。

深组合结构能够显著增强 GNSS 接收机的抗干扰能力，并能对 SINS 和 GNSS 接收机的信息进行最优融合。

10.2.1　深组合数据处理方法

如图 10.10 所示为闭环 SINS/GNSS 深组合导航系统结构框图。GNSS 接收机对信号进行前端处理、采样，并利用相关器将输入信号与本地信号进行相关处理。相关器累加输出记为 I_s 和 Q_s，其为 GNSS 接收机到 SINS/GNSS 组合卡尔曼滤波器的输入信息。GNSS 接收机利用 NCO 来控制本地参考信号，使其伪码相位与载波频率与输入信号保持一致。NCO 的控制指令是根据一系列参数生成的，主要包括校正后的 SINS 导航参数、卫星星历参数、卫星和接收机的钟差估计参数以及电离层、对流层延迟估计信息等。最后，SINS/GNSS 组合卡尔曼滤波器对 SINS 的导航参数进行校正，从而构成组合系统的导航解。

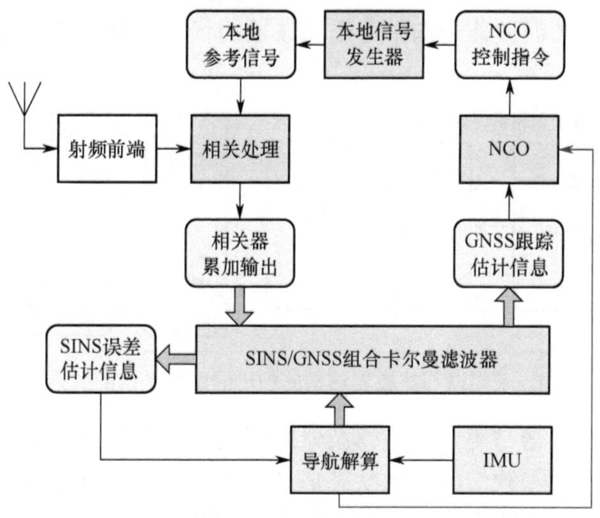

图 10.10　闭环 SINS/GNSS 深组合导航系统结构框图

SINS/GNSS 深组合算法可以分为两大类：相干算法和非相干算法。相干算法将接收机相关器的累加输出作为测量信息直接输入组合卡尔曼滤波器中；而非相干算法则先利用鉴相器（或鉴频器）对相关器累加输出进行处理，这类似于传统的信号跟踪方法。采用相干算法的深组合又可以进一步分为集中式滤波和分散式滤波两种处理方式。

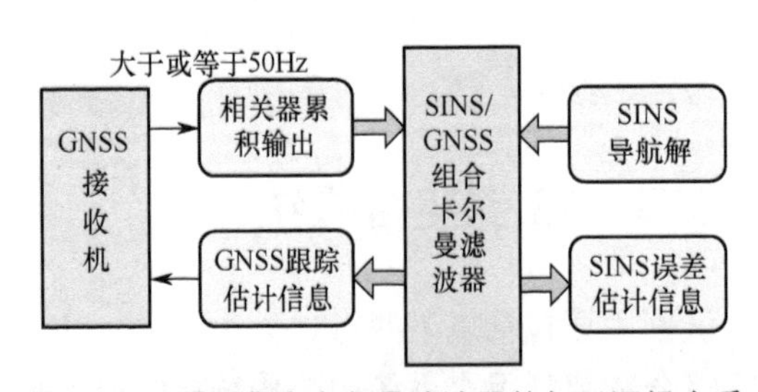

图 10.11　采用集中卡尔曼滤波器的相干深组合系统的数据流程图

如图 10.11 所示为采用集中卡尔曼滤波器的相干深组合系统的数据流程图。对于 GNSS 信号来讲，产生相关器累积值的最小频率为 50 Hz，这取决于导航电文比特流的传播速率。因此，相关器累加输出传输到组合卡尔曼滤波器的速率需要大于或等于 50 Hz。对于现代化的 GNSS 信号或者已经去除导航电文的 GNSS 信号，还存在着其他约束条件。量测矢量维数较大，若以每个通道内采用超前、滞后、即时三个相关器，每个相关器产生同相、正交两路信号来计算，那么量测矢量中的分量数量为所跟踪卫星数量的 6 倍。

为了维持载波跟踪，卡尔曼滤波器处理完每组 I_s、Q_s 数据后，将校正信息反馈回跟踪环路中，以使接收机内的参考载波相位与输入信号保持对齐。由于参考载波相位的偏移可以通过卡尔曼滤波器的状态估计得到，因此这种处理方法不需要维持接收机内部的参考载波相位与输入信号对齐。然而，在累积时间间隔内，为了保证接收机相关器的伪码相关能够持续进行，参考信号与输入信号的载波频率必须保持同步。

在采用集中式卡尔曼滤波器的相干深组合系统中，由于滤波器更新率高、状态向量和量测向量维数高而导致的大计算量是一个亟待解决的问题。因此，在实际应用的相干深组合系统中，大都采用联邦滤波器结构，其数据流程图如图 10.12 所示。在对卫星信号进行跟踪时，每个跟踪预滤波器都对应一颗可视卫星，它以 I_s、Q_s（50 Hz）为测量信息，对码相位跟踪误差、载波频率跟踪误差以及本地参考信号的载波相位偏移等状态量进行估计。根据码相位、载波频率与伪距、伪距率的比例关系，将每个通道预滤波器的估计结果转化为伪距和伪距率信息，并将这些信息以较低的频率（1 Hz 或 2 Hz）输入组合卡尔曼滤波器进行综合处理。相比于集中滤波结构，联邦滤波器结构中每个滤波器的状态向量和量测向量的维数显著减低，从而减小了计算量。

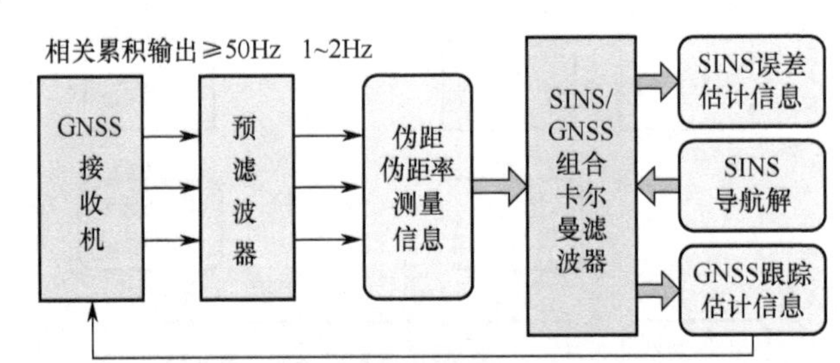

图 10.12　采用联邦滤波器结构的相干深组合系统的数据流程图

为了防止跟踪预滤波器与组合导航滤波器之间发生信息分配冲突，当测量信息输入组合导航滤波器时，将码相位和载波频率的状态估计信息置零。这就保证了相同的信息不会同时出现在两个滤波器中，这种结构被称为“重置式”联邦滤波器结构。

相干深组合系统的主要优点在于，取消了鉴相器，从而在输入卡尔曼滤波器的测量信息中消除了无法建模的非线性误差。由于量测噪声的协方差不再受限于鉴相器的非线性范围，这使得卡尔曼滤波器可以获得很高的增益。另外，相干伪码跟踪的抗噪性能要优于非相干伪码跟踪。然而，相干深组合系统最大的缺点在于：为了从 I_s、Q_s 测量信息中提取伪码跟踪信息，必须已知参考信号的载波相位偏移，故跟踪预滤波器必须对载波相位保持跟踪，才能够维持伪码跟踪。在低信噪比环境中，通常要求伪码和载波频率跟踪能够在更低的载噪比条件下运行。因此，在这种情况下，相干深组合系统不再适用。据报道，在具备导航电文估计信息的条件下，相干深组合系统所能维持的最低载噪比水平为 15 dBHz。

如图 10.13 所示为非相干深组合系统的数据流程图。在未去除导航电文的情况下，利用鉴相器函数以不小于 50 Hz 的频率对相关器累加输出进行计算，得到伪码相位和载波频率。由于伪码鉴相器的输出与载波相位无关，即使载噪比水平很低而无法跟踪载波相位，伪码鉴相器函数也可以输出伪码相位的鉴别结果。因此，非相干深组合与相干深组合相比，能够在较低的信噪比条件下保持伪码跟踪。

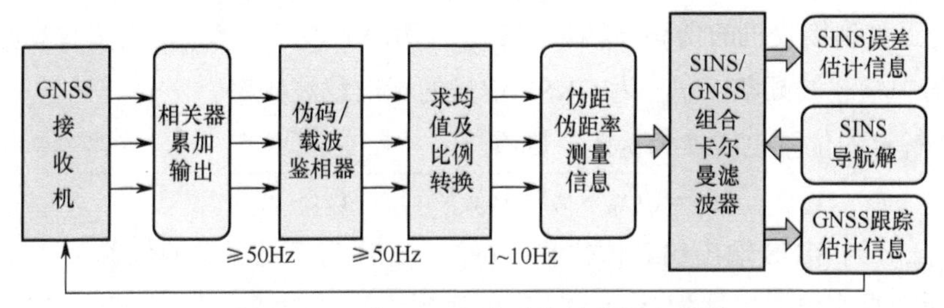

图 10.13　非相干深组合系统的数据流程图

伪码/载波鉴相器的输出分别通过比例因子转换为伪距/伪距率测量信息，该测量信息经过平均，由 50 Hz 转换到 1～10 Hz，以降低组合卡尔曼滤波器的更新频率。

相干深组合因取消鉴相器而消除了测量信息中的非线性误差，具有更高的跟踪精度；而非相干深组合由于伪码鉴相器的输出与载波相位无关，在低载噪比水平下也能保持对伪码的跟踪。因此，在同时要求高精度和低载噪比运行的情况下，可以设置成两种模式的切换，由相干组合作为初始组合模式，而非相干组合作为常规组合模式。模式切换可设置在预滤波阶段，使 SINS/GNSS 组合卡尔曼滤波器能够在两种模式下运行。此外，强信号采用相干跟踪，而弱信号采用非相干跟踪。这种处理方法对于微弱信号条件下部分信号被削弱的情况十分有效。

10.2.2　SINS/GNSS 相干深组合模型与结构

1）SINS 和 GNSS 伪距/伪距率的关系

如图 10.14 所示为伪距示意图。

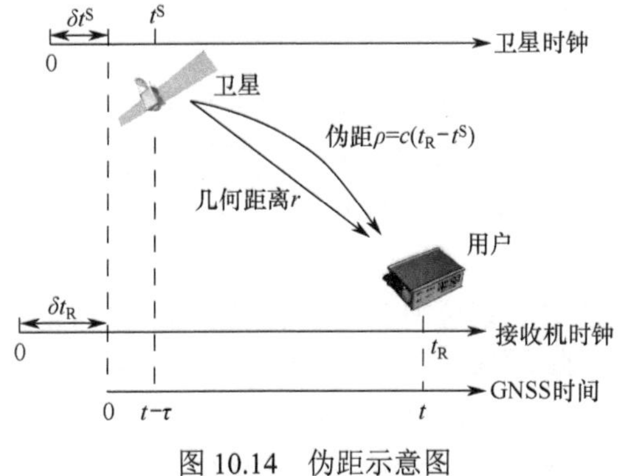

图 10.14　伪距示意图

某颗卫星在t^{S}时刻发射出卫星信号，该卫星信号经历电离层延迟δt_1和对流层延迟δt_2后，在t_{R}时刻被 GNSS 接收机接收到。δt^{S}为卫星时钟相对于 GNSS 时的误差，δt_{R}为接收机时钟相对于 GNSS 时的误差，τ为卫星信号传播时间。因此，有

$$\rho_{\mathrm{S}} = r + \delta t_{\mathrm{R}} - \delta t^{\mathrm{S}} + \delta t_1 + \delta t_2 + \varepsilon \tag{10.14}$$

式中，ε为卫星信号传播过程中的误差总和。下面从 GNSS 接收机接收信号的流程说明计算伪距/伪距率的方法。

根据码跟踪环和载波跟踪环的输出结果计算得到伪距和伪距率分别为

$$\rho_{\mathrm{S}} = P_{\mathrm{code}} \cdot \lambda_{\mathrm{code}},\ \lambda_{\mathrm{code}} = c/f_{\mathrm{code}} \tag{10.15}$$

$$\dot{\rho}_{\mathrm{S}} = f_{\mathrm{Doppler}} \cdot \lambda_{\mathrm{carr}},\quad f_{\mathrm{Doppler}} = f_{\mathrm{trackcarr}} - f_{\mathrm{IF}},\quad \lambda_{\mathrm{carr}} = c/f_{\mathrm{carr}} \tag{10.16}$$

式中，P_{code}为卫星到接收机的伪码周期数，λ_{code}为伪码的波长，f_{Doppler}为多普勒频移，$f_{\mathrm{trackcarr}}$为跟踪得到的中频载波频率，f_{carr}为 GNSS 信号的标准载波频率。

将 SINS 解算的位置也转换为伪距，则有

$$\rho_{\mathrm{I}} = \sqrt{(x_{\mathrm{S}} - x_{\mathrm{I}})^2 + (y_{\mathrm{S}} - y_{\mathrm{I}})^2 + (z_{\mathrm{S}} - z_{\mathrm{I}})^2} \tag{10.17}$$

式中，$(x_{\mathrm{I}}, y_{\mathrm{I}}, z_{\mathrm{I}})^{\mathrm{T}}$为 SINS 输出的载体位置；$(x_{\mathrm{S}}, y_{\mathrm{S}}, z_{\mathrm{S}})^{\mathrm{T}}$为可见卫星的位置。

设载体所在真实位置坐标为$(x,y,z)^{\mathrm{T}}$，在仅考虑一次项的情况下，将式(10.17)在$(x,y,z)^{\mathrm{T}}$处进行泰勒展开，得到

$$\rho_{\mathrm{I}} \approx \sqrt{(x - x_{\mathrm{S}})^2 + (y - y_{\mathrm{S}})^2 + (z - z_{\mathrm{S}})^2} + \frac{\partial \rho_{\mathrm{I}}}{\partial x}(x_{\mathrm{I}} - x) + \frac{\partial \rho_{\mathrm{I}}}{\partial y}(y_{\mathrm{I}} - y) + \frac{\partial \rho_{\mathrm{I}}}{\partial z}(z_{\mathrm{I}} - z) \tag{10.18}$$

令

$$r_{\mathrm{I}} = \sqrt{(x - x_{\mathrm{S}})^2 + (y - y_{\mathrm{S}})^2 + (z - z_{\mathrm{S}})^2} \tag{10.19}$$

$$\delta x = x_{\mathrm{I}} - x, \delta y = y_{\mathrm{I}} - y, \delta z = z_{\mathrm{I}} - z \tag{10.20}$$

并已知

$$\frac{\partial \rho_{\mathrm{I}}}{\partial x} = \frac{x - x_{\mathrm{S}}}{\sqrt{(x - x_{\mathrm{S}})^2 + (y - y_{\mathrm{S}})^2 + (z - z_{\mathrm{S}})^2}} = \frac{x - x_{\mathrm{S}}}{r_{\mathrm{I}}} = e_1 \tag{10.21}$$

$$\frac{\partial \rho_{\mathrm{I}}}{\partial y} = \frac{y - y_{\mathrm{S}}}{\sqrt{(x - x_{\mathrm{S}})^2 + (y - y_{\mathrm{S}})^2 + (z - z_{\mathrm{S}})^2}} = \frac{y - y_{\mathrm{S}}}{r_{\mathrm{I}}} = e_2 \tag{10.22}$$

$$\frac{\partial \rho_{\mathrm{I}}}{\partial z} = \frac{z - z_{\mathrm{S}}}{\sqrt{(x - x_{\mathrm{S}})^2 + (y - y_{\mathrm{S}})^2 + (z - z_{\mathrm{S}})^2}} = \frac{z - z_{\mathrm{S}}}{r_{\mathrm{I}}} = e_3 \tag{10.23}$$

可得

$$\rho_{\mathrm{I}} = r_{\mathrm{I}} + e_1 \delta x + e_2 \delta y + e_3 \delta z \tag{10.24}$$

同理，将 SINS 解算的速度也转换为伪距率，则有

$$\dot{\rho}_{\mathrm{I}} = e_1(\dot{x} - \dot{x}_{\mathrm{S}}) + e_2(\dot{y} - \dot{y}_{\mathrm{S}}) + e_3(\dot{z} - \dot{z}_{\mathrm{S}}) \tag{10.25}$$

2）相关输出与位置/速度的关系

由于 SINS/GNSS 深组合导航系统中 SINS 的位置/速度会直接反馈给 GNSS 跟踪环路，因此推导相关累加值I/Q与位置/速度的关系是整个相干深组合理论的基础。

将 GNSS 信号表示为

$$s(t) = AC(t - \tau)D(t - \tau)\cos[\omega(t - \tau) + \varphi_{\mathrm{d}}] + n \tag{10.26}$$

式中，ω 为 GNSS 信号的角频率，其与频率 f_{L} 之间的关系为 $\omega = 2\pi f_{\mathrm{L}}$；$\tau$ 为卫星和接收机之间的传输延迟；φ_{d} 为 GNSS 信号的载波相位；n 为高斯白噪声。

假设卫星的位置是 $\boldsymbol{X}_{\mathrm{S}}(t)$，载体接收机位置为 $\boldsymbol{X}_{\mathrm{R}}(t)$，忽略大气和晶振钟差的影响，存在

$$\tau = \frac{|\boldsymbol{X}_{\mathrm{S}}(t) - \boldsymbol{X}_{\mathrm{R}}(t)|}{c} \tag{10.27}$$

根据泰勒公式，对 $|\boldsymbol{X}_{\mathrm{S}}(t) - \boldsymbol{X}_{\mathrm{R}}(t)|$ 进行二阶展开，可以得到

$$|\boldsymbol{X}_{\mathrm{S}}(t) - \boldsymbol{X}_{\mathrm{R}}(t)| \approx |\boldsymbol{X}_{\mathrm{S}}(t_0) - \boldsymbol{X}_{\mathrm{R}}(t_0)| + \frac{\mathrm{d}}{\mathrm{d}t}|\boldsymbol{X}_{\mathrm{S}}(t_0) - \boldsymbol{X}_{\mathrm{R}}(t_0)|(t - t_0) + \frac{1}{2}\frac{\mathrm{d}^2}{\mathrm{d}t^2}|\boldsymbol{X}_{\mathrm{S}}(t_0) - \boldsymbol{X}_{\mathrm{R}}(t_0)|(t - t_0)^2 \tag{10.28}$$

将式(10.28)代入式(10.26)，并令

$$v_r = \frac{\mathrm{d}}{\mathrm{d}t}|\boldsymbol{X}_{\mathrm{S}}(t_0) - \boldsymbol{X}_{\mathrm{R}}(t_0)|, \quad a_r = \frac{1}{2}\frac{\mathrm{d}^2}{\mathrm{d}t^2}|\boldsymbol{X}_{\mathrm{S}}(t_0) - \boldsymbol{X}_{\mathrm{R}}(t_0)| \tag{10.29}$$

则有

$$\begin{aligned} s(t) &= AC(t-\tau)D(t-\tau)\cos\left(\omega\left(t - \frac{\boldsymbol{X}_{\mathrm{S}}(t_0) - \boldsymbol{X}_{\mathrm{R}}(t_0)}{c} - \frac{v_r(t - t_0)}{c} - \frac{a_r(t - t_0)^2}{c}\right) + \varphi_{\mathrm{d}}\right) + n \\ &= ACD\cos(\omega(1 - \frac{v_r}{c} - \frac{a_r}{c}(t + 2t_0))t - \frac{\omega}{c}(|\boldsymbol{X}_{\mathrm{S}}(t_0) - \boldsymbol{X}_{\mathrm{R}}(t_0)| - v_r t_0 + a_r t_0^2) + \varphi_{\mathrm{d}}) + n \end{aligned} \tag{10.30}$$

令

$$\omega' = \omega(1 - \frac{v_r}{c} - \frac{a_r}{c}(t + 2t_0)), \quad \varphi' = -\frac{\omega}{c}(|\boldsymbol{X}_{\mathrm{S}}(t_0) - \boldsymbol{X}_{\mathrm{R}}(t_0)| - v_r t_0 + a_r t_0^2) + \varphi_{\mathrm{d}} \tag{10.31}$$

式中，ω' 和 φ' 分别为接收机接收到的载波频率和相位，则式(10.30)可以简化为

$$s(t) = AC(t-\tau)D(t-\tau)\cos(\omega' t + \varphi') + n \tag{10.32}$$

此时，I/Q 信号可以表示为

$$\begin{aligned} I &= \int_{kT}^{(k+1)T} \sin(\hat{\omega}t + \hat{\varphi})[A\cos(\omega' t + \varphi') + n]\mathrm{d}t \\ &= \int_{kT}^{(k+1)T} \left\{\frac{A}{2}[\sin((\hat{\omega} + \omega')t + \hat{\varphi} + \varphi') + \sin((\hat{\omega} - \omega')t + \hat{\varphi} - \varphi')] + n_{\mathrm{I}}\right\}\mathrm{d}t \end{aligned} \tag{10.33}$$

$$\begin{aligned} Q &= \int_{kT}^{(k+1)T} \cos(\hat{\omega}t + \hat{\varphi})[A\cos(\omega' t + \varphi') + n]\mathrm{d}t \\ &= \int_{kT}^{(k+1)T} \left\{\frac{A}{2}[\cos((\hat{\omega} + \omega')t + \hat{\varphi} + \varphi') + \cos((\hat{\omega} - \omega')t + \hat{\varphi} - \varphi')] + n_{\mathrm{Q}}\right\}\mathrm{d}t \end{aligned} \tag{10.34}$$

式中，$\hat{\omega}$ 和 $\hat{\varphi}$ 分别表示本地产生的频率和码相位；T 为积分间隔时间；n_{I} 和 n_{Q} 是正交的噪声分量。

I/Q 信号经过低通滤波后，可得

$$I = \int_{kT}^{(k+1)T} \left\{\frac{A}{2}\sin[(\hat{\omega} - \omega')t + \hat{\varphi} - \varphi'] + n_{\mathrm{I}}\right\}\mathrm{d}t = \int_{kT}^{(k+1)T} \left[\frac{A}{2}\sin(\omega_e t + \varphi_e) + n_{\mathrm{I}}\right]\mathrm{d}t \tag{10.35}$$

$$Q = \int_{kT}^{(k+1)T} \left\{\frac{A}{2}\cos[(\hat{\omega} - \omega')t + \hat{\varphi} - \varphi'] + n_{\mathrm{I}}\right\}\mathrm{d}t = \int_{kT}^{(k+1)T} \left[\frac{A}{2}\cos(\omega_e t + \varphi_e) + n_{\mathrm{I}}\right]\mathrm{d}t \tag{10.36}$$

式中，$\omega_e = \hat{\omega} - \omega'$，$\varphi_e = \hat{\varphi} - \varphi'$，进一步可以表示为

$$\omega_e = \frac{\omega}{c}|\boldsymbol{v}_{\mathrm{R}} - \hat{\boldsymbol{v}}_{\mathrm{R}}| = \frac{\omega}{c}v_e \tag{10.37}$$

$$\varphi_e = \frac{-\omega}{c}(|\boldsymbol{x}_{\mathrm{R}} - \hat{\boldsymbol{x}}_{\mathrm{R}}| - |\boldsymbol{v}_{\mathrm{R}} - \hat{\boldsymbol{v}}_{\mathrm{R}}|t) = \frac{-\omega}{c}(x_e - v_e t) \tag{10.38}$$

式中，$\boldsymbol{x}_{\mathrm{R}}$ 和 $\boldsymbol{v}_{\mathrm{R}}$ 为载体位置和速度，$\hat{\boldsymbol{x}}_{\mathrm{R}}$ 和 $\hat{\boldsymbol{v}}_{\mathrm{R}}$ 为对应的估计值。

再对 I/Q 求期望，可得

$$E[I] = \frac{-A}{2\omega_e}[\cos(\omega_e(k+1)T + \varphi_e) - \cos(\omega_e kT + \varphi_e)] \tag{10.39}$$

$$E[Q] = \frac{-A}{2\omega_e}[\sin(\omega_e(k+1)T + \varphi_e) - \sin(\omega_e kT + \varphi_e)] \tag{10.40}$$

因此，$E[I]$ 和 $E[Q]$ 为位置和速度的函数，$E[I]$ 对位置求偏导，$E[Q]$ 对速度求偏导得

$$\mathrm{d}E[I] = \frac{1}{2}\left(\frac{\partial E[I]}{\partial \varphi_e}\frac{\partial \varphi_e}{\partial x} + \frac{\partial E[I]}{\partial \omega_e}\frac{\partial \omega_e}{\partial x}\right)\mathrm{d}x \tag{10.41}$$

$$\mathrm{d}E[Q] = \frac{1}{2}\left(\frac{\partial E[Q]}{\partial \varphi_e}\frac{\partial \varphi_e}{\partial \dot{x}} + \frac{\partial E[Q]}{\partial \omega_e}\frac{\partial \omega_e}{\partial \dot{x}}\right)\mathrm{d}\dot{x} \tag{10.42}$$

式中

$$\frac{\partial E[I]}{\partial \varphi_e} = \frac{A}{2\omega_e}\{\sin[\omega_e(k+1)T + \varphi_e] + \sin(\omega_e kT + \varphi_e)\} \tag{10.43}$$

$$\frac{\partial \varphi_e}{\partial x} = -\frac{\omega}{c}\frac{x_e}{R_e}, R_e = \sqrt{x_e^2 + y_e^2 + z_e^2} \tag{10.44}$$

$$\begin{gathered}\frac{\partial E[I]}{\partial \omega_e} \approx \frac{AkT}{2\omega_e}\{-\sin[\omega_e(k+1)T + \varphi_e] + \sin(\omega_e kT + \varphi_e) - \\ \cos[\omega_e(k+1)T + \varphi_e] + \cos(\omega_e kT + \varphi_e)\}\end{gathered} \tag{10.45}$$

$$\frac{\partial \omega_e}{\partial x} = 0 \tag{10.46}$$

$$\frac{\partial E[Q]}{\partial \varphi_e} = \frac{-A}{2\omega_e}\{\cos[\omega_e(k+1)T + \varphi_e] - \cos(\omega_e kT + \varphi_e)\} \tag{10.47}$$

$$\frac{\partial \varphi_e}{\partial \dot{x}} = \frac{\omega T}{c}\frac{v_e}{R_e} \tag{10.48}$$

$$\begin{gathered}\frac{\partial E[Q]}{\partial \omega_e} \approx \frac{-AkT}{2\omega_e}\{\sin[\omega_e(k+1)T + \varphi_e] - \sin(\omega_e kT + \varphi_e) + \\ \cos[\omega_e(k+1)T + \varphi_e] - \cos(\omega_e kT + \varphi_e)\}\end{gathered} \tag{10.49}$$

$$\frac{\partial \omega_e}{\partial \dot{x}} = \frac{\omega}{c}\frac{v_e}{R_e} \tag{10.50}$$

将式(10.43)～式(10.50)代入式(10.41)和式(10.42)中即可得到 I/Q 与位置/速度的关系。

3）SINS/GNSS 集中式相干深组合

集中式相干深组合结构框图如图 10.15 所示，集中式 SINS/GNSS 深组合导航系统将视野中所有卫星的跟踪和导航解算均利用一个组合导航滤波器来完成，该滤波器代替了传统跟踪环路中的鉴相器和环路滤波器，参与到接收机基带信号处理中，该滤波器的量测量是 GNSS 跟踪通道 I/Q 信号和由 SINS 信息转换所得等效 I/Q 之差。组合导航滤波器修正后的 SINS 导航解结合卫星星历计算实时码相位和载波频率，并将其反馈至码/载波 NCO，以控制本地复现信号与接收信号同步。而状态量可取为 SINS 的误差参数（平台误差角、速度误差、位置误

差、陀螺仪常值漂移、加速度计零偏）和 GNSS 的钟差参数（时钟误差相应的伪距和时钟频率误差相应的伪距率）。组合导航滤波器进行导航参数误差估计并修正 SINS，最后输出校正后的导航信息。

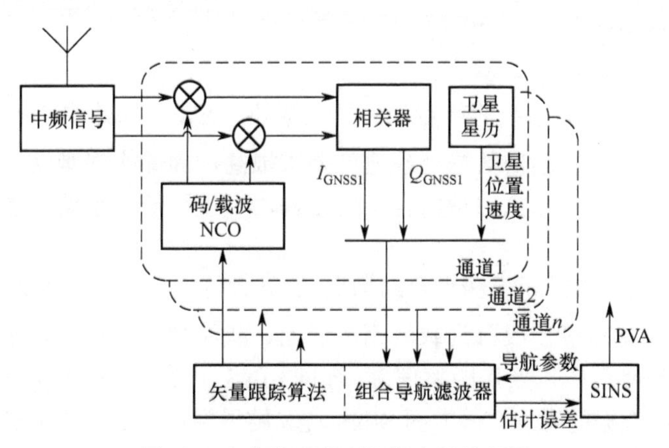

图 10.15　集中式相干深组合结构框图

集中式深组合导航滤波器的量测方程为

$$\begin{aligned}\boldsymbol{Z}&=\begin{bmatrix}\delta I_1 & \delta Q_1\\ \vdots & \vdots\\ \delta I_n & \delta Q_n\end{bmatrix}=\begin{bmatrix}I_{\text{GNSS1}}-I_{\text{SINS1}} & Q_{\text{GNSS1}}-Q_{\text{SINS1}}\\ \vdots & \vdots\\ I_{\text{GNSS}n}-I_{\text{SINS}n} & I_{\text{GNSS}n}-I_{\text{SINS}n}\end{bmatrix}\\ &=\boldsymbol{H}_{\delta x,\delta v\to I,Q}\boldsymbol{X}+\boldsymbol{V}\end{aligned}\tag{10.51}$$

式中

$$\boldsymbol{H}_{\delta x,\delta v\to I,Q}=\begin{bmatrix}0&0&0&0&0&0&h_{x1}&h_{y1}&h_{z1}&0&\cdots&0&1&0\\ \vdots&\vdots&\vdots&\vdots&\vdots&\vdots&\vdots&\vdots&\vdots&\vdots&\vdots&\vdots&\vdots&\vdots\\ 0&0&0&0&0&0&h_{xn}&h_{yn}&h_{zn}&0&\cdots&0&1&0\\ 0&0&0&\dot{h}_{x1}&\dot{h}_{y1}&\dot{h}_{z1}&0&0&0&0&\cdots&0&0&1\\ \vdots&\vdots&\vdots&\vdots&\vdots&\vdots&\vdots&\vdots&\vdots&\vdots&\vdots&\vdots&\vdots&\vdots\\ 0&0&0&\dot{h}_{xn}&\dot{h}_{yn}&\dot{h}_{zn}&0&0&0&0&\cdots&0&0&1\end{bmatrix}\tag{10.52}$$

$$h_{x1}=\frac{1}{2}\left(\frac{\partial E[I]}{\partial\omega_e}\frac{\partial\omega_e}{\partial x}+\frac{\partial E[I]}{\partial\varphi_e}\frac{\partial\varphi_e}{\partial x}\right)\tag{10.53}$$

$$\dot{h}_{x1}=\frac{1}{2}\left(\frac{\partial E[Q]}{\partial\omega_e}\frac{\partial\omega_e}{\partial\dot{x}}+\frac{\partial E[Q]}{\partial\varphi_e}\frac{\partial\varphi_e}{\partial\dot{x}}\right)\tag{10.54}$$

$$h_{y1}=\frac{1}{2}\left(\frac{\partial E[I]}{\partial\omega_e}\frac{\partial\omega_e}{\partial y}+\frac{\partial E[I]}{\partial\varphi_e}\frac{\partial\varphi_e}{\partial y}\right)\tag{10.55}$$

$$\dot{h}_{y1}=\frac{1}{2}\left(\frac{\partial E[Q]}{\partial\omega_e}\frac{\partial\omega_e}{\partial\dot{y}}+\frac{\partial E[Q]}{\partial\varphi_e}\frac{\partial\varphi_e}{\partial\dot{y}}\right)\tag{10.56}$$

$$h_{z1}=\frac{1}{2}\left(\frac{\partial E[I]}{\partial\omega_e}\frac{\partial\omega_e}{\partial z}+\frac{\partial E[I]}{\partial\varphi_e}\frac{\partial\varphi_e}{\partial z}\right)\tag{10.57}$$

$$\dot{h}_{z1}=\frac{1}{2}\left(\frac{\partial E[Q]}{\partial\omega_e}\frac{\partial\omega_e}{\partial\dot{z}}+\frac{\partial E[Q]}{\partial\varphi_e}\frac{\partial\varphi_e}{\partial\dot{z}}\right)\tag{10.58}$$

$$V_i = \begin{bmatrix} n_{\mathrm{I},i} \\ n_{\mathrm{Q},i} \end{bmatrix} \tag{10.59}$$

由此可以看出，集中式深组合系统中组合导航滤波器量测矢量维数庞大，导致运算量过大，很难满足实时性要求（50 Hz 以上）。

4）SINS/GNSS 分布式相干深组合

SINS/GNSS 深组合导航系统的特点除矢量跟踪外，还在于原始的 I/Q 路信号直接参与导航滤波。集中式深组合对滤波器数据处理速度要求很高，因此实现难度较大。为了解决上述问题，衍生出一种分布滤波形式的深组合系统结构，不仅降低了系统的复杂度，而且能将跟踪频率降至 1～2 Hz。

如图 10.16 所示为分布式相干深组合结构框图，其预滤波器的量测量为相关器输出的 I/Q 路信号，预滤波器的状态量一般取为载波相位误差、载波频率误差、码相位误差，经过位同步和帧同步处理后得到伪距以及伪距率信息，连同 SINS 子系统输出的信息作为组合导航滤波器的输入，进而完成数据的融合。一方面 SINS 解算结果经过组合导航滤波器校正后作为导航输出，另一方面利用导航解算结果估计跟踪参数，并将结果反馈至跟踪通道，以保持信号的持续跟踪。

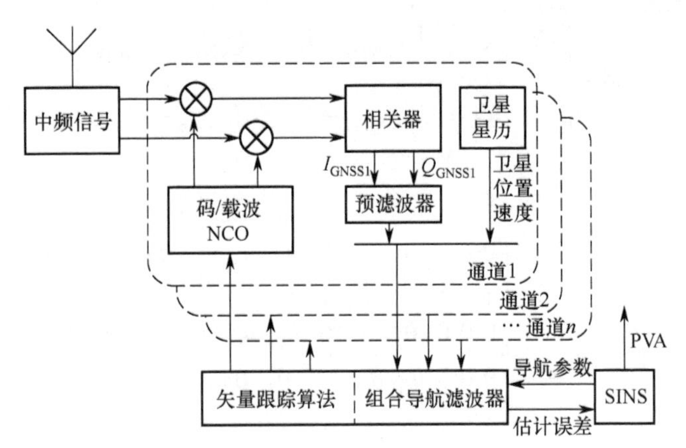

图 10.16　分布式相干深组合结构框图

分布式相干深组合中预滤波器的状态量取为

$$X = \begin{bmatrix} A & \delta\rho & \delta\varphi & \delta\dot{\varphi} & \delta\ddot{\varphi} \end{bmatrix}^{\mathrm{T}} \tag{10.60}$$

式中，A 为信号的幅值；$\delta\rho$ 为信号的伪距误差；$\delta\varphi$、$\delta\dot{\varphi}$、$\delta\ddot{\varphi}$ 分别为信号载波相位的误差、误差率和二阶误差率。

状态方程为

$$\begin{bmatrix} A_{k+1} \\ \delta\rho_{k+1} \\ \delta\varphi_{k+1} \\ \delta\dot{\varphi}_{k+1} \\ \delta\ddot{\varphi}_{k+1} \end{bmatrix} = \begin{bmatrix} 1 & 0 & 0 & 0 & 0 \\ 0 & 1 & 0 & \frac{\lambda_{\mathrm{carr}}}{2\pi}\mathrm{d}t & 0 \\ 0 & 0 & 1 & \mathrm{d}t & \frac{\mathrm{d}t^2}{2} \\ 0 & 0 & 0 & 1 & \mathrm{d}t \\ 0 & 0 & 0 & 0 & 1 \end{bmatrix} \begin{bmatrix} A_k \\ \delta\rho_k \\ \delta\varphi_k \\ \delta\dot{\varphi}_k \\ \delta\ddot{\varphi}_k \end{bmatrix} + \boldsymbol{W} \tag{10.61}$$

量测量为相关器输出的 I_{E}、I_{P}、I_{L}、Q_{E}、Q_{P} 和 Q_{L} 值。

10.2.3　SINS/GNSS 非相干深组合建模与设计

常规接收机采用包含鉴相器和环路滤波器的跟踪环路来跟踪卫星信号。跟踪环路在信号功率较高、载体机动性较低的环境中运行良好。但是在载体动态较大、信号载噪比较低的条件下，跟踪环路往往无法正常运行甚至失锁，而 SINS/GNSS 深组合导航系统则具备在恶劣环境中运行的能力。深组合导航系统将信号跟踪和导航参数估计两个目标结合为一体，并且取消了以往独立、并行跟踪每颗卫星信号的方式，而是同时跟踪所有可视卫星的信号。

深组合导航系统的主要任务是维持码相位和载波频率锁定。由于相关器的输出为相位误差的三角函数，因此相干深组合系统能够估计出接收信号与本地参考信号之间的相位误差。相干深组合算法不需要维持接收信号与本地信号的相位锁定，但必须估计出相位误差；而非相干深组合算法则不需要估计载波相位误差，只需对每颗卫星的伪码相位和载波频率进行跟踪即可。与载波相位跟踪相比，伪码相位和载波频率的跟踪能够在较低的载噪比环境中运行。可见，深组合导航系统采用非相干深组合，可提高组合导航系统在低载噪比、高动态环境中的工作性能。为了提高 GNSS 接收机在载体高动态、强干扰环境中的跟踪性能，设计了一种深组合方案。该方案在接收机内部采用矢量跟踪环路代替了传统的标量跟踪环路，而 SINS/GNSS 深组合导航系统与 GNSS 接收机的数据处理则采用非相干数据处理方法。

设计的 SINS/GNSS 深组合导航系统结构如图 10.17 所示。该组合导航系统主要包括矢量跟踪环节和深组合导航信息处理两部分。在矢量跟踪环节中，通道滤波器和组合导航滤波器都用于 GNSS 信号跟踪，而组合导航滤波器还负担着导航信息处理的任务。相关器输出的同相、正交信号经过鉴相器函数计算后，作为通道滤波器的测量信息，用来估计伪码相位和载波频率等跟踪误差；而通道滤波器的状态估计值经过比例转换后，作为测量信息输入组合导航滤波器中用于估计组合导航系统的导航误差状态。经过误差校正后的 SINS 导航参数与卫星星历数据等一起用于 GNSS 跟踪参数的估计，用来驱动接收机每个跟踪通道的 NCO，以生成本地信号。组合导航滤波器接收 GNSS 跟踪通道与 SINS 输出的测量信息进行信息融合，并将 SINS 的误差参数反馈回 SINS 加以校正；此外，导航信息处理还包括对 GNSS 跟踪参数的估计。

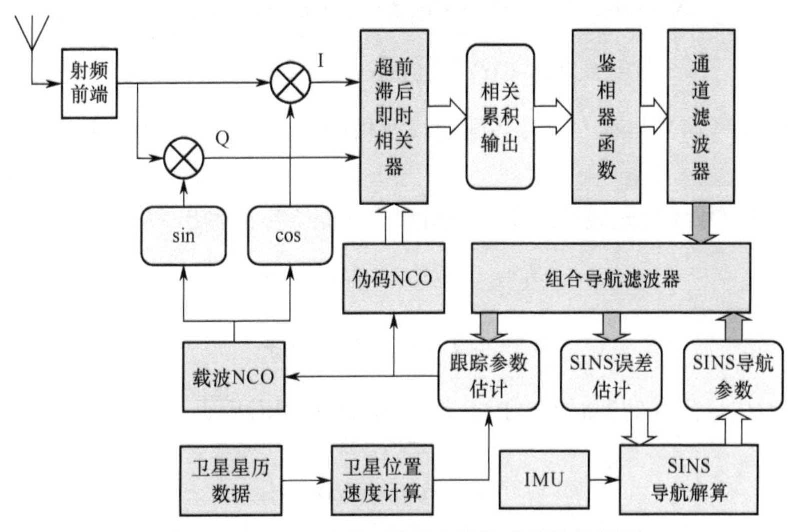

图 10.17　SINS/GNSS 深组合导航系统结构框图

1）信号矢量跟踪环节

在矢量跟踪环节中，只对卫星信号的伪码相位和载波频率进行跟踪。信号跟踪环路的闭合是通过组合导航滤波器完成的。该组合导航滤波器根据组合导航参数及卫星星历数据对接收信号的伪距和伪距率进行估计，并将估计结果送入本地信号发生器的载波 NCO 与伪码 NCO；估计的伪距用来调整伪码 NCO 的伪码相位，而估计的伪距率用于调整载波 NCO 与伪码 NCO 的传输速率；由于并未估计载波相位，所以载波 NCO 中的载波相位不加调整，仍按独立 Costas 载波相位跟踪环的方式运行。每个积分清零周期的相关器输出用于生成伪码相位、载波频率等跟踪误差的测量信息，对通道滤波器进行更新。而通道滤波器得到伪码相位、载波频率等跟踪误差的估计结果，将其转化为伪距、伪距率信息输入组合导航滤波器中，用于对导航误差状态进行更新。

（1）相关器累积输出建模

在不考虑噪声的情况下，接收机天线接收的卫星信号经射频前端处理后，得到的中频信号模型为

$$S_{\mathrm{IF}}=A\cdot D(t)\cdot C(t)\cdot\cos(\omega_{\mathrm{IF}}t+\phi) \tag{10.62}$$

式中，A 为中频信号的幅值，$D(t)$ 为导航数据，$C(t)$ 为伪码，ω_{IF} 为中频信号的中心频率，ϕ 为载波相位。

本地载波 NCO 输出的同相、正交支路信号为

$$L_{\mathrm{I}}=\cos(\omega_L t+\phi_L) \tag{10.63}$$

$$L_{\mathrm{Q}}=\sin(\omega_L t+\phi_L) \tag{10.64}$$

式中，ω_L 为本地载波频率，ϕ_L 为本地载波相位。

将输入的中频信号与同相、正交支路的本地载波信号进行相关处理，以实现载波剥离，则载波剥离后的结果为

$$\begin{aligned}S_{\mathrm{I}}&=A\cdot D(t)\cdot C(t)\cdot\cos(\omega_{\mathrm{IF}}t+\phi)\cdot\cos(\omega_L t+\phi_L)\\&=\frac{1}{2}A\cdot D(t)\cdot C(t)\cdot\left[\cos(\omega_{\mathrm{IF}}t+\omega_L t+\phi+\phi_L)+\cos\phi_e\right]\end{aligned} \tag{10.65}$$

$$\begin{aligned}S_{\mathrm{Q}}&=A\cdot D(t)\cdot C(t)\cdot\cos(\omega_{\mathrm{IF}}t+\phi)\cdot\sin(\omega_L t+\phi_L)\\&=\frac{1}{2}A\cdot D(t)\cdot C(t)\cdot\left[\sin(\omega_{\mathrm{IF}}t+\omega_L t+\phi+\phi_L)+\sin\phi_e\right]\end{aligned} \tag{10.66}$$

式中，ϕ_e 为本地参考信号与输入信号之间的载波相位差，$\phi_e=(\omega_{\mathrm{IF}}-\omega_L)\cdot kt_s+(\phi-\phi_L)$ 为其离散化形式。

I、Q 两支路信号经过低通滤波器，将高频成分滤除后的输出为

$$S_{\mathrm{I}}=\frac{1}{2}A\cdot D(t)\cdot C(t)\cdot\cos\phi_e \tag{10.67}$$

$$S_{\mathrm{Q}}=\frac{1}{2}A\cdot D(t)\cdot C(t)\cdot\sin\phi_e \tag{10.68}$$

本地伪码发生器生成的即时码（P）、超前码（E）和滞后码（L）可表示为

$$C_{\mathrm{P}}=C(kt_s) \tag{10.69}$$

$$C_{\mathrm{E}}=C(kt_s-\delta) \tag{10.70}$$

$$C_{\mathrm{L}}=C(kt_s+\delta) \tag{10.71}$$

式中，t_s 为采样时间间隔，k 为计数点，δ 为本地伪码超前滞后的间隔，由于输入信号为离散信号，所以该间隔可以表示为离散的采样点数。

伪随机码的相关函数为

$$R(\tau)=\begin{cases}1-\dfrac{(L+1)}{Lt_c}|\tau| & |\tau|\leqslant t_c \\ -1/L & |\tau|>t_c\end{cases} \tag{10.72}$$

式中，L 为码序列长度，t_c 为码元宽度，τ 为相关间隔。

剥离载波后的同相、正交信号分别与本地产生的 P 码、E 码和 L 码相关。假设在 1 ms 积分清零间隔内，载波频率差和相位差都近似不变，则相关器累积输出为

$$\begin{aligned}
I_{\text{PS}} &= \frac{1}{2}A\cdot D_i\cdot R(\varepsilon_i)\cdot\frac{\sin(\pi\delta fT)}{\pi\delta fT}\cdot\cos(\pi\delta fT+\delta\phi) \\
I_{\text{ES}} &= \frac{1}{2}A\cdot D_i\cdot R(\varepsilon_i-\delta)\cdot\frac{\sin(\pi\delta fT)}{\pi\delta fT}\cdot\cos(\pi\delta fT+\delta\phi) \\
I_{\text{LS}} &= \frac{1}{2}A\cdot D_i\cdot R(\varepsilon_i+\delta)\cdot\frac{\sin(\pi\delta fT)}{\pi\delta fT}\cdot\cos(\pi\delta fT+\delta\phi) \\
Q_{\text{PS}} &= \frac{1}{2}A\cdot D_i\cdot R(\varepsilon_i)\cdot\frac{\sin(\pi\delta fT)}{\pi\delta fT}\cdot\sin(\pi\delta fT+\delta\phi) \\
Q_{\text{ES}} &= \frac{1}{2}A\cdot D_i\cdot R(\varepsilon_i-\delta)\cdot\frac{\sin(\pi\delta fT)}{\pi\delta fT}\cdot\sin(\pi\delta fT+\delta\phi) \\
Q_{\text{LS}} &= \frac{1}{2}A\cdot D_i\cdot R(\varepsilon_i+\delta)\cdot\frac{\sin(\pi\delta fT)}{\pi\delta fT}\cdot\sin(\pi\delta fT+\delta\phi)
\end{aligned} \tag{10.73}$$

式中，T 为预检测积分时间，δf 和 $\delta\phi$ 分别为预检测积分时间间隔起始时刻本地参考信号与输入信号之间的载波频率和相位差。

（2）鉴相器函数

在常规的码相位跟踪环路中，通常选择归一化超前减滞后包络鉴相器，以消除幅度敏感性。对于 1/2 码元间隔的相关器，当输入误差在±1.5 码元的范围内时，该鉴相器处于正常工作状态。因此，在矢量跟踪环节中，仍选择归一化超前减滞后包络鉴相器。鉴相器的鉴别结果可以表示为相关器累积输出的函数形式：

$$e=\frac{\sqrt{(I_{\text{ES}}^2+Q_{\text{ES}}^2)}-\sqrt{(I_{\text{LS}}^2+Q_{\text{LS}}^2)}}{\sqrt{(I_{\text{ES}}^2+Q_{\text{ES}}^2)}+\sqrt{(I_{\text{LS}}^2+Q_{\text{LS}}^2)}} \tag{10.74}$$

经过整理，式(10.74)可近似表示为

$$e=\frac{R(\varepsilon-\delta)-R(\varepsilon+\delta)}{R(\varepsilon-\delta)+R(\varepsilon+\delta)} \tag{10.75}$$

当 $\varepsilon\leqslant\delta$ 时，即码相位误差在超前滞后间隔范围内，鉴相结果与伪码相位误差成比例关系：

$$e=\frac{L+1}{L\cdot t_c-(L+1)\cdot\delta}\cdot\varepsilon \tag{10.76}$$

对于载波跟踪环路，选择二象限 Atan 鉴相器对相关器累积输出进行鉴相，鉴相函数可表示为

$$\phi_e = \tan^{-1}\left(\frac{Q_{\mathrm{PS}}}{I_{\mathrm{PS}}}\right) \tag{10.77}$$

当本地载波与输入信号之间的频率差为0，相位差为0或±π时，鉴相器的输出为0。可见，载波跟踪环路对相位的反转不敏感，所以当导航电文发生相位跳变时，载波跟踪环路仍然能够保持对载波信号的跟踪。

（3）通道滤波器

利用鉴相器函数对超前、滞后、即时三路相关器的累积输出进行相应的计算后，将鉴相结果作为测量信息输入通道滤波器。由于测量信息与状态变量之间为非线性关系，所以通道滤波器采用扩展卡尔曼滤波算法。通道滤波器的状态变量为通道内的跟踪误差，主要包括伪码相位误差、载波相位误差和载波频率误差，另外还包括载波幅值和载波频率变化率误差等。通道滤波器的系统模型即为通道跟踪误差的动态模型，可表示为

$$\dot{\boldsymbol{X}} = \boldsymbol{F}\boldsymbol{X} + \boldsymbol{W} \tag{10.78}$$

$$\frac{\mathrm{d}}{\mathrm{d}t}\begin{bmatrix}\varepsilon \\ \delta\phi \\ \delta f \\ \delta a \\ A\end{bmatrix} = \begin{bmatrix}0 & 0 & f_{\mathrm{code}}/f_{\mathrm{carr}}\cdot k & 0 & 0 \\ 0 & 0 & 2\pi & 0 & 0 \\ 0 & 0 & 0 & 1 & 0 \\ 0 & 0 & 0 & 0 & 0 \\ 0 & 0 & 0 & 0 & 0\end{bmatrix}\begin{bmatrix}\varepsilon \\ \delta\phi \\ \delta f \\ \delta a \\ A\end{bmatrix} + \begin{bmatrix}\omega_1 \\ \omega_2 \\ \omega_3 \\ \omega_4 \\ \omega_5\end{bmatrix} \tag{10.79}$$

式中，$\boldsymbol{X} = [\varepsilon, \delta\phi, \delta f, \delta a, A]^{\mathrm{T}}$ 为通道滤波器的状态变量，ε 为以采样点数为单位表示的伪码相位误差，$\delta\phi$ 为载波相位误差，δf 为载波频率误差，δa 为载波频率变化率误差，A 为载波幅值，$\boldsymbol{F}$ 为系统矩阵，k 为一个伪码码元的采样点数，与采样频率有关。

通道滤波器的测量信息为伪码和载波跟踪环路鉴相器的鉴相结果，因此量测方程可以表示为

$$\begin{cases} Z_1 = \dfrac{R(\varepsilon-\delta) - R(\varepsilon+\delta)}{R(\varepsilon-\delta) + R(\varepsilon+\delta)} \\ Z_2 = \tan^{-1}\left(\dfrac{Q_{\mathrm{PS}}}{I_{\mathrm{PS}}}\right) \end{cases} \tag{10.80}$$

在积分间隔内，载波相位误差的平均值可以近似表示为

$$\overline{\phi_e} = \delta\phi + 2\pi\delta fT + \pi\delta aT^2 \tag{10.81}$$

2）组合导航滤波器

在SINS/GNSS深组合导航系统中，各通道滤波器估计得到跟踪误差状态后，根据伪码相位、载波频率误差等估计信息以及载波NCO与伪码NCO中的基准信息计算相应的伪距、伪距率并作为测量信息，输入组合导航滤波器中；而SINS则根据GNSS接收机内解码得到的卫星星历数据计算卫星位置、速度参数，并利用位置、速度等导航参数计算卫星与接收机之间的距离、距离率，也作为测量信息输入组合导航滤波器中；组合导航滤波器对GNSS跟踪通道以及SINS输入的伪距、伪距率信息作差，作为测量信息对导航误差状态进行更新。信息融合过程完成后，一方面组合导航滤波器将SINS误差反馈回SINS，对相应的元件误差、导航参数进行校正，另一方面，组合导航系统则根据误差校正后的位置、速度等导航参数，结合卫星参数来计算接收机与各卫星之间的伪距、伪距率信息，并将其传送到GNSS接收机的伪

码 NCO 与载波 NCO 中，对本地伪码相位和载波频率进行调整，而本地载波相位则根据通道滤波器估计的相位误差进行调整。

GNSS 跟踪通道输出的伪距、伪距率信息可以表示为

$$\begin{cases}\rho_{\mathrm{G}}=\left(C_0+\varepsilon\right)\cdot c/f_s \\ \dot{\rho}_{\mathrm{G}}=-\left(f_0+\delta f\right)\cdot c/f_{\mathrm{carr}}\end{cases} \tag{10.82}$$

式中，C_0、f_0 分别为本地信号发生器伪码相位和载波频率的基准值，f_s 为采样频率。

（1）深组合导航系统误差状态模型

深组合导航系统的组合导航滤波器系统模型与紧组合模式下的组合滤波器相似，系统误差状态模型包括 SINS 误差状态方程和 GNSS 误差状态方程。

① SINS 误差状态方程

SINS 的误差状态包括位置误差（δx、δy、δz）、速度误差（δv_x、δv_y、δv_z）、平台失准角（φ_x、φ_y、φ_z）、加速度计零偏（∇_x、∇_y、∇_z）、陀螺仪常值漂移（ε_x、ε_y、ε_z）、加速度计标度因数和二阶非线性误差系数（k_{a1x}、k_{a1y}、k_{a1z}、k_{a2x}、k_{a2y}、k_{a2z}）和陀螺仪标度因数（k_{w1x}、k_{w1y}、k_{w1z}）。SINS 系统误差状态方程为

$$\dot{\boldsymbol{X}}_{\mathrm{I}}(t)=\boldsymbol{F}_{\mathrm{I}}(t)\boldsymbol{X}_{\mathrm{I}}(t)+\boldsymbol{G}_{\mathrm{I}}(t)\boldsymbol{W}_{\mathrm{I}}(t) \tag{10.83}$$

② GNSS 误差状态方程

GNSS 的误差状态通常取两个与时间有关的误差：与时钟误差等效的距离误差 δl_u 以及与时钟频率误差等效的距离率误差 δl_{ru}，误差模型表达式为

$$\begin{cases}\delta\dot{l}_u=\delta l_{ru}+w_u \\ \delta\dot{l}_{ru}=-\dfrac{\delta l_{ru}}{T_{ru}}+w_{ru}\end{cases} \tag{10.84}$$

式中，T_{ru} 为相关时间，w_u、w_{ru} 为白噪声。GNSS 误差状态方程可以表示为

$$\dot{\boldsymbol{X}}_{\mathrm{G}}(t)=\boldsymbol{F}_{\mathrm{G}}(t)\boldsymbol{X}_{\mathrm{G}}(t)+\boldsymbol{G}_{\mathrm{G}}(t)\boldsymbol{W}_{\mathrm{G}}(t) \tag{10.85}$$

式中，$\boldsymbol{X}_{\mathrm{G}}$ 为 GNSS 误差状态变量，$\boldsymbol{W}_{\mathrm{G}}$ 为 GNSS 系统噪声矢量，$\boldsymbol{F}_{\mathrm{G}}$ 为 GNSS 系统状态矩阵，$\boldsymbol{G}_{\mathrm{G}}$ 为 GNSS 系统噪声矩阵，具体为

$$\boldsymbol{X}_{\mathrm{G}}=\left[\delta l_u,\delta l_{ru}\right]^{\mathrm{T}},\quad \boldsymbol{W}_{\mathrm{G}}=\left[w_u,w_{ru}\right]^{T},\quad \boldsymbol{F}_{\mathrm{G}}=\begin{bmatrix}0 & 1 \\ 0 & -\dfrac{1}{T_{ru}}\end{bmatrix},\quad \boldsymbol{G}_{\mathrm{G}}=\begin{bmatrix}1 & 0 \\ 0 & 1\end{bmatrix} \tag{10.86}$$

将 SINS 误差状态方程与 GNSS 误差状态方程合并，得到深组合系统的状态方程：

$$\begin{bmatrix}\dot{\boldsymbol{X}}_{\mathrm{I}}(t) \\ \dot{\boldsymbol{X}}_{\mathrm{G}}(t)\end{bmatrix}=\begin{bmatrix}\boldsymbol{F}_{\mathrm{I}}(t) & \boldsymbol{0} \\ \boldsymbol{0} & \boldsymbol{F}_{\mathrm{G}}(t)\end{bmatrix}\begin{bmatrix}\boldsymbol{X}_{\mathrm{I}}(t) \\ \boldsymbol{X}_{\mathrm{G}}(t)\end{bmatrix}+\begin{bmatrix}\boldsymbol{G}_{\mathrm{I}}(t) & \boldsymbol{0} \\ \boldsymbol{0} & \boldsymbol{G}_{G}(t)\end{bmatrix}\begin{bmatrix}\boldsymbol{W}_{\mathrm{I}}(t) \\ \boldsymbol{W}_{\mathrm{G}}(t)\end{bmatrix} \tag{10.87}$$

$$\dot{\boldsymbol{X}}(t)=\boldsymbol{F}(t)\boldsymbol{X}(t)+\boldsymbol{G}(t)\boldsymbol{W}(t) \tag{10.88}$$

（2）深组合导航系统量测模型

在以伪距、伪距率为测量信息的组合导航系统中，真实的载体位置为 $(x,y,z)^{\mathrm{T}}$，由 SINS 得到的载体位置在地球坐标系下的坐标表示为 $(x_{\mathrm{I}},y_{\mathrm{I}},z_{\mathrm{I}})^{\mathrm{T}}$，由卫星星历确定的卫星位置为 $(x_{\mathrm{S}},y_{\mathrm{S}},z_{\mathrm{S}})^{\mathrm{T}}$，则可以得到 SINS 位置、速度对应的伪距和伪距率分别为 ρ_{I}、$\dot{\rho}_{\mathrm{I}}$，而 GNSS 接收机测得的伪距、伪距率分别为 ρ_{G}、$\dot{\rho}_{\mathrm{G}}$，因此可以选择 SINS 和 GNSS 的伪距差和伪距率差

作为组合导航系统的量测量。

① 伪距量测方程

由 SINS 解算位置到 GNSS 卫星的伪距 ρ_{I} 可表示为

$$\rho_{\mathrm{I}}=\left[(x_{\mathrm{I}}-x_{\mathrm{S}})^2+(y_{\mathrm{I}}-y_{\mathrm{S}})^2+(z_{\mathrm{I}}-z_{\mathrm{S}})^2\right]^{\frac{1}{2}} \tag{10.89}$$

令 $r=[(x-x_{\mathrm{S}})^2+(y-y_{\mathrm{S}})^2+(z-z_{\mathrm{S}})^2]^{\frac{1}{2}}$，在载体真实位置处将式(10.89)进行泰勒展开，且取到一阶项，则有 $\rho_{\mathrm{I}}=r+e_1\delta x+e_2\delta y+e_3\delta z$，其中，$e_1=\dfrac{x-x_{\mathrm{S}}}{r},e_2=\dfrac{y-y_{\mathrm{S}}}{r},e_3=\dfrac{z-z_{\mathrm{S}}}{r}$。

由 GNSS 接收机相对于卫星测得的伪距为

$$\rho_{\mathrm{G}}=r+\delta t_u+\upsilon_\rho \tag{10.90}$$

对 GNSS 伪距 ρ_{G} 和相应的 SINS 伪距 ρ_{I} 进行比较，得到伪距量测方程为

$$\delta\rho=\rho_{\mathrm{I}}-\rho_{\mathrm{G}}=e_1\delta x+e_2\delta y+e_3\delta z-\delta t_u-\upsilon_\rho \tag{10.91}$$

② 伪距率量测方程

载体相对于 GNSS 卫星运动，而 SINS 安装在载体上，则 SINS 与卫星之间的伪距变化率可以表示为

$$\begin{aligned}\dot{\rho}_{\mathrm{I}}&=e_1(\dot{x}_{\mathrm{I}}-\dot{x}_{\mathrm{S}})+e_2(\dot{y}_{\mathrm{I}}-\dot{y}_{\mathrm{S}})+e_3(\dot{z}_{\mathrm{I}}-\dot{z}_{\mathrm{S}})\\&=e_1(\dot{x}-\dot{x}_{\mathrm{S}})+e_2(\dot{y}-\dot{y}_{\mathrm{S}})+e_3(\dot{z}-\dot{z}_{\mathrm{S}})+e_1\delta\dot{x}+e_2\delta\dot{y}+e_3\delta\dot{z}\end{aligned} \tag{10.92}$$

式中，$\dot{x}_{\mathrm{I}}=\dot{x}+\delta\dot{x}$，$\dot{y}_{\mathrm{I}}=\dot{y}+\delta\dot{y}$，$\dot{z}_{\mathrm{I}}=\dot{z}+\delta\dot{z}$。

由 GNSS 接收机测得的伪距变化率为

$$\dot{\rho}_{\mathrm{G}}=e_1(\dot{x}-\dot{x}_{\mathrm{S}})+e_2(\dot{y}-\dot{y}_{\mathrm{S}})+e_3(\dot{z}-\dot{z}_{\mathrm{S}})+\delta t_{ru}+\upsilon_{\dot{\rho}} \tag{10.93}$$

对 SINS 和 GNSS 的伪距率进行比较，得到伪距率量测方程为

$$\delta\dot{\rho}=\dot{\rho}_{\mathrm{I}}-\dot{\rho}_{\mathrm{G}}=e_1\delta\dot{x}+e_2\delta\dot{y}+e_3\delta\dot{z}-\delta t_{ru}-\upsilon_{\dot{\rho}} \tag{10.94}$$

③ 坐标转换

由于 SINS 的导航解算在发射点惯性坐标系下进行，而 GNSS 则以协议地球坐标系为基准坐标系，因此在建立量测模型时需考虑坐标转换问题，将所有的量测量转换到协议地球坐标系中。

将发射点惯性坐标系下的位置、速度转换到协议地球坐标系中，可表示为

$$\boldsymbol{X}_e=\boldsymbol{C}_i^e\cdot(\boldsymbol{C}_{li}^i\cdot\boldsymbol{X}_{li}+\boldsymbol{X}_0) \tag{10.95}$$

$$\boldsymbol{V}_e=\boldsymbol{C}_{li}^e\boldsymbol{V}_{li}-\boldsymbol{C}_i^e\cdot\boldsymbol{W}_e\cdot(\boldsymbol{C}_{li}^i\cdot\boldsymbol{X}_{li}+\boldsymbol{X}_0) \tag{10.96}$$

式中，$\boldsymbol{X}_{li}$、$\boldsymbol{V}_{li}$ 分别为发射点惯性坐标系下的载体位置和速度，$\boldsymbol{X}_0$ 为发射点在地心惯性坐标系中的位置坐标，$\boldsymbol{C}_{li}^e$ 为发射点惯性坐标系到地球坐标系的转换矩阵，$\boldsymbol{C}_i^e$ 为地心惯性坐标系到地球坐标系的转换矩阵，$\boldsymbol{C}_{li}^i$ 为发射点惯性坐标系到地心惯性坐标系的转换矩阵，$\boldsymbol{W}_e$ 为地球自转角速度矢量在地球坐标系中的叉乘矩阵。

因此，协议地球坐标系中的位置、速度误差为

$$\delta\boldsymbol{X}_e=\boldsymbol{C}_{li}^e\cdot\delta\boldsymbol{X}_{li} \tag{10.97}$$

$$\delta\boldsymbol{V}_e=\boldsymbol{C}_{li}^e\cdot\delta\boldsymbol{V}_{li}-\boldsymbol{C}_i^e\cdot\boldsymbol{W}_e\cdot\boldsymbol{C}_{li}^i\cdot\delta\boldsymbol{X}_{li} \tag{10.98}$$

④ 组合导航系统量测方程

假设 GNSS 接收机选择 4 颗最佳导航星来解算载体的位置和钟差，则伪距、伪距率量测

方程各为 4 个。组合导航系统的量测方程可以表示为

$$Z = HX + V \tag{10.99}$$

式中，Z 为量测矢量，H 为量测矩阵，V 为量测噪声矢量，具体为

$$Z = \left[\rho_1, \rho_2, \rho_3, \rho_4, \dot{\rho}_1, \dot{\rho}_2, \dot{\rho}_3, \dot{\rho}_4\right]^{\mathrm{T}} \tag{10.100}$$

$$V = \left[\upsilon_{\rho 1}, \upsilon_{\rho 2}, \upsilon_{\rho 3}, \upsilon_{\rho 4}, \upsilon_{\dot{\rho} 1}, \upsilon_{\dot{\rho} 2}, \upsilon_{\dot{\rho} 3}, \upsilon_{\dot{\rho} 4}\right]^{\mathrm{T}} \tag{10.101}$$

$$H = \begin{bmatrix} H_\rho \\ H_{\dot{\rho}} \end{bmatrix} = \begin{bmatrix} E \cdot C_{li}^e & 0 & 0_{4\times18} & -I_{4\times1} & 0 \\ -E \cdot C_i^e \cdot W_e \cdot C_{li}^i & E \cdot C_{li}^e & 0_{4\times18} & 0 & -I_{4\times1} \end{bmatrix}_{8\times26} \tag{10.102}$$

$$E = \begin{bmatrix} e_{11} & e_{12} & e_{13} \\ e_{21} & e_{22} & e_{23} \\ e_{31} & e_{32} & e_{33} \\ e_{41} & e_{42} & e_{43} \end{bmatrix} \tag{10.103}$$

10.3　SINS/GNSS 深组合导航系统性能验证实验

矢量跟踪环路的跟踪性能主要受 Allan 方差相位噪声、振动引起的相位噪声、热噪声以及动态应力误差等四类误差的影响。其中，动态应力误差与 GNSS 接收机的运动状态有关，接收机运动越剧烈，动态应力误差就越大。在高动态环境下，矢量跟踪环路的动态应力误差无法避免，并且会对整个跟踪误差起主要作用。另外，矢量跟踪环路中鉴相器的鉴别范围有限且精度较低，在高动态环境下，频率、相位等跟踪参数具有变化幅度大、变化速度快以及非线性强的特点。可见，高动态环境对矢量跟踪环路跟踪性能的影响较为显著。基于此，本节介绍了一种自适应矢量跟踪环路及 SINS/GNSS 深组合导航系统方案，并进一步通过实验，使学生掌握自适应 SINS/GNSS 深组合导航系统的结构组成、工作原理及其实现方法。

10.3.1　自适应 SINS/GNSS 深组合导航系统方案设计

1）高动态环境对矢量跟踪环路的影响

矢量跟踪环路主要包括基带处理模块和导航滤波器两个部分，其中，基带处理模块包括鉴相器、环路滤波器等部分。如图 10.18 所示为矢量跟踪环路的典型结构框图。

接收机的射频前端将天线接收到的信号下变频至中频，并将中频信号送入矢量跟踪环路。在相关器中，中频信号与本地载波相乘，对载波进行剥离。剥离载波后的同相信号（I）、正交信号（Q）分别与本地产生的超前码（E 码）、即时码（P 码）、滞后码（L 码）相关，经相关累积后分别输出 I_{E}、Q_{E}、I_{P}、Q_{P}、I_{L}、Q_{L}。基带处理模块再利用相关器的输出 I_{E}、Q_{E}、I_{P}、Q_{P}、I_{L}、Q_{L} 对各通道的码相位误差 $\Delta\tau_i$ 和载波频率误差 Δf_i 进行估计。估计得到的码相位误差 $\Delta\tau_i$ 和载波频率误差 Δf_i 经比例转换后，可以获得伪距误差 $\Delta\rho_i$、伪距率误差 $\Delta\dot{\rho}_i$。各个跟踪通道的伪距误差 $\Delta\rho_i$ 和伪距率误差 $\Delta\dot{\rho}_i$ 构成一个矢量，该矢量作为导航滤波器的测量信息，经导航滤波器处理后，可以得到载体的位置误差估计值 $\Delta\tilde{P}$ 和速度误差估计值 $\Delta\tilde{V}$，从而完成对载体位置和速度的更新。再利用更新后的载体位置、速度信息，并结合卫星星历，可计算得到载体与导航卫星间的伪距、伪距率，进而估计出各通道伪码相位修正值 $\Delta\hat{\tau}_i$、载波频率修正值 $\Delta\hat{f}_i$，并将其反馈至载波 NCO 和码 NCO，最终实现对信号的闭环跟踪。

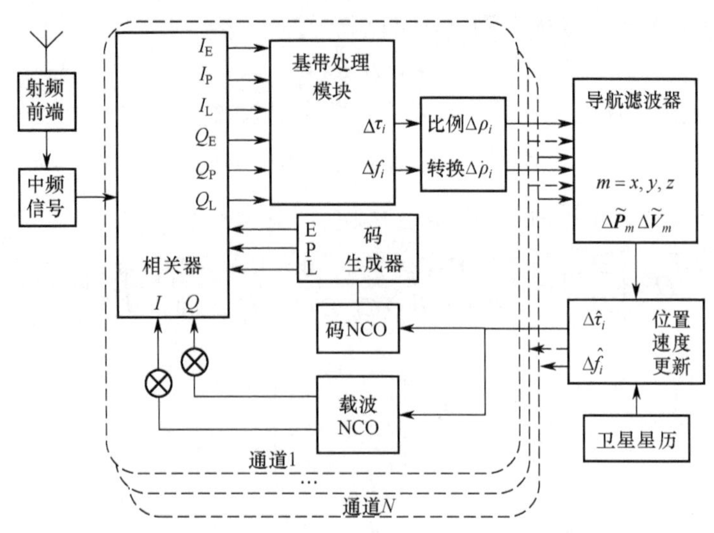

图 10.18 矢量跟踪环路的典型结构框图

在高动态环境下，接收机的运动将导致卫星信号产生多普勒频移，从而使跟踪环路无法对卫星信号进行精确跟踪，由此产生了跟踪环路的动态应力误差。动态应力误差叠加在热噪声颤动上，将导致跟踪环路的测量误差进一步加大。由于矢量码跟踪环路与矢量载波跟踪环路的噪声来源一致，并且相较于码跟踪，载波跟踪受高动态的影响更大，所以码环中的动态应力误差通常可以借助载波环路辅助予以消除。因此，为了降低跟踪环路在高动态环境下的测量误差，提高跟踪环路对卫星信号的跟踪精度，下面对载波跟踪环路中的动态应力误差及其影响因素做进一步分析。

如图 10.19 所示为矢量载波跟踪环路的结构框图。

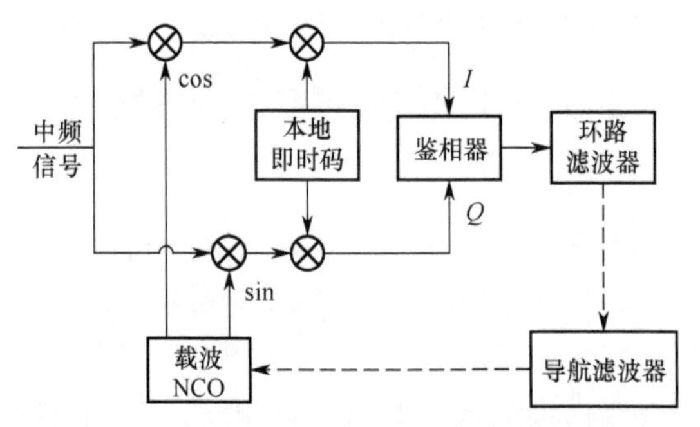

图 10.19 矢量载波跟踪环路的结构框图

中频信号分别与本地载波、伪码相乘，经积分清零处理后生成 I、Q 数据，鉴相器对 I、Q 数据进行跟踪误差鉴别，误差鉴别结果由环路滤波器滤除噪声后，作为测量信息送入导航滤波器，导航滤波器对相关误差进行估计，用于反馈调节载波 NCO，进而使本地载波与接收载波精确同步。可见，鉴相器与环路滤波器的性能将决定载波跟踪的精度。

然而，鉴相器的鉴别范围和精度有限。鉴相器实际上只具有很小的线性区间，信号变化幅度超过鉴相器的线性区间时，将会引入未建模的误差，使得跟踪参数与实际信号不符。除此以外，环路滤波器存在带宽限制，带宽过小将无法锁定变化的多普勒频移，而带宽过大将会引入更多的噪声进入环路，降低跟踪精度。因此，高动态将导致矢量跟踪环路难以准确锁

定载波频率误差 Δf_i，进而导致各个通道输出的伪距率误差 $\Delta\dot{\rho}_i$ 与实际情况不符。对于伪码跟踪，高动态则会使得各通道输出的伪距误差 $\Delta\rho_i$ 与真实值存在较大偏差。

导航滤波器的测量信息为各通道输出的伪距误差 $\Delta\rho_i$、伪距率误差 $\Delta\dot{\rho}_i$。当各个通道的跟踪参数不能被精确锁定时，导航滤波器的测量信息失真，无法准确估计出载体的位置误差 $\Delta\tilde{\boldsymbol{P}}$ 和速度误差 $\Delta\tilde{\boldsymbol{V}}$，这样载体的位置和速度信息得不到校正，会导致载波频率、伪码相位等跟踪参数的修正量出现偏差，进一步造成接收信号和本地复制信号的相关输出信噪比损耗，最终将会导致整个矢量跟踪环路失锁，无法获取相应的导航电文。

因此，在高动态环境下，接收信号的相位、频率以及频率的各阶导数变化速度快、幅度大，系统的非线性大大提高，各项跟踪参数，特别是载波频率和伪码相位难以保持较高的跟踪精度，使得导航滤波器无法对载体的运动状态进行准确估计，因此载波频率、伪码相位等跟踪参数的调整量将出现偏差，最终导致矢量跟踪环路失锁。

2）自适应矢量跟踪环路设计与建模

在高动态环境下，传统矢量跟踪环路难以获取准确的跟踪参数。因此，通道滤波器利用 I、Q 支路的相关结果作为量测量，以代替矢量跟踪环路中的鉴相器和环路滤波器，可以避免引入鉴相器自身未建模误差以及环路带宽的限制。由于通道滤波器的量测方程具有高度非线性的特点，所以通道滤波器需要采用 UKF 的形式。此外，由于 UKF 要求已知噪声的先验统计特性，否则容易出现滤波精度下降甚至发散，因此需要实时估计各跟踪通道的载噪比，进而对通道滤波器中量测噪声协方差矩阵进行自适应调整，以保证跟踪环路的稳定工作。

（1）自适应矢量跟踪环路设计

在高动态环境下，伪码相位误差和载波频率误差会出现大范围变化，变化幅度将超过鉴相器的线性区间，进而引入未建模误差，使得跟踪参数与实际信号不符。此外，载体较高的运动状态将会导致载波频率的剧烈变化，为了保持对载波的跟踪，不得不增大环路带宽，而带宽增大将会引入更多的噪声，进而降低跟踪精度。

因此，采用通道滤波器替代矢量跟踪环路中的鉴相器和环路滤波器，并将 I、Q 支路的相关结果直接作为通道滤波器的量测量。此外，由于 I、Q 支路的相关结果具有高度非线性的特点，所以通道滤波器需要采用 UKF 的形式。同时，为了保持通道滤波器对跟踪参数的准确估计，采用基于载噪比的量测噪声估计方法，以实现对通道滤波器的量测噪声协方差矩阵 $\boldsymbol{R}$ 进行自适应调整，进而构造得到基于自适应 UKF 的矢量跟踪环路。

基于自适应 UKF 的矢量跟踪环路结构如图 10.20 所示。中频信号进入跟踪环路后，分别送入跟踪通道和噪声通道进行相应处理。在跟踪通道中，中频信号与本地信号进行相关后得到 6 路 I、Q 信号，相关器输出的 6 路 I、Q 信号作为量测量直接送入通道滤波器，这样通道滤波器便可利用这些量测量估计出载波频率误差 Δf_i 和伪码相位误差 $\Delta\tau_i$ 等跟踪参数，这些跟踪参数经比例转换后，得到伪距误差 $\Delta\rho_i$ 和伪距率误差 $\Delta\dot{\rho}_i$。各个跟踪通道的伪距误差和伪距率误差构成一个矢量，并作为测量信息送入导航滤波器。导航滤波器通过对各个跟踪通道的信息进行融合，并对载体的位置误差和速度误差等状态量进行估计，可实现对载体位置和速度的更新。根据更新后的位置和速度信息，再结合卫星星历，便可得到伪码相位修正值 $\Delta\hat{\tau}_i$ 和载波频率修正值 $\Delta\hat{f}_i$，从而完成对跟踪环路的调整。在噪声通道中，中频信号与一组未被使用的伪码进行相关计算，从而得到噪声的功率。由于各通道的噪声来源基本一致，因此可以认为所有跟踪通道的噪声功率与该该噪声通道的噪声功率相一致。跟踪通道估计得到信号和噪声的总功率，而噪声通道可估计得到噪声功率，这样便可计算出信号的载噪比，进而可获得 I、Q 支路的噪声方差，最后利用该噪声方差可以实现对通道滤波器的量测噪声协方差矩阵 $\boldsymbol{R}$ 的自适应调整。

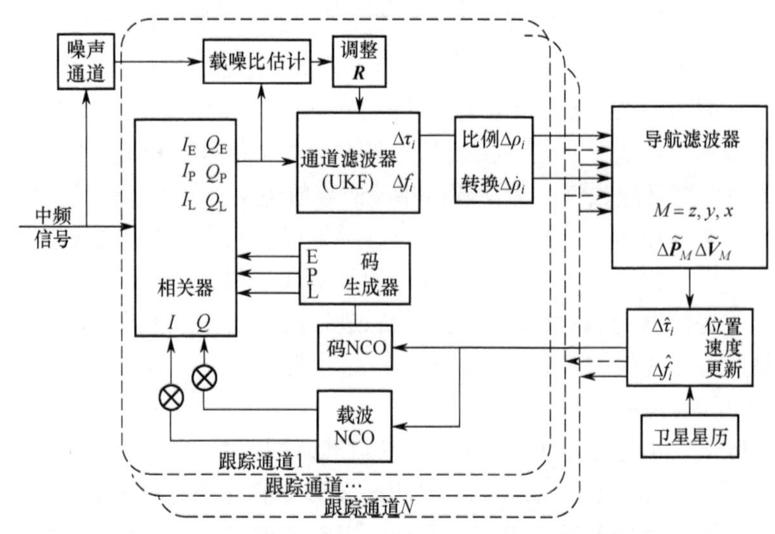

图 10.20 基于自适应 UKF 的矢量跟踪环路结构框图

（2）通道滤波器模型

鉴于 I、Q 支路的相关结果具有高度的非线性，为了对各项跟踪参数进行更精确地估计，因此通道滤波器通常采用 UKF 的形式。

若通道滤波器的状态向量定义为

$$\boldsymbol{X} = [\ddot{\varphi}\ \dot{\varphi}\ \varphi\ \varepsilon\ A]^{\mathrm{T}} \tag{10.104}$$

式中，φ 为载波相位误差，$\dot{\varphi}$ 为载波相位变化率误差，$\ddot{\varphi}$ 为载波相位加速度误差，ε 为码相位误差，A 为信号幅值。

则通道滤波器的状态方程为

$$\frac{\mathrm{d}}{\mathrm{d}t}\begin{bmatrix}\ddot{\varphi}\\ \dot{\varphi}\\ \varphi\\ \varepsilon\\ A\end{bmatrix} = \begin{bmatrix}0 & 0 & 0 & 0 & 0\\ 1 & 0 & 0 & 0 & 0\\ 0 & 1 & 0 & 0 & 0\\ 0 & K_0 & 0 & 0 & 0\\ 0 & 0 & 0 & 0 & 0\end{bmatrix}\begin{bmatrix}\ddot{\varphi}\\ \dot{\varphi}\\ \varphi\\ \varepsilon\\ A\end{bmatrix} + \begin{bmatrix}w_1\\ w_2\\ w_3\\ w_4\\ w_5\end{bmatrix} \tag{10.105}$$

式中，$[w_1\ w_2\ w_3\ w_4\ w_5]^{\mathrm{T}}$ 为各状态量对应的过程噪声，K_0 为将弧度转换为码片的系数，K_0 的表达式为

$$K_0 = \frac{1}{2\pi}\frac{f_{\mathrm{code}}}{f_{\mathrm{carr}}} \tag{10.106}$$

式中，f_{code} 和 f_{carr} 分别为伪码和载波的标准频率。

以 I、Q 支路的相关结果为量测向量，则通道滤波器的量测方程为

$$\boldsymbol{Z} = h(\boldsymbol{X}) + \boldsymbol{V} \tag{10.107}$$

其具体形式为

$$\boldsymbol{Z}=\begin{bmatrix} I_{\mathrm{E}} \\ Q_{\mathrm{E}} \\ I_{\mathrm{P}} \\ Q_{\mathrm{P}} \\ I_{\mathrm{L}} \\ Q_{\mathrm{L}} \end{bmatrix}=\begin{bmatrix} AR(\varepsilon-\delta)D\mathrm{sinc}\left(\dot{\varphi}\dfrac{T_{\mathrm{coh}}}{2}\right)\cos\left(\varphi+\dot{\varphi}\dfrac{T_{\mathrm{coh}}}{2}\right) \\ AR(\varepsilon-\delta)D\mathrm{sinc}\left(\dot{\varphi}\dfrac{T_{\mathrm{coh}}}{2}\right)\sin\left(\varphi+\dot{\varphi}\dfrac{T_{\mathrm{coh}}}{2}\right) \\ AR(\varepsilon)D\mathrm{sinc}\left(\dot{\varphi}\dfrac{T_{\mathrm{coh}}}{2}\right)\cos\left(\varphi+\dot{\varphi}\dfrac{T_{\mathrm{coh}}}{2}\right) \\ AR(\varepsilon)D\mathrm{sinc}\left(\dot{\varphi}\dfrac{T_{\mathrm{coh}}}{2}\right)\sin\left(\varphi+\dot{\varphi}\dfrac{T_{\mathrm{coh}}}{2}\right) \\ AR(\varepsilon+\delta)D\mathrm{sinc}\left(\dot{\varphi}\dfrac{T_{\mathrm{coh}}}{2}\right)\cos\left(\varphi+\dot{\varphi}\dfrac{T_{\mathrm{coh}}}{2}\right) \\ AR(\varepsilon+\delta)D\mathrm{sinc}\left(\dot{\varphi}\dfrac{T_{\mathrm{coh}}}{2}\right)\sin\left(\varphi+\dot{\varphi}\dfrac{T_{\mathrm{coh}}}{2}\right) \end{bmatrix}+\begin{bmatrix} v_1 \\ v_2 \\ v_3 \\ v_4 \\ v_5 \\ v_6 \end{bmatrix} \tag{10.108}$$

式中，D 为导航数据，T_{coh} 为相干积分时间，δ 为超前滞后间隔，$\boldsymbol{V}=[v_1\ v_2\ v_3\ v_4\ v_5\ v_6]^{\mathrm{T}}$ 为各支路的噪声，$R(\cdot)$ 为伪码的自相关函数。

量测噪声的协方差矩阵为

$$\boldsymbol{R}=E(\boldsymbol{V}\boldsymbol{V}^{\mathrm{T}})=\sigma_n^2\begin{bmatrix} 1 & 0 & 1-\delta & 0 & 1-2\delta & 0 \\ 0 & 1 & 0 & 1-\delta & 0 & 1-2\delta \\ 1-\delta & 0 & 1 & 0 & 1-\delta & 0 \\ 0 & 1-\delta & 0 & 1 & 0 & 1-\delta \\ 1-2\delta & 0 & 1-\delta & 0 & 1 & 0 \\ 0 & 1-2\delta & 0 & 1-\delta & 0 & 1 \end{bmatrix} \tag{10.109}$$

式中，I、Q 支路的噪声方差 σ_n^2 可进一步通过各通道的载噪比估计结果得到。

（3）基于载噪比的量测噪声估计方法

载噪比是信号功率与噪声功率谱密度的比值，跟踪结果的准确性与输入信号的载噪比息息相关。在矢量跟踪环路中，要求实时估计的载噪比能够适应载噪比的变化。常用的载噪比估计方法有方差求和法、窄带宽带功率比值法和附加噪声通道法等。

附加噪声通道法对载噪比的估计是基于同相支路和正交支路相关结果的统计特性来实现的。跟踪通道中的积分器通过将本地伪码信号和输入信号进行相关积分，以完成解扩过程，从而输出同相支路和正交支路的相关结果。以即时码为例，其同相支路和正交支路的相关输出结果可分别表示为

$$I_{\mathrm{P}}=I_s+I_n \tag{10.110}$$

$$Q_{\mathrm{P}}=Q_s+Q_n \tag{10.111}$$

式中，I_s、Q_s 为信号成分，I_n、Q_n 为白噪声。

对于信号成分，由式(10.108)可得

$$I_s=AR(\varepsilon)D\mathrm{sinc}\left(\dot{\varphi}\frac{T_{\mathrm{coh}}}{2}\right)\cos\left(\varphi+\dot{\varphi}\frac{T_{\mathrm{coh}}}{2}\right) \tag{10.112}$$

$$Q_s=AR(\varepsilon)D\mathrm{sinc}\left(\dot{\varphi}\frac{T_{\mathrm{coh}}}{2}\right)\sin\left(\varphi+\dot{\varphi}\frac{T_{\mathrm{coh}}}{2}\right) \tag{10.113}$$

而对于白噪声 I_n、Q_n，其方差为

$$\sigma_n^2 = \frac{N_0}{T_{\text{coh}}} \tag{10.114}$$

由于信号功率$C = A^2/2$，所以载噪比C/N_0可表示为

$$C/N_0 = \frac{C}{N_0} = \frac{A^2}{2T_{\text{coh}}\sigma_n^2} \tag{10.115}$$

根据式(10.115)可将信号幅值A表示为载噪比C/N_0与噪声方差σ_{n}^2的函数，即

$$A = \sigma_n\sqrt{2\frac{C}{N_0}T_{\text{coh}}} \tag{10.116}$$

再将式(10.116)代入式(10.112)和式(10.113)，可得

$$I_s = \sigma_n\sqrt{2\frac{C}{N_0}T_{\text{coh}}}R(\varepsilon)D\text{sinc}\left(\dot{\varphi}\frac{T_{\text{coh}}}{2}\right)\cos\left(\varphi+\dot{\varphi}\frac{T_{\text{coh}}}{2}\right) \tag{10.117}$$

$$Q_s = \sigma_n\sqrt{2\frac{C}{N_0}T_{\text{coh}}}R(\varepsilon)D\text{sinc}\left(\dot{\varphi}\frac{T_{\text{coh}}}{2}\right)\sin\left(\varphi+\dot{\varphi}\frac{T_{\text{coh}}}{2}\right) \tag{10.118}$$

进一步将式(10.117)和式(10.118)分别代入式(10.100)和式(10.101)，可得

$$I_{\text{P}} = \sigma_n\sqrt{2\frac{C}{N_0}T_{\text{coh}}}R(\varepsilon)D\text{sinc}\left(\dot{\varphi}\frac{T_{\text{coh}}}{2}\right)\cos\left(\varphi+\dot{\varphi}\frac{T_{\text{coh}}}{2}\right)+I_n \tag{10.119}$$

$$Q_{\text{P}} = \sigma_n\sqrt{2\frac{C}{N_0}T_{\text{coh}}}R(\varepsilon)D\text{sinc}\left(\dot{\varphi}\frac{T_{\text{coh}}}{2}\right)\sin\left(\varphi+\dot{\varphi}\frac{T_{\text{coh}}}{2}\right)+Q_n \tag{10.120}$$

对跟踪通道的相关输出结果进行M次非相干累加，并将非相干累积结果记为X，则有

$$X = \sum_{i=1}^{M}(I_{\text{P}}^2+Q_{\text{P}}^2) \tag{10.121}$$

结合式(10.119)～式(10.120)，可知X的期望为

$$\begin{aligned} E(X) &= E\left[\sum_{i=1}^{M}(I_{\text{P}}^2+Q_{\text{P}}^2)\right] \\ &= M\left[E(I_{\text{P}}^2)+E(Q_{\text{P}}^2)\right] \\ &= 2M\sigma_n^2\left(\frac{C}{N_0}T_{\text{coh}}+1\right) \end{aligned} \tag{10.122}$$

附加噪声通道法需要接收机额外分配一个噪声通道从而实现对噪声功率的估计。由于噪声通道内的本地复制伪码与所有 GNSS 卫星播发的伪码都正交，所以噪声通道内的本地复制伪码与接收信号进行相关运算后，式(10.119)和式(10.120)中的伪码自相关函数$R(\cdot)$近似为零。因此，噪声通道的同相支路和正交支路的相关输出结果分别可表示为

$$\begin{aligned} I_{\text{P}_0} &= \sigma_n\sqrt{2\frac{C}{N_0}T_{\text{coh}}}R(\varepsilon)D\text{sinc}\left(\dot{\varphi}\frac{T_{\text{coh}}}{2}\right)\cos\left(\varphi+\dot{\varphi}\frac{T_{\text{coh}}}{2}\right)+I_n \\ &\approx I_n \end{aligned} \tag{10.123}$$

$$\begin{aligned} Q_{\text{P}_0} &= \sigma_n\sqrt{2\frac{C}{N_0}T_{\text{coh}}}R(\varepsilon)D\text{sinc}\left(\dot{\varphi}\frac{T_{\text{coh}}}{2}\right)\sin\left(\varphi+\dot{\varphi}\frac{T_{\text{coh}}}{2}\right)+Q_n \\ &\approx Q_n \end{aligned} \tag{10.124}$$

式中，I_{P_0} 和 Q_{P_0} 分别表示噪声通道的同相支路和正交支路的相关输出结果。

类似地，对噪声通道的相关输出结果进行 M 次非相干累加，并将非相干累积结果记为 Y，则有

$$Y=\sum_{i=1}^{M}(I_{\mathrm{P}_0}^2+Q_{\mathrm{P}_0}^2) \tag{10.125}$$

结合式(10.123)～式(10.124)，可知 Y 的期望和方差分别为

$$\begin{aligned}E(Y)&=E\left[\sum_{i=1}^{M}(I_{\mathrm{P}_0}^2+Q_{\mathrm{P}_0}^2)\right]\\&=M\left[E(I_{\mathrm{P}_0}^2)+E(Q_{\mathrm{P}_0}^2)\right]\\&=2M\sigma_n^2\end{aligned} \tag{10.126}$$

$$\begin{aligned}\mathrm{var}(Y)&=\mathrm{var}\left[\sum_{i=1}^{M}(I_{\mathrm{P}_0}^2+Q_{\mathrm{P}_0}^2)\right]\\&=M\left[\mathrm{var}(I_{\mathrm{P}_0}^2)+\mathrm{var}(Q_{\mathrm{P}_0}^2)\right]\\&=4M\sigma_n^4\end{aligned} \tag{10.127}$$

为了利用随机变量 X 和 Y 对载噪比 C/N_0 进行估计，定义 X 和 Y 的商为 Z，即

$$Z=\frac{X}{Y}=\frac{\sum_{i=1}^{M}(I_{\mathrm{P}}^2+Q_{\mathrm{P}}^2)}{\sum_{i=1}^{M}(I_{\mathrm{P}_0}^2+Q_{\mathrm{P}_0}^2)} \tag{10.128}$$

由于随机变量 X 和 Y 是互不相关的，即它们的协方差 $\mathrm{cov}[X,Y]=0$，所以根据两个随机变量商的期望公式，可得

$$\begin{aligned}E(Z)&\approx\frac{E(X)}{E(Y)}-\frac{\mathrm{cov}[X,Y]}{E^2(Y)}+\frac{E(X)}{E^3(Y)}\mathrm{var}(Y)\\&=\left(\frac{C}{N_0}T_{\mathrm{coh}}+1\right)+\frac{1}{M}\left(\frac{C}{N_0}T_{\mathrm{coh}}+1\right)\\&=\frac{M+1}{M}\left(\frac{C}{N_0}T_{\mathrm{coh}}+1\right)\end{aligned} \tag{10.129}$$

根据式(10.129)，可得载噪比 C/N_0 的估计公式为

$$C/N_0=\frac{1}{T_{\mathrm{coh}}}\left[\frac{M}{M+1}E(Z)-1\right] \tag{10.130}$$

这样，利用附加噪声通道法对载噪比进行估计的过程如图 10.21 所示。

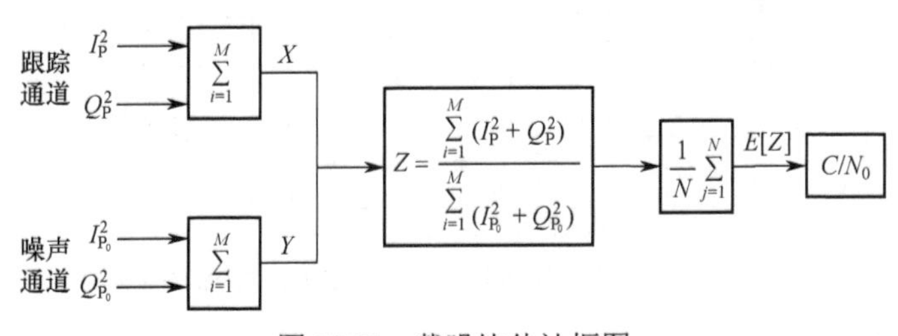

图 10.21　载噪比估计框图

首先，对跟踪通道的同相支路和正交支路相关结果 I_P 和 Q_P 进行 M 次非相干累加，得到随机变量 X；其次，对噪声通道的同相支路和正交支路相关结果 I_{P_0} 和 Q_{P_0} 进行 M 次非相干累加，得到随机变量 Y；然后，求得随机变量 X 和 Y 的商 Z；接着，对 N 个不同时刻的 Z 求均值，并将求得的均值作为 Z 的期望；最后，将 Z 的期望 $E(Z)$ 代入式(10.130)，便可得到载噪比 C/N_0 的估计结果。

这样利用附加噪声通道法得到载噪比的估计结果后，便可获得各跟踪通道中 I、Q 支路的噪声方差，进而用于调整通道滤波器的量测噪声协方差矩阵，以保持通道滤波器对各项跟踪参数的准确估计。

3）自适应深组合系统方案设计

虽然矢量跟踪环路实现了各通道之间的信息共享与互相辅助，但其只利用了 GNSS 测量信息对环路进行控制，没有从根本上解决高动态环境对跟踪环路的影响。由于 SINS 具有短时精度高、适用于高过载运动的特点，因此可在矢量跟踪环路基础上引入惯性信息并组成 SINS/GNSS 深组合导航系统，从而减弱高动态环境对跟踪环路的影响，提高跟踪精度。

深组合系统对 SINS 和矢量跟踪环路进行深度融合，一方面，组合导航滤波器从跟踪环路中提取测量信息，对 SINS 进行校正；另一方面，经校正的 SINS 输出结果与卫星星历结合，对载波频率、伪码相位进行预测与修正，使得组合导航信息深入到跟踪环路内部，参与对跟踪参数的调整，大大减弱了高动态环境对跟踪环路的影响。

在高动态环境下，载体与导航卫星之间的径向相对运动造成接收信号频率偏移大、变化速度快，使得各项跟踪参数剧烈变化，跟踪环路容易失锁。针对上述问题，设计了一种自适应 SINS/GNSS 的深组合导航系统，将 SINS 信息引入跟踪环路，利用 SINS 短时精度高、自主性强的特点，减弱高动态对跟踪环路的影响；同时采用基于自适应 UKF 的矢量跟踪环路，对各个通道进行自适应滤波，以实现对各项跟踪参数的最优估计，提高跟踪性能。

设计的自适应 SINS/GNSS 深组合导航系统结构如图 10.22 所示，该深组合导航系统主要包括矢量跟踪和组合导航信息处理两部分。

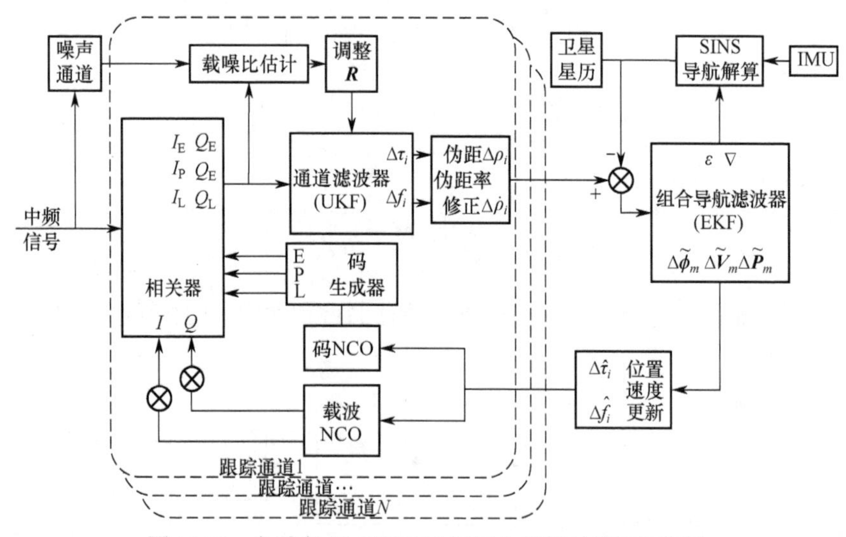

图 10.22 自适应 SINS/GNSS 深组合导航系统结构框图

① 在矢量跟踪部分，中频信号进入跟踪环路后，分别送入跟踪通道和噪声通道。在跟踪

通道中，中频信号首先与本地生成信号进行相关；然后，将相关器输出的 6 路 I、Q 信号直接送入通道滤波器，以便估计得到载波频率误差 Δf_i 和伪码相位误差 $\Delta\tau_i$ 等跟踪残差；这样，利用这些跟踪残差对跟踪参数进行修正，便可获得更为精确的伪距 ρ_i 和伪距率 $\dot{\rho}_i$。在噪声通道中，中频信号与一组未被使用的伪码进行相关计算，以便获得噪声功率。跟踪通道估计出信号和噪声的总功率，噪声通道估计出噪声功率，这样便可计算出信号的载噪比并获得 I、Q 支路的噪声方差，用以实现对通道滤波器的量测噪声协方差矩阵 $\boldsymbol{R}$ 的自适应调整。

② 组合导航信息处理部分的数据融合是由组合导航滤波器完成的。组合导航滤波器将跟踪通道与 SINS 的输出结果（即两者计算得到的伪距 ρ_i、伪距率 $\dot{\rho}_i$）之差作为测量信息，以便对状态量进行量测更新；进一步，将估计得到的误差状态量反馈回 SINS 导航解算系统，以便对 SINS 的输出结果进行校正；同时，深组合导航系统根据校正后的 SINS 输出结果与卫星星历计算伪码相位和载波频率等跟踪参数，进而得到伪码相位修正值 $\Delta\hat{\tau}_i$、载波频率修正值 $\Delta\hat{f}_i$ 并将其反馈至载波 NCO、码 NCO，以保持对输入信号的跟踪。

10.3.2　实验目的与实验设备

1）实验目的

（1）理解高动态环境对矢量跟踪环路跟踪性能的影响。

（2）掌握接收信号的载噪比估计原理与方法。

（3）掌握自适应矢量跟踪环路的原理及实现方法。

（4）掌握 SINS/GNSS 深组合导航系统的设计与开发方法。

2）实验内容

根据自适应 SINS/GNSS 深组合导航系统的基本原理，设计并开发基于 FPGA 的 SINS/GNSS 深组合导航系统，然后利用所设计系统对 GNSS 信号模拟器产生的高动态、低载噪比信号进行处理，从而完成 SINS/GNSS 深组合导航系统性能验证实验。

如图 10.23 所示为 SINS/GNSS 深组合导航系统性能验证实验系统示意图。该实验系统主要包括 GNSS 信号模拟器、GNSS 接收天线、基于 FPGA 的 SINS/GNSS 深组合导航系统和工控机等。工控机能够向 GNSS 信号模拟器发送控制指令，使其生成并向外发送 GNSS 信号。模拟信号经 GNSS 接收天线进入基于 FPGA 的 SINS/GNSS 深组合导航系统，然后经捕获、自适应矢量跟踪等模块处理后得到 GNSS 测量信息，进而与 SINS 解算信息相结合实现 SINS/GNSS 深组合。此外，工控机还可对基于 FPGA 的 SINS/GNSS 深组合导航系统进行配置，并对深组合导航结果进行存储。

如图 10.24 所示为基于 FPGA 的 SINS/GNSS 深组合导航系统结构框图。

GNSS 接收天线接收模拟信号后，经由射频前端进行下变频、滤波、模数转换等处理，得到中频数字信号，并输入 GNSS 基带信号处理器。

GNSS 基带信号处理器主要包括信号捕获、自适应矢量跟踪、时钟管理和指令控制等模块。首先，信号捕获模块确定可见卫星的 PRN 号，并获得相应的码相位和载波频率参数初始值；然后，自适应矢量跟踪模块利用码相位和载波频率参数产生本地信号，进而将本地信号与输入信号的相关结果作为测量信息送入通道滤波器；与此同时，载噪比估计模块通过将中频信号与一组未使用的伪码相关获得噪声功率，进而估计出接收信号的载噪比；这样，通道滤波器便可根据信号载噪比自适应调整量测噪声方差矩阵，进而获得载波频率误差和码相位误差等状态量的最优估计。

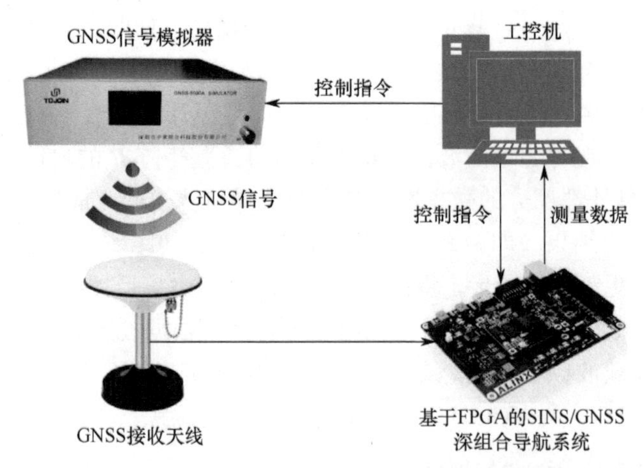

图 10.23 SINS/GNSS 深组合导航系统性能验证实验系统示意图

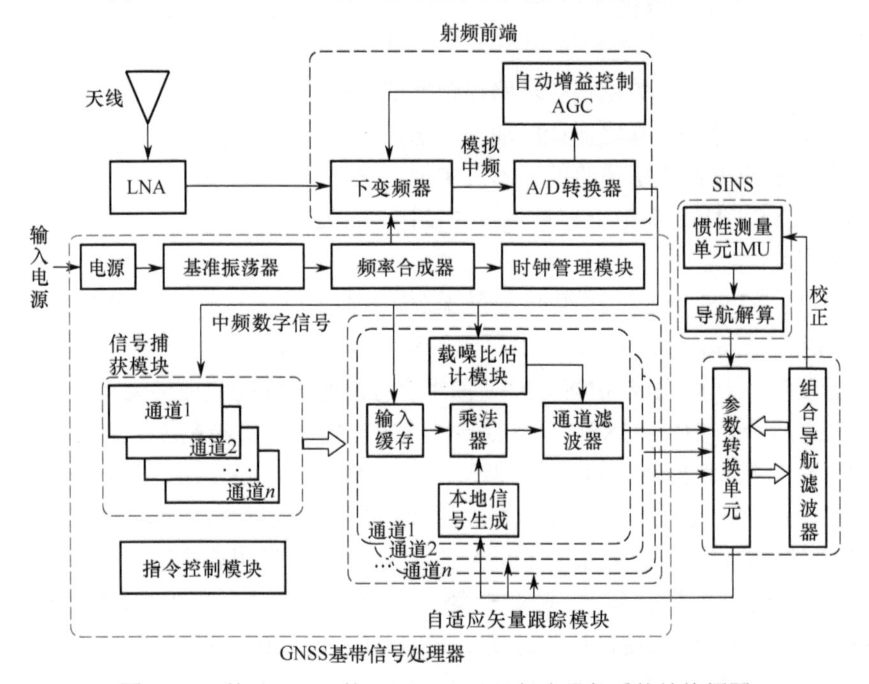

图 10.24 基于 FPGA 的 SINS/GNSS 深组合导航系统结构框图

组合导航滤波器将各信号通道和 SINS 的输出结果进行融合，从而对 SINS 误差等状态量进行估计并利用估计结果校正 SINS 输出；进一步，根据校正后的 SINS 输出与卫星星历计算得到码相位和载波频率等跟踪参数，并将其反馈至本地信号发生器，进而实现对信号的闭环跟踪。

3）实验设备

SYN500R SSOP16 射频前端芯片、EP1C3T14C8N FPGA 开发板、TMS320C6713 DSP 芯片、GNSS 接收天线、GNSS 信号模拟器、电源、调试器、通信接口、IMU 连接串口等。

10.3.3　实验步骤及操作说明

1）设计并开发 FPGA 板

（1）电路设计。根据 SINS/GNSS 深组合导航系统的功能和基本原理，制定系统电路设计方案，并选择合理的电路结构及合适的器件类型。

（2）代码编写。根据系统电路设计方案，利用 HDL 语言编写代码。

（3）功能仿真。利用电子设计自动化（EDA）工具对 HDL 语言描述的电路进行功能仿真验证，检验电路的逻辑功能是否符合设计需要。

（4）硬件实现。将 HDL 语言描述的电路编译为由基本逻辑单元连接而成的逻辑网表，并将逻辑网表中的基本逻辑单元映射到 FPGA 板内部固有的硬件逻辑模块上，进而利用 FPGA 板内部的连线资源，连接映射后的逻辑模块。若整个硬件实现的过程中没有发生异常，则 EDA 工具将生成一个比特流文件。

（5）上板调试。将硬件实现阶段生成的比特流文件下载到 FPGA 板中，运行电路并观察其工作是否正常，若发生异常则需定位出错位置并进行反复调试，直至其能够正常工作。

2）仪器安装

将 GNSS 信号模拟器、GNSS 接收天线以及所设计的 SINS/GNSS 深组合导航系统放置在实验室内，其中 GNSS 接收天线通过射频电缆与 SINS/GNSS 深组合导航系统相连接。

3）电气连接

（1）利用万用表测量电源输出是否正常（电源电压由 GNSS 信号模拟器和 SINS/GNSS 深组合导航系统的供电电压决定）。

（2）GNSS 信号模拟器通过通信接口（RS422 转 USB）与工控机连接，25 V 蓄电池通过降压模块以 12 V 的电压对其供电。

（3）SINS/GNSS 深组合导航系统通过通信接口（RS422 转 USB）与工控机连接，25 V 蓄电池通过降压模块以 12 V 的电压对其供电。

（4）检查数据采集系统是否正常，准备采集数据。

4）系统初始化配置

（1）GNSS 信号模拟器的初始化配置

GNSS 信号模拟器上电后，利用系统自带的测试软件对其进行初始化配置，使 GNSS 信号模拟器能够正常地模拟产生 GNSS 信号，并向实验室内空间发射。

（2）SINS/GNSS 深组合导航系统的初始化配置

SINS/GNSS 深组合导航系统上电后，利用串口软件向其发送初始化指令，以完成初始化配置。

5）数据采集与存储

（1）待实验系统正常工作后，在工控机中利用串口软件向 GNSS 信号模拟器发送控制指令，使其模拟生成并向外发射高动态、低载噪比的 GNSS 信号。

（2）在工控机中利用 IMU 仿真器模拟与 GNSS 信号动态相对应的角速度、比力数据，并将其输入 SINS 导航解算仿真器中，得到 SINS 解算的位置和速度数据，进而结合卫星星历参数计算得到 SINS 的伪距和伪距率；同时，读取 GNSS 基带信号处理器中的伪距/伪距率数据，并将其与 SINS 输出的伪距/伪距率共同送入组合导航处理器中，估计并校正 SINS 误差，从而得到高精度的位置/速度数据；最后，将高精度导航参数通过串口输入自适应矢量跟踪模块，以实现信号跟踪环路的闭合。

（3）在指定的测试时间内维持实验系统正常运行，同时利用工控机对测试数据和组合导航结果等进行存储。

（4）实验结束，将 SINS/GNSS 深组合导航系统性能验证实验系统断电，整理实验装置。

6）数据处理与分析

对组合导航结果进行处理与分析，从而对 SINS/GNSS 深组合导航系统的导航精度、抗干扰能力、抗动态性等性能进行验证。

7）撰写实验报告

10.4 SINS/GNSS 深组合导航系统的完好性监测实验

完好性是指当导航系统发生故障或误差超限，无法用于导航定位时，系统向用户及时发出告警的能力。在无故障条件下，SINS/GNSS 深组合导航系统的位置、速度误差通常服从零均值正态分布，而当出现故障时，故障通道的伪距、伪距率偏差将使位置、速度误差的均值发生偏移，偏移量的大小与故障通道的伪距、伪距率偏差以及可见卫星的几何构型有关。同时，深组合导航系统的各跟踪通道之间相互耦合，这会导致故障通道的误差扩散到其他通道，进而引起整个组合系统的导航精度下降。因此，在 SINS/GNSS 深组合导航系统中，需要对系统的完好性进行监测，及时检测并隔离故障通道。本节主要开展 SINS/GNSS 深组合导航系统的完好性监测实验，使学生掌握深组合导航系统完好性监测的基本原理及其实现方法。

10.4.1 GNSS 接收机自主完好性监测的基本原理

目前，应用最广泛的自主完好性监测算法（RAIM）是利用当前伪距测量信息的“快照”（Snapshot）方法，主要包括奇偶矢量法、伪距比较法和最小二乘残差检测法等方法。其中奇偶矢量法算法简便、运算量小，受到了广泛应用。因此，下面将重点介绍基于奇偶矢量法的完好性监测算法在深组合导航系统中的应用方法。

1）基于奇偶矢量法的完好性监测算法

如图 10.25 所示为基于奇偶矢量法进行完好性监测的算法流程。由图 10.25 可知，在完好性监测算法中，首先需要判断可见卫星数量和 RAIM 算法可用性是否满足要求，若可见卫星数量和 RAIM 算法可用性均满足要求，则利用奇偶矢量法进行故障卫星判别，并采取对用户告警或隔离故障卫星的方式来避免导航系统精度下降；而当可见卫星数量不足或 RAIM 算法不可用时，该算法会被中止。

为了实现 RAIM 算法，下面将对基于奇偶矢量法的卫星故障识别方法进行建模，并对 RAIM 算法的可用性进行分析。

（1）基于奇偶矢量法的卫星故障识别方法

奇偶矢量法的基本原理为：对卫星的量测矩阵进行 QR 分解，并将其表示成奇偶矢量的形式，然后利用奇偶矢量实现对量测粗差的识别，从而检测出故障通道并对其隔离。奇偶矢量法的具体原理如下。

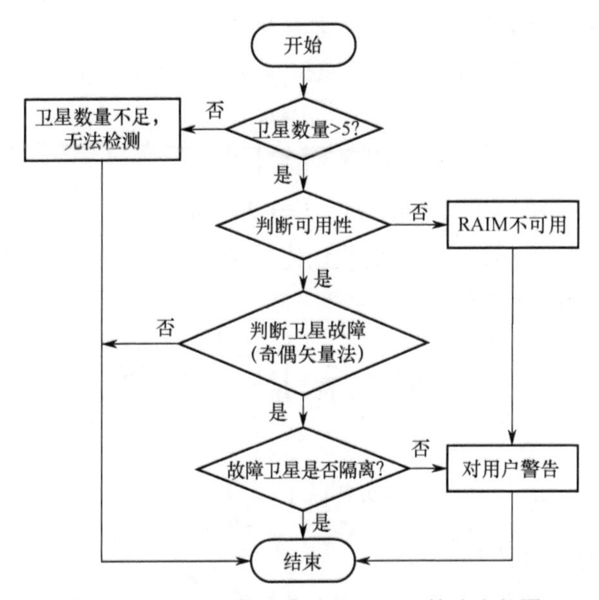

图 10.25　基于奇偶矢量法的 RAIM 算法流程图

在无故障条件下，GNSS 接收机的线性化量测方程可以表示为

$$\boldsymbol{Z} = \boldsymbol{H}\boldsymbol{X} + \boldsymbol{\varepsilon} \tag{10.131}$$

对量测矩阵 $\boldsymbol{H}$ 进行 QR 分解，有

$$\boldsymbol{H} = \boldsymbol{Q}\boldsymbol{R} \tag{10.132}$$

式中，$\boldsymbol{Q}$ 为 $n \times n$ 的正交矩阵，$\boldsymbol{R}$ 为 $n \times 4$ 的上三角矩阵。

将式(10.132)代入式(10.131)中，并在等号两边同时左乘 $\boldsymbol{Q}^{\mathrm{T}}$，可得

$$\boldsymbol{Q}^{\mathrm{T}}\boldsymbol{Z} = \boldsymbol{R}\boldsymbol{X} + \boldsymbol{Q}^{\mathrm{T}}\boldsymbol{\varepsilon} \tag{10.133}$$

根据矩阵 $\boldsymbol{Q}$ 和 $\boldsymbol{R}$ 的性质，可以将(10.133)中 $\boldsymbol{Q}^{\mathrm{T}}$ 和 $\boldsymbol{R}$ 表示为如下形式

$$\boldsymbol{Q}^{\mathrm{T}} = \begin{bmatrix} \boldsymbol{Q}_X \\ \boldsymbol{Q}_P \end{bmatrix},\ \boldsymbol{R} = \begin{bmatrix} \boldsymbol{R}_X \\ \boldsymbol{0} \end{bmatrix} \tag{10.134}$$

式中，$\boldsymbol{Q}_X$ 为 $\boldsymbol{Q}^{\mathrm{T}}$ 的前 4 行，$\boldsymbol{Q}_P$ 为 $\boldsymbol{Q}^{\mathrm{T}}$ 余下的 $n-4$ 行，$\boldsymbol{R}_X$ 为上三角矩阵 $\boldsymbol{R}$ 的前 4 行。

将式(10.134)代入式(10.133)，可得

$$\begin{bmatrix} \boldsymbol{Q}_X \\ \boldsymbol{Q}_P \end{bmatrix}\boldsymbol{Z} = \begin{bmatrix} \boldsymbol{R}_X \\ \boldsymbol{0} \end{bmatrix}\boldsymbol{X} + \begin{bmatrix} \boldsymbol{Q}_X \\ \boldsymbol{Q}_P \end{bmatrix}\boldsymbol{\varepsilon} \tag{10.135}$$

由式(10.135)，可以求得 $\boldsymbol{X}$ 的估计值为

$$\hat{\boldsymbol{X}} = \boldsymbol{R}_X^{-1}\boldsymbol{Q}_X\boldsymbol{Z} \tag{10.136}$$

进而可以得到

$$\boldsymbol{Q}_P\boldsymbol{Z} = \boldsymbol{Q}_P\boldsymbol{\varepsilon} \tag{10.137}$$

考虑量测噪声 $\boldsymbol{\varepsilon}$ 的影响，则有

$$\boldsymbol{p} = \boldsymbol{Q}_P\boldsymbol{Z} = \boldsymbol{Q}_P\boldsymbol{\varepsilon} \tag{10.138}$$

式中，$\boldsymbol{p}$ 是奇偶空间矢量，$\boldsymbol{Q}_P$ 是奇偶空间矩阵。$\boldsymbol{Q}_P$ 具有以下性质：$\boldsymbol{Q}_P$ 的行与 $\boldsymbol{H}$ 的列正交，并且 $\boldsymbol{Q}_P$ 的行相互正交。由于 $\boldsymbol{Q}_P$ 的行都进行了标准化，故每一行都是单位向量。

由式(10.138)可知，奇偶空间矢量 $\boldsymbol{p}$ 能够直接反映量测误差信息，因此，可构造基于奇偶

矢量的检测统计量，进行故障检测与识别，具体过程如下。

将奇偶空间矢量 $\boldsymbol{p}$ 投影到奇偶空间矩阵 $\boldsymbol{Q}_P$ 的每一列并归一化，则检测统计量表示为

$$r_i = \frac{\left|\boldsymbol{p}^{\mathrm{T}}\boldsymbol{Q}_{P,i}\right|}{\left|\boldsymbol{Q}_{P,i}\right|} \tag{10.139}$$

式中，$\boldsymbol{Q}_{P,i}$ 为与第 i 颗卫星对应的 $\boldsymbol{Q}_P$ 第 i 列，$i=1,2,\cdots,n$。

若不含观测误差，则检测统计量 r_i 服从均值为 0、方差为 σ^2 的正态分布。若给定系统的虚警概率 P_{FA}，则对 n 个统计量有

$$P(r_i > T_r) = \frac{2}{\sigma\sqrt{2\pi}}\int_{T_r}^{\infty} \mathrm{e}^{-\frac{r_i^2}{2\sigma^2}} \mathrm{d}r_i = \frac{P_{\mathrm{FA}}}{n} \tag{10.140}$$

令

$$\varPhi(T_r) = 1 - \frac{P_{\mathrm{FA}}}{2n} \tag{10.141}$$

可以得到检测门限值的表达式为

$$T_r = \sigma\varPhi^{-1}\left(1 - \frac{P_{\mathrm{FA}}}{2n}\right) \tag{10.142}$$

式中，

$$\varPhi(x) = \frac{1}{\sqrt{2\pi}}\int_{-\infty}^{x} \mathrm{e}^{-\frac{t^2}{2}} \mathrm{d}t \tag{10.143}$$

由式(10.142)可知，在已知虚警概率 P_{FA} 的情况下，可算得故障检测门限值 T_r。将检测统计量 r_i 与 T_r 比较，若 $r_i > T_r$，则该卫星出现故障；反之，该卫星工作正常。

（2）RAIM 算法的可用性分析

设第 i 个观测量存在偏差 b_i，则 r_i 的均值为

$$\mu_i = \left|\boldsymbol{Q}_{P,i}\right| b_i \tag{10.144}$$

已知漏警概率 P_{MD}，则有

$$P(r_i < T_r) = \frac{1}{\sqrt{2\pi}}\int_{0}^{T_r} \mathrm{e}^{\frac{(r_i-\mu_i)^2}{2}} \mathrm{d}r_i = P_{\mathrm{MD}} \tag{10.145}$$

由式(10.145)可知，漏警概率 P_{MD} 可以表示为

$$P_{\mathrm{MD}} = \varPhi\left(\frac{\mu_i - T_r}{\sigma}\right) \tag{10.146}$$

则 P_{MD} 的均值为

$$\mu = T_r + \sigma \cdot \varPhi^{-1}(P_{\mathrm{MD}}) \tag{10.147}$$

由式(10.147)可知，满足漏警概率 P_{MD} 条件下的最小检测偏差为

$$b_i = \frac{\mu_i}{\left|\boldsymbol{Q}_{P,i}\right|} \tag{10.148}$$

将式(10.148)代入式(10.136)，可得偏差 b_i 产生的水平定位误差为

$$E(\hat{\boldsymbol{x}}) = \begin{bmatrix} \delta x_i \\ \delta y_i \end{bmatrix} = \boldsymbol{R}_x^{-1}\boldsymbol{Q}_x b_i \tag{10.149}$$

则偏差 b_i 产生的最大水平定位误差是

$$R_b = \max_i(\sqrt{\delta x_i^2 + \delta y_i^2}) \tag{10.150}$$

另外，除偏差引起的水平定位误差外，还包括噪声引起的水平定位误差

$$R_n = \sqrt{2}\varPhi^{-1}(1 - P_T) \cdot \text{HDOP} \tag{10.151}$$

式中，P_T 表示误差大于 R_n 的概率，HDOP 为可视卫星的水平位置精度因子。

因此，应取偏差 b_i 的最大误差限作为水平定位误差的保护限值（HPL）进行故障检测，其中 HPL 满足

$$\text{HPL} = R_b + R_n \tag{10.152}$$

若 HPL 的值小于水平定位误差的警报门限值（HAL），则认为该 RAIM 算法可用；反之，该 RAIM 算法不能使用。

2）SINS/GNSS 深组合导航系统完好性监测算法

基于奇偶矢量的 RAIM 算法通过对单历元卫星量测矩阵进行 QR 分解获得奇偶矢量，进而利用奇偶矢量实现对量测粗差的识别，有效检测出故障通道并对其隔离。但由于该方法仅利用单个历元的测量信息，无法有效地检测出微小的伪距偏差。因此，为了进一步提高 SINS/GNSS 深组合导航系统的完好性监测能力，设计了一种基于时域多历元累积奇偶矢量的 RAIM 算法，并通过引入深组合导航系统中的 SINS 辅助信息，提高算法对微小伪距偏差的监测能力。另外，还给出了估计并修正故障卫星伪距偏差的方法，从而提高定位精度。

（1）基于多历元累积奇偶矢量的完好性监测算法

基于多历元累积奇偶矢量的完好性监测算法通过对多个历元的奇偶矢量进行非相干累积来增大非中心化参数，从而可以有效提高故障检测率。在检测门限不变的情况下，当误警率恒定时，故障检测率只和非中心化参数有关，非中心化参数越大，故障检测率越高。因此，可以利用多历元奇偶矢量进行非相干累积来扩大非中心化参数，进而提高故障检测率。

在对故障通道进行检验时，本方法将连续 N 个历元的奇偶矢量进行累加，以构造累积奇偶矢量 $\boldsymbol{P}$，进而根据累积奇偶矢量计算得到累积检测量 F，从而利用该检测量实现对故障通道的检测与隔离。累积奇偶矢量 $\boldsymbol{P}$ 和累积检测量 F 可分别表示为

$$\boldsymbol{P} = \sum_{j=1}^{N} \boldsymbol{p}_j \tag{10.153}$$

$$F = \left|\boldsymbol{P}\right|^2 \tag{10.154}$$

式中，$\boldsymbol{p}_j$ 为第 j 个历元的奇偶矢量，N 为累加历元的个数，并且 N 个历元中可见卫星星座不变。若接收机的可见卫星星座发生变化，即出现星进星出的情况，则接收机的自主完好性监测模块结束对奇偶矢量的时间积累，并给出本次故障检测的判断结果。随后，重新启动下一次故障检测流程，并在下一次处理流程中认为可视卫星星座未发生变化。

根据奇偶矢量法的原理可知，累积奇偶矢量 $\boldsymbol{P}$ 的统计特性为

无故障 H_0：$\boldsymbol{P} = \sum_{j=1}^{N} Q_j \varepsilon_j = \boldsymbol{v}'$

有故障 H_1：$\boldsymbol{P} = \sum_{j=1}^{N} \left(b\boldsymbol{Q}_{j,i} + \boldsymbol{Q}_j \varepsilon_j\right) = b\sum_{j=1}^{N} \boldsymbol{Q}_{j,i} + \boldsymbol{v}'$

式中，$\boldsymbol{Q}_j$ 为第 j 个历元的奇偶变化矩阵，其行向量互相正交，$\boldsymbol{Q}_{j,i}$ 为 $\boldsymbol{Q}_j$ 的第 i 列，b 为第 i 颗

卫星的故障偏差，$\boldsymbol{\varepsilon}_j$ 为第 j 个历元的量测噪声矢量，其各分量相互独立且服从均值为零、方差为 σ^2 的正态分布，$\boldsymbol{v}'$ 为累积奇偶矢量 $\boldsymbol{P}$ 的量测噪声矢量。

当 N 个历元中接收机的可见卫星星座未发生变化时，由于卫星运动周期较长，在短时间内矩阵 $\boldsymbol{Q}$ 变化相当缓慢，则可近似认为 $\boldsymbol{Q}$ 的列向量在短时间内不随时间变化，即

$$\sum_{j=1}^{N}\boldsymbol{Q}_{j,i} \approx N\boldsymbol{Q}_{N/2,i} \tag{10.155}$$

因此，有故障 H_1 时的累积奇偶矢量 $\boldsymbol{P}$ 可改写为

$$\boldsymbol{P} = b\sum_{j=1}^{N}\boldsymbol{Q}_{j,i} + \boldsymbol{v}' = b'\boldsymbol{Q}_{N/2,i} + \boldsymbol{v}' \tag{10.156}$$

式中，$b' = Nb$ 表示累积奇偶矢量 $\boldsymbol{P}$ 的归一化等效伪距偏差。由此可知，b' 与基于奇偶矢量的 RAIM 算法中奇偶矢量 $\boldsymbol{p}$ 的归一化伪距偏差 b 存在以下关系：

$$\frac{b'}{\sigma_0} = \sqrt{N}\frac{b}{\sigma} \tag{10.157}$$

式中，σ_0^2 为奇偶矢量法的量测噪声方差。

利用量测噪声方差对累积检测量 F 进行归一化，可得到 $F/\sigma^2 \sim \chi^2(N(n-4))$，即 $F/\sigma_0^2 \sim \chi^2(n-4)$。由此可知，正常条件下归一化的检测量 F 服从自由度为 $n-4$ 的中心 χ^2 分布；而在故障条件下，归一化的检测量 F 服从自由度为 $n-4$ 的非中心 χ^2 分布，且非中心化参数 λ' 满足：

$$\lambda' = \frac{b'^2\left|\boldsymbol{Q}_{N/2,i}\right|^2}{\sigma_0^2} \tag{10.158}$$

而奇偶矢量法的非中心化参数 λ 为

$$\lambda = \frac{b^2\left|\boldsymbol{Q}_{j,i}\right|^2}{\sigma^2} \tag{10.159}$$

由式(10.158)和式(10.159)可知，奇偶矢量法与基于时域多历元累积奇偶矢量法的非中心化参数之比为

$$\frac{\lambda'}{\lambda} = N \tag{10.160}$$

由于这两种方法的检测统计量均服从 $\chi^2(n-4)$，因此在给定相同误警率 P_{FA} 的情况下，这两种方法具有相同的检测门限 T_r；而相较于奇偶矢量法，基于时域多历元累积奇偶矢量法的非中心化参数扩大了 N 倍，所以其故障检测概率相应地提高了 N 倍。

因此，根据式(10.139)、式(10.153)和式(10.154)，可以得到基于时域多历元奇偶矢量法中第 i 个通道的检测统计量为

$$R_i = \frac{1}{\sqrt{N}}\sum_{j=1}^{N}\frac{\left|\boldsymbol{p}_j^{\mathrm{T}}\boldsymbol{Q}_{P,N/2}\right|}{\left|\boldsymbol{Q}_{P,N/2}\right|} \tag{10.161}$$

当 $N=1$ 时，检测统计量 R_i 服从 $N(0,\sigma^2)$，其方差与观测误差方差相同，均为 σ^2。由于各个历元的检测统计量可认为互不相关，因此累积后的检测统计量仍然服从 $N(0,\sigma^2)$，其检测门限与原检测统计量的检测门限相同，但故障检测概率提高了 N 倍。

（2）SINS/GNSS 深组合导航系统完好性监测算法设计

在 SINS/GNSS 深组合导航系统中，除卫星导航信息外，SINS 信息也可以作为故障检测的辅助信息完成故障检测。SINS 信息的引入可以为 RAIM 算法提供一个虚拟量测量，这相当于增加了量测量的数量，一方面可以降低故障检测算法对可见卫星数量的要求，另一方面有利于提高量测量的质量，从而提高系统整体的可观测性。

引入 SINS 信息辅助完好性监测的思路为：将 SINS 信息作为虚拟量测信息建立伪距量测方程，即构造辅助伪距。具体方法为：在星历中选取一颗非可见卫星作为辅助卫星，进而根据所选卫星信息与 SINS 信息计算辅助伪距 ρ_{SINS}。采用辅助伪距后，伪距观测矢量 $\boldsymbol{\rho}$ 由 n 维扩展成 $n+1$ 维，即：

$$\boldsymbol{\rho}=\left[\rho_1\ \rho_2\ \cdots\ \rho_n\ \rho_{\text{SINS}}\right] \tag{10.162}$$

由于辅助伪距由 SINS 信息构造得到，其中不存在钟差，因此观测矩阵 $\boldsymbol{H}$ 中钟差对应项应为零，即

$$\boldsymbol{H}=\begin{bmatrix} e_{11} & e_{12} & e_{13} & -1 \\ e_{21} & e_{23} & e_{23} & -1 \\ \vdots & \vdots & \vdots & \vdots \\ e_{n1} & e_{n2} & e_{n3} & -1 \\ e_{(n+1)1} & e_{(n+1)2} & e_{(n+1)3} & 0 \end{bmatrix} \tag{10.163}$$

式中，$e_{i1}=\left(x-x_i\right)/\rho_i$、$e_{i2}=\left(y-y_i\right)/\rho_i$、$e_{i3}=\left(z-z_i\right)/\rho_i(i=1,2,\cdots,n+1)$ 分别为可见卫星或虚拟可见卫星到接收机的方向余弦。

如图 10.26 所示为基于多历元累积奇偶矢量的 RAIM 算法框图，各个跟踪通道计算得到的伪距与由星历和 SINS 信息得到的辅助伪距共同组成量测量。量测矩阵 $\boldsymbol{H}$ 经 QR 分解后，得到奇偶空间矩阵 $\boldsymbol{Q}_P$，然后利用式(10.139)即可获取 j 时刻各通道的检测统计量 r_{ij}，进而将 N 个时刻对应的 r_{ij} 相加，以得到新的检测统计量 R_i。最后将 R_i 与检测门限 T_r 进行比较，若 $R_i>T_r$，则表明第 i 个通道出现故障，进行报警。

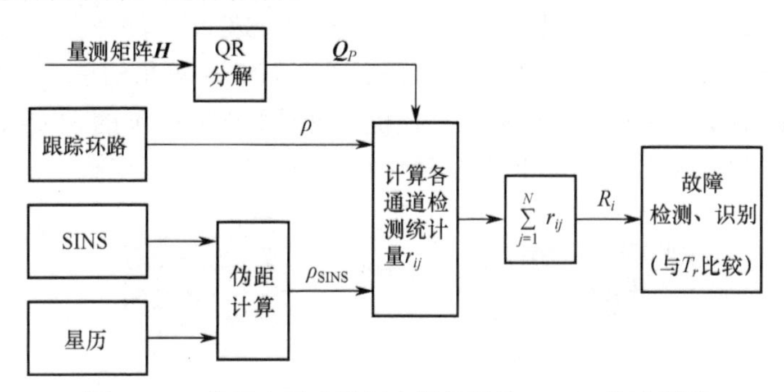

图 10.26　基于多历元累积奇偶矢量的 RAIM 算法框图

但是，在可见卫星数量较少的情况下，如果简单地将出现微小伪距偏差的故障卫星隔离，可能会导致深组合导航系统的定位精度下降，因此有必要对故障卫星的伪距偏差进行估计和修正。在检测和识别出故障卫星后，可利用累积奇偶矢量来估计伪距偏差的大小，并对该卫星的伪距进行修正，进而重新进行定位解算，以提高定位精度。利用累积奇偶矢量 $\boldsymbol{P}$ 对故障卫星 i 的伪距偏差进行估计，则估计偏差值 $\hat{b}$ 为

$$\hat{b}=\frac{\boldsymbol{P}\boldsymbol{Q}_{j,i}}{N\left|\boldsymbol{Q}_{j,i}\right|^{2}} \tag{10.164}$$

此外，在奇偶矢量的累积过程中，若在单次处理周期内伪距偏差的符号发生变化，即伪距偏差数值从正变为负或从负变为正，则多历元正负伪距偏差的积累会导致累积奇偶矢量的模减小，从而导致检测性能降低。因此，当 RAIM 算法检测并识别到卫星故障时，需要在后续每个历元中进行故障卫星的伪距偏差过零点检测，以检测故障卫星在后续处理时间内是否发生符号翻转。伪距偏差符号 $s_j(i)$ 的估计公式为

$$s_j(i)=\operatorname{sign}\left[\boldsymbol{p}(i\cdot\boldsymbol{Q}_j(i))\right] \quad j=1,2,\cdots,N \tag{10.165}$$

式中，sign(·) 表示符号判别函数。如果检测到故障卫星发生了伪距偏差符号翻转，则需要重新开始下一周期的积累与处理，这样才能保证多历元累积对故障检测性能具有提升效果。

10.4.2 实验目的与实验设备

1）实验目的

（1）理解基于奇偶矢量的完好性监测算法的原理及实现方法。

（2）掌握 SINS/GNSS 深组合导航系统完好性监测系统的设计与开发方法。

2）实验内容

根据 SINS/GNSS 深组合导航系统完好性监测算法的基本原理，设计并开发基于 FPGA 的 SINS/GNSS 深组合导航完好性监测系统，然后利用所设计的系统对 GNSS 信号模拟器产生的包含伪距偏差的高动态、低载噪比信号进行处理，从而完成 SINS/GNSS 深组合导航系统的完好性监测实验。

如图 10.27 所示为 SINS/GNSS 深组合导航完好性监测实验系统示意图。该实验系统主要包括 GNSS 信号模拟器、GNSS 接收天线、基于 FPGA 的 SINS/GNSS 深组合导航完好性监测系统和工控机等。工控机能够向 GNSS 信号模拟器发送控制指令，使其生成并向外发送 GNSS 模拟信号。模拟信号经 GNSS 接收天线进入基于 FPGA 的 SINS/GNSS 深组合导航完好性监测系统，然后经捕获、矢量跟踪、完好性监测等模块处理后得到 GNSS 测量信息，进而与 SINS 解算信息相结合实现 SINS/GNSS 深组合。此外，工控机还可对基于 FPGA 的 SINS/GNSS 深组合导航完好性监测系统进行配置，并对完好性监测和深组合导航结果进行存储。

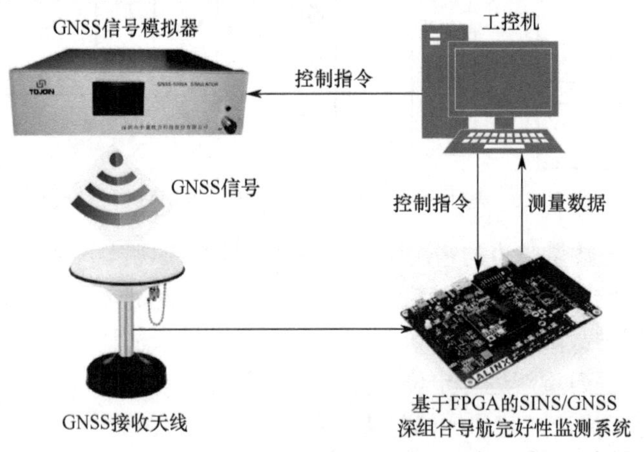

图 10.27 SINS/GNSS 深组合导航完好性监测实验系统示意图

如图 10.28 所示为基于 FPGA 的 SINS/GNSS 深组合导航完好性监测系统结构框图。

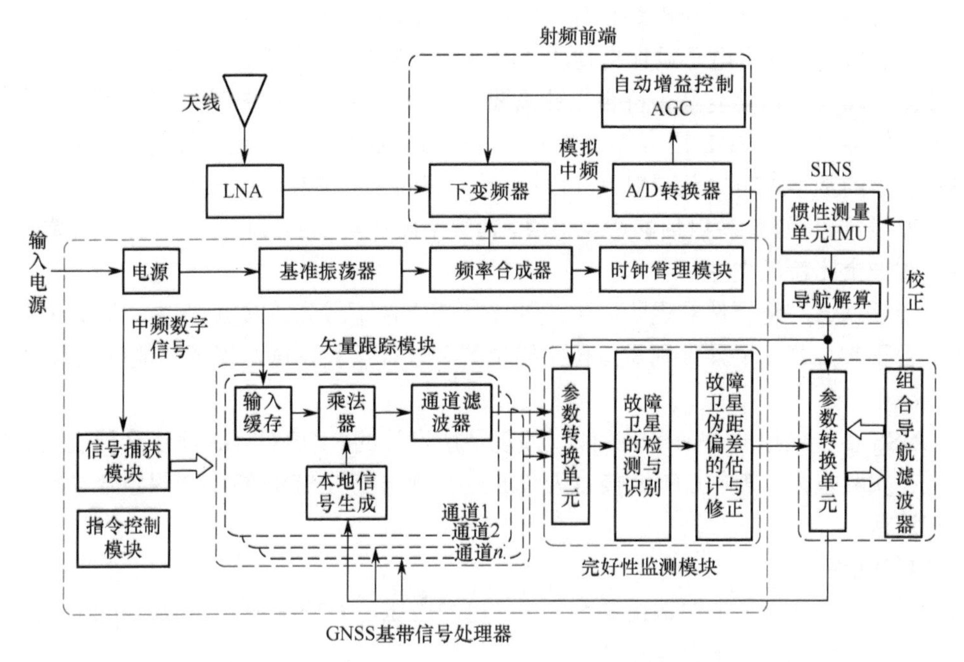

图 10.28　基于 FPGA 的 SINS/GNSS 深组合导航完好性监测系统结构框图

GNSS 接收天线接收模拟信号后，经由射频前端进行下变频、滤波、模数转换等处理，得到中频数字信号，并输入 GNSS 基带信号处理器。

GNSS 基带信号处理器主要包括信号捕获、矢量跟踪、完好性监测、时钟管理和指令控制等模块。首先，信号捕获模块确定可见卫星的 PRN 号，并获得相应的码相位和载波频率参数的初始值；其次，矢量跟踪模块根据码相位和载波频率参数产生本地信号，进而将本地信号与输入信号的相关结果作为测量信息送入通道滤波器；然后，通道滤波器便可进行量测更新，进而获得码相位误差和载波频率误差等状态量的估计结果；这样，将各通道伪距以及由卫星星历和 SINS 信息得到的辅助伪距共同输入完好性监测模块，然后通过计算各通道的故障检测统计量来检测并识别故障卫星；进一步，利用累积奇偶矢量估计伪距偏差，并对故障卫星的伪距进行修正。

组合导航滤波器将各信号通道和 SINS 的输出结果进行融合，从而对 SINS 误差等状态量进行估计并利用估计结果校正 SINS 输出；进一步，根据校正后的 SINS 输出与卫星星历计算得到码相位和载波频率等跟踪参数，并将其反馈至本地信号发生器，进而实现对信号的闭环跟踪。

3）实验设备

SYN500R SSOP16 射频前端芯片、EP1C3T14C8N FPGA 开发板、TMS320C6713 DSP 芯片、GNSS 接收天线、GNSS 信号模拟器、电源、调试器、通信接口、IMU 连接串口等。

10.4.3　实验步骤及操作说明

1）设计并开发 FPGA 板

（1）电路设计。根据 SINS/GNSS 深组合导航完好性监测系统的功能需求，制定系统电路设计方案，并选择合理的电路结构及合适的器件类型。

（2）代码编写。根据系统电路设计方案，利用 HDL 语言编写代码。

（3）功能仿真。利用电子设计自动化（EDA）工具对 HDL 语言描述的电路进行功能仿真验证，检验电路的逻辑功能是否符合设计需要。

（4）硬件实现。将 HDL 语言描述的电路编译为由基本逻辑单元连接而成的逻辑网表，并将逻辑网表中的基本逻辑单元映射到 FPGA 板内部固有的硬件逻辑模块上，进而利用 FPGA 板内部的连线资源，连接映射后的逻辑模块。若整个硬件实现的过程中没有发生异常，则 EDA 工具将生成一个比特流文件。

（5）上板调试。将硬件实现阶段生成的比特流文件下载到 FPGA 板中，运行电路并观察其工作是否正常，若发生异常则需定位出错位置并进行反复调试，直至其能够正常工作。

2）仪器安装

将 GNSS 信号模拟器、GNSS 接收天线以及所设计的 SINS/GNSS 深组合导航完好性监测系统放置在实验室内，其中 GNSS 接收天线通过射频电缆与 SINS/GNSS 深组合导航完好性监测系统相连接。

3）电气连接

（1）利用万用表测量电源输出是否正常（电源电压由 GNSS 信号模拟器和 SINS/GNSS 深组合导航完好性监测系统的供电电压决定）。

（2）GNSS 信号模拟器通过通信接口（RS422 转 USB）与工控机连接，25 V 蓄电池通过降压模块以 12 V 的电压对其供电。

（3）SINS/GNSS 深组合导航完好性监测系统通过通信接口（RS422 转 USB）与工控机连接，25 V 蓄电池通过降压模块以 12 V 的电压对其供电。

（4）检查数据采集系统是否正常，准备采集数据。

4）系统初始化配置

（1）GNSS 信号模拟器的初始化配置

GNSS 信号模拟器上电后，利用系统自带的测试软件对其进行初始化配置，使 GNSS 信号模拟器能够模拟产生 GNSS 信号，并向实验室内空间发射。

（2）SINS/GNSS 深组合导航完好性监测系统的初始化配置

SINS/GNSS 深组合导航完好性监测系统上电后，利用串口软件向其发送初始化指令，以完成初始化配置。

（5）数据采集与存储

（1）待实验系统正常工作后，在工控机中利用串口软件向 GNSS 信号模拟器发送控制指令，使其模拟生成并向外发射包含伪距偏差的高动态、低载噪比 GNSS 信号。

（2）在工控机中利用 IMU 仿真器模拟与 GNSS 信号动态相对应的角速度、比力数据，并将其输入至 SINS 导航解算仿真器中，得到 SINS 解算的位置和速度数据，进而结合卫星星历参数计算得到 SINS 的伪距和伪距率；同时，读取 GNSS 基带信号处理器中的伪距/伪距率数据，并将其与 SINS 输出的伪距/伪距率共同送入组合导航滤波器中，估计并校正 SINS 误差，从而得到高精度的位置/速度数据；最后，将高精度导航参数通过串口输入至矢量跟踪模块，以实现信号跟踪环路的闭合。

（3）保持 SINS/GNSS 深组合导航完好性监测实验系统静置约 5 min，使其接收并处理空间中的GNSS信号，同时利用工控机对测试数据、完好性监测结果和组合导航结果等进行存储。

（4）实验结束，将SINS/GNSS深组合导航完好性监测实验系统断电，整理实验装置。

6）数据处理与分析

对完好性监测和组合导航结果进行处理与分析，从而对SINS/GNSS深组合导航完好性监测系统的故障检测与修复、导航精度、抗干扰能力、抗动态性等性能进行验证。

7）撰写实验报告

附　　录

附录 1　随机误差概率分布与基本理论

随机误差是由随机因素引起的，在个体上表现为不确定性，而在总体上又服从某种统计规律。随机误差的这种特点使我们能够在确定条件下，通过多次重复测量来发现它，而且可以从相应的统计分布规律来讨论它对测量结果的影响。

产生随机误差的原因是多方面的。准确地说，随机误差是由许多难以控制的经常变化的微小因素造成的。一般说来，可以产生测量误差的各类误差因素均可能产生随机误差，通常随机误差可认为是零均值的随机变量。在随机误差的分布律中最常见的是正态分布律，也就是说绝大多数情况下，测量随机误差可认为是服从正态分布的随机变量。

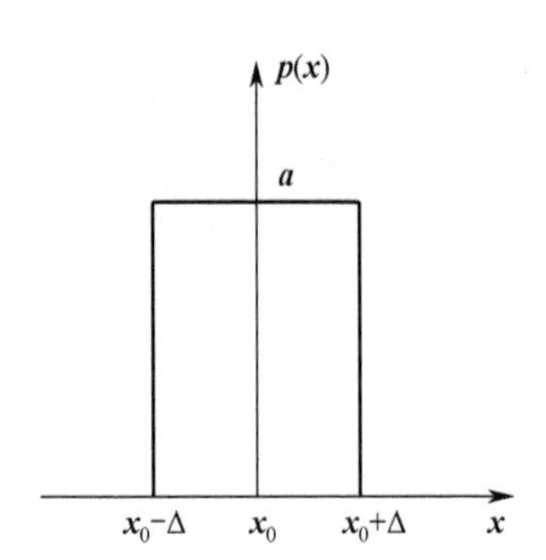

附图 1.1　均匀分布概率密度

下面简要介绍几种常用的概率分布，并在此基础上对随机误差基本理论进行介绍。

1）常用概率分布

（1）均匀分布

均匀分布（概率密度见附图 1.1）的特点是，在其误差范围内误差出现的概率密度相同；而在此范围以外，概率密度为 0，即

$$p(x)=\begin{cases}a, & x_0-\Delta\leqslant x\leqslant x_0+\Delta\\0, & x<x_0-\Delta, x>x_0+\Delta\end{cases}\tag{附 1.1}$$

由归一化条件 $\int_{-\infty}^{\infty}p(x)\mathrm{d}x=\int_{x_0-\Delta}^{x_0+\Delta}p(x)\mathrm{d}x=1$，不难得出 $a=\dfrac{1}{2\Delta}$。

由此，可推出在均匀分布下期望 μ 和方差 σ^2 满足：

$$\mu=\int_{x_0-\Delta}^{x_0+\Delta}xp(x)\mathrm{d}x=x_0\tag{附 1.2}$$

$$\begin{aligned}\sigma^2&=\int_{x_0-\Delta}^{x_0+\Delta}(x-x_0)^2p(x)\mathrm{d}x\\&=\frac{\Delta^2}{3}\end{aligned}\tag{附 1.3}$$

均匀分布也是经常遇到的一种分布。例如：各种标尺的估读误差、数字仪表的量化误差以及数据处理中由尾数截断产生的舍入误差等均服从均匀分布。

（2）正态分布

正态分布（概率密度见附图 1.2）是误差理论中应用最多的一种分布，它的重要性不仅在于它是随机误差的一种典型分布，而且由中心极限定理可知，它还是其他分布的一种“极限”。理论和实践都证明，如果被测量存在多个独立的误差来源，无论这些随机因素服从哪种分布，只要它们对测量结果的总影响不大，那么该被测量的分布就可近似视为正态分布。这个结论在讨论未知分布的测量结果的置信概率时，有重要的意义。

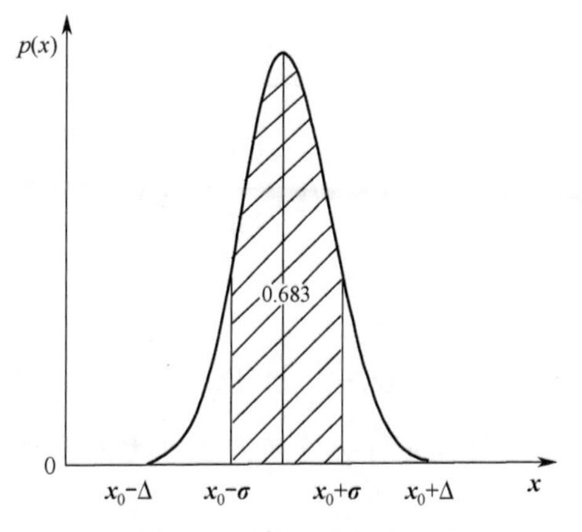

附图 1.2　正态分布概率密度

正态分布概率密度函数的数学形式为

$$p(x)=\frac{1}{\sqrt{2\pi}\sigma}\exp\left[-\frac{(x-\mu)^2}{2\sigma^2}\right] \tag{附 1.4}$$

式中，期望 μ 和方差 σ^2 分别满足：

$$\mu=\int_{-\infty}^{\infty}xp(x)\mathrm{d}x \tag{附 1.5}$$

$$\sigma^2=\int_{-\infty}^{\infty}(x-\mu)^2p(x)\mathrm{d}x \tag{附 1.6}$$

由此，可以计算测量值落在 $(\mu-\sigma,\mu+\sigma)$ 中的概率

$$\begin{aligned}\int_{\mu-\sigma}^{\mu+\sigma}p(x)\mathrm{d}x&=\int_{\mu-\sigma}^{\mu+\sigma}\frac{1}{\sqrt{2\pi}\sigma}\exp\left[-\frac{(x-\mu)^2}{2\sigma^2}\right]\mathrm{d}x\\&=\frac{1}{\sqrt{2\pi}}\int_{-1}^{1}\exp\left(-\frac{t^2}{2}\right)\mathrm{d}t\\&=0.6827\end{aligned} \tag{附 1.7}$$

类似地，还可以算出

$$\begin{aligned}\int_{\mu-2\sigma}^{\mu+2\sigma}p(x)\mathrm{d}x&=\frac{1}{\sqrt{2\pi}}\int_{-2}^{2}\exp\left(-\frac{t^2}{2}\right)\mathrm{d}t\\&=0.9545\end{aligned} \tag{附 1.8}$$

$$\begin{aligned}\int_{\mu-3\sigma}^{\mu+3\sigma}p(x)\mathrm{d}x&=\frac{1}{\sqrt{2\pi}}\int_{-3}^{3}\exp\left(-\frac{t^2}{2}\right)\mathrm{d}t\\&=0.9973\end{aligned} \tag{附 1.9}$$

式(附 1.7)～式(附 1.9)表明，正态分布的随机变量 x 在期望 μ 左右 1 倍、2 倍和 3 倍标准差范围内的概率分别是 0.683、0.954 和 0.997。从理论上讲，正态随机变量的取值范围为 $-\infty\sim+\infty$，因此只有包括从 $-\infty\sim+\infty$ 的取值范围内的概率才等于 1。但就具体的测量过程而言，测量值范围在 $\pm\sigma$ 范围以外的可能性（0.0027）实际上可以视为 0。

3） χ^2 分布

设 $y_1,y_2,\cdots,y_n$ 相互独立，且都服从标准正态分布（即期望为 0、方差为 1 的正态分布），则随机变量

$$x = \sum_{i=1}^{n} y_i^2 \tag{附 1.10}$$

的概率密度为

$$p(x) = \begin{cases} \dfrac{1}{2^{\frac{n}{2}} \Gamma(\frac{n}{2})} x^{\frac{n}{2}-1} \exp\left(-\dfrac{x}{2}\right), & x > 0 \\ 0, & x \leqslant 0 \end{cases} \tag{附 1.11}$$

式中，伽马函数 $\Gamma(\alpha)$ 的具体形式为 $\Gamma(\alpha) = \int_0^{\infty} t^{\alpha-1} \exp(-t) \mathrm{d}t$，具有 $\Gamma(\alpha+1) = \alpha\Gamma(\alpha)$ 的性质。

我们称随机变量 x 服从自由度为 n 的 χ^2 分布，其概率密度分布如附图 1.3 所示。

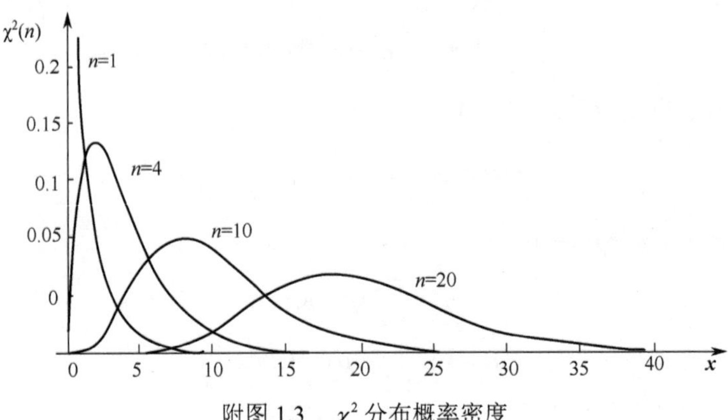

附图 1.3　χ^2 分布概率密度

由数学期望的定义得

$$\begin{aligned} E[x] &= \int_0^{\infty} x p(x) \mathrm{d}x \\ &= \int_0^{\infty} x \frac{1}{2^{\frac{n}{2}} \Gamma(\frac{n}{2})} x^{\frac{n}{2}-1} \exp\left(-\frac{x}{2}\right) \mathrm{d}x \\ &= \frac{1}{2^{\frac{n}{2}} \Gamma(\frac{n}{2})} \int_0^{\infty} x^{\frac{n}{2}} \exp\left(-\frac{x}{2}\right) \mathrm{d}x \\ &= \frac{2}{\Gamma(\frac{n}{2})} \int_0^{\infty} \left(\frac{x}{2}\right)^{\frac{n}{2}} \exp\left(-\frac{x}{2}\right) \mathrm{d}\left(\frac{x}{2}\right) \\ &= \frac{2\Gamma(\frac{n}{2}+1)}{\Gamma(\frac{n}{2})} \\ &= \frac{2\frac{n}{2}\Gamma(\frac{n}{2})}{\Gamma(\frac{n}{2})} \\ &= n \end{aligned} \tag{附 1.12}$$

$$
\begin{aligned}
E\left[x^2\right] &= \int_0^{\infty} x^2 p(x)\mathrm{d}x \\
&= \frac{1}{2^{\frac{n}{2}}\Gamma(\frac{n}{2})}\int_0^{\infty} x^{\frac{n}{2}+1}\exp\left(-\frac{x}{2}\right)\mathrm{d}x \\
&= \frac{4}{\Gamma(\frac{n}{2})}\int_0^{\infty}\left(\frac{x}{2}\right)^{\frac{n}{2}+1}\exp\left(-\frac{x}{2}\right)\mathrm{d}\left(\frac{x}{2}\right) \\
&= \frac{4\Gamma(\frac{n}{2}+2)}{\Gamma(\frac{n}{2})} \\
&= n(n+2)
\end{aligned} \tag{附 1.13}
$$

于是

$$
\begin{aligned}
\mathrm{Var}[x] &= E\left[x^2\right] - \left(E\left[x\right]\right)^2 \\
&= n(n+2) - n^2 \\
&= 2n
\end{aligned} \tag{附 1.14}
$$

式中，$E[\cdot]$ 和 $\mathrm{Var}[\cdot]$ 分别表示期望算子和方差算子。

χ^2 分布在实验数据处理中有重要应用，主要原因有以下两点。

① 若 $x_1, x_2, \cdots, x_n$ 服从期望和方差分别为 μ 和 σ^2 的正态分布，则 $\frac{\sum(x_i-\bar{x})^2}{\sigma^2}$ 服从自由度为 $n-1$ 的 χ^2 分布，即 $E\left[\frac{\sum(x_i-\bar{x})^2}{\sigma^2}\right]=n-1$。它表明 $\frac{\sum(x_i-\bar{x})^2}{\sigma^2}$ 应在 $n-1$ 附近摆动，如果正态分布的方差 σ^2 未知，则可利用它来给出 σ^2 的估计；如果正态分布的方差 σ^2 已知，则可以作为对测量结果的检验；

② 若 X_1 和 X_2 分别服从自由度为 n_1 和 n_2 的 χ^2 分布，且 X_1 和 X_2 相互独立，则 X_1+X_2 服从自由度为 n_1+n_2 的 χ^2 分布。这个性质常被用于多个实验结果的综合，以检验这些实验结果之间是否协调，是否可能有未被发现的系统误差或对不确定度估计过小。

（4）t 分布

设 y_1 服从标准正态分布（即期望为 0、方差为 1 的正态分布），y_2 服从自由度为 n 的 χ^2 分布，且 y_1 与 y_2 相互独立，则随机变量

$$
x = \frac{y_1}{\sqrt{y_2/n}} \tag{附 1.15}
$$

的概率密度为

$$
p(x) = \frac{\Gamma(\frac{n+1}{2})}{\sqrt{n\pi}\,\Gamma(\frac{n}{2})}\left(1+\frac{x^2}{n}\right)^{-\frac{n+1}{2}}, \quad -\infty < x < \infty \tag{附 1.16}
$$

称 x 服从自由度为 n 的 t 分布，其概率密度如附图 1.4 所示。

附图 1.4 表明 t 分布的概率密度分布关于 $x=0$ 对称，且当自由度 n 很大时，t 分布近似于标准正态分布。

在误差处理中，t 分布的重要性在于它和正态分布的关联性。观测量 z 如果满足期望为 μ、方差为 σ^2 的正态分布，测量 k 次算得平均值 $\bar{z}$，那么在 $(\bar{z}-3\sigma(\bar{z}), \bar{z}+3\sigma(\bar{z}))$ 的范围内包含真

值（其他系统误差已减消或修正）的概率为 99.7%。现在的问题是：平均值的标准差$\sigma(\overline{z})$通常不知道，只能用有限次测量的平均值的标准差

$$s(\overline{z})=\sqrt{\frac{\sum_{i=1}^{k}\left(z_i-\overline{z}\right)^2}{k(k-1)}} \tag{附 1.17}$$

来代替。

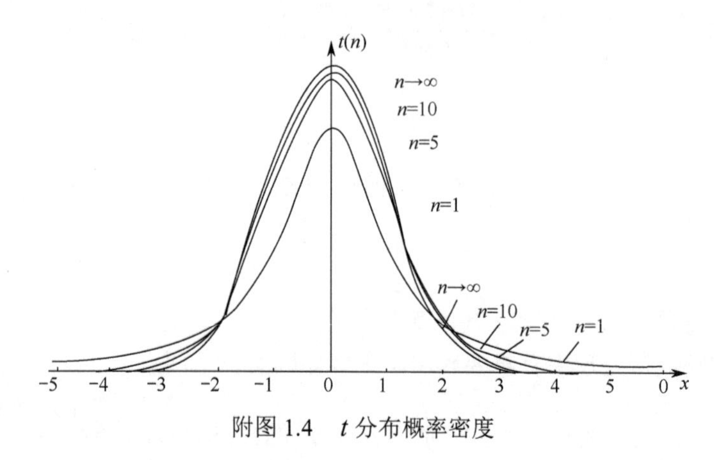

附图 1.4　t 分布概率密度

但是，标准差$s(\overline{z})$并不是一个准确值，而是在$\sigma(\overline{z})$附近摆动的一个估计值。因此，在$(\overline{z}-3s(\overline{z}),\overline{z}+3s(\overline{z}))$区间内的概率含量（置信度）就会下降。

2）随机误差的数字特征

随机误差的数字特征主要有：算术平均值和标准差。

由多次测量所得到的测量值是以算术平均值为中心集中分布的；而标准差则可描述随机误差的散布程度。一般说来，算术平均值可以作为静态目标的测量结果，而标准差可以用来描述测量结果的精密度。

① 算术平均值

对一个真值为μ的物理量进行n次独立等精度的测量，得到n个测量值$x_1,x_2,\cdots,x_n$，它们分别含有误差（称为真差）$\delta_1,\delta_2,\cdots,\delta_n$。常用算术平均值$\overline{x}$作为$n$次测量的结果，即

$$\begin{aligned}\overline{x}&=\frac{1}{n}\sum_{i=1}^{n}x_i\\&=\frac{1}{n}\sum_{i=1}^{n}(\mu+\delta_i)\\&=\mu+\frac{1}{n}\sum_{i=1}^{n}\delta_i\end{aligned} \tag{附 1.18}$$

注意到$\lim\limits_{n\to\infty}\frac{1}{n}\sum_{i=1}^{n}\delta_i=0$，因而当$n$较大时，$\overline{x}\approx\mu$。

② 标准差

算术平均值可以用来表示由一组测量值得到的测量结果，但却无法表示测量值的精度。计量学参照统计学的方法，用二阶矩描述数据的集散程度。标准差σ的定义为

$$\sigma = \sqrt{\frac{1}{n}\sum_{i=1}^{n}(x_i - \mu)^2} = \sqrt{\frac{1}{n}\sum_{i=1}^{n}\delta_i^2} \quad (附 1.19)$$

从式(附 1.18)和式(附 1.19)可以看到，标准差与算术平均值的量纲相同。

由于实际测量中每次测量的误差（真差）无法获得，所以不能利用式(附 1.19)得到标准差的估计，而只能用测量数据来估计。常用

$$\hat{\sigma} = \sqrt{\frac{1}{n-1}\sum_{i=1}^{n}(x_i - \overline{x})^2} \quad (附 1.20)$$

作为标准差σ的估计，式(附 1.20)也称为 Bessel 公式。

3）正态随机误差的置信概率及特点

测量实践表明，大多数的测量过程中产生的误差是服从正态分布的。概率论中的中心极限定理，在一定的理论意义上肯定了上述现象的必然性。该定理指出：若随机变量是由大量相互独立的随机因素组成，而每一个个别因素在总的因素中所占的比重均是很小的，则这类随机变量可认为近似服从正态分布。

正态分布的概率密度函数为

$$p(x) = \frac{1}{\sqrt{2\pi}\sigma}\exp\left[-\frac{(x-\mu)^2}{2\sigma^2}\right] \quad (附 1.21)$$

式中，期望μ为随机误差的一阶距，即

$$\mu = \int_{-\infty}^{\infty} xp(x)\mathrm{d}x \quad (附 1.22)$$

在数据处理的实际问题中，期望μ和方差σ^2无法获得，故用测量数据的算术平均值$\overline{x}$和$\hat{\sigma}^2$分别作为μ和σ^2的估计。由于

$$E[\overline{x}] = \mu，\quad \mathrm{Var}[\overline{x}] = \frac{\sigma^2}{n} \quad (附 1.23)$$

则令

$$v = x - \overline{x} \quad (附 1.24)$$

可以证明v服从正态分布

$$E[v] = 0，\quad \mathrm{Var}[v] = \frac{n-1}{n}\sigma^2 \quad (附 1.25)$$

记$w = \sqrt{\frac{n}{n-1}}\frac{v}{\sigma}$，则对于任何给定正数$t$，有

$$p\left(|v| < \sqrt{\frac{n-1}{n}}\sigma t\right) = \frac{2}{\sqrt{2\pi}}\int_0^t \exp\left(-\frac{w^2}{2\sigma^2}\right)\mathrm{d}w \quad (附 1.26)$$

进一步，记$t^* = \sqrt{\frac{n-1}{n}}t$，则有

$$P_\alpha = \frac{2}{\sqrt{2\pi}}\int_0^t \exp\left(-\frac{w^2}{2\sigma^2}\right)\mathrm{d}w = 1-\alpha \quad (附 1.27)$$

联立式(附 1.26)和式(附 1.27)，可得

$$P[(\bar{x}-t^{*}\sigma)\leqslant x_i\leqslant(\bar{x}+t^{*}\sigma)]=P_\alpha=1-\alpha \tag{附 1.28}$$

式中，P_α 称为置信概率或置信度；α 称为显著度；积分限 $\pm t^{*}\sigma$ 称为测量值 x_i 的精度指标或称误差限；t^{*} 称为置信系数。

服从正态分布的随机误差具有下列特点：

① 单峰性：绝对值小的误差比绝对值大的误差出现的概率大，当 $x=\mu$ 时概率密度曲线有极大值；

② 对称性：大小相等而符号相反的误差出现的概率相同，即 $p(\mu-\Delta x)=p(\mu+\Delta x)$；

③ 有界性：在一定测量条件下，随机误差的绝对值不超过某一界限；

④ 抵偿性：随机误差的算术平均值随测量次数 n 的增加而趋于零。

4）测量的精度指标

在给出测量结果时，要求同时给出精度指标（误差限）。以下假定没有系统误差，考虑静态目标测量的纯随机误差对测量精度的影响，并且主要以服从正态分布的随机误差为例进行讨论。

（1）单次测量的精度指标

假定测量误差服从正态分布，在单次测量时，测得值与理论均值是不相等的，但误差大小不超过 $\pm3\sigma$（对应置信概率 $P_\alpha=0.9973$）。

评估数据精度的指标很多，常用的有以下几种。

① 标准差 σ 或其估计值 $\hat{\sigma}$。

② 平均误差 θ 或其估计值 $\hat{\theta}$，这里

$$\theta=\frac{2}{\sqrt{2\pi}\sigma}\int_{-\infty}^{\infty}|x|\exp\left(-\frac{x^2}{2\sigma^2}\right)\mathrm{d}x=0.7979\sigma \tag{附 1.29}$$

相应地有

$$\hat{\theta}=0.7979\hat{\sigma} \tag{附 1.30}$$

③ 极限误差

$$\delta_{\lim}=\pm3\hat{\sigma} \tag{附 1.31}$$

在提供测量结果时，用得最多的精度指标是①和③两种。

（2）极限误差的确定

极限误差本质上是由置信概率确定的

$$P[(\bar{x}-3\sigma)\leqslant x_i\leqslant(\bar{x}+3\sigma)]=P_\alpha=0.9973 \tag{附 1.32}$$

而当 n 较大时，$\hat{\sigma}$ 很接近 σ，因而认为

$$P[(\bar{x}-3\hat{\sigma})\leqslant x_i\leqslant(\bar{x}+3\hat{\sigma})]=P_\alpha=0.9973 \tag{附 1.33}$$

所以极限误差定为 $\delta_{\lim}=\pm3\hat{\sigma}$。

上面讨论的精度指标与置信概率是密切相关的。同样的问题，置信概率不一样，精度指标也有差别。一般依据以下原则选择 P_α：

① $P_\alpha=0.95$，用于一般精密测量；

② $P_\alpha=0.9973$，用于较重要的科研工作；

③ $P_\alpha=0.9999$，用于个别可靠性要求特别高的科研和精密测量。

5）拉依达准则（3σ 准则）

在实验中判别粗差的关键是尽可能分析、检查产生误差的原因，在确认该数据是在不符合要求的条件获取时，可将其从记录中删去。在缺乏依据时，也可采用某些统计的方法来剔除粗差。

拉依达准则是最简单的粗大误差判别准则，它以随机误差的正态分布为基础。设 $x_1, x_2, \cdots, x_n$ 是对某物理量的一组等精度测量值，由正态分布理论可知：误差落在 $\pm 3\sigma$（σ 为单次测量的标准差）内的概率为 99.73%，也就是说误差落在 $\pm 3\sigma$ 外的概率为 0.27%。这是一个小概率事件。拉依达准则认为，如果在测量数据中发现有与算术平均值 $\bar{x}$ 相差大于 3σ 的误差，即

$$|x_i - \bar{x}| > 3\sigma \qquad (1 \leqslant i \leqslant n) \tag{附 1.34}$$

则该测量值 x_i 包含粗差，应予以剔除。

参考文献

[1] 黄文德, 康娟, 张利云, 等. 北斗卫星导航定位原理与方法[M]. 北京: 科学出版社, 2019.

[2] 严恭敏. 惯性仪器测试与数据分析[M]. 北京: 国防工业出版社, 2012.

[3] 郭立东. 惯性器件及应用实验技术[M]. 北京: 清华大学出版社, 2016.

[4] 李朝荣, 徐平, 唐芳, 等. 基础物理实验（修订版）[M]. 北京: 北京航空航天大学出版社, 2010.

[5] 毛奔, 林玉荣. 惯性器件测试与建模[M]. 哈尔滨: 哈尔滨工程大学出版社, 2008.

[6] 黄文德, 张利云, 康娟, 等. 北斗卫星导航定位技术实验教程[M]. 北京: 科学出版社, 2020.

[7] 周乃新, 杨亚非. 惯性导航原理实验教程[M]. 哈尔滨: 哈尔滨工业大学出版社, 2015.

[8] 万德钧, 房建成. 惯性导航初始对准[M]. 南京: 东南大学出版社, 1998.

[9] 秦永元, 张洪钺, 汪叔华. 卡尔曼滤波与组合导航原理（第 3 版）[M]. 西安: 西北工业大学出版社, 2015.

[10] 王巍. 干涉型光纤陀螺仪技术[M]. 北京: 中国宇航出版社, 2010.

[11] 谢钢. GPS 原理与接收机设计[M]. 北京: 电子工业出版社, 2017.

[12] Borre K, Akos D M, Bertelsen N, et al. A software-defined GPS and Galileo receiver[M]. Birkhauser Boston: Springer, 2006.

[13] 王惠南. GPS 导航原理与应用[M]. 北京: 科学出版社, 2006.

[14] Goshen-Meskin D, Bar-Itzhack I Y. Observability analysis of piece-wise constant systems-part I: theory[J]. IEEE Transaction on Aerospace and Electronic Systems, 1992, 28(4): 1056-1067.

[15] Goshen-Meskin D, Bar-Itzhack I Y. Observability analysis of piece-wise constant systems-part II: application to inertial navigation in-flight alignment[J]. IEEE Transaction on Aerospace and Electronic Systems, 1992, 28(4): 1068-1075.

[16] Lee J G, Park C G, Park H W. Multiposition alignment of strapdown inertial navigation system[J]. IEEE Transaction on Aerospace and Electronic Systems, 1993, 29(4): 1323-1328.

[17] Jiang Y F, Yu P L. Error estimation of INS ground alignment through observability analysis[J]. IEEE Transactions on Aerospace and Electronic Systems, 1992, 28(1): 92-97.

[18] 刘放, 陈明, 高丽. 捷联惯导系统软件测试中的飞行轨迹设计及应用[J]. 测控技术, 2003, 22(5): 60-63.

[19] 胡传俊, 杨恢先. 弹道导弹被动段弹道方程与仿真[J]. 弹箭与制导学报, 2010, 30(4): 131-133.

[20] 王新龙. 惯性导航基础（第 2 版）[M]. 西安: 西北工业大学出版社, 2019.

[21] 王新龙. 捷联式惯导系统动、静基座初始对准[M]. 西安: 西北工业大学出版社, 2013.

[22] 王新龙, 李亚峰, 纪新春. SINS/GPS 组合导航技术[M]. 北京: 北京航空航天大学出版社, 2014.

[23] 于洁. 捷联惯性/GPS 紧耦合技术研究[D]. 北京: 北京航空航天大学, 2009.

[24] 纪新春. SINS/GPS 超紧耦合导航系统技术研究[D]. 北京: 北京航空航天大学, 2012.

[25] 聂光皓. 里程计/SINS/北斗深组合导航关键技术研究[D]. 北京: 北京航空航天大学, 2020.

[26] 孙兆妍. GPS/SINS 深组合导航技术研究[D]. 北京: 北京航空航天大学, 2014.

[27] 李亚峰. SINS/GPS 超紧组合导航系统技术研究[D]. 北京: 北京航空航天大学, 2011.

[28] 宋帅. 高动态抗干扰 GPS 接收机跟踪环路技术研究[D]. 北京: 北京航空航天大学, 2011.

[29] Wang X L. Fast alignment and calibration algorithms for inertial navigation system[J]. Aerospace Science and Technology, 2009, 13: 204-209.

[30] Yang J, Wang X L, Shen L L, et al. Availability analysis of GNSS signals above GNSS constellation[J]. Journal of Navigation, 2021, 74(2): 446-466.

[31] Yang J, Wang X L, Ding X K, et al. A fast and accurate transfer alignment method without relying on the empirical model of angular deformation[J]. Journal of Navigation, 2022, 75(4): 878-900.

[32] Lu K W, Wang X L, Shen L L, et al. A GPS signal acquisition algorithm for the high orbit space[J]. GPS Solutions, 2021, 25(92): 1-18.

[33] Yu J, Wang X L, Ji J X. Design and analysis for an innovative scheme of SINS/GPS ultra-tight integration[J]. Aircraft Engineering and Aerospace Technology, 2010, 82(1): 4-14.

[34] Wang X L, Ji X C, Feng S J. A scheme for weak GPS signal acquisition aided by SINS information[J]. GPS Solutions, 2014, 18(2): 243-252.

[35] Wang X L, Ji X C, Feng S J, et al. A high-sensitivity GPS receiver carrier-tracking loop design for high-dynamic applications[J]. GPS Solutions, 2015, 19(2): 225-236.

[36] Wang X L, Li Y F. An innovative scheme for SINS/GPS ultra-tight integration system with low-grade IMU[J]. Aerospace Science and Technology, 2012, 23: 452-460.

[37] Nie G H, Wang X L, Shen L L, et al. A fast method for the acquisition of weak long-code signal[J]. GPS Solutions. 2020, 24(104): 1-13.

[38] Wang X L, Song S. Design and realization of adaptive tracking loops for GPS receiver[J]. Aircraft Engineering and Aerospace Technology, 2015, 87(4): 368-375.

[39] Jiao C Y, Wang X L, Wang D, et al. An adaptive vector tracking scheme for high-orbit degraded GNSS signal[J]. Journal of Navigation, 2021, 74(1): 105-124.

[40] Sun Z Y, Wang X L, Feng S J, et al. Design of an adaptive GPS vector tracking loop with the detection and isolation of contaminated channels[J]. GPS Solutions, 2017, 21(2): 701-713.

[41] Wang X L, Guo L H. An Intelligentized and fast calibration method of SINS on moving base for planed missiles[J]. Aerospace Science and Technology, 2009, 13: 216-223.

[42] Wang X L, Shen L L. Solution of transfer alignment problem of SINS on moving bases via neural networks[J]. Engineering Computations: International Journal for Computer-Aided Engineering and Software, 2011, 28(4): 372-388.

[43] 杨洁, 王新龙, 陈鼎, 等. GNSS 定姿技术发展综述[J]. 航空兵器, 2018(6): 16-25.

[44] 杨洁, 王新龙, 陈鼎. 一种适用于高轨空间的 GNSS 矢量跟踪方案设计[J]. 北京航空航天大学学报, 2021, 47(9): 1799-1806.

[45] 杨洁, 申亮亮, 王新龙, 等. RSINS/里程计容错组合导航方案设计与性能验证[J]. 航空兵器, 2021, 28(2): 93-99.

[46] 卢克文, 王新龙, 申亮亮, 等. 高轨 GNSS 信号可用性分析[J]. 航空兵器, 2021, 28(1): 77-86.

[47] 卢克文, 王新龙, 李群生, 等. 基于陀螺仪/BDS 的多飞行器编队相对定姿方法[J]. 航空兵器, 2022, 29(2): 80-86.

[48] 卢克文, 王新龙, 王彬, 等. 一种高精度加速度计标定方法[J]. 航空兵器, 2022, 29(5): 88-93.

[49] 王新龙, 于洁. GPS 软件接收机结构与特性分析[J]. 航空兵器, 2014(4): 18-22.

[50] 王新龙, 于洁. 一种 SINS/GPS 深组合导航系统技术问题分析[J]. 全球定位系统, 2012, 37(5): 1-6.

[51] 王新龙, 于洁. 一种基于矢量跟踪的SINS/GPS深组合导航方法研究[J]. 中国惯性技术学报, 2009, 17(6): 710-717.

[52] 于洁, 王新龙. SINS/GPS 紧密组合导航系统仿真研究[J]. 航空兵器, 2008(6): 8-13.

[53] 于洁, 王新龙. SINS/GPS 超紧致组合导航系统设计及分析[J]. 航空兵器, 2010(3): 3-8.

[54] 纪新春, 王新龙, 李亚峰. SINS 辅助 GPS 跟踪环误差分析与最优带宽设计[J]. 北京航空航天大学学报, 2013, 39(7): 932-936.

[55] 聂光皓, 申亮亮, 王新龙, 等.北斗卫星信号结构及其特性分析[J]. 航空兵器. 2020, 27(5): 73-80.

[56] 刘志琴, 王新龙. 捷联惯导系统最优多位置对准的确定与分析[J]. 北京航空航天大学学报, 2013, 39(3): 330-334.

[57] 王新龙, 宋帅, 纪新春. 一种 GPS 接收机自适应跟踪环路设计[J]. 航空兵器, 2013(2): 3-8, 13.

[58] 王新龙, 谢佳, 王君帅. SINS/GPS 不同组合模式适应性分析与验证[J]. 航空兵器, 2013(3): 3-8, 17.

[59] 柴嘉薪, 王新龙, 俞能杰, 等. 高轨航天器 GNSS 信号链路建模与强度分析[J]. 北京航空航天大学学报, 2018, 44(7): 1496-1503.

[60] 孙兆妍, 王新龙, 车欢. GPS/SINS 深组合导航技术综述[J]. 航空兵器, 2014(6): 14-19, 27.

[61] 孙兆妍, 王新龙, 车欢, 等. GPS 矢量跟踪建模与抗干扰性能分析[J]. 航空兵器, 2016(5): 12-17.

[62] 孙兆妍, 王新龙. SINS/GPS 松组合与紧组合导航系统抗干扰性能比较与验证[J]. 航空兵器, 2014(4): 31-35, 53.

[63] 孙兆妍, 王新龙. 高轨环境中 GNSS 可见性及几何精度因子分析[J]. 航空兵器, 2017(1): 18-27.

[64] 葛俊, 王新龙, 车欢, 等. 差分 SINS/GPS 超紧组合在线标定与误差补偿方案设计[J]. 航空兵器, 2016(5): 18-24.

[65] 葛俊, 王新龙, 车欢. 一种 SINS 辅助 GPS 跟踪环路的新型松组合导航系统方案设计[J]. 航空兵器, 2015(1): 10-15.

[66] 宋帅, 王新龙. GPS 接收机跟踪环的抗干扰性能研究与分析[J]. 航空兵器, 2011(6): 29-35.

[67] 王君帅, 王新龙. SINS/GPS 紧组合与松组合导航系统性能仿真分析[J]. 航空兵器, 2013(2): 14-19.

[68] 王君帅, 王新龙. GPS/INS 超紧组合系统综述[J]. 航空兵器, 2013(4): 25-30.